中国花生病虫草鼠害

徐秀娟　主编

中国农业出版社

参加编著人员

名誉主编：许泽永（中国农业科学院油料作物研究所）

主　　编：徐秀娟（山东省花生研究所）

副 主 编：鄢洪海　迟玉成　曲明静　成　波　李尚霞
　　　　　周桂元　崔　贤

编写人员：徐秀娟　许泽永　鄢洪海　迟玉成　曲明静
　　　　　成　波　李尚霞　周桂元　赵志强　鞠　倩
　　　　　王　磊　樊堂群　许新军　张云霞　任应党
　　　　　曹玉良　王学武　宴立英　刘奇志　刘文全
　　　　　谢宏峰　卢　钰　张建成　吴菊香　李双铃
　　　　　王秀贞　郭鹤久　崔　贤　郇存海　宋　刚
　　　　　周　群　陈明学　刘庆芳　张　涛　孙淑建
　　　　　梁宗贵　张玉涛　袁宗英　吕志宁　张　娜
　　　　　杨同荣　张茹琴　迟秀丽　王福祥　王士海
　　　　　梁　君

审稿人员：徐秀娟　许泽永　曹玉良　鄢洪海　迟玉成
　　　　　曲明静　成　波　李尚霞　周桂元　王学武

责任编辑：杨天桥

序　言

　　花生现已成为我国主要的油料作物和经济作物。花生产量的高低、产品质量的好坏，很大程度受病、虫、草、鼠等有害生物的影响。新中国成立以来，特别是十一届三中全会以来的30年，我国花生生产和科学研究尤其是花生有害生物与防治技术研究，取得了前所未有的成就。

　　山东省花生研究所组织全国同行专家编著出版的《中国花生病虫草鼠害》一书，全面系统地总结了我国花生非生物与生物病害、虫害、草害、鼠害以及其他有害生物的研究成果与实践经验。该书是我国第一部花生病、虫、草、鼠害与防治的学术性专著，既反映了我国花生有害生物的最新研究动态，又将我国花生上常见的有害生物与新发生的有害生物进行了详细而系统的论述。同时，提出了科学治理对策和先进的防治技术，并注重采用经济阈值观念安全防治和无害化综合治理有害生物。该书是农业科学技术建设的重要组成部分，也是花生科学技术事业发展必不可少的内容之一。

　　该书全面系统地阐述了我国花生非生物病害、生物病害、地上害虫、地下害虫、草害、鼠害以及储藏期病虫害等的分布、发生与危害、受害特点、有害生物特征与特性、发生规律和综合治理等方面的内容，并附相关技术操作附录，具有科学性、系统性、先进性、实用性和可操作性等特点。

　　《中国花生病虫草鼠害》一书的编著出版，将推动我国花生科研工作的发展和提高广大科技工作者的技术水平；对指导我国花生有害生物防治、提高花生产量和品质、改善人民生活和扩大出口贸易，也将起到一定的促进作用。我相信该书的问世将会受到从事花生生产、农业技术推广、教学和科研工作者的欢迎和喜爱。

中国工程院院士　郭予元

2008 年 11 月

前　言

我国是世界上花生产量最多的国家，在国际上享有一定的声誉。花生不仅是重要的经济作物，也是我国主要的油料作物和食用作物，还是我国大宗出口的农作物之一。花生产量的高低和产品质量的好坏，直接影响到农民的经济收入和人们生活水平。花生生产在良种良法配套的基础上，产量和质量很大程度受病、虫、草、鼠以及其他有害生物的影响。长期以来，尤其是近30年，我国广大科技工作者和生产者在控制花生有害生物的危害方面，通过科研和生产实践积累了丰富的应用技术，获得了一大批科研成果，为我国花生科研、生产、贸易等的发展起到了巨大的推动作用。

为了系统总结花生有害生物防治科研成果，普及和提高花生病虫草鼠害防治生产技术，促进花生生产，确保我国花生高产、优质、高效发展，我们编写了《中国花生病虫草鼠害》一书。在编写过程中，为提高防治技术的可操作性，我们始终遵循理论与实践相结合的原则，使本书充分体现科学性、系统性、先进性和实用性；尽最大可能包罗我国花生有史以来所发生和新发生的每一种非生物病害、生物病害与其他有害生物；较详细地论述了每一种病害和其他有害生物的分布与危害、形态特征、发生规律、预测预报与综合防治技术。本书经过全国从事花生有害生物及其防治工作的30多位专家一年多的努力，完成了编写、审稿和定稿工作。

全书共九章。分别阐述了我国花生非生物病害、生物病害、地上害虫、地下害虫、草害、鼠害、储藏期病虫害、其他有害生物与综合治理技术等，并有相关技术内容的附录。全面系统地总结了我国花生有害生物与防治的科研成果与实践经验，将有力推动花生科技事业尤其是有害生物与防治领域的发展与进步。

特别感谢郭予元院士在百忙中为本书作序。由于编写人员的水平有限，书中难免有错误和不足之处，敬请广大读者批评指正。

徐秀娟

2008 年 11 月

目 录

第一章　花生非生物病害

非生物病害是由非生物因子引起的病害，如营养、水分、温度、光照和有毒物质等，阻碍植株的正常生长而出现不同病症。这些由环境条件不适而引起的病害不能相互传染，故又称为非传染性病害或生理性病害。非侵染性病害的病原因子有很多，主要可归为营养失调、土壤水分失调、温度不适、有害物质、土壤酸碱度等。

营养失调：花生在正常生长发育过程中需要氮、磷、钾、钙、硫、镁等大量元素和铁、硼、锰、锌、钼等微量元素。当营养元素缺乏或过剩、各种营养元素的比例失调、土壤的理化性质不适宜而影响了对这些元素的吸收，花生则不能正常生长发育，从而发生生理病害。

水分失调：花生的新陈代谢过程和各种生理活动都必须有水分的参与才能进行。水直接参与花生体内各种物质的转化和合成，溶解并吸收土壤中各种营养元素并调节花生植株的体温。水分缺乏或过多以及供给失调都会对花生产生不良影响。土壤水分供给不足，会使花生的营养生长受到抑制、营养物质的积累减少、品质降低。缺水严重时，花生植株萎蔫，叶片变色，叶缘枯焦，造成落叶、落花，甚至整株枯死，影响荚果产量。土壤水分过多（俗称涝害），会阻碍土温升高和降低土壤透气性，使土壤中氧气含量降低，植物根系长时间进行无氧呼吸，引起根系腐烂，也会引起叶片变色、落花，甚至植株死亡。水分供给失调、变化剧烈时，对植株会造成更大的伤害。

温度不适：在花生生长发育的每一个物候期都有适宜的温度范围。温度过高或过低，超过了它的适应能力，植株代谢过程将受到阻碍，就可能发生病理变化而发病。低温对植物危害很大。轻者产生冷害，表现为植株生长减慢，组织变色、坏死，造成落花、落果和畸形果；0℃以下的低温可使植物细胞内含物结冰，细胞间隙脱水，原生质破坏，导致细胞及组织死亡。如秋季的早霜、春季的晚霜，常使植株幼芽、新梢、花器、幼果等器官或组织受冻，造成幼芽枯死、花器脱落，不能结实或果实早落。高温对植物的危害也很大，可使光合作用下降，呼吸作用上升，碳水化合物消耗加大，生长减慢，使植物矮化和提早成熟。干旱会加剧高温对植物的危害程度。

土壤酸碱度和理化性质：花生的生长需要适宜的土壤 pH，土壤过酸或过碱都会使花生受到伤害，引起花生酸害和盐碱害。

有害物质：空气中的有毒气体、土壤和植物表面的尘埃、农药等有害物质，都可使植物中毒而发病。工厂排出的有害气体为硫化物、氟化物、氯化物、氮氧化物、臭氧、粉尘等。

第一节　花生干旱病害

一、花生子叶病

花生子叶病是由干旱引起的花生子叶上的一种局部性病害。最早在 1979 年被发现并开始研究。青岛东风糖果厂在制造糖果时，在花生籽仁上发现了一种病症，病症的特点是在花生子叶背面有一种不规则形的肿瘤。根据病害产生的部位定名为花生子叶病。病害发现的当年，山东省花生研究所对其进行了系统的研究。

（一）分布与危害

据徐明显、徐秀娟等报道，产区农民反映花生子叶病在山东历史上曾经见过，但未引起重视，没有人进行研究，也未发现文献记载。1978 年山东花生产区各主产县都有不同程度的发生，一般发病率 10％左右。莒南县大山公社横沟大队、日照县马庄公社崖头大队病情较重，发病率 12％～13％。横沟大队的重病地块"望海楼"发病率高达 16％。初步调查表明，花生子叶病的发生和花生田的地势、土壤性质有密切关系。山坡顶高燥缺水的粗沙地发病重；山间平原，低洼易灌、保水性好的壤土地发病轻；花、果期长的中熟品种（如徐州 68-4、临花 1 号、临花 2 号）发病重；花、果期短的早熟品种（如白沙 1016、花 28）发病轻。

（二）花生子叶病对花生产量和质量的影响

花生子叶病是花生上的一种严重病害。受害花生籽仁不但外貌受到严重破坏，而且产量和质量都有损失。病仁百仁重降低 6.2g，油分含量降低 4.14％，蛋白质含量降低 4.51％。与健仁比较，无论病仁（瘤部）还是病仁去瘤部的 17 种氨基酸含量严重降低（表 1-1）。这些都影响花生籽仁的商品质量和食用价值。

表 1-1　花生子叶肿瘤氨基酸分析结果

（山东省花生研究所委托中国农业科学院上海生物化学研究所，1984）　　　　单位：μmol

氨基酸	病仁（瘤部）	病仁去瘤部	健仁（CK）
赖氨酸	1.009	1.186	2.185
组氨酸	0.608	0.660	1.473
精氨酸	3.358	4.068	8.442
天冬氨酸	3.617	3.871	8.923
苏氨酸	0.866	0.972	1.915
丝氨酸	1.655	1.810	3.924
谷氨酸	5.693	6.107	13.832
脯氨酸	0.639	0.682	1.307
甘氨酸	2.808	3.099	7.023
丙氨酸	1.854	1.896	4.269
胱氨酸	0.058	0.078	0.335
缬氨酸	1.472	1.587	3.418

（续）

氨基酸	病仁（瘤部）	病仁去瘤部	健仁（CK）
甲硫氨酸	0.233	0.291	0.381
异亮氨酸	1.117	1.194	2.666
亮氨酸	1.998	2.199	4.996
酪氨酸	0.725	0.786	2.092
苯丙氨酸	1.200	1.254	3.297

（三）花生子叶病症状

花生子叶病是花生子叶上的一种局部性病害。病害的特点是在花生籽仁的子叶背面发生一种外观如"刺瘊"、剖视似菜花的不规则形肿瘤（图1-1）。花生子叶病的病株外观没有任何异常变化，病果的果壳发育正常，没有外伤和生物侵袭的痕迹（彩图1-1）。每株花生可以有1~4个荚果（未发现更多的）发病。发病的荚果有单仁果，也有双仁果。双仁果有的前室籽仁发病，有的后室籽仁发病，也有的两室籽仁同时发病。花生籽仁背面上的这种小肿瘤，如果于花生幼胚发育初期发生，以后随籽仁的发育逐渐增大而成，则幼嫩籽仁上的肿瘤体积小，成熟籽仁上的肿瘤体积大；而当幼胚发育的中后期遇到干旱，即使是成熟的籽仁上的瘤体也较小。

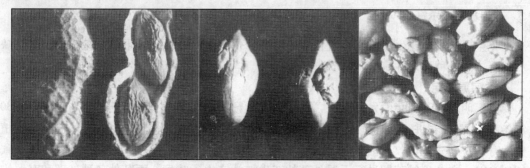

图1-1　花生子叶病症状特点

（山东省花生研究所，1979）

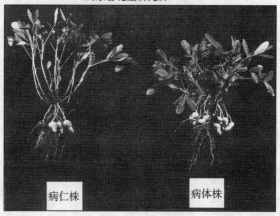

病仁株　　　　病体株

图1-2　花生子叶肿瘤发育成的植株

（山东省花生研究所，1981）

花生子叶肿瘤一般不影响种子发芽和幼苗生长发育，将带病的籽仁进行沙培播种，花生幼苗子叶上的肿瘤薄壁细胞可以继续增生，增生的细胞团向下分化成根系，向上分化成芽，有的可长成完整的植株，并可正常开花结果（图1-2）。在生物显微镜下观察肿瘤的切片可见到肿瘤的薄壁细胞体积增大，外形拉长呈不规则形（图1-3），瘤体中具有维管束组织。

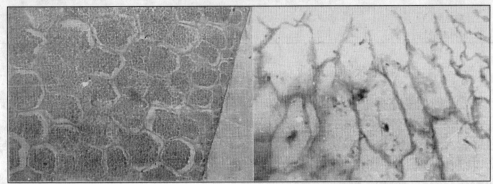

正常子叶横切　　　　　　　　　　　　　花生肿瘤子叶横切

图1-3　在生物显微镜下观察肿瘤的切片

（山东省花生研究所，1980）

（四）发病条件

花生子叶病是花生籽仁发育过程中，幼胚分化出子叶以后土壤干旱，植株较长时间缺水所造成的一种生理性病害。

1. 病原测定

为探明花生子叶病的发病原因，山东省花生研究所徐明显等分别于1980年春、1980年冬和1981年春进行盆栽试验，每次试验进行了不同的处理，花生生长期间定期观察植株生育状态和病变，收获时统计病株率、病果率和病仁率。三次盆栽试验结果表现一致（表1-2），在花生结荚期进行干旱处理的花生植株产生子叶病，而其他各种处理和对照均未发病；平均发病株率31.9%～45%，病果率2.5%～3.1%，病仁率1.9%～2.3%。

表1-2　花生子叶病病原测定结果

（山东省花生研究所，1980）

处理	试验时间	0～15cm含水量(%)	干旱天数	植株			荚果			籽仁		
				总数	病数	病率(%)	总数	病数	病率(%)	总数	病数	病率(%)
干旱接线虫	1980.11.15—1981.5.8	3～5.6	25	40	18	45	775	24	3.1	1 092	24	2.2
干旱接菌	1980.11.15—1981.5.8	3.3～5.2	25	40	13	32.5	795	20	2.5	1 069	20	1.9
干旱不接种	1980.5.6—1981.5.8	同上	21～25	47	15	31.9	768	22	2.9	1 041	24	2.3
不干旱防虫	1980.5.6—1981.5.8	/	/	13	0	0	163	0	0	193	0	0
不干旱高压灭菌土	1980.5.6—1981.5.8	/	/	29	0	0	470	0	0	654	0	0

（续）

处理	试验时间	0～15cm 含水量（%）	干旱天数	植株			荚果			籽仁		
				总数	病数	病率（%）	总数	病数	病率（%）	总数	病数	病率（%）
不干旱氯化苦熏土	1980.5.6—1981.5.8	/	/	22	0	0	422	0	0	560	0	0
不干旱DBCP熏土	1980.5.6—1981.5.8	/	/	18			438	0	0	598	0	0
对照	1980.11.15—1981.5.8	/	/	55	0	0	1 072	0	0	1 467	0	0

2. 干旱程度和干旱时间与发病的关系

1980 年冬在温室进行花生干旱时间试验，1981 年春进行了花生盆栽试验，研究干旱程度与发病的关系。收获时统计病株率、病果率和病仁率。两次试验结果表明，花生在盆栽条件下，结荚期盆中土壤水分在 2%～10% 的范围内，延续 10d 以上均可发病，而较适宜的发病水分为 5% 左右。在一定的水分条件下，发病率有随干旱时间延长而增加的趋势，但不很规律。

3. 花生籽仁胚胎发育阶段和发病关系

1981 年春进行大田试验，研究花生籽仁胚胎发育阶段与发病的关系。收获时将标记果针所结的荚果逐个剥壳检查，按荚果标记时间分别统计籽仁发病率，按果针入土后遇到干旱的天数推算籽仁胚胎发育阶段及其与子叶病疣的发生关系。试验结果（表 1-3）表明，花生果针入土 15d 后遇到严重干旱，花生籽仁方可产生子叶小疣。根据花生籽仁胚胎解剖学的研究结果，果针入土 15d 正是籽仁胚胎发育到子叶分化后的马鞍胚时期。这说明这种子叶小疣是花生籽仁发育过程中幼胚分化出子叶以后遇干旱导致的局部病变。

表 1-3 花生籽仁胚胎发育阶段与干旱的关系

（山东省花生研究所，1981）

果针标记时间	果针入土至干旱处理天数	干旱处理天数	荚果			籽仁		
			总数	病数	病率（%）	总数	病数	病率（%）
7月7日	23	25	177	32	18.1	320	32	10.0
7月9日	21	25	111	20	18.0	173	21	7.7
7月11日	19	25	155	16	10.3	255	17	6.7
7月13日	17	25	137	7	5.1	224	7	3.1
7月15日	15	25	201	6	3.0	323	6	1.9
7月17日	13	25	201			24	0	0
7月19日	11	25	11			15	0	0
7月21日	9	25	16			23	0	0

4. 田间诱导发病

1981 年春，为验证花生结荚期干旱是花生子叶病的致病原因，于山东省花生研究所内进行了田间遮雨干旱诱病试验。试验结果，田间和盆栽试验的结果一致（表 1-4），即花生结荚期遇干旱是花生子叶病的致病原因。

表 1-4 田间遮雨试验结果

(山东省花生研究所，1981)

处理	播种期	收获期	试验结果								
			总株	病株	病株率(%)	总果	病果	病果率(%)	总仁	病仁	病仁率(%)
遮雨	5.9	9.18～11.6	960	394	41.0	11 835	707	6.0	17 771	719	4.0
对照	5.9	9.27～28	86	0	0	1 332	0	0	1 982	0	0

总之，花生子叶病不是一种常发性传染病害，年度间发病和危害差异极大。花生子叶病的发病原因是花生结荚期籽仁幼胚子叶分化后遇到较长时间严重干旱而产生的结果。干旱指标：多砾质沙土，土层 30cm 左右，下为母岩，0～15cm 土壤相对含水量 20% 左右，延续 10d 以上。

(五)防治

根据病原和发生规律采取如下防治措施可以减轻或消除该病的危害。

(1) 山区丘陵和平原沙丘土层浅薄的土地可利用冬春农闲期间进行深翻，将活土层加深到 35cm 以上。

(2) 在花生结荚期如遇天旱，有水浇条件的地区要适当灌溉，使花生结荚层土壤保持适宜的水分。

(3) 选用早熟中粒花生品种，如白沙 1016、花 28 等。

二、干旱所致的其他病害

花生虽是旱地作物，但其耗水量很大，在整个生育过程中，根系的吸收、叶面的蒸腾、有机物质的制造、转化和运输，都必须在水分参与下才能进行。除了花生子叶病，干旱还可导致花生出现生长发育障碍及生理特性的变化。

(一)分布与危害

华北及东北地区花生产区常因春旱引起花生缺苗断垄，而长江中、下游地区又常发生伏旱，使花生长期缺水萎蔫，以致开花减少，果针迟迟不能下扎，甚至有时还有秋旱，损失极重。

由干旱所引起的花生受害特点是不具有明显的外部伤害。干旱通常对花生的生长发育、生理活动造成不利的影响，继而降低产量和品质，影响花生的商品价值。

1. 干旱对花生生长发育的影响

干旱影响花生的主茎生长、叶片发生、干物质积累、花芽分化，降低光合强度。据山东省花生研究所的姚君平等报道，花生不同生育阶段土壤干旱对植株生育的影响明显。试验分别在花针期、结荚期、饱果成熟期进行干旱处理，干旱时间分别为 10d、20d、30d。结果（表 1-5、表 1-6）表明：①对茎秆生长的影响：花针期干旱处理对主茎生长有明显影响，总的趋势是随着干旱时间延长，主茎日增长量明显减少，20d 后由于土壤中已无可利用水分，主茎生长已趋停止；②对开花的影响：花针期干旱 10d 处理，当土壤（0～

30cm）持水量由 57.5% 降至 20.9% 时，出现断花，干旱 30d 处理，前后断花 26d，但花期明显延长，比对照推迟 10d。干旱处理对受精也有明显影响，与对照处理相比，花期干旱 20d、30d 分别达 5%、1% 显著差异。从结实看，结荚期干旱 20d，饱果期干旱 20d 明显影响单株结实，分别比对照减少 28%、45%；③对干物质积累的影响：土壤干旱也明显地影响着地上部干物质积累，总的趋势是干旱时间愈长，其积累值愈小，但生育期不同，影响也不尽一致；④干旱对光合作用影响比较明显，干旱处理明显降低光合作用强度，且有水分愈低光合作用强度数值愈小的趋势。

表 1-5 花针期干旱对主茎生长和出叶率的影响

（山东省花生研究所，1985）

处　理	主　茎		叶　片	
	日增长量（cm）	占 CK（%）	日增长量（片）	占 CK（%）
干旱 10d	0.092	39.7	0.033	33
CK	0.232	—	0.100	—
干旱 20d	0.034	7.9	0.053	31.4
CK	0.43		0.169	
干旱 30d	—		0.037	20.33
CK	—		0.182	

表 1-6 干旱处理对叶面积干物质的影响

（山东省花生研究所，1985）

处　理	单株叶面积（cm²）	茎叶干重（g）
花针期干旱 10d	663.3	10.64
花针期干旱 20d	820.5	10.59
花针期干旱 30d	675.6	8.18
结荚期干旱 10d	711.7	11.62
结荚期干旱 20d	224.6	7.31
饱果期干旱 10d	716.4	13.19
饱果期干旱 20d		12.27
对照	707.1	11.33

山东农业大学李维江等报道了花生前期光合速率及生长对干旱的反应。前期土壤干旱降低了花生光合速率、干物质积累及叶面积扩展，干旱愈重影响愈大，复水后都有不同程度的恢复，甚至超过对照；再次干旱时，前期经适度干旱锻炼的处理表现出一定的干旱适应性（表 1-7）。干物质积累的受抑与恢复是由叶片光合能力和叶面积决定的，但叶面积在其中起着主要作用。总之，花生前期土壤含水量高于田间持水量 50% 时，尽管干旱对生长有一定抑制作用，但复水后能迅速恢复到对照水平，有时超过对照处理，对以后花生生长影响不大，而且提高了抗旱能力，但田间持水量低于 50% 时生长受到严重影响，复水后也难以恢复正常生长。因此，花生苗期土壤含水量应控制在田间持水量 55% 左右为宜。

表1-7 土壤干旱对花生单位叶面积光合速率的影响

（山东农业大学，1991） 单位：$CO_2 \mu mol/s \cdot m^2$

测定日期	处			理	PAR/TOC
	土壤含水量占田间持水量的75%（CK）	土壤含水量占田间持水量的60%	土壤含水量占田间持水量的45%	土壤含水量占田间持水量的30%	
一次干旱后13d	17.438	18.924	16.121	14.763	1360/29
一次干旱后20d	15.335	16.663	14.083	13.150	1200/30
复水后3d	18.474	30.160	16.900	16.699	1059/31
复水后10d	18.994	16.444	13.786	12.920	1378/28
二次干旱后8d	11.128	11.303	11.835	10.580	1520/29
二次干旱后14d	9.163	10.021	9.410	8.806	1404/28

据莱阳农学院王福青等报道，干旱对花生苗期营养生长和花芽分化、发育的影响明显（表1-8）：①控水对叶片的发生和发展均有影响，且侧枝比主茎严重（以第一对侧枝为例），品种间差异明显，大体可分三种情况：一是受影响轻的，第一对侧枝的总叶和展叶数量比对照少或者发育迟；二是生长缓慢的，主茎展叶比对照少0.2～0.4片，总叶比对照少0.5～1.0片；三是停止生长的，主茎展开叶比对照少0.8～1.5片，总叶比对照少1.0～1.7片。②干旱对任何一个品种的花芽分化均有影响，但品种不同受影响程度有差异。花芽败育率在6.7%～100%之间，败育率最高的发生在茎叶停止生长和轻微受影响之中。花生播后控水36d，虽然植株茎叶未发生萎蔫，但花芽总损失4.03%～43.71%，部分品种材料的花芽不能发育形成四分体小孢子，或二核花粉粒败育。

表1-8 控水对不同品种花生花芽的影响

（莱阳农学院，1998）

品 种	前期 I		中期 I 至后期 II		四分体		单核		二核		前期 I 至二核花粉	
	数量总/败	败育(%)	数量总/败	败育(%)	数量总/败	败育(%)	数量总/败	败育(%)	数量总/败	败育(%)	数量总/败	败育(%)
8130	0/0	0	10/10	100	—	—	—	—	—	—	10/10	100
鲁花3	8/0	0	9/7	77.8	11/9	81.8	—	—	—	—	28/20	71.4
8802	10/0	0	12/1	8.3	11/4	36.3	—	—	5/0	0	38/5	13.2
鲁花11	12/0	0	9/4	23.5	—	—	7/0	0	12/0	0	40/4	10.0
97-88	17/0	0	3/1	33.3	3/2	66.7	9/0	0	13/0	0	45/3	6.7
海花1	17/0	0	3/1	33.3	12/7	58.3	11/0	0	7/2	28.6	50/10	20.0
鲁花14	12/3	25	7/3	42.9	13/10	76.9	20/13	75	7/7	100	53/26	61.1
鲁花10	6/0	0	6/5	83.3	6/6	100	1/1	100	12/0	0	31/12	38.7

山东省临沂农业科学研究所李俊庆等以抗旱型及敏感型花生作试材，报道了水分胁迫对花生生长发育及生理特性的影响。水分胁迫使花生营养生长及干物质积累速度降低，根系吸收面积及叶片光合强度下降，叶片中叶绿素及脯氨酸含量提高。

2. 干旱对花生生理特性的影响

干旱影响花生的生理特性，主要包括根系活力、光合速率、保护酶的活性及叶片可溶性蛋白质含量等，前人做了大量研究，为花生生产提供了理论依据。

山东省花生研究所薛慧勤等报道了水分胁迫对花生生理特性的影响。随干旱胁迫的加重，花生根系活力、叶片过氧化氢酶活性、可溶性蛋白质含量和光合速率有不同程度的下降，丙二醛含量却上升。

中国农业科学院油料作物研究所姜慧芳等以不同类型的抗旱花生种质为材料，于花针期干旱处理43d，调查和分析了水分胁迫对叶片 SOD 活性、蛋白质和水势影响的动态变化。分析结果（表1-9）说明，在干旱胁迫初期，花生叶片的 SOD 活性下降，蛋白质含量增加。在严重干旱胁迫时，花生叶片 SOD 活性增加，蛋白质含量降低。

表1-9 不同品种对干旱胁迫反应的 SOD 的动态变化

（中国农业科学院油料作物研究所，2000）　　　　　　　　　　　　单位：SOD 活性单位

品　种	6/20		6/26		7/5		7/11		7/19		7/27	
	干旱	比CK ±%	干旱	比CK ±%	干旱	比CK ±%	干旱	比CK ±%	干旱	比CK ±%	干旱	比CK ±%
马山二洋	302.75	−4.18	242.36	−26.51	221.82	−14.56	289.17	20.93	404.24	27.54	333.46	6.33
富川大花生	240.00	−11.42	183.61	−14.98	204.74	−5.59	381.20	30.31	387.38	25.06	344.50	7.75
当阳麻壳	266.73	−16.28	140.79	−42.85	313.90	−2.29	358.92	12.14	396.14	22.52	360.47	2.07
直丝花生	267.92	−22.17	147.76	−43.57	213.26	−17.72	306.49	27.81	374.26	15.47	343.67	2.18
南康直丝子	237.84	−20.13	178.62	−33.38	261.63	−20.47	276.21	7.41	391.26	28.30	312.35	8.79
FDRS10	303.35	−13.65	169.21	−31.67	303.30	14.71	291.97	7.32	405.04	20.76	374.48	8.12
红花1号	284.11	−24.63	146.26	−45.49	246.37	−11.17	358.86	27.73	369.98	6.72	339.76	2.16
ICGV 86707	210.17	−0.15	242.16	9.76	337.99	19.10	318.41	21.54	358.73	9.25	323.54	1.05
CHICO	359.62	−9.60	239.31	−9.79	290.39	−1.64	273.46	20.02	370.17	2.15	351.85	2.56

山东农业大学严美玲等报道了在人工控制水分条件下，苗期不同程度干旱对花生生理特性的影响（表1-10）。随着干旱程度的增加，花生叶片光合速率逐渐下降，叶中丙二醛含量增加，适当干旱（灌水60~80mm），可增加叶片中超氧化物歧化酶（SOD）、过氧化物酶（POD）、过氧化氢酶（CAT）的活性，提高叶片可溶性蛋白质含量，充分灌水后，叶中 SOD、POD、CAT 活性和 MDA 含量显著降低，而光合速率显著升高，因此她认为要保持花生叶片较好的生理特性，苗期灌水量不能低于60~80mm。

表1-10 花生苗期干旱胁迫对叶片可溶性蛋白质含量的影响

（山东农业大学，2003）

品　种	灌溉量（mm）	可溶性蛋白质含量			
		干旱（mg/g FW）	比对照提高（%）	复水后（mg/g FW）	对照（%）
鲁花11	20	55.77	40.69	27.75	88.57
	40	55.19	44.27	24.45	78.04
	60	64.15	61.83	34.17	109.06
	80	54.83	38.32	28.95	92.40
	100 (CK)	39.64	—	31.33	
农大818	20	58.68	72.33	47.97	122.24
	40	55.39	62.67	37.69	92.20
	60	60.48	77.62	31.38	76.76
	80	48.93	43.70	47.48	116.14
	100 (CK)	34.05	—	40.88	

3. 干旱对花生产量和品质的影响

干旱影响花生的生长发育和生理特性，导致的最终结果就是影响花生荚果产量和籽仁品质。山东省花生研究所姚君平等报道了不同生育期干旱对花生产量和品质的实际影响（表1-11）。结荚期干旱影响荚果长度和宽度，花针期干旱则主要影响其长度，饱果期干旱对其长度宽度影响很小；干旱影响籽仁发育，使籽仁数量减少，花针、结荚期干旱30d，饱果期干旱20d者单株籽仁依次比对照减少0.7，12.7和8.1个，产量依次比对照减少20.1%，32.1%和13.4%；不同生育期干旱对花生籽仁油分含量的影响，表现为花针期干旱处理均高于对照，而结荚期和饱果期干旱则比对照低，对籽仁蛋白质含量的影响则表现为结荚期和饱果期干旱的蛋白质含量均高于对照，而花针期干旱的蛋白质则低于对照。

表1-11　干旱对产量的影响

（山东省花生研究所，1985）

处　　理	产　　　量			
	荚果 （kg/hm²）	比对照增减 （%）	籽仁 （kg/hm²）	比对照增减 （%）
花针期干旱 10d	3 781.5	−28.7	2 757.75	−31.4
花针期干旱 20d	3 885.75	−26.7	2 981.25	−26.9
花针期干旱 30d	3 125.25	−41.1	2 266.50	−43.6
结荚期干旱 10d	3 677.25	−30.6	2 710.5	−32.5
结荚期干旱 20d	1 083.0	−79.6	662.25	−83.5
饱果期干旱 10d	4 156.5	−21.6	2 841.75	−29.3
饱果期干旱 20d	2 625.0	−50.5	1 767.75	−56.0
对照	5 301.75	—	4 018.50	—

山东农业大学严美玲等报道了苗期干旱胁迫对不同抗旱花生品种产量和品质的影响（表1-12与表1-13）。随着苗期干旱程度的增加，花生荚果和籽仁产量降低，花生苗期中、轻度干旱胁迫可增加籽仁蛋白质含量，对脂肪含量的影响不大，重度干旱显著降低籽仁脂肪含量、脂肪中油酸组分和O/L比值，增加亚油酸组分，但对蛋白质的影响较小。

表1-12　花生苗期干旱胁迫对产量的影响

（山东农业大学，2004）

品　　种	浇灌量 （mm）	荚果产量 （kg/hm²）	减产 （%）	籽仁产量 （kg/hm²）	减产 （%）	出仁率 （%）
	20	1 486.5	57.3	808.5	65.6	54.4
	40	1 995.0	42.7	1 180.5	49.8	59.2
鲁花11	60	2 661.0	23.6	1 812.0	22.9	68.1
	80	3 259.5	6.4	2 190.0	6.8	67.2
	100（CK）	3 481.5	—	2 350.5	—	67.5
	20	1 632.0	51.0	858	60.1	52.6
	40	2 389.5	28.3	1 434.0	33.3	60.0
农大818	60	2 683.5	19.5	1 837.5	14.5	68.5
	80	2 970.0	10.9	1 951.5	9.2	65.7
	100（CK）	3 331.5	—	2 149.5	—	64.5

表 1-13　花生苗期干旱胁迫对籽仁品质的影响

(山东农业大学，2004)

品　种	浇灌量 (mm)	蛋白质 含量（%）	脂肪含 量（%）	棕榈酸 （%）	硬脂酸 （%）	油酸 （%）	亚油酸 （%）	花生烯 酸（%）	O/L
	20	24.81	37.32	11.96	1.67	45.00	40.49	0.87	1.11
	40	24.31	36.54	11.11	1.67	45.41	41.04	0.77	1.11
鲁花 11	60	27.68	39.12	10.70	1.68	48.71	38.19	0.73	1.28
	80	28.27	36.90	10.89	1.81	48.67	38.04	0.60	1.28
	100（CK）	25.03	38.82	9.89	1.74	48.69	39.07	0.60	1.25
	20	31.15	34.99	9.29	1.28	46.90	41.97	0.57	1.12
	40	32.69	39.56	9.41	1.39	52.01	36.43	0.76	1.43
农大 818	60	31.95	39.95	9.59	1.52	51.87	36.64	0.62	1.42
	80	30.81	37.67	9.58	1.43	52.20	36.20	0.59	1.44
	100（CK）	30.28	39.53	10.26	1.76	53.03	34.10	0.85	1.56

（二）症状

萎蔫（彩图 1-2）通常是花生干旱的一个生理指标。花生一旦发生萎蔫会产生一系列不良影响。在花生发育过程中，干旱使植株生长受到抑制，节间缩短，节数减少，叶片变小，细胞结构更加致密，干物质积累量少；花芽分化和开花期延迟，花量减少，生育期延长，产量降低。除减产外，干旱还是花生收获前黄曲霉毒素污染的最主要因素。

花生在整个生育过程中，各个生育阶段需水量不同。出苗期播种层土壤水分占土壤最大持水量的 50%～60% 为宜。如果播种层水分不足时，便会造成种子落干和缺苗断垄现象。幼苗期要求土壤水分为土壤最大持水量的 50%～60%，若低于 40% 时，则影响根系对水分和养分的吸收，抑制植株生长发育，光合面积增长缓慢，花芽分化受到影响；开花下针期要求土壤水分占土壤最大持水量的 60%～75% 为宜，若低于 50% 时开花量显著减少，同时使下针结果困难，花期延长，结果不整齐，造成伏果（腐皮果）多；结果成熟期要求土壤水分占土壤最大持水量的 50%～60% 为宜，若土壤水分低于 40% 时，则荚果饱满度就会受到影响，瘪果相对地增多，饱果率下降。

（三）发病条件

山东省花生研究所姚君平、罗瑶年等经过多年试验研究，明确了花生各生育时期的临界水分。

1. 深土层条件下

（1）苗期干旱由于水分变化不大，植株生长基本正常，对开花早晚、花量多少均无明显影响。虽光合强度有随干旱时间延长而减低的趋势，但在产量上无显著差异。由此认为，苗期对水分不敏感，适当蹲苗尚有好处。当 0～50cm 土壤持水量低于 40% 时可适量浇水。

（2）花针期对水分比较敏感，早熟种干旱的临界水分指标为 0～90cm 土壤持水量不低于 32.2%，中熟种的临界水分指标 0～90cm 土壤持水量应为 33.7%。

（3）结荚期早、中熟种的临界水分指标 0～90cm 土壤持水量应分别为 32.1％ 和 31.8％。

（4）饱果期早、中熟种的临界水分指标 0～90cm 土壤持水量应分别为 37.3％ 和 35.2％。

2. 浅土层条件下早熟种

（1）花针期土壤水分（指 0～30cm 土层土壤水分占土壤持水量的百分数，下同）降至 15.3％明显影响有效花。

（2）花针期土壤水分降至 15.3％，结荚期降至 19.3％，单株受精数明显受影响。

（3）结荚期土壤水分降至 13.9％影响结实数、饱果数。

（4）饱果期土壤水分降至 23.5％同样影响结实数和饱果数。

3. 浅土层条件下中熟种

（1）花针期水分不足，不论是前旱、中旱、后旱处理（三者土壤水分分别为 24.5％、18.2％、19.0％）对单株总花量、有效花量、受精数、出仁率、饱果数均无显著影响，但花针期前旱后旱处理明显影响单株结实。

（2）结荚期干旱（前旱、中旱、后旱土壤水分分别为 18.2％、18.9％、17.6％）对受精、饱果并无影响，后旱处理明显影响结实数和出仁率。

（3）饱果期干旱（前旱、中旱、后旱土壤水分分别为 27.0％、26.7％、28.3％）对出仁率和饱果数无影响，而单株结实数明显减少。

（四）防治

1. 选用抗旱花生品种

因地制宜地选用对干旱环境有较强适应能力的耐旱品种，是提高花生抗旱性的关键措施之一。抗旱花生品种的主要形态特征是：根系发达，主根长且密度大，根系多；叶片小，蒸腾速率低；耐干旱，即使在干旱胁迫条件下也能获得一定产量。抗旱的花生品种主要有鲁花 9 号、鲁花 11、鲁花 14、邢花 1 号、中花 8 号、泰花 3 号、冀油 4 号、南充混选 1 号、粤油 551、粤油 7 号、粤油 114、汕油 523 等。

2. 推广地膜覆盖栽培

地膜覆盖栽培具有保水、增温、防止土壤板结和改善田间小气候等作用。同时，要降低垄高至 8～10cm，提高覆膜质量，避免或减少放苗、拔草时对地膜的损坏，及时用土压实膜孔，减少跑墒，充分发挥覆膜保墒抗旱的作用。

3. 精细整地，多施有机肥

旱地的整地要求做到早、深、松、细、平、湿，以便及早熟化土壤，加厚土层，改善理化特性，增强保水性能。耕深以 30～40cm 为宜，冬耕比春耕可更多地积蓄水分，增幅为 2.01％～5.46％，因此提倡推广冬前深耕技术。

4. 花生齐苗后及时清棵

通过清棵控制幼苗地上部生长，促进根系生长，增强幼苗抗旱和吸收水分的能力。

5. 加强田间管理，适时灌溉

根据花生各生育时期的水分临界期，遇旱及时浇灌。花针期浇水保湿，促进开花受精和果针顺利入土；饱果期遇旱小水润浇，切忌大水漫灌，以防黄曲霉感染。要达到经济合理用水，有水浇条件的地区，可于开花后 27～40d、54～99d 期间进行浇灌；水源条件较差的地区，可于花后 27～40d、66～78d 期间遇旱尽量进行浇灌。

6. 推广抗旱剂

喷施抗旱剂可抑制蒸腾，增加叶绿素含量，减缓土壤水分消耗，增强抗旱能力。在花生结荚期喷施，效果尤其明显。花生上施用的抗旱剂有抗旱剂 1 号，施用方法是 0.9kg/hm² 对水 300kg，均匀喷叶面 1～2 遍；SA 型抗旱保水剂 2 号，2.25kg/hm² 拌种或拌土施用。另外，还可以喷 S-诱抗素、黄腐酸抗旱剂等。

第二节　花生湿涝害

湿涝害是湿害和淹涝害的统称。前者指土壤水分达到饱和时对植物的危害，后者为地面积水淹没作物基部或全部而造成的危害。花生容易发生湿涝害。

（一）分布与危害

我国花生多分布在北部温带到南部热带的季风气候区，年降雨量 330～1 800mm，降水的时空分配不匀，旱涝多发。长江流域的春涝和春夏连涝、华南地区的夏秋之涝出现频率甚高，尤以平原区和稻田区花生湿涝较严重，地势相对较高的旱地花生也难免遭遇因长期阴雨引起的湿涝。作为世界花生分布北缘地区的东北、华北产区，夏涝亦时有发生。花生湿涝害大多发生在丘陵、河畈或山谷梯田，缺乏排灌系统。因此，旱季受干旱威胁而雨季又常积水成灾。

印度 Krishnamoorthy H N 等报道，花生幼苗期湿涝处理 1～2d，对根瘤数、根系干重影响较小，对地上部干重、开花数影响较大；4～6d 湿涝处理则影响甚大。在花生开花至结荚阶段，雨水过多或排水不畅，会引起茎蔓徒长甚至倒伏、根瘤菌形成和生长受阻、子房发育和荚果膨大受抑、结果率降低。

湖南农业大学刘飞等报道了盆栽试验条件下湿涝对花生吸收矿质营养的影响。湿涝时花生对 N、P、K、Ca、Mg 的吸收和积累严重受抑。N、P、K、Ca 总体以叶片下降最明显，其次是根系，茎秆相对下降较小；Mg 以茎秆下降最多，其次是叶片，根系相对下降最小。

湖南农业大学刘登望等通过在花生幼苗期进行浅水水淹处理，报道了湿涝对幼苗期花生根系 ADH 活性及生长发育的影响。正常水分时花生的 ADH 酶存在基础代谢，但主要受厌氧环境诱导而剧增，增幅又与正常水分时的基础代谢有关。淹涝处理组中 ADH 酶活性随着水淹时间的增加而升高，且呈动态变化。研究还表明，淹涝时花生根系生长发育严重受阻，外观表现为根系颜色变深，形态上根系变小，根鲜重减轻。

（二）症状

受涝后土壤透气不良，地温下降，对花生幼果形成、荚果膨大、籽仁物质积累极为不利，表现为种子发芽受阻，出现"焖种"、"烂种"，有时出苗虽快，但苗细弱、瘦长。苗期根系生长受抑，植株黄弱（彩图1-3），中期植株发育矮小，后期幼果、烂果多，荚果不饱满，饱果率降低。

（三）发病条件

花生对湿涝反应的敏感期被认为是生育前期和后期或荚果充实期。花生种子发芽时呼吸作用加强，需要足够的氧气，促使脂肪转化为糖类，以保证幼苗正常生长。此时若土壤水分过高（最大持水量超过70%），将会导致土壤板结、通气不良以致幼苗生长势弱，迟迟不能出土，容易受土壤中有害微生物（如曲霉菌、丝核菌、镰刀菌等）危害，造成烂种缺苗。生长盛期若雨水过多，则使枝叶徒长，开花减少，受精率也显著降低。特别是在荚果形成时期，若土壤水分过多（持水量超过40%），通气不良，则荚果发育受到限制，果形变小，瘪荚多，种仁饱满度差。同时，由于土壤中多种弱寄生菌的危害而引起大量烂果。据山东省福山县农林局1976年在全县16个大队调查，受涝花生表现为苗期植株黄弱，中期生长迟滞，株型矮小，后期单株结果少，烂果、瘪果多，百果重降低，出仁率下降，平均每公顷减产1441.5kg，减产率达37.8%。

（四）防治

1. 平整土地、深挖深刨

2. 加强排灌系统

对丘陵坡地特别要挖好堰下沟，根治半边涝和阴涝。沟宽0.5～0.83m，沟深0.33～0.5m，要彻底排除渗山水。地面不平的地块结合花生播种时挖截拦腰沟，排出地面积水，防止土壤冲刷。河床、沟谷、平泊地，要有计划地挖好排水系统和大搞台条田，渗出地内潜水，降低水位，以防积水成灾。

3. 增加畦高

因平洼地地势低，排涝速度慢，易受涝害，所以在覆膜栽培花生时，要整平地面，增加畦高。

4. 挑膜散墒

在花生的生育后期遇到涝害时，用1.5m左右长的尖刀状铁棍，从畦面中间将地膜挑开，向植株根部卷集，扩大田间的蒸发面积，促进径流水向地下渗漏速度，增加土壤的透气性。

5. 选用良种

选择直立型、生育期适中、抗病性强、果柄粗壮的中晚熟花生品种。

6. 喷施植物生长调节剂

花生受湿涝害后，叶面喷施植物生长调节剂GA₃或壮保安，对缓解湿涝危害有一定调控效果。

第三节　花生冷热害

温度是植物生长发育最主要的动力。各种作物对温度的要求不同，同一植物的不同发育阶段对温度的要求亦各有差异。花生是喜温作物，其生长适宜温度为 25～30℃，35℃以上对花生生育有抑制作用。

（一）分布与危害

花生全生育期有效积温必须保证在 3 500℃以上。多年的试验、调查研究与实践说明，从播种到出苗，晚熟大花生日平均地温必须保证在 15℃以上，积温 200～250℃，低于这个温度，将延长幼芽出土时间，消耗养分多，种芽遭受冷害而引起烂芽，出苗瘦弱甚至死苗。如果播种过晚，温度过高，种芽及幼苗生长迅速，引起苗期徒长，茎枝细长，旺而不壮，并因基节拉长，使后期果针入土困难。开花下针期总积温必须保证在 1 100℃，日平均气温 25～26℃为开花的最适温度。气温低会引起盛花期推迟，形成荚果晚，影响成熟度。同时，由于花期延长，受精率低，使无效花增多，消耗养分多，也同样影响饱满度。花生结荚期总积温保证在 1 350～1 450℃，当日均气温下降到 12℃，荚果停止膨大，影响荚果饱满度。

山东省花生研究所孙秀山等通过大田错期播种试验，报道了温度对花生出苗、幼苗生长及开花的影响。温度升高，花生出苗期和幼苗期缩短，干物质积累加快。温度与花生出苗速度的关系可用指数方程 $y=ae^{bx}$ 描述，在 14～23℃范围内，日均气温每升高 1℃，花生出苗期约缩短 1.5d。温度与花生幼苗期长短的关系可用直线方程 $y=a+bx$ 来描述，在 19～23℃范围内，日均气温每升高 1℃，花生幼苗期缩短 2.0～2.5d。花生开花适宜的温度为 24～25℃。当日均气温＞25℃或＜24℃时，开花量明显下降。温度高，花生开花相对集中，开花后很快达到高峰，高峰期花量多，花期短；温度低，花生开花进程放慢，花量相对分散，花期拉长。在日均气温 22～27℃范围内，温度每升高 1℃，花期缩短3～4d。

南京大学宰学明报道了高温胁迫对花生幼苗光合速率、叶绿素含量的影响。将水培后盆栽的花生幼苗置于培养箱 42℃高温培养，定时测定幼苗叶光合速率、叶绿素含量。试验结果表明，高温胁迫过程中，光合速率及叶绿素含量都随处理时间的延伸而下降，并呈显著正相关关系。

（二）症状

相对低温而言，花生在 0℃以上受到的伤害，一般表现是生育期延迟或生理活动受阻，造成减产。延迟型冷害花生外观常无明显变化，故有"哑巴灾"之称。在生理上，冷害可造成生物膜的伤害，光合速率下降，呼吸作用变化，物质代谢紊乱，水分平衡失调。营养生长方面，可影响发芽、烂种、苗期失绿或烂芽，节间缩短，植株矮化，叶片减少，叶面积缩小。生殖生长方面，延迟开花甚至停止开花，无效花增多，结实率、饱果率和百仁重下降。

生育前期特别是幼苗期枝叶未遮满地面时，土面受强烈阳光暴晒，温度过高，往往将幼茎烫伤，名曰"热溃疡"，成为颈腐病菌侵入门户。花生结荚期如果高温、干旱天气同时出现，则使花生叶面萎蔫，贮水细胞运输水分受阻，同时减少气孔的蒸腾作用，加强呼吸作用，进一步提高花生自身的温度。受太阳辐射热和大量气化热的侵袭，许多花生叶面气孔开度变小或关闭，根系受伤，不利荚果发育，直接导致花生产量较低。

（三）发病条件

据山东牟平县农业局观察，晚熟大花生整个生育期所需积温 3 500℃ 以上，其中出苗期需 260℃，幼苗期需 580℃ 以上，花针期需 700℃ 以上，结荚期需 900℃ 以上，饱果期需 1 000℃ 以上。日平均适宜气温，幼苗 20～25℃，花针期 25～28℃，结荚期 16℃ 以上。花生播种后若日平均地温低于 15℃，则造成种子发芽缓慢，迟迟不能出土，易遭土壤中多种菌类、线虫及地下害虫危害，造成严重缺苗、烂种。花生的开花适温为 25℃ 左右，如果平均温度低于 12℃ 或高于 30℃，开花数量下降。特别是骤然降温到 12℃ 时，花的发育和受精将受到严重影响。温度对荚果发育的影响以果针入土后 21～30d 及 31～40d 两期的平均气温与荚果重量呈正相关。荚果发育的最适土温为 25～30℃，最高土温为 37～39℃，最低土温为 15～17℃。若荚果发育期间温度过低则荚果发育很慢，子实不能饱满，收获时果针容易断折，对产量和品质均有很大影响。

（四）防治

1. 适期播种

根据当地气候特点，选择日平均气温稳定通过 13℃ 的时间适期播种，为了保证早发芽、早出土，播种前应做到施足底肥，深翻细耙，保墒、保温。

2. 选用秋植花生种子

秋植花生种子比春植花生种子出苗快、齐，出苗率高，产量高。据有关单位试验，在同为 20.5～24.5℃ 的温度条件下，秋植花生种子发芽率达 100%，春植花生种子发芽率仅为 91%。当温度降至 10～12℃ 时，秋植花生种子少数仍可发芽，春植花生种子则完全不发芽。在同一土壤温度条件下，秋植花生种子发芽率 88%～100%，春植花生种子发芽率为 86%～96%。当土壤水分达田间持水量 77% 时，秋植花生种子发芽率仍可达 100%，春植花生种子发芽率仅为 60%。说明秋植花生种子无论是抗温或抗寒害性能均强于春植花生种子。

3. 调节土温

出苗后覆盖地膜的田块，应及时揭开膜口，释放幼苗，防止灼伤；露地栽培田则应及时松土提苗，调节土温，减少烫伤。

4. 适时收获

为了防止冻害，应适时提早收获。特别是北方产区应在 9 月底以前收获完毕，寒露左右即晒干并安全入仓。若在收获或晒干过程中遇到霜冻，种仁就会受到冻害。

第四节　花生酸害

酸害是指由土壤酸性引起的生育障碍。主要是花生对土壤酸性不适应而影响根系代谢以及土壤活性铝对根系的毒害，其中以后者危害较大。

（一）分布与危害

我国花生产区中，广西壮族自治区、福建省、江西省和湖南省的湘中、湘南丘陵花生区，土壤呈酸性反应。酸性土中 Ca、P、Mo 等元素有效性差，并有高价 Al、Fe 的毒害，不利于花生生长，一般认为花生适宜的土壤 pH 为 6.5～7。近年来，由于化学肥料的大量使用和有机肥料的施用不足，造成土壤酸化程度十分严重。调查研究表明，土壤酸化造成花生果小、果瘪、空壳数量较多，产量降低 1/3，甚至一半。

（二）症状

受害植株主要表现为严重生长不良，生长量急剧下降。酸害主要伤害根部，幼根伸长明显受阻，变短，变粗，扭曲增多，尖端变钝，状如蚯蚓，根毛发生量显著减少。出苗后出叶速度缓慢，苗叶尖端可能出现黄化等，严重时根尖腐烂，造成死苗。由于根毛大量减少，使根系有效吸收面积剧减，使水分、养料的吸收严重削弱，甚至丧失殆尽。此为酸害导致生长不良的根本原因。2008 年 5 月在山东文登出现花生酸害，土壤 pH5.1，症状表现为花生胚根粗短，根尖坏死，种皮颜色变成棕红色（彩图 1-4）。

（三）发病条件

酸害发生与土壤缓冲性和肥料施用等有极为密切的关系。此外，与品种也有关。缓冲性是土壤对加入酸碱物质后阻止土壤 pH 变化的能力，缓冲能力强的土壤不易酸化。决定缓冲能力大小的是土壤黏粒和有机质的含量，其中有机质的缓冲力尤大。所以，质地黏重而有机质丰富的土壤缓冲能力大，反之，质地轻松、有机质贫乏的土壤缓冲力弱。

不合理施肥可引起或加重酸害，合理施肥可缓和或防止酸害。施用硫酸铵、氯化铵等生理酸性肥料会酸化土壤，酸化程度与用量和频度有关。不属于生理酸性肥料的碳酸氢铵、氨水及尿素，如果施用不当，也同样会导致土壤酸化。这是因为在过量施用情况下，植物不能充分吸收利用而发生流失时，施入的这些氮就会以硝酸根的形态与等当量的钙结合而随水流失。如果流失的钙得不到补充，则氢就取而代之使土壤酸化。

酸害实质是铝毒，因此代换铝含量是酸害的根本原因。但因交换铝含量受土壤 pH 控制，所以 pH 也能指示酸害的有无，实际工作中通常一起测定以互相对照，其临界指标为：

pH（H_2O）	交换铝 [cmol（$1/3Al^{3+}$）/kg 土]	酸害状况
≤5.5	≥1	酸害显著发生
5.5～5.8	0.5～1.0	潜在酸害
＞5.9	＜0.3	无害

上述指标由于受施肥等影响有较大的变化，所以实际运用以生育期间为准，播前测定未必与生育有密切关系，即使未进入临界范围，也不能肯定不发生酸害，反之亦然。

（四）防治

1. 全面推广应用测土施肥技术

测土施肥就是通过取土分析化验耕地中各种养分的有效含量，以此为主要依据，再根据不同作物需肥特点和产量水平，提出科学、合理的施肥技术和用量。测土施肥具有很强的针对性，耕地中缺什么就施什么，差多少就补多少。这样不仅能显著提高作物产量和质量，而且还显著降低了化肥施用量，减轻了因大量施用化肥对土壤造成的污染和酸化程度。应该说，全面实施测土施肥是解决目前土壤酸化最有效、最直接、最快捷的技术措施。

2. 增施有机肥

有机质可有效缓解土壤酸碱度，是目前解决土壤酸化最有效、最根本的措施。因此，应增加有机肥施用量，确保 30 000kg/hm² 以上，力争达到45 000kg/hm²。

3. 科学指导叶面施肥

在目前土壤酸化的情况下，为提高花生产量，可采取叶面喷施硼、钼等微肥，以缓解因土壤酸化造成的土壤中硼、钼供给不足。一般用 1 800～2 250g/hm² 硼砂对水 600～750kg 叶面喷施，用 450～600g/hm² 钼酸铵对水 600～750kg 叶面喷施。

4. 合理使用石灰

对土壤酸化十分严重的地块，可施用 1 500～3 000kg/hm² 石灰，以快速调节到适宜的土壤酸碱度。但此措施只是应急的辅助措施，在施用量上注意不要过大，否则对作物产生不良影响。

第五节　花生盐害

水的蒸发量大于降水量，可溶性盐分和交换性钠大量积聚于土壤表层，从而改变土壤理化性质，造成盐害。

（一）分布与危害

我国 1 亿 hm² 耕地中，有逾 3 300 万 hm² 盐碱荒地，660 万 hm² 以上盐渍化土，且每年还在扩大。花生不耐盐碱。黄淮海平原系盐碱土，是我国花生主要产区。在盐碱地上花生即使发芽也易死苗，长成的植株矮小，产量低。

山东省花生研究所吴兰荣等采用盆栽试验对花生进行了 2 年全生育期耐盐鉴定，结果花生在各生育时期的耐盐能力不同。芽期和幼苗期是花生对盐害最敏感的时期。山东省花生研究所栾文琪等对山东省 290 份花生种质资源在芽期和苗期进行了耐盐性筛选鉴定。结果表明，在高浓度盐溶液下进行芽期和苗期试验，种子发芽率降低，幼苗长势受阻。其原因可能是由于外部渗透压升高，影响种子对水分的吸收及种子内部物质转化，从而引起生理上的障碍。另外，品种类型不同，其耐盐性也不同。

山东省花生研究所陈静研究了盐胁迫对花生苗期和成熟期农艺性状的影响。随着NaCl盐胁迫的加强，花生苗期各农艺性状受到不同程度的抑制，盐胁迫使植株高度降低、生物量积累减少。其胁迫程度因花生品种耐盐性不同而异（图 1-4，图 1-5）。随着 NaCl盐胁迫的加强，花生成熟期各农艺性状受到不同程度的抑制。盐胁迫对不同花生品种成熟期相对荚果重的影响最大（图 1-6）。

华南农业大学黎华寿等报道了氯酸钾和氯化钠对花生生长的毒害效应。氯酸盐是一类毒性强的氧化剂，曾被作为非选择性除草剂和脱叶剂大量施用。氯酸根离子强氧化性对生物体有明显的毒害效应，其残留及次生污染物对水体和土壤环境也存在较强的污染效应。

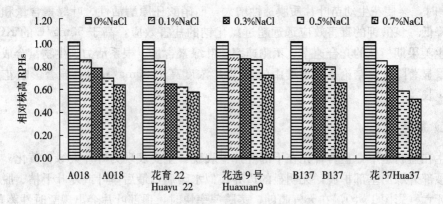

图 1-4 NaCl 对花生苗期相对株高的影响
（山东省花生研究所，2006）

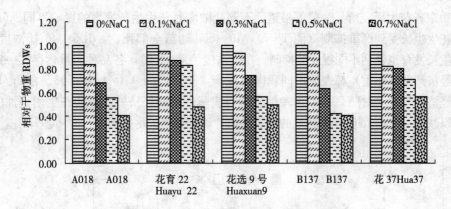

图 1-5 NaCl 对花生苗期相对干物重的影响
（山东省花生研究所，2006）

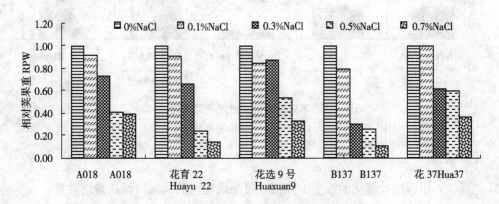

图 1-6 NaCl 对花生成熟期相对荚果重的影响
（山东省花生研究所，2006）

结果表明，当浸种溶液的 $KClO_3$ 浓度高于 50mg/L 时，花生种子的发芽率和胚根长度大大降低，幼芽的电解质渗漏率和过氧化氢酶活性显著升高；当土壤中 $KClO_3$ 浓度高于

50mg/L 时，会使花生幼苗叶片质膜透性增大，而硝酸还原酶活性、叶绿素含量和根系活力显著降低。氯酸钾的毒害效应远远超过氯化钠的盐害效应，高于 50mg/L 的 $KClO_3$ 还能使花生荚果期植株的光合速率、蒸腾速率、叶绿素含量、根系活力、生物量合成和根瘤菌的数量显著降低。结论是，土壤中的 $KClO_3$ 浓度高于 50mg/L 时，显著影响花生植株的正常生长。

（二）症状

花生在盐胁迫下，盐害首先在下部叶片上表现。主要表现为叶片失绿、黄化。失绿从叶片的顶部外缘向基部扩展，无明显的边界，似水印痕，最后单叶或复叶干枯、脱落，甚至整株死亡（彩图 1-5）。在天气晴朗、蒸腾速率快时，顶部叶片会出现暂时性萎蔫。

（三）发病条件

据山东省花生研究所吴兰荣等报道、不同盐浓度对花生生长发育的影响不同。5g/L 盐浓度使花生生长受到严重抑制（图 1-7），40～50d 幼苗全部死亡。其余 3 个盐浓度处理，花生的生长发育也受到不同程度的抑制。在盐浓度为 3g/L 时，各品种间虽然存在一定的差异，但经济产量（果重）都表现不同程度的减产，是对照的 9.4%～22.5%。在 2g/L 盐浓度时，经济产量高于对照 50%，参考邹志国以实际产量和经济效益作为花生耐盐性的确定依据，以减产 50% 盐浓度作为花生的耐盐系数，确定花生的耐盐系数在 2～3g/L。

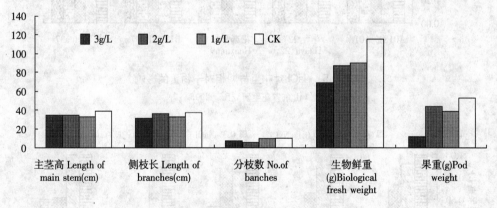

图 1-7　不同盐浓度胁迫对花育 22 的影响

（山东省花生研究所，2005）

（四）防治

花生在一定程度盐渍化的沙土上种植，可采取相应的措施以提高栽培效益。

（1）花生对盐胁迫最敏感的时期是芽期，催芽播种可提高花生出苗率和苗齐、苗匀、苗壮的水平。

（2）苗期、开花下针期一般处于雨水较少，可进行适当的淡水灌溉，最好进行喷灌，以稀释土壤中的盐浓度，减轻盐害，利于花生前期生长发育。

（3）在盐碱地周围挖排水沟，可以脱盐、排涝。

（4）增施有机肥，在提供花生生长营养物质的同时，可以螯合盐离子，降低盐害水平。

（5）施用含钙的酸性肥料，如过磷酸钙、石膏、磷石膏等，不仅能满足花生对钙的需要，而且能够中和土壤，缓解、矫治盐碱对花生的危害。

第六节　花生其他伤害

除了上述由气候因子造成的几种主要花生非生物病害外，还存在一些其他因素和有害物质所造成的伤害。虽然表现不普遍，但有些地区存在。

一、霜　　冻

霜冻主要伤害晚熟品种的花生。田间受害症状表现为植株整株或大片枯死（彩图1-6）。为避免收获时遭受霜冻，晚熟品种收获时要与早霜错开至少3d以上。收获后的花生，也要防止霜冻。如果遇霜冻，会出现冻果，含油量、发芽率降低，品质严重恶化。

二、冰　　雹

冰雹可使花生遭受机械损伤，花期较幼苗期受害重，甚至造成毁灭性的伤害。主要表现为叶片破碎，茎秆打折，严重时整株倒伏（彩图1-7）。

三、紫　外　线

近年来，由于臭氧层变薄引起紫外线辐射增加，对花生造成一定的伤害。主要表现为叶片背面出现紫褐色（彩图1-8）或黄褐色的连片斑（彩图1-9）。

四、药　　害

药害主要包括花生生长发育过程中由于使用除草剂、生长调节剂、杀菌杀虫剂等剂量不当或喷洒器具不清洁造成药剂混用等原因而出现的对花生的伤害。不同的药剂和同一药剂不同用量所造成伤害的表现症状不完全相同。一般表现为：①斑点。这种药害主要表现在叶上，有黄斑、褐斑、枯斑等（彩图1-10）。②黄化。黄化的原因是农药阻碍了叶绿素合成，或阻断叶绿素的光合作用，或破坏叶绿素。③枯萎。这种药害一般全株表现，主要是除草剂药害（彩图1-11）。④生长停滞。生长抑制剂、除草剂施用不当出现药害。

阔叶净对花生药害的症状表现为抑制发芽、生长停滞、子叶上举、叶片狭小内卷、淡黄色；分枝期分枝丛生、矮化、黄化；根部种子根发黄、次生根少、根瘤少。天气干旱、叶片上形成不规则的褐色病斑，叶片易脱落，形成光秆，根枯死苗。乙草胺在花生上造成的药害表现为出苗迟，两片子叶出现褐色斑点，初生叶褪绿发黄，叶片皱缩展不开，向背面翻卷，叶背紫褐色，叶片脆而易碎，严重时主茎变褐色，茎基部肿大，韧皮部开裂，根部侧根少，无根毛。

第七节　花生营养缺乏病

营养元素对获取花生优质高产有至关重要的作用。无论是大量元素，还是微量元素，缺乏任何一种都会使花生不能正常生长发育，产生生理病害。

花生必需营养元素有碳、氢、氧、氮、磷、钾、钙、镁、硫、硼、钼、铁、锌、锰、铜、氯等16种。其中碳、氢、氧、氮、磷、钾、钙、镁、硫等9种元素需要量大，占花生植株干物质重的0.1%以上。本节探讨对花生而言比较普遍的几种缺素病症。

一、缺氮素症状

（一）氮素在花生生育中的作用

氮素是花生体内许多重要有机化合物的组成成分。氮素直接参与蛋白质和核酸的合成，也是光合作用所必需的叶绿素、各种调控代谢过程的酶、激素的构成元素。氮素对花生的生长发育有重大影响，花生蛋白质的含氮量为18.3%。氮也是一些维生素和生物碱的成分，维生素B_1、B_2、B_6及烟碱、茶碱等都含有氮素。氮素以硝酸态氮（$NO_3—N$）和铵态氮（$NH_3^+—N$）被花生吸收，参与花生体内复杂的蛋白质、叶绿素、磷脂等含氮物质合成，以及一切生理机能中的物质代谢过程。氮能促进花生枝多叶茂，多开花，多结果，以及荚果的充实饱满。荚果和叶里含氮最多。荚果含氮量约占全株总量的50%以上，叶内约占30%。

（二）花生需氮规律

花生所需要的氮素营养是以$NH_3^+—N$和$NO_3—N$的形式吸收。氮素来源有土壤供氮、肥料供氮和根瘤菌固氮。花生对氮素化肥中的氮当季吸收利用率41.8%～50.4%，吸收利用率与施氮量呈极显著负相关，损失率与施氮量呈显著正相关。在中等肥力、沙壤土、不施肥的条件下，花生植株体内的氮素来源，根瘤菌供氮79%，其余为土壤供氮。在施纯氮37.5～225kg/hm²范围内，根瘤菌供氮17%～71%，肥料供氮6%～40%，土壤供氮22%～57%。根瘤菌供氮率与施氮量呈极显著负相关。肥料、土壤供氮率与施氮量呈极显著正相关。

花生对氮素的吸收动态，不论早熟品种，还是晚熟品种，均随生育期的进展和生物产量的增加而增多。早熟品种以花针期最多，晚熟品种以结荚期最多，幼苗期和饱果期较少。

花生所吸收的氮素在各器官的分配比率，不同生育时期表现也不相同。幼苗期和开花下针期，氮的运转中心在叶部，叶部干物质中氮的含量分别为3.94%和3.86%。结荚期氮的运转中心由叶部转向果针和幼果，其干物质中氮的含量3.15%～3.82%。饱果期氮的运转中心集中于荚果,其干物质中氮的含量 3.53%～3.88%。据测定,成熟后的花生植株体内,根、茎、叶等营养体内的全氮含量 1.51%,占全株总氮量的 28.4%,果针、幼果、荚果等生殖体内的全氮含量 3.11%,占全株总氮量的 71.6%。花生植株体内的含氮量远比禾谷类作物高,每生产 100kg 荚果,需吸收纯氮(N)5kg,比生产相同数量的禾谷类作物籽粒高 1.3～1.4 倍。

(三)缺氮症状

当氮素供应适宜时,花生生长茂盛,叶面积增长快,叶色绿,光合强度高,荚果成实饱满。氮肥不足时,蛋白质、核酸、叶绿素的合成受阻,植株矮小,叶片黄瘦,分枝减少,光合强度低,产量低。氮素是能再利用的元素,花生缺氮时,下部叶片首先受害,老叶片中的蛋白质分解,运送到生长旺盛的幼嫩部位去再利用。若蛋白质合成减弱,花生植株体内的碳水化合物相对过剩,在一定条件下,这些过剩的化合物可转化为花青素,使老叶和茎基部出现红色(彩图 1-12)。

(四)科学施氮肥克服缺氮症状

花生一生中需消耗大量氮素,其主要来源是与根瘤细菌共生固定空气中的氮素。花生出苗一个月后根瘤开始形成,在这一时期中,幼苗若将种子中的养分耗尽就需从土壤中吸取养料,所以在苗期仍需适量施用氮肥,以促进幼苗生长,加速根瘤形成,为后期氮素供给打下基础。花生生产上施用的氮肥主要有尿素、碳酸氢铵、硫酸铵、硝酸铵、氯化铵。

在中、低肥力土壤上,每公顷施用 75～150kg 尿素作基肥,有较显著的增产效果,比不施的一般可增产花生荚果 10%～15%。在花生生育的中、后期,低肥力田块如有脱肥现象,中、高产田块因土壤积水根系吸收养分困难时,可用 1% 的尿素水溶液叶面喷施,有较为理想的增产效果,一般可增产荚果 10% 左右。尿素不宜作种肥,因含氮量高且含有缩二脲,花生种子大,易接触尿素颗粒,使蛋白质变质,造成烂种、缺苗。

硫酸铵适合作花生的基肥、种肥和追肥。在中、低肥土壤每公顷施 225～375kg 作基肥,有明显的增产效果,较不施的对照可增产花生荚果 10%～15%。每公顷施 75～150kg 作种肥,一般可增产 10% 以上。每公顷施 150～225kg 作追肥,可增产 10% 左右。据全国各地汇总结果,平均每千克硫酸铵可增产花生荚果 2～5kg。

硝酸铵肥效快,以追肥效果最好,每公顷施 150kg 左右,不宜作基肥和种肥。碳酸氢铵在中、低肥力地,每公顷用量 225～600kg,一般可增产 10%～15%。

二、缺磷素症状

(一)磷素在花生生育中的作用

花生是对磷素吸收能力较强的作物。磷是花生碳氮代谢的主要中间产物,是核酸、酶的构成元素,在能量传递中很重要。也有部分磷素以无机状态存在于茎、叶等器官中。磷对光合作用、呼吸作用、蛋白质形成、糖代谢和油分转化起着重要作用。磷素在荚果中含量最多，约占全株总磷量的62%～79%。磷充足时，可促进花生根系和根瘤发育，有利幼苗健壮和新生器官的形成，延缓叶片衰老。

田间试验表明，缺磷地块施用磷肥，花生植株主茎和侧枝显著增高，分枝和叶片数目明显增多，花芽分化和成熟期提前，受精率、结实率和饱果率提高。施用磷肥对提高花生产量、改善品质有明显的作用。据山东省多年试验，每公顷施用27kg P_2O_5，平均增产花生荚果46.2kg，增产18.4%。6处对比试验表明，施磷肥处理较不施的对照，出仁率提高1.95%，粗蛋白含量增加4.28%，粗脂肪含量增加1.50%。磷能提高花生对不良环境的抗逆能力。一是提高花生的抗旱、耐涝能力。这与其促进根系发育，提高原生质胶体保持水分的能力密切相关。二是促进花生碳水化合物的代谢，增加植株体内可溶性糖的含量，使细胞原生质的冰点下降，从而增加了抗寒能力。三是提高花生的耐盐、耐酸能力。因为花生体内的磷酸盐以磷酸二氢钾和磷酸氢二钾的形态存在，它们在细胞中具有重要的缓冲作用，使原生质的pH保持比较稳定的状态，维持正常的生长发育。磷酸二氢钾、磷酸氢二钾分别能减缓碱性、酸性条件影响，其反应式：$KH_2PO_4 \overset{\text{碱性 } OH^-}{\underset{\text{酸性 } H^+}{\rightleftharpoons}} K_2HPO_4$。这种缓冲作用在pH6～8时最大。所以，在盐碱土和碱性土施用磷肥，可增强花生的适应能力。

磷能显著增加根瘤的数量，提高根瘤菌的固氮能力和培肥地力，达到"以磷增氮"的效果。据测定，施磷花生田的根瘤菌固氮量为309kg/hm²，较未施的增加1.7倍。根瘤菌固定的氮素，除供当季花生需要外，还有一部分遗留于土壤中。据测定，施磷的遗留氮素102kg/hm²，比不施磷的对照增加5.8倍。

（二）花生需磷规律

花生对磷素的吸收通常以正磷酸盐（$H_2PO_4^-$）形式进行。磷进入花生植株体后，大部分成为有机物，一小部分仍保持无机物形态。花生植株体中磷的分布不均匀，根、茎生长点较多，嫩叶比老叶多，荚果和籽仁中很丰富。

根系对磷素的吸收利用：花生根系对当季所施磷素化肥的吸收利用率比较低，为5.0%～25.0%。磷肥施入土壤后，在酸性土壤中易为铁、铝所固定，形成磷酸盐，如土壤碱性则易形成磷酸三钙而被固定，土壤pH 6.5时磷的利用率最高。

花生根系吸收的磷素，首先运转到茎叶，然后再输送到果针、幼果和荚果。同列侧根吸收的磷，优先供应同列侧枝。据莱阳农学院和山东省花生研究所采用³²P示踪试验，根部施用³²P 48h后，地上部各部位均能测到³²P，但以施³²P侧根的同列侧枝的³²P最多，为全株总量的28%～33.4%，而与其对生的另一侧枝则仅为5.3%～6.8%。花生根系吸收的磷素有相当数量供给根瘤菌的需要，因而有"以磷增氮"之说。

叶片对磷素的吸收与运转。花生叶片也可直接吸收磷素，并运往其他部位。³²P示踪试验表明，主茎叶片和侧枝叶片所吸收的磷素，在生育前期主要供各部位本身需要，相互运转的数量较少，随着生育期的进展，主茎叶片（供试品种主茎不结实）吸收的磷，在饱果期有79.5%运转到其他部位，而侧枝叶片所吸收的磷素，则优先供应本侧枝荚果的需要，运转到其他部位较少（表 1-14）。

表 1-14　花生叶片吸收^{32}P 后在植株各部位的分布
（山东省花生研究所，1963）

标记部位		主茎	第一对侧枝			第二对侧枝	其他侧枝	根
			标记侧	未标记侧	小计			
苗期	主茎叶片	87.9	—	—	1.5	2.3	—	8.3
	第一对侧枝中一个侧枝叶片	2.7	90.4	1.1	91.5	1.7	—	4.1
花针期	主茎叶片	69.8	—	—	16.0	4.8	4.8	4.6
	第一对侧枝中一个侧枝叶片	4.4	55.4	4.5	59.9	17.1	13.8	4.8
饱果期	主茎叶片	20.5	—	—	50.3	14.5	11.4	3.3
	第一对侧枝中一个侧枝叶片	3.0	44.2	33.0	77.2	13.5	4.3	2.0

花生结荚期叶片吸收的磷素，大部分从营养器官运往生殖器官，且运转迅速。据山东省花生研究所试验，于花生结荚期叶面喷施 2% 的标记过磷酸钙溶液，喷后 6h 便能运送到荚果。在 2～15d 内，营养器官中的磷素由 81.9% 降至 45.4%，而生殖器官中的磷素由 18.1% 增至 54.6%。在结荚期至饱果成熟期，中、下部叶片在脱落前所输出的磷素，有 43%～73% 运往荚果。这说明生育前期营养体中磷素的积累是后期荚果成熟饱满的物质基础。另外，花生饱果期植株的上部叶片对营养物质有较强的运转能力，对荚果的饱满度具有重要作用。因此，若前期磷肥不足而后期追肥困难时，进行叶片喷施既可行又高效。

各生育期对磷素的吸收动态及分配积累。花生整个生育期对磷素的吸收是苗期和饱果期少，开花下针期和结荚期多。珍珠豆型早熟品种开花下针期多于结荚期，普通型晚熟品种开花下针期少于结荚期。花生吸收的磷素，幼苗期的运转中心在茎部，含磷 0.44%；开花下针期运转中心由茎部转向果针和幼果，果针和幼果含磷 0.53%；结荚期运转中心仍集中于果针和幼果，含磷 0.44%～0.64%；饱果期的运转中心为荚果，含磷 0.54%～0.73%。另外，花生入土后的果针、幼果、初成型的荚果均可直接从土壤中吸收磷素，主要供其自身需要。其吸收能力的强弱，与荚果的发育状况有关。越是幼龄吸收能力越强。据山东省花生研究所测定，入土果针、幼果、初成型荚果，吸收 ^{32}P 的脉冲百分数分别为 67.7%、20.2%、12.1%。

（三）花生缺磷症状

花生植株中磷的临界值为 0.2%，即低于该值时缺磷症状明显：根系发育不良，植株生长缓慢，矮小，分枝少，叶色暗绿无光泽，向上卷曲，晚熟低产。由于花青素的积累，下部叶片和茎基部常呈红色或有红线。花生苗期，在天气寒冷的情况下，往往出现严重缺磷症状，但当天气转暖，根系扩展后，缺磷症状一般消失。

（四）科学施磷肥克服缺磷症状

适于花生施用的磷肥主要有普通过磷酸钙、重过磷酸钙、钙镁磷肥、磷矿粉等。普通过磷酸钙常作为花生的基肥、种肥和追肥，也可叶面喷施。作基肥施用时，每公顷用量

450～750kg，结合整地，翻入耕作层；施用量少时，如 225～300kg/hm²，可在起垄时集中包入垄内或作种肥施入土壤浅层。追肥应在花针期以前进行。据山东省花生研究所研究结果，花生对磷肥吸收最盛期为开花期。据各地试验，每千克普通钙肥当季增产花生荚果1.5～6kg。普通钙肥不仅含磷，还含钙和硫，这些都是花生所必需的大量营养元素，所以在花生上施用增产效果非常明显。重过磷酸钙适用于各种土壤，用法与普通过磷酸钙相同，因其有效养分含量高，用量可相应减少。但在缺硫少钙地块的效果却不及等磷量的普通钙肥。钙镁磷肥适于酸性土壤及缺钙、镁的土壤施用。钙镁磷肥适于作花生基肥施用，每公顷施用 300～600kg 有良好的增产效果。因肥效较慢，不适宜作追肥。磷矿粉在缺磷的酸性和微酸性土壤上施用效果好，土壤有效磷在 4mg/kg 以下时施用效果显著，4～8mg/kg 时施用效果明显，高于 12mg/kg 时无明显效果。施用方法最好作垫圈土和沤肥、堆肥的添加物，经堆积沤制后施用。在酸性和微酸性土壤上，也可直接作基肥施用，每公顷 750～1 500kg。

三、缺钾素症状

（一）钾素在花生生育中的作用

钾与氮、磷不同，虽不是有机化合物的组成成分，但因钾有高速通过生物膜的特性，是多种酶的活化剂，广泛地影响着花生的生长与代谢。钾与光合作用、碳水化合物的积累有关。日照不足时，施钾效果好。钾能促进低分子化合物（氨基酸、单糖、脂肪酸）转变为高分子化合物（蛋白质、淀粉、脂肪、纤维素），减少可溶性养分，加快同化产物向储藏器官运输。缺钾时，双糖和淀粉则水解为单糖，滞留在叶片中，影响花生的光合效率和荚果饱满度。据测定，含钾量高的叶片，同化 CO_2 的数量比含钾量低的叶片多 2 倍。在光能转化为化学能的过程中，含钾量 4%～5% 的叶片比含钾量 1%～2% 的叶片可多转化50%～70% 的光能。钾有利于蛋白质的合成，供钾充足，花生植株吸收的氮素多，合成蛋白质的速度快。

钾促进硝态氮的吸收和还原。据山东省花生研究所报道，采用 15N 试验施钾处理，植株对氮素的吸收利用率高于不施钾的对照，营养体吸收利用率高 2.44%，生殖体高2.88%。钾有促进根瘤菌固氮的作用。据山东省花生研究所采用 15N 试验，不施钾的对照根瘤菌固氮占植株总氮量的 41.88%，而各施钾处理为 55.03%～63.11%。钾能增强花生的抗逆性，如通过维持细胞的膨压即提高原生质胶体对水分的束缚能力而调节水分，调控气孔开关，减少蒸发，增强细胞对干旱、低温等逆境胁迫的适应能力；促进维管束发育，提高抗倒伏能力；代换出土粒吸附的钠离子，使其流失，减轻钠离子对根的危害；平衡氮、磷素营养，部分消除因氮、磷施用过多而造成的不良影响。钾还能抑制花生白绢病和减轻锈病、叶斑病的危害。

（二）花生需钾规律

钾素以离子态（K^+）形式被花生吸收，且多以离子状态存在于植株体内，部分在原生质中处于吸附状态。花生生育期植株含钾量可高达 4%。主要集中在花生最活跃的部位，如生长点、幼针、形成层等。钾在花生植株内易移动，随着花生的生长发育从老组织向新生部位移动，幼芽、嫩叶、根尖中均富含钾，而成熟的老组织和籽仁中含量较低。花生对钾的吸收以开花下针期最多，结荚期次之，饱果期较少。花生吸收的钾素，幼苗期的运转中心在叶部，叶部含钾 1.83%；开花下针期的运转中心由叶部转入茎部，茎部含钾量 1.58%；结荚期和饱果期的运转中心仍在茎部，茎部含钾量 1.28%~2.43%；饱果期茎部含钾 1.28%~2.56%。

（三）花生缺钾症状

钾在花生植株体内流动性大，所以缺钾的外观症状较缺氮、磷稍晚，直到开花结荚期，植株含钾量下降到 1% 以下时，才显露出来。首先从下部老叶开始，叶片呈暗绿色，叶缘变黄或棕色焦灼，随之叶脉间出现黄萎斑点，逐步向上部叶片扩展，直到叶片脱落或坏死（彩图 1-13）。

（四）科学施钾肥克服花生缺钾症状

随着土壤中有机肥料施用量的减少，氮、磷肥施用量的增加以及花生产量的提高，土壤中缺钾现象逐渐明显，在花生高产区和高产田块中更为突出。山东省烟台市农业科学研究所研究表明，施钾的效果与土壤有效钾含量相关性极小，而与土壤有效磷含量呈极显著正相关关系，说明钾与磷素营养协调的重要性。目前在花生生产上施用较多的钾肥是硫酸钾和氯化钾。

硫酸钾适用于各种土壤，尤其适于中性或碱性土壤。在酸性土壤施用，应配合施用有机肥料和石灰。在缺钾地块，每公顷用量在 225kg 以内，花生荚果产量随着施肥量的增加而增加，增产率为 5%~15%。山东综合试验结果，平均每千克硫酸钾增产 1~3kg。在黄淮海平原沙土增产效果显著，花针期每公顷追施 75~150kg，每千克硫酸钾增产荚果 5~6kg。在南方第四纪红壤黏土每公顷施 180~360kg，每千克硫酸钾增产荚果 4.5kg 左右。

氯化钾在酸性土壤上应配合施用有机肥料和石灰，以中和酸性，减轻氯离子对花生根瘤菌固氮的毒害。氯化钾宜作花生基肥施用，施用方法同硫酸钾。在缺钾土壤上每公顷施 75~300kg，有较显著的增产效果。不宜作种肥，以免影响种子发芽。

四、缺钙素症状

（一）钙素在花生生育中的作用

大部分钙与果胶结合形成果胶钙，与细胞壁的形成、强化有关。钙是细胞分裂的必需物质，缺钙时细胞壁不能形成，影响细胞分裂和新细胞生成。钙能与蛋白质分子相结合，是质膜的成分，可降低细胞壁的渗透作用，限制细胞液外渗。钙对碳水化合物转化和氮素代谢有良好的作用。钙充足时有利于花生对硝态氮的吸收利用，缺钙时花生只能利用铵态氮。钙能调节细胞的生理平衡，消除某些过多离子的毒害作用：与代谢过程中产生的有机酸结合形成盐，起中和与解毒作用，并调节植株体内酸碱度，如钙与草酸结合形成不溶解的草酸钙结晶，使作物免受酸害；在酸性土壤能减轻氢离子、铝离子的毒害，在碱性土壤能减轻钠离子的毒害；加速铵离子的转化，消除其过多的危害。钙还能与钾离子相互配合，调节原生质的胶体状态，使细胞的充水度、黏滞性、弹性、渗透性等适合花生正常生长，保证代谢作用的顺利进行。钙素在叶部含量最多，占全株总钙量的 50%～55%，其中水溶性钙、草酸钙及磷酸钙、果胶钙和硅酸钙分别占 30%、20% 和 50%；其次茎部占 26%～32%。

(二) 花生需钙规律

花生从钙盐中吸收钙离子。花生植株体内的钙有的呈离子状态、有的呈钙盐形式、有的与有机物结合。花生是喜钙作物，需钙量大仅次于氮、钾，居第三位。与同等产量水平的其他作物相比，约为大豆的 2 倍，玉米的 3 倍，水稻的 5 倍，小麦的 7 倍。钙在花生体内的流动性差，在花生植株一侧施钙，并不能改善另一侧的果实质量。花生对不同肥料钙的利用率为 4.8%～12.7%。钙促进花生对 N、P、Mg 的吸收，而抑制 K 的吸收。

根系对钙的吸收：花生根系吸收的钙素，除根系自身生长需要外，主要输送到茎、叶，运转到荚果的很少。山东省花生研究所以普通晚熟大花生品种宫家庄半蔓为材料，采用 ^{45}Ca 示踪试验，花生根系吸收的钙素在各生育期均是运往叶片最多，苗期 73.2%，花针期高达 81.1%，运往茎部的占第二位，且随生育期的推进逐步增加，到收获期茎部含钙量达 32.1%。输送到生长点和荚果的数量很少，至收获期生长点、荚果的含钙量分别仅为 4.6% 和 13.3%。

叶片、果针、幼果对钙的吸收：花生叶片可以直接吸收钙素，并主要运往茎、枝，很少运至荚果。荚果发育所需要的钙素营养，主要依靠荚果本身自土壤和肥料中吸收。Bledsoc 等研究报道，将 ^{45}Ca 标记石膏施入花生结实区时，果针、幼果吸收的钙素有 88.3% 积累在荚果中，运送到茎、叶的部分只有痕量。据山东省花生研究所采用 ^{45}Ca 示踪研究，荚果吸收钙的能力，随荚果的发育进程而减弱。其对钙的吸收分布，入土果针为 15.5%，幼果果皮为 59.5%，幼果果仁为 7.5%，初成型荚果果皮为 16%，初成型荚果籽仁为 1.5%。

各生育期对钙素的吸收及分配积累：花生不同生育期对钙的吸收量以结荚期最多，开花下针期次之，幼苗期和饱果期较少。

花生吸收的钙素在植株体内运转缓慢。幼苗期的运转中心在根和茎部，开花下针期果针和幼果开始直接从土壤中吸收钙素，结荚期根系吸收的钙素主要随蒸腾流在木质部中自下向上运输，果针和幼果对钙的吸收量明显增加，饱果期吸收钙量减少。

(三) 花生缺钙症状

植株诊断缺钙临界值为 1.7g/kg 鲜重（花生 9 叶期上 5 叶的水溶性钙含量）。缺钙时，种子的胚芽变黑，植株矮小，地上部生长点枯萎，顶叶黄化有焦斑（彩图 1-14），根系弱小、粗短而黑褐，荚果发育减退，空果、瘪果、单仁果增多，种仁不饱满；严重缺钙时，整株变黄，顶部死亡，根部器官和荚果不能形成。超微水平研究表明（周卫、林葆，1996），正常供钙花生的根细胞壁、膜和液胞膜上均有钙的分布，尤其是核膜和核质中大量含钙，且在核质中均匀分布；而缺钙时根细胞壁松弛、扭曲、畸形，出现质壁分离，核质中钙颗粒减少，且分布不均，核膜断裂。正常供钙时叶肉细胞壁、膜上有钙分布，液胞有钙积累，叶绿体内大量含钙；而缺钙时液胞膜破裂，分室作用消失，含钙颗粒及细胞器散失在整个细胞中，叶绿体松散膨胀，被膜断裂，基粒片层结构破坏，且含钙减少。电子探针测得根细胞间 Ca/K 值在缺钙时趋于零，而 Ca/K 值过低是花生根钙胁迫下受伤害的重要原因。宰学明等（2001）研究报道，钙处理能有效抑制高温胁迫对叶绿素的破坏、可溶性蛋白含量下降和膜透性加大，提高 SOD 等抗氧化酶系活性。说明钙对于维持细胞的正常结构与生理功能起重要作用。

（四）科学施钙肥克服花生缺钙症状

林葆等报道，花生缺钙土壤诊断的适用指标是土壤饱和浸提液钙离子与阳离子（钙镁钠钾）当量之比，即 Ca/TC，临界值为 0.25。也有报道，花生要求土壤耕层总钙的临界含量为 1.35g/kg，低于上述水平施钙至少可增产 10% 以上。张二全等（1995）研究报道，在极低钙、中钙、高钙土壤（水溶性 CaO 含量 39、105、155mg/kg），开花前施 CaO 45~135kg/hm²，分别比不施钙肥增产达 51.2%~92.9%、5.4%~13.6% 和 1.3%~4.4%；在施 CaO 90kg/hm² 条件下，在极低钙、中钙、高钙土壤每千克 CaO 平均增产荚果量分别为 12.16kg、4.75kg、1.71kg。因此，中、低钙土壤推荐施量 90~135kg/hm² CaO，高钙土壤无须施钙肥。花生生产上用的钙肥主要有石灰、石膏、贝壳粉等，近年试验表明水溶性钙肥硝酸钙（CaO 26.6%、N 19%）增产效果更好。

山东省文登市在弱酸性丘陵地上每公顷基施石灰 375kg，增产花生荚果 390kg。但山东一般产区土壤多不缺钙，再加上有施草木灰、过磷酸钙等肥料的习惯，再施钙肥效果常不明显。南方红黄壤酸性土施用石灰效果非常明显。

石膏最适宜作基肥施用，每公顷用量 750~1 500kg。江苏省徐州地区在黄泛平原石灰性沙土上试验，平均增产 23.5%，每千克石膏增产荚果 1.6kg。石膏作追肥应施在花针期，每公顷追施 375kg 左右，增产效果也较明显。

五、缺镁素症状

（一）镁素在花生生育中的作用

镁是叶绿素的成分，叶绿素 a 和叶绿素 b 中都含有镁。镁是多种酶的活化剂或辅助因子，特别是对磷酸激酶、磷酸葡萄糖转移酶起着显著的辅助作用，从而促进碳水化合物的代谢和细胞分裂。镁能激发磷酸转移酶的活性，促进磷酸盐的转移。如果缺镁，磷素的利用就会减少。镁参与脂肪代谢，所以镁的丰缺与花生籽仁的含油量有关。镁还能促进维生素 A、维生素 C 的合成，提高花生的保健品质。

（二）花生需镁规律

镁以离子状态被花生根系吸收，在体内移动性较强，可向新生部位转移。花生生育初期镁多存在于叶片，到结实期又转入籽仁，并以腐植酸的形式储藏起来。

（三）花生缺镁症状

缺镁叶片失绿与缺氮叶片失绿不同，前者是叶肉变黄而叶脉仍保持绿色，且失绿首先发生在老叶上；后者则全株的叶肉、叶脉都失绿变黄。症状表现顺序为老叶边缘先失绿，后逐渐向叶脉间扩展，尔后叶缘部分变成橙红色（彩图 1-15）。

（四）科学施镁肥克服花生缺镁症状

施用镁肥需依据土壤和植株缺镁状况来确定。凡分析测定镁不足的土壤和植株，施用镁肥会有良好效果。Walker 等（1989）研究发现，在含镁 4mg/kg 的湖区沙土上施镁 $67kg/hm^2$，可使花生平均增产 15%。

镁肥的品种不同，它的化学性质也不同。施用时要注意土壤的酸碱度，接近中性或微碱性，尤其是含硫偏低的土壤以选用硫酸镁和氯化镁为好，而酸性土壤以选用碳酸镁为好。研究指出，缺镁的酸性土壤施用白云岩烧制的生石灰是理想的镁肥，既供给作物镁素营养又可中和酸性供给钙素营养。此外，草木灰、钾镁肥、钙镁磷肥也是理想的含镁肥料。一般地说，酸性强、质地粗、淋溶强烈、母质含镁量低以及过量施用石灰或钾肥的土壤容易缺镁，应优先考虑施用镁肥。缺镁土壤施用的氮肥形态对作物镁素营养也有一定影响。据报道，作物缺镁程度随下列氮肥形态次序减轻：硫酸铵、尿素、硝酸铵、硝酸钙。镁肥做基肥，土壤追施或喷施均可。化学镁肥与农家肥配合施用往往效果好于单独施用，值得提倡。

六、缺硫素症状

（一）硫素在花生生育中的作用

硫是构成蛋白质、氨基酸、维生素等重要化合物的成分，与氧化、还原、生长调节等生理作用有关。尽管一般植物只有 3 种氨基酸即半胱氨酸、胱氨酸、蛋氨酸含硫，但花生是富含蛋白质的作物，体内的许多蛋白质都含有硫。花生蛋白态氮与蛋白态硫的比率约为15，即花生合成蛋白质时，每同化 15 份氮，就需要 1 份硫。硫是许多酶不可缺的成分。花生施硫既增产，又提高蛋白质与油分含量。硫还能促进根瘤形成，增强子房柄的耐腐烂能力，使花生不易落果和烂果，从而提高产量和减轻收获困难。

（二）花生需硫规律

硫以硫酸根离子状态被花生吸收，进入花生植株体后，一部分保持不变，大部分被还原成硫，进一步同化为含硫氨基酸。硫也能被花生荚果吸收，且荚果吸收更快。硫的吸收高峰在开花盛期，此前硫主要集中在茎、叶里，根部较少；成熟期荚果中占50％左右，其他各器官中分布比例相近。花生植株体内的含硫量与含磷量大至相当，一般占干物质重的0.1％～0.8％。据报道，开花盛期叶片含硫量迅速增加，峰值达0.4％，其余时期叶片含硫量均在0.2％左右。

（三）花生缺硫症状

硫与生长有密切的关系。缺硫时形成层的作用减弱，不能进行正常生长。虽然硫不是叶绿素的组成成分，但间接地影响碳水化合物的代谢和叶绿素的形成，缺硫时叶绿素含量降低，叶色变黄，严重时变黄白（彩图1-16），叶片寿命缩短。花生缺硫与缺氮难以明显区别，所不同的是缺硫症状首先表现在顶端叶片。

（四）科学施硫肥克服花生缺硫症状

花生需要的硫以硫酸盐为最好。缺硫时，可通过施用含硫的硫酸铵、过磷酸钙、硫酸钾、石膏、黄铁矿，便可得到硫的补充，也可直接以硫磺粉施入土中。硫肥的适宜施用量为 $5\sim15kg/hm^2$。

由于植物是以 SO_4^- 形式吸收硫，因此，一般认为含硫酸盐的肥料宜施于中性或微酸性土壤。在沙性土壤上，SO_4^- 易被淋溶，因而施用石膏（$CaSO_4 \cdot 2H_2O$）优于其他硫肥，其相对的难溶性可在土壤中保持较长时间，以满足花生在整个生育期内对硫的需求。石灰性土壤含有较多游离的 $CaCO_3$，直接施硫磺粉有利于提高土壤中其他某些元素的有效性。硫酸钠是完全可溶性盐，但不宜重复施用，以免引起土壤盐害。

花生施硫肥最好作基施，盛花期或以后追施，特别是不含硫酸盐的硫肥，增产效果差。若需生育期间追肥，叶面喷施0.1％的 $FeSO_4$ 或 $ZnSO_4$ 也可收到较好效果。

七、缺铁素症状

（一）铁素在花生生育中的作用

铁不是构成叶绿素的成分，但必须有含铁的酶进行催化才能合成叶绿素。铁是细胞色素氧化酶、过氧化氢酶、过氧化物酶等酶的组成成分，参与花生细胞内的氧化还原反应和电子传递，从而影响花生的呼吸作用。铁是铁氧化还原蛋白、豆血红蛋白和固氮酶的组分，对花生植株体内硝酸还原很重要，对根瘤菌共生固氮的影响则存在着菌种间差异。铁在花生体内与铜、锰有颉颃作用。

（二）花生需铁规律

铁离子在作物体内是最为固定的元素之一。通常呈高分子化合物存在，流动性很小，老叶中的铁不能向新叶转移，是不能被再利用的元素。一般认为，植物吸收铁的形态多为 Fe^{2+}，Fe^{3+} 必须在输入细胞质之前在根表还原成二价铁。花生根系对 Fe^{3+} 的还原作用是植物吸收铁的前提，可溶性铁有机物螯合体通过质流或扩散到达根细胞原生质膜表面后，吸收或固持在其结合位点上，Fe^{3+}被原生质膜上的还原酶还原成Fe^{2+}，使铁与螯合物之间的稳定常数大大降低而解体，Fe^{2+}再通过与之相关联的运载蛋白运输到细胞质中，而螯合物呈游离状态重新释放到根际中去。

（三）花生缺铁症状

花生缺铁导致的黄叶病在我国北方花生产区一般多发生于6~8月。6月中、下旬为始发期，7月下旬至8月上旬为盛发期，8月中旬至收获期为持续期，严重发生时多在7月下旬至8月上旬的雨季。花生植株轻度缺铁时，植株上部叶片叶脉间叶肉黄化，叶脉绿色，下部叶片仍呈绿色；中等缺铁的植株叶脉变黄，全叶呈黄白色；严重缺铁的植株叶脉及脉肉、叶肉白化，叶片上出现褐斑或黑斑，叶缘呈褐色，焦边，生长减慢、停止，甚至死亡（彩图1-17）。

（四）我国土壤中铁的含量

总地说来，在地壳岩石中铁是第四位丰富的元素。土壤中铁的总量很高，占土壤重量的1%~6%，仅次于硅和铝。铁在土壤中通常是以氧化铁的形态存在。除了氧化铁的形态以外，还可以形成少量的硫化铁或磷酸铁。在含氧的土壤溶液中，铁主要以三氧化二铁（Fe_2O_3）的胶体形态存在，同时有一部分铁与有机物质结合，一部分铁被土壤黏粒吸附。由于Fe_2O_3高度不溶解性，使铁在水中的移动很困难。在有氧条件下二价铁很快被氧化成高价铁。高价铁的化合物如氢氧化铁〔$Fe(OH)_3$〕、碳酸铁、碳酸亚铁（菱铁矿）等也均是很难溶解的物质。因此，尽管土壤中铁的含量很高，而对植物有效铁的量却很少，只有总铁量的千分之几至万分之几。尤其是土壤酸碱度偏高的石灰性土壤，铁的可溶性更低。因此，花生缺铁的现象时有发生。

根据我国部分省、自治区、直辖市的调查，土壤中有效铁的含量如表1-15。

表1-15 我国部分省、自治区、直辖市土壤有效铁含量

省、自治区、直辖市	土壤有效铁平均含量（mg/kg）	变幅（mg/kg）
北京	12.06	1.66~41.11
上海	28	1~162
山西	5.89	1.65~97.65
河北	8.2	0.5~82.5
吉林	48.6	1.1~279
山东	—	1.6~162
江西	73.4	1~550
湖南	740	—
湖北	37.15	5.98~117.75
河南	14.87	2.7~106
广东	266.75	0.7~2 148
甘肃	7.1	1~32
陕西	6.8	2.4~54.5
贵州（旱田）	30	17~38
贵州（水田）	93	27~160
宁夏（宁南山区）	5.2	2.9~9.1
宁夏（引黄灌区）	32.25	1.52~151.0
江淮地区	72.2	13.8~274.6

尽管各地提出的土壤有效铁含量缺乏或适宜的标准不尽相同，但可以把 4.5mg/kg 定为土壤有效铁丰缺的指标。即土壤有效铁低于 4.5mg/kg 可以认为缺铁，高于 4.5mg/kg 则不缺铁。从表 1-15 可以看出，我国大部分省、自治区、直辖市的土壤是不缺铁的。但是，在具体生产实践中花生缺铁的现象又经常发生，分析其原因大体与下列因素有关。

1. 土壤酸碱度（pH）

在土壤中铁的溶解度与酸碱度有密切关系。土壤越偏碱（pH＞7），铁与土壤中负离子结合得越牢固，铁的溶解度也越低。实验室的试验表明，pH 每降低 1 个单位（比如由 pH6 降到 pH5），铁的溶解度大约增高 1 000 倍。所以，在偏碱性土壤上生长的花生较生长在偏酸性土壤上的花生更容易表现缺铁。

2. 土壤碳酸钙的含量

土壤中碳酸钙的水解一方面提高了土壤酸碱度，另一方面使铁与碳酸根形成更难溶解的化合物，降低了铁的活性。此外，土壤中黏粒（土壤颗粒直径小于 0.01mm）含量越高，铁的有效性越低（表 1-16）。

表 1-16　铁的有效性与土壤碳酸钙及黏粒含量的关系

铁的有效度（%）	土壤碳酸钙含量（%）	＜0.01mm 黏粒（%）
0.072	0.86	4.78
0.060	3.73	12.16
0.079	2.34	22.42
0.053	3.65	34.59
0.045	3.79	56.17
0.034	10.60	84.07

由于黏粒表面有很强的吸附性，将铁牢牢地吸附在黏粒表面而不能被作物吸收利用，所以碳酸钙含量越高或越偏黏的土壤，越容易出现缺铁现象。

3. 土壤水的饱和度

土壤水饱和度是土壤中含水的程度。土壤颗粒之间的孔隙被空气和水蒸气所填充，如果水饱和度过高，土壤颗粒间的空隙被水填充造成还原的环境，在还原条件下如果土壤碳酸钙含量偏高，铁就会形成难溶解的化合物。在生产实践中，一般花生没有缺铁现象，但一场大雨过后，积水的花生常出现缺铁现象。在北方石灰性土壤上这种现象更加突出。其原因就是土壤水饱和度过高，降低了铁的可给性。

4. 土壤有机质

土壤有机质对铁的活化有明显促进作用。测定土壤有机质含量及有效铁的含量（表 1-17）明显看出，有机质高的土壤有效铁的含量也高。

表 1-17　土壤有机质与有效铁的关系

土壤有机质（%）	土壤有效铁（mg/kg）
0.81	7.8
1.21	9.1
1.71	9.9
3.50	17.2
4.63	24.9
5.94	23.2
9.63	39.4

（五）科学施铁肥克服花生缺铁症状

花生上常用的铁肥有硫酸亚铁（含铁19%～20%）、硫酸亚铁铵（含铁14%）、螯合态铁（含铁5%～14%），均为易溶于水的速效铁肥。最好采用浸种和叶面喷施两种方法。浸种用0.1%的硫酸亚铁溶液浸种12h；叶面喷施一般用0.2%的硫酸亚铁于新叶开始发黄时喷施，连续喷洒2次。叶面喷施可减少土壤固定，效果比较明显。山东省金乡县在黄泛平原石灰性土壤上试验，从花生初花期始，每隔7d喷一次硫酸亚铁溶液，连续喷3次，增产达32.8%。

八、缺硼素症状

（一）硼素在花生生育中的作用

硼与钙的吸收、运转有关，影响细胞壁的果胶形成和输导组织的功能。硼能提高花生根瘤菌的固氮量，增强花生的抗旱性，促进花生对氮素的吸收。在花生生殖体内，含硼量最多的部位是花，尤其是柱头和子房。硼能刺激花生花粉萌发和花粉管伸长，有利受精。土壤有效硼临界值为0.5mg/kg。我国南方红壤、北方黄土及黄河冲积物发育的土壤为主要缺硼区。

（二）花生需硼规律

花生是需硼中等的作物，硼在花生植株体内的含量一般为干物重的0.01%～0.03%。硼比较集中地分布在茎尖、根尖、叶片和花器官中。成熟期花生叶片、根系、果壳、籽仁硼素含量分别为71.7、35.9、23.9、19.5mg/kg。花生一生中对硼的吸收，以苗期最多，占46.9%，花期占31.2%，收获期占21.9%。

（三）花生缺硼症状

花生需硼比禾本科作物多，所以易缺硼。Hill和Morrill确立了花生播后30～60d叶片中临界硼含量为26mg/kg；张俊清等提出了叶片含硼50～70mg/kg的花生植株硼素营养临界指标。在缺硼条件下栽培花生，植株矮小、瘦弱，分枝多，呈丛生状，心叶叶脉颜色浅，叶尖发黄，老叶色暗，最后生长点停止生长，以至枯死；根尖端有黑点，侧根很少，根系易老化坏死；开花很少，甚至无花，荚果和籽仁形成受到影响，出现大量子叶内面凹陷失色的"空心"籽仁。米仁上形成棕色圆斑，胚芽变黑，降低品质。

（四）我国土壤硼的含量分布

1. 我国土壤全硼量

据现有资料，我国土壤全硼量范围在0～500mg/kg之间，平均64mg/kg。我国土壤全硼量大致分布规律由北向南、由西向东呈逐渐降低的趋势。南方各类土壤的平均含硼量除石灰岩土以外，都低于 64mg/kg，北方各类土壤则高于或接近平均含量。一般富硼土壤分布于干旱地区，而低硼土壤则分布于湿润地区。此外，盐土也富含硼。我国土壤硼含量最高的是西藏地区，珠穆朗玛峰附近广泛分布的沉积岩和变质岩来源于海相沉积，土壤含硼量因而非常突出，其中原始高山草甸土的硼含量平均为 154mg/kg，最高可达500mg/kg。西北黄土母质发育的土壤（如塿土、黑垆土、黄绵土等）全硼含量也较高，平均含硼量为 80mg/kg。我国红壤地区全硼量最低，一般在 50mg/kg 以下。据不完全统计，我国土境全硼量按土壤类型区分，除了西藏珠穆朗玛峰地区的土壤以外，变幅一般在19～88mg/kg 之间。我国土壤含硼量详见表 1-18。

表 1-18 我国土壤含硼量

土 类	含硼量 (mg/kg)	平均含量 (mg/kg)
白浆土	45～69	63
棕壤	31～92	61
草甸土	32～72	54
黑土	36～69	54
黑钙土	49～64	50
暗棕钙土	35～57	42
褐土	45～69	63
塿土、黑垆土、黄绵土	44～128	88
红壤（华中）	<4～145	62
红壤（华南）	痕迹～300 （包括部分滨海土壤）	71
砖红壤及赤红壤	5～500 （包括部分滨海土壤）	60
黄壤	10～150	78
红色石灰土	20～200	88
棕色石灰土	10～150	87
紫色土	40～50	45

2. 我国土壤水溶态硼的含量状况

就土壤对花生的供硼能力而言，不是以土壤全硼量来衡量，而是以土壤有效硼（水溶态硼）的多少来判断。我国土壤水溶态硼含量分布的趋势与土壤全硼量相同。各种类型土壤有效硼的含量相差很大。据现有资料，南方红壤有效硼含量最低，变幅为痕迹量至0.58mg/kg 之间，平均 0.14mg/kg。南方水稻土远低于北方水稻土，一般有效硼都低于0.5mg/kg。西北地区黄土母质发育的几种土壤，虽全硼量高，但有效硼含量较低，平均含量 0.29mg/kg。内陆盐土和滨海盐土水溶态硼含量较高，尤其是内陆盐土更高。西藏阿里地区的内陆盐土有效硼含量最高达 23mg/kg 之多。

我国一些土壤有效硼含量见表 1-19。

表 1 - 19　我国一些土壤有效硼含量　　　　　　单位：mg/kg

土壤类型及母质	采土地点	有效硼含量	平均含量
堘土 （黄土母质）	陕西关中地区	0.10～0.40	0.29
黄棕壤及水稻土 （下蜀黄土）	江苏南部	0.02～0.22	0.09
水稻土 （湖积物）	江苏南部	0.08～0.74	0.28
黄潮土、盐化潮土、青黑土 （黄河、淮河冲积物）	江苏北部 （徐州、淮阴地区）	0.38～1.73	0.69
红壤	江西、浙江、福建	痕迹～0.58	0.14
砖红壤、赤红壤	广东、云南、福建	0.02～0.35	0.29

我国缺硼土壤主要分布于南方红壤区，北方一些省、自治区、直辖市也有相当面积的土壤硼素不足。我国部分省、自治区、直辖市耕地土壤缺硼（土壤有效硼小于0.5mg/kg）状况见表 1 - 20。

表 1 - 20　我国部分省、自治区、直辖市耕地土壤缺硼状况

省、自治区、直辖市	缺硼土壤（%）	土壤有效硼平均含量（mg/kg）
湖北	91.1	0.33（0.04～4.24）
湖南	98.7	0.204（0.05～0.47）
江西	98.5	0.15
福建	100.0	0.27
四川（盆地）	96.1	0.23（0.01～1.61）
上海	50.7	（0.09～2.38）
河南	96.0	0.25
贵州	77.5	稻田 0.38　旱土 0.36
云南（大理）	88.7	0.261（痕迹～2.36）
吉林	60.0	0.51（痕迹～1.70）
北京	42.0	0.65（痕迹～3.80）
辽宁	87.7	
甘肃	32.5	0.78（0.01～9.20）
陕西	89.0	0.30（0.04～1.98）
河北	65.6	0.50（0.02～9.83）
山东	65.1	0.48（0.04～6.79）
山西	77.2	0.40（0.07～2.42）
宁夏（灌区）	9.4	
安徽（徽州）	96.0	0.13
（江淮丘陵）	100.0	0.13

3. 影响土壤有效硼的因素

土壤中难溶性的含硼矿物，经过缓慢的风化作用可以释放出有效硼，有效硼也可以在一定条件下转化为花生难以利用的硼。影响土壤硼有效性的因素很多，归纳起来主要有以下几种。

（1）土壤酸碱度（pH）。土壤 pH4.7～6.7 之间，硼的有效性最高，水溶性硼与 pH 成正相关。pH7.1～8.1 之间，硼的有效性降低，水溶性硼与 pH 成负相关。现已证明，土壤中硼的有效性主要受吸附固定的影响，而吸附固定又与土壤 pH 密切相关。酸性土壤中硼的

有效性高，但容易淋洗损失。施用大量石灰，硼的吸附固定增加，会产生诱发缺硼。

（2）土壤有机质。有机质多的土壤有效性硼较多。因为与有机物结合或被有机物所固定的硼，当有机物分解后被释放出来。对酸性土来说，有机物使硼固定可避免淋失，起了保护作用，有机物矿化后又会增加有效性硼。对于石灰性土壤来说，有机物对硼有效性的影响不及土壤 pH 的影响明显。

（3）气候条件。干旱使土壤中硼的有效性降低。一方面是由于有机物的分解受到影响而减少硼的供应；另一方面，干旱地区的固定作用增强，温度愈高愈甚，从而降低水溶性硼的含量。湿润多雨地区，常由于强烈的淋洗作用而导致硼的损失，降低有效硼的含量，特别是轻质土壤尤为明显。

（4）土壤质地。土壤质地影响硼在土壤中的移动。在轻质土壤上硼易遭淋失，使水溶性硼减少；在黏质土壤上，由于黏粒的吸附作用，能保持较多的有效硼。因此，在其他条件相同的情况下，轻质土壤的有效硼含量常少于黏质土壤，缺硼往往出现在轻质土壤中。

（五）科学施硼肥克服花生缺硼症状

目前施用的硼肥主要有硼酸（含硼 17.5%）和硼砂（含硼 11%）。硼酸易溶于水，硼砂在 40℃热水中可溶。硼肥以作基肥施用最好。一般每公顷用易溶性硼肥 7.5kg，与有机肥料充分拌匀或混入部分土壤后，撒施并耕翻于土中或开沟条施。拌种用时，一般每千克种子用 0.4g 硼酸或硼砂加少量水溶解后，均匀拌种。叶面喷施每公顷用 1.5kg 硼肥对成 0.2% 的水溶液，于花生始花期和盛花期各喷一次。大量试验表明，凡是土壤中有效硼含量低于 0.5mg/kg，施硼均有显著的增产效果。

九、缺钼素症状

（一）钼素在花生生育中的作用

钼是硝酸还原酶和固氮酶的组成成分，参与包括氮素在内的氧化还原反应，促进根瘤菌的固氮作用，可使根瘤菌和其他固氮微生物的固定能力提高几十倍。钼可促使硝态氮由不能被利用状态变为可利用状态，是花生利用硝态氮所必不可少的。钼还可以改善花生对磷素的吸收，并可消除过量铁、锰、铜等金属离子对花生的毒害作用，使花生健壮生长。钼与维生素 C 的形成有关。

（二）花生需钼规律

花生对钼的需要量极少，是微量营养元素中最"微量"的元素。花生所吸收的钼，用于固氮作用的量大于用于植株其他代谢反应的量。花生对钼的吸收量与土壤中的有效钼有关。土壤中的有效钼随着土壤 pH 的升高而显著增加，如 pH 增高一个单位，花生籽仁中的钼含量加倍。花生根、茎、叶的含钼量初花期＞结荚盛期＞收获期。钼素主要积累在籽仁中。

（三）花生缺钼症状

土壤有效态钼的临界含量为 0.15mg/kg。花生缺钼时生长不良、植株矮小，叶脉间失绿，叶片生长畸形，整个叶片布满斑点，甚至发生螺旋状扭曲；根瘤发育不良，结瘤少而小，固氮能力减弱或不能固氮，其症状与缺氮症状相似。但缺氮先表现在老叶上，而缺钼先表现在新生叶片上。因而植株矮小，根系不发达，叶脉失绿，老叶变厚呈蜡质。

（四）我国土壤中钼的含量分布

我国农业土壤中全钼的含量为 0.1～6mg/kg，平均 1.7mg/kg，作物可以吸收利用的有效态钼的平均含量一般不超过 0.25mg/kg。表 1-21 为我国主要耕地的有效钼含量。

表 1-21　我国土壤中有效态钼的含量范围　　　　单位：mg/kg

采土地点	土壤名称	有效态钼含量	平均
陕中及陕北	塿土、黄绵土、黑垆土等	痕迹～0.32	0.11
河南	潮土、褐土、砂姜黑土等	痕迹～0.76	0.05
吉林	草甸土、泥炭土、灰棕壤、棕壤、白浆土、水稻土	0.15～0.30	0.25
吉林	黑土、黑钙土、淡黑钙土等	0.09～0.15	—
河北（坝上）	草甸栗钙土、暗栗钙土、潮土	0.01～0.15	—
苏北（淮阴、兴化）	黄潮土、沤田	痕迹～0.25	0.05
江苏南部	黄棕壤、灰潮土、水稻土	痕迹～0.19	0.07
福建北部、江西、浙江（西部）	红壤及红壤性水稻土	痕迹～0.65	0.15
广东	砖红壤、赤红壤	0.05～0.32	0.16

我国有南方和北方两大缺钼区。北方缺钼主要是由于成土母质含钼量极低。黄土高原的成土母质主要为黄土和黄土状母质，其全钼含量 0.21～1.45mg/kg，平均0.62mg/kg，远远低于全国平均钼含量 1.7mg/kg 的水平，黄土高原土壤的有效钼含量平均0.06mg/kg，其中74%的样点施钼肥有效，含量在缺钼临界值（<0.15mg/kg）以下。华北平原以黄河冲积物和黄土状母质为主，大部分土壤有效钼含量低于 0.1mg/kg，属于有效钼很低的土壤。东北平原及内蒙古高原有效钼含量0.10～0.15mg/kg，也属于有效钼较低的范围，这可能与土壤母质矿化程度低、钼释放少有关。东北平原由于钼固定较多，造成该区土壤中钼含量普遍偏低。而在我国南方，土壤全钼含量并不低，但由于降水量大，淋溶作用较强，同时由于土壤pH一般小于6，土壤中钼以植物不能利用的五价以下状态存在，因而造成花生缺钼。缺钼严重的有广东、海南及福建的赤红壤和砖红壤区和贵州、广西、四川的紫色土区，其有效钼含量一般不足 0.1mg/kg。其他地区除云南、贵州东部以及四川宜昌地区较高外，土壤有效钼含量一般也在 0.10～0.15mg/kg 范围内，为中等缺钼土壤。由此可见，我国土壤的缺钼面积相当大，占全国耕地的 80% 左右。

（五）科学施钼肥克服花生缺钼症状

常用的钼肥有钼酸铵（含钼 50%～54%）、钼酸钠（含钼 35%～39%），易溶于水，属速效钼肥。此外，还有三氧化钼、含钼工业废渣、含钼玻璃等，含钼低，难溶解，为迟效钼肥。速效钼肥一般用于拌种、浸种和叶面喷施，迟效钼肥用于基施。拌种一般每公顷用钼酸铵或钼酸钠 90～225g，浸种一般每公顷用钼酸铵 225～300g，对水 187～225kg，浸种 3～5h，叶面喷施浓度为 0.1％～0.2％，喷施以苗期、花针期各喷一次效果较好。山东省花生研究所用钼酸铵浸种增产 10％，花针期喷施增产 8.5％。钼酸铵每公顷用量不宜超过 300g，否则易引起蛋白质中毒，使花生减产。

十、缺锌素症状

（一）锌素在花生生育中的作用

锌是某些酶的组成成分或活化剂。锌通过酶的作用对花生碳、氮代谢产生广泛的影响，如碳酸酐酶催化 CO_2 和 H_2CO_3 的相互转化，促进蛋白质代谢和生殖器官发育。锌参与生长素合成，花生体内锌的含量与生长素的分布有很高相关性。锌能促进花生对氮、钾、铁的吸收利用，缺锌土壤施锌后，花生植株中氮、钾含量较不施锌的对照高 1 倍以上，但与铁、锰有拮抗作用。

（二）花生缺锌症状

锌不足时，花生叶片发生条带式失绿，植株矮小；严重缺锌时，花生整个小叶失绿。缺锌还降低花生油的生化品质。

（三）我国土壤锌的含量分布

1. 我国土壤全锌量

我国土壤全锌含量为 8～790mg/kg，平均 100mg/kg。土壤全锌量与成土母质有关。由基性岩发育的土壤全锌量比酸性岩高，由石灰岩发育的土壤全锌量比片麻岩和石英岩高。我国主要土类全锌含量（表 1-22）就土壤类型而论，暗栗钙土、黑土、紫色土等较低，棕色石灰土、红色石灰土、砖红壤、赤红壤、黄壤等较高，其他土类介于二者之间。

表 1-22　我国主要土类中的全锌含量

土壤种类	含锌量（mg/kg）	
	平均	变幅
白浆土	89	79～100
棕土	98	44～770
黑土	61	58～66
黑钙土	88	56～153
暗栗钙土	57	20～98
草甸土	87	51～130
红壤	79	22～172
黄壤	145	50～600
砖红壤、赤红壤	180	20～600
紫色土	65	30～100
红色石灰土	238	100～300
棕色石灰土	302	50～600

2. 我国土壤有效锌的含量状况

花生利用土壤中的锌不是土壤含锌量的全部，而是利用处于能够吸收状态的锌，即有效锌。土壤有效锌包括水溶态、代换态、螯合态和稀酸溶态等。在这些形态中，水溶态锌含量很少，通常以代换态、螯合态和稀酸溶态作为作物可以吸收的锌。土壤中的锌以二价形式存在于土壤矿物中。根据中国科学院南京土壤研究所对全国土壤锌素的调查，缺锌土壤主要分布在石灰性土壤上，包括绵土、壤土、黄潮土、褐土、棕壤、栗钙土、棕钙土、灰钙土、各种漠境土、砂姜黑土、黑色石灰土以及碳酸盐紫色土等。长江冲积物以南方石灰岩母质发育的土壤也较易缺锌。

我国部分省、自治区、直辖市耕地土壤有效锌含量状况如表1-23。据不完全统计，在我国耕地中约有30%的土壤缺锌。

表1-23　我国部分省、自治区、直辖市耕地土壤有效锌含量状况

省、自治区、直辖市	土壤有效锌含量（mg/kg）		缺锌土壤占耕地面积百分率（%）（有效锌<0.5mg/kg）
	平均	变幅	
陕西	0.58	0.34~0.76	52.0
山东	0.54	0.04~14.56	63.5
新疆	0.996	0.109~10.6	39.7
山西	0.54	0.20~2.20	59.6
吉林	1.18	0.01~23.3	36.6
甘肃	0.44	0.04~5.8	61.0
湖南	1.06	0.02~18.6	21.9
上海	1.51	0.25~11.29	9.0
江西	1.2	0.10~11.81	22.3
四川（盆地）	1.45	0.08~9.6	7.0
北京	0.81	0.06~9.4	61.0
河北	0.53	0.04~10.6	70.7
湖北	0.65	0.05~2.20	50.7
河南	0.50	0.04~2.14	60.1

3. 易发生缺锌现象的土壤

（1）淋溶强烈的酸性土（尤其是沙土）全锌含量很低，有效锌含量更低，施用石灰时极易出现诱发缺锌现象。

（2）花岗岩母质发育的土壤和冲积土有时含锌量也很低。碱性土壤中锌的可给性降低。

（3）一些有机质土如腐泥土、泥炭土，锌与有机质结合成为不易被花生吸收利用的形态。

（4）土壤黏粒部分硅、镁比率（Si/Mg）很低时，锌被固定。

（5）石灰性水稻土中有机质含量高或施入大量未腐熟的有机肥或长期淹水，都可能造成缺锌。

（6）平整土地或修筑梯田心土外露而表土未曾复位，花生易表现缺锌。

（7）作物根系发育受阻（如耕层下有硬盘层）易出现缺锌。

4. 影响土壤锌有效性的因素

（1）酸碱度（pH）。缺锌多发生在 pH 大于 6.5 的土壤中。土壤 pH 升高有效锌减少。据中国农业科学院土壤肥料研究所对山东省 21 个县 400 多个土样分析结果，土壤有效锌含量与 pH 呈负相关。

（2）碳酸盐。据土壤测定结果，土壤有效锌含量与碳酸盐含量也呈负相关。一般土壤中碳酸盐含量愈高，土壤有效锌含量愈低。除碳酸盐的多寡以外，颗粒的细度也有一定影响。细粒（<2μm）碳酸钙吸附的锌比粗粒碳酸钙吸附的锌多，被吸附在碳酸钙表面的锌，不参与代谢反应而不易被作物吸收利用。

（3）有机质。目前多数资料认为，有机质含量与 DTPA 浸提的有效锌呈正相关，但土壤有机质过高（如泥炭土），土壤中有效锌的含量反而会随之增加而下降。

（4）温度。一般温度愈高土壤有效锌的含量愈高；温度低，土壤中锌的有效性降低。故作物常在早春容易发生缺锌现象，随着气温的升高缺锌现象即可得到缓解或消失。

（5）施肥不当。大量施用磷肥会诱发花生缺锌。其原因有多种解释：①土壤中锌与磷相互作用，使锌的可给性降低；②花生中锌、磷比例失调引起代谢紊乱；③磷使锌由根系向地上部运输迟缓；④多量磷使花生生长繁茂而引起锌的稀释效应。此外，也有人认为，磷妨碍花生对锌的利用，磷与锌之间存在拮抗关系。施用氮肥过多，也会导致土壤有效锌不足。有人认为，增施氮肥会引起更多的锌在根中形成锌与蛋白质的复合物而导致地上部缺锌。

在南方酸性土壤中，由于长期施用石灰改变了土壤的酸碱度，因而也会诱发缺锌。

（四）科学施锌克服花生缺锌症状

含锌肥料主要有硫酸锌（含锌 35%～40%，另一种含结晶水多的含锌仅 23%～24%）、氯化锌（含锌 40%～48%）、氧化锌（含锌 70%～80%）。花生生产上以施硫酸锌较为普遍。作基肥时一般每公顷施用 15kg，撒施、条施均可；作种子处理时一般用 0.10%～0.15%溶液浸种 12h。在缺锌土壤施用锌肥，有显著的增产效果。锌在土壤中移动很慢，有一定的残留。

十一、缺锰素症状

（一）锰素在花生生育中的作用

锰是多种酶的组成成分，又是氧化还原酶的活化剂，对三羧酸循环与氮素代谢产生作用。锰与叶绿素形成、维生素 C 合成有关，促进光合作用过程中水的光解。锰可提高氮素利用率。

（二）花生缺锰症状

缺锰时，蛋白质的合成受影响，同时叶肉失绿变黄白，并出现杂色斑点。花生叶片含锰量通常在 50～100mg/kg，低于 20mg/kg 时即出现缺锰症状。花生是较耐过量锰的作物，叶片中锰含量达 4 000mg/kg 时，叶片上才有坏死斑。

(三) 我国土壤锰的含量状况

1. 我国土壤全锰含量

我国土壤全锰含量范围 10～5 532mg/kg，平均 710mg/kg，略低于世界土壤含锰量的平均值（850mg/kg），总的趋势是由南向北逐渐降低。按土壤类型区分，各类土壤的含锰量变幅很大（表 1-24）。有的低至 100mg/kg 以下，红壤则会超过 2 000mg/kg，有时可达 5 000mg/kg 之多。不同土壤的含锰量不同。在南方的酸性土壤即砖红壤和红壤中的锰有富集现象，并且因成土母质不同而有较大差异。如玄武岩母质发育的红壤含锰 2 000～3 000mg/kg，花岗岩母质发育的红壤大部分小于 500mg/kg，片岩、页岩、沉积物上发育的红壤为 200～500mg/kg，花岗岩发育的赤红壤含锰量很低，有时只有 100mg/kg 上下，最低的在 50mg/kg 以下。

表 1-24　不同类型土壤的含锰量

土　类	含锰量（mg/kg）	平均含量（mg/kg）
白浆土	850～1 800	1 400
棕壤	340～1 000	770
草甸土	480～1 300	940
黑土	590～1 100	900
黑钙土	730～1 200	840
暗栗钙土	250～900	580
褐土	550～900	730
墣土、黑垆土、黄绵土	660～1 170	844
黄潮土、青黑土	262～662	425
红壤	42～2 270	640
砖红壤、赤红壤	200～3 000	915
棕色石灰土	200～5 000	1 740
红色石灰土	500～2 000	900
黄壤	50～750	300

2. 我国土壤中有效锰的状况

土壤中的全锰含量不适于作为判断锰的供给指标。土壤中的有效锰才是花生可以利用的锰。花生吸收的锰来自土壤，土壤中的锰含量多少与成土母质、土壤类型及气候条件等有关。土壤中锰的形态随土壤 pH、氧化还原条件及有机质的多少而变化，通气性良好的轻质土壤由低价向高价转化，淹水条件下强酸性土壤中高价锰向低价锰转化，因此水稻土壤中有效锰常增加，而北方石灰性沙质土壤有效锰往往不足。

土壤中锰的形态可分为易被花生吸收的低价锰化物（包括水溶性锰和代换性锰）和不易被花生吸收的高价锰的氧化物。三价锰氧化物是易还原性锰。水溶性锰、代换性锰和易还原性锰总称为活性锰，活性锰即为花生易吸收利用的有效锰。

我国一些省、自治区、直辖市耕地土壤的缺锰状况见表1-25。

表1-25　我国一些省、自治区、直辖市耕地土壤缺锰状况

省、自治区、直辖市	缺锰土壤百分率（%）	
山西	50.2	<7mg/kg（DTPA 提取锰）
陕西	48.0	<7mg/kg（DTPA 提取锰）
甘肃	54.0	<7mg/kg（DTPA 提取锰）
新疆（北部）	78.0	<7mg/kg（DTPA 提取锰）
新疆（南部）	94.0	<7mg/kg（DTPA 提取锰）
新疆（东部）	96.0	<7mg/kg（DTPA 提取锰）
宁夏（南部山区）	52.0	<7mg/kg（DTPA 提取锰）
宁夏（引黄灌区）	43.0	<9mg/kg（DTPA 提取锰）
河北	73.7	<7mg/kg（DTPA 提取锰）
山东（黄泛平原）	89.1	<10mg/kg（DTPA 提取锰）
北京	45.2	<9mg/kg（DTPA 提取锰）
吉林	22.0	<9mg/kg（DTPA 提取锰）
湖南	11.5	<7mg/kg（DTPA 提取锰）
湖北	16.9	<5mg/kg（DTPA 提取锰）
江西	16.9	<7mg/kg（DTPA 提取锰）
贵州	19.1	<7mg/kg（DTPA 提取锰）
四川（盆地）	24.0	<10mg/kg（DTPA 提取锰）
上海	16.0	<100mg/kg（易还原态锰）
云南	50.0	<100mg/kg（易还原态锰）
辽宁	27.1	<10mg/kg（DTPA 提取锰）

3. 影响土壤有效锰的因素

土壤有效锰的多少，与土壤酸碱性、氧化还原电位、土壤质地、土壤水分状况及有机质含量等有关。

（1）土壤pH。土壤pH对锰的有效性影响甚为突出。高pH土壤比低pH土壤更易吸附锰，因此高pH的石灰性土壤有效锰较低，低pH的酸性土壤有效锰较高。pH大于7.5，有效锰急剧下降，pH大于8.0时，土壤有效锰很低。

（2）土壤质地。土壤锰的有效性，总的趋势是沙土到中壤随土壤黏粒含量（粒径小于0.01mm）增加而增加，中壤到重壤随黏粒含量增加而降低。一般沙性大的土壤，有效锰含量较低。

（3）土壤有机质。土壤有机质的存在，可促使锰的还原而增加活性锰。土壤有机质含量高，有效锰含量亦高；有机质含量低，有效锰含量亦低。土壤有效锰与土壤有机质之间呈正相关。

（4）土壤水分状况。土壤水分状况直接影响土壤氧化还原状况，从而影响土壤中锰的不同形态的变化。淹水时，锰向还原状态变化，有效锰增加；干旱时，锰向氧化状态变化，有效锰降低。因此，同一母质发育的水稻土其有效锰高于相应的旱地土壤。旱地沙土常处于氧化状态，以高价锰为主，有效锰较低，常易缺锰。

（5）碳酸钙。一般地说，土壤有效锰随土壤碳酸钙含量增加而降低。锰的有效度与碳酸含量之间呈负相关。

（四）科学施锰肥克服花生缺锰症状

含锰肥料主要有硫酸锰（含锰 26%～28%）、氯化锰（含锰 27%），都是粉红色晶体，易溶于水。常用的是硫酸锰，基施一般每公顷 22.5～45kg，随耕地施入土中；叶面喷施多用 0.1%水溶液，于花生播种后 30～50d 开始，每隔 10～14d 喷一次，直到收获前15～20d。

第二章 花生生物病害

全世界已报道的花生病害 50 余种。其中重要的有花生网斑病、黑斑病、褐斑病、茎腐病、锈病、菌核病、根结线虫病、青枯病、条纹病毒病、矮化病毒病、黄花叶病毒病等。花生网斑病在国内各花生产区均有发生，每年的发病率都在 20％以上。尤以山东省东部花生主产区发生严重，一般年份发病率都在 30％以上，严重年份超过 70％。造成花生提早落叶，进入 8 月下旬，田间植株叶片所剩无几，严重影响花生的产量。花生褐斑病和黑斑病每年都有发生，发病率之高，危害之严重，个别地块超过花生网斑病，一些地块发病率达 100％。20 世纪 80 年代以后，花生条纹病毒病逐渐成为我国北方花生生产的最主要病害之一，常年发病面积在 200 万 hm² 左右。花生根结线虫病是山东省主要花生产区的重要病害，特别是连作地块，严重时可导致绝收。花生锈病和青枯病在南方花生生产区危害严重，经常流行，一般年份造成花生减产 30％～40％。花生菌核病是最近几年发生的严重病害之一，上升快，危害重，主要与花生栽培制度有关，密植和全球气候变暖是这一病害严重发生的主要原因。花生冠腐病、茎腐病、根腐病等弱寄生性真菌病害，在个别地方危害也比较严重。此外，花生轮斑病、灰斑病、小菌核病和大菌核病等在一些地区也时常发生，但大多数情况下危害不大。

在国外，花生锈病主要在印度、美国、阿根廷发生比较普遍，可造成减产 50％～70％。花生青枯病在东南亚、非洲及印度等国危害严重，是花生生产上的一大威胁。花生青枯病在美国及其他一些国家也有发生。花生根结线虫病主要在美国东南部、非洲等温暖而冬季较短的地区发生严重，也广泛分布于其他地区。焦斑病、灰霉病、炭腐病等病害在东南亚、印度、美国和欧洲发生比较普遍。此外，花生白绢病、纹枯病、根腐病、黑腐病等在个别地区危害严重，特别是对花生根部和果实往往造成严重危害。

第一节 花生真菌病害

一、花生网斑病

花生网斑病，又称褐纹病、云纹斑病、污斑病、泥褐斑病。是我国近年来新发生的一种花生叶部斑点性病害。也是花生叶斑类病害中蔓延快、危害最重的病害之一。

（一）分布与危害

1972 年，在美国得克萨斯州首次发现花生网斑病，随后津巴布韦、安哥拉、阿根廷、澳大利亚、巴西、加拿大、日本、莱索托、马拉维、毛里求斯、尼日利亚、南非、瑞典、前苏联和赞比亚等国均有报道。1982 年在我国山东、辽宁省花生主产区首次发现并报道花生网斑病发生，此后在陕西、河南等省也相继发生。目前，该病害在我国北方花生产区发生普遍，给花生安全、优质生产带来严重威胁。在自然条件下，该病原菌仅侵染花生。国外报道，在人工接种条件下，该病原菌还侵染甜三叶草、多毛豌豆等豆科植物。

花生网斑病能导致花生生长后期大量落叶，严重影响花生产量，一般可减产 10%～20%，严重的达 30% 以上，流行年份可造成 20%～40% 的产量损失。据陕西省 20 世纪 90 年代调查，当花生网斑病病叶率达 78% 以上、病情指数 28.3～55.1 时，对花生的危害超过其他叶斑病。花生网斑病对荚果充实度和产量影响很大。随着病情的加重，花生荚果产量依次递减。当病情指数依次为 5.9%、11.7%、23.4%、35.1%、46.8%、58.8% 时，花生荚果产量损失率分别为 1.47%、5.88%、13.64%、25.67%、33.20% 和 42.25%，二者呈显著正相关（石延茂等，1999；王才斌等，2005）。徐秀娟报道（1995），近年来由于花生网斑病持续严重发生，每年都造成花生产量损失达 19.94% 以上。

花生植株受花生网斑病侵染后，植株体内的叶绿素含量比对照明显下降。由于叶绿素在一定程度上反映了叶片的功能和衰老程度，随着病害的进一步扩展和蔓延，花生叶片的光合强度逐渐降低，这可能是导致受害花生籽粒不饱满和产量下降的主要原因。通过对豫花 15 接种花生网斑病菌试验，发现接菌植株的叶绿素含量比对照明显下降，7d 后的下降速率大于 7d 以前。另外，接菌植株的光合强度下降快于对照（李锦辉等，2002；李向东等，2000）。

（二）症状

该病一般于花生花期（山东 7 月中、下旬）开始发生，盛发期主要发生在花生生长的中、后期（山东 8 月中、下旬），以危害叶片为主，茎、叶柄也可以受害。一般先从下部叶片发生，通常表现两种类型（彩图 2-1）：一种是污斑型。病斑较小，0.7～1.0cm，近圆形，黑褐色，边缘较清晰，周围有黄色晕圈，可以穿透叶片，但在叶片背面形成的病斑比正面的要小。另一种是网纹型。病斑较大，直径可达 1.5cm，在叶正面产生边缘白色网纹状或星芒状、中间褐色的病斑。病斑不规则形，边缘不清晰或模糊，周围无黄色晕圈，着色不均匀，一般不透过叶面。该类型往往是多个病斑连在一起形成更大病斑，甚至布满整个叶片。污斑型病斑的出现多在高温、多湿的雨季，其大量出现说明环境条件很适合该病害发生。两种类型病斑能在同一个叶片上发生，并可相互融合，扩展至整个叶面。污斑型和网纹型症状也可以独立发展，当外界条件不利时多形成网纹型症状。后期病斑背面上出现栗褐色小粒点，即病菌分生孢子器，老病斑后期干枯易破裂。感病叶片很快脱落，田间病害发生严重时，叶片很快落光，造成光秆，对花生危害极大。

茎秆、叶柄上的症状初为一个褐色斑点，后扩展成长条形或长椭圆形病斑，中央凹陷，严重时引起茎叶枯死。

（三）病原及特性

关于花生网斑病病原问题，曾存有争议。病菌无性世代最初被定为壳二孢属真菌（*Ascochyta* spp.）。后来发现花生网斑病菌的孢子类型随环境条件而变化，产生在大田病叶上的分生孢子无色，以双胞孢子为主，而产生在人工培养基上的分生孢子以单胞为主。Brewer 和 Boerema 用发生学测定方法对花生网斑病菌作了重新鉴定，Marasas 把其确定为 *Phoma*。其根据是壳二孢的分生孢子离壁分割，不是孢子发展中必须经过的一个过程，是随条件而变化的，产孢方式为内壁芽生瓶体式。因此，把花生网斑病菌无性世代定为 *Phoma arachidicola* Marasas Pauer & Boerema，属于半知菌亚门，球壳孢目，茎点霉属，花生网斑病菌。病菌有性世代划分也比较混乱，曾分别报道为 *Mycosphaerella*、*Didymosphaeria* 和 *Didymella* 属的一个种，尚待进一步明确。但该阶段在病害侵染中不起作用。陕西曾分离出同属的另一种病原菌 *Phoma* spp.，并在当地是一种优势种。病菌在燕麦琼脂培养基上 25℃下培养，菌落初呈白色，后变成灰白色，平铺，较薄。在气生菌丝中产生球形、表面光滑、褐色的厚垣孢子，大小 7.5～12.5μm。在近紫外光照射培养下，可大量产生淡褐色、球形、壁薄、具孔口的分生孢子器（图 2-1），直径 125～250μm。分生孢子无色，椭圆形，单胞，极少数双胞，大小 2～4μm×3.3～9.16μm。自然条件下，病组织产生的分

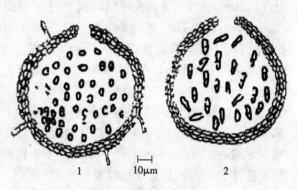

图 2-1　花生网斑病菌
1. 人工培养条件下的分生孢子器和分生孢子
2. 田间病组织上的分生孢子器和分生孢子

生孢子器黑色，球形或扁球形，埋生或半埋生，具孔口，直径 50～200μm。国外报道，离体叶片在高湿下培养 2 周或在田间自然条件下均可形成子囊壳。子囊壳深褐色，球状，有短嘴或无嘴，单生，直径 65～154μm，埋生于寄主表皮下。子囊柱状或棍棒状，多有 1 个分化的足胞，大小 10～17μm×35～60μm。子囊孢子椭圆形，大小 5～7μm×12.5～16μm，有 1 隔膜，光滑，透明至淡黄色，随成熟而变暗。

在麦芽汁培养基上，菌丝生长适宜温度 5～34℃，最适温度 20℃；分生孢子在 5～30℃均能萌发，最适温度 20～25℃，低于 0℃或高于 30℃不能萌发。适宜 pH5～7，孢子萌发率一般在 90% 以上。

（四）侵染循环与消长规律

花生网斑病菌以菌丝、分生孢子器、厚垣孢子和分生孢子等在病残体上越冬，为翌年初侵染来源。条件适宜时，分生孢子借风雨、气流传播到寄主叶片上，萌发产生芽管直接侵入，菌丝随叶脉扩展成网状，在表皮下蔓延，杀死邻近细胞，形成网状坏死症状。菌丝也能伸入到表皮下组织，随着菌丝大量生长引起细胞广泛坏死，产生典型坏死斑块症状。病叶上形成的子实体遇水放出大量分生孢子。分生孢子经风雨等传播，可进行多次再侵染，导致病害流行。国外报道，病害初侵染源还有病菌子囊孢子。

据辽宁和山东等地观察，病害一般在花生花针期开始发生，8、9 两个月是发病盛期，病害严重地块造成花生多数叶片脱落，严重影响花生产量。在山东省烟台地区，花生网斑病始发期一般在 6 月上旬，盛发期在 7 月末至 8 月上、中旬。

（五）发病条件

花生网斑病的发生主要与气候条件、品种和栽培条件关系密切。

1. 温、湿度

该病发生及流行适宜温度低于其他叶斑病害，湿度往往是该病害发生和流行的一个限制性因素。花生生长中、后期，遇持续阴雨天气，将导致病害严重流行。大连市新金县记载了 1979—1985 年每年 6～8 月份雨量对病害发生的影响。结果是 1980 年降雨量最高，达 150.4mm，该年此病大流行，到 8 月末田间花生植株叶片几乎全部脱落，平均减产 30%～40%；而 1983 年同期降雨量只有 43.2mm，病害轻度发生。山东省莱西市 1985 年 8 月至 9 月上旬，降雨量高达 501mm，造成花生网斑病大发生，定点调查花生地块，病情指数从 7 月下旬平均 2 左右，到 8 月上旬迅速上升到 62，到 9 月份田间花生植株叶片几乎落光。

在美国和津巴布韦，花生网斑病在水浇地上比旱地上栽培发病重。Blamey 等（1977）和 Young 等（1980），研究了南非气候因子对田间花生网斑病发育的影响，发现花生网斑病发生的适宜温度一般偏低，但对湿度要求很高。Liddell（1990）报道，在美国新墨西哥州温度低于 29℃，且昼夜相对湿度在 85% 以上（有时超过 95%）时，则有利于花生网斑病发病。Subrahmanyam 和 Smith（1989）在实验室里发现，在温度适宜条件下，花生网斑病的发生与叶片湿润的时间之间呈显著的正相关。叶片湿润时期由 2d 延长至 8d，在 15、20、25℃条件下均可以促进病害发展，在 30℃、35℃ 则不能。15～25℃叶片湿润时期延长则有利于病害发展。叶片湿润时间短（<1d），即使温度 15～25℃，也不利于病害发展。30～35℃时即使叶片湿润时间较长，病害发展也甚微。

总之，在花生旺盛生长的 7～8 月份，持续阴雨和偏低的温度对病害发生极为有利，尤其是阴湿与干燥相交替的天气，极易导致病害大流行。

2. 地形

此病平泊地明显重于山岗地。资料记载，当平泊地发病率平均 26.3% 时，山岗地病害发病率平均只有 12.4%。可能是因为平泊地田间湿度比山岗地大的缘故。

3. 耕作制度

近年来花生网斑病发病逐年加重，一个重要的原因是栽培制度变更。由于高产栽培制度的推广，田间花生种植密度明显增加，田间郁蔽，通风透光条件差，小气候明显，温度降低、湿度增高，对花生网斑病发生有利。此外，由于花生种植方式越来越区域化，重茬和连作不可避免，一般情况下连作地网斑病重于轮作地，连作年限越长，病害发生越重；覆膜花生地重于露地。

4. 品种

花生网斑病是近年来发生的暴发性病害，抗病育种工作未跟上，生产上推广的品种多是感病品种，如鲁花 8 号、花育 22、豫花 3 号、白沙 1016 等，只有鲁花 17、鲁花 19、群育 101、鲁花 15 等几个品种有一定抗性。目前还未发现免疫品种。

鄢洪海等对生产上部分主推品种抗性鉴定结果表明，花育 17 和花育 19 等品种抗花生网斑病，白沙 1016 和花育 21 等较感网斑病，其他几个供试品种抗性一般（表 2-1）。

表 2-1 花生不同品种抗性鉴定结果

品种名称	青兰 2 号	花育 23	鲁花 15	白沙 1016	鲁花 11	花育 17	花育 19	鲁花 14	潍花 6	花育 21
发病级别	3.75	2	1.75	4.5	3.5	1.5	1.25	2.25	4	4.25
病情指数	36.8	28.1	14.9	53.7	34.2	12.4	10.9	32.9	42.0	49.8

对花生网斑病抗性机制研究发现，寄主受病原菌侵染后寄主防御酶活性升高与花生抗性密切相关。从图 2-2 曲线可以看出，花生叶片经网斑病菌孢子悬浮液接种处理后，花育 17 和花育 19 的 PAL 活性增加趋势基本一致。处理后 PAL 活性急剧增加，24h 达到峰值，之后酶活性又迅速下降，72h 后酶活性趋于平稳，但仍高于对照。而白沙 1016 和花育 21 变化趋势比较相似，接种后酶活性缓缓升高，分别在处理后 72h 和 60h 时 PAL 活性达到最大值，但峰值明显比花育 17 和花育 19 品种的低。花育 17 PAL 活性峰值比白沙 1016 和花育 21 分别高出 8.5% 和 4.0%，花育 19 峰值比白沙 1016 和花育 21 分别高出 13.5% 和 8.6%。

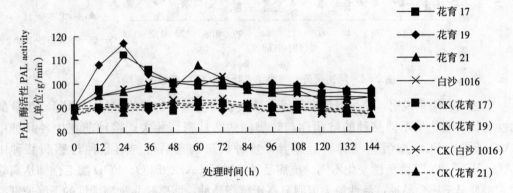

图 2-2 接种网斑病菌对花生叶片 PAL 活性的影响

对花生叶片中的 PPO 活性与网斑病抗性研究表明，两者也密切相关（图 2-3）。花育 17 品种在处理后，酶活性在 12h 内增加比较缓慢，12h 后迅速提高，在 36h 达到最大值，比对照高 41.8%，到 72h 趋于平稳。花育 19 品种和花育 17 品种 PPO 活性变化相似；而品种白沙 1016 PPO 活性在 48h 内增幅不大，从 48h 开始，酶活性迅速升高，到 60h 达到最大值。花育 21 变化趋势与白沙 1016 也基本相似，没有花育 17 和花育 19 品种 PPO 活

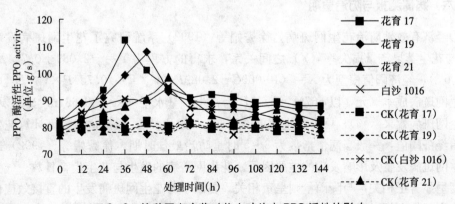

图 2-3 接种网斑病菌对花生叶片中 PPO 活性的影响

性峰值出现的早、活性高。

另外，还测定了过氧化物酶（POD）活性与网斑病抗性的关系。图2-4可以看出，花育17品种在接种处理24h后酶活性急剧增加，48h达到最大值，比对照高43.9%，之后迅速下降。花育19与花育17品种接近；但花育21和白沙1016都是在48h内POD活性变化较小，在60h达到最大值，之后急剧下降，到96h趋于平稳。

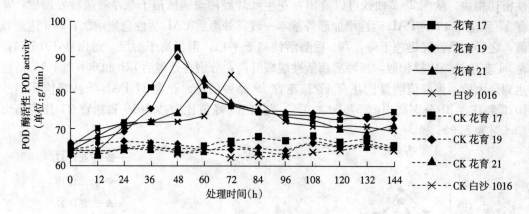

图2-4　网斑病菌处理对花生叶片中POD活性的影响

上述研究结果说明，花生网斑病菌侵染诱发了花生寄主防御酶PAL、PPO、POD酶活性变化，而花生不同品种的抗病性与防御酶的活性密切相关。接种前花生各品种中PAL、PPO、POD酶活性没有明显差异，接种网斑病菌后，抗病品种与感病品种中PAL、PPO、POD酶活性变化不同。抗病品种接种后PAL、PPO、POD酶活性到达高峰时间都要早于感病品种，活性最大值明显高于感病品种，而感病品种酶活性的下降速度要快于抗病品种，处于高活性的时间相对较短。

苯丙氨酸解氨酶是催化苯丙氨酸脱氨基后产生肉桂酸并最终转化为木质素的关键酶，是与木质素生产和沉积有关的防御酶。病害发生后，苯丙氨酸解氨酶活性增强，促进木质素合成，并沉积在细胞壁周围，进而将病原物限制在一定的细胞范围之内，阻止其进一步扩展危害。

（六）病情测报与防治适期

为经济有效地防治花生网斑病，徐秀娟等（1992）系统研究了花生网斑病发病程度（X）与花生荚果产量损失率（Y）之间关系，求得的方程为 $Y=-2.089+0.754X$（$r=0.9966^{**}$），经济阈值模型为 $X=(10\,000C+2.089P\times V\times E)/0.754P\times V\times E$ ［C 为防治花生网斑病成本（元，以 667m² 计）；P 为花生产量水平（kg，以 667m² 计）；E 为防治花生网斑病效果（%）；V 为花生荚果价格（1.5 元/kg）］。根据这一模型计算花生网斑病防治经济阈值，一般当病情指数为 3～5 时是防治最佳时期。徐秀娟等（1992）还报道了花生网斑病发生及影响发病的主要因子。花生网斑病的发生与花生生育日数、气温和相对湿度呈显著正相关，与降雨量则呈负相关。各因子对花生网斑病发生的直接效应依次为花生生育日数＞相对湿度＞气温。降雨有抑制病害发生的作用，但降雨又提高了相对湿度

（1992）。根据这一研究结果，山东半岛地区花生网斑病防治适期一般在 7 月中旬左右，年度间差别较小，由于生育日数与发病关系最密切，即使年度间温、湿度有所变化，第一次病害高峰出现的时间仍基本一致。

（七）防治

1. 封锁初侵染来源

花生网斑病初侵染源主要来自田间，结合花生田大面积应用除草剂的现状，将杀菌剂与除草剂混配，于花生播种后 3d 内一次喷洒地面，防病除草效果显著。较好的处理组合有 25％联苯三唑醇 WP500 倍液＋乙草胺 2 250ml/hm²、50％多菌灵 WP500 倍液＋乙草胺 2 250ml/hm² 等。

2. 选用抗病品种

选用抗病品种是防治花生网斑病最有效的措施之一。多年研究结果表明，抗性和产量均较好的品种有 P12、群育 101、鲁花 9 号、鲁花 10 号、鲁花 14、8130、花 37、鲁花 11、潍花 8 号、丰花 8 号、花育 17、花育 19、花育 26 等，可因地制宜选用。在美国，随着抗病品种 Florunner 大面积推广种植，网斑病造成的损失显著减轻。

3. 农业措施的应用

（1）清洁田园。收获时彻底清除病株、病叶，以减少翌年病害初侵染源。

（2）科学耕翻土地。翻转耕翻 30cm 较常规耕深 20cm 的防治效果高 46.6％，增产 11.2％。此法把表土残留的病菌较彻底翻入底层，压低了初侵染基数，防病效果较常规明显。

（3）合理肥水管理。增施基肥和磷肥、钾肥，合理灌溉，及时中耕除草，提高植株抗病力。使用的有机肥要充分腐熟，并不得混有植株病残体。用花生专用肥（N∶P∶K＝1∶1.5∶2）最好，较不施肥防治效果高 16.1％。

（4）优化种植。垄种或大垄双行种植较平种好，防治效果可提高 15.0％；花生、小麦套种较夏季直播发病率轻 13.0％。

（5）合理轮作。由于该病菌寄主范围很窄，试验证明越冬分生孢子生命力不超过一年，因此与其他作物合理轮作 1～2 年，可以减轻病害发生。可与甘薯、玉米或大豆等作物实行轮作，与重茬相比，发病率分别降低 52.2％、46.8％、35.4％。

4. 药剂防治

7 月上、中旬开始用杀菌剂、物理保护剂和生物制剂喷洒叶片。以联苯三唑醇最好，其防治效果达 57.2％，其次是抗枯灵，防效为 35.2％，代森锰锌为 31.0％，多菌灵为 29.4％。将以上药剂混用防病效果更好，并可兼治花生黑斑病、褐斑病和焦斑病。

二、花生褐斑病

花生褐斑病比花生黑斑病通常发生偏早，故又称花生早斑病。后期与花生黑斑病经常混合发生，又经常将两者合称花生叶斑病。花生褐斑病与黑斑病症状容易混淆，主要区别是花生褐斑病病斑外围有宽而明显黄色晕圈，病斑颜色褐色，比黑斑病浅。

（一）分布与危害

花生褐斑病系世界性普遍发生的病害。在我国各花生产区均有发生，是我国花生上分布最广、危害最重的病害之一。感染病害的花生，叶片布满病斑，光合作用面积锐减，叶绿素受到破坏，光合作用效能下降，植株生物产量大幅降低。随着大量病斑产生而引起早期落叶，严重影响干物质积累和荚果饱满度和成熟度，空瘪果壳率增加。受害花生一般减产10%～20%，严重的达40%以上。

该病原菌只危害花生，尚未发现其他寄主。

（二）症状

花生褐斑病主要危害叶片，严重时叶柄、茎秆亦可受害。被害叶片初期为黄褐色小斑点，与黑斑病不易区分，但随着病情的发展，褐斑病产生近圆形或不规则形病斑，病斑直径4～10mm，较花生黑斑病斑大，病斑正面黄褐色至深褐色，背面黄褐色，周围的黄色晕圈宽而明显（彩图2-2）。潮湿时，病斑正面产生灰褐色霉层，即病菌的分生孢子梗和分生孢子。病斑多时，有时连在一起，形成更大、不规则的病斑。染病叶片提早枯死脱落，大发生时可导致茎秆上叶片落光，植株提早枯死。

茎秆上的病斑褐色至黑褐色，长椭圆形，病斑多时，也致茎秆枯死。

（三）病原与特性

花生褐斑病菌无性世代为 *Cercospora arachidicola* Hori，属半知菌亚门，丛梗孢目，尾孢菌属；有性世代为落花生球腔菌 *Mycosphaerella arachidis* (Hori) Jenkins，属子囊菌亚门，座囊菌目，球腔菌属。在我国尚未发现。褐斑病病菌菌丝分布于寄主细胞间和细胞内，不产生吸器。病菌产生子座，深褐色，直径25～100μm，多在叶片正面形成，散生，排列不规则。分生孢子梗丛生或散生，多数单生，膝状弯曲，不分枝，大小15～45μm×3～6μm，黄褐色，基部色暗，无隔膜或有1～2个隔膜。分生孢子顶生，无色或淡橄榄色，细长，3～12个隔膜，多数为5～7个隔膜，大小35～110μm×2～6μm（图2-5）。有性世代子囊壳近球形，生于叶片的正反两面，大小47.6～84μm×44.4～74μm，孔口处有乳状突起。子囊圆柱形或倒棍棒状，束生，大小27.0～37.8μm×7.0～8.4μm，内生8个子囊孢子。子囊孢子双胞，无色，上部细胞较大，弯曲无色，大小7.0～15.4μm×3～4μm。该病原菌在多数培养基上生长缓慢，产孢很少。国内有学者比较了花生褐斑病菌在6种培养基上的生长情况，以花生秆培养基和花生秆加 Landers 培养基在30℃下培养褐斑病菌最好，获得最大产孢量。

病菌生长发育的温度范围10～37℃，最适温度25～28℃，在培养基上形成孢子不需要光线。国外报道，病菌

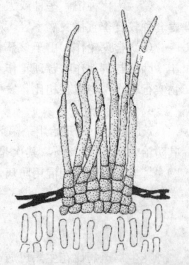

图2-5 病菌分生孢子梗及分生孢子
（引自 P. Subeahmanyam, 1982）

存在生理分化，有 3 个生理小种。

（四）侵染循环与消长规律

病菌以子座、菌丝团或子囊腔在病残体上越冬。翌年条件适宜，菌丝直接产生分生孢子，借风雨传播进行初侵染和再侵染。通常子囊孢子不是病菌主要侵染源。菌丝直接伸入细胞间隙和细胞内吸取营养，一般不产生吸器（图 2-6）。分生孢子在 22℃ 下，经 2～4h 即可萌发，产生 1 至多个芽管。芽管直接从花生叶片表皮或气孔侵入。在 25～30℃ 和较高湿度下，10～14d 即可产生新病斑。病斑上又产生分生孢子，成为田间病害再侵染源。据观察，分生孢子扩散高峰在清晨叶面上露水刚消失时或下雨之前。在合适温、湿度条件下，分生孢子反复再侵染，促进病情发展，至收获前造成几乎所有叶片脱落。在南方花生产区，春花生收获后，病残株上病菌又成为秋花生的初侵染源。多雨潮湿发病重。发病较早，嫩叶较老叶发病重。

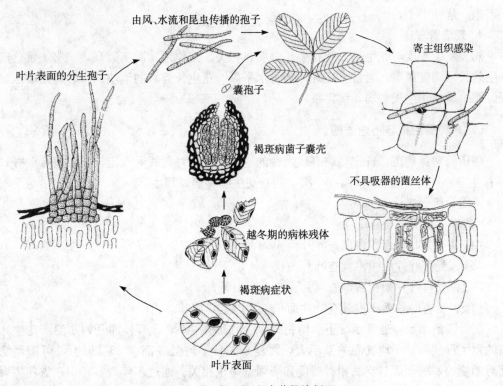

由风、水流和昆虫传播的孢子

寄主组织感染

叶片表面的分生孢子

囊孢子

褐斑病菌子囊壳

不具吸器的菌丝体

越冬期的病株残体

褐斑病症状

叶片表面

图 2-6 花生褐斑病菌侵染循环

病害始见于花期（北方 6 月上旬），在生长中、后期形成发病高峰。山东等地一般 7 月下旬至 8 中、下旬为盛发期，此时北方春花生正值饱果成熟期，也即花生收获前一个月左右。南方春花生 4 月份开始发生，6～7 月份危害最重。

（五）发病条件

1. 温、湿度

病菌生长发育最适温度 26℃ 左右，低于 10℃ 或高于 37℃ 均不能发育。病害流行要求

80%以上湿度。阴雨天气或叶面有露水，有利病菌分生孢子发芽和侵入及病害流行。因此，花生生长季节夏季、秋季多雨，昼夜温差大，多露、多雾，气候潮湿，病害发生重；少雨、干旱天气则发生轻。

2. 生育期

花生不同生育阶段感病程度存在差异。通常生长前期发病轻，中、后期发病重；幼嫩叶片发病轻，老叶发病重。北方春花生以饱果成熟期（花生收获前1个月）发病重。

3. 品种

我国花生栽培品种间抗、感病程度有明显差异。有的品种感病轻，有一定的水平抗性。广东省农业科学院曾报道湛油1号等花生品种感病轻。山东省花生研究所试验结果，花17、鲁花4号、花28和粤油92对花生褐斑病、黑斑病和网斑病综合抗性较好，从美国引进的UF91108材料表现高抗；而花37和鲁花3号高感褐斑病。花生品种对褐斑病抗性表现在病菌侵入到症状出现潜育期长，病斑小，单位叶面积病斑数少，病斑不产孢或很少产孢，落叶率小。

4. 栽培管理

病害发生程度与花生连作和花生长势明显相关。连作地菌源基数高，病害加重；连作年限越长，病害越重。通常土质好、肥力水平高、花生长势好的地块病害轻；山坡地沙性强、肥力低，花生长势弱，病害重。

（六）病情测报与防治适期

当田间初见病斑，选定2块有代表性的地块，采取对角线5点定点法，每点调查10～15株主茎小叶片，每隔5d调查一次，调查花生叶片病斑程度。

采用5级分级法：

0级：叶片无病斑；

1级：受害叶片面积占调查叶片面积1/10以下；

2级：受害叶片面积占调查叶片面积1/4以下；

3级：受害叶片面积占调查叶片面积1/2以下；

4级：受害叶片面积占调查叶片面积1/2以上，落叶。

统计病情指数：通常情况下病情指数3～5或发病率5%～7%即开始防治。花生叶斑病的发生程度与日平均气温关系不大，因夏季的日平均温度都在20℃以上，可满足病原菌对温度的要求；而与空气相对湿度和降雨量呈正相关。通过多年观察，山东省花生褐斑病发病初期一般在6月上旬，6月下旬病害开始上升，随着降雨次数和雨量增多，在7月末至8月上旬进入发病高峰期，8月中旬后随降雨量减少，相对湿度降低，病害停止侵染蔓延。如遇特殊年份，降雨推迟，也可延期发生。因此，第一次用药可在6月下旬，每隔10～15d喷一次药，共计2～3次。

（七）防治

1. 选育和应用抗病品种

鉴于病菌有明显的生理分化，应注意合理利用抗病品种，实行多品种搭配与轮换种植，防止因品种单一化和病菌优势小种的形成而造成抗病性退化或丧失。较抗病的品种有花 39、68-4、8130、鲁花 11、鲁花 13、鲁花 9 号、群育 101、P12、花 17、湛油 1 号、浪油 3 号、粤油 22 等。

2. 合理轮作

花生与甘薯、玉米、水稻等作物轮作 1~2 年均可减少田间菌源，从而明显减轻病害发生程度。花生收获后，及时清除田间残株病叶，深耕、深埋或用作饲料，均可减少菌源基数，减轻来年病害发生程度。

3. 加强栽培管理

适期播种、合理密植、施足基肥，避免偏施氮肥，应增施磷、钾肥，适时喷施叶面肥。加强田间管理，促进花生健壮生长，提高抗病力，减轻病害发生。整治排灌系统，雨后清沟排水降湿。

4. 药剂防治

应用杀菌剂是防治花生褐斑病的重要措施。美国早在 20 世纪 50 和 60 年代已大规模应用杀菌剂防治褐斑病，对提高花生产量起到了重要作用。我国 20 世纪 70 年代以来，大规模推广应用杀菌剂防治花生褐斑病，收到良好的防病、增产效果。山东省烟台地区1981 年药剂防治褐斑病面积占病害发生面积的 77%。全区 260 个试验示范点调查，防治一次和二次的，平均增产花生 570kg/hm²、1 065kg/hm²，分别增产 15.8%、27%。用于防治褐斑病的杀菌剂有 50%多菌灵 WP800~1 500 倍液或 75%联苯三唑醇 WP500~800倍液、70%代森锰锌 WP300~400 倍液、1∶2∶200（硫酸铜∶石灰∶水）波尔多液、嘧啶核苷（农抗 120）200 倍液等。病害防治指标以 5%~7%病叶率、病情指数3~5 时开始第一次喷药，以后视病情发展以及根据药剂残效期的长短，相隔 10~15d 喷一次，病害重的喷药 2~3 次。可有效控制病害发生。

美国 20 世纪 70 年代初广泛而频繁应用苯莱特防治花生褐斑病和黑斑病，但两年之后导致耐苯莱特病菌菌株产生，导致苯莱特防治效果明显下降。我国目前频繁使用多菌灵防治花生叶斑病的地区，应注意监测耐药菌株的产生。防止耐药菌株产生的方法是交替使用不同类型的杀菌剂、将药剂混合使用，可有效避免长期单一使用某种化学药剂所产生的抗药性问题。

三、花生黑斑病

花生黑斑病在花生整个生长季节皆可发生，但发病高峰多出现在生长中、后期。故有"晚斑病"之称。为国内外花生产区最常见的叶部真菌病害之一。

（一）分布与危害

花生黑斑病是世界性花生病害。发生此病的叶片出现大量斑点，造成植株大量落叶，致荚果发育受阻，产量锐减。受害花生一般减产 10%~20%。该病原菌只危害花生，尚未发现其他寄主。

（二）症状

主要危害叶片。严重时叶柄、托叶、茎秆和荚果均可受害。黑斑病和褐斑病可同时混合发生。黑斑病病斑一般直径1～5mm，比褐斑病小，近圆形或圆形。病斑呈黑褐色，叶片正反两面颜色相近。病斑周围通常没有黄色晕圈，或有较窄、不明显的淡黄色晕圈（彩图2-3左）。叶背面病斑通常产生许多黑色小点（病菌子座），呈同心轮纹状，并有一层黑褐色霉状物，即病菌分生孢子梗和分生孢子。病害严重时，产生大量病斑，引起叶片干枯脱落。病菌侵染茎秆，产生黑褐色凹陷病斑（彩图2-3右），严重时茎秆变黑枯死。

（三）病原与特性

花生黑斑病病原无性世代为 *Cercosporium personatuma*（Berk. & Curt.）Deighton，属半知菌亚门，丛梗孢科，尾孢菌属和暗拟棒束梗霉属。有性世代为 *Mycosphaerella berkeleyi* W. A. Jenkins，属子囊菌亚门，座囊菌目，球腔菌属。病菌无性态分生孢子梗丛生，聚生于分生孢子座上，孢子梗粗短，多数无隔膜，末端屈曲，褐色至暗褐色，大小24～54μm×5～8μm。分生孢子倒棒状，较粗短，橄榄色，多胞，具1～8隔膜，以3～5隔膜居多，大小18～60μm×5～11μm（图2-7）。病菌子囊壳扁卵圆形至球形，大小112.6～147.7μm×112.4～141.4μm。子囊孢子双胞，分隔处有缢缩，透明，大小10.9～19.6μm×2.9～3.8μm。国外曾在尚未腐烂的病叶组织内发现黑斑病菌子囊壳。国内江苏省在病株茎蔓组织上找到病菌有性世代。

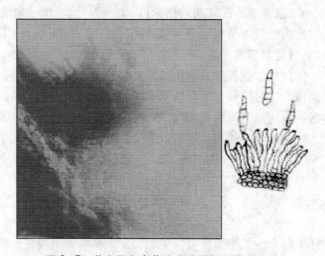

图2-7 花生黑斑病菌分生孢子梗及分生孢子

（四）侵染循环及消长规律

病菌生长适温25～28℃，并需要高湿环境。高湿更有利于产孢和孢子萌发。病菌以菌丝体或分生孢子座随病残体遗落土中越冬，或以分生孢子黏附在荚果、茎秆表面越冬。翌年以分生孢子作为初侵染与再侵染接种体，借风雨传播，分生孢子产生吸器侵入寄主表皮细胞内或从气孔侵入致病（图2-8）。

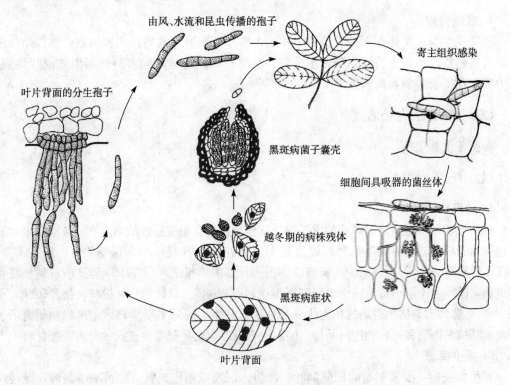

由风、水流和昆虫传播的孢子

叶片背面的分生孢子

寄主组织感染

黑斑病菌子囊壳

细胞间具吸器的菌丝体

越冬期的病株残体

黑斑病症状

叶片背面

图2-8 花生黑斑病侵染循环

在北方花生产区，黑斑病始发期和盛发期均较褐斑病晚10～15d。发病初期6月下旬，高峰期在7月下旬至8月上旬以后。随温度、湿度变化有所不同，受湿度影响更大一些。

（五）发病因素

1. 温、湿度

病菌生长发育温度范围10～37℃，最适温度25～28℃，低于10℃或高于37℃均不能发育。病害流行要求80％以上湿度。湿度往往是决定病害能否发生乃至流行的限制性因素，阴雨天气或叶面上有露水，有利于病菌分生孢子发芽、侵入及病害流行。在花生快速生长的6、7、8月，多雨、降雨量大，气候潮湿，病害重；反之，少雨，干旱天气，病害轻。据观察，旬平均气温20～30℃，相对湿度80％以上，降雨量10mm以上，雨日3d以上或露日3～4d，花生黑斑病即可大发生。

2. 生育期

花生不同生育阶段感病程度存在差异。通常生长前期发病轻，后期发病重，特别是花生收获前1个月内最不抗病。此外，幼嫩器官比老龄组织抗病，新生叶片比老龄叶片抗病。

3. 品种

品种间抗病性有差异。一般直生型品种较蔓生型或半蔓生型品种发病轻。叶片小而厚、叶色深绿、气孔较小的品种病情发展较缓慢，相对抗病。野生种抗性较强，可作为抗病亲本加以利用。山东省花生研究所报道，鲁花11、鲁花14、花育16和群育101对花生黑斑病抗性较强，而P12高感黑斑病。

4. 栽培管理

病害发生与花生连作、生长势明显相关。连作地菌源基数高，病害加重；连作年限越长，病害越重。通常土质好、肥力水平高、花生长势好的地块病害轻；而山坡地沙性强、肥力低、花生长势弱，病害重。

（六）病情测报与防治适期

参照花生褐斑病。

（七）防治

1. 选用抗病品种

选用抗病品种是防治黑斑病的重要途径。当前在没有免疫品种的情况下，各地应因地制宜选用感病程度较轻的花生品种，如鲁花 11、鲁花 14、豫花 1 号、豫花 4 号、豫花 7 号、湛江 1 号和粤油 92 等，以减少病害造成的损失。据美国报道，PI261893 等 6 份材料抗花生黑斑病，国际半干旱热带地区作物研究所报道，EC76446（292）等 10 份材料抗黑斑病。美国 1985 年选育出高抗黑斑病的花生优良品种南方蔓生，国际半干旱热带地区作物研究所也选育出高抗黑斑病和锈病的优良品种。国内也有报道高抗早斑或晚斑病的种质资源材料。

2. 减少病源

花生收获后，要及时清除田间病叶，深耕、深埋或用作饲料，均可减少菌源，减轻病害。使用有病株沤制的粪肥时，要使其充分腐熟后再用，以减少菌源。

3. 轮作

花生与甘薯、玉米、水稻等作物轮作 1～2 年均可减少田间菌源，收到明显减轻病害的效果。

4. 加强栽培管理

适期播种、合理密植、施足基肥，加强田间管理，可促进花生健壮生长，提高抗病力，减轻病害发生。

5. 药剂防治

在发病初期，当田间病叶率达到 10％～15％时，应开始第一次喷药。用于花生黑斑病防治的药剂有 21％菌杀特 AC 1 000 倍液、4.3％扫细 SC500 倍液、50％多菌灵 WP800～1 500倍液、75％联苯三唑醇 WP500～800 倍液、70％代森锰锌 WP300～400 倍液、1∶2∶200 波尔多液（硫酸铜∶石灰∶水）、200 倍液的 2％嘧啶核苷类抗菌素水剂等。以后视病情发展，隔 10～15d 喷一次。病害重的地块喷药 2～3 次。其他方法可以参照花生叶斑病的防治。

四、花生焦斑病

（一）分布与危害

花生焦斑病，也称花生枯斑病、斑枯病、胡麻斑病。在我国各花生产区均有发生，以河南、山东、湖北、广东和广西等省、自治区发生偏重。花生焦斑病严重时田间病株率可达100%，在急性流行情况下可在很短时间内引起大量叶片枯死，造成严重损失。

（二）症状

该病通常产生焦斑和胡麻斑两种类型症状。常见焦斑类型症状，病原菌自叶尖侵入，随叶片主脉向叶内扩展而呈楔形大斑，斑周围有明显黄色晕圈（彩图2-4左）。少数病斑自叶缘侵染，病斑向叶内发展，初期褪绿渐变黄、变褐，边缘常为深褐色，周围有黄色晕圈。早期病部枯死呈灰褐色，上面产生很多小黑点，即病菌子囊壳。该病常与花生褐斑病、黑斑病混生，把叶斑病病斑包围在楔形斑内。

当病原菌不是自叶尖端或边缘侵染时，便产生密密麻麻小黑点，故名胡麻斑。胡麻斑类型症状产生病斑小（直径小于1mm），不规则至病斑近圆形，有时凹陷。病斑常出现在叶片正面（彩图2-4右）。收获前多雨情况下，该病出现急性症状，叶片上产生圆形或不定形黑褐色水渍状大斑块，迅速蔓延造成全叶枯死，并发展到叶柄、茎、果针。在叶片、茎部病斑上均出现病菌子囊壳。

（三）病原与特性

该病病原菌为 *Leptosphaerulina crassiasca* (Sechet) Jackson & Bell.，属子囊菌亚门，细球腔菌属，花生小尖壳菌（图2-9）。病菌子囊壳开始半埋生，渐露生，褐色、球形、薄壁，孔口短乳状突起，直径60～120μm。每个子囊壳含8～20个子囊。子囊透明，卵形至袋形，无侧丝，大小50～80μm×25～55μm。每个子囊内有8个子囊孢子，排列不整齐，长圆形至椭圆形，砖壁状分隔，带有3～4个横隔和1～2个纵隔，大小22～27μm×10～16μm。未发现分生孢子阶段。

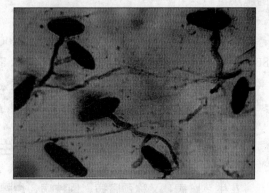

图2-9 花生焦斑病菌
（子囊孢子，引自 D. M. Porter, 1982）

病菌在马铃薯琼脂培养基上生长的最低、最适和最高温度分别为8℃、28℃和35℃。子囊孢子在25～28℃水滴中2h就可以萌发，在28℃和100%的相对湿度时，萌发率达96%。

（四）侵染循环与消长规律

病菌以菌丝及子囊壳在病残株中越冬。花生生长季节，子囊孢子从子囊壳内释放出来，扩散高峰在晴天露水初干和开始降雨时。子囊孢子萌发，产生芽管可以直接穿透花生叶片表皮细胞。病害潜育期15～20d，病斑上再产生子囊壳和子囊孢子，经风雨传播后进行再侵染。病害在花生生长期内可进行多次再侵染，每次再侵染后，即会出现发病高峰。

病害在田间发生较早，通常在花生花针期即可发现。据观察，品种间抗病性差异显著。

（五）发病条件

病害发生及流行与温、湿度关系密切，特别是湿度是制约病害发生的重要因素。据湖北和广东省观察，在多雨年份或花生低洼积水田，田间湿度大时，病害发生严重。1977年湖北省在花生收获前多雨，病害发生特别严重。

其次，土壤肥力差或偏施过量氮肥，花生生长瘦弱或生长过旺，病害发生严重。

在花生黑斑病、锈病等病害发生严重的地块常混合发生花生焦斑病。

（六）防治

1. 农业措施

加强栽培管理，增施磷、钾肥，使植株健壮生长，提高抗病力；清除病残茎叶，深翻土地。在病害严重发生地区应用抗病品种。

2. 合理施肥

要施足底肥，不要过晚、过量施用氮肥，最好用氮、磷、钾复合肥料。在发病初期按每公顷 15kg 尿素加 11.25kg 过磷酸钙，对水 900～1 125kg 施用；适当增施草木灰和钾肥的施用量。

3. 药剂防治

在发病初期，用 75％联苯三唑醇 WP500～800 倍液或 50％多菌灵 WP1 000 倍液、80％代森锰锌 WP500 倍液喷雾。也可用 1.5％多抗霉素或中生菌素 300 倍液、井冈霉素 600 倍液兼治多种花生叶部病害。上述杀菌剂均主要防治叶部病害，防治效果较理想。

五、花生茎腐病

花生茎腐病，又称颈腐病、倒秧病、烂腰病。是我国花生上一种比较常见的病害，特别是重茬地块，发生程度更为严重，应引起重视。

（一）分布与危害

花生茎腐病分布广泛。非洲南部、美洲、南半球的澳大利亚等国均有发生。我国各花生产区也均有报道，其中以山东、河南、河北、陕西、安徽、湖北、江苏、海南等花生产区发病较为严重。近几年来该病害发生呈上升趋势，尤其是重茬地块，表现尤为突出。该病主要危害花生茎秆，造成植株枯死。据 2004 年在河北省定州市调查，一般发病地块病株率 15％～20％，重者达到 50％以上，引起整株死亡，造成花生缺苗断垄，甚至成片死亡，颗粒无收。1962 年仅山东省临沭县石门乡就损失荚果 40 万 kg 之多，发病面积占播种面积的 85％，绝产面积 30％；1971 年全县花生发病面积占全年播种面积的 68％，有几千公顷花生绝收，损失荚果 700 万 kg。1971 年江苏省东海县包括花生茎腐病在内的立枯病、白绢病、根腐病、冠腐病和青枯病大发生，一般地块发病率 20%～30%，严重的达 60%～70%，当年花生平均每公顷产量只有 1 402.5kg，而 1968 年当地花生每公顷产量 3 630.0kg，平均每公顷减产近 2 250kg；1972 年该县花生茎腐病仍然发生严重，据报道，发病率在 30%～50% 的田块占 12.5%，发病率 50% 以上的田块占 3.7%。同年，江苏省泰县花生茎腐病也严重发生，死苗率达 40% 以上。另外，海南省和广东湛江市等花生种植区也发生严重，每年 4、5 月份在早花生田经常发生，常出现植株成片死亡现象。在湖北省，该病常与青枯病、镰刀菌根腐病等混合发生。

近年来，该病害在安徽省阜阳地区发生逐年加重，成为花生重要病害。据调查统计，2001—2003 年，发病田块占 89.6%，病株率轻的在 10%～20% 之间，严重的可达 60% 以上，甚至成片死亡，颗粒无收。

花生茎腐病病菌寄主有 20 多种植物，除花生外，还有棉花、大豆、绿豆、扁豆、菜豆、赤豆、豇豆、豌豆、甘薯、芸豆、苕子、田菁、马齿苋和甜瓜等作物和杂草。

（二）症状

花生茎腐病从苗期到成株期均可发生。主要危害花生子叶、根和茎等部位，以根颈部和茎基部受害最重。

花生种子发芽至出苗前就可遭受危害。重病田块造成烂种，轻者在幼苗出土前病菌侵染子叶，使子叶变黑褐色、腐烂，呈干腐状，进而侵入植株根颈部，产生黄褐色水渍状病斑，随着病害的发展渐变成黑褐色。病斑扩展环绕茎基时，地上部萎蔫枯死。幼苗发病到枯死通常历时 3～4d。在潮湿条件下，病部产生密集的黑色小突起（即病菌分生孢子器），表皮软腐状，易剥落。田间干燥时，病部皮层紧贴茎上，髓部干枯中空。植株地上部开始表现叶片发黄，叶柄逐渐萎蔫下垂，最后整株枯死。故此病也称为"掐脖瘟"、"烂脚病"、"烂脖子"等。

成株期特别是花期后发病时，主茎和侧枝基部均产生黄褐色水渍状病斑。病斑向上、向下发展，茎基部变黑枯死，引起部分侧枝或全株萎蔫枯死，枯死部分有时长达 10～20cm，病部密生小黑点。有时仅侧枝感病，病枝往往先后枯死。发病植株用手拔起时，往往在近地表处发生折断，发病植株地下部荚果不实或腐烂。花生生长中、后期有时仅主茎中部及侧枝感病，造成病部以上茎叶枯死，病部以下茎枝照常生长，但最终还是病部向下扩展导致全枝枯死。据国外报道，茎腐病还可危害花生种子，造成种子受损伤、不饱满并带菌。

（三）病原与特性

病原菌为 *Diplodia gossypina* (Cke) McGuire & Cooper.，属半知菌亚门色二孢属真菌。美国报道 *D. natalensis* Evans 也是致病菌，但国内多认为前者是主要致病菌。发病部位的黑色小点是病菌的子实体——分生孢子器。病菌分生孢子器散生或集生，球形或烧瓶形，在寄主表皮下埋生，成熟后暴露。孢子器暗褐至黑色，单腔，壁厚，有一乳头状突出孔口。孢子器直径 130～250μm（以 220～230μm 居多），分生孢子器内的分生孢子初期未成熟时无色、单胞、椭圆形，大小 7～15μm×15～30μm；成熟外释时孢子转变为暗褐色、双细胞、椭圆形，比原来稍小一些。分生孢子梗无色，线状，细长，不分枝（图2-10）。两种分生孢子都能萌发并具有较强的生活力。分生孢子在 27℃水滴中经过 105min 能萌发，2h 萌发率达到 60%，2.5h 芽管长度达到孢子长度的 8～10 倍。

在马铃薯琼脂培养基上，茎腐病菌落灰白色，菌丝绒毛状，培养 3～5d 后，培养基底部变黑色，一般不产生分生孢子器；在麦粒培养基上能产生分生孢子器和分生孢子。菌丝体生长温度 10～40℃，最适 23～35℃，致死温度 55℃、10min。该菌耐低温能力较强，-1～-3℃经 27d 仍有

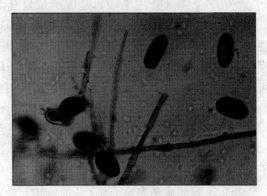

图 2-10　花生茎腐病菌
（引自 D. M. Porter, 1982）

侵染力，耐高温能力较弱。菌丝体在无菌水中浸泡 243d 后，再取出接种花生，发病率仍高达 90% 以上。用人工培养 3～4d 的菌丝附于干枯的花生茎秆表面，放干燥器内，-1～-3℃菌丝体可存活 7～294d，25℃下可存活 7～36d。附于干燥果仁（含水量 60% 左右）表面的菌丝体，放 25～30℃的干燥器中，经 80d 后取出接种花生，仍有侵染力。田间自然病株在室外存放 226d 或在室内存放 869d，仍有致病力。用遗留田间的病株残体，进行分别接种，发病率达 13.3%。

（四）侵染循环和消长规律

病菌菌丝和分生孢子器主要在土壤病残株、果壳和种子上越冬，成为第二年初侵染来源。病株和粉碎的果壳饲养牲畜后的粪便以及混有病残株的未腐熟农家肥，也是病害传播蔓延的重要菌源。种子是花生茎腐病远距离和异地传播的主要初侵染源。

据河南开封地区农业科学研究所测定，在 0～15cm 的土层中病菌最多。1963—1965年山东临沭县测定，不同层次的土壤带菌量（以病株率表示）：0～5cm 土层发病率 25.2%，5.1～10cm 发病率 26.4%，10.1～15.0cm 发病率 14.4%，15.1～20.0cm 发病率 16.8%，20.1～25cm 发病率 13.4%，25.1～30.0cm 发病率 17.9%。在多年连作的轻沙壤土中，病菌可深达 60cm。用遗留田间的病残体做接种试验，发病率达 13.3%。用病株残体喂牛，牛粪便接种，也能引起发病。用病株残体和病土沤粪、垫圈，如不经高温发酵，病菌并不死亡。江苏省农业科学研究院试验，花生果壳带茎腐病菌率 30.5%，果仁带茎腐病菌率 8.22%，胚芽带茎腐病菌率 6%。山东省也做了类似试验，结果基本一致。另外，病菌还能在其他感病植物及残体上越冬，如棉花、大豆等，故也成为病害发生的初侵染来源。

第二年花生播种后，越冬病菌陆续侵染花生。病菌主要从伤口侵入，也可直接侵入，但潜育期相对延长，发病率低。在北方花生产区，一般 5 月下旬到 6 月初出现病株（10d内 6cm 深地表土温度稳定在 20～22℃），6 月中、下旬出现发病高峰。夏季高温季节不利

于病害发生，8月中、下旬可出现第二次发病高峰，一般发病较轻。前期病株上产生的分生孢子经风雨传播后，能进行再侵染。再侵染有时发生在茎的中、上部，引发中、上部茎叶枯死，下部茎、叶仍正常生长。

病害在田间主要借流水、风雨传播。通过农事操作等人、畜、农具也能传播。此菌是一种弱寄生菌，很难直接侵染无伤口的花生。有人比较了8种伤口接种病菌发病试验，结果发现只有阳光和紫外光造成的热溃疡对病菌侵染和发病最有利。

（五）发病条件

影响茎腐病发生的因素很多，主要是种子质量、播种时期和温、湿度等。

1. 种子质量

花生种子质量的好坏对病害发生影响很大。凡播种霉捂种子的发病就重。据山东临沂地区农业科学研究所报告，播种霉捂种子的小区，平均发病率30.9%，播种不霉捂种子的小区，平均发病率只有4.0%。产生霉捂种子的原因主要是秋季多雨、阴雨天多，种子未及时晒干，在储藏期中发生霉捂，第二年花生茎腐病发生就重；秋季少雨、阴雨天少，种子晒干未霉捂的，第二年发病就轻。据山东临沭县调查，1962年、1964年10月多雨，种子霉捂严重，第二年病害大发生；1963年10月少雨，种子未霉捂，第二年发病很轻。山东临沂地区农业科学研究所报告，1970年、1975年收花生时多雨，第二年全区花生茎腐病大发生；病重年份、发病率超过20%的田块，多与种子霉捂有关，未霉捂的种子出苗率97.4%，发病率0%~4.5%；霉捂种子的出苗率82.8%，发病率16.4%~24.2%，产量下降7.0%~50.7%。1974年分离霉捂种子，荚果带菌率31.6%；未霉捂的种子带菌率仅0.5%。1977年分离霉捂种子54.3%带菌，田间发病率25%；正常的种子带菌率2.9%~5.6%，田间发病率3%~4%。

2. 耕作制度

花生连作田病重，轮作田病轻。轮作年限越长，发病越轻。

3. 播种期

春播花生病重，夏播花生病轻。早播病重，晚播病轻。江苏省农业科学院调查，4月22日播种的地块由茎腐病造成的死株率达41.4%，5月4日播种的17.2%，5月15日播种的10.9%，收麦后播种的很少发生茎腐病。但播种太晚，花生产量降低。早播病重的原因主要是前期低温，不利于花生生长，有利于病害发生。

4. 施肥

一般施有机肥多的花生田病轻，反之病重。施用带菌的有机粪肥，往往传播病害，加重发病程度。病菌经过牲畜消化道后并不死亡，施用带有病菌的牲畜粪便，病害发生就重。用越冬花生病蔓喂牛，其粪便施到土中，发病率3.3%；用新鲜病蔓喂牛，其粪便施到土中，发病率14.4%。田间堆牛粪的地方，花生死株率达90%以上；未堆牛粪的地方，发病率6%~10%。

5. 田间管理

花生田深翻比不深翻的病轻；田间管理精细比管理粗放的病轻；地下害虫防治好比防治差的病轻。

6. 品种

花生品种间抗病性有差异。一般直立型的伏花生、油果花生，高度感病；蔓生型早熟小粒品种发病较轻。在江苏泰县表现抗病的有芦江鸡窝、鸦窝嘴及和尚头。在山东省和河南省表现抗病的有鲁花 11、鲁花 13、鲁花 3 号、莱芜爬蔓、青岛半蔓、豫花 10 号、豫花 14、豫花 7 号、豫花 8 号、鲁抗青 1 号、巨野小花生和蓬莱白粒小花生等。

7. 土壤

飞沙薄地，漏水、漏肥，花生生长不良，病害严重；沙壤肥地，保水、保肥，花生生长健壮，病害较轻。1964 年据山东省调查结果，粗沙土发病率 14.4%～35.0%，黄沙土 11.4%～59.4%，黑沙土 1.8%～9.8%，沙壤土仅 2%。

8. 气候

5cm 深土壤温度稳定在 20～22℃时，病害开始发生；温度稳定在 23～25℃，相对湿度 60%～70%，旬降雨量 10～40mm 时，适于病害发生。一般雨水较多，湿度较大，病害发生较重。但是，雨水过多或过少、土温过低或过高，也不利于病害发生。

（六）病情测报及防治适期

1. 年度预测

花生茎腐病发生程度主要取决于上一年花生生长期的发病程度和收获期的降雨情况。如果上一年花生生长期茎腐病大发生，收获时又阴雨连绵，花生种子未能及时晾干，下一年花生茎腐病就可能大流行；如果生长期发病重，但收获期无阴雨天气，花生果不霉变，或生长期中等发病，收获期遇连阴雨天气，可预报下一年花生茎腐病中等偏重发生；花生生长期中等发病，收获期基本无阴雨，或生长期发病轻，收获期遇连阴雨天气，可预报下一年花生茎腐病中等发生；如果生长期发病轻，收获期又无连阴雨天气，则可预报下一年花生茎腐病发生轻。

2. 发病期预测

当春末夏初平均气温稳定升至 20℃以上时，花生茎腐病将进入第一个发病盛期；夏末秋初日平均气温降至 25℃时，将进入第二个发病盛期。

3. 防治适期预测

花生茎腐病的最佳防治时期是播种期，其次是田间发病初期。可于花生出齐苗后及 7 月中旬起，每天调查一次田间发病情况，当田间出现中心病株时就该及时用药防治。

（七）防治

防治花生茎腐病首先要把好种子质量关，在保证种子质量的前提下，做好种子消毒工作，同时还要抓好各项农业防治措施。

1. 抗病品种利用

目前尚无免疫品种，不同品种间抗性差异较大。高产、抗性较强的品种有鲁花 11、鲁花 13、远杂 9102、莱芜爬蔓、青岛半蔓、豫花 10 号、豫花 14、豫花 2 号、豫花 4 号、豫花 5 号、豫花 7 号、豫花 8 号等。

2. 防止种子霉捂，保证种子质量

(1) 建立花生留种田。北方可选用夏播花生留种，因为夏播花生发病轻，种子生活力强。

(2) 适时收获。花生成熟后及时收获，不要长时间将花生果实停放地里，不要在阴雨天收获。

(3) 及时晒干。收获后及时就地晒干，或运到专用场地上及时晒干，使荚果含水量降至8％以下。

(4) 安全贮藏。荚果含水量降至8％以下方可贮藏，仓库要通风防潮。阴雨天收的花生和积水地收的花生不能留种。

(5) 播前粒选晒种。播种前选大果饱满、剔除变质、霉捂、受伤的荚果，精选出的种子还应晒3～5d。

3. 种子消毒

种子消毒是当前最有效的防病措施，增产作用十分显著。

(1) 拌种。拌种用的药剂以70％甲基托布津可湿性粉剂（WP）或50％、25％多菌灵WP最好，还可兼治立枯病、根腐病、菌核病、白绢病。江苏省农业科学院报告，用多菌灵拌种，防病效果在99％以上，几乎达到根治的效果，增产53.9％～66.1％，饱果率增加12.2％～20.2％，有的增产1倍多。山东临沂地区在10个县21个点的20hm² 田间试验，平均防病效果79.9％，增产11.8％～242.4％。

1) 药土拌种。用50％多菌灵WP按干种子重量的0.3％或用25％多菌灵WP按干种子重量的0.5％，再加5～10倍的细干土，混合均匀，配成药土。花生种子先浸泡一夜或用水使之湿润，再分层与药土掺和拌匀，使每粒种子都沾上药土，拌匀后立即播种。注意，用药土拌催芽的种子，则芽不能过长，以刚露白时为好。用药量不能过多（50％多菌灵的用量不超过1％，25％多菌灵的用量不超过2％），否则将影响发芽。

2) 药液拌种。将以上用量的药土加水 2kg，配成药水，均匀地喷在 50kg 花生种子上，晾干后播种。

(2) 药液浸种。用70％甲基硫菌灵WP或50％多菌灵WP，按干种子重量的0.3％或0.5％配成药液，浸种100kg，浸泡24h（种子将水吸完），中间翻动2～3次。防病效果达99％以上，增产43.5％～60.0％，饱果率增加14.6％～20.4％。

(3) 种子包衣。2.5％咯菌腈种衣剂，药种比1：500，或25％多克福种衣剂，药种比1：50，或25％多威种衣剂，药种比1：50。

据袁虹霞等报道，多数种衣剂、拌种药剂对种子出苗和生长没有不良影响，在供试的8种药剂中只有23.5％克·多·柳悬浮种衣剂1：60包衣和3％苯醚甲环唑种衣剂1：500包衣处理比对照推迟1d出苗外，其余各药剂处理都与对照基本一致，其中2.5％咯菌腈种子包衣处理还比对照出苗早1d（表2-2）。

不同药剂处理对苗期花生茎腐病有明显防治效果。在出苗后花生茎腐病发生高峰期调查了不同处理药剂的发病情况（表2-3）。从结果可以看出，在苗期各种药剂对花生茎腐病都有一定的防治效果，其中以2.5％咯菌腈种衣剂1：500包衣、21％咯菌腈·甲柳悬浮种衣剂1：350包衣和70％甲基硫菌灵WP0.5％拌种效果为好，在河南省孟州和兰考两地的防治效果均在 90%以上。

表 2-2　药剂种子处理对花生出苗和幼苗生长情况的影响

（引自袁虹霞）

农药名称	处　理	出苗时间（d）	平均出苗率（%）	平均鲜质量（g/株）	单株增长率（%）	平均根鲜质量（g/株）	鲜质量增长率（%）
2.5%咯菌腈 FSC	1:500 包衣	7	97.7a	15.4ab	14.1	0.77a	8.5
21%咯菌腈·甲柳 FSC	1:350 包衣	8	96.7a	14.2bc	5.2	0.84a	18.3
50%多菌灵 WP	0.5%拌种	8	96.3a	13.9bc	3	0.71a	0
70%甲基硫菌灵 WP	0.5%拌种	8	97.3a	17.4a	28.8	0.79a	11.3
2%戊唑醇 WS	1:500 拌种	8	95.7a	16.3ab	20.7	0.71a	0
20%五氯·拌·福 WP	1%拌种	8	94.4a	13.4bc	0.7	0.70a	1.4
23.5%克·多·柳 FSC	1:60 包衣	9	98.3a	12.0c	−11.1	0.57a	−19.7
3%苯醚甲环唑 FSC	1:500 包衣	9	96.7a	14.7ab	8.9	0.73a	2.8
CK	清水	8	96.3a	13.5bc	—	0.71a	—

表 2-3　不同药剂种子处理对花生茎腐病苗期的防治效果

（引自袁虹霞）

药剂名称	处　理	孟州点		兰考点	
		死株率（%）	防治效果（%）	死株率（%）	防治效果（%）
2.5%咯菌腈 FSC	1:500 包衣	0d	100.0	0.4c	94.4
70%甲基硫菌灵 WP	0.5%拌种	0d	100.0	0.5c	93.1
21%咯菌腈·甲柳 FSC	1:350 包衣	0.2d	96.2	0.5c	93.1
20%五氯·拌·福 WP	1%拌种	0.3d	94.2	1.2c	83.3
2%戊唑醇 WS	1:500 拌种	0.2d	96.2	2.8b	61.1
50%多菌灵 WP	0.5%拌种	1.4c	73.1	1.7bc	76.4
23.5%克·多·柳 FSC	1:60 包衣	2.4b	53.8	1.4c	80.6
3%苯醚甲环唑 FSC	1:500 包衣	2.6b	50.0	1.8bc	75.0
CK	清水	5.2a	—	7.2a	—

　　表 2-2 试验结果表明，各处理的荚果期防治效果均较苗期明显下降。

　　表 2-3 试验结果表明，多数处理都能增产花生 10%以上，以 21%咯菌腈·甲柳悬浮种衣剂 1:350 包衣增产作用明显，与对照比较差异达显著水平。

　　4. 农业防治

　　（1）轮作。病害常发地区可与禾谷类作物轮作。轻病田轮作 1～2 年，重病田轮作 2～3 年以上。不要与棉花、大豆等易感病作物轮作，更不要用这些作物作前茬。

　　（2）清除田间病株残体，深翻改土。花生收后及时清除田间遗留的病株残体，并进行深翻，以减少土壤中的病菌基数。

　　（3）加强田间管理，增施肥料。花生田要整平，便于排灌、防治田间积水；不要用带菌的肥料，要施足底肥；追肥可增施一些草木灰，中耕时不要伤及根部。

5. 药剂防治

在花生苗期，用 50％多菌灵 WP1 000 倍液或 70％甲基硫菌灵 WP800～1 000 倍液喷雾，也有一定防病效果；用 70％甲基硫菌灵 WP＋75％联苯三唑醇 WP，按 1∶1 混匀配成 1 000 倍液，或用 30％氢氧化铜＋70％代森锰锌 WP，按 1∶1 混匀，配成 1 000 倍液，在花生齐苗后、开花前各喷一次，或在发病初期喷药 2～3 次，着重喷淋花生茎基部，效果较好。

六、花生菌核病

花生菌核病，又称花生叶部菌核病。是我国花生产区发生的一种新病害。徐秀娟等 1993 年 8 月在田间进行花生病害普查过程中，首次在山东省花生研究所莱西试验田发现，当年发病率较高，播种 8130 的地块病株率最高，田间呈点片枯死，死亡率高达 30％以上。

（一）分布与危害

该病在我国大部分省、直辖市花生种植地区都有发生，特别是山东、河南、广东等省尤为严重，一般导致减产 15％～20％，发病重的年份达 25％以上。近年来，由于花生高产田面积不断扩大，花生群体较大，田间小气候郁闭明显，加重了该病害的发生。目前，该病害发生越来越普遍，且容易与花生叶腐病、花生纹枯病等病害混淆。

（二）症状

花生菌核病随着田间湿度的不同有所变化。当花生进入花针期，病菌首先危害叶片。总趋势是自下而上，随着病害发展也可危害茎秆、果针等地上部分。若天气干旱，叶片上的病斑呈近圆形，直径 0.5～1.5cm，暗褐色，边缘有不清晰的黄褐色晕圈；在雨量多，田间湿度大，高温、高湿条件下，叶片上的病斑为水渍状，不规则黑褐色大斑，边缘晕圈不明显（彩图 2-5 左）。感病叶片干缩卷曲，很快脱落。茎秆上病斑长椭圆或不规则形，稍凹陷，茎秆软腐，轻者造成烂针、落果，重者全株枯死（彩图 2-5 右）。

（三）病原

花生菌核病菌无性阶段为 *Rhizoctonia solani* Kuhn，属半知菌亚门，无孢目，丝核菌属立枯丝核菌，AG1-1A 菌丝融合群（标准菌株为国际普遍采用的 Ogoshi 的融合群标准菌株 AG1-IA、AG1-IB、AG1-IC）。该菌与花生立枯病菌、花生纹枯病菌、花生叶腐病菌不同，不属于一个菌丝融合群。有性阶段为 *Thanatephorus cucumbers*（Fr.）Donk，属担子菌亚门。初生菌丝有隔膜，分支呈锐角，分支处缢缩，分支不远处有一隔膜，细胞内有多个细胞核（图 2-11）。老熟菌丝黄褐色，后期形成黑褐色菌核。菌丝直径 6.0～12.5μm。子实体为一紧密薄层，浅黄色。担子近棍棒形，大小 12～18μm×8～11μm，顶生 4 个小梗，每个小梗顶端生 1 个担孢子。担孢子近长椭圆形，单细胞，无色，大小 7～12.5μm×4～7μm。

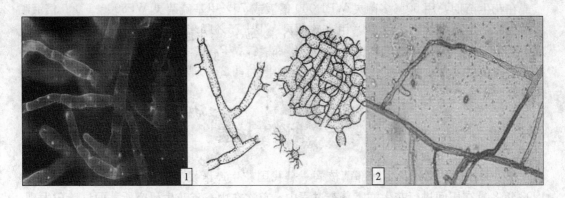

图 2-11 花生菌核病菌
1. 菌丝细胞内多个细胞核菌丝（鄢洪海，2007） 2. 菌核菌丝融合群鉴定（山东农业大学，2005）

该菌寄主范围广泛，除危害花生外，还可侵染水稻、棉花、大豆、番茄、菜豆和黄瓜等多种作物。

病菌生长的温度范围 5～40℃，最适温度 25～30℃。在适宜温、湿度条件下生长迅速，长势旺。病原菌生长的酸碱度范围 pH3～13，适宜生长的 pH5～9，最适宜 pH7，在此条件下菌落生长速度最快，2d 菌落直径即达到 3.0～5.6cm，3d 即长满培养皿。

该菌在自然条件下具有较强的生命力。徐秀娟等将 1993 年 8 月和 1998 年 8 月于大田采集的花生病叶在室内干燥贮藏。1999 年 5 月 14 日将两年度病叶上的菌核分别进行分离培养、纯化接种，研究不同时间其生命力和侵染能力。结果是 1993 年采集的 8 个菌核培养 4d 后只有 1 个长出菌落，且始终没有结核，其菌丝接种也未发病；1998 年采集的 5 个菌核培养 4d 后全都长出菌落，6d 后全都结出菌核。将得到的病原菌接种花生健康植株上，结果表明，花生菌核病病原菌于室内干贮 5 年半仍有 12.8％的菌核有生命力，但失去侵染能力。于室内干贮半年的菌核 100％具有生命力和侵染力。说明花生菌核病病原菌具有较强的耐旱性和较长的寿命。

（四）侵染循环与消长规律

花生菌核病初侵染源来自残留于土壤中的病残体，以菌核为主于土壤中越冬。病株与健株相互接触时，病部的菌丝传播到健康植株的枝叶上，并不断蔓延扩展，进行多次再侵染。也可以随人、畜田间作业携带或病残体随流水、风力进行传播再侵染。在我国北方花生产区，菌核病发病初期一般在 7 月上旬，高峰期在 7 月下旬至 8 月中旬。在南方花生产区（广东省为代表），始发期和盛发期相应提早半月左右。

鄢洪海等（2006）根据不同田块及花生品种各时期发病情况的调查结果，计算出相应的病情指数，获得花生叶部菌核病消长规律曲线（图 2-12）。从曲线图可以看出，7 月中、下旬花生菌核病发生明显加重，到 8 月上旬进入盛发期，尔后病害进入一个平稳的发生阶段，一直持续到花生收获。

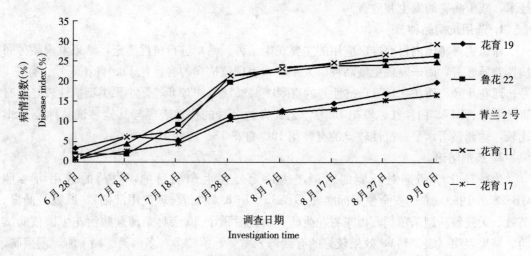

图 2 - 12 花生菌核病发生发展规律

（五）发病条件

1. 气候

高温、高湿有利花生菌核病发生蔓延。如连续阴雨、温度较高或田间植株生长繁茂，易引起流行。广东省 2000 年花生生长期间降雨较多，大田调查平均病株率 24%。2002 年降雨量一般，平均病株率 14.54%。

2. 土壤环境

地块低洼或排水不畅、内涝积水的田块，发病较重；重茬地易发病，重茬年限越长发病越重。

3. 品种

品种间抗性差异显著。多数品种感病，只有少数几个品种如青兰 2 号等有一定抗性。高抗品种一般年份病株率很少超过 10%，而感病品种病株率高达 50% 以上。

由于病原菌对温度、pH 的适应范围幅度较大，对光照不敏感，耐旱性和耐涝性较强，有较强的生命力和侵染能力，故近年来花生菌核病发生较普遍，扩展蔓延较快。

（六）病情测报及防治适期

（1）品种抗性调查。如果是感病品种，一般年份都发病严重，发病适期就应该及时防治。

（2）在 7 月初调查中心病株数量。如果田间存在 1% 以上病株率，田间调查后 1 周多雨，降雨时间长，田间湿度大，高温、多湿，应及时进行防治。

（3）查阅往年该地块花生菌核病发生情况。如果是连作地，之前花生菌核病常年发生，在雨季来临之前应及时施药预防。

（七）防治

根据花生菌核病侵染循环规律，以抗病品种利用、控制初侵染源为主，采取综合防治技术，减少病害的发生和危害。

1. 选用抗病品种

徐秀娟等将国内目前推广应用的主要花生品种（系）进行抗性鉴定，结果发现品种间抗性差异显著，尚未发现免疫品种。大果类型表现较抗病的有鲁花 11、鲁花 8 号、鲁花 9 号、潍花 6 号、豫花 5 号等；抗性差的有 88-8、8130、92-6 等。小果类型抗性较好的有青兰 2 号、S17、白沙红、鲁花 15 等，尤其青兰 2 号的抗性表现与其他参试品种经 LSR 比较，达到显著水平。抗性较差的有鲁花 12、鲁花 13、白沙 1016 等。

2. 药剂防治

为减轻化学药剂对环境的污染，达到无公害生产的目的，农药的选用可参照 GB4285—1989《农药安全使用标准》、GB8321.1-5《农药合理使用准则》。原则是低毒、高效、无残留新型杀菌剂。山东省花生研究所先后做了 30 余种杀菌剂防治花生菌核病试验。结果表明（表2-4），效果较好的有锰锌·霜脲、菌核净、多菌灵、福·酮、溴菌腈、乙铝、多菌灵等，平均防治效果 78.9%，平均增产 13.38%。饱果率平均提高 11.8%，出米率高 0.75%。

表 2-4 不同药剂对花生菌核病防病增产效果

项目 药剂	调查 株数	活株数	活株率 （%）	饱果率 （%）	出米率 （%）	折 667m² 产量 （kg）	产量差异比较 5%	1%
锰锌·霜脲	240	221	92.08	69.5	70.80	320.70	a	A
甲基硫菌灵	240	205	85.42	54.8	71.40	287.89	ab	AB
多菌灵	240	25	10.42	65.6	71.67	260.09	bc	ABC
春雷霉素	240	35	14.58	53.3	70.73	236.12	bcd	BC
绿芬威	240	15	6.25	64.9	70.67	229.78	cd	BC
灭菌威	240	12	5.00	68.9	54.88	228.57	cd	BC
中生菌素	240	12	5.00	57.3	71.41	201.3	cd	C
水（CK）	240	11	4.58	50.2	68.00	203.27	d	C

效果最好的是锰锌·霜脲，达 92.08%，产量也最高；其次为甲基硫菌灵。以下依次为多菌灵、春雷霉素。

3. 封锁初侵染源

花生菌核病初侵染源来自土壤，可通过控制病原基数减轻病害发生。在花生播种时，将除草剂与杀菌剂混合同时喷洒到地面，如果用除草膜，则不喷除草剂；如用普通地膜，用乙草胺药液直接喷洒地面，然后覆膜即可，以达到防病除草双重目的。徐秀娟等采用药剂＋除草剂的方法防治花生菌核病收到较好效果。试验设如下处理：灭菌威＋乙草胺、大生＋乙草胺、百菌清＋乙草胺、绿亨 2 号＋乙草胺、锰锌·霜脲＋乙草胺、菌核净＋乙草胺等，另设喷洒乙草胺为对照（CK）。其结果如表2-5。

试验结果较好的处理有灭菌威＋乙草胺、绿亨 2 号＋乙草胺、锰锌·霜脲＋乙草胺、菌核净＋乙草胺 4 个处理，平均防病增产幅度 8.87%～18.31%，同时还可兼治叶斑病和花生其他病害，饱果率和出米率也明显比对照高。

表 2-5 药剂喷洒地面防治花生菌核病效果比较

项 目 \ 处 理	锰锌·霜脲+乙草胺	灭菌威+乙草胺	菌核净+乙草胺	绿亨2号+乙草胺	乙草胺（CK）
折 667m² 产量（kg）	187.99	190.94	175.71	189.35	161.39
比 CK 增产（%）	16.48	18.31	8.87	17.32	—
500g 果数	264.33	268.67	269.00	281.00	268.33
饱果数	133.3	135.7	135.0	139.7	136.3
饱果率（%）	52.5	52.5	56.5	59.7	50.8
500g 米重（g）	361.7	358.3	358.3	364.3	358.0
出米率（%）	72.33	71.67	71.67	72.87	71.0
病株率（%）	0	0	0	5.0	8.3
叶斑病指数	5.89	5.95	3.27	4.05	9.23
其他病株率（%）	0	0	4.17	1.67	10.0

4. 药剂拌种

低毒、高效化学杀菌剂拌种防治花生菌核病效果也很好。药剂拌种减少了种子受病原菌侵染的机会，可明显减轻病害。拌种方法：一种是播种前将种子用清水喷湿后拌上药剂；另一种是将药剂（包括固体和液体）稀释后拌种。拌种后及时播种，防治产生药害。防病增产效果较好的药剂有多菌灵、锰锌·霜脲、绿亨2号，用药量为种子重量的0.3%，平均防病效果52.3%，增产8.9%。此法省工、省力，简便易行。

5. 生物防治

通过对井·蜡芽、EM原露菌液、GGR、嘧啶核苷类抗菌素、中生菌素、绿色木霉菌剂、硫酸链霉素、农乐1号、井冈霉素等生物农药的防治效果比较试验，在叶面喷洒效果较好的有井·蜡芽、井冈霉素、嘧啶核苷类抗菌素和中生菌素，防治效果51.3%～69.8%，平均达60.1%，增产幅度6.1%～11.5%，平均9.7%。拌种效果较好的有绿色木霉菌剂和农乐1号，平均防病效果58.8%，增产10.6%。拌种和叶面喷洒结合进行比单独使用效果更好。叶面喷洒要注意避开强光，尤其是活体微生物制剂，喷在叶片中、下部或选择傍晚喷洒，效果最佳。

6. 农业防治

运用有效的农艺措施防治花生菌核病，经济实用无公害，也是防治花生菌核病较好的途径之一。农业防治措施有轮作换茬、适度深耕、早耕与反转耕翻和及时清除病株残体等。

（1）轮作换茬。随着轮作年限加长，花生菌核病明显减轻。广东省农业科学院试验花生与水稻轮作，品种湛油30，连作田病株率42.3%，轮作一年的病株率29.8%，轮作两年的病株率仅12.1%。轮作时间越长，病害减轻越明显。山东省花生研究所试验结果，品种8130，连作田病株率65.37%，与小麦、玉米轮作的病株率34.83%，连作田比轮作田发病率高46.72%。以上结果说明，轮作换茬是控制病害的较好措施。

（2）翻耕土地。由于花生菌核病的初侵染源来自土壤，可通过耕翻土地来降低病原基数，以达到控制病害的目的。冬前用四铧犁深耕（30cm）比浅耕（20cm）发病率减少10.3%；同样耕翻（20cm），反转耕翻比常规耕翻病株率减轻18.48%。另外，在花生生长期间发现病株及时拔除就地烧毁，控制病原菌传播，效果亦较好。

七、花生白绢病

（一）分布与危害

花生白绢病，又名白脚病、菌核枯萎病、菌核茎腐病、菌核根腐病。世界各地均有发生。在印度和美国危害严重，仅美国佐治亚州每年由花生白绢病造成的经济损失就达4 300万美元。我国广大花生产区都有白绢病分布，山东、江苏、福建、湖南、广东、广西、河南、江西、台湾、湖北和安徽等地都有发生。一般在南方花生产区发生较多，北方花生产区发生较少。特别是在多雨、潮湿的年份，危害更为严重，造成花生大量枯死。1957—1959年安徽合肥、霍山等地花生发病面积占花生种植面积的70%~94.8%，病株率一般5%左右，严重的达30%，个别田块高达60%以上。广东省有些花生产区发病率达10%~20%。近年来，由于耕作制度的改变，花生高产田面积不断扩大，带来了田间小气候的显著变化，导致花生白绢病的分布逐年加大，成为北方花生生产上的重要病害。2004年山东临沂市大田调查，一些地块平均病株率67.3%，病情指数56.8，而且危害有逐渐加重的趋势（卞建波，2007）。

（二）症状

白绢病多发生在花生生长的中、后期，前期发病较少。在个别地区，白绢病在花生生长的前期发生也很多。花生根、荚果、果柄以及茎基部都能感病，茎、叶一般不感病。病菌多从近地面的茎基部和根部侵入，受害病组织初期呈暗褐色软腐，不久即长出白色绢丝状菌丝，覆盖受病部位。环境条件适宜时，菌丝迅速向外蔓延，花生近地面中、下部的茎秆以及病株周围的土壤表面，都可长出一层白色绢丝状菌丝层，所以也称"白脚病"、"棉花脚"（彩图2-6左）。天气干旱时，仅危害花生地下部分，菌丝层不明显。后期在病部菌丝层中形成很多菌核。菌核初期白色，后变黄褐色，最后变黑褐色。菌核大小不一，一般似油菜籽。随着受害病组织的腐烂，水分和养分不能正常运输，因而病株地上部先是叶子变黄，尔后逐渐枯死。病部腐烂，皮层脱落，仅剩一丝丝纤维组织，易折断。

花生初生根和次生根一般感病较轻，有时仅偶尔感病。果柄较易感病，产生0.5~2cm长的褐色病斑，最后腐烂断折。荚果和果仁不如茎和果柄感病严重。荚果感病后病部变浅褐色至暗褐色，果仁感病后变皱缩、腐烂，病部覆盖灰褐色菌丝层，后期还形成菌核。病菌在种壳里面和种仁表面生长时还能产生草酸，以致在种皮上形成条纹、片状或圆形的蓝黑色彩纹（彩图2-6右）。

（三）病原

花生白绢病菌无性阶段为 *Sclerotium rolfsii* Sacc.，属半知菌亚门，无孢菌目，齐整小核菌属真菌。有性世代是 *Pellicularia rolfsii*（Sacc.）West.〔= *Corticium rolfsii*（Sacc.）Curz.〕，属担子菌亚门，非褶菌目，罗尔阿太菌，不常见。此菌异名有 *Pellicu-*

laria centrifugum Lev.、*Hypochnus centrifugum*（Lev.）Tul. 和 *Sclerotium centrifugum*（Lev.）Curz.。菌丝初期白色，后变黄褐色，宽 3～9μm，常见有锁状联合，菌丝在基物上往往形成菌丝束。后期菌丝紧密聚集形成菌核，菌核初期为白色小球体，以后菌核增大变黄褐色，最后变黑褐色或茶褐色（图 2-13）。菌核坚硬，表面光滑，圆球形，直径一般 0.3～8mm，大者超过 6mm，小者 1mm 以下。在培养基上形成的菌核稍大，直径一般 2～3mm，菌核内部灰白色，边缘细胞小而排列紧密，中部细胞大而排列疏松。

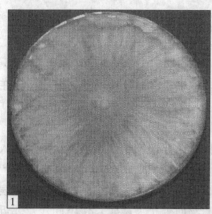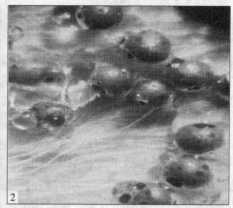

图 2-13 花生白绢病菌
1. 培养菌落 2. 菌丝和菌核
（引自米山勝美，2006）

病菌有性世代在自然情况下很少产生。菌丝分支顶端形成棍棒状担子，无色，单细胞，9～20μm×8～7μm。担子顶端长出 4 个小梗，小梗无色，牛角状，长 3～5μm，每小梗顶端生 1 个担孢子。担孢子无色，单细胞，倒卵圆形，顶端圆形，基部略尖，大小 5～10μm×3.6～10μm。子实层白粉状。

土表是病菌生长发育最好的场所，一般不向土表下发展或很少向土表下发展。菌核的形成似乎有着相反的情况，在低湿干燥的情况下促进菌核萌发，在潮湿的情况下则菌核不易萌发。花生白绢病菌生长和侵染一般只限于土壤表面，有人认为是由于该菌生长发育特别需要氧气的缘故。但据 Flados（1993）等研究结果，*S. rolfsii* 在纯培养中能生长于微量的氧气环境中，倘若培养受到污染，*S. rolfsii* 生长明显受到抑制。说明该菌受环境微生物的影响显著，地表以下微生物丰富可能是限制 *S. rolfsii* 在深层土壤中繁殖危害的主要原因。

病菌生长发育适温 31～32℃，生长温度 13～38℃，8℃以下、40℃以上停止生长，42℃经过 2d 病菌不死亡，是一种喜高温的病菌。—2～—10℃条件下菌丝和萌发的菌核死亡，但休眠的菌核不死。病菌生长发育最适 pH5.9，生长的酸碱度范围是 pH1.9～8.8。在培养基上长期培养，易丧失致病性。菌核在水中或高湿的土壤中存活时间较短，在干燥土壤中或干枯病株上存活时间较长。菌核萌发的温度范围 10～42℃，最适温度 25～30℃；酸碱度范围 pH3～8，最适 pH5～6。

白绢病菌能产生大量草酸和琥珀酸，草酸在侵染过程中具有重要作用。另据 Cooper 报道，白绢病菌存在明显的生理分化现象，不同菌株间致病力差异显著，病菌长期离体培养容易失去致病力。

此菌寄主植物种类很多，国内报道有 120 多种，国外报道有近 100 科的数百种植物。主要有圆葱、葱、花生、燕麦、辣椒、西瓜、柑、甜瓜、黄瓜、西葫芦、荞麦、大豆、向日葵、洋麻、丝瓜、番茄、苹果、紫苜蓿、烟草、水稻、菜豆、白梨、蓖麻、甘蔗、芝麻、粟、茄、大蒜、马铃薯、高粱、蚕豆、豇豆、葡萄、玉米、姜、甜菜、陆地棉、大麦、小麦、莴苣、人参、桃等。

（四）侵染循环

白绢病菌以菌核或菌丝体在土壤和病株残体中越冬。菌核在土壤中可存活 5～6 年，尤其是在较干燥的土壤中存活时间更长。菌核多存在于 3～7cm 表土层中，还能在土壤中腐生。因此，土壤中的病菌就成为病害发生的主要初侵染源。病菌也可混入堆肥中越冬，果壳和果仁也可能带菌。

第二年遇到合适的环境条件，菌丝开始生长，菌核萌发长出菌丝。从病菌侵入到形成新病斑，在 20～25℃ 条件下需要 18～26d，30～35℃ 时只需 10～16d。菌核萌发产生的菌丝接触花生茎基部或根颈部，分泌草酸和琥珀酸，杀死寄主表皮细胞，直接穿透表皮侵入或从伤口侵入，引起病害的发生，尔后病菌的菌丝向外扩展蔓延，侵染同穴及邻近其他花生植株。因此，在花生田间常呈现一窝一窝发病或枯死，这种传播蔓延病害的距离是有限的。病害在田间的传播主要借地面流水、昆虫以及田间耕作和农事操作。花生收获后，病菌就在土壤或病株残体中越冬。

一般田间 6 月下旬始见病斑，从开始发病到 7 月中旬发病比较缓慢，发病部位主要集中在茎的基部。7 月下旬后，随着花生植株逐渐封垄，高温、高湿季节的来临，病害迅速发展，病斑逐渐扩展到茎的中、下部，白色菌丝覆盖其上或地表面，至 8 月下旬达到发病高峰。病株多数后期呈纤维状变黑腐烂，容易折断，导致叶片脱落或整株枯死。

（五）发病条件

1. 连作发病重

病菌在土壤中越冬，连作花生田发病重，连作年限越长，发病越重。安徽省调查指出，当年种花生的地块发病率 0.5%～2%，连种 3 年的发病率 20%～30%，连种 5 年的发病率 25%～51%；轮作地发病轻，前茬是水稻或其他禾本科作物的发病较少；前茬是烟草、马铃薯、甘蔗、甘薯等感病作物的，发病较重。春播花生比夏播花生发病重。施用带菌肥料或偏施过多肥料，引起花生徒长，造成田间通风透光不良、湿度过大，对病害发生有利。

2. 土壤环境

此病在酸性土壤中发生较多。土质疏松、通气良好的沙质土壤适合病害发生；过于黏重和潮湿的土壤不适合病害发生。一般水田发病较少，旱田发病较多。地势高的病轻，地势低的病重。

3. 气候条件

白绢病是一种喜高温、高湿的病害。花生生长中、后期遇高温、多雨、株间湿度大，病害发生严重；干旱年份发生很轻。珍珠豆型小花生较大粒花生感病。一般情况下，温度高低决定发病早晚，湿度大小影响发病轻重。病害发生的适宜温度 25～30℃、空气相对湿度 90%～100%、土壤含水量 40%～50%。山东省 7 月上旬至 8 月下旬气温和相对湿度均能满足这一条件，所以 7 月上旬便可见病株，随着温、湿度升高，病害会逐渐加快，8 月份高温、高湿季节达到发病高峰。因此，当年 7～8 月份阴雨季节温度高、雨量大、雨日多、降雨早，发病重；反之则轻。年度间花生白绢病发生差异显著。

4. 花生品种

品种间抗性差异明显，尚未发现免疫品种。白沙 1016 相对较抗病，其他种植品种鲁花 9 号、鲁花 12、鲁花 15、花育 16、花育 17 等均感病。抗病性与生长习性有关。直立型品种比一般蔓生型容易感病。果壳厚度与荚果感染程度呈正相关。

5. 覆盖地膜发病重

花生覆盖地膜栽培对花生白绢病有促进作用。据卞建波等（2003）报道，一般覆膜地块病株率 36.5%，病情指数 13.6；未覆膜地块病株率 29.4%，病情指数 10.5。但从产量看，覆膜地块则有明显的增产作用，增产率一般达 34.8%。

6. 病级、病情指数与产量损失关系密切

发病较轻的病株可造成花生 30% 产量损失，发病严重、病级高的植株基本没有收成。如果将花生白绢病分成 5 个级别，病情指数与产量呈正相关，病情指数每增加 1，产量减少 $0.07kg/m^2$，产量损失率将增加 0.986 4%。将数据进行回归分析，得直线回归方程 $Y=-0.004X+0.442$（$R=0.908$）。

（六）防治方法

防治花生白绢病应以农业防治为基础，辅之以药剂防治。

1. 种植抗病品种

目前还没有高抗的品种，但品种间抗病力有差异。国内报道（董炜博等），白沙 1016 较抗病，台湾早熟蔓生也较抗病。国外报道，NC-2、E. G. 红抗病。

2. 轮作

花生白绢病是由土壤传染的病害，病菌在土壤中存活的时间较长，合理轮作是防治白绢病的基本措施。白绢病菌寄主植物种类很多，不同寄主植物感病程度有很大差异，其中禾本科植物比较抗病。因此，与禾本科植物实行 3～5 年轮作，可以大大减轻危害。在南方，花生与水稻轮作则效果更好。试验表明，淹水 10d 左右，菌核有 50% 以上死亡。

3. 适当推迟播期

目前多数地区实行地膜覆盖栽培。山东鲁南地区花生的播期一般提前到 4 月 20～25 日，如果在 4 月中、下旬遇低温、多雨天气，易引起花生白绢病发生。据调查，4 月 20 日前播种的苗期病株率 14.6%，4 月 25 日播种的 7.3%，4 月 30 日播种的仅 2.1%。因此，适当晚播 5～7d，可有效减轻苗期发病率。

4. 合理施肥灌水

科学使用氮、磷、钾肥，增施锌肥、钙肥和生物菌肥（如哈茨木霉菌等），既能调节花生植株营养平衡，又可增加土壤中有益微生物，抑制白绢病菌发育，促进花生植株健壮生长，提高抗病能力。山东鲁西南山区最佳施肥水平一般每公顷施有机肥 45 000kg、草木灰 7 500kg、纯氮 20kg、五氧化二磷 90kg、氧化钾 82.5kg、硼肥 15kg。田间开内沟，雨季便于排水，降低湿度，促进根系生长，增强花生的抗逆力。

5. 使用除草剂既能除草又能防病

杨广玲等系统研究了在室内条件下花生田常用除草剂对非靶标微生物花生白绢病菌的影响。研究发现，部分除草剂对花生白绢病菌的菌丝生长、菌丝体干重、菌核生长和菌核形成均具有显著抑制作用（$p < 0.05$），这将对病原菌侵染能力产生直接影响。菌核数量的变化将直接决定病原菌再次侵染，菌核数量减少将降低白绢病菌的侵染几率，进而影响白绢病的发生。供试的 9 种药剂中三氟羧草醚对花生白绢病菌的毒力最高，IC_{50} 为 7.88mg/L，乙氧氟草醚的毒力次之，IC_{50} 为 18.91mg/L，乳氟禾草灵和恶草酮对该病菌有一定的抑制作用，IC_{50} 分别为 59.99、57.55mg/L。异丙甲草胺、二甲戊乐灵、乙草胺、氟乐灵、异恶草酮对花生白绢病菌的毒力较低，其 IC_{50} 均在 100mg/L 以上。其中乙草胺的毒力最低，IC_{50} 为 365.5mg/L。9 种除草剂（除乙草胺外）对花生白绢病菌菌丝干重均有抑制作用，且抑制率随着药剂剂量的升高而逐渐升高。不同除草剂以及各处理剂量（除 400 mg/L 外）对菌核干重的抑制差异显著。其中，三氟羧草醚抑制作用最明显，在 50mg/L 时抑制率可达 90％以上。

6. 适时化控，防止徒长，改善田间小气候

据多次调查结果表明，花生白绢病的发生多集中在中、上等肥力的地块，凡株高超过 45cm 且田间密度大的地块，病株率平均达 46.67％；株高在 45cm 以下的地块病株率 15.38％。因此，应根据田间花生长势和气候特点适时控制地上部生长，当株高达 35cm 左右时，及时喷施多效唑控制旺长，将植株高度控制在 45cm 左右。

7. 处理病株及深耕改土

花生收获后，及时清除遗留田间的病株残体，集中烧掉或沤粪。及时深耕，将菌核和病株残体翻入土中。在南方，对偏酸性的土壤，结合翻耕，每公顷施 450～750kg 石灰或石灰氮。在有条件的地方还可进行冬灌。

8. 化学药剂防治

（1）药土拌种。用种子重量 0.25％～0.5％的 25％多菌灵 WP 拌种。先将药粉与 5～10 倍的细干土掺匀配成药土，先用水湿润种皮，然后再用药土拌种，要使每一粒花生种子都拌上药土。也可用 75％卫福 WP 300ml 或 40％多硫悬浮液 300ml、哈茨木霉液 500ml 拌种 100kg。

（2）淋灌。用 40％菌核净 WP 1 500 倍液或 25％多菌灵 WP 500 倍液、50％克菌丹 WP 500 倍液，淋灌病株茎基部周围，每株用药液 100ml；还可用 43％好力克 WP 150 倍液或 50％扑海因 WP 1 000 倍液、25％敌力脱 WP 1 000 倍液、50％甲基硫菌灵 WP 800 倍液、20％甲基立枯磷 WP 500 倍液、40～60mg/kg 井冈霉素、5％田安 800～1 000 倍液，淋灌病株。每隔 7～10d 用药一次，连续 3～4 次，防治效果可达 65％以上。

（3）茎部喷施。用 40％菌核净 WP1 200g/hm² 或 40％克菌灵 WP 1 200g/hm²，对水 1 125kg/hm²，于 7 月下旬至 8 月上旬喷洒植株茎基部，均能达到 70％以上的防治效果，增产幅度 12％～15％。

9. 生物防治

韦新葵等（2004）将花生白绢病菌用玻璃纸透析法在含不同浓度蝇蛆几丁低聚糖的 PSA 培养基上培养 2d 后，在光学显微镜下观察，发现几丁低聚糖处理后引起花生白绢病菌菌丝生长异常，低浓度（1.5‰mg/ml）处理菌丝顶端膨大，生长扭曲，3.0‰mg/ml 处理菌丝扭曲加剧，高浓度（5.0‰mg/ml）处理可观察到一些菌丝内原生质体分布不均匀，部分细胞甚至开始解体。说明蝇蛆几丁低聚糖处理对花生白绢病菌菌丝生长产生显著的影响。

生物防治机制研究发现，在透射电子显微镜下观察，对照菌丝细胞形状规则，结构完整，细胞壁无增厚或破损，原生质体致密且分布均匀，液泡充盈，能看到隔膜。而经过几丁低聚糖质量浓度 1.5‰处理的菌丝体内则原生质体液泡化，出现电子致密物质，液泡不断融合扩大，导致原生质体分布不均匀，被挤压到细胞边缘；3.0‰处理则可观察到菌丝原生质体内电子致密体增多，液泡形状不规则，形成空泡，细胞受到明显的破坏，但细胞壁的结构仍然存在；浓度达 5.0‰时可观察到有些细胞原生质膜部分收缩，液泡裂解为形状不规则的小液泡，细胞严重变形，甚至解体。因此，几丁低聚糖处理使花生白绢病菌菌丝细胞正常代谢受到干扰，引起细胞膜透性的变化，使胞内物质向外渗漏。几丁糖及其衍生物农药在农业上具有广阔的应用前景，在作物中用量很少，对人、畜无毒，可被微生物分解，不会造成环境污染。

另外，在发病初期，用 5％井冈霉素 1 500g/hm²＋70％代森锰锌 2 250g/hm²，对水 1 500kg 喷雾，防治效果可达 85％以上。同时，对花生叶斑病具有明显防治效果，烂果率降低 70％，增产 15.99％。在用药剂灌墩防治地下害虫蛴螬时，与 5％井冈霉素混用也能明显降低烂果率。

八、花生纹枯病

（一）分布与危害

花生纹枯病主要发生在南方和长江流域花生产区，尤以广东、广西、福建、四川等省、自治区发生严重。据广东省报道，重病田块病株率高达 80％，受害花生一般减产 10％～20％，严重的达 30％以上。近年北方花生产区也有零星发生。

（二）症状

花生纹枯病可危害花生叶片、叶托、茎秆和果荚，但以危害叶片和茎秆为主。病害一般于花生生长中期封垄后，由植株下部茎和叶片开始发生，以后病害逐渐加重，向上部叶片扩展。叶片感病后，叶尖或叶缘出现暗褐色病斑，并向内扩展，病斑相连形成不规则状云纹斑。在高温、高湿条件下，病害很快由底部叶片蔓延到上部叶片，下部叶片腐烂脱落。在烂叶和土壤表面长出白色菌丝和菌核。菌核逐渐由白色变暗褐色。主茎、侧枝受侵染形成云纹状病斑（彩图 2-7），严重时造成茎枝腐烂枯死。病害通过菌丝侵染由发病中心向四周蔓延，发病严重地块不仅叶片腐烂脱落，且主茎和侧枝也呈软腐状，易引起倒伏。收获时果柄易断，落果严重，影响产量。

（三）病原与特性

病原菌有性阶段为 *Thanatephorus cucumeris* （Frank）Dank，属担子菌亚门，亡革菌属，佐佐木亡革菌；无性阶段为 *Rhizoctonia solani* Kuhn，属半知菌亚门，无孢目，丝核菌属，立枯丝核菌。初生菌丝无色，成锐角状分支，分支处缢缩。成熟菌丝黄褐色，分支成直角，分支处明显缢缩，不远处有隔膜。菌丝集结成菌核。成熟菌核褐色，表面粗糙，内呈蜂窝状疏松组织，扁圆或不规则形。子实体薄层、灰褐色。担子无色，倒棍棒形，大小 $7\sim16\mu m\times5\sim10\mu m$，顶生 $2\sim4$ 个小梗，每个小梗上生 1 个担孢子。担孢子无色，单细胞，卵圆形，大小 $5\sim8\mu m\times7\sim11\mu m$。

病菌生长适温 28℃左右，10℃以下和 38℃以上停止生长。在高温、高湿条件下，病叶保湿处理 2h 即可长出菌丝，24h 后可形成白色小菌核，48h 后菌核即变褐色。菌核在 $12\sim15$℃时即可形成，以 $30\sim32$℃时形成最多，40℃以上不形成菌核。在马铃薯培养基上，$25\sim28$℃下接种菌核 12h 后长出白色菌丝，$2\sim3d$ 后结集，并开始长出初为白色、渐变褐色的菌核。菌丝致死温度 53℃，5min；菌核致死温度 55℃，8min。病菌生长的适宜 pH5.6~6.7。日光照射能抑制菌丝生长，促进菌核的形成。

病菌寄主范围广泛。在自然条件下可侵染 15 科 70 多种植物。除花生外，重要的寄主还有水稻、大麦、大豆、黄麻、玉米、棉花、甘蔗、粟、茭白等。

（四）侵染循环及消长规律

病菌以菌核或菌丝在病残体或土壤表层越冬，或以菌核在土壤中越冬。在干旱的土壤中，有 50% 的菌核可以存活 21 个月；在淹水的情况下，有 30% 左右的菌核可以存活 7 个月。次年在合适条件下，菌核萌发形成菌丝侵染花生，经过 $18\sim24h$，病菌就能从自然孔口侵入，此后在植株间蔓延危害。病部长出的菌丝与健康植株接触，又可侵染邻近的健康植株。病部产生的菌核还可以借风雨和流水传播蔓延，进行再侵染。

在南方，花生纹枯病始发期在 5 月下旬至 6 月上旬，6 月下旬快速扩展，7 月份达到发病高峰期，8 月份停止蔓延。北方地区，多在 6 月下旬至 7 月上旬开始发病，7 月下旬为发病高峰期，8 月初病害逐渐停止蔓延。因为发生迟、发病高峰期短，一般发病程度比南方轻。但是，如果北方地区 7 月份阴雨连绵、雨量大、高温天气持续时间长，病害也会迅速蔓延，导致花生纹枯病大发生。

（五）发病因素

1. 气候条件

据多年的调查，花生生长季节遇高温、多雨、持续高湿气候，有利于病害发生、发展。温度一般决定病害发生早晚，日平均气温在 27℃以上时，病害快速发展，很快进入发病高峰期，否则，病害发展缓慢或停止发生。湿度往往是花生纹枯病发生蔓延的决定因素。如果在生长期内降雨持续时间长、雨量大，田间长期处于高湿状态，就会造成花生纹枯病的大发生。否则，当年花生纹枯病发生则轻。

2. 花生长势及密度

花生徒长、田间郁闭、高湿、通风透光较差或排水不良而造成田间小气候湿度大，都有利于病害发生。

3. 种植条件

花生田低洼积水、氮肥过多，也能加快病害蔓延。水稻是病菌主要寄主，与水稻轮作的花生田比旱地花生病重。在广东春花生比秋花生发病重。

4. 栽培方式

采用地膜覆盖栽培的花生，田间小气候现象不明显，而且地膜覆盖还能抑制病菌的侵入和传播，发病程度明显比露地栽培发病轻。

（六）防治

1. 选地防病

应选择质地疏松的沙壤黑土地、沙岗地种植花生；不要与纹枯病发生严重的水稻轮作倒茬；花生田要搞好排灌，及时排除积水，降低田间湿度。

2. 搞好田间卫生

收获后，及时清除田间病残体，集中销毁。深翻土地，除去田间野生寄主，也可以掩埋剩余的病残植株，减少越冬菌源。

3. 科学施肥

以施用有机肥为主，适当增施磷、钾肥，不施用过量氮肥。

4. 改进栽培技术

推广高垄双行、地膜覆盖栽培技术、生长期喷施壮保安等植物生长调节剂，适当控制花生旺长；合理密植，增加田间通风透光。

5. 药剂防治

做好田间病害的预测预报，在发病初期及时用药防治。

（1）发病初期用3％井冈霉素800～1 000倍液或50％多菌灵 WP 800 倍液喷雾。视病情发展，每隔10～15d喷施一次，共施药2～3次。

（2）发病期用5％田安（甲基砷酸铁）乳油（EC）45～60g/hm² 对水900～1 125kg 或50％多菌灵 WP 1 500g/hm² 对水900～1 125kg，70％甲基硫菌灵 WP 1 500g/hm²，在叶斑病和锈病发生严重的花生田，还可用75％百菌清 WP 与以上药剂等量混合后喷施。一般每隔10～15d喷施一次，共喷施2～3次。

九、花生立枯病

（一）分布与危害

花生立枯病主要分布于北方的吉林、山东和长江流域的江苏、湖北和湖南等花生产区。该病在花生各生育期均能发生，但主要以花生幼芽期和苗期受害最重。近年在一些产区花生生长中、后期出现叶片腐烂现象，严重影响花生产量，病害发生有向后延迟的趋势，应引起注意。

（二）症状

花生出苗前受病菌侵染，可造成苗前花生种子腐烂。花生幼苗感病后，在近地表茎基部产生褐色凹陷病斑，病斑发展环绕茎基和根部引起植株枯死（彩图 2-8）。病菌侵染根系，引起根系腐烂。花生成株期，病害通常在底部叶片和茎秆开始发生，受病菌侵染，在茎、叶尖和叶缘产生暗褐色病斑。在潮湿条件下，病斑迅速扩展，使叶片变黑褐色干枯卷缩。蛛丝状菌丝由下部向植株中、上部茎和叶片蔓延，在病部产生的灰白色棉絮状菌丝中形成灰褐色或黑褐色小颗粒菌核。发病轻时，底叶腐烂，提前脱落；严重时植株干枯死亡。果针和荚果受病菌侵染后，荚果品质下降或导致腐烂。

成株期发病较轻，茎部受害干缩、凹陷、变细、暗褐色，病斑长达数厘米。

（三）病原与特性

该病菌无性阶段为 *Rhizoctonia solani* Kuhn，属半知菌亚门，无孢菌目，丝核菌属，立枯丝核菌。但国内缺乏对菌丝融合群的研究。国外有报道，由花生种子和荚果分离的病菌属多核（每个细胞 4 个以上核）的 AG2 和 AG4 组，由叶片和茎秆病组织分离的病菌属 AG-1 和 AG4 菌丝融合群。病菌在马铃薯琼脂培养基上产生匍匐状气生菌丝。菌丝分枝处呈直角，基部稍缢缩。菌丝有分隔，$4 \sim 15 \mu m$ 宽，白色至深褐色。菌丝紧密交织成菌核。菌核初呈白色，后变黑褐色，圆形或不规则形。有性阶段为 *Thanatephorus cucumeris* (Frank) Donk，属担子菌亚门，胶膜菌目，瓜亡革菌。一般是在土表或病残体上形成一层白色菌膜。子实体一般为一紧密的薄层，浅黄色。担子近棍棒形，大小 $12 \sim 18 \mu m \times 8 \sim 11 \mu m$，顶生 4 个小梗，每个小梗顶生 1 个担孢子。担孢子长椭圆形，单细胞，无色，大小 $7 \sim 12 \mu m \times 4 \sim 7 \mu m$。

此菌的寄主植物种类很多。国内报道有 74 种，如水稻、棉花、大豆、烟草、菜豆等。

（四）侵染循环和发病因素

病菌以菌核和附在病残体上的菌丝越冬。立枯病菌是一种土壤习居菌，能在土壤中长期存活，也可以在荚果上和荚果内种子上越冬。播种带菌的种子或在病土中种植花生，都可以引起花生立枯病发生。江苏省农业科学院植物保护研究所分离花生果壳带菌率试验，其丝核菌的带菌率为 1.88%。用从花生果仁上分离的丝核菌接种，幼苗 100% 发病，其中病死植株率达 65%。在合适条件下菌丝萌发侵染花生。病原菌能通过伤口或直接从寄主表皮组织侵入。病菌分泌纤维素酶和果胶酶以及真菌毒素杀死寄主组织，从分解的植物组织中吸取营养，供其生长需要。病害成株期主要在花生结荚期发生，发病盛期北方产区为 7 月底至 8 月初。如花生植株徒长、过密、通风透光不良或连续阴雨、高温、高湿气候，能造成该病大发生。一般低洼地、排水条件差、土壤湿度大的花生地病害重。常年连作地病害重。

（五）防治

1. 合理轮作

花生应与禾本科作物如玉米、小麦等进行轮作。切不可以马铃薯、大豆、菜豆或棉花等作为前茬。

2. 农业防治

搞好田间排灌，合理施肥，合理密植，促进植株健壮生长，增强抗病力；收获后及时将病残体清理干净，深埋或烧毁；做种用花生播种前进行暴晒，精选种子，弃去病种和不成熟种子；播种切勿过深。

3. 处理种子

同花生茎腐病防治方法。可防治病害引起的烂种和死苗，防治成株期茎枯和叶腐。喷过量式（1∶2∶200 倍）波尔多液或 25％多菌灵 WP 500～600 倍液。每隔 10d 左右喷一次，连续喷 2～3 次，可获得良好的防治效果。

十、花生叶腐病

（一）分布与危害

花生叶腐病，又称烂叶子病。1976 年在辽宁大连地区的花生上初次发现这种新病害。据调查，由于该病危害造成金县二十里堡乡刘半沟村花生死株率 5％～10％，杏树电乡良种村花生死株率达 60％～70％，桦家乡桦家村个别严重地块几乎全部发病，对花生的产量影响较大。目前，我国山东、辽宁、江苏和河北省都有报道。特别是近年由于花生高产田的推广，种植密度加大，导致田间湿度增加，病害有逐年加重的趋势。

（二）症状

花生叶腐病在田间表现为先由底部叶片发病，然后逐渐向上扩展，叶片上长满蜘蛛网状菌丝体，尤以叶尖和叶缘最多。病斑圆形或不规则形，褐色或黑褐色，分泌出褐色水液，后期叶片枯干卷缩，下雨后呈明显霉烂状，病部生白色棉絮状菌丝体，并逐渐形成灰褐色或黑褐色小颗粒状的菌核。病叶被病菌菌丝缠绕一起，重病株似水烫，呈黑褐色枯干死亡，轻病株多半底部一二对主要结果侧枝的叶片和花霉烂，提早脱落，一些植株还能陆续长出新生枝叶，这样的植株几乎都不结果或结少量小果、瘪果。该病在田间有发病中心，成块状和条状向四周扩展蔓延。

（三）病原与特性

花生叶腐病菌无性阶段为 *Rhizoctonia solani* Kuhn，属半知菌亚门，无孢目，丝核菌属，立枯丝核菌。目前还缺乏对病菌致病性分化的研究，只知道和花生菌核病菌、立枯病菌和纹枯病菌不属于同一个菌丝融合群。生物学特性方面也存在明显差异。有性阶段为 *Thanatephorus cucumbers* (Fr.) Donk，属担子菌亚门。初生菌丝无色，有隔膜。分支呈直角，分支处缢缩，不远处有一隔膜。老熟菌丝黄褐色，后期形成黑褐色菌核，但在花生上比较少见。子实体为一紧密薄层，浅黄色。担子近棍棒形，$12\sim18\mu m\times8\sim11\mu m$，顶生 4 个小梗，小梗顶端生 1 个担孢子。担孢子近长椭圆形，单细胞，无色，大小 $7\sim12.5\mu m\times4\sim7\mu m$。

花生叶腐病菌寄主范围广泛，如水稻、棉花、大豆、番茄、菜豆和黄瓜等。

（四）侵染循环与消长规律

花生叶腐病菌以菌核为主于土壤中越冬或以菌丝体附着在病残体上越冬，成为第二年病害初侵染来源。再侵染主要是病株与健株相互接触，使病菌传染到健康植株上，并不断扩展蔓延。花生叶腐病发病初期，在我国北方花生产区一般为 7 月上旬，高峰期为 7 月下旬至 8 月中旬。在南方花生产区，始发期一般为 6 月中、下旬，盛发期为 7 月上、中旬至 8 月初。

（五）发病条件

据报道，花生叶腐病菌在 19～36℃温度条件下都能引起花生发病。植株生长旺盛、过密、通风不良、低洼排水不良和连续雨雾的高温、高湿等气候，都容易引起病害发生乃至流行。重茬地易发病，重茬年限越长，发病越重。花生品种间抗性差异显著。高抗品种在田间发病较轻，很少发病，种植高感品种往往导致病害大发生。

（六）防治

此病害目前尚属局部发生病害。为防止其扩展蔓延，要把检疫与防治工作紧密结合起来。

（1）严防病区带菌花生、植株及土壤等传入无病区。为防止种子带菌，可用 0.5% 多菌灵拌种，有一定防病作用。

（2）花生发病初期，要立即拔除病株，烧毁。在花生发病期，于病株周围撒生石灰，可抑制病害蔓延。7～8 月份雨季，大雨过后要及时排水，注意改善通风透光条件。

（3）药剂防治。为预防病害发生及流行，可从发病前开始，每隔 7～10d 喷一次 1：1：100 波尔多液或 25% 多菌灵 WP 600 倍液。

十一、花生紫纹羽病

（一）分布与危害

花生紫纹羽病于 1936 年在辽宁省发现，在国内属首次报道。1964 年安徽省报道发生该病。目前，该病分布也不是十分广泛，仅局限在辽宁、安徽、湖北、江苏等少数省份，一般危害不大。日本等国也曾有报道。

(二) 症状

花生紫纹羽病菌主要侵染花生根、茎基部和荚果（彩图 2 - 9）。被侵染植株地上部叶尖变黄，生长迟缓，以后逐渐萎垂枯死。将病株拔起检查，可见受感染部位变褐腐烂，上生一层较厚的紫褐色菌丝层，革质，状如菌毯。荚果早期感病，变褐腐烂，不能形成果仁；后期感病，则果仁变黑，褐色腐烂。

(三) 病原与特性

花生紫纹羽病菌为 *Helicobasidium mompa* Tanaka，属担子菌亚门，木耳目，卷担菌属、桑卷担菌。病部菌丝层紫褐色，后期形成紫红色半球形菌核，直径 1～2mm。子实体扁平，表面排列一层担子。担子无色，4 个细胞，大小 6～7μm×25～40μm，每个细胞生一小梗，小梗无色，圆锥形，大小 5～15μm×3～4.5μm。小梗顶生无色、单胞、卵圆形担孢子。担孢子顶部圆形，基部钝，大小 6～8μm×16～19μm。

花生紫纹羽病菌寄主植物范围广泛，国内报道有 16 种植物，如大豆、花生、棉花、苹果、梨等。

(四) 侵染循环

花生紫纹羽病菌是土壤习居菌，主要以菌丝体和菌核在土壤中越冬。病菌遇到花生根、茎基部和荚果，即可侵入，菌丝体在病部表面扩展。病部与健部接触、田间农事操作、地面流水等均可以传播此病。

(五) 发病条件

花生紫纹羽病菌是一种弱寄生菌，一般在花生生长衰弱的情况下，容易侵入引发病害。另外，重茬地发病重，重茬年限越长发病越重，病菌可以在土壤中长期存活或以腐生形式生活。

(六) 防治

1. 实行轮作

与禾本科作物轮作，特别是与水旱轮作，防病效果更好。

2. 加强栽培管理

要注意增施有机肥，及时排水和灌溉，促进花生健壮生长，提高抗病力，减少病害危害，早期要及时拔出病株销毁，病穴用生石灰消毒。

3. 处理病土

在发病土壤中施用石灰或石灰氮也有一定的防病效果。重病田也可用氯化苦消毒土壤。

十二、花生冠腐病

（一）分布与危害

花生冠腐病，又称黑霉病、曲霉病、黑曲霉病和少亡病。世界各地都有发生。在我国河南、山东、辽宁、江苏、湖北、湖南、江西、广东、广西和福建等花生产区发生较为普遍。一般情况下危害不严重，但在个别地块常造成缺苗断垄。广西柳州地区曾报道缺苗达10%～20%的年份；广东省有些花生产区曾出现发病率达20%～30%的年份，有的甚至高达80%。

（二）症状

花生从播种出土到成熟前都可感染冠腐病，但主要发生在苗期或生长前期。病菌侵染果仁、子叶和茎基部。病菌侵染吸水膨胀未萌发的果仁，使之腐烂而不能发芽，在花生受害部位表面长出一层黑霉。种仁发芽后，病菌侵染子叶，子叶未出土就变黑腐烂；胚轴受侵染呈水渍状，浅褐色，有黑色霉层（彩图2-10）。在花生苗期，病菌先侵染残存的子叶，进而侵染茎基部。病部初生黄褐色凹陷病斑，病斑边缘褐色，以后迅速扩大，皮层纵裂，组织干腐，最后仅剩下破碎的纤维组织。在潮湿的情况下，病部很快长出黑色霉层（病菌的分生孢子梗和分生孢子）。

将病部纵向切开，可见维管束和髓部变紫褐色。拔起病株时，易从茎基病部折断。由于茎基部腐烂，维管束组织被破坏，地上部茎叶表现失水状态，叶片对合，失去光泽，叶缘稍向内卷缩，病株逐渐萎蔫枯死。花生生长后期发病较少。如果病害发生在茎节以下的根颈部，当土壤潮湿时，还能长出新根，病株还能恢复生长。

（三）病原与特性

花生冠腐病病原菌为 *Aspergillus niger* V. Tiegh.，属半知菌亚门，丝孢目曲霉属，黑曲霉菌真菌。分生孢子梗无色或上部1/3呈黄褐色，光滑，长200～400μm，有的长达数毫米，宽 7～10μm，有的达20μm 以上；顶端膨大成球形或近球形，直径20～50μm，大的可达100μm，无色或黄褐色；球状体表面生两层小梗，黑褐色或黑色，直径300～1 000μm；第一层小梗较粗大，其上又生第二层小梗，第二层小梗大小 6～10μm×2～3μm，顶端生一串分生孢子。分生孢子球形，褐色，初期表面光滑，后变粗糙或有细刺和瘤状突

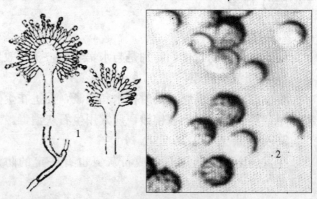

图2-14 花生冠腐病菌
1. 分生孢子梗 2. 分生孢子

起，直径 2.5～5.0μm（图 2-14）。

病菌生长适温 32～37℃，在土壤中 30～35℃条件下生长最快，能耐较低的土壤湿度。在马铃薯培养基上，初期菌丝白色，能分泌黄色素。分生孢子形成后，菌落变为黑色。病菌中有一些菌株只产生单生小梗，即琉球曲霉。黑曲霉对铜和汞有高耐性，用有机汞处理种子，能促进病害即发生。非洲发现有耐汞和对汞敏感的菌株，前者的致病力较强。此外，粉状曲霉［*Aspergillus pulverulentus*（McAlpine）Thom］也能致病。

花生冠腐病菌除侵染花生外，还侵染棉花、苹果、石榴、柑橘、梨、酸枣、香蕉和无花果等；还经常发生在多种有机物上。

（四）侵染循环

病菌以菌丝或分生孢子寄附在病株残体、种子和土壤中的有机物中越冬。种子内外都带有病菌。第二年播种带菌的种子可以直接引起病害的发生。花生播种后，越冬的病菌产生分生孢子。分生孢子萌发后，从受伤的种子脐部或子叶间隙侵入，也可以直接从种皮侵入，潜育期 6d 左右。子叶和胚芽最易感病，严重的往往腐烂而不能出土。花生苗出土后，病菌可以从残存的子叶处侵染茎基部或根颈部。以后病部产生分生孢子，随风雨、气流传播，进行再侵染。一般在花生开花期达到发病高峰，后期发病较少。

侵染一般多发生在花生发芽后 10d 以内。多数病株在 1 个月内死亡，发病快的 10d 就死亡。发病较轻，有的还能恢复生长。

（五）发病条件

1. 种子

花生冠腐病菌是一弱寄生菌，能在土壤中腐生，只能侵染生活力衰弱或受伤的花生组织。如播种后不能正常萌发的种子，花生残存而失去生活力的子叶以及近地面易受伤的部位等。此病发生与果仁质量好坏有密切关系。凡果仁受潮、发热、霉捂、生活力弱的，播种后都易感染该病害。

2. 气候

一般认为高温、高湿条件或间歇性干旱和多雨，都有利于病害的发生。

3. 栽培条件

播种过深导致幼苗迟迟不能出土，发病重；田间排水不良，耕作栽培粗放，常年连作的花生田发病重。其他病害发生严重，能促进该病害严重发生。此病常与花生青枯病、白绢病、根腐病、茎腐病等混合发生，统称为"死棵"或"枯萎病"。

4. 品种

品种对花生冠腐病抗性存在差异。一般直立型较蔓生型花生抗病。

（六）防治

1. 选用抗病无病菌花生种子

国外 EC2115 有高度抗病性，国内对花生品种抗冠腐病的情况不十分了解。应尽量选用抗病良种，用饱满无病菌、未霉捂的种子，把好果仁种子质量关，是防治冠腐病最主要的措施之一。在无病田选留花生种子，晒干后单独保存，贮藏期防止种子受热霉捂。播种前晾晒几天，然后剥壳选种。

2. 药剂处理果仁

用籽仁重量 0.2%～0.5%的 50%多菌灵 WP 拌种或用药液浸种，也可以用籽仁重量 0.55%～0.8%的 25%菲醌粉剂拌种，防病效果都很好。具体操作方法参考花生茎腐病。

3. 实行轮作

花生田要实行轮作。

4. 播种不宜过深

适当浅播、晚播，深浅均匀；播种后遇雨时，雨后及时松土，增加土壤通气性，以利幼苗出土。

5. 加强田间管理

及时排除田间积水，促使花生健壮生长，能减轻病菌危害；田间除草、松土时不要伤及根部。

6. 其他防治措施

参考花生茎腐病。

十三、花生锈病

花生锈病最早于 1882 年由 Balansa 在巴拉圭首先发现，病原菌于 1884 年定名为花生柄锈菌 *Puccinia arachidis* Speg.。由于长期未发现冬孢子，故曾出现 3 个同种异名的学名。随着巴西、印度先后发现冬孢子，后经 Auther（1934）等相继认定现名，并作了详细描述。

（一）分布与危害

花生锈病是一种世界性和暴发性的叶部真菌病害，又是亚热带地区的"风土病"。国际半干旱热带地区作物研究所将其定为检疫对象。

虽在苏联（1910）、毛里求斯（1914）和中国（1937）有发生锈病的记载，但直至 20 世纪 60 年代末该病的危害仍只局限在西半球美洲的少数地区，以后逐步扩展蔓延遍及世界五大洲几十个国家和地区。印度是世界花生种植面积最大、总产量最多的国家之一，曾于 1971—1974 年相继在安德拉、加尔各答、马德拉斯、泰米尔纳德、西孟加拉、克纳塔克和马哈拉施特拉等主产邦严重发生花生锈病，目前病害不断从南向北蔓延扩大。

1973 年我国广东省花生锈病大发生，并波及广西、福建，随后长江以南地区几乎每年都有不同程度地发生。华北平原的河南、山东等省均有发生锈病危害的报道，但东北和西北尚未见正式的报道。我国北方花生产区锈病危害程度和南方产区锈病流行程度与灌溉有关。花生锈病也有自南向北传播的趋势。随着全球气候逐渐变暖，未来在我国北方会逐年加重。因此，抗锈病也是当前乃至今后我国花生育种的主要攻关内容之一。在印度，因锈病减产 50%以上，生物产量损失更大。我国在锈病大流行年份最高损失达 59%。尼加拉瓜因防治花生锈病增加生产成本达 40%。锈病还能导致花生出油率降低 7%～10%。据观察，锈病发生愈早，损失愈大。一般花期发病的损失 49%，下针期发病的损失 41%，结荚前期发病的损失 31%，结荚中期发病的损失 18%，收获前发病则影响不大。

（二）症状

花生锈病主要危害叶片，到后期病情严重时也危害叶柄、茎秆和分枝、果柄和果壳。一般自花期开始危害，先从植株下部叶片发生，后逐渐向上扩展到顶叶，使叶色变黄。发病初期，首先叶片背面出现针尖大小的白斑，同时叶片正面出现黄色小点，以后叶背面病斑变成淡黄色，并逐渐扩大，呈黄褐色隆起，为病菌夏孢子堆。夏孢子堆多发生于叶片的背面，夏孢子堆周围具有不十分明显的黄色晕圈，表皮破裂后散发出夏孢子，用手摸可沾满铁锈色粉末状的夏孢子（彩图 2-11）。严重时，叶上密生夏孢子堆后，整个叶片很快变黄枯干，连片植株枯死，远望如火烧状。病情发展之快，从发病到成片枯死，只需 1～2 周时间。病株蒸腾量倍增，生育期缩短，产量锐减，也影响品质，出仁率和出油率降低，种子活力下降，风味变差，黄曲霉毒素污染加重。

病菌危害严重时，也会从叶片逐渐蔓延到茎部和荚果。严重时叶柄、茎秆、子房柄、荚果均可受害。其上夏孢子堆与叶上相似，椭圆形，但果壳上数量较少。

国内尚未见冬孢子堆的报道，国外也很少见到。据乌拉圭、印度报道，当地发病植株上的冬孢子堆很多，很普遍。

（三）病原与特性

该病害由落花生柄锈菌（*Puccinia arachidis* Speg.）侵染所引起，属担子菌亚门，柄锈菌属真菌（图 2-15）。我国花生上仅见无性态夏孢子，未见冬孢子。Cummins（1978）发现 *Puccinia offuscata* 是 *P. arachidis* 的唯一变种，其孢子形态几乎与 *Puccinia arachidis* 一样，但其夏孢子一般只有 2 个发芽孔，且冬孢子色较淡。

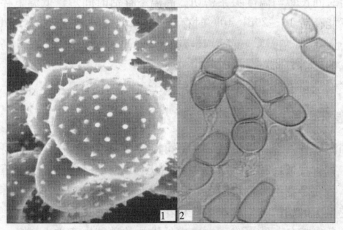

图 2-15　花生锈病菌
1. 夏孢子　2. 冬孢子

夏孢子萌发适温 25～28℃，并需要高湿度和充足氧气，在低温季节存活期 100～150d。

锈菌的生活史复杂而特殊，有的种能产生 5 种不同的孢子类型，即性孢子、锈孢子、夏孢子、冬孢子和担孢子，有的种几乎为夏孢子时代所独占。目前，花生柄锈菌的生活史仅发现夏孢子、冬孢子两种类型。夏孢子一般呈圆形或卵圆形，16～34μm×22～29μm，壁黄褐色，厚 1～2.2μm，表面有细刺，多数有 2 个发芽孔，偶而有 3～4 个。而冬孢子为长椭圆或椭圆形，33～60μm×12～18μm，淡黄色或金黄色，壁光滑，中间有隔膜，大多有 2 个细胞，有时有 3 个或 4 个，成熟时发芽，无休眠期。

夏孢子萌发适温 18～26℃，萌发率 70.8%～84%。低于 18℃或高于 26℃，萌发率下降。35℃时只有极少数夏孢子萌发，40℃时不能萌发。据广东省农业科学院报道，萌发适温 24.5～28℃，萌发率 59.4%～74.7%，超过 29℃萌发受抑制，11℃和 31℃萌发率都在 1%以下，8℃以下不能萌发；最高致死温度 50℃，10min，但在 60℃干热下 10min，仍不丧失萌发力。在 35℃水滴中处理 24h，再放适温下，萌发率只有 48%；在 40℃水滴中处理 24h，再放适温下，萌发率只有 24.5%。可见 35℃以上温度对夏孢子有杀伤作用。而在 16℃水滴中处理 24h，再放适温下，夏孢子萌发率可达 80%；在 5℃冰箱中处理 3 个多月，夏孢子的萌发率仍有 23.9%。以上结果说明，夏孢子耐低温的能力较强，耐高温的能力较差。

夏孢子只有在有水滴或水膜的情况下才能萌发，否则即使在饱和的湿度下也不萌发。已萌发的夏孢子在侵入前如果水膜已干，便失去生活力，即使再补充加水，芽管也不能再生长。

夏孢子在 pH3.8～11.0 时都能萌发，在 pH4.4 以下时萌发受到抑制。夏孢子萌发的适宜 pH5～8。

夏孢子在黑暗条件下萌发率高，直射阳光对孢子萌发有抑制作用，一些不萌发但不完全丧失生活力。冬季将夏孢子在室外晒 24d，萌发率降至 0.2%以下。

夏孢子在缺氧的情况下不萌发，在少氧的情况下萌发受抑制。

夏孢子存活时间长短与温度关系密切。高温下存活时间短，低温下存活时间长。在广东省夏季室温下能存活 16～29d，40℃时存活 9～11d，45℃时存活 7～9d。冬、春季温度较低时存活 120～150d，在 5℃下存活 1a，在－24℃下存活 3～6 个月。高温下形成的夏孢子比低温下形成的生活力弱，存活时间短。

花生锈菌除侵染花生外，尚未发现其他寄主。

（四）侵染循环与消长规律

在广东省和海南省，春、夏、秋、冬都可以种植花生，锈病全年都可以发生，不存在越冬问题。据广东省报道，花生锈病菌主要在以下 4 个场所越冬，成为下年春季病害发生的初侵染来源：①在冬花生上危害越冬。冬花生上的病菌侵染春花生，春花生上的病菌侵染夏花生，夏花生上的病菌侵染秋花生，秋花生上的病菌又侵染冬花生。②在冬季田间落粒自生的花生上危害越冬。③夏孢子在室内外堆放的秋花生病株上越冬，经过冬季后，仍有萌发力，可侵染春花生；人工接种春花生，发病率达 33%～67%。④夏孢子在冬季贮藏的果壳上越冬，第二年 3 月仍有侵染力，人工接种的发病率达 30％～75％。国外也有由于引进带病种子而导致锈病流行的报道。国内山东省和江苏省也有从外地引进种子而引起锈病发生的记载。

总之，花生锈病的侵染循环是通过夏孢子产生、传播和蔓延的。通常最初侵染的夏孢子借助气流作短距离或长距离传播，因而存在本地和外地菌源的可能性。另外，也可随落粒自生的染病花生植株、带病菌荚果和种子传播，直至目前还未发现除花生以外的其他花生锈病菌寄主。在印度和中国南部花生栽培季节重叠现象非常普遍，为花生锈病发生乃至流行提供了有利条件。

夏孢子萌发后，产生的侵染丝从叶片气孔侵入，也可从表皮细胞间隙侵入。65h 后芽管侵入组织内部，以后菌丝继续生长，并产生吸器，经过 7d，可见针头大小的白斑，不久就开始产生夏孢子，9d 后白斑变成黄褐色，形成夏孢子堆，10d 后夏孢子堆上的表皮破裂散发出夏孢子，以后在孢子堆的周围还能产生次生孢子堆。

病菌潜育期长短与温度有密切联系。18℃时潜育期 18d，21～24℃时 10～14d，24.5～26.5℃时 6～8d，29℃时 9d。

总之，只要条件适宜、田间存在寄主，病菌可以进行多次再侵染，一年中一般可形成 2 个发病高峰，5、6 月为第一个盛发期，9 月为第二个盛发期。

北方花生产区的病菌如何越冬，目前还没有资料报道。推测可能是南方外来菌源，但缺乏证据。

（五）发病条件

花生锈病的发生流行同天气、栽培条件、品种抗性等有密切关系。适温、高湿的天气或密植栽培的生态环境有利花生锈病发生。

影响花生锈病发生和流行的主要因素有以下几种。

1. 越冬菌量

越冬菌量大，次年花生锈病则可能大发生。

2. 气候条件

一般情况下，温度不是限制因子。影响锈病流行的主导因素是雨水、雾、露。降雨、雾、露天数多，锈病发生重。一些气候因素影响夏孢子发芽直接作用于病害的发生，如：①夏孢子萌发温度 11～33℃，最适 25～28℃，20～30℃病菌潜育期只有 6～15d。②在有水滴或水膜的情况下夏孢子才能发芽，因而锈病在多雨、高温夏季、多雨和雾大露重的秋天易流行，台风过后锈病往往也大发生。③直射光抑制夏孢子发芽和芽管延长，夏孢子在傍晚和夜间比白天更易侵染花生，一般以光强 100lx 夏孢子发芽最好。④氢离子浓度影响孢子发芽，其适宜 pH5～8。⑤缺氧条件下夏孢子不发芽，夏孢子本身有自抑物，如甲基顺式二甲基，但有氧条件下孢子发芽时自抑物失去作用。

3. 栽培管理

春花生早播病轻，晚播病重；秋花生早播病重，晚播病轻；连作地病重，轮作地病轻；施氮过多、密度大、通风透光不良、排水条件差，发病重。高温、高湿、温差大，有利病害发生及扩展蔓延。

4. 品种抗（耐）性

尚未发现高抗或免疫品种。粤油 551、粤油 551 - 116、汕油 3 号、粤油 22、恩花 1 号、粤油 7 号、粤油 13、粤油 223、粤油 92、粤油 79、汕油 523、湛油 30、汕油 27 和泉花 327 等较抗（耐）病。

（六）病情测报与防治适期

通过掌握病害发生的菌源和气象因素之间的关系或物候期与温度和病害潜育期的关系，进行病情测报。但必须了解下列几方面的基本情况。

1. 调查菌源

调查上一季锈病发生的情况以及花生收获后落粒自生苗发病的情况，估测田间菌量。

2. 发病观察

设立专门病圃，定期检查病情，同时观察大田病情。根据病圃和大田病情综合进展情况指导大田防治。

寻找田间中心病株。中心病株出现的早晚与气象因素和播期有关。一般可根据播种期推算中心病株出现的可能时间和发病期，还可根据锈病潜育期与温度的关系，以及病害流行与气象因素之间的关系来预测病害发生的趋势。

3. 大田调查

按国际 9 级标准，当病级达到 5 级以上，100％孢子堆产孢，且孢子数量多时，即采取措施予以防治。于初花期开始定期检查植株下部叶片，发现中心病株及时喷药封锁。

（七）防治

1. 选种抗（耐）病品种

推广抗病、耐病花生品种，并注意品种合理搭配。做好品种提纯复壮工作，防止长期大面积种植单一品种。目前育成的抗锈病花生品种较多，华南地区有粤油 7 号、粤油 13、粤油 223、粤油 92、粤油 79、汕油 523、湛油 30、湛油 62、汕油 27 和泉花 327 等，长江流域有中花 4 号等。

2. 加强栽培管理

尽量创造有利植株生长、不利病菌侵染的生态环境。因地制宜调整播期，春播花生应适当早播（大寒至雨水、惊蛰），以避过生长后期多雨、高温花生锈病盛发期。秋花生适当晚播（立秋前），以避过花生生长前期多雨季节。

合理密植，配方施肥。多施有机肥，增施磷、钾肥和石灰，增强花生抗病力。适时喷施叶面营养剂，完善排灌系统，雨后及时清沟、排水、降湿。

花生收获后，及时处理病株残体，减少田间菌源基数。

3. 药剂防治

在抓好上述栽培管理措施的同时，定期到田间调查测报病情。锈病发生初期或出现中心病株，及时制定防治方案，每隔 7～10d 喷药一次，连续 3～4 次。可选用药剂 50％胶体硫 150 倍液或 75％百菌清 WP 500～600 倍液、50％克菌丹 500 倍液、95％敌锈钠 500

倍液加 0.1％洗衣粉、80％代森锌 WP 600 倍液。也可选联苯三唑醇 1 000 倍液或 20％三唑酮（Bayleton25wp）EC 450～600ml 对水 750L，残效期 40～50d，全生育期只需喷 1～2 次即可达到良好效果。

有试验报道，敌锈钠与胶体硫混合使用效果很好。在花生生长前期叶斑病发生时，先喷胶体硫 200 倍液，每隔 10d 喷一次，到叶斑病与锈病同时发生时，再喷敌锈钠、胶体硫混合剂，每隔 10～14d 喷一次。混合剂配方：敌锈钠 1kg、胶体硫 2kg，加水 250～300kg。如在配方中加入硫酸铜 150g，则效果更佳。但值得注意的是，花生对敌锈钠比较敏感，未发生锈病时则不使用此药。

十四、花生腐霉菌根腐病

（一）分布与危害

花生腐霉菌根腐病在我国南北花生种植区都有发生，特别是荚腐类型在温带和亚热带地区很普遍，症状常与立枯丝核菌（*Rhizoctonia solani*）所引起的症状混淆。

（二）症状

花生整个生育期都能被腐霉菌侵害。苗期可引起猝倒，中、后期引起萎蔫、荚腐及根腐。可因危害部位和时期分为猝倒、萎蔫和腐烂 3 种类型。

1. 猝倒

花生出土时或出土之后大多数弱苗或受伤苗容易感染此病。典型症状是病菌侵害幼苗的胚轴，茎基部初期出现水渍状、长条病斑，病部稍下陷，之后逐渐扩大环绕整个胚轴或茎后，变为褐色水渍状软腐，最后造成幼苗迅速萎蔫、倒伏，表面布满白色菌丝体。此病在潮湿的环境下易发生，特别是在花生苗期灌水后发生更普遍。

2. 萎蔫

这种症状一般仅发生在个别分枝上，全株性萎蔫的不多。病枝上的叶片很快褪色，从边缘开始坏死，迅速向内延伸，扩展到叶片全部，终至整个复叶干枯皱缩。小叶柄常枯干，大叶柄则保持绿色。纵向剖开茎部可见其维管束组织变为暗褐色。严重萎蔫的植株，其胚轴区域的导管常破裂，导管内常充满无隔菌丝体。

3. 腐烂

在花生生长中、后期，该病菌能引起荚果、子房柄甚至全部根系腐烂（彩图 2 - 12），特别是在潮湿的土壤中，荚果腐烂常造成严重的损失。子房柄或幼果受侵后，呈淡褐色水渍状，2～4d 内荚果可全部变黑腐烂。受害轻者果荚虽不腐烂，但荚壳较薄，容易被其他病原菌侵染。荚果或子房柄被害后也常引起根腐（有时根腐是由于上述萎蔫症的发展）。被害植株生长迟滞，叶片淡绿、无光泽，在白天表现萎蔫，夜晚又恢复，往复几次就不再恢复而枯死。须根几乎全部腐烂，初生根、次生根和主根的尖端部特别容易受害，甚至完全被破坏。根系总量大为减少，显现水渍和丛生状，个别根呈淡褐乃至暗褐色。根被侵后皮层很快溃烂脱落，仅剩木质中柱。

（三）病原与特性

危害花生的腐霉菌（图2-16）有 *Pythium myriotylum*、*P. ultimun*、*P. irregulare* 和 *P. clebarynum* 等。其中以 *P. myriotylum* 最为普遍，能引起上述各种症状，而且普遍分布于温暖地带。*P. ultimun* 分布亦较普遍，多危害幼苗，引起猝倒。腐霉属真菌的寄主植物很多，在寄主病残体上能形成游动孢子囊和卵孢子。菌丝纤细，无规则分支，常形成菌丝膨大体和附着孢，很少产生厚垣孢子。游动孢子囊从不分化的菌丝上产生，内生双边毛肾形的游动孢子。

P. myriotylum 的生长最适温度 34～37℃，10℃以下、43℃以上均不能生长。但在不同寄主或不同地方分离获得的菌种对温度要求不相同。Littrell 等曾用 V8 汁琼脂培养基分离获得不同来源的 9 个分离物，发现其平均适温为 33～35℃，其中有 5 个分离物生长发育的最高温度 43℃，而另 4 个分离物的最高温度 41℃，最低温度 11℃。

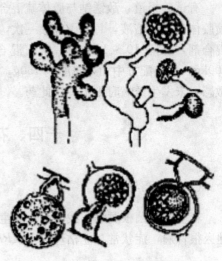

图2-16　花生腐霉病菌

（四）侵染循环

在温暖而含有自由水的土壤中，*P. myritylum* 能产生大量游动孢子。游动孢子的活动范围有限，但能随流水传播到远处。卵孢子和菌丝容易在病组织或其周围土壤中越冬，并可随流水、农具以及牲畜等传播。腐霉菌的无性世代很短，但在适宜的环境条件下可以大量繁殖。

据国外接种试验，将病原菌施入植株周周土中 4～6d 后，荚果即开始坏死，10～15d 后整个荚果腐烂，病果率达 25%～30%。

（五）发病条件

花生腐霉菌荚腐病在闷热天气和很高的土壤湿度下发生最多。发病适温 32～39℃。用 *P. myriotylum* 接种花生幼苗，温度 24～29℃猝倒发生最多，18℃和 35℃温度条件下病苗数量显著减少。

土壤湿度是腐霉菌侵染花生发病的重要因子。土壤湿度愈大，花生荚腐发生越多；土质黏重、排水不良、地势低洼或在生长后期雨水过多等都能增加荚果腐烂发生。据试验，在总用水量相同的情况下，每周灌一次水的比每两周灌一次水的花生腐霉菌荚果腐烂显著加重。前者病荚率 40%，后者 26%。

（六）防治

（1）应选择地势高燥的沙质土或沙壤土种植花生。

（2）多雨地区应采用高垄种植，雨后排水，及时松土。灌溉应及时，尽量减少灌溉次数。

（3）常发区和重病区，在花生成熟期每公顷施用石膏150～300kg，直接撒施于结果部位的地面上。既能直接抑制病原菌发育及扩展，还能增加果壳内的钙质，提高抗病性。

（4）药剂拌种。用福美双每100kg种子用药50g或1份福美双加1份亚古乐生GN拌种（每75kg种子用药50g），可兼防多种病害。

十五、花生镰孢菌根腐病

（一）分布与危害

花生镰孢菌根腐病主要侵染花生茎基部和地下根系，苗期至成株期均可发病，可造成全株枯死，对花生产量影响很大。近年此病呈上升趋势。该病在我国南方有不同程度发生，轻则影响产量5%～8%，重则影响产量20%以上，成为目前影响我国南方花生生产的主要病害之一。

花生镰孢菌根腐病在花生整个生育期都可发生。出苗前染病可引起烂种、烂芽；在苗期受害可引起苗枯；在成株期受害可引起根腐、茎基腐和荚腐。春花生比秋花生发病严重，出苗至开花初期发生较重，尤其在开花结果盛期发病最重。镰孢根腐病菌是一种土壤习居菌，在土壤中种类很多，从病苗和发霉的种壳或种子上做人工分离，可得到很多类型，因为它的典型症状多为根腐，通常称之为花生镰孢菌根腐病。

花生镰孢菌根腐病在世界各花生产区都有发生。我国广东、广西、湖北、安徽、江苏、山东、河南、辽宁、江西、福建等省、自治区均有报道。但以南方各花生产区受害偏重。

（二）症状

花生从苗期到生长后期都能受侵染发病，但以开花结果期根部受害最重。在花生幼芽未出土前受害，胚轴常呈淡黄色水渍状病痕，渐变为褐色乃至灰色腐烂。在潮湿的土壤中烂芽的表面可长出粉红色霉层（病菌的分孢梗及分生孢子）。盛花期前后是发病盛期，初在近地面的幼茎基部出现黄褐色水渍状病痕，后渐变褐色，皮层腐烂，只剩下木质部。地上部失水萎蔫，叶柄下垂，终至枯死脱落。另一种症状是植株矮小，生长不良，叶片由下而上渐变黄后干枯。主根变褐、皱缩、干腐，侧根脱落或少而短，主根像老鼠尾巴一样，只留残存的根组织，故农民称之为"老鼠尾巴"。潮湿时主茎根部近地面处产生大量不定根，严重时从表现症状至枯死仅需2～3d，一般7～10d。未枯死的开花结果少，且多为瘪果，严重影响产量。

在贮藏期间病菌常腐蚀荚壳组织，分解其胶质层，只留下内部的纤维组织，严重时荚壳变为紫红色。有时荚果外表完整，但剥开后则见其内表面或种仁表面有白色菌丝或淡红色霉层。

（三）病原与特性

病原属半知菌亚门，镰孢菌属真菌。据国外记载，危害花生的镰孢菌主要有以下 5 种：茄类镰孢 *Fusarium solani* （Mart.） App. et Wr.、尖孢镰孢 *F. oxysporum* Schlecht、粉红镰孢 *F. roseum* （Lik） S. et、三线镰孢 *F. tricinctum* （Corde） Sacc. 和串珠镰孢 *F. moniliforme* Sheld.，都能产生小分生孢子、大分生孢子和厚垣孢子。其中小分生孢子无色，无分隔，圆筒形，多为单细胞；大分生孢子镰刀形或新月形，有 3～5 个分隔；厚垣孢子中生或串生，近球形。

国内花生上的镰刀菌种类也很多，但因缺乏深入系统研究，尚不能确定其种名。

（四）侵染循环与消长规律

病菌在土壤、病株残体或种子上越冬，成为翌年的初侵染病原。病菌腐生性强，厚垣孢子能在土壤中残存很长时间。种子带菌，带菌率高达 40％以上。病菌主要借雨水、大风、携带病菌农作物体及农事操作传播。病菌从伤口或表皮直接侵入，病株产生分生孢子进行再侵染。花生在整个生育期都可被侵染发病，但以苗期至开花前发生最重。

（五）发病条件

（1）花生镰孢根腐病菌主要在残留土壤中的病残体上越冬，而且腐生能力很强，连作地、前茬重病地块种花生发病重。种子带菌、有机肥未充分腐熟或带菌时发病重。

（2）低洼积水的地块发病重。阴雨天或大雨骤晴，田间湿度大，发病重；土壤黏重、板结的地块种植花生发病重；虫害特别是地下害虫发生严重时发病重。

（3）氮肥施用过多，植株柔嫩脆弱，栽培过密，株、行间郁闭，通风透光差，长势差的花生易感病。

（4）早春多雨或梅雨来得早、气候温暖，空气湿度大，夏季高温、高湿、多雨时易发病，早秋多雨、多雾、重露时易发病。

（六）病情测报与防治适期

病害预测预报主要通过掌握其发生的菌源和气象因素之间的关系来进行。但必须了解下列几方面的基本情况。

1. 调查菌源

调查前茬作物发病、连作和种子带菌情况，并估测田间菌量。

2. 发病观察

观察大田病情。花生镰孢菌根腐病一般零星发生，如出现田间病株中心，中心病株出现一般与渍水、施肥等带菌源农事操作有关。低温、高湿是该病大发生的决定性因素。广东一般 3 月初播种，3～4 月气温较低，阴雨天较多，空气相对湿度较大，花生正处于苗期，是根腐病发病的高峰期。

苗期至开花期，低温、多雨的年份一般根腐病发生面积偏大、程度偏重。如广东省

3、4月份的气温和降水是该省花生镰孢菌根腐病发生量大小、发生程度轻重的决定性因素。

花生齐苗后、开花前和花针期，病株率达 1％以上时，需喷施药剂保护，着重喷淋花生茎基部。

（七）防治

1. 农业措施

（1）实行轮作。因地制宜确定轮作方式、作物搭配和轮作年限。最好是水旱轮作，轻病田隔年轮作，重病田 3～5 年轮作。

（2）加强田间管理与科学施肥。施用腐熟的有机肥，清洁田园，深翻灭茬。深耕改土，提高土壤排水与蓄水能力。

（3）合理排灌。开沟排水，防止积水，降低田间湿度，提高花生地防涝、抗旱能力。雨后及时清沟、排水降湿。

（4）严格选种。播前翻晒种子，剔除变色、霉烂、破损的种子，淘汰病、弱种子。不用病地的花生荚果做种子。

2. 药剂防治

药剂防治可参照花生茎腐病防治方法。

（1）种子处理。用25％多菌灵 WP 按种子重量的 0.5％或50％多菌灵 WP 按种子重量的 0.3％拌种，可收到明显的防病效果；还可用30％菲醌 WP 或50％硫菌灵（托布津）可湿性粉剂拌种。也可用20％绿野花生种子包衣剂处理种子，能提高花生的成苗率，有效防治花生根腐病，提高花生产量，以药∶种＝1∶40 处理花生种子最佳。

（2）发病初期用敌磺钠 300 倍液喷施或灌根，也可用50％多菌灵 WP 1 000 倍液、70％甲基托布津 WP 800～1 000 倍液喷施或灌根。

齐苗后、开花前和盛花下针期分别喷施药剂一次，重点喷淋植株茎基部。除选用上述药剂以外，还可选用50％多菌灵 WP 1 000 倍液或70％甲基硫菌灵 WP 800～1 000 倍液、70％甲基硫菌灵可湿性粉剂＋75％百菌清 WP（1∶1）1 000～1 500 倍液、30％氧氯化铜＋70％代森锰锌 WP（1∶1）1 000 倍液、65％多克菌 WP 600～800 倍液喷淋。

十六、花生根霉菌腐烂病

（一）分布与危害

花生根霉菌腐烂病分布比较广泛，世界上凡是产花生的地区，都有由根霉菌所引起的种腐和猝倒。但一般危害不很严重，只是在环境水分过高的情况下发病。病原菌仅限于侵害未出土的幼苗和种子。但在出土的幼苗及较老的植株上也能分离到。病菌是一种弱寄生菌。

（二）症状

在过高的土壤湿度和温度条件下，花生种子或未出土的幼芽被根霉菌侵害后，36～96h 内便能迅速腐烂。这时常见种子被一团松散的菌丝体和黏附的土粒所包围。用带菌的种子播种后，当种子吸收水分时，病菌即开始活动，很快便能使种子腐烂。

幼苗顶芽及子叶柄偶尔也会被根霉菌侵染而部分或全部毁灭。坏死常发生在幼茎或其基部。在坏死处可看到菌丝丛和黑色孢子囊。

（三）病原与特性

引起种子和幼苗腐烂的根霉菌有少根根霉（*Rhizopus arrhizus*）、米根霉（*R. oryzae*）和黑根霉（*R. stolonifer*）3 种。它们的生理特性和所要求的生态条件略有差别。

少根根霉菌的生长适温为 18～37℃，形态特征在 26℃ 下最明显。米根霉菌于 30～40℃下，在培养基上形成致密的菌丝丛，35℃以上最适于其侵染。黑根霉菌于 26℃ 下，在含 2％麦芽浸膏培养基中生长最好，在 26℃下能很快地侵入花生荚果和荚果内的种仁，在 32℃下仍有较多种仁被侵染。38～44℃下种仁不再受侵害。相对湿度在 80％以上孢子才能发芽，最适宜的湿度为 100％。相对湿度在 92％以上时菌丝开始生长，生长所需的最适湿度为 99.6％。

（四）侵染循环

病菌孢子囊在土壤中以腐生形式可以长期存活，无论从农田、林地都很容易分离获得，通过土壤传播。但通常在空气中的病菌孢子数量也很大，远距离可由气流传播。种子也能带菌，而且花生种子特别容易被感染，播种带菌的种子常影响出苗率。

黑根霉菌在 10～20cm 深的土层中最多，在酸性土壤中常比碱性土壤中容易分离得到。当土壤中含丰富的有机质时，这些菌便可快速繁殖起来。黑根霉菌和少根根霉菌能在培养基中产生接合孢子和厚垣孢子，能在土壤中长期存在（前者能存活 18 个月，后者能存活 58 个月）。试验证明，黑根霉菌在干土中 5 年以后仍保持活力。

（五）发病条件

高湿、高温是病害发生的最有利条件。地势低洼、常积水的地块发病重；种子质量差的发病重；早播一般发病重。

（六）防治

用广谱挥发性杀菌剂处理花生种子是防治该病的有效而经济的途径。不论种子质量如何，种子处理常是有效的。特别是当种子高度感染根霉或受到物理损伤时种子处理更有必要。

具体方法可参照花生腐霉菌根腐病种子处理方法。

十七、花生炭疽病

（一）分布与危害

花生炭疽病在我国南、北方花生产区均有发生，但一般危害不大。美国、印度、阿根廷、塞内加尔、坦桑尼亚和乌干达等国都有报道。但关于该病害的症状描述有一定的差异，病原方面也不同，有待进一步考证。

（二）症状

花生炭疽病主要危害花生叶片，也可危害叶柄、茎秆。发生在花生叶片上的病斑多从下部叶片开始，逐渐向上扩展，多在叶缘或叶尖产生大病斑。叶缘病斑呈半圆形或长半圆形，直径 1～2.5cm（彩图 2-13）；叶尖病斑多沿主脉扩展，呈楔形、长椭圆形或不规则形，病斑面积占叶片面积的 1/6～1/3。病斑褐色或暗褐色，有不明显轮纹，病斑边缘浅黄褐色。病斑上有许多不明显小黑点，即病菌的分生孢子盘。

（三）病原与特性

国内报道，花生炭疽病菌为 *Colletotrichum truncatum*（Schw.）Andr. et Moore 和 *Colletotrichum arachidis* Sawada，属半知菌亚门，黑盘孢目，炭疽菌属真菌。国外报道，还有 *C. mangenoti* Che. 和 *C. dematium*（Pers. ex Er.）Grove.。据报道，不同种炭疽病菌引起症状也略有不同。病斑上密生的小黑点为病菌的分生孢子盘。孢子盘半球形，直径 16～33μm，刚毛混生在分生孢子盘中，有或无隔膜，基部黑褐色，向尖端颜色变浅，大小约 3μm×4μm。分生孢子无色，透明，单孢，镰刀形，两端略尖，大小 3～3.6μm×16～23μm。

（四）侵染循环与发病条件

病菌以菌丝体和分生孢子盘随病残体于田间土壤中越冬，或以分生孢子黏附在荚果

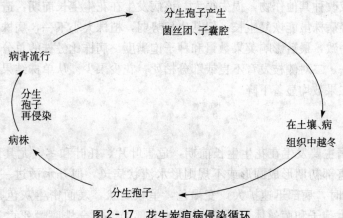

图 2-17　花生炭疽病侵染循环

或种子上越冬。土壤病残体和带菌的荚果和种子成为翌年病害的初侵染源。第二年春天温、湿度适宜，菌丝体和分生孢子盘产生分生孢子。分生孢子通过风雨传播到达寄主感病部位，从寄主伤口或气孔侵入致病，完成初次侵染（图 2 - 17）。初次侵染产生病斑后又可以产生新的分生孢子盘和分生孢子，进行再侵染。在一个季节可以有多次再侵染。

温暖、高湿的天气条件有利病害发生；连作地或偏施过量氮肥、植株长势过旺的地块往往发病较重。

（五）防治方法

（1）花生收获后及时清除病株残体。也可结合秋天深翻土地掩埋病株残体，但一定要将病株埋于 20cm 土壤下。

（2）加强栽培管理。合理密植，增施磷、钾肥，减少氮肥施用量；雨后及时清沟排水，不留积水，降低田间湿度。

（3）播前连壳晒种，精选种子，并用种子重量 0.3％的 70％托布津 WP＋70％百菌清 WP（1：1）或 45％三唑酮福美双 WP 拌种，密封 24h 后播种。

（4）药剂防治。结合防治其他叶斑病适时喷药预防。除结合黑斑病、褐斑病与斑枯病进行喷药兼治外，对花生炭疽病受害严重的田块，还可喷 80％炭疽福美 WP 600 倍液或 25％溴菌腈 WP 600 倍液。连续 2～3 次，隔 7～15d 施药一次，交替喷施。

十八、花生灰霉病

（一）分布与危害

花生灰霉病属世界性病害，比较广泛。美国、委内瑞拉、前苏联、日本、坦桑尼亚及大洋洲等均有报道。一般危害不很严重，但在个别地方由于气候条件适宜也可引起暴发。在我国南方花生产区曾有猖獗发生大流行的记录，危害极大。1976 年在广东高要和花县的春播花生田流行成灾，病轻的死苗率 30％，病重的达 90％，有些病害严重的花生田不得不重新播种或改种其他作物，损失很大。该病发生在花生生长前期，造成烂顶死苗，缺株断垄；后期轻病株虽能恢复生长，但其生长势弱，植株大小不一，病株开花迟，落针结果迟，成熟不一致，最后影响荚果数量和种子饱满度。病株比健株的总分枝数和有效分枝数均减少，第一、二对侧枝发育不良或部分枯死，花少果少。从单株结果数看，病株总果数、饱果和双仁果数均显著下降。

（二）症状

花生灰霉病主要发生在花生生长前期，危害叶片、托叶和茎，尤其顶部的叶片和茎最易感病。被害部初期形成圆形或不规则形水渍状病斑，似开水烫过一样（彩图 2 - 14左）。天气潮湿时，病部迅速扩大，变褐色，呈软腐状，表面密生灰色霉层（病菌的分生孢子梗、分生孢子和菌丝体），最后导致地上部局部或全株腐烂死亡。如遇天气转晴和高温、低湿的条件，仅上部死亡的病株还可能恢复生长，下部可能抽出新的侧枝，许多轻病株都可能恢复生长。天气干燥时，叶片上的病斑近圆形，淡褐色，直径2～8mm。茎基部和地下部荚果也可受害，变褐腐烂，发病部位产生大量黑色菌核（彩图2-14右）。

（三）病原与特性

病原菌无性世代为灰葡萄孢菌 *Botrytis cinerea* （Pers.）Fries，属半知菌亚门，葡萄孢属真菌。有性世代为 *Botryotinia fuckeliana* （De Bary）Whetzel，属子囊菌亚门，葡萄核盘属，富氏葡萄核盘菌。国内未见其有性世代。

病菌的分生孢子梗直立，丛生，浅灰色，有隔膜，长 $350\sim500\mu m$，宽 $11\sim19\mu m$，顶端有几个分支，分支顶端细胞膨大，近圆形，大小 $38.4\mu m\times32.0\mu m$，其上生许多小梗。小梗顶端着生1个分生孢子，形成葡葡穗状。分生孢子卵圆形，单细胞，浅灰色，大小 $16\sim28.8\mu m\times19.8\sim16.0\mu m$（图2-18）。菌核黑褐色，扁圆形或不规则形，表面粗糙，直径 $0.5\sim5mm$，一般较菌核病菌（*Sclerotinia sclerotiorum*）的菌核稍小。菌核萌发产生2～3个子囊盘，直径 $1\sim5$ mm，柄长2～10mm，浅褐色。子囊圆筒形或棍棒形，大小

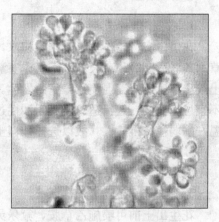

图2-18 花生灰霉病菌

$100\sim130\mu m\times9\sim13\mu m$。子囊孢子卵形或椭圆形，无色，大小 $8.5\sim11\mu m\times3.5\sim6\mu m$。侧丝有隔膜，呈线形。

病菌生长适温 $10\sim20℃$，饱和湿度有利分生孢子产生和萌发。

病菌寄主范围很广。除花生外，还包括葡萄、茄子、番茄、甘蓝、菜豆、洋葱、马铃薯、草莓等60多种植物。

（四）侵染循环与消长规律

病菌以菌核在土壤或病株残体中越冬。第二年菌核萌发，长出菌丝、分生孢子梗和分生孢子，随气流和风雨传播。在适宜的温、湿度条件下，分生孢子萌发，直接侵入或从伤口侵入寄主，几天后从发病部位长出大量的分生孢子，通过风雨传播进行多次再侵染，短期内病害就可能严重发生。以后在病部产生很多菌核，落入土中或在病株残体中越冬。病叶接触茎部，也能导致茎部发病。

（五）发病条件

1. 气候因素

低温、高湿有利病害发生流行。据广东省观察，病情的发展随气候条件而变化。低温、低湿和高温、高湿都不利于病害的发生。据1976年此病在广东省各地流行的情况看，气温 $12\sim16℃$ 和相对湿度 90% 以上，有利于病害发生；若气温超过 $20℃$，则不利

于病害的发生。长期多雨、多雾、气温偏低，花生生长衰弱是灰霉病发生流行的主要条件。

2. 品种抗性

花生初花期抗病力最弱，感病严重；苗期和生长后期抗病力较强，感病较轻。花生品种间抗病力不同，澄油 15、粤油 551 选、305 等品种抗病力较强。

3. 土壤环境

沙质土病重；冲积土或黄泥土病轻。过量偏施氮肥的病重；施用草木灰或钾肥的病轻。

（六）防治

1. 农业防治

花生田实行轮作；及时排除积水，降低田间湿度；避免偏施过量氮肥，增施磷钾肥或草木灰。适期播种，长江以南春季寒潮频繁的地区不宜过早播种，以免播种后迟迟不能出土或出土后遇寒潮促使灰霉病的发生。北方无霜期短，秋雨较多，生长后期易发生此病，不宜过晚播种。选择适宜土壤，沙性过大、土质过黏，长期阴雨时排水不良，势必降低土温，削弱植株抗病性。故以选择沙壤土或壤土种植花生为宜。

2. 选用抗病品种

因地制宜选用抗病品种。

3. 喷施除草剂

花生出土前可喷施乙草胺、氟乐灵、三氟梭草醚、乙氧氟草醚、五氯酚钠等除草剂。

4. 药剂防治

发病初期及时喷施胶体硫 100 倍液，每公顷 750～900kg。另外，还可使用 50％多菌灵 WP，稀释 1 000 倍液，每公顷 900～1 250kg，每 7～10d 喷药一次，连续喷药 2～3 次。

十九、花生疮痂病

花生疮痂病 1940 年首次在南美巴西被发现。之后，日本、阿根廷、中国相继报道。在我国，张宝棣等 1992 年首次报道该病在广东花县发生危害。几乎同时，胡淼等 1992 年报道了江苏省赣榆县新发现花生疮痂病，并在当年暴发成灾。

（一）分布与危害

花生疮痂病害主要分布于南方各地花生种植区，1999 年 6 月在福建省南部春花生种植区大面积发生，国内其他各省危害较轻。据报道，该病害可在整个生长期危害花生（春花生与秋花生），造成植株矮缩，病叶明显变形、皱缩、歪扭。据报道，严重发病的田块减产 50％以上。赣榆县石桥镇调查表明，一般重病田减产 30％～50％。1992 年在娄官庄调查，花生品种徐系 1 号发病较重，平均每穴结果仅 9.5 个，折合 667m² 产量 89.25kg。其周围轻病区平均每穴结果 28.5 个，折合 667m² 产量 333.9 kg，病田减产 73.27％，其中结果成熟数比轻病区少 66.04％，双仁果数减少 70.45％。另外，还调查一个小果型品种花生田，重病区平均每穴结果 12 个，折合 667m² 产量 87.67kg，轻病区每穴结果 17 个，折合 667m² 产量 154kg，减产 43.07%，重病区总结果量减少 38.23%，双仁果数减少 40.74%。

（二）症状

花生疮痂病可危害植株的叶片、叶柄、叶托、茎秆和子房柄。症状特点是病部均表现木栓化疮痂，其病症通常不明显。但在高湿条件下，病斑上长出一层深褐色绒状物，即病菌分生孢子盘。

1. 叶片

病株新抽出的叶片（复叶）畸形歪扭。病害最初在植株叶片和叶柄上产生很多小褪绿斑，病斑均匀分布或集中在叶脉附近。随着病害发展，叶片正面病斑变淡褐色，边缘隆起，中心下陷，表面粗糙、木栓化。严重时病斑密布，全叶皱缩、扭曲。叶片背面病斑颜色较深，最大直径达 2mm，在主脉附近经常多个病斑相连形成更大病斑。随着受害组织的坏死，常造成叶片穿孔。

2. 叶柄

病斑卵圆形至短梭形，较叶片上的稍大。长 2～4mm，宽 1～2mm，褐色，中部下陷，边缘稍隆起，有的呈典型火山口状开裂。

3. 茎

病斑形状、颜色、质地与叶柄上的相同。经常多个病斑连合并绕茎扩展，呈木栓化褐色斑块，有的长达 1cm 以上（彩图 2-15）。在病害发生严重情况下，疮痂状病斑遍布全株，植株显著矮化或弯曲生长。

4. 子房柄

症状与叶柄上的相同，但有时肿大变形，荚果发育明显受阻。

（三）病原与特性

花生疮痂病菌为 *Sphaceloma arachidis* Bit. & Jenk，属半知菌亚门，黑盘菌目，痂圆孢属，落花生痂圆孢菌。据国外报道，在病组织上长出大量病菌子实体，即病菌分生孢子盘，孢子盘大小 $300\mu m \times 45\mu m$，初埋生，后突破表皮外露，褐色至黑褐色，盘内无刚毛。分生孢子梗透明、圆形或圆锥形，聚集成栅栏状。分生孢子透明、单胞，国外报道有大、小两种类型，分别为 $3～4\mu m \times 5～7\mu m$ 和 $3～4\mu m \times 12～20\mu m$。除上述两种类型孢子外，国内报道还有一种更小的分生孢子，大小 $2.5～2.8\mu m \times 2.8～3\mu m$。

花生疮痂病菌适合在 PSA 培养基和花生、大豆等豆类煎汁培养基上生长。在固体培养基上菌落隆起呈肉质块状，表面有皱纹，颜色从淡黄色至黑色。

（四）侵染循环与消长规律

花生疮痂病菌主要随遗落在田间的病残体上越冬，并成为翌年该病的初侵染源。病株残体腐烂后可能以厚垣孢子在土壤中长期存活。感病品种荚果带菌率很高，且病荚壳传病效率也很高。福建省花生总面积中秋花生占 60%～70%，是翌年春播花生的主要种源，但籽仁带菌率较高，通过种子调运和销售可传播病害，这是病区不断扩大的主要原因。春花生播种在老病地出苗后，当旬平均气温＞20℃，雨日达到5d左右时，就可能在田间出现零星的早期病株，产生孢子通过风雨向邻近植株传播，逐渐形成植株矮化、叶片枯焦的明显发病中心。该病能否流行取决于感病品种下针结荚期即易感病生育期与降雨的吻合程度。凡雨日达到3d以上时，病害就可能大发生，甚至流行。该病菌具有潜伏期短、再侵染频率高、孢子繁殖量大的特点。

花生疮痂病初发期一般在6月中、下旬，7、8月为盛发期。发病早晚以及持续时间长短与降雨日数、降雨量关系密切。持续降雨或暴雨可导致疮痂病发病早、蔓延迅速和大面积暴发成灾。降雨延迟，到9月上、中旬，疮痂病仍可以侵染发病。

花生疮痂病菌只侵染花生，不侵染其他豆科植物。

（五）发病条件

1. 旱田连作发病重

据福建赣榆县调查，此病分布在花生主产区石桥、马站、金山、吴山、厉庄、黑林、城头、门河、夹山等乡镇。其中不能与水稻实行轮作的丘陵、岗地及平原地区的旱作地成为年年发病早、发病重的老病田。发病初期（6月下旬至7月中旬）有明显的发病中心，以此作为菌源地向周围非连作地块的花生田扩展、蔓延。

2. 降水和灌溉

花生疮痂病为喜高温、高湿性病害。以赣榆而言，6月中、下旬平均气温21.3～25.7℃，9月上旬平均气温22.6～28.3℃。在此期间，雨季到来早晚以及雨日、雨量对病害发生流行有决定性意义。雨季早、雨量偏高，如1993、1996、1998年，6月份雨量90.5～259.1mm，7月份119.7～301.3mm，田间花生疮痂病发病早，7月中、下旬暴发；雨季迟，如1992、1994、1995、1997年，6月份雨量1.2～42.7mm，7月份136.1～355.4mm，病害在7月下旬以后或8月中旬才大量发生。1998年接种试验，在田间淋水和灌溉的条件下，9月上、中旬平均气温25.8℃和23.6℃时，病菌仍可继续侵染发病。

3. 氮肥的施用

氮肥施用过多，常导致植株生长过旺、郁闭、茎叶脆弱，易感病。茎秆受害后表现龙头状，严重扭曲，不能直立而成片倒伏。相反，氮肥不足的花生田长势衰弱，发病后易枯死。

4. 品种抗性

近年来，通过对花生20个品种的调查，普遍发病。其中花37、68-4、海花1号、鲁花7号、双季2号、豫花3号、徐系1号、粤油551、优早13、中油87-1等表现发病严重，汕油71、79266、天府9号、白沙142等发病稍轻。

5. 地膜覆盖

地膜覆盖种植的花生与邻近未覆盖的田块相比，前者田间病害始发期延迟10d以上，发病中心病株少，前、中期发病程度明显轻，后期即使多雨、高湿年份田间发病亦较重，但减产幅度小。

（六）防治

1. 应用抗病品种

国外报道，种植抗病品种是防治花生疮痂病的有效方法。阿根廷和巴西发现有高抗品系和材料。福建省在花生品种中未发现抗性显著差异和高抗材料。

2. 实行轮作

主要与水稻轮作。不能与水稻轮作的，可与玉米、甘薯等作物轮作。

3. 减少越冬菌源

田间病残物、收后的秸秆等都应集中烧毁，病秸秆、花生果壳等应在3月份前处理完毕。有机肥未经腐熟，不得作旱田肥料。

4. 覆盖地膜

积极推广地膜覆盖种植花生的模式，最好大面积推广这一高产栽培技术，既能防病，又能使花生增产。

5. 施足基肥

施足基肥、减少追肥的数量，可促进植株前期健壮生长，防止后期徒长，增强植株抗病、保产能力。氨基酸微肥拌种也有明显增产效果。

6. 药剂防治

用25%多硫粉500倍液或50%多菌灵WP、50%复合多菌灵WP 600～800倍液、75%百菌清、40%疫霜锰锌800倍液、12.5%特谱唑2 000～3 000倍液、80%炭疽福美WP 500～600倍液、25%吡唑醚菌酯乳油4 000～6 000倍液，从发病初期开始，视病情隔7～10d施药一次，共施药2～3次，有明显的防治效果。

二十、花生黄萎病

（一）分布与危害

花生黄萎病在美国、阿根廷及澳大利亚等国均有报道。特别是在澳大利亚，花生黄萎病发生相当普遍，且危害严重。据报道，当地花生受害后常减产14%～64%。在阿根廷也是当地花生生产上一种重要病害，荚果感染后腐烂率可达58%。此病在我国河南、山东等省有报道发生，其他省、自治区、直辖市发生情况不清楚，但应引起重视。

花生黄萎病菌可危害30～40科中的数百种植物，包括棉花、马铃薯、番茄、烟草、茄子、黄麻、大豆、甜菜和多种植物。另有许多杂草寄主（如 *Tagetes minuta* L. *Anoda cristata* Schecht、*Xanthium pungens* Wallr 和 *Sol-anum nigrum* L. 等）都是其野生寄主，有时花生黄萎病危害严重与田间存在这些野生寄主有密切关系。

（二）症状

一般在开花期显示症状。病株的下部叶片淡绿无光或黄化变色。随病害的发展，植株上许多叶片萎枯变褐而脱落。除非在极度干旱的天气下病株不至迅速死亡,但生长迟滞,叶片稀疏而且结果很少。在病害发展过程中,其根部、茎部和叶柄中的维管束变为褐色至黑色。荚果感病后变褐腐烂,表面散布一片白色粉末,其中含有成团的病菌分生孢子。故国外有"粉腐病"(*flour yrot*)之称。

(三)病原与特性

病原菌为黄萎轮枝孢 (*Verticillium albo-atrum* Reinke et Berthold) 和大丽花轮枝孢(*V. dahliae* Kleb.),均属半知菌亚门,丝孢目,轮枝孢属。关于病原分类鉴定,多有争议。有人认为它们是明显的 2 个种,有的认为它们是 1 个种中的 2 个变种。各种文献记载也很不一致。

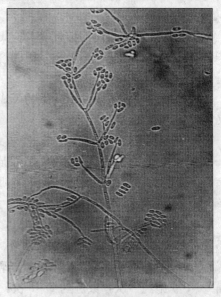

图 2 - 19　花生黄萎病菌
(引自 F. Uecker)

病菌分生孢子梗纤细,多分支,分支呈轮状,2~4 层,每轮有 3~4 根小支,每个小支上顶生 1 个到多个分生孢子。分生孢子无色,单胞,有时有 1 个分隔,卵圆形或椭圆形,大小 3~7μm×1.5~3μm,单生或聚集成团(图 2 - 19)。前者不产生微菌核而形成黑菌丝,后者在培养基中形成微菌核。微菌核和病株残体上的菌丝萌发产生分生孢子。

病菌生长适宜温度是 22.5℃,前者 30℃不能生长,后者仍可生长。*Verticillium albo-atrum* 生长的最适 pH8.0~8.6,*V. dahliae* 最适宜 pH 5.7~7.2。

(四)侵染循环与发病条件

花生轮枝菌在没有寄主植物的情况下在土壤中可存活多年。Menzies 和 Griebel 等研究了轮枝菌在不耕作土壤中的生存情况并指出,微菌核能在土壤中发芽,营腐生生活,并产生分生孢子。经过几次这样的循环后,菌核内储存的养分消耗殆尽,仅能产生很少的分生孢子。Evans 等报道,轮枝菌在死棉秆中产生大量微菌核,随着病残体的碎片到处扩散,成为土壤中的侵染源。花生轮枝菌黄萎病是否借病残体为初侵染源尚无深入研究。据 Purss 观察,花生黄萎病在田间成片发生,发病的地方常是过去固定的采摘荚果的场所。但是,随着动力收获机的应用,花生残体在田中分散均匀,感病植株的分布也变得更为一致。

据 Wibelm 研究,轮枝菌大多分布在 0~30cm 的土层中,但在极少情况下于 70~90cm 的深层还能发现。0~30cm 土层中的发病率比深层高 3~4 倍。他认为接种体的垂直分布与土壤类型、气候条件或耕作制度之间没有关系,然而试验中的感病指数与耕作制度有关。

肥沃土壤较瘠薄土壤发病重。过多施用氮肥有利病害发生。

（五）防治方法

1. 种植抗病品种

利用抗病品种是防治花生黄萎病最有效的方法。我国相关抗病育种和品种抗性鉴定工作明显滞后，各地可根据具体情况选用具有一定抗性的品种，同时不断轮换种植品种，因为抗病品种长期种植也很快失去抗性。

2. 实行轮作

与禾谷类作物轮作，忌与棉花、马铃薯、番茄等茄科、瓜类作物轮作倒茬。

3. 清除病残体

彻底清除田间杂草，收获后深耕，将病残落叶埋入地下。合理施肥，增施磷、钾肥，适量施用氮肥。

二十一、花生小菌核病

（一）分布与危害

花生小菌核病主要分布于吉林、甘肃、新疆、广西、四川、云南、广东、山东和安徽等省、自治区。一般危害不大，个别地区和田块、雨水多的年份危害严重。花生小菌核病与花生大菌核病相似，但比花生大菌核病危害重，分布广。

（二）症状

该病常发生在花生生长后期，危害花生叶片、茎、果柄、荚果等各个部位。初期在叶片产生近圆形、直径 3～8mm 不明显轮纹状褐色病斑。潮湿时，病斑呈水渍状。茎上病斑由褐色变深褐色，进一步蔓延扩大，造成茎秆软腐、植株萎蔫枯死。在潮湿条件下，病斑上布满灰褐色绒毛状霉状物和灰白色粉状物，即病菌菌丝、分生孢子梗和分生孢子。花生将近收获时，在病组织内外产生大量黑色小菌核。果针易受害，使荚果丢失在土内。荚果受害后变褐色，表面及内部都可产生白色菌丝和黑色菌核，种子腐败干缩。

（三）病原与特性

据国内外报道，花生小菌核病菌种类有 *Sclerotinia arachidis* Hanzawa、*Sclerotinia minor* Jagger、*Botryotinia arachidis*（Hanzawa）Yamamoto。但从我们研究的情况看，*Botryotinia arachidis*（Hanzawa）Yamamoto 比较准确，属子囊菌亚门，葡萄核盘菌属，落花生葡萄核盘菌。病菌无性阶段为半知菌亚门，葡萄孢属 *Botrytis* spp.。分生孢子梗直立、细长、褐色，有隔膜，顶端对生分支，分支上部着生分生孢子。分生孢子无色或浅灰色、单胞，卵圆形或椭圆形，大小 6～12μm×6～9μm。菌核不规则状，外层黑色，内部白色，大小 1～2.5mm×0.5～1.5mm。菌核在土表萌发，初生分生孢子，后形成 1 个至数个子囊盘。子囊盘初呈圆柱形，后变为漏斗状，顶部扁平，直径 0.6mm 左右。子囊棍棒形，略有弯曲，内生 8 个透明、扁椭圆形、单胞子囊孢子，大小 11～14μm×6～7μm。

菌核一般很少形成子囊盘，多形成"葡萄孢"（Botrytis）形的分生孢子。

（四）侵染循环和发病因素

病菌以菌核在病残株、荚果和土壤中越冬，菌丝体也能在病残株中越冬。第二年小菌核萌发产生菌丝和分生孢子，有时产生子囊盘，释放出子囊孢子。分生孢子和子囊孢子借风雨传播，菌丝也能直接侵入寄主。分生孢子和子囊孢子萌发产生芽管，多从伤口侵入。从侵染到发病需 1 周左右，发病即长出分生孢子梗及分生孢子，进行再侵染。产生菌核需 18d，在一个季节里可有多次再侵染。

通常连作地病害重，高温、高湿促进病害扩展蔓延，并进一步加重病情。

（五）防治

（1）与禾谷类作物实行 3 年以上轮作。

（2）花生收获后清除病株，进行深耕，将遗留在田间的病残株和菌核翻入土中，可减少菌源，减轻病害。美国报道，花生品种 Virginia 81B 对小菌核病有一定耐病性。生长期发现病株及时拔除，运到田外集中销毁。

二十二、花生大菌核病

（一）分布与危害

花生大菌核病，又称花生菌核茎腐病。主要分布于山东、山西、河南和江苏等省。一般危害不大。

（二）症状

花生菌核茎腐病与小菌核病症状相似。多发生在花生生长后期，主要危害茎，也能危害根、荚果、叶片和花。茎部的病斑初为水渍状暗褐色，不规则形。在潮湿的情况下，病部组织很快软化腐烂，颜色逐渐由深变浅而呈灰褐色。

病部皮层组织撕裂呈纤维状，露出白色的木质部。病部表面长满棉絮状的菌丝层，茎、叶逐渐枯死。后期病部产生鼠粪状、大小不一的黑色菌核。潮湿时菌核产生在病部表面，干燥时菌核产生在髓腔之内。菌核初为白色，以后变黑褐色且坚硬。荚果受害后腐烂，并长出棉絮状菌丝，荚果内部也能产生菌核。

（三）病原与特性

花生菌核茎腐病菌有性阶段为 *Selerotinia miyabeana* Hanzawa，属子囊菌亚门，核盘属真菌。菌核黑色，圆柱形或不规则形，似鼠粪，表面平滑或微皱缩，大小 3～12×3～5mm，较花生小菌核病菌的菌核稍大。菌核外皮由 2～4 层（一般 3 层）近圆形细胞组成，组织比较松散。菌核萌发长出几个子囊盘，初呈圆柱形，后变漏斗状，直立或稍弯曲，柄长 15mm，宽 3mm，上部黄褐色，基部黑褐色，顶部盘状扁圆形，黑褐色，直径 3.5～

4mm。盘内形成多个子囊，排列成层。子囊无色，棍棒形，大小 $130\sim170\mu m\times10\sim15\mu m$，内生 8 个子囊孢子，排列成 1 行。子囊孢子无色，单胞，椭圆形，大小 $10\sim15\mu m\times5\sim7\mu m$，成熟后从顶端孔口强烈射出。子囊间有侧丝。侧丝丝状，顶端膨大，有隔膜，直径 $3\sim6\mu m$。菌核在一年之中可产生 2 次子囊盘，一次在春季，一次在秋季。病菌无性阶段为半知菌亚门，葡萄孢属 *Botrytis* spp. 真菌的一种，产生小型分生孢子，无色，单细胞，球形，大小 $3.6\sim6.2\mu m$。

（四）侵染循环和发病条件

病菌以菌核在土壤和病株残体中越冬，菌丝体也可在病株残体中越冬。在干燥情况下，病组织中的菌丝体可存活 8 个月。第二年菌核萌发，产生子囊盘，释放子囊孢子，借风雨或气流传播，从伤口侵入，引起发病。病菌随荚果或果仁调运也可作远距离传播。

一般花生连作田病害发生严重。土壤黏重，排水不良，可促进病害的发生。

（五）防治

1. 加强田间管理
花生收后要及时清除遗留在田间的病株残体，并进行深翻，可减少越冬病菌。田间发现病株要及时拔除。

2. 轮作
合理轮作可减轻病害的发生。

3. 选种
选留无病的荚果留种。

二十三、花生炭腐病

（一）分布与危害

花生炭腐病在世界各地花生产区分布比较广泛。阿根廷、委内瑞拉、印度、美国等国家都有报道。我国花生产区也都有发生，主要分布在河南、湖北、江苏、江西等省。该病主要引起花生根腐、茎腐、枯萎、荚果和种仁腐烂等。一般情况下发生不太严重，但在个别地区或田块经常造成花生荚果大量腐烂。

（二）症状

感病花生在近地面的茎上形成赤褐色水渍状病斑，颜色变暗，并向上扩展到分支，向下延伸至根部。病斑环绕茎部以后植株就会出现萎蔫，逐步变褐枯死。坏死组织上不久长出许多黑色菌核（有时也长出分生孢子器）。轻度感染时仅个别分支变褐色，甚至凋枯。根部受害常与茎腐萎蔫相结合。有时根部也能单独受害，主根变黑，继而腐烂、干缩，表面布满菌核。

果针、荚果也能被害，而且在某些地区十分严重。有时荚果和种仁外表完整无恙，实际已被病原菌污染。若花生收获延迟或荚果受到物理损伤，在适宜病原菌生长的气候条件下，这种病菌便迅速发展，使荚果变黑腐烂。病菌侵染果实多从两片子叶中间开始，菌丝扩展，在种仁表面形成白色的菌丝团，种仁变灰至黑色，表面布满黑色小菌核。菌丝常在子叶间发展，不将种仁劈开，看不见任何症状（彩图 2-16）。被害种仁品质显著降低，游离脂肪酸含量升高，以致不能销售。更重要的是被害种仁增加了被黄曲霉（*Aspergillus flavus*）等病菌进一步侵染危害的可能性。

（三）病原与特性

花生炭腐病菌为菜豆壳球孢 [*Macrophomina phaseolina*（Tassi）Goid.]，属半知菌亚门，球壳孢目，球壳孢属真菌。受害植株表面密生黑色小点，即病菌的分生孢子器及菌核。分生孢子器散生或聚生，多数埋生，扁球形，直径 96～163μm，器壁暗褐色、炭质。分生孢子长梭形或长椭圆形，无色，透明，单细胞，大小 14～29μm×4～9μm。菌核黑色，表面光滑，直径 50～300μm，常与分生孢子器混生。其无性时期为 *Rhizoctonia bataticola*（Taub）Butler。

病菌生长适温 30～35℃，在 pH 5～8 的培养基上生长最快，在多种碳源和氮源的培养基上生长较好。

病菌寄主范围很广，除花生外，还寄生黄麻、芝麻、棉花、甘薯、蚕豆、菜豆、向日葵、番茄、玉米、高粱及甜瓜等 100 多种植物。

（四）侵染循环与消长规律

菌丝体或休眠菌核能在土壤中长期存活，在病株残体、收获时遗留于土中的果壳或多年生杂草寄主的根部越冬。但主要随荚壳和种仁在仓贮中越冬。病原菌随土壤的移动、流水的冲刷、风雨的吹溅、农具或人畜的携带而传播。在堆垛、采摘、仓贮等过程中都能传染。用碎屑、荚壳作堆肥或饲料，也是其越冬传播的可能途径。病菌随荚果或种子进行远距离传播，从根尖和侧根的伤口处侵入寄主。

（五）发病条件

高温、干旱天气适于该病的发生。据国外试验，幼苗感病在 29～35℃条件下较之在 18～24℃时明显严重。花生长期连作，特别是前作花生收获后病残体清理不干净，将大量荚果遗留在土中时，下季花生发病率将大大增高。收获时遇到阴雨天气、长期堆垛、不能及时摊晒和采摘或摘下的荚果未能充分干燥即入库贮存，都能造成病害加重发生。品种间对花生炭腐病抗性有显著差异。据印度试验，直立型花生品种一般均较蔓生型感病。

（六）防治

1. 农业防治

提高收获质量，尽量不使荚果或病株残体遗留于土壤中。尽管病原菌的寄主植物很多，但选用适当作物进行大面积轮作还是防治此病的有效途径。有条件的地区应加强排灌设施建设，做到排灌及时，防止旱涝。无灌溉条件地区亦应深耕细作，增加中耕次数，保持底墒，促使幼苗早发，增强抗病能力。

适时收获，快速晒干、采摘入仓，尽量避免长期堆垛或在室外囤贮。荚果入仓前应充分干燥。

选用抗病品种。

2. 药剂防治

可用种子重量 0.2％～0.5％的 50％多菌灵 WP 拌种。

二十四、花生轮斑病

（一）分布与危害

国内山东、河南、湖北等省均有分布。国外印度、尼日利亚和泰国等有报道。但发生较轻，危害不重，属次要病害。

（二）症状

叶片受害，病斑淡褐色至黑褐色，圆形或近圆形，常在叶尖或叶缘形成，具轮纹，轮纹粗细不一，较密集，上生黑色霉层，即病菌的分生孢子梗和分生孢子。坏死组织边缘通常有 1 条清晰的黄色晕圈，在病害发展的晚期阶段，枯萎的区域变成暗褐色，质地脆弱，易碎裂（彩图 2-17）。病害严重时出现落叶。

花生轮斑病症状类似于 *Leptosphaerulina crassiasca* 和 *Colletotrchum* spp. 所引起的焦灼病斑类型，通常在田间很难区分。

（三）病原与特性

花生轮斑病菌的无性阶段为 *Alternaria alternata* （Fr.）Keisster，异名 *A. tenuis* Nnns，属半知菌亚门，丝孢目，链格孢属，细交链格孢菌真菌。分生孢子梗直立，浅褐色，屈曲。孢子串生，常聚为长而分支的链。分生孢子倒棍棒形或长椭圆形，浅褐色，有纵横分隔，大小 7～70.5μm×6～22.5μm，有喙，但不长，不及孢子的 1/3。

该菌寄主范围广泛。除花生外，还可侵染大豆、番茄、小麦、棉花、向日葵等多种作物。

（四）侵染循环

病菌主要以分生孢子或菌丝体在田间病残体上越冬，成为第二年病害发生的初侵染来源。条件适宜时病菌萌发产生分生孢子，通过雨水或气流传播到达寄主的感病部位，一般从气孔或伤口侵入。在适宜的环境条件下，很快显示症状并产生新的孢子，在一个季节里可有多次再侵染。

（五）发病条件

高温、高湿有利病害发生。连续降雨、温度 20～25℃最有利病害的发生。连作地、地势低洼地发病重。近年来由于花生高产田的推广，花生种植密度的增加，田间郁闭，小气候现象明显有利病害的发生和发展。

（六）防治方法

参照花生黑斑病防治方法。

二十五、花生灰斑病

（一）分布与危害

花生灰斑病，也称花生褐斑病。国内花生种植区均有发生。国外印度、泰国、尼泊尔、布基纳法索、尼日利亚、津巴布韦都有发生。是一种次要病害，零星发生，危害不很严重。

（二）症状

侵染始于受伤害或坏死的组织，尔后扩散到叶片的新鲜组织。叶片受害，叶斑近圆形或不规则形，初为黄褐色，继而变为紫红褐色，以后病斑中央渐变成浅红褐色至枯白色，上面散生许多小黑点，即病菌的分生孢子器，边缘有一红棕色的环。病斑常破裂或穿孔（彩图 2-18）。经常多个病斑连成一片，形成更大坏死斑。

（三）病菌

花生灰斑病菌为 *Phyllosticta arachidis-hypogaea* Vasant，属半知菌亚门真菌，球壳孢目，叶点霉属花生灰斑病菌。分生孢子器球形，初埋生于寄主组织内，后外露。器壁薄，膜质。分生孢子卵圆形，无色，单胞。

（四）侵染循环

病菌以分生孢子器在田间的病组织内越冬。

（五）发病条件

高温、高湿有利病害发生。

（六）防治方法

参照花生网斑病防治方法。

二十六、花生黑腐病

（一）分布与危害

花生黑腐病分布比较广泛，但危害较轻。国外日本、印度、美国和澳大利亚等国家都有该病害发生的报道。国内主要分布于河南、山东、江苏和广东等省。该病菌广泛分布于土壤中，除危害花生外，还能引起茶树、油加利树等的叶斑病。

（二）症状

花生黑腐病菌危害花生的根、胚轴、子房柄、荚果、叶片和种子等部位，但以危害根为主。叶片受害首先是褪色，并萎蔫，继而叶尖和叶缘枯焦。胚轴和主根受害表现为坏死变黑（彩图 2-19 左），坏死组织一直可以蔓延到靠近地面的地方，病株的根系常全部被破坏，仅留下黑色而破碎的胚轴，有时地面还重新长出新的不定根（彩图 2-19 右）。果柄和荚果受害产生暗褐色、略凹陷的病斑，荚果表面病斑过多时，常连接在一起形成更大的病斑。感病植株后期茎上有时可见到橙红色颗粒，即病原菌的子实体——子囊壳。受害种子的种皮呈暗淡色，并有很多淡褐色微小的刻点。

（三）病原与特性

花生黑腐病菌为 *Cylindrosporium crotalariae* （Loose） Bell et Sober，属半知菌亚门，柱盘孢属真菌。菌丝初生无色，后渐变为橙黄色。分生孢子梗顶端无色，基部膨大，橄榄色，顶端分支呈瓶状，无隔，大小 6.5～17μm×3.5～5μm。分生孢子无色，柱状，3 个隔膜，大小 58～107μm×4.8～7.1μm（图 2-20）。有性时期为 *Calonectria crotolariae* （Loose） Bell et Sobers，子囊壳橙色至红色，椭圆形，大小320～465μm×270～290μm。子囊无色，棒状，具长柄。子囊孢子无色，长纺锤形，具 1～3 隔膜，大小 34～58μm×6.3～7.8μm。

图 2-20　花生黑腐病菌

病菌生长最适宜温度 26～28℃。在含 0.5％甘油加 0.5％八氢番茄红素（phytone）的琼脂培养基上能产生分生孢子。在燕麦粉琼脂培养基培养的花生茎秆、燕麦和谷子基质培养基上，能很快形成子囊壳。

（四）侵染循环与发病条件

以菌丝或子囊壳在土壤中的病残体上越冬。分生孢子借气流可进行远距离传播。在田间主要通过雨水、灌溉水和风雨等传播。种子也能带菌，调运带菌种子是病害远距离传播和异地传播的重要来源。

花生黑腐病仅在黏质土中发生。黏质土壤持水性强，降雨过后常积水，有利此病的发生。土温在15～40℃的范围内均能发病，25～40℃时地下部分的坏死症状发展很快。生长50～90d 的花生植株易感病，而且受害损失最大。在人工接种条件下，该病菌虽能侵染花生地下各部器官，但在自然情况下常先侵染主根，然后蔓延至侧根、胚轴乃至果柄和荚果上。

（五）防治

参照花生冠腐病防治方法。

二十七、黄曲霉菌侵染和毒素污染

黄曲霉菌（*Aspergillus flavus*）和寄生曲霉菌（*Aspergillus parasiticus*）是弱寄生菌，在花生生长后期能侵染花生荚果、种子，虽然受侵染种子能引起贮藏期间霉变、播种后种子霉烂、缺苗以及影响幼苗的生长，但它所产生的代谢产物——黄曲霉毒素（aflatoxin，AFT）对人和动物有很强致癌作用，对人的危害更受到社会的高度重视。

（一）分布与危害

黄曲霉毒素侵染和毒素污染在世界范围内均有发生。通常热带和亚热带地区花生受黄曲霉毒素污染比温带地区严重。在国内各个花生产区均有发生，但主要发生在南方产区，以广东、广西、福建较为严重。黄曲霉菌的感染始于田间，特别是在花生生长后期。收获后不及时晾晒或贮藏不当，可加重黄曲霉菌的感染和毒素污染。

花生是最容易受黄曲霉菌感染的农作物之一。花生中常见的 AFT 主要有 B_1、B_2、G_1、G_2 4 种，其中以 B_1 毒性最强，产毒量也最大。侵染造成的黄曲霉毒素污染不仅直接危害人们的健康，污染饲料影响畜禽生长发育和产品品质，而且花生品质的下降直接影响了外贸出口。

（二）症状

受病菌感染的种子播下后，长出的胚根和胚轴受病菌侵染易腐烂，造成烂种、缺苗。花生出苗后，黄曲霉病菌最初在之前受感染的子叶上出现红褐色边缘的坏死病斑，上面着生大量黄色或黄绿色分生孢子。病斑可以扩展到显露的胚根和胚轴，造成坏死（彩图 2-20）。当病菌产生黄曲霉毒素时，病株生长严重受阻，叶片褪绿呈淡绿色，叶脉清晰，叶尖突出，病株矮小；根系发育明显受阻，缺乏次生根系统，亦称黄曲霉毒根。

花生收获前受土壤中病菌感染，菌丝通常在种皮内生长，形成白色至灰色、致密的菌毡。荚果和种仁感染部位长出病菌黄绿色分生孢子。收获后，条件适宜时，病菌在贮藏的荚果、种仁中迅速蔓延。严重时，整个种仁布满黄绿色分生孢子，同时产生大量黄曲霉毒素。

（三）病原

病原菌为黄曲霉菌（*Aspergillus flavus*）和寄生曲霉菌（*Aspergillus parasiticus*），是弱寄生菌，属 Trichocoma-ceae 科，黄曲霉属（*Aspergillus*）。病菌菌丝无色，有分隔和分支。病菌产生大量直立、无分支、无色、透明的分生孢子梗，长 $300\sim700\mu m$。分子孢子梗末端有一顶囊。顶囊上产生小梗，其上着生大量圆形或椭圆形、单胞、黄绿色、带刺毛的分生孢子，直径 $3\sim6\mu m$（图 2-21）。

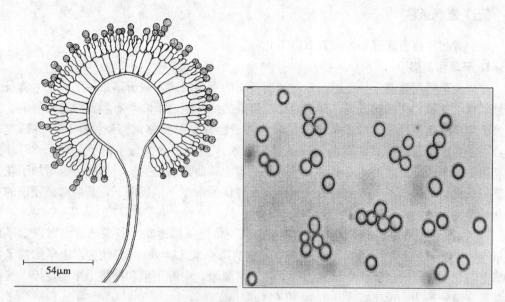

图 2-21　黄曲霉病菌（*A. flavus*）球状分生孢子囊（左）
和分生孢子（右）

(Ahmed and Reddy，1993)

黄曲霉病菌的分生孢子梗成单列或双列着生在长形至近圆形的顶囊（直径 15～25μm）上，辐射状分生孢子头成熟后裂开。寄生曲霉菌的分生孢子梗着生在烧瓶形的顶囊上，辐射状分生孢子头成熟后裂开。寄生曲霉菌的分生孢子梗着生在烧瓶形或碾槌形的顶囊（直径 20～35μm）上，严密地排成单列，分生孢子头为疏松的辐射状。此外，黄曲霉菌在分离培养过程中可产生菌核，寄生曲霉菌不产生菌核。

黄曲霉毒素（aflatoxin，AFT）是黄曲霉菌、寄生曲霉菌等多种曲霉菌产生的具有生物活性的次生代谢产物，是一类结构十分相似的化合物，目前至少分离出 18 种。根据在紫外光下发出的荧光颜色，分为 B 族（蓝紫荧光）和 G 族（绿色荧光）黄曲霉毒素，其中 AFB_1、AFB_2、AFG_1 和 AFG_2 是 4 种最基本的 AFT。各种 AFT 化学结构十分相似，都是二氢呋喃氧杂萘邻酮衍生物，含 1 个二呋喃环（bifuran）和 1 个氧杂奈邻酮（coumarin），前者为基本毒性结构，后者有加强毒性和致癌作用。其中以 B_1 毒性最强，G_1、G_2 和 M_1 也有强毒性。AFT 具有耐热性，分解温度高达 280℃，但易被强碱和强氧化剂破坏。

（四）侵染循环和发病因素

黄曲霉菌和寄生曲霉菌是土壤中的腐生习居菌，广泛存在于许多类型土壤以及农作物残体中。收获前黄曲霉菌感染源来自土壤。土壤中的黄曲霉菌可以直接侵染花生果针、荚果和种子。近年国内福建省调查 5 个花生主产县（市），收获前花生种子黄曲霉感染率 1%～13.4%，平均 6.1%，其中黄曲霉产毒菌株占 62.4%。国外报道，收获前种子受黄曲霉感染可高达 40%，在人工接种条件下，67%果针、88.6%荚果均可感染黄曲霉菌。

此外，在收获后贮藏和加工过程中，花生也可受黄曲霉菌和寄生曲霉菌感染，引起种子霉变，加重黄曲霉毒素污染。

（五）发病条件

影响黄曲霉菌田间感染的因素有以下几种：

1. 干旱和高温

花生生育后期遭遇干旱是影响黄曲霉菌侵染的重要因素。在干旱条件下，花生荚果含水量降低，导致代谢活动减弱，对黄曲霉菌侵染的抗性随之下降，有利黄曲霉菌侵染。当土壤干旱导致花生种子含水量降到30％时，种子容易受黄曲霉菌感染。Dorner等研究表明，种子含水量是影响黄曲霉菌侵染的重要因素。当种子含水量下降到18％～28％时，有利黄曲霉菌侵染。此外，高温、干旱有利土壤中黄曲霉菌的生长、繁殖，也增加了花生受感染的机会。美国花生黄曲霉协作组研究报告认为，在干旱条件下，黄曲霉菌侵染的土壤起始温度为25～27℃，最适温度28～30℃。

Pettit比较了旱地和灌溉地花生曲霉菌的感染情况。旱地花生荚果的黄曲霉毒素平均含量694～10 240μg/kg，灌溉地花生基本无黄曲霉毒素。Davidon等认为，干旱加速了黄曲霉菌对花生荚果的侵染。在试验条件下，正常灌溉、中等干旱和严重干旱的花生，黄曲霉毒素含量分别为6μg/kg、73μg/kg和444μg/kg。

2. 荚果破损

花生田间管理和收获时受损伤的荚果以及由于土壤温度和湿度波动引起的种皮自然破裂，都可增加黄曲霉菌的感染机会。黄曲霉菌易从伤口侵染，并在籽仁上迅速繁殖和产毒。

3. 地下害虫和病害

地下害虫如蛴螬、金针虫等危害花生荚果，不仅直接把黄曲霉菌带进受害的荚果，而且破损部位也为黄曲霉菌侵染增加了机会。此外，锈病、叶斑病、茎腐病等真菌病害引起早衰甚至枯死的花生植株荚果，受黄曲霉菌感染的几率也较高。

4. 土壤类型

花生黄曲霉菌感染与土壤类型相关。国外报道，在变性土壤上种植的花生比淋溶土壤上的感染较少。这可能与土壤黏度和可持水性有关。国内福建省对不同类型土壤样品黄曲霉菌菌量进行测定，以水旱轮作地土壤含菌量最高，水田次之，旱地最少。

5. 种子成熟度

适时收获的花生受黄曲霉菌感染较少，延迟收获的花生受黄曲霉菌侵染率较高。延迟收获的过熟荚果特别是含水量低于30％的种子，受黄曲霉菌侵染的机会显著增加。

6. 品种

花生品种间对黄曲霉菌侵染和产生毒素的抗性存在明显差异。福建省田间调查11个花生品种，黄曲霉菌感染率差异明显。5个主要栽培品种中，惠花2号感染率最高，达12.2％，汕油523最低，仅2.8％。现有研究表明，种皮在抗黄曲霉菌侵染中起关键作用，具有完整种皮的花生种子才能表现出抗侵染的特性。

（六）品种抗性筛选和研究

利用品种抗性是黄曲霉污染防治的关键措施。国内外广泛开展了花生黄曲霉病抗性的筛选和研究工作。花生对黄曲霉污染存在 2 种类型抗性。一种是对黄曲霉菌侵染的抗性（称为抗侵染），包括种皮的完整性、蜡质含量和角质层厚度抵御黄曲霉菌的侵染和定殖；另一种是对黄曲霉菌产毒的抗性（称为抗产毒），即在黄曲霉菌侵染后抑制其产生毒素。

印度国际半干旱热带地区作物研究所开展了大量花生品种抗黄曲霉菌侵染和产生毒素的研究，发现在人工接种条件下，花生种质资源对黄曲霉菌侵染抗性存在很大差异，种子受感染率幅度 6%～100%。在对花生种质资源和育种材料田间干旱诱发抗性鉴定的试验中，仅 1 份材料（J11）表现对黄曲霉菌侵染稳定的抗性。在 500 份花生种质资源对产生毒素的抗性筛选中，仅有 2 份材料（U4-7-5 和 VRR245）表现产生毒素量低。但未发现抗侵染与抗产毒之间的相关性。

国内也开展了对黄曲霉菌侵染抗性的鉴定。姜慧芳等（2002）在人工接种条件下对 700 份花生种质资源材料抗侵染筛选，大部分表现高感，仅 12 份材料侵染率低于 50%。最低的 EF7284，侵染率为 28.6%。低侵染率种质均来自南方的珍珠豆型材料，包含 7 份自印度国际半干旱热带地区作物研究所引进的抗病材料，其中 J11 侵染率为 44%。随后对 229 份不同类型、来源的材料鉴定表明，高含油量、高蛋白含量和高油酸含量种质资源对黄曲霉菌侵染和产毒的抗性较差，而高抗黄曲霉菌侵染和产毒的种质资源亚油酸含量较高。

梁炫强等（2003）研究表明，完整的种皮是抗黄曲霉菌侵染的重要屏障，即使是抗侵染的花生品种 J11 和湛秋 48，在种皮损伤后也失去了对黄曲霉菌侵染的抗性。与参试的 4 个感病花生品种相比，J11 和湛秋 48 种皮蜡质含量高，除去种皮蜡质和角质层即失去抗性。表明种皮蜡质和角质层对黄曲霉菌侵染起到关键作用。研究表明，花生种子苯丙氨酸解氨酶（PAL）活性与抗黄曲霉污染相关。抗病品种接种 1d 后 PAL 活性达到高峰，而感病品种反应慢，4～5d 酶活性才达高峰。相似情况是抗病品种种子受黄曲霉菌侵染 3d 后白藜露醇含量提高 30 倍，达到峰值，而感病品种在受侵染 4d 后才达到此峰值。从花生种子提取的胰蛋白酶抑制剂能显著抑制黄曲霉菌孢子萌发和菌丝生长，5 个抗性品种胰蛋白酶抑制剂含量和活性均高于感病品种。

雷永等（2004）对抗、感青枯病的花生种质进行了抗黄曲霉菌产毒评价，结果表明，2 种抗病性无相关性。抗青枯病种质对黄曲霉菌产毒抗性差异显著，品种间产毒量相差 10 倍，鉴定出兼抗产毒的材料 6 份，其中 1 份具有直接生产利用价值。

澳大利亚推广品种 Streeton 比商品品种 NC-7 黄曲霉菌污染减少 50%。研究表明，Streeton 有比较发达的根系和从干旱土壤中吸收水分能力，因此较 NC-7 和其他品种具有耐干旱特性。此外，收获后在田间及时晾晒，荚果能较快干燥，达到安全的含水量，避免了黄曲霉菌污染。

（七）防治

针对上述黄曲霉菌田间侵染的影响因素采取有效的生产措施，可以在一定程度上控制花生收获前黄曲霉菌的感染。

（1）改善花生地灌溉条件，特别是在花生生育后期和花生荚果发育期间保障水分的供给，可避免收获前因干旱所造成的黄曲霉菌感染大量增加。

（2）盛花期中耕培土不要伤及幼小荚果。尽量避免结荚期和荚果充实期中耕，以免损伤荚果。

（3）适时防治地下害虫和病害，把病、虫害对荚果的损伤减少到最低程度。

（4）适时收获。在花生成熟期遇严重干旱又缺少灌溉的条件下，可以适当提前收获。澳大利亚 Kingaroy 试验表明，在正常成熟期前 2 周收获大大减少了黄曲霉菌污染。他们还进一步研究了以确定既保证产量又减少黄曲霉菌污染的合适收获期。收获后及时晒干荚果，使花生种子含水量控制在 8％以下。

（5）加强抗病育种工作，推广应用抗病品种。国内相关单位已开展抗黄曲霉毒素污染的育种工作。花生品种对黄曲霉菌侵染的抗性存在差异，各地应经过调查，选用对黄曲霉菌侵染具有抗性的品种，以减少黄曲霉菌的感染。

印度国际半干旱热带地区作物研究所开展抗性育种工作多年，应用的抗源材料包括J11、PI337394F、PI337409、UF71513、Ah32、Faizpur。通过多年的选育，获得一些抗黄曲霉菌侵染、农艺性状优良的品系。如 ICGVs 91278、91279 等在泰国和越南表现良好，ICGVs 87084、87094 和 87110 在西非和中非表现良好。

二十八、花生果壳褐斑病

（一）分布与危害

花生果壳褐斑病是近年来发生在花生上的一种新病害，在国内花生产区都有发生。以前多认为是生理性病害，但经鄢洪海等鉴定，该病是一种侵染性病害。花生果壳褐斑病不仅造成果壳褐色病斑，严重影响花生产量和质量，还造成果壳和种子退化，直接影响花生果、仁加工出口和食用价值。

（二）症状

花生果壳褐斑病害发生较轻时，地上部茎叶均没有异常症状，只是在果壳的浅表层呈现深褐色溃疡（彩图 2-21）。发病较重时，叶部枯萎，类似于生理性病害症状。

花生果壳有时会在不受病原菌作用的情况下自身烂掉。果壳上的症状与其他部位的表层浅棕色或深棕色溃疡腐烂不同，花生壳和种子都褪色。变色后的种子尽管很完整，但却降低了质量和价值。

（三）病原与特性

病原菌有 2 种。一种是 *Rhizoctonia solani* Kühn，属半知菌亚门，无孢目，丝核菌属，立枯丝核菌，但不清楚属于哪一个菌丝融合群。无性态不形成任何孢子，形成内外结构均一的菌核，菌核直径 1～4.3mm，从菌核四周长出菌丝。菌丝粗壮，直径 7.5～14μm，初生无色，后期淡褐色至褐色。菌丝寄生于活体植物的根部时，并无根状菌索。菌丝分支在其起源处缢缩，分支菌丝在离起源处不远有隔膜，隔膜具桶孔。菌丝分支呈直角或锐角。菌丝细胞无锁状联合（图 2-22）。另一种是 *Rhizoctonia* spp.，属 *Rhizoctonia* 属的一种，菌丝不粗壮，分支且分隔，但分支处缢缩不明显，分支不远处又分隔。菌丝细胞内一般有 2 个细胞核，很少有 3 个以上。致病性和分离比例，*Rhizoctonia* spp. 占有明显优势，但具体属于丝核菌属哪个种还有待进一步研究。

（四）侵染循环与发病条件

病菌以菌核或病残体上的菌丝在土壤中越冬，成为第二年病害发生的初侵染来源。据调查，种子也可能带菌，播种带菌的种子可引起发病。田间主要通过菌核、病残体通过流水传播。菌核萌发，产生菌丝，遇到寄主便可侵染危害。

图 2-22　花生果壳褐斑病的菌丝形态

发病与品种关系密切。品种之间抗性存在显著差异。日本的千叶半粒高度感病；国内小粒花生发病相对较轻。病害发生轻重还与土质有关。一般沙壤土发病轻，黏土地发病重；土壤湿度大发病重。连作地发病重。

（五）防治

参照花生菌核病防治方法。

二十九、花生白纹羽病

（一）分布与危害

在日本等国家报道发生，不普遍，仅个别地块发生严重。目前我国尚没有该病害发生的报道。

（二）症状

该病害主要危害花生根及茎基部。受害较轻的情况下地上部没有明显症状，但随病情的发展，地上部分生长缓慢，叶片发黄，不久枯萎死亡。病株的根部常包被一层白色菌膜，最后导致根部腐烂。

（三）病原与特性

病原菌为 *Roselllinia necatrix* Prillieux，属子囊菌亚门，球壳目，座坚壳属真菌。无性阶段是 *Graphium* spp. 的一种。病菌形成子囊、子囊孢子和分生孢子。子囊壳黑色，球形，着生在菌丝膜上，顶端有乳状突起，有孔口，直径 $1\sim1.5\,mm$。子囊无色，棍棒形或圆筒形，大小 $220\sim300\,\mu m\times5\sim7\,\mu m$。子囊孢子暗褐色，单胞，纺锤形，大小 $42\sim44\,\mu m\times4\sim6.5\,\mu m$，在子囊中排列 1 行，共 8 个孢子。分生孢子梗成束生于地面菌层和菌核上，长 $0.5\sim1.0\,mm$。分生孢子无色，单胞，卵圆形，直径 $2\sim3\,\mu m$。该病菌寄主范围广泛，可寄生豆科、果树和林木等多种植物。

（四）侵染与发病

以菌丝在被害植物根上越冬，成为第二年花生白纹羽病初侵染来源。

（五）防治

参照花生紫纹羽病防治方法。

第二节　花生细菌病害——花生青枯病

（一）分布与危害

花生青枯病（*pseudomonas solanacearum* E. F. Smith）是危害花生最重、对花生生产威胁最大的病害之一。发病轻者花生减产 20％～30％，重者减产 50％～80％，甚至颗粒无收。1905 年在印度尼西亚首次报道，随后在 20 多个国家均有过发生和流行的报道。目前，主要以中国、印度尼西亚、越南、泰国等国家受害严重。我国主要分布在 16 个省、自治区、直辖市，且以长江流域以南为发病严重区。主要包括广东、广西、海南、福建、江西、四川、贵州、湖南、湖北、江苏和安徽等省、自治区，是 20 世纪 60 年代末期以来我国南方花生上长期蔓延的一种主要病害。青枯病的危害已成为我国发展花生生产的一个突出障碍。

据崔富华等调查，巴蜀地区花生青枯病发病面积 3 万 hm² 左右，约占全国花生青枯病面积的 10％。集中分布在四川盆地南部的宜宾、自贡、内江 3 市，其次是四川盆地东部的原南充和永川 2 个地区，主要发生在嘉陵江、长江沿岸的黄壤土（酸性）、新冲积潮沙土（中性）和酸性黄沙土区。

廖伯寿等（1999）研究发现，青枯病菌对花生形态和生理性状能产生严重影响。通过人工接种对比试验，对花生根系重量、根系体积、单株根瘤数、生物产量、单株结实数、单株生产力、饱果率等均有不同程度的影响。各性状值因接种而下降的最大幅度均可达 30％以上，其中单株产量受青枯菌接种的影响最大，多数品种单株产量下降 10％以上，最大的下降59％。雷永等（1999）在评价几个抗病花生新品系对潜伏侵染反应的接种试验中发现，人工接种条件下，所有抗病品系的结实和产量性状均受到影响，多数品系的单株结实数和产量的下降达到极显著水平；分析还发现由潜伏侵染导致的单株生产力下降的主要原因是单株结果数的减少（荚果大小则几乎不受影响）。彭忠（1994）研究表明，花生接种青枯菌后，在抗病品种中多酚类化合物含量增加，IAA 氧化酶活性下降，PAL 活性上升快，而且到达高峰后下降慢，PPO 活性上升快，而感病品种则相反。抗病品种的过氧化物酶带数增多，且活性增强，脂酶带则有部分消失和新带出现，而感病品种中过氧化物酶带变化很小。单志慧（1995）研究也表明，抗性品种脂酶带有大量新带出现。

花生青枯病菌的寄生范围很广，除危害花生外，还危害番茄、辣椒、茄子、芝麻、蓖麻、向日葵、萝卜、菜豆、马铃薯、西瓜、黄瓜、田菁、香蕉等 40 科 200 多种植物。

（二）症状

花生青枯病系细菌性维管束病害，也是一种典型的维管束病害。多发生于花生开花初期，结荚盛期达到高峰。该病病菌从花生根系的伤口或自然孔口入侵。在发病初期，植株最初主茎顶梢第一、第二片叶首先表现症状，失水软垂凋萎，1～2d后，全株枝叶萎蔫下垂。早晨叶片仍能展开，凋萎叶片还能保持青绿色（彩图2-22）。剖视病茎和根部，输导组织深褐色。用手挤压茎部，切口处有污白色的菌液流出。发病后期，植株地上部青枯，拔起病株，可见根部发黑、腐烂。容易拔起。从发病至枯死，快则1～2周，慢则3周以上。春花生在5～6月、秋花生在9～10月发病较重。

病株上的果柄、荚果呈黑褐色湿腐状。结果期发病的植株，症状不如前期明显。

（三）病原与特性

花生青枯病菌为茄青枯假单胞杆菌（*Pseudomonas solanacearum* Smith），属假单胞杆菌属细菌。病菌短杆状，两端钝圆形，大小 $0.9～2\mu m×0.5～0.8\mu m$，无芽孢和荚膜，极生鞭毛1～4根，革兰氏染色阴性，菌体内有聚-β-羟基丁酸盐蓝黑色颗粒。在马铃薯洋菜培养基上，菌落乳白色，圆形，光滑，稍突起，有荧光反应，直径2～5mm，边缘整齐；培养7～10d后，菌落渐渐变为褐色，培养基也变为黑褐色。这是病菌分泌的水溶性色素所致。

青枯病菌有致病型和非致病型2种类型。在TTC培养基上，致病型菌落大，圆形或不整形，中心粉红色，边缘乳白色；非致病型菌落较小，圆形，深红色。致病型青枯菌无鞭毛，菌体有明显黏质层；非致病型青枯菌有1～4根极生鞭毛，菌体无明显黏质层。

青枯病菌对阿拉伯糖、半乳糖、木糖、蔗糖、麦芽糖、乳糖、山梨糖、甘油、肌醇、甘露醇、卫矛醇、甘露糖苷等都能发酵产酸，但不产气；能使硝酸盐还原，产生氨，不产生硫化氢和吲哚；不水解淀粉，能液化明胶；使石蕊牛乳变深蓝色，并有缓慢的陈化作用。

花生青枯病菌能够产生毒素。袁宗胜（2002）报道，温度25～28℃、pH7、培养3d，是花生青枯病菌粗毒素最适的产生条件。花生青枯病菌粗毒素对热效应比较敏感，100℃水浴1h，其生物活性降低89.8%，几乎完全丧失其生物活性。对紫外线则不敏感，在25W紫外光下照射30、60、90、120min，均不影响其生物活性。

花生青枯病菌存在生理分化现象。Hayward根据花生青枯病菌对三糖三醇的生化反应分为5个生物型。侵染花生的青枯病菌有生物Ⅰ、Ⅲ、Ⅳ型，其中生物Ⅰ型分布于美国东南部，其他国家（包括中国）的花生青枯菌均为生物型Ⅲ和生物型Ⅳ。我国花生青枯病菌为生物Ⅲ、Ⅳ型。李文溶等（1984）从我国湖北、山东、广东、广西、江西、河南等6省、自治区采集36个花生青枯病菌株，做致病性分化鉴定，按其在鉴别品种上的致病反应，划分为7个致病型，其中致病型Ⅱ、Ⅴ是占优势的致病型，明显表现出南方菌株比北方菌株致病力强。陈晓敏（2000）报道，测定29个有代表性的花生青枯病菌株对乳糖、麦芽糖、纤维二糖和甘露醇、山梨醇、甜醇的利用能力以及对硝酸盐的还原结果，仅1个菌株（同安菌株）利用3种己醇而不利用3种双糖，其他28个菌株均能利用3种己醇和3

种双糖；在硝酸盐的利用方面，也只有晋江菌株不能产生气泡，其他 28 个菌株均能产生气泡；全部菌株都能使硝酸盐还原成亚硝酸盐。因此，同安菌株可划分为生物型Ⅳ，其他菌株均属于生物型Ⅲ。

病原菌发育的最适温度 28～33℃，生长温度 10～40℃，致病温度 52～54℃，10min。病原菌适宜 pH6～8，pH5 以下生长微弱，pH4 时死亡。适宜的含盐量为 0.1%～0.5%，含盐量达 1% 时，生长受到抑制。

此菌不耐光，不耐干燥。在干燥条件下 10min 即死亡。在长期脱离寄主人工培养的条件下，青枯病菌的致病力容易丧失。即随着菌种移植次数增多，致病力下降。每 2d 移植一次，移植 5 次致病力丧失 30% 以上，移植 10 次致病力丧失 50%～70%，移植 20 次后完全丧失致病力。

（四）侵染循环与消长规律

花生青枯病菌主要在土壤中、病残体上以及未充分腐熟的堆肥中越冬，成为主要的初侵染源。花生青枯病菌在土壤中能存活 1～8 年，一般 3～5 年仍能保持致病力。

花生青枯病菌在田间主要靠土壤、流水及农具、人畜和昆虫等传播。该病菌通过花生根部伤口和自然孔口侵入，通过皮层进入维管束，由导管向上蔓延。还可以突破导管进入薄壁细胞，分泌果胶酶将中胶层溶解致皮层腐烂。腐烂后的根系，病菌散落至土壤中，再经过流水侵入附近的植株进行再侵染。一般情况下，再侵染次数不多。病害潜育期长短与环境温度关系密切。一般 20℃接种，10d 后发病；30℃接种，4～5d 就能发病。

北方花生产区发病盛期在 6 月下旬至 7 月上旬，中部产区在 6 月，南方春播花生在 5～6 月，秋播花生在 9 月下旬至 10 月下旬。雨量多少对病害的发生无明显影响。

（五）发病条件

1. 土质

在自然条件下，一般保水、保肥力差、有机质含量低的沙砾土壤发病重；在石灰岩风化形成的壤土地区未发现青枯病；在典型的石灰性紫色土（如红棕紫泥土、棕紫泥土、黄红紫泥土）区发现花生青枯病，但危害不重。酸性土壤较微碱性土壤发生严重。

2. 气候条件

青枯病菌是一种喜温的细菌，高温有利于病害发生。在田间，气温日均稳定在 20℃以上，5cm 深土层温度稳定在 25℃以上，6～8d，在田间花生植株上即开始出现病株。旬平均气温 25℃以上、土壤温度 30℃左右，发病达到高峰。温度回升快慢、积温多少是造成病害盛发的主导因子。只要地温、气温回升到发病界限以内，无论旬降雨量多少，均可出现发病高峰。

3. 菌源及数量

病菌随带菌土壤、病株残体、带菌杂草以及带菌农家肥和粪肥，借雨水、灌溉水、农具、昆虫媒介传播。此菌在土壤中可存活 14 个月至 8 年。种子带菌、育苗用的营养土带菌、有机肥未充分腐熟带菌，是初侵染的主要来源。菌源基数越大，发病越重。有充分初侵染菌源是青枯病经常暴发的一个重要原因。连作地病菌不断积累，发病日益严重；前茬作物病菌残留量多的田块，发病重。

4. 品种抗性

不同品种抗青枯病能力差异很大。我国自20世纪70年代中期鉴定出协抗青、台山三粒肉等抗病品种以来，一些育种单位相继开展了抗病育种研究。通过杂交育种的方法，中国农业科学院油料作物研究所相继培育出了中花2号、中花6号，广东省农业科学院培育出了粤油256、粤油202、粤油200、粤油92、粤油79，河南省农业科学院培育出了远杂9102等，均已应用于生产。这些适应不同生态区的抗病品种的育成和应用，有效地克服了过去病区种植感病品种时大面积枯死和绝收的问题，对花生青枯病的有效控制发挥了重要作用。

5. 栽培制度

花生青枯病菌土壤传播，耕作制度对花生青枯病影响较大。新种植区或新垦地极少发生青枯病。但经过多年连作，病菌不断积累，发病日益严重，甚至绝收。旱坡地连年种植花生，病害会越来越重。

植株根部或茎基部受线虫、害虫危害，中耕除草伤及花生根部等都会促进病害发生，加重花生青枯病的危害。

（六）病情测报与防治适期

1. 土壤带菌情况调查

调查土壤近3年的耕作历史和轮作情况，特别是前茬作物，了解土壤带菌量情况。

2. 田间病情调查

花生出苗期，在病害常发区进行调查，统计有病田块数、病株率，以普查为主；发病后，在观测田内进行定点系统调查。

该病在不同花生产区发生早晚与盛发期有所差异。一般在出苗后15～30d内开始调查，调查重点为连作有病史的花生田，随机平行线取样调查，只记载发病率，群体不得少于500株。当病株出现后，进行定点调查，调查在晴天中午以后进行，一般采取5点或平行线取样法，每点50株，共250株，每5d调查一次，计算发病率。

3. 年度发病情况调查

在花生青枯病发病盛期末，根据当地的花生类型、品种和栽培方式（轮作、间作）等情况，选取20～50块有代表性的花生田进行发病情况调查。先目测估计病情，然后每块调查250株，定点取样，调查发病株率、病害严重度，计算病情指数。

对于病害常发区和花生连作田，当发病率达1‰以上，应及时防治。

（七）防治

1. 清除菌源

花生青枯病是一种典型的土传病害，一旦土壤中带有病菌，要想彻底根除是很困难的。但是，花生收获后，及时清除田间病残体，带出田外集中烧毁，田间病株及早拔除深埋或烧毁，对控制病害效果显著。

另外，不用花生病残体作堆肥，尽量减少和控制病菌的扩散，降低次年发病的初侵染来源，对减轻次年病害发生具有重要作用。

2. 选用抗病品种

粤油 256、粤油 92、粤油 200、粤油 79、粤油 114、泉花 646、鲁花 3 号、抗青 10 号和抗青 11 等均高抗青枯病，各地可因地制宜选用。

3. 合理轮作

对重病区水源条件较好的地块实行水旱轮作，是控制花生青枯病发生危害的最有效措施。不能进行水旱轮作、旱坡地花生种植区，可与青枯病菌的非寄主植物轮作，如玉米、甘薯、大豆等，一般轮作 2～3 年，具有明显减轻病害的效果。

4. 加强栽培管理

田间栽培管理措施对控制花生青枯病的发生和危害具有明显作用。在花生青枯病发生区，应注意田间水肥管理。对旱坡地，在播种花生前进行短期灌水浸泡，可促使土壤中病菌大量死亡，从而减少病菌侵染机会，降低发病率。田间增施有机肥，采用配方施肥技术，施足基肥，增施磷、钾肥，使花生植株健壮生长，提高抗病性。对酸性土壤可施用石灰，降低土壤酸度，减轻病害发生。同时，田间清沟排水，防止雨后积水，早期零星病株及时拔除，集中处理，不施用带菌肥料等，这些措施既具有防病作用，也具有增产效果。

5. 药剂防治

据报道，用 1kg 硫酸铜加含氮 15% 的氨水 20kg，密封备用；或用硫酸铜 1kg 加碳酸氢铵 11kg，分别磨碎后，充分混合后密封 24h，备用。硫酸铜加水 1 200～1 500 倍，发病时浇灌病株及附近土壤，每株约用药液 0.25kg，对防治青枯病有一定效果。注意施药液时，不能用于叶面处理，否则容易引起药害。

用青枯散菌剂 DP 0.75kg 浸种 15～17kg，30min，防治青枯病效果达 53.17%，增产 11.49%，是目前防治花生青枯病最理想的生物制剂。85% 强氯精 500 倍液在花生开花至结荚期灌根，能减少发病率 67.3%～98.1%，可有效控制花生青枯病发展。也可用绿亨 2 号、绿亨 1 号、代森锰锌替代。

第三节　花生根结线虫病

花生根结线虫病，又称花生线虫病、根瘤线虫病、地黄病。是一种具有毁灭性的花生病害。危害我国花生的根结线虫有 2 个种，即北方根结线虫与花生根结线虫。北方根结线虫主要分布在北方花生产区，花生根结线虫主要分布在南方花生产区。

（一）分布与危害

1. 分布

花生根结线虫广泛分布于南纬 35° 和北纬 35° 之间的地区。我国花生主要产区的山东、河北、辽宁、河南、广东、广西、四川等省、自治区均有发生。黄河以南为花生根结线虫，以北为北方根结线虫（多发生于沙性土壤），其发病程度以北方花生产区最重，其中以山东、河北、辽宁 3 省发病严重，减产最多，局部产区甚至绝收。在影响产量的同时，产品质量亦大为降低，直接影响产品价值。国内最早发现于山东荣成，至今已有 50 多年的历史，国内曾列为检疫对象。

2. 花生根结线虫病对花生可造成多方面危害

受害花生一般减产 20%～30%，重者达 70%～80%，甚至绝收。山东省主要发生在威海、烟台、临沂、泰安、潍坊等 4 个地区的 20 多个县、市，常年发病区面积在 6 万～9 万 hm²，占花生种植面积的 10%～15%。如 1993 年山东临沂调查，全区 8 县、市发病面积 1.31 万 hm²，减产 2546 万 kg；发病重的乡、镇，发病面积占种植面积的 37.7%。但在大多数田块其发病分布和危害不均匀，在重病区一般年份平均产量损失多在 50% 以下，质量亦大为降低，对食用价值和出口创汇产生直接影响。根结线虫还与花生真菌性根病发生共害作用。

（1）对花生生育和产量性状的影响。花生被根结线虫侵染后，植株的株高、鲜重、干重和叶面积明显降低。由于线虫引起根细胞膨大增生、须根增多，致使根部的鲜重根冠比提高，这是根结线虫引起植株生长指标变化的最典型特征。宾淑英等（1993）于接种 2 龄幼虫 60d 后测定，接种线虫 1 000 条的花生，平均根结数达 542.75 个，平均株高 28.50cm，全株干重 5.20g；接种 5 000 条线虫的花生，平均根结数达 964.75 个，平均株高和全株干重分别为 21.33cm 和 3.44g。表明病原线虫接种量越大，花生形成根结越多，发病越重，对花生生长影响也越大。病株根鲜重在前、中期显著比健株高，后期则明显低于健株。

宋协松等（1995）根据田间调查，建立根结线虫病情指数与平均单株产量的直线回归式 $Y=23.0356-0.2405x$（$r=-0.9626$），二者呈显著负相关。当田间病情指数为 19.16 时，产量损失 20%。收获前土壤中的线虫密度与平均单株产量的直线回归式 $Y=22.3210-0.0619x$（$r=-0.9206$），二者也呈显著负相关。花生收获前大部分线虫集中于根系的虫瘿内，收获后大部分留在土壤中，因此花生收获后土壤中的线虫密度大大提高。

（2）对花生内部结构的影响。病原线虫侵染花生后，寄生在内皮层、中柱鞘、靠近维管束的皮层细胞或维管束内引起周围细胞组织发生变化，包括巨型细胞的形成、细胞增生、细胞壁加厚和木栓化以及部分细胞被穿透破坏，最终导致整个维管组织和皮层组织细胞增生以及根组织坏死。

（3）对花生根活力及其矿物营养吸收的影响。花生根结线虫能严重影响花生的根活力。宾淑英等（1999）报道，健株的根活力在初花期、结荚期和乳熟期分别是 4.76、5.88 和 1.56mg/g·h，在结荚期有一峰值；病株花生的根活力显著低于健株，在 3 个生长期几乎呈直线下降，分别是 3.57、2.52 和 1.29mg/g·h。

在花生不同的生长时期，受线虫侵染的花生植株对 N、P、K、Ca 和 Mg 的吸收发生不同程度变化。病株对 N 的吸收比健株减少，在初花、结荚和乳熟期分别减少 7.99%、5.56% 和 13.57%；对 P 的吸收在初花和乳熟期比健株减少 15.00% 和 5.56%，在结荚期则与健株一致；对 K 的吸收在初花和结荚期比健株减少 11.17% 和 11.64%，在乳熟期则增加 8.55%。病株对 Ca 的吸收在 3 个生长时期都比健株高，分别增加 11.01%、6.19% 和 11.58%；对 Mg 的吸收在初花期比健株减少 28.21%，在结荚期增加 4.76%，在乳熟期则无变化（宾淑英等，1999）。

花生根结线虫侵染花生后，致使花生的根活力下降，改变了根对 N、P、K、Mg 的吸收。这可能与病原线虫刺激花生根形成巨型细胞、损坏根细胞的结构、破坏了根活力、阻碍矿质营养的运输有关。N、P、K 3 种元素均是花生必需的营养元素，它们的减少必然导致花生生理紊乱和代谢失常，形态上表现植株矮小、缺绿等症状。发病花生在 3 个生长期对 Ca 的吸收比健株增多，可能与花生吸收 Ca 并运输到茎叶后 Ca 不易流动、被利用于补偿褪绿和细胞离解等原因有关。发病花生在结荚期对 Mg 的吸收、乳熟期对 K 的吸收均有所提高。这是否与病花生在特定生长时期特别需要这些元素有关，尚需进一步探讨。

（4）对叶绿素含量、光合强度、呼吸强度的影响。花生根结线虫能显著影响花生的叶绿素含量，使病株叶绿素总含量、叶绿素 a 和叶绿素 b 的含量在各个生长时期都显著下降。病株光合强度显著低于健株，尤其是在生长后期，光合强度的下降幅度更大。试验结果表明，病株的光合强度在初花、结荚和乳熟 3 个生长时期分别为 13.08、16.73 和 3.58mg/dm^2·h，健株则为 14.97、18.47 和 10.68mg/dm^2·h。在乳熟期，病株的光合强度比健株下降近 1/3。宾淑英等（1999）用每盆分别接种 1 000、5 000、10 000 条线虫，发现在接种后第 9d 花生的光合强度开始下降，并随接种量增大而降幅加大，分别为 17.20、13.53 和 12.60mg/dm^2·h，而对照为 19.11mg/dm^2·h；在接种后第 20d 测定，3 种处理的光合强度显著下降，分别为 10.48、10.27 和 10.22mg/dm^2·h，对照为 17.66mg/dm^2·h。在线虫接种后第 3d 测定，每盆分别接种 1 000、5 000 和 10 000 条的花生植株，呼吸强度均显著比对照高，并随接种量增大而升高，分别是 0.49、1.42 和 1.77mg/dm^2·h，对照为 0.073mg/dm^2·h。

光合作用和呼吸作用是植物的重要代谢过程，直接为植株提供物质和能量。花生根结线虫的侵染引起花生叶绿素含量减少和光合强度下降，而呼吸强度在侵染的第 3d 则提高，随后明显低于健株。这也是线虫造成花生产量损失的直接原因。

（5）对花生生理生化性状的影响。花生根结线虫侵染花生后，严重影响花生植株的物质代谢和生理调节，致使花生根、茎、叶的可溶性糖、核酸、多种氨基酸含量和内源激素水平发生不同程度的变化，从而影响花生植株的正常生长。这些异常的变化，可能是由于线虫侵染一方面破坏了根细胞结构，致使根系活力下降，直接影响植株对各种营养元素的吸收；另一方面则是由于诱导植株自身的抗性反应，导致一些酶的活性异常、细胞膜的透性改变、各种物质合成与代谢紊乱而造成的。

（6）对花生植株糖和核酸的影响。受花生根结线虫侵染后，花生植株各部位的糖和核酸发生比较明显的变化（表 2-6）。其中，根结的 DNA 和 RNA 含量明显高于病株健根和健株根，每克鲜根结分别含 DNA 0.22mg、RNA 0.71mg；可溶性总糖、非还原糖和还原糖的含量则与病株健根差异不大，每克鲜根结的 3 种糖含量分别为 6.83、4.71 和 2.13mg，但前二者明显比健株根低，后者则比健株根高，每克鲜健株根的 3 种糖含量分别为 16.98、15.75 和 1.23mg。每克鲜病茎叶的 RNA、可溶性总糖和非还原糖含量明显低于健株，分别为 0.59、10.87 和 8.90mg；DNA 含量则为 0.31mg，明显比健株的高。

表2-6　花生根结线虫病对花生体内糖和核酸含量的影响

测试项目	根　结	病株健根	健株根	病株茎叶	健株茎叶
可溶性总糖	6.83±0.083c	6.92±0.712c	16.98±1.128a	10.87±1.331b	15.42±0.651a
还原糖	2.13±0.050a	1.90±0.126a	1.23±0.145b	1.97±0.294a	2.42±0.117a
非还原糖	4.71±0.058c	5.02±0.802c	15.75±1.087a	8.90±1.485b	13.00±0.926a
DNA	0.22±0.000c	0.14±0.009d	0.15±0.012d	0.31±0.914a	0.27±0.016b
RNA	0.71±0.004a	0.49±0.010d	0.60±0.012c	0.59±0.012c	0.64±0.020b

（7）对花生植株游离氨基酸含量的影响。花生根结线虫可引起花生植株的根结和同株健根产生蛋氨酸，使每克鲜根结和同株健根分别含蛋氨酸7.85、6.45μg；半胱氨酸、赖氨酸和精氨酸的含量都明显比健株根的高，脯氨酸、苏氨酸和氨基酸总含量则显著比健株根的低（表2-7）。如每克鲜病根根结和健根的精氨酸含量分别为257.65、287.09μg，而健株根的为184.21μg；每克鲜病根根结和健根的脯氨酸含量分别为91.71、63.32μg，健株根的则为228.59μg。

在花生根结线虫导致花生根部形成的根结中，每克鲜根结的缬氨酸、苯丙氨酸和赖氨酸含量明显比同株健根的高，分别为58.78、29.90和58.01μg，同株健根的则是42.47、16.33和46.90μg；但组氨酸的含量为74.68μg，则明显低于同株健根的115.28μg。

受花生根结线虫侵染发病的花生茎叶没有脯氨酸，每克鲜病茎叶的苏氨酸、甘氨酸、丙氨酸、组氨酸、精氨酸的含量和氨基酸总含量都明显比健株茎叶的低，分别为43.46、5.98、39.36、83.45、148.79和662.78μg，而健株茎叶的则是92.53、9.46、69.00、134.38、198.02和885.18μg；其苯丙氨酸含量为32.41μg，明显高于健株茎叶的22.73μg。

表2-7　病健花生植株各部位游离氨基酸含量变化　　　　　　　　单位：μg

测试项目	根　结	病株健根	健株根	健株茎叶	病株茎叶
天冬氨酸	44.57±9.67b	46.83±1.35b	36.98±6.15b	105.36±6.15n	131.06±18.95n
苏氨酸	83.41±4.88bc	74.13±3.92c	119.55±4.88a	92.53±5.39b	43.46±4.65d
甘氨酸	5.40±0.86b	4.45±0.76b	4.17±0.10b	9.46±1.32a	5.98±0.12b
丙氨酸	17.17±1.30b	13.53±1.07b	19.26±2.22b	69.00±8.04a	39.36±5.13c
半胱氨酸	12.78±0.85b	11.45±0.32b	8.51±0.25c	22.19±0.74a	21.81±0.61n
缬氨酸	58.78±3.52a	42.47±3.39b	48.18±0.41b	46.50±4.50ab	53.61±6.32ab
蛋氨酸	7.83±0.29n	6.43±0.15a	0	0	0
异亮氨酸	30.47±2.32a	19.93±0.48a	24.84±5.99a	23.84±1.34a	32.49±5.40a
亮氨酸	15.78±1.30ab	9.56±0.10b	20.05±9.01ab	18.99±0.76ab	25.15±2.70a
苯丙氨酸	29.90±2.32ab	16.33±0.29c	24.29±3.82b	22.73±1.07bc	32.41±2.13a
赖氨酸	58.01±4.38a	46.90±1.46b	35.45±0.63c	35.99±4.69c	45.21±2.94bc
组氨酸	74.68±0.47c	115.28±2.10ab	69.86±3.40c	134.38±6.68a	83.45±7.81bc
精氨酸	357.65±8.90a	287.09±4.21a	184.21±12.75bc	198.02±9.78b	148.79±6.70c
脯氨酸	91.71±0.69bc	63.32±0.41c	228.59±16.32a	106.55±5.29b	0
总含量	787.87±38.23ab	757.70±15.40bc	832.36±43.04a	885.18±14.8a	662.78±55.32c

（8）对花生植株内源激素水平的影响。花生根结线虫病可引起花生植株根和茎叶

IAA 含量提高、CTK 和 ABA 活性增强（表 2 - 8），GA_3 含量降低。其中，病株根 IAA 含量、CTK 和 ABA 活性分别比健株的增加 94.53%、48.81% 和 25.00%，但其 GA_3 含量则比健株的减少 77.96%；病株茎叶 IAA 含量、CTK 和 ABA 活性分别比健株的增加 41.52%、90.20% 和 36.54%，GA_3 含量则比健株的减少 10.90%。此外，从测定结果还看到，IAA 和 GA_3 在根部的变化较大，CTK 和 ABA 则在茎叶部变化较大。

花生根结线虫侵染花生后，严重影响花生植株的物质代谢和生理调节，致使花生根和茎叶可溶性糖、核酸、多种氨基酸含量和内源激素水平发生不同程度的变化，从而影响花生植株的正常生长。这些异常的变化，可能是由于病原线虫的侵染一方面破坏了根细胞结构，致使根系活力下降，并直接影响植株对各种营养元素的吸收；另一方面诱导植株自身的抗性反应，导致一些酶的活性异常，细胞膜的透性改变，各种物质的合成与代谢紊乱而造成的。具体机理有待深入研究。

花生根结线虫病引起花生根和茎叶激素含量变化，可能是花生根结线虫病导致花生形成根结和黄化矮缩等症状的主要内因。因为 IAA 含量和 CTK 活性的提高，刺激了细胞分裂和分化，导致细胞增生，形成根结和产生须根；GA_3 含量的减少抑制了植株茎的伸长，使感病花生植株矮化；ABA 活性提高也对植株细胞的生长产生抑制作用，并加速植株的衰老，使叶片黄化脱落。

表 2 - 8　花生根结线虫病对花生植株 IAA、GA_3、CTK、ABA 活性的影响

处　理	m_{IAA}（μg）	m_{CA_3}（μg）	$D_{650-520}^*$	活性（ABA）（%）
病株根	6.40	3.26	0.06	110
健株根	3.29	14.79	0.04	88
增减率（%）	94.53	−77.96	48.81	25
病株茎叶	14.11	4.13	0.10	142
健株茎叶	9.97	4.63	0.05	104
增减率（%）	41.52	−10.90	90.20	36.54

* 表示 CTK 的活性。

3. 根结线虫的寄主

已知北方根结线虫的寄主有 550 种。主要危害番茄、葱、洋葱、甘蓝、萝卜、芥菜、菠菜、冬瓜、南瓜、甜瓜、甜菜、苜蓿、三叶草、草莓、蔷薇、花生、大豆、绿豆、菜豆、除虫菊等。

已知花生根结线虫的寄主有 330 种。包括蔬菜和食用作物（如茄子、抱子甘蓝、甘蓝、胡萝卜、芹菜、苦菊、莴苣、豌豆、辣椒、马铃薯、菠菜、甘薯和番茄、葫芦类）、禾谷类（如大麦、燕麦、玉米、黑麦和小麦）、杂草和豆科牧草（如三叶草、鸭茅）、果类（如香蕉、无花果、葡萄、蜜腺桃）、观赏植物（如秋海棠属、大丽花属、洋地花属、天竺葵属、黄劈属、鸢尾兰属的一些种）、花生、甜菜、烟草及一些棉花品种。

（二）症状

花生根结线虫对花生的地下部分（根、荚果、果柄）均能侵入危害。花生播种后，当胚根突破种皮向土壤深处生长时，侵染期幼虫即能从根端侵入，使根端逐渐形成纺锤状或不规则形的根结（虫瘿），初呈乳白色，后变淡黄至深黄色，随后从这些根结上长出许多幼嫩的细毛根。这些毛根以及新长的侧根尖端再次被线虫侵染，又形成新的根结。这样经过多次反复侵染，使整个根系形成了乱发似的须根团，根系沾满土粒与沙粒，难以抖落。

我国2种花生根结线虫危害形成的根结略有不同。北方根结线虫危害形成的根结如小米粒大小，其上增生大量细根，严重时根密集成簇。在根结上方生出侧根是北方根结线虫侵染的特征（彩图2-23右）。花生根结线虫危害所形成的根结较大或稍大，症状特点为根结与粗根结合，根结大，并包括主根（彩图2-23左）。荚壳上的虫瘿呈褐色疮痂状突起，幼果上的虫瘿乳白色，略带透明状，根颈部及果柄上的虫瘿往往形成葡萄状虫瘿穗簇。

根结线虫主要侵害根系。根的输导组织受到破坏，影响水分与养分的正常吸收运转，致使植株叶片黄化、瘦小、叶缘焦灼，甚至盛花期植株萎缩、发黄。在山东省花生产区，麦收前地上部症状非常明显。到7、8月份伏雨来临，病株由黄转绿，稍有生机，但与健株相比，仍较矮小，生长势弱，田间经常出现一簇簇、一片片病窝。

鉴别这一病害时，要特别注意虫瘿与根瘤的区别（表2-9）。虫瘿长在根端，呈不规则状，表面粗糙，并有许多小毛根，剖视可见乳白色沙粒状雌虫；根瘤则长在根的一侧，圆形或椭圆形，表面光滑，不长小毛根，剖视可见肉红色或绿色根瘤细菌液。此外，花生遭受蛴螬危害或缺肥、重茬，植株亦表现矮小、黄化，但其根系不形成虫瘿，很易与病株区别。

表2-9 花生根结线虫病虫瘿与花生根瘤的区别

虫 瘿	花生根瘤
从根中间向四周膨大	生长在根的一侧
表面有须根，粗糙	表面光滑
内有白色粒状线虫	内有红褐色菌液（新鲜）

（三）病原

1. 形态特征

（1）北方根结线虫（*Meloidoryne hapla* Chitwood）。雌成虫梨形或袋状，乳白色，体长 $360\sim850\mu m$，体宽 $200\sim250\mu m$。唇区口孔六角形，唇盘与中唇不对称，排泄孔位于口针基球后，平均 $2.2\sim2.5$ 倍于头端至口针基部球末长度处，会阴花纹圆至卵圆形，背弓低平，侧线不明显，在尾端区有一明显的刻点区，背腹线纹有时在侧区形成翼。雄成虫蠕虫形，头区隆起，与体躯的界限明显，头帽侧面观圆弧形，口针粗壮，口针基部球圆形，与杆部界限明显，侧区具4条侧线。唇盘与中唇融合，无侧唇，头感器长裂缝状。

幼虫体长 $347\sim390\mu m$，头端平或圆形，唇区唇盘不隆起，侧唇小，头感器明显，排泄孔位于肠前端，半月体紧靠于排泄孔前，直肠不膨大，尾部向后渐变细，常有 $1\sim3$ 个缢痕（图2-23）。

卵排于不规则状的卵囊内，两端宽而圆，似肾形，长 $72\sim130\mu m$，宽 $30\sim45\mu m$。包于形状不规则的棕色胶质卵囊内，一个卵囊有卵 $100\sim300$ 粒。

（2）花生根结线虫 [*Meloidogyne arenaria* Chitwood（Neal）]。雌成虫梨形，乳白色，口针基部球略向后倾斜。会阴花纹圆至卵圆形，背弓中等高度，侧区的线纹无波折，

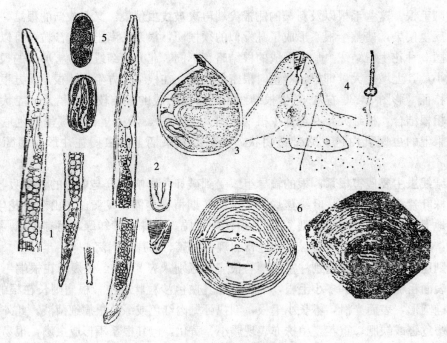

图 2 - 23　北方根结线虫

1. 2 龄幼虫前后部及尾尖　2. 雄虫前、后部及头、层尖端　3. 雌虫体形
4. 雌虫前部及其口针　5. 卵及其分化　6. 雌虫会阴花纹图及照片

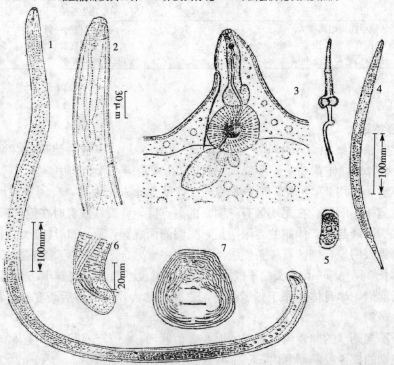

图 2 - 24　花生根结线虫

1. 雄虫全长　2. 雄虫前部　3. 雌虫前部及其口针　4. 2 龄幼虫　5. 卵　6. 雄虫尾部　7. 雌虫会阴花纹

有些纹伸至阴门角。雄成虫蠕虫形，头区低平，唇盘与中唇融合，无侧唇，头感器明显，口针粗壮，侧区 4 条侧纹，导刺带新月形。

幼虫体长 $448\mu m$，口针基部球向前凸出，半月体紧靠于排泄孔前，直肠膨大，尾部向后渐变细，末端尖削，透明尾区具 1～3 个缢痕（图 2-24）。

花生根结线虫与北方根结线虫的主要区别是：M. arenaria 雌虫阴门近尾尖处无刻点，近侧线处有不规则的横纹，雄虫体较长，达 $1800\mu m$；M. hapla 雌虫阴门近尾尖处常有刻点，近侧线处没有横纹。近年来，根结线虫基因组 DNA 和 rDNA 指纹图谱分析技术用于种和小种的鉴定研究取得很大进展。该项技术灵敏、可靠，在根结线虫种、小种的鉴定上有广泛应用前景。

2. 幼虫发育过程

第 1 期（仔虫期）幼虫线状，栖于卵壳内呈 8 字形；第 2 期（侵染期）幼虫，前期线状，无色，透明，头钝，尾稍尖，尾端有不规则缩缢，吻针呈大头针状，食道有 2 个弯曲，活动缓慢，体长 280～$530\mu m$，体宽 12～$23\mu m$，后期豆荚形；第 3 期幼虫，雄虫蠕虫状，雌虫尖辣椒状，均卷曲于旧皮内；第 4 期幼虫，虫体较第 3 期大；第 5 期幼虫，雌、雄虫均包在旧皮内，蜕皮后即成为成熟的雌雄成虫（图 2-25）。

3. 生物学特性

（1）寄主范围广泛。据报道，北方根结线虫可侵染 550 种植物。国内已发现的寄主作物有 16 科 80 余种，野生寄主 19 科 50 余种。花生根结线虫寄主也有 330 种，包括小麦、玉米、大麦、番茄、柑橘等植物。

（2）耐淹性强。将新鲜虫瘿浸泡在水中 135d，仍具一定的侵染力。

（3）不抗干燥。将带有虫瘿的新鲜根、果置于室外阳光下晒干，或室内风干至含水量为8%～10%时，则根、果虫瘿内的线虫均失去侵染力，全部死亡。

（4）耐寒性强。将虫瘿内的线虫放于 $-10℃$ 的冰箱 26h，仍有侵染力。

（5）横向移动与垂直分布。据宋协松等在山东省沙土地观察，4 月下旬至 7 月下旬侵染期幼虫横向缓慢移动，距离有限，最多不过 60cm。但能随大雨后地面流水作远距离移动。在土壤内垂直分布 0～30cm 占 65.5%，30～50cm 占 25.6%，在 1m 以下仍有

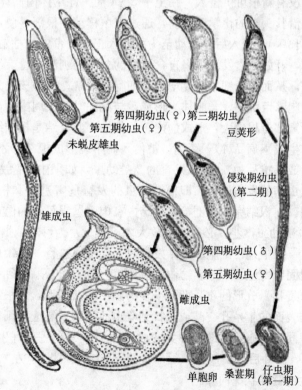

图 2-25　根结线虫生活史

少量线虫存在。

（四）侵染循环与消长规律

1. 侵染来源

花生根结线虫以卵、幼虫在土壤中越冬，包括在土壤和粪肥中的病残根上的虫瘿以及田间寄主植物根部的线虫。因此，病地、病土、带有病残体的粪肥和田间的寄主植物是花生根结线虫病的主要侵染来源。

2. 传播

在很长一段时间内，国内一直认为花生荚果、叶柄上虫瘿内的线虫通过调运远距离传播，因此作为检疫对象，并把检测荚果作为检疫上的主要检测手段。近年来，经山东省花生研究所试验证明，当荚果含水量低于 26.1% 时，线虫全部死亡。因此，荚果是不能传病的。田间传播主要是由病残体、病土、病肥中及其他寄主根部的线虫经农事操作和流水传播。

3. 侵染进程

所有根结线虫的生活史都类似。通常始自 1 个产于雌成虫阴门所排出的胶质基质中的肾形单细胞的卵，几小时内胚胎即开始发育，由单细胞分裂成二细胞、四细胞、八细胞，直到形成 1 具有口针、卷曲在卵腹内的 1 龄幼虫；在卵内蜕第一次皮，成为蠕虫形 2 龄幼虫，从卵内孵出，前端钝粗后部削尖；2 龄幼虫为侵染性幼虫，只有它能去寻根侵入，如果没有新根可供侵入，在土中 3～4 周，耗尽体内储存物后死亡；如果有可供侵入的新根，凭借其头端的化学感觉器，通过土壤移动到根部寻侵，穿刺侵入（一般发生于根冠梢上的伸长区），侵入后即活动至头可插入正在发育的中柱输导组织中，虫体在皮层中即定居不动，开始取食发育。来自食道腺的分泌物刺激维管束细胞增大，增加中柱鞘细胞的分裂速度。从而由于细胞过度增生，细胞壁溶解、细胞核增大和细胞内容物成分改变，导致巨型细胞（巨细胞、合胞体）形成。与此同时，头周围活性细胞更为增生。这些变异通常导致受害部位根增大，形成瘤瘿——根结。此根结是根结线虫侵染成功的标志（此植物才是其寄生或感病品种），否则虽被侵入而不能形成根结即不能产卵繁殖完成生活史（非正常寄生或高抗品种）。侵入发育的 2 龄幼虫，如果中途除去或杀死，则根结即停止形成。根结线虫病的发病过程，即根结线虫的发育危害进程和根结的形成进程的契合，二者互不能缺。在根结完成期剖检，根结内有肉眼勉强可见的白色亮晶粉粒状雌成虫及先白后褐卵团（2 龄幼虫微小，必须高倍放大才可查见）为可靠依据。

在上述巨细胞和根结发育时，幼虫要进行 3 次蜕皮变成成虫。雄成虫幼虫期与雌虫一同固定寄生 2～3 周，并共同度过豆荚形或长颈瓶形的 3 龄期和雌（长颈葫芦形）、雄（长颈袋状）分形的 4 龄期而恢复为线形、活动形，从根结中钻出，在土中游寻至雌虫外露根结表面的生殖孔交配或未找到雌虫而死去。雌成虫则变为鸭梨形（宽达体长的一半）仍保持固定状态，并继续膨大变成近球形，如在适宜寄生品种和温暖条件下，在幼虫侵入根 20～30d 后开始产卵。每雌成虫平均产卵 260 粒左右，多者 500 粒，少者数十粒，因寄生、营养状况而异。

4. 消长规律

　　花生根结线虫的生活周期，因种和生活环境条件而异。北方根结线虫在感染品种和16h光照，白天28℃，晚间20℃的条件下，接种后5d，侵入幼虫继续维持蠕虫形，第6d开始增大，第8d后端变成钝圆形，并且有1穗状尾端物，第11、12d可见第2、3次蜕皮，第13d有少数幼虫完成第4次蜕皮，且有1个包住蜕根结线虫下角质皮的壳，第23d开始产卵，第39d可见第2代幼虫侵染。

　　以花生根结线虫刚孵化的2龄幼虫10 000条，接种于感病品种花生植株根际，植株生长性状与未接种的对照相比，一般都较差，在32.8～39.5℃，侵染根后21d孕卵，32d根内见第2代幼虫。

　　在北京、河北、山东及广东遂溪等地对花生2种重要根结线虫的生活史观察结果：黄河两岸及其以北地区，一季花生大体发生3代；在广东遂溪一季花生可发生3～4代。北方根结线虫在北京地区以在重病田播种发病的首代病株连原根系、根结移栽于无病盆土，在根结处播种接种续代，系统取根的先端染色镜检，追踪2龄幼虫侵入后发育进程及根结形成过程，证明北方根结线虫在一季春花生上所发生的3个世代：第1代从5月4～24日至7月21日，地温（10～20cm深）20.8～30.7℃，历期52～59d；第2代从6月28日至7月26日，延至8月23日，地温25.5～27.6℃，历期29～36d；第3代从8月11日至9月15日，地温20.3～27.8～29.2℃，历期45～47d。另据在山东烟台、蓬莱、威海、文登、青岛和莱西的观察，此线虫一年可完成3代以上。第1代从5月下旬至7月上旬，历时50～60d；第2代从8月中旬，历时32～46d，第3代10月下旬完成，历时44～56d。

　　需要指出，此类线虫只要寄生就能生长新根，有嫩幼根尖组织，随时都可侵入。因此，无整齐世代及世代重叠，先后以个体为单元完成生活周期，特别是第1代之后的代次尤其如此。其次，历期长短变化与适应寄生品种供养状况和地温高低有密切关系。第三，几代之中均以第1代初侵染危害初生根及主侧根，虫量大而集中，芽苗幼弱，又正值旱季，影响最大，是关键危害减产世代，苗黄而小，开花迟而少，均为第1代危害所致；以后2代苗大根多已过花期，又值雨季，损失相对较小，其重要性在于繁殖积累大量卵，为下一年的第1代严重危害准备了充足的初侵染源，亦必须重视。这一结果表明，在对其危害性认识的深化及关键防治时机的确立以及采取防治手段和药物种类、评价药效的依据观念上，均具有新意及实用价值。

（五）发病因素

1. 土壤温、湿度

土壤温度12～34℃时，幼虫均能侵入花生根系，最适温度20～26℃，4～5d即能侵入，地温高于26℃时，侵入困难。土壤含水量70%左右最适宜根结线虫侵入，20%以下或90%以上均不利于根结线虫侵入。土壤内的线虫可随土壤水分的多少上下移动。

2. 土壤质地

花生根结线虫病多发生在沙土地和质地疏松的土壤，尤其是丘陵山区的薄沙地、沿河两岸的沙滩地，发病严重。沙土地土温较高，通透性和返潮性较好，瘠薄地不利线虫天敌繁衍滋生，因此有利线虫生长发育、生存和大量繁殖。通气性不良的黏质土不利根结线虫的生长发育。

3. 耕作制度

常年连作地发病重，与非寄主作物轮作地发病轻，生茬地种植花生则很少发病。

4. 野生寄主

花生地内外寄主杂草多少以及受根结线虫的危害程度，与病害的发生轻重有密切关系。野生寄主多，发病重，反之则轻。

5. 水流及灌溉

花生根结线虫病田内的线虫及病残体可随雨水径流和灌溉水转移到无病地，是此病害扩展蔓延的主要途径。因此，河流两岸的花生地、下水头地及过水地发病严重。

6. 农事活动

病土和病残株随人、畜、农具携带而传播。用病残株沤粪积肥，施入无病地，亦使病害扩大蔓延。

（六）防治方法

1. 综合农艺措施

（1）轮作减轻病害。北方花生产区实行花生与玉米、小麦、大麦、谷子、高粱等禾本科作物或甘薯实行 2～3 年轮作，能大大减轻土壤内线虫的虫口密度；轮作年限越长，效果越明显。

（2）深翻改土，多施有机肥，减轻病害。通过创造花生良好的生长条件，增强抗病力，减轻病害，特别是增施鸡粪。据山东省花生研究所宋协松试验，鸡粪有明显防治线虫病的效果。干燥致死或减轻病害。利用其不抗干旱特性，花生收获时进行深刨，可把根上线虫带到地表，通过干燥消灭一部分线虫。健全排水系统、不用有线虫的土垫栏、彻底清除田内外的寄主杂草，都可减轻线虫危害。

据刘奇志等研究，花生田轮作物小麦和玉米，共设 3 个处理：A. 单施尿素 600kg/hm²；B. 常量化肥＋粉碎的作物秸秆（8t/hm²）；C. 常量化肥＋粉碎的作物秸秆（8t/hm²）＋有机肥（猪粪 30m³/hm²），不施肥为对照（CK）。随机排列，重复 6 次。分别取各处理 0～20cm 土壤，采用改良贝尔曼漏斗法分离线虫。结果：不同施肥处理对土壤中植物线虫的数量有明显变化（图 2-26）。作物生长期间（4～9 月）线虫总数量依次为 A（640 条）＞B（538 条）＞C（466 条）＞CK（380 条）。结果表明，化肥诱发植物线虫，有机肥能抑制植物线虫发生。

2. 抗病品种

选育和应用抗性品种是花生根结线虫病防治的重要途径。山东省花生研究所徐秀娟等先后利用自然病圃对山东、河南、北京等地目前推广应用的 50 余个花生良种（系）进行了高产抗病性

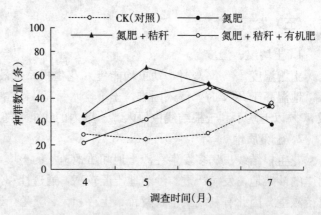

图 2-26　有机肥与化肥对土壤植物线虫的影响

鉴定。从鉴定品种中筛选出高抗花生根结线虫病的品种鲁花9号和79-266。几年的鉴定结果表明,目前推广应用的花生不同品种(系)对花生主要病害的抗病性存在显著差异。一是内在抗性机制差异,表现在相同条件下不同品种表现的差异。二是外部条件影响造成的差异,同一品种不同年份即不同条件下,同一品种抗性表现的差异比较明显。三是同一品种在同样条件下对不同病害抗性程度表现不一,其机制与防御酶系密切相关。

美国已在野生花生种中发现对北方根结线虫和花生根结线虫高抗的材料,并致力于通过种间杂交获得抗病的花生品种;在栽培资源中也发现了对花生根结线虫中抗的花生品种。国内经多年在自然病圃对花生种质资源筛选鉴定发现,不同花生类型、品种对北方根结线虫有明显的抗性差异,已选出2份高抗、3份中抗资源作为亲本用于抗病育种。除常规抗病育种外,国外近年从番茄中克隆获得抗根结线虫的 Mi 基因,并开展抗性的分子机制研究,为通过基因工程技术选育抗根结线虫品种提供了新的途径。

3. 生物防治

山东省花生研究所徐秀娟等用海洋生物制剂农乐1号15kg/hm² 加物理保护剂无毒高脂膜 SC 27.5kg/hm² 拌种,防治花生线虫病,使种子表面形成一层超薄保护膜,防病效果66.39%,增产效果11.72%。防治时应注意群防、联防,否则随田间径流、人、畜、农机具携带,互相传播,难以奏效。

国外应用淡紫拟青霉菌(*Paecilomyces lilacinus*)和厚垣孢子轮枝菌(*Verticillium chlamydosporium*)明显降低花生根结线虫群体,并消解其卵。国内调查,卵寄生真菌对花生根结线虫的自然寄生率一般5%左右,有的高达10%以上,甚至30%。1989年引用国外淡紫拟青霉对北方根结线虫的田间试验结果,前期卵寄生率达18.7%~63%,后期19.4%~21.1%。此外,近年来研究发现,根际细菌如 *Pseudomonas* spp. 和 *Agrobacterium* spp. 属的一些种能抑制根结线虫卵的孵化和2龄幼虫的生长。

第四节　花生病毒病

据报道,在世界范围内自然侵染花生的病毒有28种,分属7个病毒科和12个病毒属。其中经济上重要的9种,分属4个病毒科和6个病毒属,包括1种由2种病毒复合侵染引起的花生丛簇病害。这9种花生病毒引起8种重要的花生病害。其基本特性和地理分布见表2-10。

表 2-10　世界范围内经济上重要的花生病毒基本特性和地理分布

病毒名称	科、属	基本特性			地理分布	在花生上首次报道的文献
		粒体形态	传毒介体	种传率		
花生条纹病毒 *Peanut stripe virus*	马铃薯Y病毒科 *Potyviridae*	线状,750nm 左右	蚜虫,非持久性方式传播	1%~5%	东亚和东南亚	*Xu et al.*, 1983, Demski *et el.*, 1984
花生斑驳病毒 *Peanut mottle virus*	马铃薯Y病毒属 *Potyvirus*	线状,750nm 左右	蚜虫,非持久性方式传播	1%~2%	美国等世界范围,未见我国报道	Kuhn, 1965

（续）

病毒名称	科、属	基本特性			地理分布	在花生上首次报道的文献
		粒体形态	传毒介体	种传率		
黄瓜花叶病毒 Cucumber mosaic virus	雀麦花叶病毒科 Bromoviridae	球状，直径30nm左右	蚜虫，非持久性方式传播	1%～2%	中国、阿根廷	许泽永等，1984；Xu et al.，1984
花生矮化病毒 Peanut stunt virus	黄瓜花叶病毒属 Cucumovirus	球状，直径30nm左右	蚜虫，非持久性方式传播	0.1%以下	中国、美国等	Miller and Troutman，1966
番茄斑萎病毒 Tomato spotted wilt virus	布尼亚病毒科 Bunyaviridae	球状，直径80～120nm，有脂质包膜	蓟马	非种传	美国、澳大利亚等	Coster，1941
花生芽枯病毒 Peanut bud necrosis virus	番茄斑萎病毒属 Tospovirus				印度和南亚、东南亚国家	Reddy et al.，1992
花生丛簇病毒 Groundnut rosette virus	形随病毒属 Umbravirus	单链 RNA，全长 4 000nt	被 GRAV 粒体包裹，蚜虫	非种传	由 2 种病毒及卫星 RNA 病原复合体引起的花生丛簇病，仅发生在非洲	Zimmerman，1907
花生丛簇协助病毒 Groundnut rosette assistor virus	黄症病毒科 Luteoviridae 黄症病毒属 Luteovirus	球状，直径约26nm	蚜虫，持久性方式	非种传		
花生丛矮病毒 Peanut clump virus	花生丛矮病毒属 Pecluvirus	杆状，长190nm 和245nm，宽21nm	禾谷多黏菌（Polymyxs graminis）传播	5%～6%	非洲	Thouvenel，1976
印度花生丛矮病毒 Indian peanut clump virus					印度	Reddy et al.，1983

花生病毒病是影响我国花生生产发展的重要病害。20 世纪 70 年代以来在北方花生产区多次暴发大面积流行，给生产带来严重损失。一般年份引起花生减产 5%～10%，大流行年份减产 20%～30%。如 1976 年山东、河北、江苏和辽宁省病毒病大流行，花生单产比前一年减少 20%～50%，总产减少 31.8%。1986 年病害再度大流行，重病区唐山市 8万 hm² 花生减产 36%。在我国，已鉴定并报道的危害花生的有 4 种病毒。分别是花生条纹病毒（Peanut stripe virus，PStV）、黄瓜花叶病毒（Cucumber mosaic virus，CMV）、花生矮化病毒（Peanut stunt virus，PSV）和辣椒褪绿病毒（Capsium chlorotic virus，CaCV）。它们分别引起花生条纹病害、花生黄花叶病害、花生矮化病害和花生芽枯病害。

花生条纹病害、黄花叶病害和矮化病害发生和流行于包括山东、河南、河北、江苏、安徽和辽宁等北方花生产区，给生产造成严重损失，花生芽枯病害主要发生在广东、广西等南方花生产区，对生产带来潜在威胁。PStV、CMV 和 PSV 均通过花生种子传播，被蚜虫以非持久方式在田间传播。种子传播引起花生幼苗发病是 PStV 和 CMV 2 种病毒病害的主要初侵染源。由于种传率高，病害发生早，在田间扩散快，这 2 种病害均属于常发病害。PSV 引起的病害种传率低，病害流行频率低于前 2 种病害。CaCV 主要通过蓟马传播，目前尚未见在我国花生上暴发流行的报道。

除上述 4 种病毒病外，本节也介绍由植原体引起的花生丛枝病。该病害历史上曾被认为是病毒病，与非洲发生的花生丛簇病相混淆。由叶蝉传播，广泛发生在南方花生产区，其经济重要性大于花生芽枯病害。

一、花生条纹病毒病

（一）分布与危害

由花生条纹病毒（*Peanut stripe virus*，PStV）引起的花生条纹病毒病，又称花生轻斑驳病毒病。广泛分布于包括中国、印度尼西亚、马来西亚、日本、泰国和越南等东亚和东南亚花生生产国。近年，PStV 传播到美国、印度和塞内加尔，引起国际社会的关注。

该病害是我国花生上分布最广泛的一种病毒病害，广泛流行于北方花生产区。20 世纪 80 年代调查，山东、河北、辽宁、陕西、河南、江苏、安徽和北京等省、直辖市花生产区，一般发病率 50% 以上，不少地块达到 100%。在南方和多数长江流域花生产区，仅零星发生。

PStV 存在不同症状类型株系。在中国占优势的轻斑驳株系，由于引起花生症状较轻，不易引起人们重视，但早期感病可造成 20% 左右花生产量损失。病害流行范围广，发生早，发病率高，是影响我国花生生产的重要病毒病。

在我国，PStV 自然侵染寄主还有大豆、芝麻和鸭跖草。在花生和大豆、芝麻混作地区，PStV 可以从花生传到邻近的大豆、芝麻，给大豆和芝麻生产造成损失。

（二）症状

在田间，种传花生病苗通常在出苗后 10～15d 内出现，叶片表现斑驳、轻斑驳和条纹，长势较健株弱，较矮小，全株叶片均表现症状（彩图 2-24）。受蚜虫传毒感染的花生病株开始在顶端嫩叶上出现清晰的褪绿斑和环斑，随后发展成浅绿与绿色相间的轻斑驳、斑驳、斑块和沿侧脉出现绿色条纹以及橡树叶状花叶等症状（彩图 2-25）。叶片上症状通常一直保留到植株生长后期。

不同类型花生品种症状表现存在差异。白沙 1016 等珍珠豆型品种感病后叶片稍皱缩，症状比普通型花生品种明显，花 37 等普通和中间型品种症状较轻，引进的一些国外多粒型花生品种则产生明显的环斑症状。该病害症状通常较轻，除种传病苗和早期感染病株外，病株一般不明显矮化，叶片不明显变小。病毒坏死株系引起花生叶脉坏死并产生黄斑，叶柄下垂，严重时顶芽坏死，叶片脱落，植株明显矮化，在田间仅零星发生。

（三）病原与特性

该病害病原是花生条纹病毒（*Peanut stripe virus*，PStV）。在我国曾报道为花生轻斑驳病毒（*Peanut mild mottle virus*，PMMV），属马铃薯 Y 病毒科（*Potyviridae*），马铃薯 Y 病毒属（*Potyvirus*）。PStV 病毒粒体为线状，长 750～775nm，宽 12nm（图 2-27）。病毒体外稳定性状：致死温度 55～60℃，稀释限点 $10^{-3}～10^{-4}$，存活期限 4～5d。

PStV 主要侵染豆科植物。国内外报道，除花生外，PStV 在自然条件下还能侵染大豆、芝麻、长豇豆、扁豆（*Dolichos lablab*）、鸭跖草（*Commelina communis*）、白羽扇豆（*Lupinus albus*）等 17 种植物。在大豆和芝麻上分别引起花叶和黄花叶等症状。

在人工接种情况下，PStV 还侵染望江南（*Cassia occidentalis*）、决明（*Cassia tora*）、绛三叶草（*Trifolium incarnatum*）、克利夫兰烟（*Nicotiana. clevelandii*）、白氏烟（*N. benthamiana*）、苋色藜（*Chenopodium amaraticolor*）、灰藜（*C. graucum*）、

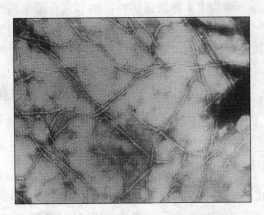

图 2-27 花生条纹病毒粒体电镜照片
（许泽永等，1983）

昆诺藜（*C. quinoa*）、葫芦巴（*Trigonella foenum-graerum*）、绿豆（*Phaseolus radiata*）、紫云英（*Astragalus sinicus*）等植物。

花生、大豆、苋色藜可作为鉴别寄主区分我国花生上 CMV-CA、PStV、PSV-Mi 和 CaCV 的 4 种病毒（表 2-11）。

表 2-11　我国 4 种花生病毒在鉴别寄主上的反应

病　毒	鉴别寄主反应（接种叶/系统症状）		
	苋色藜	大豆（品种：猴子毛）	花　生
CMV-CA	LLc. n/—	—/—	—/YMo
PStV	LLc. n/—	—/Mo	—/Mot、Str
PSV-Mi	LLc. n/Mo	—/Mo、Stu	—/CMo
CaCV	LLc. n/—	LLc/Mo	LLc. n/Ys、N

注：LLc：局部褪绿斑；LLc. n：局部褪绿和坏死斑；Mo：花叶；Mot：斑驳；YMo：黄花叶；CMo：普通花叶；Str：条纹；Ys：黄斑；N：坏死；—：无症状。

CMV-CA 在苋色藜上产生针尖大小褪绿和坏死斑，接种 2～3d 后出现；PStV 在苋色藜上产生较大褪绿斑（2～3mm），接种 1 周后出现；PYSNV 在苋色藜上产生褪绿和坏死斑较小，周围有红色晕圈。

PStV 在病组织细胞质内产生卷筒类型风轮状内含体，归类于 Edwardson 划分的 *potyvirus* 属病毒内含体类型 I。在血清学性质上，PStV 与菜豆普通花叶病毒（BCMV）、黑眼豇豆花叶病毒（BlCMV）、大豆花叶病毒（SMV）、三叶草黄脉病毒（CYVV）和赤豆花叶病毒（AzMV）有明显亲缘关系，与花生斑驳病毒（PMV）无血清学亲缘关系。

PStV 通过花生种子和蚜虫以非持久方式传播。花生种子子叶和胚均带毒，种皮通常不带毒。花生种传率较高，达 0.5%～5.0%。

PStV 基因组为正、单链核酸，全长 10 059nt，含 1 个大的阅读框架（ORF），被转译成单个的聚蛋白，加工后产生的 8 种蛋白其大小为：P1 蛋白，48ku；HC-Pro 蛋白，51ku；P3 蛋白，38ku；CI 蛋白，70ku；NIa-VPg 蛋白，21ku；NIa-Pro 蛋白，27ku；NIib 蛋白，57ku；CP 蛋白，32ku，并推导了 P3 和 CI 蛋白间的 2 个 6ku 蛋白。PStV 基因组含有其他 *Potyvirus* 属病毒一致的保守序列，但特殊的是 P1 蛋白碳端的氨基酸保守

序列由 *Potyvirus* 属病毒基本一致的 FI（V）VRG 变为 FMIIRG。

PStV *cp* 基因和 3′端 UTR 区段序列同源性存在着变异，株系地域间遗传变异明显大于地域内。以 *cp* 基因为例，地域间如泰国和印度尼西亚变异为 4.9%～7.3%，中国和泰国为 4.5%～6.3%，中国和印度尼西亚为 2.3%～3.1%，都存在比较大的变异。地域内变异相对较小，中国为 0%～1.0%，印度尼西亚为 0%～2.1%，泰国为 0.1%～3.3%。上述分析表明 PStV 在上述国家和地区是独立进化的。

有关 PStV 在马铃薯 Y 病毒属内的归属，McKern 等（1992）依据高分辨率的液相色谱对壳蛋白（CP）多肽组成分析，首次将 PStV、BICMV、AzMV 与 BCMV 部分株系划为同一种病毒，仍称作菜豆普通花叶病毒（BCMV）；另一些 BCMV 株系称为菜豆普通花叶坏死病毒（BCMNV）。随后研究表明，PStV 与 BCMV、AzMV、BICMV 等病毒 *cp* 基因序列同源性稍低于 90%，CP 氨基酸序列同源性在 90% 左右，而 CP/3′UTR 核苷酸序列同源性高于 90%，证实可以将 PStV 划作 BCMV 的一个株系，称为 BCMV 花生条纹株系。但在应用上，目前仍习惯称作花生条纹病毒。

（四）侵染循环与消长规律

PStV 通过带毒花生种子越冬。种传花生病苗是病害主要初侵染源。春季，病害通常在花生出苗 10d 后发生，这时多为种传病苗。PStV 种传属胚感染型，花生子叶和胚均受病毒感染，而种皮很少检测到病毒。种传率受品种、病害感染早晚等因素影响，是影响病害消长的重要因素之一。

病毒被蚜虫以非持久性传毒方式在田间传播。在不同的蚜虫传毒试验中，豆蚜传毒效率 50%～100%，桃蚜 90%，棉蚜 33%。蚜虫传播效率高，但传播距离短。据观察，生长季内 PStV 传播距离通常在 100m 以内。发病初期可观察到由种传病苗形成的发病中心，然后迅速在全田扩散。据北京、徐州和武昌等地观察，病害在花生花期形成发病高峰，随流行年份不同，历时半个月至一个多月达到 80% 以上发病率。花生上的 PStV 同时向邻近的大豆、芝麻以及地内外的杂草寄主植物传播。花生生长前期蚜虫发生和活动直接影响病害田间扩散，是影响病害流行的重要因素，这一时期气象因素通过影响蚜虫发生而影响病害流行。

（五）发病条件

该病害属常发性流行病害。年度间流行程度受种子带毒率、蚜虫活动、品种抗性以及气象因素等影响。

1. 种传

PStV 种传率高低直接影响病害流行程度。种传高的地块，发病早，病害扩散快，损失也重。病毒种传率高低受花生品种、病毒侵染时期影响。海花 1 号等普通型或其他型花生品种种传率低，白沙 1016 等珍珠豆型品种种传率高。早期发病花生种传率高，开花盛期以后发病花生种传率明显下降。地膜覆盖花生病害轻，种传率也低。大粒种子带毒率低，小粒种子带毒率高。

2. 蚜虫

试验证明，豆蚜、桃蚜等多种蚜虫均能以非持久性传毒方式传播病毒。花生田间蚜虫发生早晚、数量及活动程度与病害流行程度密切相关。据江苏徐州观察，1979年、1981年和1982年花生苗期30株花生植株最高蚜量分别为273头、597头和360头，病害严重流行，花生出苗后26～28d达到50%发病率；而1980年和1983年同期发生最高蚜量分别为2头和3头，病害发生轻，历时50d和58d达到50%发病率。传播病毒的主要是田间活动的有翅蚜。1990年武昌花生上很少见到蚜虫，但在田间苗期却能诱到较多有翅蚜，病害在播后80d达到100%发病率。

3. 气象因素

在气象因素中，花生苗期降雨量与蚜虫发生和病害流行密切相关。凡花生苗期降雨多的年份，蚜虫少，病害也轻；反之，病害则重。以湖北武昌为例，1983年、1984年和1985年花生苗期降雨量分别为191.5mm、85.8mm和246mm，这3年分别为病害中度、严重和轻度流行年。

4. 花生品种和病毒株系

花生品种对PStV感病程度存在差异。一般来说，海花1号、徐州68-4、花37等普通或中间型品种感病程度低，种传率也较低，田间发病较迟，病害扩散较慢；而伏花生、白沙1016等珍珠豆型品种感病程度高，种传率高，发病早，扩散快。

PStV存在引起花生不同类型症状的株系。国外根据7个国家搜集的24个PStV分离物在一组花生品种和鉴别寄主植物上的反应，划分为轻斑驳、斑块、条纹、斑块-条纹、斑块-CP-N、褪绿斑驳、褪绿条纹和坏死8种症状变异株系，但这些症状变异株系血清学性质上无明显差异。国内报道有轻斑驳、斑块和坏死株系。以轻斑驳株系种传率高，发生普遍；斑块株系引起花生较重病症，损失较大；而坏死株系仅零星发生。

5. 小生态环境

靠近村庄、果园、菜园或杂草多的花生地，蚜虫多，病害也重。

（六）病情测报

杨永嘉等根据1979—1985年徐州7年病害和蚜虫观察资料建立病害流行预测式：$Y=19.1756+0.544X_1-0.2662X_2+1.72$（$Y$=出苗至50%发病率的日距，$X_1$=出苗后20d内总雨量，$X_2$=出苗后20d内最高蚜株率）。经检验，7年历史符合率为100%。

（七）防治

（1）应用感病程度低、种传率低的花生品种，如花37、豫花1号、海花1号等，逐步淘汰感病重、种传率高的花生品种，可减轻病害发生。国内外曾对近万份花生种质资源进行筛选，均未在栽培花生资源中发现对PStV免疫和高抗的材料。在野生花生资源中抗性差异显著，多数材料不抗病，但 *Arachis glabrata* PI262801和PI262794两份材料对PStV免疫。

对PStV种传的抗性存在明显差异。在近千份花生资源材料中，PStV种传率变异幅度为1%～50%，多数材料为5%～20%，未发现不种传材料。通常珍珠豆型花生种传率高，普通型花生较低。试验表明种传特性是可遗传的。

应用转基因技术选育抗病转基因花生是研究的热点。澳大利亚和印度尼西亚科学家合作将 PStVcp 基因通过基因枪技术导入印尼 Gajah 花生品种，获得对 PStV 高抗的转基因品系。由于导入经改造的 cp 基因不能转译蛋白，被认为是 RNA 介导的抗性。国内也开展了相关研究，但应用转基因抗性花生品种仍要经历一段较长的过程。

（2）应用无毒种子与毒源隔离 100m 以上可获得良好防病效果。无毒种子可由无病地区调入或在本地隔离繁殖。轻病地留种或播前粒选种子，减少种子带毒率，也可减轻花生条纹病害发生。

（3）在我国，应用地膜覆盖既是一项丰产栽培措施，又具有驱蚜和减轻花生条纹病害的作用。

（4）清除田间和周围杂草，减少蚜虫来源并及时防治蚜虫。

（5）病害检疫。我国南方花生产区该病仅零星发生，应防止从北方病区向南方大规模调种，将病毒带到南方。

二、花生黄花叶病毒病

由黄瓜花叶病毒（*Cucumber mosaic virus*，CMV）引起的花生黄花叶病毒病，又称花生花叶病毒病。早在 1939 年，俞大绂报道了江苏和山东的花生病毒病，对花叶病毒病的症状作了描述。20 世纪 50 年代，周家炽和蔡淑莲对北京花生花叶病病原病毒做了初步鉴定。

（一）分布与危害

该病害分布于辽宁、河北、山东和北京等省、直辖市，主要在河北唐山市、秦皇岛市，辽宁大连市、锦州市，山东烟台市、威海市以及北京市郊县等沿渤海湾花生产区流行危害，属多发性流行病害。流行年份发病率可达 80％以上，并常和花生条纹病毒病混合流行。除我国外，近年阿根廷报道了 CMV-花生株系（Pe）在花生上的流行和危害。

病害对花生长和产量影响显著，早期感病花生减产 30％～40％。该病害已成为产区花生生产发展的限制因素。

（二）症状

我国发生的 CMV-CA 株系通常引起花生典型黄绿相间的黄花叶症状。CMV-CA 种传病苗通常在出苗后即表现黄花叶、花叶症状，病苗矮小。受 CMV-CA 侵染花生病株开始在顶端嫩叶上出现褪绿黄斑，叶片卷曲。随后发展为黄绿相间的黄花叶、花叶、网状明脉和绿色条纹等各类症状（彩图 2-26）。通常叶片不变形，病株中度矮化。病株结荚数减少，荚果变小。病害发生后期有隐症趋势。

在阿根廷发生的 CMV-Pe 株系引起花生严重矮化，叶柄变短，叶片变小、畸形，表现褪绿斑驳，结荚数减少，荚果变小。

（三）病原

该病害病原是黄瓜花叶病毒（*Cucumber mosaic virus*，CMV），属雀麦花叶病毒科（*Bromoviridae*），黄瓜花叶病毒属（*Cucumovirus*）。CMV 是经济上重要的病毒，遍布世界各地。危害葫芦科、茄科、豆科、十字花科等多种作物、蔬菜和花卉植物，造成重大经济损失。CMV 存在众多株系，但多数株系不侵染花生。侵染花生的 CMV 株系在我国首次发现，定名为中国花生（China Arachis，CA）株系，简写为 CMV - CA。CMV - CA 为球状粒体（图 2 - 28），平均直径 28.7nm，体外存活期限 6～7d，致死温度 55～60℃，稀释限点 10^{-2}～10^{-3}。

CMV - CA 有广泛寄主。在人工接种条件下，CMV - CA 能侵染 6 科 32 种植物。与多数 CMV 株系不同，CMV - CA 对豆科植物致病力强，可以系统侵染花生、望江南、绛三叶草、长豇豆、菜豆、刀豆、扁豆、豌豆、蚕豆、甜菜、菠菜、茄子、玉米、金甲豆（*Phaseolus lunatus*）、克利夫兰烟、白氏烟、普通烟、心叶烟、欧氏烟（*N. occidentalis*）、酸浆（*Physaris floridana*）、千日红（*Ganphrena globosa*）、长春花（*Vinca rosea*）、百日菊（*Zinna el-egans*），引起花叶、黄花叶、坏死和矮化等病变。隐症感染番茄和黄瓜，局部侵染白藜、苋色藜、昆诺藜、绿豆、曼陀罗，在接种叶上产生褪绿斑和坏死斑。不侵染大豆、小麦、白三叶草、红三叶草、杂三叶草。

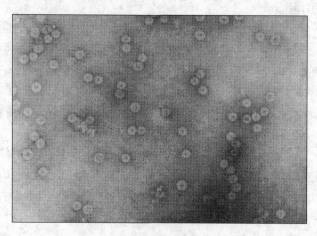

图 2 - 28　CMV-CA 粒体电镜照片
（许泽永等，1984）

CMV - CA 通过花生种子传播和包括豆蚜（*Aphis craccivora*）、桃蚜（*Myzus persicae*）等多种蚜虫以非持久性方式传播，田间花生病株种子种传率 1.3% 左右。

早期依据血清学亲缘关系，将众多 CMV 株系归属于 DTL 和 ToRS 2 个血清组，CMV - CA 属于 CMV 的 DTL 血清类型，与 PSV - Mi、E 株系、TAV 有血清学关系，而与 PSV - W 株系无血清学关系。

CMV - CA 基因组正、单链 RNA，由三组分构成。CMV - CA RNA1 全长 3 356nt，含 1 个阅读框架（ORF），编码分子量 111kDa 的 1a 蛋白。RNA2 全长 3 045nt，含 2 个 ORF，编码分子量 96.7kDa 的 2a 蛋白和 13.1kDa 的 2b 蛋白。1a 和 2a 蛋白与病毒核酸复制相关。RNA3 全长 2 219nt，含 2 个 ORF，编码分子量 30.5kDa 的 3a 蛋白和分子量 24kDa 的外壳蛋白（CP）。3a 蛋白与病毒在细胞间的运转相关。此外，含有亚基因组 RNA4、RNA4A 和 RNA5，RNA4 编码病毒壳蛋白。近年发现的源于 RNA2 的亚基因组 RNA4A，编码 2b 蛋白与病毒的远距离运转和病毒致病性相关。

近年，根据核酸序列同源性将 CMV 划分为Ⅰ、Ⅱ 2 个亚组，依据 RNA3 5′UTR 结构以及 5′UTR 和 CP 系统进化树分析，进一步将亚组Ⅰ划分为亚组 IA、IB 2 个亚组。CMV-CARNA1 与 CMV 亚组 IACMV-Fny、亚组 IB CMV-SD、亚组Ⅱ CMV-Q 株系序列同源性分别为 91.3%、91.1%和 76.5%，RNA2 分别为 92.1%、90%和 71.2%，RNA3 分别为 96.1%、92.6%和 74.5%；与同属花生矮化病毒 ER 株系 RNA1、2、3 序列同源性分别为 67.1%、58.2%和 55.7%。对 CMV-CARNA3 5′UTR 和 CP 系统进化树分析表明，CMV-CA 属 CMV IB 亚组。在 24 个来源于世界各地的 CMV 株系中，CMV-CA 与来源于我国的 CMV 株系 SD、K 遗传关系最近。

在花生田间发现少量的 CMV 强毒力株系（CS），CMV-CS 引起花生严重矮化。

CMV-CS 和 CA 株系血清学关系亲近。CMV-CSR NA1 和 2 全长分别为 3 356nt 和 3 045nt 与 CA 株系大小相一致，RNA3 全长 2 212nt，比 CA 株系少 7nt。CS 和 CA 株系 RNA1、2 和 3 的同源性分别为 98.4%、98.9%和 96.7%，高于与 CMV 株系 SD、K 的 RNA 序列同源性，说明 2 个侵染花生的 CMV 株系遗传关系更为亲近。

发生在阿根廷的 CMV-Pe 株系属于 CMV 亚组Ⅱ，CMV-Pe CP 蛋白与 CMV 亚组Ⅱ 的 Q、WL、S 和 LS 株系氨基酸序列同源性高达 97.7%～99.5%，与亚组Ⅰ Fny、D、M、Ny 和 CS 株系同源性为 77.1%～79.4%。

（四）侵染循环与消长规律

CMV—CA 通过花生种传，以带毒花生种子越冬。北京市密云县调查，除菜豆外，未发现其他蔬菜、杂草上 CMV 株系能侵染花生，带毒种子成为翌年病害主要初侵染源。田间调查表明，种传率 0.5%～4%。种传率高低与花生品种、病毒侵染时期和地块发病程度相关。CMV—CA 通过种传花生病苗出土后即表现症状。由于在田间发生早，较高种传率提供了大量的毒源，因此当蚜虫发生早、发生量大时，病害会迅速在田间传播、流行。在病害流行年份，花生花期即可形成发病高峰，迅速达到 50%以上发病率。

（五）发病条件

1. 种子带毒

CMV-CA 种传率较高。北京市密云县调查，从病地收获的花生种子，CMV‑CA 种传率 0.1%～4.2%，平均 1.7%。种传率高低和感病早晚相关。花针期发病花生种传率高达 3.3%～4.4%，结荚期降到 0.4%～1.9%，饱果期为零。覆膜地花生病害轻，病毒种传率也低，检测 12 批种子，种传为 0%～2%，平均 0.9%，而露地花生种传率 1.7%～4.2%，平均 3%。种传高低直接影响病害流行程度。田间病毒种传率高，病害发生早、扩散快，损失也重。

2. 蚜虫

豆蚜、大豆蚜、桃蚜和棉蚜对 CMV-CA 均有较高传毒效率，而麦长管蚜和禾谷缢管蚜传毒效率较低。花生地蚜虫发生早、发生量大，病害流行严重；反之，发生则轻。北京市密云县 1986 年花生出苗即见蚜虫，6 月上旬百株花生蚜量高达 1 670 头，造成病害严重流行，发病率高达 95％。1987 年和 1990 年，花生上蚜虫始见期推迟 20d，同期百株花生蚜量分别为 238 头和 30 头，病害发生显著减轻，发病率分别为 32％和 5.9％。

3. 品种

花生品种对 CMC-CA 的抗性存在差异。调查表明，覆膜条件下，鲁花 11 和 1-10 品系平均发病率分别为 4.5％和 2％，相邻地块鲁花 10 号平均发病率 30％；露地栽培条件下，鲁花 11 发病率 23％，相邻地块白沙 1016 和福早 1 号发病率 94％。田间小区诱发鉴定，属于抗性品种弱感的有鲁花 11、中花 3 号和鲁花 14（发病率低于 30％），而多数品种属于中感（30％～50％发病率），占参试品种的 72.3％，属于高感的（高于 50％发病率）7 个，占参试品种的 19.4％。

61 份野生花生在人工接种鉴定条件下，*Arachis glabrata* PI 262801 和 PI 262794 两份材料表现免疫，*A. sp.* PI338454 高抗（发病率 10％以下），32 份材料表现中抗（发病率 10％～30％以下），其余为中、高感品种。

在田间发现引起花生严重矮化的 CMV 强毒力株系，称 CS 株系。该株系田间少见。CMV-CS 感染病株严重矮化，中、上部叶片显著变小，顶端叶片皱缩、畸形，伴有花叶、斑驳和坏死褐斑等症状。CMV-CS 寄主范围和 CA 株系相似，对豆科植物致病力强，但不侵染大豆，隐症感染黄瓜和番茄；蚜传效率低于 CA 株系，在收获的 22 粒种子中未发现种传；血清学性质和 CA 株系非常相近，在琼脂扩散血清试验中，2 株系形成的沉淀带相融合。

4. 气象因素

分析北京市密云县 1985—1990 年气象资料，花生苗期降雨量、温度与这一时期蚜虫发生、病害流行密切相关。花生苗期降雨少、温度高年份，如 1986 年，降雨量仅 13.1mm，日均温度 22℃，蚜虫发生量大，病害严重流行；雨量多、温度偏低年份，如 1987 年，降雨量 91.2mm，日均温度 19.7℃，蚜虫发生少，病害偏轻。

（六）防治

1. 应用无（低）毒种子

该病害目前仅在北方局部地区流行，可由无病区调入无（低）CMV 病毒种子。北京密云县 1987 年从外地调入无 CMV 病毒种子，在隔离区扩大繁殖，次年提供全县 333.3hm² 花生用种，对减轻病害起到重要作用。1988 年和 1989 年，该县庄禾屯农场应用无 CMV 病毒种子，覆膜栽培，病害始见期推迟 1 个月，发病率为 19.9％和 9.2％；而邻近对照地发病率高达 75.6％和 95％。此外，自轻病地留种也可以减少毒源，减轻病害发生。

2. 合理利用抗病品种

花生品种对黄花叶病毒病抗性存在明显差异，病区应推广使用鲁花 11、14 等具有田间抗性的品种，淘汰感病品种，可以减少病害发生，减轻病害造成的损失。

3. 应用地膜覆盖栽培

地膜覆盖是一项花生增产的栽培措施，同时又能驱蚜，减轻病害发生。1985 年北京密云县调查，覆膜花生黄花叶病发病率 29％～90％，平均 57％，病情指数平均 32.5；露地花生黄花叶病发病率 91%～100%，平均 95%，病情指数平均 85。

4. 早期拔除种传病苗

CMV 种传病苗在田间出现早，易识别。此时田间蚜虫发生少，及时在病害扩散前拔除，可显著减少毒源，减轻病害。

5. 药剂治蚜防病

用种衣剂拌种或苗期及时喷药治蚜，有一定防病效果。

6. 检疫

CMV-CA 种传率高，易通过种质资源交换和种子调运而扩散，有必要将 CMV-CA 列为国内检疫对象，禁止从病区向外调运种子。

三、花生矮化病毒病

由花生矮化病毒（*Peanut stunt virus*，PSV）引起的花生矮化病，又称花生普通花叶病毒病。于 1966 年在美国首次报道（Miller and Troutman；1966）。PSV 于 20 世纪 60 年代在美国弗吉尼亚等州花生上流行，70 年代以来，虽然在美国三叶草等牧草上发生仍然普遍，但在花生上仅零星发生。

（一）分布与危害

该病毒的报道遍及世界各地，包括法国、西班牙、德国、匈牙利、波兰、日本、韩国、中国、泰国、伊朗、苏丹、塞内加尔和摩洛哥等。

PSV 于 1985 年在中国首次报道，但 PSV 引起的花生病害从 20 世纪 70 年代以来在北方花生产区包括山东、河北、辽宁、河南等省流行，造成经济损失。由于我国发生的 PSV 株系引起花生普通花叶症状，不引起严重矮化，故又称花生普通花叶病。花生早期感染 PSV 病害减产 40% 以上，荚果变小、畸形。

除花生外，在我国报道 PSV 发生、危害的还有菜豆、大豆和刺槐等。

（二）症状

PSV 存在株系变异，不同株系引起花生的症状变化较大。我国发生普遍的是毒力较弱的 PSV-Mi 株系。受 PSV-Mi 侵染，花生病株开始在顶端嫩叶出现明脉（侧脉明显变淡、变宽）或褪绿斑，随后发展成浅绿与绿色相间普通花叶症状，沿侧脉出现辐射状绿色小条纹和斑点。叶片变窄、小，叶缘波状扭曲，病株通常轻度或中度矮化（彩图 2-27）。病害明显影响荚果发育，形成很多小果和畸形果。在河南开封病毒株系对花生致病力更弱，引起病害症状较轻，易与花生条纹病相混淆。我国也存在 PSV 强毒力株系，引起花生叶片变小，病株显著矮化。

在美国 PSV 株系毒力强，常引起花生严重矮化。矮化可发生在 1 个或几个分枝上，也可全株发生（取决于病毒感染的早晚和花生生育阶段）。病株叶片变小，叶柄变短，叶缘上卷、变形；叶片不同程度出现褪绿、斑驳。病株荚果数减少，荚果变小、畸形，荚壳开裂；种子小、活力下降。

（三）病原与特性

病原为花生矮化病毒（*Peanut stunt virus*，PSV），属雀麦花叶病毒科（Bromoviridae）黄瓜花叶病毒属（*Cucumovirus*）。病毒球状粒体，直径 30nm。基因组为 3 组分，正、单链 RNA。PSV 体外稳定性：致死温度 55～60℃，稀释限点 10^{-2}～10^{-3}，体外存活期限 3～4d。

除花生外，PSV 自然侵染寄主植物包括菜豆、大豆、豌豆、芹菜、普通烟、苜蓿、红三叶草、白三叶草、羽扇豆、刺槐、地中海三叶草、*Tephrosia* sp.、*Coronilla varia* 等。PSV 在这些寄主植物上引起各种花叶症状，叶片畸形、坏死，植株不同程度矮化。

在人工接种条件下，还能侵染望江南、甜菜、苋色藜、昆诺藜、千日红、百日菊、黄瓜、蚕豆、心叶烟、克利夫兰烟、白氏烟、刀豆、酸浆、豇豆、芝麻、番茄、黄烟、杂交烟、田菁、西葫芦、白曼陀罗、辣椒。

通过花生种子传播，种传率通常在 0.1% 以下。被豆蚜、桃蚜等多种蚜虫以非持久性方式传播。采用 PSV 提纯制剂肌肉注射家兔，制备抗血清。PSV 和 *Cucumovirus* 属内的 CMV 和番茄不孕病毒（*Tomato aspermy virus*，TAV）有不同程度的血清学关系。在受感染寄主植物所有部分，在细胞质和液泡中均能发现病毒粒体，在细胞质中发现结晶状内含体，具有诊断价值。

PSV 基因组为正、单链核酸，由 3 个组分组成，即 RNA1、RNA2 和 RNA3。RNA1 含 1 个大的开放阅读框架（ORF），编码 1a 蛋白；RNA2 含 2a 和 2b 2 个 ORF，编码 2a 蛋白。2bORF 与 2aORF 有重叠，通过亚基因组 RNA4A 表达，1a 和 2a 蛋白为核酸复制酶，与病毒复制相关。2b 蛋白与病毒寄主范围和症状相关。RNA3 含 2 个 ORF，其中上游 ORF 编码 3a 蛋白，又称运动蛋白，与病毒在细胞间运转相关；下游 ORF，为 *cp* 基因，CP 蛋白由亚基因组 RNA4 表达。RNA1、RNA2 和 RNA3 单独包裹在不同病毒粒体内，RNA3、RNA4 包裹在同一粒体内。此外，PSV 病毒颗粒内还包裹着卫星 RNA（satRNA）。

20 世纪 90 年代初，日本 Karasawa 等首次完成 PSV-J 株系核酸全序列分析。至今包括 PSV-J 在内已有 4 个 PSV 分离物完成核酸全序列分析，2 个分离物完成核酸部分序列分析。PSV 不同株系 RNA1 全长 3 347～3 357nt，RNA2 全长 2 942～2 966nt，RNA3 全长 2 177～2 188nt，株系间 3 个 RNA 的开放阅读框架、5 端和 3 端非编码区（UTR）大小差异不大。Naidu 等（1991）分析了 3 种 PSV satRNA，它们长度相似（391～393nt），具有很高的同源性；而与 CMV satRNA 同源性很低。

PSV 存在明显株系分化现象。近年来国外完成 PSV-ER 和 W 株系 RNA 全序列分析，从而首次依据分子遗传亲缘关系将 PSV E 和 W 2 个血清组进一步归属为 PSV 2 个亚组。PSV-E 和 PSV-W 2 个亚组 RNA1、2 和 3 的序列同源性在 80% 左右，而同一亚组 PSV-ER 和 J 株系 RNA1、2 和 3 之间同源性达 90% 以上。

20 世纪 80 年代中期，我国相继报道了花生发生 PSV。我国 PSV 分离物寄主反应相似，血清学关系十分亲近，而在苋色藜等寄主植物上反应和血清学关系与 PSV-E 和 W 株系存在明显差异。我国 PSV-Mi 和 S 株系之间 *cp* 基因核苷酸序列同源性高达 99.1%；而与亚组ⅠER、J株系 *cp* 基因序列同源性仅 75.7%～77.8%，与亚组ⅡW*cp* 基因序列同源性为 74.3% 和 74.6%，确立了我国 PSV 株系独自构成一个新亚组，即 PSV 亚组Ⅲ。最近完成的 PSV-Mi 基因组全序列分析。PSV-Mi 1*a* 基因，大小 3 015nt，编码 1a 蛋白分子量 111 604Da。2*a* 基因长 2 538nt，编码 2a 蛋白分子量 94 647Da。2*b* 基因编码 2b 蛋白分子量 10 748Da。3*a* 基因 864nt，编码 3a 蛋白分子量 30 942Da。*cp* 基因 654nt，编码 CP 蛋白分子量 23 643Da。

（四）侵染循环与消长规律

PSV 被多种蚜虫以非持久性方式传播，包括桃蚜、豆蚜和绣线菊蚜（*Aphis spiraccola*），但棉蚜不传。PSV 通过花生种传，但种传率很低。美国报道，从中等矮化病株收获较大种子，种传率 0.007 3%，从严重矮化病株收获小种子，种传率 0.207%。我国从河南开封收集病株种子，PSV 种传率 0.05%。

PSV 通过花生种子越冬。种传是病害初侵染源之一。但由于 PSV 种传率很低，以及病害仅间歇性流行，种子可能不是病害主要初侵染来源。在中国，北方花生地周围、路边、村庄内均有很多刺槐树，调查表明刺槐 PSV 感染率 30% 左右。早春，刺槐抽芽早，蚜虫发生也早。当花生出苗时，刺槐上产生有翅蚜向花生地迁飞，同时将病毒传入。病毒被蚜虫在花生田间传播，而感病花生又成为病毒向其他感病寄主植物传播的再侵染来源。

在美国，白三叶草等饲用牧草可成为 PSV 越冬寄主和次年初侵染来源。由于白三叶草等牧草上越冬的蚜虫春季不向花生地大规模迁飞，尽管白三叶草等牧草普遍感染 PSV，而 PSV 通常很少能在花生上流行。

据河南开封市和郑州市、河北唐山市观察，该病害在花生生长前期发展缓慢，流行年份通常在 7 月中、下旬进入发生高峰期，8 月上、中旬达到 80% 以上发病率。

（五）发病条件

毒源、蚜虫发生数量以及气候条件是影响病害流行的重要因素。

1. 刺槐

刺槐树数量与病害流行区域相关。凡病害流行区如河北唐山市、河南开封市均有一定数量的刺槐树。

2. 蚜虫

蚜虫发生与病害流行关系密切。河南开封市 1988 年和 1991 年病害流行，花生苗期（5 月中旬至 6 月上旬）和结荚期（7 月中旬至 7 月下旬）曾分别出现蚜虫发生高峰。1988 年黄皿诱蚜分别为 2 305 头和 120 头，1991 年分别为 1 361 头和 53 头，2 年发病率分别达到 90% 和 45%；而 1989 年和 1990 年蚜虫发生少，苗期黄皿诱蚜分别为 70 头和 30 头，结荚期为零，2 年病害均很轻。

3. 气象因素

气候条件通过影响蚜虫发生与活动，从而影响病害流行。据河南开封市 1988—1991 年气象资料，花生生长前、中期降雨量影响蚜虫发生和活动，从而影响病害流行。1988 年降雨量最少，5 月中旬至 6 月中旬和 6 月下旬至 8 月上旬降雨量分别为 27.6mm 和

176.2mm，旱情严重，导致蚜虫大发生和病害严重流行。1990 年同期降雨量分别为137.8mm 和 282.9mm，雨水量大，蚜虫发生少，病害很轻。

4. 品种抗性和病毒株系

虽然未发现高抗花生品种，但是花生品种对 PSV 抗性存在差异。中国农业科学院油料作物研究所在河北唐山市病害流行区选育出中花 1 号、3 号对 PSV 有较强田间抗性。在人工接种条件下鉴定，86 - 1004、86 - 1010、86 - 1011 和 2241 等 4 个花生品系对 PSV 有一定抗性，发病率和病情指数均显著低于感病品种。野生花生材料 *Arachis glabrata* PI262801、*A. duranensis* PI468319、PI30073 和 *A. paraguariensis* PI331187 对花生矮化病表现高抗。

依据引起花生症状的严重程度，将我国 PSV 株系划分为强、中、弱 3 种毒力类群。在早期人工接种条件下，致病力强的株系引起花生减产 56.3%～85.9%，而致病力弱的株系也能引起花生减产 40.8%～46.5%。在参试的 29 个 PSV 分离物中，强、中、弱毒力类群株系分别为 8、7 和 14 个，其中刺槐、紫穗槐分离物毒力较弱、菜豆分离物毒力较强，而 20 个花生分离物中，强、中、弱毒力类群分别为 6、5 和 9 个。在河南省，PSV 弱毒力株系占据优势，而河北唐山地区强毒力株系占据优势。

（六）防治要点

1. 杜绝或减少病害初侵染源

自无病地选留种子，花生种植区域内除去刺槐花叶病树或与刺槐相隔离，均可有效杜绝或减少病害初侵染源，达到防病目的。

2. 地膜覆盖可减少病害发生和减轻病害造成的损失

试验表明，覆膜小区苗期诱集蚜虫比露地小区减少 90%，并减轻病害发生。北京密云县调查，覆膜花生黄花叶发病率平均 57%，病情指数 32.5；而露地花生发病率平均95%，病情指数 85。

3. 种植抗病、耐病品种

在病区推广应用中花 1 号、中花 3 号等具田间抗性的品种，可减少病害造成的损失。

4. 防治蚜虫

花生出苗后要及时检查，发现蚜虫及时用 40%乐果 EC 800 倍液喷洒，以杜绝蚜虫传毒。

四、花生芽枯病毒病

辣椒褪绿病毒（*Capsicum chlorosis virus*，CaCV）于 2002 年首次从澳大利亚昆士兰州的辣椒和番茄上分离鉴定。随后，泰国从番茄和花生上分离了该病毒，CaCV 泰国花生与番茄分离物 N 蛋白氨基酸序列同源性为 92.3%，确认为 2 个不同株系。

我国曾于 1986 年首次报道了南方由番茄斑萎病毒（TSWV）引起的一种新病害，并对病原病毒生物学特性、病毒粒体形态进行了鉴定。经对病毒 N 基因序列分析，证实为番茄斑萎病毒属的一种新病毒，称为花生黄斑坏死病毒（PYSNV）。最近，进一步完成该病毒 SRNA 全序列分析，与 CaCV 澳大利亚和泰国分离物 N 蛋白氨基酸序列同源性在 92.4%～93.1%之间，确认为 CaCV 的 1 个株系，称为中国花生（CP）株系。

（一）分布与危害

CaCV-CP 株系广泛发生在我国广东、广西花生产区。田间多为零星发生，但在局部发生重的地块发病率超过 20%。

番茄斑萎病毒属（*Tospovirus*）有 7 种病毒侵染花生。该属病毒侵染花生引起相似的环斑、坏死症状，但分布于不同的地理区域，有不同的进化史。经济上重要的有 TSWV 和花生芽坏死病毒（*Peanut bud necrosis virus*，PBNV），分别是影响美国和印度花生生产的重要病毒。此外，美国花生上发生的凤仙花坏死斑病毒（*Impatien necrosis spot virus*，INSV）、在南美洲花生上发生的花生环斑病毒（*Groundnut ring spot virus*，GRSV）、在中国花生上发生的辣椒褪绿病毒（*Capsicum chlorosis virus*，CaCV）和花生褪绿扇斑病毒（*Peanut chlorotic fan-spot virus*，PCFSV），均对花生生产有潜在的影响。在南亚花生上广泛发生的花生黄斑病毒（*Peanut yellow spot virus*，PYSV），仅在花生上局部侵染，引起叶片黄斑，而不引起系统症状，不具有经济重要性。

（二）症状

感染 CaCV-CP 后，花生病株开始在顶端叶片上出现很多伴有坏死的褪绿黄斑或环斑。沿叶柄和顶端表皮下维管束坏死呈褐色状，并导致顶端叶片和生长点坏死，顶端生长受抑制，节间缩短，植株明显矮化（彩图 2-28）。

（三）病原

辣椒褪绿病毒（*Capsicum chlorosis virus*，CaCV）属于布尼亚病毒科（*Bunyaviridae*），番茄斑萎病毒属（*Tospovirus*）。在电镜下观察花生病叶超薄切片，CaCV 广州分离物球状病毒粒体，直径 70～90nm，外面有一层脂蛋白双膜，分散于内质网膜间隙，有的粒体聚集，外面有一层包膜（图 2-29）。

该病毒具有的理化性状：致死温度 45～50℃；稀释限点 10^{-3}～10^{-4}；体外存活期在室温下 5～6h。

CaCV 自然条件下侵染寄主包括辣椒、番茄和花生等。在人工接种试验中，CaCV 系统侵染花生、菜豆、白羽扇豆、黄烟、心叶烟、杂交烟、

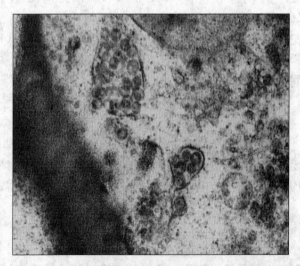

图 2-29 感染 CaCV 广州分离物花生病叶超薄切片中球状病毒粒体电镜照片
（许泽永等，1986）

白氏烟、欧克氏烟、番茄、普通烟、曼陀罗、马铃薯、茄子、辣椒、酸浆、矮牵牛、决明、田菁、*Cyamopsis tetragonobi* 等。引起枯斑、花叶、坏死、皱缩和矮化等症状。局部侵染苋色藜、昆诺藜、千日红、豇豆、长豇豆和望江南，引起接种叶褪绿斑和枯斑。不侵染蚕豆、芝麻、百日菊、黄瓜、木豆、鹰嘴豆和长春花。

鉴别寄主：与 PBNV 印度分离物相比，CaCV - CP 对豆科植物侵染力较弱，不侵染大豆、豌豆，仅局部侵染绿豆、菜豆和短豇豆；白氏烟和欧克氏烟可作为繁殖寄主。与 Tospovirus 一样，CaCV 通过蓟马传播，但尚未见 CaCV 传播介体调查和试验的报道。

CaCV 属于 WSMoV 血清组。在 ELISA 血清试验中，CaCV 广州分离物和同一血清组的 PBNV 印度分离物抗血清起弱阳性反应，与 TSWV 抗血清无反应。

与 *Tospovirus* 属病毒一样，CaCV 具有 3 组分、单链 RNA 基因组，依据分子大小分别称为 L、M 和 S RNA。L—RNA 为负义（negative sence）链，而 M 和 S—RNA 采用双义（ambisence）编码方式。

至今，仅见 CaCV 澳大利亚和泰国分离物 N 基因序列报道（Permachandra *et al.*，2005）。我国已完成 CaCV - CP 株系 S - RNA 全序列分析。CaCV - CP 株系 S - RNA 全长 3 399nt，含 2 个开放阅读框架，分别为病毒非结构蛋白（NSs）和核壳蛋白（N）基因。*NSs* 基因大小 1 320nt，推导编码 NSs 蛋白分子量 49.9ku，第二个 ORF 长 828 个 nt，编码分子量 30.7ku 的 N 蛋白。5′和 3′端非编码区均为 66 nt。

CaCV - CP N 基因与 4 个 CaCV 澳大利亚和泰国分离物 *n* 基因序列同源性为 84.7%～86.4%，N 蛋白氨基酸序列同源性为 92.4%～93.1%。CaCV - CP 与同一 WSMoV 血清组的西瓜银叶斑驳病毒（WSMoV）、花生芽坏死病毒（PBNV）和西瓜芽坏死病毒（WBNV）3 种病毒 *n* 基因序列同源性为 77.2%～79.4%，N 蛋白氨基酸序列同源性为 81.9%～86.3%；而与最近报道的该血清组百合褪绿斑病毒（CCSV）同源性较低，分别为 63.5% 和 64.6%。与同属的番茄斑萎病毒（TSWV）、花生黄斑病毒（PYSV）、花生褪绿扇斑病毒（PCFSV）、菜瓜致死褪绿病毒（ZLCV）、菊茎坏死病毒（CSNV）和凤仙花坏死斑病毒（INSV）等其他病毒 *n* 基因序列同源性在 39%～65% 之间。

（四）侵染循环

国内尚未开展这方面研究。据印度国际半干旱热带地区作物研究所报道，PBNV 主要通过蓟马传播，有 5 种蓟马能传毒。通常通过蓟马若虫获毒，成虫传毒。PBNV 和蓟马均有广泛寄主范围，PBNV 随蓟马从其他寄主作物、杂草传入花生。

（五）防治

国内尚未开展这方面研究。印度已选育出对病害具有田间抗性的花生品种。此外，在印度适期早播，使花生感病时期错过蓟马迁入高峰期或与其他作物间作，均可明显减轻病害。

五、花生丛枝病毒病

（一）分布与危害

花生丛枝病毒病主要分布于海南、广东、广西、福建、湖南和台湾等省、自治区。北方产区也有零星发生。在海南、广东发生普遍，一般春花生发病率2%～3%，秋花生发病率10%～20%，严重的高达80%以上，造成严重损失。早期感病株颗粒无收，中期感病损失60%以上，后期感病损失10%～30%。

该病在国外分布于印度尼西亚、泰国、印度和日本等亚洲国家。在印度尼西亚危害较重。

（二）症状

病害通常在花生开花下针时开始发生。初时，一些小叶从病株基部叶腋处伸出，并向上发展至顶梢。长出的弱小茎叶密生成丛，茎蔓节间缩短，植株矮化（彩图2-29）。病害发展中、后期，花器变成叶状，称"返祖"变态。当病株出现丛枝时，正常叶片黄化，逐渐脱落，仅留小叶丛生的茎蔓。重病株的荚果反向上生，变成秤钩状。在病轻情况下，病株果针入土后能形成荚果，但籽粒不饱满。

（三）病原

由植原体（MLO）侵染引起。通过电镜观察，在病株叶脉、叶柄和茎的韧皮薄壁组织细胞中，均发现有多形态的MLO，大小100～760μm。病原寄主范围不十分清楚。广东省田间调查，在花生地和绿肥田附近发现有可疑寄主47种之多，主要是豆科植物的猪屎豆、豇豆、绿豆等。这些寄主植物表现丛枝、小叶和花器变态等症状。

国内制备了花生MLO鼠腹水抗体。血清学研究表明，花生MLO与豇豆上分离的MLO有血清学亲缘关系，而与番茄、芝麻、苦楝和竹分离的MLO没有关系。

（四）侵染循环和发病因素

病害由小绿叶蝉（*Empoasca flavescens* Fabn）传播。小绿叶蝉成虫最短获毒饲育时间在24h以内，虫体循回期9～11d。带毒成虫和若虫可终生传病。试验证明病株种子不传病，该病由叶蝉从其他寄主传到花生。病害与叶蝉发生关系密切。据广东各地观察，凡叶蝉大发生年份，病害发生严重。

病害发生与播种期关系密切。在广东省，春花生迟播（清明后）和秋花生早播（大暑前）地块发病重。据调查，广东南部，秋花生7月下旬播种平均发病率13.6%，8月上旬为4.9%，8月中旬为1.9%，8月下旬为1%以下。此外，旱地比水田、沙土地比黏土地、坡地比平地发病重。干旱年份病害发生重。部分秋花生因旱灌水，发病率比不灌水的高10%。上述因素可能通过影响叶蝉繁殖和活动而影响病害的发生。广东花县1966年对不同花生品种抗病性调查，粤油551、汕优27等较感病，而粤油551-116等较抗病。

（五）防治

主要是种植抗病、耐病品种，如粤油 551 - 116 等。此外，应注意适时播种，春花生适时早播，秋花生适时晚播。广东春花生以雨水至春分、秋花生在立秋后播种较为合适。铲除地内外豆科杂草和绿肥等可疑寄主，减少初侵染来源。在病害发生初期，及时拔除病株并防治叶蝉，均可减轻病害发生。

第三章 花生田地上害虫

花生地上害虫是影响花生产量和质量的主要因素之一。危害花生的地上害虫约50种。由于各花生产区自然条件和栽培制度等不同，地上害虫发生的种类及年度间危害程度存在差异。

第一节 花生蚜虫

花生蚜虫（*Aphis craccivora* Koch），俗称蜜虫、腻虫，属同翅目蚜科。又称豆蚜、苜蓿蚜、槐蚜。寄主植物200余种，是花生上的一种常发性害虫。世界各花生生产国家普遍发生。在我国分布很广，但受害程度不一。同时，花生蚜虫还是花生病毒病的传毒介体。

（一）分布与危害

花生蚜虫是危害花生的重要害虫，在全国各花生产区均有发生，但各地危害程度不一。以山东、辽宁、河北、河南、江苏、广东、广西、福建、湖南、江西、四川和北京等地发生较多。各产地以及同一产地年度之间的危害程度均存在差异。受害花生一般减产20%～30%，严重时达50%以上，甚至绝产。花生自播种出苗期到收获期，均可受到蚜虫的危害。在花生幼苗顶盖尚未出土时，花生蚜虫就能钻入土缝内在幼茎、嫩芽上危害；花生出土后，多在顶端心叶及幼嫩的叶背面吸取汁液；开花后危害花萼管、果针。受害花生植株矮小，叶片卷缩，严重影响开花下针和结果。蚜虫猖獗时，排出的大量蜜露黏附在花生植株上，引起霉菌寄生，使茎叶发黑，甚至整株枯萎死亡。因此，花生蚜虫除直接危害外，还是多种花生病毒病最重要的传播介体。蚜虫严重发生时，排出的蜜露有利于多种真菌的寄生，往往加重茎、叶腐烂病的危害。花生蚜虫除危害花生以外，还危害豌豆、豇豆、蚕豆、扁豆、苜蓿、苕子、刺槐、紫穗槐以及芥菜、薄菜、刺儿菜、地丁、野豌豆等多种植物。

（二）形态特征

花生蚜分成蚜、若蚜和卵3种虫态。成蚜分有翅胎生雌蚜、无翅胎生雌蚜（彩图3-1）；若蚜又分有翅胎生若蚜和无翅胎生若蚜。

1. 有翅胎生雌蚜

体长1.5～1.8mm，黑色、黑绿色或黑褐色，有光泽。触角6节，淡黄色，第5节末端及第6节暗褐色，第3节较长，有感觉圈4～7个（以5～6个为数较多），排列成行。触角长为体长的0.7倍。复眼黑褐色。翅基、翅柄和翅脉均为橙黄色，后翅具中脉和肘脉。足的基节、转节、腿节末端、胫节末端及跗节为灰黑色，其他为黄白色。腹节背面有条纹斑，第1、7节各有1对腹侧突。腹管漆黑色，圆筒状，端部稍细，具覆瓦状花纹。尾片细长，基部缢缩，两侧各有刚毛3根。

2. 无翅胎生雌蚜

成蚜黑色发亮，少数个体黑绿色，体长1.8~2.0mm，体肥胖，体节明显。有的胸部和腹部前半部有灰色斑，有的体被薄层蜡粉。触角第1、2、5节末端和第6节为暗褐色，其余淡黄色。

3. 有翅胎生若蚜

体黄褐色，被薄蜡质；腹管细长，黑色；尾片黑色，不上翘。

4. 无翅胎生若蚜

个体小，呈灰紫色，体节明显。

5. 卵

长椭圆形，较肥大，初产淡黄色，后变草绿色，孵化前呈黑色。

（三）生活史与生活习性

花生蚜虫发生世代与其生物学特性有关。主要取决于田间相对湿度、温度、寄主（包括越冬寄主和中间寄主）等因子。

在山东省一年发生20多代。主要以无翅胎生雌蚜和若蚜在背风向阳的山坡、沟边、路旁十字花科的荠菜和豆科的冬豌豆或杂草上越冬。次年3月上、中旬开始在越冬寄主繁殖。4月中、下旬，当气温回升到14℃时，产生大量有翅蚜，向刺槐等中间寄主迁飞。5月份花生出土后，开始由中间寄主向附近花生田大量迁飞。花生田最初蚜量不大，一般被害株率5%左右，百株蚜量20头左右，零星个体主要集中于嫩茎和嫩梢上危害，此时称为零星发生期。5月下旬至6月上旬，蚜虫数量渐增，但虫口密度仍然不大，被害株率在30%左右，百株蚜量100头以上，此时蚜虫主要集中在嫩茎和嫩叶上，称为点片发生期。6月上旬花生田点片发生，6月中旬在花生田扩散危害。6月中旬至7月中旬，蚜虫在田间普遍发生，有蚜株率达90%以上，且密度大，平均每株嫩梢有蚜虫100头左右，此时蚜虫除危害嫩叶外，还危害花序、花萼和果针，影响花生的生长、授粉和结果。7月下旬随着温度升高、湿度加大，花生田产生有翅蚜，向周围豆科植物扩散，9、10月份花生收获后，有翅蚜迁飞到荠菜等其他寄主上越冬。花生蚜虫具有繁殖能力强、生活周期短的特点，如果条件适宜，每头雌蚜可产若蚜85~100头，5~6d就可以繁殖一代。少数产生有性蚜，交尾、产卵，以卵越冬。

在河南省，蚜虫迁移到花生田危害的时间一般在花生出苗后的5月上旬，危害结束在7月底。花生整个生育期蚜虫危害有2个明显的高峰期。一个是5月中旬，一个是7月上旬，第二高峰期蚜量明显高于第一高峰期。

在广东、福建、广西等南方花生产区，花生蚜虫一年发生30多代。可在多种豆科植物上不间断地继续繁殖危害，无越冬现象，可常年危害。

在华东和华北地区，花生蚜在花生田有2个发生高峰期。第一个高峰发生在春花生的苗期，第二个高峰在夏花生的开花下针期和春花生的结荚期。

（四）发生条件

花生蚜虫发生量与危害程度受多种因素的影响。主要有气象因素、天敌、寄主、品种抗性、耕作方式等。

1. 气象因素

春末夏初，气候温暖、雨量适中或偏旱，有利花生蚜发生。温度 16～25℃、相对湿度 50%～80% 为适宜的温、湿度范围。在北方花生产区，花生蚜的发育始点温度为 1.7℃，完成 1 代的积温为 136℃。日平均气温 6～26℃ 时，花生蚜可以繁殖危害，但最适温度为 19～22℃。日平均温度在 8～9℃ 时，繁殖 1 代需 20d 左右；12～13℃ 时需 12d；22～23℃ 时仅需 5d。4～5 月份气温低（16℃ 以下）蚜虫发生延缓，7～8 月高温（28℃ 以上）、高湿天气，则发生数量甚少，反之发生严重。李绍伟等 10 年的调查研究结果表明，在河南省花生苗期的平均温度每年变化不大，因而温度对花生蚜虫田间繁殖、扩散影响较小，不是影响花生蚜虫流行程度的关键因子。降雨量、相对湿度直接影响花生蚜虫的繁殖和扩散能力，对其流行程度起关键作用，即降雨量越大，平均相对湿度越高，花生蚜虫的流行程度越轻；反之，则越重。

2. 寄主

花生田四周越冬寄主的多少，影响花生田中蚜虫的发生数量。寄主越多，花生蚜虫越冬基数越大，当春季气候适宜，花生蚜虫在越冬寄主上大量繁殖，产生大量虫源。"三槐"（国槐、刺槐、棉槐）是花生蚜虫迁入花生田的桥梁，凡是花生田四周杂草多或靠近"三槐"的，常是蚜害点片发生早、危害严重的地方。在一年中，如果花生蚜虫喜食的寄主多、分布广，则有利蚜虫繁殖、迁移和危害，花生蚜发生量就大，危害也严重；如果越冬豆类作物面积小、荠菜等喜食杂草清除彻底，则不利于花生蚜繁殖、迁飞和危害，花生蚜量即会大减，危害便轻。

3. 天敌

花生蚜虫的天敌有 20 余种。主要有瓢虫、草蛉、蜘蛛、食蚜蝇和蚜茧蜂等。天敌瓢虫种类较多，七星瓢虫不耐高温，是花生苗期蚜虫的重要天敌，5 月下旬至 6 月初，由麦田大量迁入花生田，对蚜虫的控制效果显著；龟纹瓢虫发生较晚，定居时间长，对后期发生的蚜虫有一定的控制效果。据观察，在 24h 内，每头瓢虫（成虫）可捕食蚜虫 80～150 头，每头食蚜蝇可捕食 800～1 000 头蚜虫，田间蚜茧蜂寄生率可达 20%～30%。寄生菌在高湿条件下寄生率较高，对蚜虫也有一定的抑制作用。蜘蛛类是花生田种类最多、数量最大、定居时间最长的花生蚜天敌，但蜘蛛类的发生高峰期滞后，因此控制效果也滞后。

4. 花生品种

花生不同品种间受害程度有差异。据观察，蔓生大花生受害较重；茎叶茸毛较少的品种比茸毛多的品种受害重。

5. 农作方式

由于地膜有反光驱虫作用，有利于减轻蚜虫的发生。

花生采用地膜覆盖栽培与露栽春花生相比，覆膜栽培田块中蚜虫发生较晚，苗期蚜虫高峰推迟，蚜量少。此外，由于覆膜花生播种较早，伏蚜发生时已进入结荚期及荚果成熟期，受蚜虫危害后造成的损失明显降低。

露栽花生早播、长势好的比晚播、长势差的蚜虫密度大，危害也重。

另外，在山坡地的下坡地花生田比上坡地花生田蚜虫密度大，危害重。

（五）虫情测报与防治指标

对蚜虫的预测通常采取田间蚜量调查、黄皿诱蚜和利用预测预报式推测防治适期。

1. 田间蚜量调查

选择靠近寄主较多的 2 块花生地，自花生出苗后，采用对角线 5 点定点法，每点查 20 墩，仔细统计苗株上下每个部位蚜虫总量，每隔 5d 调查一次。

2. 利用黄皿诱测有翅蚜

当花生播种 120d 左右，观察中间寄主有翅蚜增多时，利用其趋黄性，选择靠近寄主较多的 2 块花生地，分别设距离地面 0.5m 黄皿一个。可用直径 30cm 圆盘，盘内涂上黄色，皿内盛清水，并滴入少量煤油。每天早上放到田间，傍晚收回查数蚜量。

3. 利用预测预报式

李绍伟等（1987—1996）对河南开封花生蚜虫田间发生规律的观测研究结果，花生蚜虫年度流行程度取决于花生苗期（5～6 月）的降雨量和相对湿度，初步肯定了三者之间的直线相关关系。平均温度（x_3）与花生蚜虫的流行程度（y）正相关。说明温度的高低直接影响蚜虫的繁殖，但相关不显著。说明平均温度不是影响花生蚜虫流行程度的关键因子，而降雨量（x_1）、平均相对湿度（x_2）与花生蚜虫的流行程度（y）呈极显著负相关，说明降雨量、平均相对湿度是影响花生蚜虫流行程度的关键因子。多元回归方差分析结果说明三者之间有真实的直线相关回归关系，复相关系数 $Ry12=0.9568^{**}$。

偏回归 F 测验结果：$F>F0.01$，说明降雨量（x_1）、平均相对湿度（x_2）与花生蚜虫流行程度（y）的偏回归都是极显著的。根据影响花生蚜虫流行程度的 2 个关键因子——花生苗期降雨量和平均相对湿度，组建花生蚜虫流行程度的预测预报式：$y=1.0025-11.9079x_1+15.7413x_2\pm59.6358$（$n=10$）。

当田间点片发生并向全田扩展危害之前，此时正值花生开花期，如果天气干旱、气温高、虫口密度剧增，危害加重。这个时期是防治的关键。当蚜株率达 10%，开展大田普查，一般当有蚜墩率达到 20%～30%，一墩蚜量 30 头左右时，为施药期。若雨量偏大，相对湿度 85% 以上或田间瓢蚜比达 1：100 时，可暂时不施药。

（六）防治

根据花生蚜虫的危害特点，把握防治适宜时期，采取综合防治技术，经济高效，最大限度减轻其对花生造成的危害。

1. 农业防治

清除越冬寄主，减少虫源。秋后及时清除田埂、路边杂草，处理作物秸秆，将其烧掉或高温发酵、作青贮饲料，既可降低虫源基数，减轻蚜虫危害，又减少了农药的使用。同时，还提高了植物秸秆的附加值，事半功倍。

2. 物理防治

利用蚜虫对不同色泽的趋、避性防治。利用蚜虫趋向黄色的特性，田间设置用深黄色调和漆涂抹的黄板，形状不拘，板面抹一层机油（黏合剂），一般直径 40cm 左右，悬挂高度 1m 左右，每隔 30～50m 一个，诱蚜效果较好。也可以放置黄皿诱杀。有条件的可在行间和地四周覆盖银灰色薄膜或用银灰色塑料网遮盖，可驱避蚜虫，但用后应拾尽覆盖物。

3. 生物防治

利用天敌防治。蚜虫发生时，以 1∶20 或 1∶30 释放食蚜瘿蚊，12d 后防效可达 88％～91％；释放 415 头/m² 烟蚜茧蜂，防效可达 90％～95％；每隔一定距离投放 1 条草蛉卵箔条，有长久的防治效果；释放 3～115 头/m² 七星瓢虫类捕食瓢虫，防效长久且稳定。

喷毒力虫霉菌（EB‑82 灭蚜菌）200 倍液，防效可达 95％以上。0.6％苦参碱内酯（清源保）1 000 倍液，叶面喷洒，可兼治红蜘蛛。

用紫苏茎叶 1kg 捣烂，加热水 3kg 揉搓，密封浸泡 1 昼夜，作为原液备用。用时按原液∶水＝1∶9.75g/m² 配制稀释液，喷洒。有良好的防效。

1kg 烟叶捣碎后，用 10kg 开水浸泡，并加盖盖严，待热水不烫手时揉搓烟叶，如此再换 3 次水，取汁，最后将 4 次提取汁混合后喷洒，防效达 90％～95％。

大蒜 1kg 捣碎，加水 1kg，并充分搅拌取汁，用时将原液加水 50kg，喷洒。

枫杨叶 5kg 捣碎，加水 5kg，经煎煮至原液 3kg，用时再加 3kg 水，喷洒。

猕猴桃嫩茎和叶 1kg，加水 3kg，煎成原汁 1kg，用时 1kg 原液加水 8kg，并加 50g 辣椒在锅内煮沸 10min，冷却后即可取清液喷施（若中午喷用，效果更佳）。防效好。

取洋葱 11～12kg 切碎捣烂，榨取原汁，用时 1kg 原汁加水 8kg，喷雾。称取生姜 5kg 捣烂取汁，用时 1kg 原汁加水 8kg，喷雾。防效达 85％～90％。

生姜 5kg 捣烂，取汁再加水 100kg，搅匀过滤后尽快喷洒。防效好。

田间每 0.27hm² 间种 0.1hm² 左右红花带，其招引草蛉量比化学防除地高 10 倍以上，同时还能招引大量其他天敌聚集，可有效控制蚜虫危害。

4. 矿物源农药

小苏打＋水＋肥皂液（1∶40∶0.3）喷洒叶背面或用石灰＋食盐水（4kg 水＋1kg 石灰，化开后过滤；用 1kg 温水化开 1kg 食盐，二者混合，然后 1kg 原液加 40～50kg 水）喷洒，防蚜效果良好。

5. 化学药剂防治

花生苗期蚜虫的防治，既要考虑蚜虫对花生的直接危害，更要考虑防治蚜虫对花生病毒病的影响，所以防治宜早不宜晚，要求治早治小。花生播种时，用 30kg/hm² 的 48％乐斯本颗粒缓释剂盖种，兼治地下害虫。

花生生长前期防治蚜虫，应选用高效、低毒、持效期较长的农药品种。当田间蚜量达防治指标时，用 10％吡虫啉 3 000～4 000 倍液或 25％噻嗪酮可湿性粉剂 2 000 倍液、20％阿维·辛乳油 2 500 倍液、3％啶虫脒乳油 3 000～4 000 倍液、50％抗蚜威 2 000 倍液、50％溴氰菊酯 3 000 倍液、40％乐果乳油 1 000 倍液、45％马拉硫磷乳油 1 000～1 500 倍液，喷雾，兼治棉铃虫、斜纹夜蛾和甜菜夜蛾等食叶害虫。用药液 1 125～1 500

kg/hm²。

第二节　叶　螨

花生叶螨，统称红蜘蛛，俗称火龙。属蜘蛛纲，蜱螨目，叶螨科。危害花生的叶螨主要有二斑叶螨（*Tetranychus urticae* Koch）和朱砂叶螨（*T. cinnabarinus* Boisduval）。全国各地普遍发生。近年来，花生叶螨的危害逐渐加重，严重影响了花生的正常生长，已成为花生生产上的重要虫害之一。

（一）分布与危害

通常情况下，危害花生的主要有 2 种叶螨：北方优势种为二斑叶螨（又称白蜘蛛），南方优势种为朱砂叶螨。朱砂叶螨是一种广泛分布于世界温带的农林大害螨，危害 32 科113 种植物。除花生外，还危害茄子、西瓜、豆类、葱等。二斑叶螨全国各花生产区均有发生，除危害花生外，还寄生玉米、高粱、苹果、梨、桃、杏、李、樱桃、葡萄、棉、豆等多种植物及灰藜、苋菜、狗尾草等杂草。

石鸿文等报道，在河南信阳市，二斑叶螨主要危害苹果、梨及豆科植物。1999 年之前，河南信阳只是零星地块发生，2001 年 7～8 月份田间调查，该螨已经在该市花生产区15 个乡、镇普遍发生。危害盛期花生螨株率达 90%～100%，单叶有螨 15～28 头。对花生产量影响很大。

山东招远市发生量最多、危害最严重的是朱砂叶螨，二斑叶螨发生面积较小。但近几年招远市二斑叶螨发生量有上升的趋势。龙口市刘升基报道，1992 年全市花生田二斑叶螨大发生，花生单个小叶有螨 100 头以上，个别地块造成毁灭性危害。

花生叶螨群集在花生叶背面刺吸汁液，受害叶片正面初失绿，呈灰白色小斑点，逐渐变黄。受害严重的全叶苍白，叶片干枯脱落。当叶螨大发生时，一个花生小叶片上活动螨达 50 头以上，往往 8～10d 内花生叶片全部干枯脱落，整株枯死。由于成螨有吐丝结网习性，通常受害地块可见花生叶片表面有一层白色丝网（彩图 3-2），且大片的花生叶被粘结在一起，严重影响花生叶片的光合作用，阻碍花生正常生长，使荚果干瘪，大量减产。据调查，受害植株较正常植株主茎矮 0.2～1.2cm，一般情况下减产 15%～20%。

（二）形态特征

1. 二斑叶螨

（1）成虫。雌螨体长 0.42～0.59mm，椭圆形，多呈浅黄白色（彩图 3-3 左）。雄螨体小于雌螨，体长 0.26mm，近卵圆形，多呈浅黄绿色（彩图 3-3 右）。成螨体色多变，有浓绿、褐绿、黑褐、橙红等色，有的带红或锈红色。二斑叶螨与朱砂叶螨极相似，区别在于二斑叶螨体色多为淡黄白色或浅黄绿色，肉眼辨别近白色（俗称白蜘蛛）。越冬螨橙黄色。

（2）卵。球形，长 0.13mm，光滑，初无色透明，渐变橙红色，孵化前变为红色，将孵化时呈现出深红色眼点。

（3）幼螨。初孵时近圆形，体长 0.15mm，无色透明。取食后变暗绿色，眼红色，足 3 对。

（4）若螨。前期若螨体长 0.21mm，近卵圆形，足 4 对，色变深，体背出现色斑。后期若螨体长 0.36mm，黄褐色，与成虫相似。雄性前期若虫蜕皮后即为雄成虫。

2. 朱砂叶螨

（1）成虫。雌螨体长 0.55mm（包括喙长），体宽 0.33mm。体椭圆形，末端圆。体锈红色或深红色。体两侧各具一倒山字形黑斑（彩图 3-4）。雄螨体长（包括喙长）0.36mm，宽 0.2mm，较雌螨略小，体后部尖削。雄成螨，体色常为绿色或橙黄色，体两侧各有 1 条长形深色斑块，有时分隔成前后各两块。足 4 对，无爪。足及体前具长毛，体背毛排成 4 列。

（2）卵。近球形，直径 0.13mm，光滑，无色透明，后期呈乳黄色，渐变为深褐色。

（3）幼螨。近圆形，长 0.15mm，透明，取食后体色变暗绿色。足 3 对。

（4）若螨。前期体色淡，后期体色变红，体色出现明显块状色斑。足 4 对。

（三）生活史与生活习性

1. 二斑叶螨

在南方产区一年发生 20 代以上，北方地区 12～15 代。秋末冬初以受精雌虫在草根、枯叶、土缝或树皮内吐丝结网，潜伏越冬。最多上千头聚在一起。2～3 月份，先在杂草上繁殖 1～2 代，后靠爬行或风雨传播扩散到花生田或果树上。卵散产于花生叶片背面。月气温平均达 5～6℃时，越冬雌虫开始活动，产卵繁殖。1 头雌虫可产卵 72～128 粒，卵期 10d 以上。成虫开始产卵至第 1 代幼螨孵化盛期需 20～30d。以后世代重叠。随气温升高繁殖加快，23℃13d，26℃ 8～9d、30℃以上 6～7d 完成 1 代。越冬雌螨出蛰后多集中在早春宿根性寄主杂草上危害繁殖，待花生出苗后便转移危害。6 月中旬至 7 月中旬为猖獗危害期，进入雨季虫口密度迅速下降，危害基本结束。若后期仍干旱可再度猖獗危害。至 9 月气温下降陆续向杂草上转移，10 月陆续越冬。行两性生殖，不交尾也可产卵，未受精的卵孵出的均为雄螨。喜群集叶背主脉附近，并吐丝结网于网下危害，大发生或食料不足时常千余头群集叶端成一团。有吐丝下坠借风力扩散传播的习性。

2. 朱砂叶螨

一年发生 10～20 代。越冬场所随地区而异。华北以雌成螨在杂草、枯枝落叶及土缝中越冬；华中地区以各种螨态在杂草及树皮缝中越冬；四川以雌成螨在杂草或豌豆、蚕豆等作物上越冬，次年春天开始大量繁殖。3～4 月先在杂草或其他危害对象上取食，4 月下旬至 5 月上、中旬迁入花生及其他作物田，先是点片发生，尔后扩散全田。成螨羽化后即交配，第二天即可产卵。每雌螨产卵 50～110 粒，多产于叶背。可两性生殖，也可孤雌生殖。受精卵为雌螨，未受精卵为雄螨。卵的发育历期 24℃ 3～4d；29℃，2～3d；幼若期 6～7 月 5～6d。成螨平均寿命 6 月 22d，7 月 19d，9～10 月 29d。先羽化的雄螨有主动帮助雌螨蜕皮的行为。其后代多为雄螨。幼螨和前期若螨不甚活动。后期若螨则活泼贪食，有向上爬的习性。繁殖数量过多时，常在叶端群集成团，滚落地面，被风刮走，接着向四周爬行扩散。喜高温、干旱，暴雨对其有一定的抑制作用。

（四）发生条件

花生叶螨发生程度主要取决于温度、湿度、暴风雨以及寄主植物等。干旱少雨，温、湿度适宜，有利其猖獗危害。

叶螨种群数量的多少、发生高峰的时间，在同一花生田不同年份或同一年份不同花生田均差别较大。这是由于花生田生态条件决定的。如果花生的种类，栽植密度，大田温、湿度不同，风雨程度、天敌数量、叶螨越冬量、杂草种类和数量以及耕作制度等，都影响叶螨的发生数量。

各花生田叶螨发生高峰期虽然不同，但发生高峰的一定时期内温、湿度却相近。如在高峰前 10～20d，日平均温度 26.14±2.11℃，相对湿度平均 65.54%±11.22%；峰前 20～30d 日平均温度 22.4±2.02℃，相对湿度 46.54%±5%。低温年份，发生晚，常于 7 月后进入猖獗发生期，但下降也晚，常可危害至 8 月中旬以后；高温年份 6 月上旬即可进入年中盛期，盛期至 7 月中、下旬结束。在此期间，如果降雨频繁，田间相对湿度在 80%以上，能明显抑制叶螨危害。

在叶螨发生期间，由于体小，暴风雨能将其有效消灭，控制猖獗发生。叶螨的繁殖力受花生长势的影响。肥水条件好、花生营养生长旺盛，有利叶螨繁殖，否则相反。

（五）虫情测报与防治指标

对叶螨的虫情测报采取田间虫量调查和越冬卵孵化率的定点调查方法，确定防治适宜时期。

1. 越冬卵孵化调查

于越冬寄主杂草标定不少于 500 粒的越冬卵，用针挑除灰白色的死卵，周围涂以虫胶或凡士林，以免孵化幼螨爬失。从越冬卵孵化开始，每天观察 1 次，直至孵化结束。每次检查时，将已孵化的幼螨挑除，按下式计算日孵化率和累计孵化率。

$$日孵化率＝（调查日前孵化幼螨数/标定卵数）×100\%$$

$$累计孵化率＝日孵化率＋调查日前孵化率$$

进入孵化盛期后立即发出预报，并组织防治。

2. 田间虫量调查

选择 2 块历年发生重的花生田，花生齐苗以后，当集中在早春宿根性寄主杂草上危害繁殖的叶螨，刚开始向花生田转移危害时，每块田定 3～5 点，每点定 20 株，每天调查心叶叶螨数量。当数量剧增时，立即准备防治。

叶螨的防治适期应当依据虫情调查结果来确定。适时防治的原则是防治在盛发期来临之前。一般情况下，当花生田有螨株率在 5%以上，而气候条件又有利于其发生的时候，应及时进行防治。

（六）防治

叶螨寄主广泛、繁殖能力强、世代较多，且抗药性强，给防治造成很大困难。因此，要对叶螨进行及时防治，以最大限度地保证花生的品质和产量。

1. 农业防治

秋、冬季抓好清除田埂、路边和田间的杂草及枯枝落叶。花生收获后及时耕整土地，有条件的适时灌溉，以消灭越冬虫源。选用优质、抗虫、抗病、包衣的种子。如种子未包衣，则用拌种剂或浸种剂防虫灭菌。合理轮作，避免叶螨在寄主间相互转移危害；合理灌溉与施肥，促进植株健壮生长，增强抗虫能力。拔除病株，集中烧毁，螨穴施药。花生收获后及时深翻，可杀死大量越冬叶螨，又可减少杂草等寄主植物。

2. 天敌控制

(1) 以虫治螨。应注意保护、利用有效天敌，发挥天敌自然控制作用。叶螨天敌有30多种，如深点食螨瓢虫，幼虫期每头可捕食二斑叶螨200～800头，其他还有食螨瓢虫、暗小花蝽、草蛉、塔六点蓟马、小黑隐翅虫、盲蝽等天敌。有条件的地方可保护或引进释放。当田间的益害比为1∶10～15时，一般在6～7d后，害螨将下降90%以上。

(2) 以螨治螨。保护和利用与花生叶螨几乎同时出蛰的小枕绒螨、拟长毛钝绥螨、东方钝绥螨、芬兰钝绥螨、异绒螨等捕食螨，以控制花生叶螨危害。

(3) 以菌治螨。藻菌能使花生叶螨致死率达80%～85%，白僵菌能使花生叶螨致死率达85.9%～100%。与农药混用，可显著提高杀螨效率。

3. 药剂防治

加强田间害螨监测，在点片发生阶段注意挑治。当花生田间发现叶螨达到防治指标时，要及时喷药防治。喷药要均匀，一定要喷到叶背面。

另外，对田边的杂草等寄主植物也要喷药，防止其扩散。轮换施用化学农药，尽量使用复配增效药剂或一些新型的特效生物药剂。

常用药剂有15%扫螨净乳油2 500～3 000倍液或73%克螨特乳油1 000倍液、1.8%阿维菌素乳油5 000～8 000倍液、20%复方浏阳霉素1 500倍液、5%噻螨酮乳油2 000倍液、50%四螨嗪悬浮剂2 000～2 500倍液、0.65%茼蒿素450～700倍液、1.8%阿维菌素乳油3 000～4 000倍液、40%水胺硫磷乳油2 500倍液，叶面喷雾。

第三节　斜纹夜蛾

斜纹夜蛾（*Spodoptera prodenia litura* Fabricius），属鳞翅目，夜蛾科。又名莲纹夜蛾、斜纹夜盗蛾等。危害寄主相当广泛，具暴食性、多食性，严重时可将全田作物吃光，是一种危害性很大的世界性害虫。

(一) 分布与危害

斜纹夜蛾分布极广，为世界性害虫。在国内分布普遍，西至甘肃东部，东达沿海各省和台湾省，北起辽宁省，南到海南省，均有发生。淮河以北呈间歇性大发生，淮河以南特别是长江以南经常性、大面积发生。该虫为多食性害虫，寄主广泛，已知寄主有99个科的290多种植物。除危害花生外，斜纹夜蛾还危害棉花、玉米、甘薯等作物及多种蔬菜和花卉。

斜纹夜蛾是一种暴发性、暴食性害虫。产卵量大，繁殖力强。分布于大部分花生产区，以开花下针期危害严重。幼虫群集危害，食叶、花蕾、花及果实。3龄前幼虫危害植物叶部，将叶食成不规则透明白斑，留下叶片残留透明的上表皮，使叶形成纱窗状。4龄以后分散危害，并进入暴食期，能将叶片吃成缺刻与空洞，高龄幼虫也危害花及果实。将叶片吃光，并侵害幼嫩茎秆或取食植株生长点，钻入叶鞘内危害，把内部吃空，并排泄粪便，造成新叶腐烂或停止生长，且能转移危害。虫口密度大时，常将全田作物吃成光秆或仅剩叶脉，呈扫帚状。大发生时，严重影响花生产量和品质。

（二）形态特征

1. 成虫

成虫体长14～20mm，翅展30～40mm。头、胸、腹均深褐色，胸部背面有白色丛毛。前翅灰褐色，有清晰的多斑纹，内横线及外横线灰白色，波浪形，中间有白色条纹。在环状纹与肾状纹间，自前缘向后缘外方有3条白色斜纹，雄蛾的白色斜纹不及雌蛾明显，故名斜纹夜蛾。后翅白色，翅脉与外缘暗黑色（彩图3-5，1）。

2. 卵

馒头状，直径0.5mm。初产时黄白色，后变为浅紫褐色，表面有纵横脊纹。块产，由3～4层卵粒组成，表面覆盖棕黄色的疏松绒毛（彩图3-5，2）。

3. 幼虫

共6龄，圆筒形。老熟幼虫体长35～47mm（彩图3-6）。头部黑褐色，体色变化较大。因寄主不同而异。常为土黄色、青黄色、灰褐色等。背线橙黄色，亚背线黄色。最显著的特征是由中胸至第9腹节在亚背线内侧各有近三角形黑斑1对，其中以第1、7、8腹节的最大（彩图3-5，3）。

4. 蛹

圆筒形。蛹长15～20mm。赤褐色，气门黑褐色。头部钝圆，尾端尖细。腹部背面第4至第7节近前缘处有1小刻点。腹部末端有1对粗壮弯曲的臀刺。臀棘短，刺基部分开（彩图3-5，4）。

（三）生活史与生活习性

斜纹夜蛾一年发生多代，世代重叠严重。多以蛹或少数老熟幼虫越冬。幼虫共分6个龄期。幼虫老熟后，入土1～3cm，做土室化蛹。在28～30℃下，卵历期3～4d，幼虫期15～20d，蛹历期6～9d。该虫耐高温，不耐低温，长江以北有时不能安全越冬。东北地区一年发生3～4代。华北一年4～5代。贵州、安徽、江苏5代，湖南、湖北、江西5～6代，福建6～9代，云南8～9代。广州、南宁以南各地斜纹夜蛾没有越冬现象。

斜纹夜蛾以长江流域和河南、河北、山东等省发生严重。危害时间各地区均为7～10月份，此时正值高温、干旱。以2～3代幼虫危害最重。幼虫发生期分别在8月至9月上、中旬。10月下旬，老熟幼虫多集中在棉花、甘薯、花生田的表土下化蛹越冬。

在广东湛江地区，3月下旬至4月上旬为第1代成虫产卵盛期，4月上、中旬为卵孵化盛期，4月下旬至5月上旬为幼虫暴食期。5月下旬至6月上旬为第2代幼虫暴食期，取食大量叶片，此时正值春花生结荚期，对产量影响很大。5～6代幼虫在9～11月危害秋花生。3～4代幼虫在7～8月发生，7～8代幼虫于11月～1月发生，均不以花生为主要危害对象。

上海市松江区蔬菜站松亭园艺场测报点黑光灯诱蛾，成虫5月26日始见，到6月25日止，蛾量27头。2006年同期14头，2005年同期14头，5年同期平均10.5头；性诱剂诱捕成虫自6月5日始，至25日止，累计蛾量985头，是2006年同期503头的近2倍。

成虫昼伏夜出。成虫白天常隐藏于植株茂密及杂草丛生的地方或土缝内，夜间活动，傍晚出来交尾产卵，20～24时活动最盛，飞翔能力强。有突增、突减现象，有趋光性，还对糖、醋、酒及发酵的胡萝卜、麦芽、豆饼、牛粪等有趋化性。产卵前需取食蜜源补充营养，白天躲藏在植株茂密的叶丛中，黄昏时飞回开花植物，寿命5～15d。平均每头雌蛾产卵3～5块，400～700粒。卵多产于植株中、下部叶片的反面。初孵化的幼虫先在卵块附近昼夜取食叶肉，遇惊扰后四处爬散或吐丝下坠或假死落地。2、3龄开始逐渐四处爬散或吐丝下坠，分散转移危害，取食叶片或较嫩部位，造成许多小孔；4龄后食量骤增，为暴食期，叶片吃光后，便成群爬行，寻觅其他寄主。有假死性及自相残杀现象，且怕强光。生活习性改变为昼伏夜出，晴天在植株周围的阴暗处或土缝里潜伏，阴雨天气白天有少量个体也会爬上植物取食，多数仍在傍晚后出来危害，至黎明前又躲回阴暗处。在虫口密度高、大发生时，幼虫有成群迁移的习性。

（四）发生条件

斜纹夜蛾发生时间、发生量与营养条件、生态环境、当年气候条件、天敌种类和数量等因素有关。

斜纹夜蛾是喜温并耐高温的害虫。抗寒能力弱，冬季低温冰冻易引起死亡。各地均以全年温度最高的季节发生危害最严重。适宜斜纹夜蛾生长发育的温度范围20～38℃，最适环境温度28～32℃，最适宜相对湿度75％～85％，土壤含水量20％～30％。温度高于38℃和冬季低温，都不利于卵、幼虫和蛹发育。暴风雨对初孵幼虫有很强的冲刷作用。一般高温年份和暖季、干燥、少暴雨的条件下，有利其发育、繁殖，易猖獗危害。低温则易引致虫、蛹大量死亡。

该虫食性虽杂，但食料包括不同的寄主、同一寄主不同发育阶段或器官以及食料的丰缺对其生育繁殖都有明显的影响。连作地、田间及四周杂草多，害虫寄生的虫、卵量大。氮肥使用过多或过迟，导致植株生长过嫩、生长期延长或有机肥未充分腐熟，也容易形成适宜发生的环境。不同寄主营养对幼虫发育和成虫繁殖力有不同的影响。用十字花科和水生蔬菜（如莲藕、蕹菜等）饲养的幼虫发育快、成活率高，成虫产卵量大，在蔬菜地或紧邻菜地的花生田往往危害严重。

间种、复种指数高或过度密植的田块有利其发生。栽培过密、株行间通风透光差，利于虫害的发生与发展。

天敌对斜纹夜蛾的发育有很大的抑制作用。常见的天敌有蚂蚁、青蛙、蟾蜍、星豹蛛、斜纹猫蛛、直纹猫蛛、叉角厉蝽、侧刺蝽等，寄生于卵的赤眼蜂、寄生于幼虫的小茧蜂、侧沟茧蜂和寄生蝇等，以及步甲、蜘蛛、杆菌类和多角体病毒等病原生物。以上天敌可有效控制其发生与危害。

（五）虫情测报与防治适期

虫情测报依据各气象因素，特别是温度对斜纹夜蛾生长发育、存活和繁殖的影响程度关系密切，蜕皮次数的多少与温度高低有直接关系。

掌握斜纹夜蛾的产卵高峰期和卵孵化高峰期，从而决定用药的最佳适期。一般情况下，产卵高峰期后5d左右即为卵孵化高峰期，是用药剂防治的适宜时期。

通常依据虫情测报情况，百株初孵幼虫一窝（一卵块）时开始防治。

据上海市松江区技术推广站的经验，在该区斜纹夜蛾重发生年份，防治适期根据夜蛾的虫态发生历期、发生期距推测，第一次防治适期在7月6~8日，第二次在7月15~17日。第3代发生期的第一次防治适期在7月底，第二次8月10~12日。第4代发生期的第一次防治适期在8月25~28日，第二次9月8~10日。第5代发生期，第一次防治适期在10月2~5日，第二次10月12~15日。

据上海市青浦区农业技术推广中心报道，在该区斜纹夜蛾的防治时期为油豆角始花期、盛花期各防一次。

最新研究表明，不主张确定斜纹夜蛾的防治指标。防治指标主要在普遍化防治上应用。斜纹夜蛾的治理主要以人工防治和化学挑治为主，因此确立防治指标意义不大。2003年中国/FAO/Eu棉花IPM项目在望江实施，在项目的一块试验地里，未对斜纹夜蛾进行化学防治，只进行人工摘卵块，摘虫窝，捕捉高龄幼虫，尽管大部分叶片被食成网状，但仍能达到3 000kg/hm² 籽棉的产量，与化防多次的田块产量并无显著差异。

（六）防治

由于斜纹夜蛾来势猛，危害重，而且有其隐蔽性，暴发前往往易被忽视，常造成不应有的损失，为此必须加强虫情测报工作，通过多种途径，把握住治早、治小的原则。

1. 农业防治

（1）灭虫、卵。在各代盛卵期勤检查，一旦发现卵块和新筛网状被害叶，即摘除卵块和群集危害的初孵幼虫，以减少虫源。利用假死性，振落捕杀。

（2）清洁田园。上茬收获后，清除田间及四周杂草，集中烧毁或沤肥；收获后翻耕晒土或灌水，破坏或恶化其化蛹场所，有助于减少虫源。

（3）合理施肥。增施磷、钾肥；重施基肥、有机肥，有机肥要充分腐熟。合理密植，增加田间通风透光度，造成不利于害虫生活的环境条件，抑制其发生与危害。

（4）加强田间管理。在适时早播的基础上，及时中耕培土，加强田间管理，培育壮苗，减轻虫害。

（5）开沟排水。挖好排水沟，降低地下水位，达到雨停无积水，有利控制害虫发生与危害。

2. 生物防治

用核型多角体病毒10亿PIB奥绿1号500倍液或含孢子量100亿/g以上的Bt制剂

500～800 倍液、1.8％阿维菌素乳油 2 000～3 000 倍液，在幼虫 3 龄期前点片发生期喷雾。

利用植物诱杀。在苗圃四周少量栽植一些芋头，该虫极喜欢在芋头上产卵，块状卵产于叶背，初孵幼虫群集危害。利用这一习性，还可监测它的发生情况。另外，柳枝蘸 500 倍敌百虫液，诱杀成虫效果良好。

3. 物理防治

利用成虫趋光性，于盛发期用灯光诱杀成虫。

糖醋诱杀。利用成虫趋化性配制糖醋（糖∶醋∶酒∶水＝3∶4∶1∶2），加少量敌百虫、甘薯或豆饼发酵液诱蛾。采用性诱剂诱捕成虫也很成功。

4. 化学药剂防治

利用低龄幼虫危害较轻、对农药敏感的特点，进行突击防治。当幼虫发育到 4 龄以后，危害重，抗药性强，防治难度大。在生产中，防治斜纹夜蛾幼虫应抓住 1～3 龄期进行，扑灭在暴食期之前。由于幼虫白天不出来活动，喷药在傍晚 5 时左右进行为宜。注意药剂的交替使用，以延缓抗药性产生。

常选用的药剂有 5％氟啶脲乳油或 5％氟虫脲乳油 1 500 倍液（在卵孵化高峰期用药）、40％毒死蜱 1 000 倍液、52.5％农地乐 1 000 倍液、2.5％联苯菊酯乳油、5％夜蛾必杀 1 500 倍液、5.7％氟氯氰菊酯 4 000 倍液、70％硫丹乳油 1 000 倍液、50％辛硫磷乳油 1 000～1 500 倍液、21％增效氰马乳油 6 000～8 000 倍液、20％氰戊菊酯乳油 4 000～6 000 倍液、40％菊马乳油 2 000～3 000 倍液、25％灭幼脲 1 000 倍液、45％马拉硫磷 1 000 倍液，隔 7～10d 进行一次叶面喷雾。根据虫情酌情喷药 1～3 次。药液要喷匀、喷足，并让部分药液洒落到地面上。幼虫在傍晚 5 时左右开始来活动，到叶面上有药杀灭，回转土中，又有药剂对付，从而有效地遏制其危害。

第四节　棉 铃 虫

棉铃虫（*Heliothis armigera* Hübner），属鳞翅目，夜蛾科。又名番茄蛀虫。俗称钻心虫、棉桃虫等。是花生主要地上害虫之一。

（一）分布与危害

棉铃虫分布广泛，可危害 200 多种植物。近年来，花生已成为棉铃虫的主要受害作物之一。我国各花生产区均有棉铃虫发生，而以北方较重。棉铃虫幼虫危害花生的幼嫩叶片和花蕊，使果重和饱果率下降，果针入土数量减少，一般减产 5％～10％，大发生年份减产 20％左右。20 世纪 90 年代以来，我国棉铃虫连年大面积暴发成灾，给棉花、玉米、花生、蔬菜、花卉等造成较大损失。

（二）形态特征

1. 成虫

体长 15～20mm，翅展 31～40mm。复眼暗绿色。体色多变异，黄褐、灰褐、绿褐及红褐色等均有。前翅中部近前缘有1条深褐色环状纹和1条肾状纹，雄蛾比雌蛾明显；后翅灰白色，翅脉棕色，沿外缘有黑褐色宽带，在宽带外缘中部有2个相连的白斑，前缘中部有1条浅褐色月牙形斑纹（彩图3-7，1、2）。

2. 卵

半球形，直径1mm。初为乳白色，后变黄白色，孵化前灰褐色，卵面有紫色斑。卵表面中部有26～29条纵隆纹，其中有1～2条短隆起纹，且分2～3岔，构成长方形小格。

3. 幼虫

通常分6龄，少数5龄。老熟幼虫体长40～45mm，体色因食料和龄期的不同而异，有褐、黑、黄白、淡青、黄绿等颜色（彩图3-7，3、4）。头上网纹明显。一般各体节有毛片12个。前胸气门前2根刚毛的基部连线延长通过气门或与气门相切。

4. 蛹

纺锤形，长17～20mm。初化蛹淡绿色，渐变为黄褐至深褐色，有光泽（彩图3-7，5）。腹部第5至第7节刻点稀而粗，半圆形，腹部末端有1对基部分开的臀刺。气门较大，围孔片筒状隆起。

（三）生活史与生活习性

棉铃虫初孵幼虫通常先吃掉大部分或全部卵壳后转移到叶背栖息。当天不吃不动，难被发现。第2d开始爬至生长点取食，这时食量很小，危害不明显。第3d蜕皮成长为3龄幼虫，食量增加，危害加重。

棉铃虫生物学高潜能性表现在具有多食性（寄主植物有60多种栽培作物和67种野生植物）、繁殖力强（单雌产卵一般1 000～1 500粒，最高达3 000粒，产卵率高达97%，卵孵化率高达80%～100%）、飞翔力强（我国连续5年在海面捕到棉铃虫208头）、对温度适应范围广（最适温度25～28℃，在15℃和35℃时卵的死亡率分别为30.5%和44.7%）等方面。抗药性上升则成为新增的生物学潜能。

受气候因素的影响，我国从北到南棉铃虫发生世代数逐渐增多。北纬32°～40°地区每年发生4代。该地区是花生主产区，也是花生棉铃虫的重发区，通常第2代危害春花生，第3代危害夏花生；北纬25°～32°长江流域每年发生5代。第3、第4代危害夏花生，但危害很轻；北纬25°以南地区每年发生6～7代。花生田的发生量较小。

棉铃虫以蛹在土内越冬。在山东、河北、河南、安徽、苏北等花生产区越冬代成虫盛期出现在5月上旬。第2代和第3代幼虫孵化高峰期分别在6月下旬至7月上旬和7月下旬至8月上旬。完成1个世代约需30d。蛹多在夜间上半夜羽化为成虫，白天栖息在叶丛中或其他隐蔽处，傍晚出来取食花蜜，趋光性强。羽化后即进行交尾，经2～3d开始产卵。卵散产，有趋嫩产卵习性。单雌产卵1 000粒以上，卵孵化率10%左右。初孵化幼虫先啃食卵壳，1～2龄幼虫从背面剥食花生嫩叶或取食花蕊，3龄幼虫食量增大，顶部嫩叶出现明显缺刻，从4龄开始进入暴食期。棉铃虫在花生田往往出现龄期不齐现象，给防治带来困难。9月下旬至10月上旬，棉铃虫在末代寄主田中入土化蛹越冬。

（四）发生条件

1. 气候因素

棉铃虫的发生期和发生量与温、湿度有密切关系。其适宜发生温度 22～28℃，相对湿度 70%～80%。7～8 月份降雨次数多、雨量适中、相对湿度适宜，则棉铃虫产卵期延长，发生严重；反之，则轻。据气象资料表明，新疆巴楚县棉区自 1995 年以来，冬季逐年变暖，1995—1998 年连续 4 个冬季气温较 1990—1994 年高 1.0～6℃，最冷时间推迟 8～13d，持续时间 6～8d。1998—2000 年连续 3 年气温较常年高 1.8～2.4℃。据研究，在棉铃虫蛹室不被破坏的情况下，12～14℃时自然死亡率 40%～65%，15～16℃时自然死亡率 80%～98% 以上。田间调查表明，1996 年以来，越冬蛹死亡率仅 20%～30%。1993 年越冬蛹每平方米 0.4 头，1996 年棉铃虫越冬蛹为每平方米 5 头以上，最高达 80～100 头，增加 10 倍多。喀什由于降水偏少，无重大天气过程，暖而无雪，气温高为棉铃虫种群越冬提供了优越的自然环境。

2. 生存环境

花生生长茂密，田间荫蔽，枝叶鲜嫩，湿度较大，为棉铃虫提供了良好的食料来源和生存环境。暴风雨对卵和幼虫有冲刷作用，土壤湿度过大（含水量超过 30%），蛹的死亡率增加，不利于羽化。此外，田间棉铃虫天敌数量的多少对棉铃虫的发生和危害程度也有重要影响。

3. 化肥用量

近年来为追求花生产量，盲目加大化肥用量，尤其是氮肥用量增加。氮素肥料增大，使植株长势旺盛，叶片鲜嫩，十分有利于棉铃虫的生长发育。百株棉铃虫卵 40～80 粒，高的达 100 粒以上。而氮肥使用较少的田地，植株生长稳健，百株卵量仅 20～30 粒，幼虫 6～12 头，比高氮田降低 60% 以上。从氮素营养看，也有利棉铃虫种群数量增长。同时磷、钾肥施用量也大幅度增加，加上有利的灌溉条件和气候条件，6～8 月份土壤保持湿润状态，有利棉铃虫化蛹和羽化，为棉铃虫的发生和危害提供了适宜条件。

（五）虫情测报与防治指标

棉铃虫发生代数多，且有世代重叠和龄期不齐现象，给适期防治带来很大困难。因此，要加强田间调查，做好虫情测报工作。花生产区应以 2、3 代棉铃虫作为测报防治重点，力争将棉铃虫适时消灭在 3 龄之前。

1. 诱蛾

一般只诱测第 1 代蛾。第 1 代蛾一般从 5 月 1 日开始，约 7 月 1 日蛾峰过去。可用下列调查方法。一是用杨树枝把诱蛾。选长势好的花生田 1 块（约 0.14hm²），每公顷放杨树枝 1 500 把，摆成 1 行，约隔 10m 插 1 把；每把 7～10 枝，每枝长 45～60cm，基部捆成把后竖立行间，略高于花生植株，每天日出前检查完毕，每隔 10d 换一次，诱测第 1 代蛾约需换把 2 次。二是黑光灯诱蛾。选长势好的花生田 1 块，面积约 2hm²，设置 20W 黑光灯 1 盏，每晚全夜开灯诱蛾，天亮后关灯检查诱蛾量。

2. 查卵查幼虫

　　选长势好和长势一般的花生田各 1 块，大 5 点取样，每点顺序查 20 株，共查 100 株。要定点定株，每 2d 查一次，统计卵及幼虫数，随即将卵、幼虫抹杀。从见蛾开始至卵末期止。当百株卵量上升达 15～20 粒或 5～6d 内持续在 10 粒左右，即为药剂防治适期，应立即开展全田防治。

　　张炳岭等对花生 2 代棉铃虫用一次查卵法推测虫口密度，当大田春花生正值开花盛期和下针始期（山东胶东一带为 6 月底、7 月初）一次查卵，7 月上、中旬一次查幼虫虫口密度。经过 8 年调查研究，结果卵量和幼虫量之比为 1：1.27±0.155，变异系数 0.121 7，多年的实践经验证明，其虫口密度不受任何正常气象因子的影响（特殊自然灾害除外）。以此研究结果可确定花生田 2 代棉铃虫的虫口密度和防治指标。

3. 查残虫

　　全田防治后 2～3d 内检查防治效果。调查方法同查卵。当百株幼虫在 5 头以下，可以不再防治；在 6～10 头或超过 10 头，应在第一次防治后 5～6d 再治一次。一般花生田连续治 2 次即可控制危害。丰产田或长势好的花生田防治 3 次即可。

　　防治适期：花生田棉铃虫的药剂防治适期是孵化高峰期，防治指标为 4 头/m²。棉铃虫集中在花生顶部危害嫩叶，应对准顶部叶片喷药。

（六）防治

1. 农业防治

　　目前生产上仍以药剂防治为主，结合诱蛾、诱卵进行综合防治。第 1 代虫源数量是棉铃虫发生轻重的决定因素之一。收后实行冬耕，深耕深翻，消灭越冬蛹。灌水灭虫，冬灌可风化土壤，冻死害虫，使越冬棉铃虫蛹减少 43.6%～72.2%。据调查，适时灌水，蛹的死亡率可达 70% 左右，当代百株卵量下降 65%。据资料，如果灌水淹没表土达 1.5h 左右，棉铃虫入土 1d 者死亡率达 100%，入土 3～4d 者死亡率达 80%，入土 6～8d 者死亡率 70%。

2. 生物防治

　　（1）保护利用天敌。棉铃虫的天敌种类很多，分为寄生性天敌和捕食性天敌 2 类。捕食性天敌有草蛉、蜘蛛和瓢虫等。寄生性天敌有唇齿姬蜂、方室姬蜂、红尾寄生蝇等，对棉铃虫幼虫的寄生率为 15%～45%；赤眼蜂对第 4 代棉铃虫卵的寄生率可达 30% 左右。

　　（2）生物制剂防治。用昆虫多角体病毒（简称 NPV 病毒）田间防治棉铃虫，试验前期药效比较迟缓，各天虫口减退率均在 10%～45%，7d 防效可达 50% 以上，与其他生物药剂相比较防效较好。室内喷 NPV 药液防棉铃虫，喷后 5d 平均虫口死亡率 23.3%，5d 后仍能持续感染，防效较高。绿僵菌（*Metarhizium aniscpliae*）是一类重要的昆虫病原真菌，用原液和稀释 5 倍液处理的棉铃虫 1 代幼虫 3d 后死亡率达 100%。田间试验绿僵菌 20 倍液对棉铃虫的杀虫率达 53.98%。绿僵菌不仅能防治害虫，而且能壮苗益苗。1992—1995 年山东、安徽、河南、河北、山西省以性诱剂进行大面积诱杀防治，结果表明，在棉铃虫大发生的情况下，大面积连片防治不仅可以代替或部分替代化学农药，而且在整体防治效果和防治费用等方面优于黑光灯和树枝把诱集等防治方法。在棉铃虫 3、4代发蛾期间，每 0.134hm² 田放置 1 个性信息素处理的单盆，累计诱蛾量（均为雄蛾）相当于 40 个杨树枝把总诱蛾量的 48.85％和 53.58％，而雄蛾数量是 40 个杨树枝把所诱雄蛾数量的 1.46 和 1.36 倍。由于性信息素诱杀大量雄蛾，使田间棉铃虫成虫的雌、雄性别比发生变化，因此雌蛾交配率下降。3、4 代雌蛾交配率较杨树枝把诱蛾分别下降了 35.64％和 44.75％（严克华等，2004）。

3. 物理诱杀

充分利用棉铃虫的趋光性和趋化性诱杀成虫，治源清本，把害虫消灭在危害之前。

玉米诱集带诱杀。可根据棉铃虫最喜欢在玉米上产卵的习性，于花生播种时在春、夏花生田的畦沟边零星点播玉米，诱使棉铃虫产卵，然后集中消灭。据调查，玉米诱集带上棉铃虫的卵量是花生苗上卵量的 10～20 倍。为达到有效诱集棉铃虫第 2、3 代产卵，花生田四周种植诱集带，选早熟、中晚熟 2 个品种，调节播种期，以保证玉米抽雄吐丝期与棉铃虫产卵期相吻合。种植时间，早熟品种与花生同时播种，中晚熟品种在 4 月下旬点播在花生田四周，一行点播早熟品种，另一行点播晚熟品种。为保证成苗率，播前采用玉米种衣剂包衣。在每代棉铃虫产卵高峰期，化学防治诱集带内的棉铃虫或人工捕捉幼虫，使诱集带真正起到诱杀的作用。利用玉米诱集带不仅对棉铃虫具有明显的诱杀效果，而且还可以改变花生田单一的生态环境，为天敌创造良好的栖息场所。

玉米叶或杨树枝等诱杀。成虫诱杀是全年棉铃虫防治的关键。从多年诱杀效果看，越冬代成虫占全年的 1％以下，第 1 代成虫占全年的 10％～20％，第 2 代成虫占全年的 84.6％，第 3 代成虫占全年的 4.2％。因此，越冬代防治是基础，第 1 代诱杀是重点，第 2 代诱杀是难点。诱杀越冬代成虫可在发现第 1、第 2 代成虫时，在花生田里用长 50cm 的带叶杨树枝条诱杀成虫。方法是 4～5 根捆成一束，每晚放 10 多束，分插于行间，每天早晨捕捉。草把或杨树枝把应摆放在田内诱杀第 1、2 代成虫。经田间调查摆放距地边 15m、30m、45m 的诱蛾量，不同处理对棉铃虫成虫的诱杀量在一定范围内（0～30m）随着距离的增大而增加。经田间百株卵量调查，0～30m 内，棉铃虫比较喜欢产卵，靠近地头、地边产卵量较少，因此在距地边 30m 范围内的引渠或埂子上摆放，可减少棉田落卵量，同时充分发挥天敌的自然控制作用。从近两年诱杀棉铃虫调查看，玉米叶扎成的把，在棉铃虫第 2 代成虫羽化高峰期诱蛾量是其他草把的 5～10 倍。在玉米长至 8～10 叶期将下边 3～4 片叶去掉，扎成直径 10～15cm 的把，可直接摆放在棉花上诱杀，只需每天早晨按时收蛾即可。玉米叶把诱蛾是几种诱杀棉铃虫措施中效果最好的一种。

成虫具有较强的趋光性，对主峰位于 380、455 和 585nm 的光波较为敏感，选择性较强，其扑灯并不受发育进程的影响。只要具有飞行能力即可扑灯。夜间扑灯具有明显节律，高峰分别出现在黄昏后和黎明前。因此，利用黑光灯诱杀效果较好。每 3.3hm² 设置 20W 黑光灯 1 盏，一般灯距 150～200m，高于植株 30cm，灯下放水盆或盛药锅，水面离灯管下端 2～3cm，水内滴入煤油或机油和少量药剂。白天捞虫后，加水、加油或加药。能设置高压电网黑光灯更好，不仅可诱杀棉铃虫，还可兼治许多有趋光性的害虫。

目前使用高压汞灯诱杀为主，功率 450W，单灯照射有效半径 150m 左右，可控制 6.7hm² 棉田。能有效诱杀棉铃虫、地老虎、造桥虫、金龟子、豆天蛾等多种蛾类害虫。

高压汞灯的缺点是耗电量大，在诱杀害虫的同时也可诱杀部分具有趋光性的天敌（瓢虫、草蛉）。因此，巧用高压汞灯，把它作为棉铃虫测报的观察点，阶段性地监测棉铃虫成虫动态，同时避免通夜或长时间开灯，以免伤害天敌和浪费资源。

4. 药剂防治

（1）掌握适期，合理用药。棉铃虫1代危害凶狠。捕蛾诱卵巧用药，综合防治争主动，集中力量突击2～3d，狠治一遍，及时查残，必要再治，2～3次可控制危害。

（2）撒毒土。用2.5％敌百虫粉45kg/hm² 加干细土750kg/hm²，拌匀。毒土撒施在顶叶、嫩叶上，每公顷撒900～1 015kg。

（3）喷雾。在卵孵化盛期之前，用50％辛硫磷乳油1 000～1 500倍液或5％氟铃脲乳油1 000倍液、100亿/g以上Bt制剂500～800倍液、1.8％阿维菌素乳油2 000～3 000倍液，喷雾。喷雾时喷头向下、向上翻转，即"两翻一扣，四面打透"。每公顷用药液900～1 015kg。

第五节 花生须峭麦蛾

花生须峭麦蛾（*Stomopteryx subsecivella* Zell.），又名花生卷叶虫、卷叶麦蛾。属世界性的仓库害虫，是印度等亚洲国家花生上的一种主要害虫。

（一）分布与危害

花生须峭麦蛾在我国广东、广西危害较重，北方花生主产区时有发生。除危害花生外，还危害大豆、绿豆、黑豆、紫云英、决明、青葙、天泡果、刺苋、龙葵等。幼虫潜叶或卷叶危害，取食叶肉。2龄幼虫退出蛀道将叶片缀连成苞，藏身其中啃食叶肉，留下红褐色肉状薄膜，叶片皱缩或枯落，严重时全田一片红色。危害严重的田块，上层叶全部发白，一般减产10％～20％，严重的可达20％～30％。广西10月份花生结荚期受害最重。

（二）形态特征

1. 成虫

体型较小，体长4～6mm，翅展8～12mm（彩图3-8，1）。雌虫较雄虫大，下唇须呈八字形向上弯翘。前翅灰褐色，有金属光泽，翅端黑褐色，前缘近端部1/3处有1白斑，后缘也有1不明显白斑。翅中部距基部1/3处有1黑斑，外有白晕。后翅尖刀形，顶角突出，外缘和后缘均有1列长缨毛。雌蛾翅缰3条，雄蛾1条。后足特长，胫节末端具长距。雌蛾腹末椭圆形开口，雄蛾尖圆形。

2. 卵

长椭圆形，长约0.35mm。初产乳白色，半透明，后变淡黄绿色，孵化前深黄绿色（彩图3-8，2、3）。表面有稍弯曲的纵纹，纵纹间有横纹路、网纹。

3. 幼虫

近圆筒形，淡黄绿色，老熟时黄白色（彩图3-8，4）。共5龄。老熟幼虫体长6～

8mm，头部黑褐色，前胸盾黑褐色、有光泽，胸足基节内侧面有黑环，其他各节黑色，胴部黄白色，有黑色小毛片。雄虫第5腹节面可见1紫红色斑点（睾丸），尤以3～4龄以上幼虫明显。腹足趾钩双序2横带。

4. 蛹

纺锤形，长约5mm，黄褐色，密被茸毛。茧白色（彩图3-8，5）。前翅末端伸达腹部第5节后缘，后足与翅等长。蛹腹端有1组尾钩。雄蛹腹部第4、5节间有紫红斑，羽化前蛹色加深，不易看出。

（三）生活史与生活习性

在广东南部地区，花生须峭麦蛾一年发生10～12代。以蛹在收获后的秋花生藤蔓中及田间落叶遗藤上越冬，第1代成虫1月上、中旬羽化，幼虫2～3月份危害黄豆，以后各代相继危害春花生、夏花生、夏黄豆、秋花生、冬黄豆等，全年不断。广西冬季主要危害绿肥植物。此虫在广东电白县每年发生10代，以蛹在冬收的秋花生藤蔓上及田间落叶遗藤中越冬。各世代历期，第1代最长，需时56d，第7代最短，需时24d，其余各代约30d。

成虫日伏夜出。白天静伏于花生叶下或基部，黄昏后开始活动。成虫对弱光趋性强。羽化后经12～24h于夜间交尾，交尾后1～3d开始在花生植株顶部叶片上产卵。未经交配者不能产卵。卵多集中散产在心叶及附近叶片上，正、反面都有。单雌产卵100～200粒。幼虫危害时将叶片缀成3种虫苞，其分布比例随作物的生长发育而异。初孵幼虫爬到未伸展的心叶内蛀食叶肉，1～2d后吐丝缀连心叶，形成卷叶形的虫苞。在老叶上幼虫先潜叶危害，3龄后做夹叶型虫苞。被害叶开始干枯时，幼虫爬出，另卷新叶，每虫可卷缀叶苞2～4个，老熟幼虫在叶苞内结薄茧化蛹。

（四）发生条件

花生须峭麦蛾田间各世代消长，与秋花生藤蔓贮藏、播种时间、土水肥管理、幼虫营养条件、降雨、天敌数量以及土壤质地等因素直接相关。

1. 营养条件影响

在花生开花盛期及结荚期的几代，幼虫营养丰富，雌蛾产卵多；反之，则少。

2. 受降雨影响

干旱年份发生重，多雨年份则轻。降雨还对未卷成苞的低龄幼虫有冲刷作用。

3. 天敌影响

花生须峭麦蛾的寄生天敌有小茧蜂、姬蜂、寄生蝇等，不仅能影响当代虫口的发生量，而且对以后各代也有影响。

4. 土质影响

一般黏土地比壤土地虫口密度小，壤土地比沙土地小。

（五）虫情测报与防治指标

1. 越冬幼虫出蛰期调查

选择花生须峭麦蛾越冬虫口多的寄主品种，在寄主品种枝叶的基部和上部涂黏虫胶或铅油成环状。每隔 1～2d 调查一次，记载出蛰幼虫数量。当幼虫大量出现而尚未卷叶时，定为用药适期。也可在不同部位标定越冬茧 100 个，每 2～3d 逐茧调查一次，以新空茧记为出蛰数。当累计出蛰率达 40％时，应立即准备防治。

2. 成虫期调查

从蛾期开始，利用黑光灯、糖醋液或性诱剂诱集成虫，每天记载幼虫情况。当成虫连续出现，且数量急增时，即是成虫发生盛期，约 1 周后，便为幼虫孵化盛期，即进行防治。应正确掌握成虫盛期和产卵期，为释放天敌提供依据。

蛹在冬天堆放的秋花生蔓藤上及田间落叶残株中越冬。越冬虫于次年 2 月初羽化产卵，中旬孵化，3～11 月是幼虫危害期。以 5 月中旬在春花生开花结荚和 8 月中旬至 9 月上旬在秋花生开花结荚期危害最烈。离秋花生蔓贮藏地点近的地块虫口密度大；冬大豆田前作为秋花生的，虫口密度大，前作为甘薯者则少；水肥管理好的田块和多雨年份危害轻；黏土地轻。

花生须峭麦蛾平均每 666.7m² 有 25 片卷叶以上的田块应立即用药。

（六）防治

1. 农业防治

花生播种前将贮藏的花生和冬大豆的茎蔓作为燃料或沤肥；花生收后及时处理藤蔓，清除田间落叶，土地翻耕灌水，消灭越冬虫，减低虫源基数。

轮作换茬。花生与其不同属的作物轮作之后，害虫失去适宜的生活条件和寄主，发生数量就会大量减少。

2. 保护利用天敌

花生须峭麦蛾的自然界天敌较多，如茧蜂、姬蜂、小蜂和寄生蝇等。保护天敌，充分利用，可以有效控制其危害。

3. 药剂防治

应掌握在低龄幼虫（1～3 龄）期施药。可选用的药剂有 2.5％三氯氰菊酯乳油 2 000 倍液或 50％丙溴磷 1 000 倍液、10％溴虫腈悬浮剂 1 000 倍液、48％乐斯本乳油 1 000 倍液、5％氟啶脲乳油 800 倍液、25％亚胺硫磷乳油 5 000 倍液、25％噻虫嗪水分散粒剂 5 000 倍液、90％晶体敌百虫 600 倍液、10％吡虫啉 3 000 倍液，喷雾。

第六节 蓟 马

蓟马（Thrips），属昆虫纲，缨翅目。因本目昆虫有许多种类常栖息在大蓟、小蓟等植物的花中，故名蓟马。蓟马是一种靠植物汁液为生的昆虫。世界已知约 6 000 种，分布广泛。我国已记载 336 种。危害花生的主要有茶黄硬蓟马（*Scirtothrips dorsalis* Hood）和端带蓟马（*Taeniothrips distalis* Karny）2 种。

（一）分布与危害

蓟马个体小，行动敏捷，能飞善跳，多生活在植物花中，取食花粉和花蜜或以植物的嫩梢、叶片及果实为生，成为农作物、花卉、林、果的一害。在蓟马中也有许多种类栖息于林木的树皮与枯枝落叶下或草丛根际间，取食菌类的孢子、菌丝体或腐殖质。此外，还有少数捕食蚜虫、粉虱、介壳虫、螨类等，成为害虫的天敌。蓟马除危害花生外，还危害番茄、茄子、黄瓜、冬瓜、西瓜等。蓟马群集于叶片背后吸汁，取食时造成叶子与花朵损伤，常留下白色斑点。成虫和若虫锉吸心叶汁液，使心叶不能展开。幼果受害后变畸形，严重时造成落果。成果受害后果皮粗糙，并出现褐色波纹和锈斑。蓟马还能传播番茄病毒病，造成茎和果实枯萎、腐烂。

1. 花生田茶黄硬蓟马

分布于华南、中南、西南茶区，尤其在贵州、云南、广东、广西、台湾发生严重。主要危害花生、茶、草莓、葡萄、芒果等。

花生田茶黄硬蓟马危害特点：以成虫、若虫锉吸汁液，主要危害嫩叶，致受害处叶脉两侧出现2条或多条纵向排列的红褐色条痕，叶面凸起来。严重时，叶背出现1片褐纹，致芽叶萎缩，叶片向内纵卷，僵硬变脆。叶柄、嫩茎、老叶也可受害。由于茶黄硬蓟马适宜于干旱条件下发生，故一般以苗圃、幼龄茶园和新茶园受害重。

2. 花生田端带蓟马

分布于全国各地。寄主有花生、四季豆、豌豆、蚕豆、丝瓜、胡萝卜、白菜、油菜等十字花科蔬菜，苜蓿、红花草、紫云英、苕子、猪屎豆、柽麻、小麦、水稻等。

花生田端带蓟马危害特点：成虫、若虫以锉吸式口器穿刺锉伤植物叶片及花组织，吸食汁液。幼嫩心叶受害后，叶片变细长，皱缩不展，形成兔耳状。叶片被害处呈黄褐色凸起小斑，被害较重的叶片则变狭、变小或卷曲、皱缩，严重的甚至凋萎脱落（彩图3-10）。受害较轻的花生影响生长、开花和受精，重则植株生长停滞，矮小、黄弱。受害花朵不孕或不结实。

（二）形态特征

蓟马体长一般0.5～7mm，少数种类8～10mm。体细长而扁或圆筒形。黄褐、苍白或黑色，有的若虫红色。有翅种类单眼2～3个，无翅种类无单眼。锉吸式口器，上颚口针多不对称。翅狭长，边缘有很多长而整齐的缨状缘毛。足跗节端部有可伸缩的端泡。

1. 花生田茶黄硬蓟马

（1）成虫。体长约0.9mm，全体橙黄或黄色，胸侧稍暗。头部宽，约为头长的1.8倍。前胸宽为长的1.5倍。单眼3个，鼎立，鲜红半月形。复眼大，稍突出。触角8节，第1节白色或淡黄色，第2节与体色相同，第3～5节基部较体色淡。翅狭长，灰色。前翅橙黄色，近基部有一小淡黄色区（彩图3-9左）。腹部第3～8节背片有暗前脊，第8腹节后缘栉齿状突起明显。腹片第4～7节前缘有深色横线。

（2）卵。肾脏形，淡黄色。

（3）若虫。体小而细长，较成虫短。无翅。初为乳白色，后转黄色。具有翅芽。

2. 花生田端带蓟马

（1）成虫。雌成虫体长1.6～1.8mm，黑棕或黄棕色。触角8节，皆暗棕色（彩图

3-9右），第3、4节倒花瓶状，各节有长的叉状感觉锥。单眼间鬃长，靠近后单眼，位于3个单眼中心连线内缘。下颚须3节。前胸后角有2对长鬃。前翅暗棕色，基部和近端处色淡，上脉基中部有鬃18根，端鬃2根；下脉鬃15～18根。腹部第2～7节背板近前缘有1黑色横纹，第5～8节两侧无微弯梳，第8节后缘仅两侧有梳。

雄成虫显著比雌成虫体小、色淡，触角细。腹部腹板腺域不明显，第2～8节除后缘鬃似矛形，尚有附属矛形鬃，第2和第8节有40余根，第3～7节90余根。

（2）卵。肾脏形。

（3）若虫。体黄色，无翅。

（三）生活史与生活习性

1. 花生田茶黄硬蓟马

在南方产区一年发生11代左右，世代重叠。全年可见到各虫态。冬季以卵、成虫为主，1～2月以卵为主。以成虫或若虫在树皮缝、茶花内过冬，无明显越冬现象。翌年3月稍暖开始活动，继续危害。有群居性。夏花生每年4月至7月上旬是危害盛期。秋花生9～10月份发生最重。主要危害嫩叶，故苗期与成虫盛发期基本相吻合，苗期受害较重。在北方产区，气候适宜时，可在2周左右由卵发育为成虫。成虫有较强的隐蔽习性，大都成群地聚集在花生未张开的复叶内，以锉吸式口器锉破花生嫩叶和花器，吸取汁液。成虫平时多在叶背面活动，善于爬行和近距离飞行，受惊扰时弹飞。卵散产于新梢叶背或叶肉内。若虫孵化后亦栖于叶背危害。成长若虫多群集在被害叶或附近叶片背凹处或瘿螨毛毡部、在蛛网下、叶片相叠处化蛹。孤雌生殖。卵散产。在荔枝树上，卵产在叶面表皮下，在嫩叶中脉附近着卵较多。卵期：气温18～21℃为17～25d，25～32℃为9～12d；若虫期：春季20～30d，夏秋季6～12d，冬季30～50d；预蛹和伪蛹期：春季5～17d，夏季2～4d，冬季伪蛹期5～15d。

2. 花生田端带蓟马

在江西、浙江、福建一年发生6～7代，紫云英上常发生3～4代，世代重叠。在花生生长期均可见到各虫态。以成虫在紫云英、葱、蒜、萝卜等叶背或茎皮裂缝中越冬。翌年，福建3月下旬、浙江4月上旬盛发，大量产卵繁殖，紫云英花期进入危害盛期。成虫活泼，行动敏捷。成、若虫白天栖息在花器内和叶背面，常把卵产在花萼或花梗组织里，卵期7d。若虫在花器中危害1周左右，钻入表土0.5～1cm深处蜕皮。蜕皮时先变为预蛹，后再蜕皮成伪蛹。紫云英成熟时迁往猪屎豆、扁豆、豇豆等植株上生活，10月下旬至11月开始越冬。3～4月干旱易大发生，高温、多雨年份发生轻。在广东春花生产区3～5月连续发生危害。早播花生受害重，开花期前后是严重受害期。在夏花生上，7～8月间发生重。在秋花生上，9～10月份发生最重。在山东花生产区，以成虫越冬。于5月下旬至6月份发生严重。温度高、降雨多，对其成虫发生不利。冬、春季少雨干旱时，发生猖獗。

（四）发生条件

该虫的发生受天气、食料、天敌、植株生育状况等的影响。干旱气候条件利于其发生；温度高、降雨多对其发生不利。发生适宜温度 23~28℃，相对湿度 40%~60%，较耐寒，不耐湿。

1. 气候

春暖、干旱季节及天气有利其发生危害；大雨、阵雨天气频繁对其发生危害有一定抑制作用。

2. 食料

春季开花植物多，食料丰富，常猖獗危害。田间寄主植物生长不整齐，花蕾期长，与其喜在花器内取食危害习性相吻合，有利其繁殖，发生危害亦重。

3. 湿度

相对湿度 60% 以下，最适宜繁殖危害。靠近葱、蒜和附近杂草多的花生田常危害较重。当温度上升到 26℃ 以上时，危害会自然下降。当相对湿度超过 75% 时，幼虫不能正常生长发育，湿度达到 100% 时，幼虫不能存活。降雨、浇水或土壤黏重造成板结时，幼虫不能入土，已在土中的蛹不能羽化，危害明显减轻。

4. 天敌

当天敌蜘蛛和捕食性蓟马多时，能有效控制其危害。

（五）虫情测报与防治指标

花生田端带蓟马和茶黄硬蓟马的防治适期都必须在掌握历年消长规律的基础上准确测报盛发期，适期防治应在盛发期来临之前。

加强开花期调查，如豆类作物每朵花内有虫 2 头或 3 头时，应立即药剂防治。

防治指标：当穴卷叶率超过 2.60%，株卷叶率超过 0.74%，百株有虫达 330 头以上，即进行防治。

（六）防治

蓟马的防治应采取农业防治、生物防治、药剂防治等综合措施相结合，方能达到经济、高效目的。

1. 农业防治

及时翻整土地，适度中耕，有条件的产区合理灌溉。抓好施肥，促进花生发芽整齐。

2. 保护利用天敌

蓟马的天敌有蜘蛛和捕食性蓟马等。保护利用天敌控制蓟马危害，既经济，又利于保护环境，维持生态平衡，一举多得。

3. 药剂防治

防治蓟马的药剂种类多，用药方法以全株喷洒药液为主。常用药剂有 10% 吡虫啉可湿性粉剂 3 000 倍液、20% 复方浏阳霉素乳油 1 000 倍液、40% 乐果 500 倍液、10% 高效氯氰菊酯乳油 5 000 倍液、0.36% 苦参碱乳油 1 000 倍液、48% 毒死蜱乳油 1 000~1 500 倍液、2.5% 多杀霉素悬浮剂 2 000 倍液、50% 马拉硫磷乳油 1 000 倍液、40% 乐果乳油加 2.5% 联苯菊酯（混配使用），均可彻底根治花生蓟马，还可兼治花生蚜虫和花生小绿叶蝉等害虫。

第七节　叶　蝉

叶蝉因多危害植物叶片而得名。属同翅目，叶蝉科。全世界共有1万多种，中国已发现1 000多种。危害花生的叶蝉有假眼小绿叶蝉（*Empoasca vitis* Gothe）、小绿叶蝉（*Empoasca flavescens* Fabricius）、小字纹小绿叶蝉（*Empoasca notata* Melichar）等。

（一）分布与危害

叶蝉以刺吸式口器刺吸花生芽叶、嫩叶皮层汁液，影响花生植株正常生长发育，导致产量和质量下降。有的种类还传播植物病毒，造成病毒病发生。病害与叶蝉发生关系密切，据广东各地观察，凡叶蝉大发生年份，病毒病害即发生严重。

1. 假眼小绿叶蝉

别名假眼小绿浮尘子、小绿叶蝉。俗名叶跳虫。分布江苏、安徽、浙江、江西、福建、海南、湖南、湖北、广东、广西、四川、贵州、云南、陕西、台湾。寄主除花生外，有茶树、大豆、麦、棉、桑、烟、十字花科蔬菜、果树、药用植物等。成虫、若虫刺吸花生芽叶、嫩叶皮层汁液。卵产在嫩叶里，妨碍物质运转，致花生芽叶叶缘黄化，叶尖卷曲，叶脉呈暗红色。严重时，叶尖、叶缘呈红褐色焦枯状，芽梢生长缓慢，甚至停滞，影响叶片正常生理功能，叶龄缩短，造成花生减产。近年，假眼小绿叶蝉和小绿叶蝉在一些花生田区混合发生危害，前者还是不少省份的优势种。

2. 小绿叶蝉

别名茶叶蝉、桃小浮尘子、桃小叶蝉、桃小绿叶蝉。我国除西藏、新疆、青海未见报道外，广布全国各地。寄主除花生外，有茶、桑、桃、杏、李、樱桃、梅、杨梅、葡萄、苹果、槟沙果、梨、山楂、柑橘、豆类、棉花、烟、禾谷类、甘蔗、芝麻、向日葵、薯类等。成虫、若虫吸芽、叶汁液。被害叶初期叶面出现黄白色斑点，渐扩大成片，严重时全叶苍白早落。花生丛枝病毒病害由小绿叶蝉从其他寄主传到花生。带毒成虫和若虫可终生传毒。

3. 小字纹小绿叶蝉

在安徽、湖北、广东、广西、贵州等省、自治区发生。除危害花生外，还危害蓖麻、豆类、麻、水稻、沙皮树、葡萄等。成虫、幼虫群集叶背吸食汁液，使叶片卷缩、变硬、枯黄脱落，植株结果稀少。

（二）形态特征

叶蝉个体较小，不同种的体色以及部分形态特征也存在一定差异。

1. 假眼小绿叶蝉

（1）成虫。体长3.1～3.8mm，体黄绿色至淡黄绿色。头顶中部有2个绿色小斑点，复眼灰褐色，无单眼，仅在单眼位置生1对绿色小圆圈，称假单眼。小盾片中央及端部生浅白色小斑纹。前翅浅黄绿色，基部绿色，翅端透明或微烟褐。足胫节端部以下绿色（彩图3-11）。

（2）卵。长 0.8mm，新月形，初乳白色，后变浅绿色。

（3）若虫。共 5 龄。初孵若虫体长 0.95mm，乳白色，体表有细毛。2 龄体长 1.30mm，浅黄色，体节明显。3 龄体长 1.64mm，浅绿色，始露翅芽。4 龄体长 2.08mm，翅芽明显。5 龄体长 2.24mm，浅绿色，翅芽伸达腹部第 5 节，体形与成虫近似。

2. 小绿叶蝉

（1）成虫。体长 3.3～3.7mm，淡黄绿至绿色，复眼灰褐至深褐色，无单眼。触角刚毛状，末端黑色。前胸背板、小盾片浅鲜绿色，具白色斑点。前翅半透明，略呈革质，淡黄白色，周缘具淡绿色细边。后翅膜质透明，各足胫节端部以下淡青绿色，爪褐色；跗节 3 节；后足跳跃式。腹部背板色较腹板深，末端淡青绿色。头背面略短，向前突，喙微褐，基部绿色（彩图 3-12）。

（2）卵。长椭圆形，略弯曲，长径 0.6mm，短径 0.15mm，乳白色，后颜色逐渐加深，近孵化时出现 1 对红褐色眼点。

（3）若虫。体长 2.5～3.5mm，浅黄色，与成虫相似。

3. 小字纹小绿叶蝉

（1）成虫。体长约 3.3mm，淡黄绿色。头冠突出，正中有 1 倒小字形白纹。前胸背板前缘有几个大小不等的白斑点，小盾板中部有 U 字形白斑。前翅略透明，翅端烟褐色。足胫节末端及跗节绿色、较深（彩图 3-13，1）。

（2）卵。长圆形，微弯，水绿色，半透明，后期出现红色眼点（彩图 3-13，2、3）。

（3）若虫。淡绿色。头顶平圆，有 2 对小刺。触角达体长之半。前胸近横长方形，腹部各节后缘有 4 根刺毛，排成 4 纵行（彩图 3-13，4）。

（三）生活史与生活习性

1. 假眼小绿叶蝉

在安徽一年发生 10 代，长江流域 9～11 代，广东、广西 12～13 代，海南 15 代。均以成虫在茶树、冬季豆类、绿肥等寄主植物上越冬。广东、云南无明显越冬现象，冬季也可见到卵和若虫。长江流域花生田区越冬成虫在 3 月中、下旬，气温 10℃以上时开始活动，3 月下旬产卵，第 1 代若虫于 4 月上、中旬出现后，间隔 15～30d 发生一代，世代重叠，1 月中旬开始越冬。每年出现 2 个高峰。第一高峰出现在 5 月下旬至 7 月上旬，春花生受害重；第二高峰出现在 9～11 月。卵期 6～9d，若虫期 6～20d，成虫寿命 2～21d，越冬代 150d。秋花生受害重于春花生。

该虫有趋嫩性，喜在嫩芽、嫩叶背面栖息，芽下 2～3 叶虫口数量大，3 龄后若虫、成虫活泼，横行或跳跃。中午炎热、烈日照射或阴雨天、露水未干时都躲在花丛中不活动或只在丛间移动。羽化后当天或第二天交尾，卵散产在花生叶片组织内，春季每雌产卵 32 粒，夏季 9 粒，秋季 12 粒。

2. 小绿叶蝉

一年发生 4～6 代。以成虫在落叶、杂草或低矮绿色植物中越冬。成虫善跳，可借风力扩散。成虫和若虫吸食花生嫩叶汁液，取食后交尾、产卵。卵多产在花生叶片组织内。

卵期 5～20d。若虫期 10～20d，非越冬成虫寿命 30d。完成 1 个世代 40～50d。因发生期不整齐，致世代重叠。6 月虫口数量增加，8～9 月最多，且危害重。秋后以末代成虫越冬。成、若虫喜白天活动，在叶背刺吸汁液或栖息。

3. 小字纹小绿叶蝉

广西以成虫在宿根苘麻及沙皮树等植物上越冬。成虫在花生叶脉表皮下产卵，外表微隆起，常一二十粒相连。孵化后幼虫出口处呈纺锤形，连成一长列，使叶脉出现褐色粗糙条斑。4～6 月、秋后干旱时发生较重。叶背蜡粉少的品种比蜡粉多的品种受害较重。

（四）发生条件

叶蝉发生与气候因子有关。气温、降水量和雨日数是影响虫口消长的主要气候因子。通常以成虫或卵越冬，在温暖地区，冬季可见到各个虫态，无真正冬眠过程。越冬卵产在寄主组织内。成虫蛰伏于植物枝叶丛间、树皮缝隙里，气温升高便活动。喜阴湿环境。花生生产过程中，偏施、过施氮肥，密度过大、营养群体大，有利飞虱和叶蝉生长和繁殖，发生危害重。

假眼小绿叶蝉的发生、发展与气温、环境和品种有关。最适宜的温度 20～25℃，高温、干旱对其发生不利，时晴时雨、群体茂长有利其发生，管理粗放、杂草丛生发生重。天敌 60 多种，最主要的有卵寄生蜂、缨小蜂、蜘蛛和虫霉等。天敌多的田块发生轻，少的发生重。品种背面蜡粉层厚的发生轻。

旬均温 15～25℃适于小绿叶蝉生长发育，28℃以上及连阴雨天气虫口密度下降。花生丛枝病病毒由小绿叶蝉从其他寄主传到花生。带毒成虫和若虫可终生传病。同时，病害发生与播种期关系密切。在广东，春花生迟播（清明后）和秋花生早播（大暑前）地块发病重。据调查，广东南部，秋花生 7 月下旬播种平均发病率 13.6%，8 月上旬 4.9%，8 月中旬 1.9%，8 月下旬 1% 以下。此外，旱地比水田、沙土地比黏土地、坡地比平地发病重。干旱年份病害发生重。部分秋花生因旱灌水，发病率比不灌水的高 10%。上述因素可能通过影响叶蝉繁殖和活动而影响病害发生。

秋后干旱时小字纹小绿叶蝉发生较重。叶背蜡粉少的品种比蜡粉多的品种发生较重。

（五）发生规律与防治适期

假眼小绿叶蝉每年出现 2 个高峰。第一高峰出现在 5 月下旬至 7 月上旬，春花生受害重。第二高峰出现在 9～11 月。

小绿叶蝉 6 月虫口数量增加，8～9 月最多，且危害重。旬均温 15～25℃适其生长发育，28℃以上及连阴雨天气虫口密度下降。

小字纹小绿叶蝉 4～6 月和秋后干旱时发生较重。

根据其发生规律，防治适期应掌握在盛发期来临之前。根据虫情调查，确定防治时期，当每百叶有虫 20～25 头时应及时进行防治。

（六）防治

叶蝉科昆虫均以植物为食，很多种是农、林业的重要害虫，有的种类还传播植物病毒。因地制宜确定当地叶蝉防治适期，做到早防治，可提高花生产量和品质。

1. 假眼小绿叶蝉

冬季清除田内落叶、杂草，减少越冬虫源。

用黑光灯诱杀成虫。

第一个高峰到来前，及时喷洒90％晶体敌百虫1 000倍液或50％辛硫磷乳油1 500倍液、50％杀螟松乳油1 200倍液、25％噻嗪酮乳油1 500倍液、10％吡虫啉可湿性粉剂2 000倍液、10％联苯菊酯乳油3 000～4 000倍液。

在湿度高的地区或季节，提倡喷洒含800万孢子/ml的白僵菌。

2. 小绿叶蝉

勤除杂草，减少病虫栖息越冬场所。清除落叶及杂草，减少越冬虫源，能有效控制病虫繁殖与危害。

用频振式杀虫灯诱杀害虫。在害虫发生期，每公顷用灯1盏，能显著降低该虫危害。针对小绿叶蝉只能短距离跳跃这一特点，挂灯的高度以100cm左右为宜。

利用黄板诱杀。针对小绿叶蝉的趋黄色性特点，将黄板上涂以环保专用胶，当该虫跳跃撞击黄板时，黄板上的胶即将其粘住致死，从而达到诱杀该虫的目的。每667m² 用黄板30～40片（250mm×130mm），能较好地控制该虫危害。黄板悬挂高度高于花生植株顶梢20cm为宜。

掌握在越冬代成虫迁入花生田后，各代若虫孵化盛期及时喷洒35％硫丹乳油2 000～3 000倍液或25％辛·甲·氰乳油2 000倍液、2.5％联苯菊酯乳油4 000倍液、1.8％阿维菌素B1 000～4 000倍液、25％速灭威可湿性粉剂600～800倍液、50％马拉硫磷乳油1 500～2 000倍液、10％吡虫啉可湿性粉剂2 000倍液、2.5％氯氟氰菊酯乳油、50％抗蚜威超微可湿性粉剂3 000～4 000倍液，均能收到较好效果。

3. 小字纹小绿叶蝉

幼虫盛期用40％乐果或25％亚胺硫磷乳油、50％二溴磷乳油1 500倍液喷雾。用黑光灯诱杀成虫。

第八节 象 甲

象甲，俗称春谷老、尖嘴子。危害花生的象甲有大灰象甲（*Sympiezomias velatus* Chevrolat）、蒙古灰象甲（*Jylinophorus mongolicus* Faust）、甜菜象甲（*Bothynoderes punctiventris* Germar）。均属多食性害虫。可危害花生、豆类、瓜类、薯类、粮食作物、棉花、麻类、牧草及各种苗木嫩叶、茎等，是作物苗期重要害虫之一。

（一）分布与危害

象甲几乎对所有作物均能危害，但以双子叶作物如花生、棉花、大豆、烟草、甜菜等受害最重。成虫取食幼苗嫩尖、叶片，甚至食害生长点、子叶，造成缺苗断垄，严重的甚至毁种。幼虫取食腐殖质或植物根系，危害不重。

1. 大灰象甲

又称象鼻虫、土拉驴。属鞘翅目,象鼻虫科。东北、华北各省、自治区广泛发生。除危害花生外,还危害烟草、棉花、玉米、马铃薯、辣椒、甜菜、瓜类、豆类等。大灰象甲主要危害刚出土的幼苗,造成缺苗。在花生田成虫取食花生苗的嫩尖和叶片,轻者把叶片食成缺刻或孔洞,重者把花生苗吃成光秆,造成缺苗断垄。

2. 蒙古灰象甲

别名象鼻虫、放牛小、灰老道、蒙古土象。属鞘翅目,象甲科。北方地区普遍发生。除危害花生外,还危害棉、麻、谷子、甜菜、大豆、瓜类、向日葵、高粱、烟草、果树幼苗等。成虫取食花生刚出土幼苗的子叶、嫩芽、心叶。常群集危害,把叶片食成半圆形或圆形缺刻,严重时可把叶片吃光,咬断茎顶,造成缺苗断垄。

3. 甜菜象甲

别名甜菜象鼻虫。属鞘翅目,象甲科。分布河北、内蒙古、山西、宁夏、甘肃。除危害花生外,还危害甜菜、菠菜、白菜、甘蓝、瓜类。成虫在花生幼苗出土后,咬食子叶和真叶成缺刻,严重时把叶片吃光或咬断幼茎,造成缺苗断垄。幼虫在地下咬食花生果实,影响果实生长,重则整株枯死。

(二)形态特征

1. 大灰象甲

(1)成虫。体长 9.5~12mm,黄褐或灰黑色,密被灰白色鳞片。头管粗,口吻长而突出,中央有沟。头部和喙密被金黄色发光鳞片。触角索节 7 节,长大于宽。复眼大而凸出。前胸两侧略凸,前胸背板圆形,中央灰黑色,中沟细,中纹明显。鞘翅卵圆形,具褐色云斑,各有纵沟 10 条。后翅退化,不善飞翔。前足胫节内侧有 1 列齿突。雄虫胸部窄长,腹部较圆,鞘翅末端不缢缩,钝圆锥形;雌虫胸部宽短,尾部略尖,鞘翅中部膨大,末端缢缩尖锐(彩图 3-14)。

(2)卵。长椭圆形,长约 1mm。初期乳白色,近孵化时乳黄色。

(3)幼虫。体长 12mm,乳白色。头部米黄色,内唇前缘有 4 对齿突,中央有 3 对小齿突,其后方有 2 个三角形褐纹。无胸足,生活在土中。

(4)蛹。长 9~10mm,乳白色,微黄,上颚大,钳状。覆盖前足跗节基部,腹末有 2 个粗刺。

2. 蒙古灰象甲

(1)成虫。体长 4.4~6.0mm,宽 2.3~3.1mm,卵圆形,体色有土灰、土灰夹杂黑斑纹、暗黑 3 种,土灰色的发生普遍。口吻长而突出,中央有沟。前胸背土灰色,密被灰黑色鳞片。鳞片在前胸形成相间的 3 条褐色、2 条白色纵带,内肩和翅面具白斑。头部呈光亮的铜色。鞘翅上生 10 纵列刻点。头喙短扁,中间细。触角红褐色膝状,棒状部长卵形,末端尖。前胸长大于宽,后缘有边,两侧圆鼓,鞘翅明显宽于前胸。无后翅,两鞘翅愈合不能活动。鞘翅有 22 条纵沟。雌成虫体长 4~7mm,雄虫 4~5mm,灰褐色,鞘翅上有 10 条纵刻点,排列成线,列线间密生黄褐色毛和灰白色鳞片,并组成不规则斑纹,后翅退化(彩图 3-15)。

(2)卵。0.9~1.0mm,宽 0.5mm,长椭圆形或长筒形,两端钝圆。初产时乳白色,

24h 后变为暗黑色，有光泽。

(3) 幼虫。初孵化幼虫体长 1.2mm，黄白色，头部和前胸淡黄褐色，有光泽，口器褐色。成熟幼虫乳白色，体长 6～9mm，胸足较短。

(4) 裸蛹。长 5.5mm，乳黄色，复眼灰色。

3. 甜菜象甲

(1) 成虫。体长 12～16mm，长椭圆形。前胸灰色鳞片形成 5 条纵纹。体黑色，体、翅基底黑色，密被灰至褐色鳞片。头部向前突出成管状；鞘翅上褐色鳞片形成斑点，在中部形成短斜带，行间第 4 行基部两侧和翅瘤外侧较暗。翅鞘灰白色，密布黑色刻点及纵纹，鞘翅近末端两边各有 1 个白色小斑；鞘翅上行纹细，不太明显，行间扁平，第 3、5、7 行较隆。腹部各节明显，第一、二节中间凹陷者为雄虫，突起者为雌虫。喙长而直，端部略向下弯，中隆线细而隆，长达额，两侧有深沟。额隆，中间有小窝。足和腹部散布黑色雀斑（彩图 3-16，1）。

(2) 卵。椭圆形，长 1.3mm 左右，宽约 1.0mm。初产乳白色，有光泽，后转米黄色，光泽减退（彩图 3-16，2）。

(3) 幼虫。乳白色，体长 15mm 左右，宽 5mm。肥胖略弯曲，多皱褶。头部褐色，腹部无足（彩图 3-16，3）。

(4) 裸蛹。体长 11～14mm。长圆形，米黄色，腹部数节较活动（彩图 3-16，4）。

（三）生活史与生活习性

1. 大灰象甲

大灰象甲在东北和华北地区成、幼虫在 40～60cm 深的土中越冬。2 年发生 1 代。幼虫 4 月初开始活动，群集危害。日平均气温 10℃以上，成虫出现，4 月中、下旬成虫出土，常群集在苗眼中取食和交尾。平均气温 20℃以上活动较盛，炎夏高温则潜伏在阴处，阴雨天很少活动。雨后被泥粘住则易死亡，成虫 6 月为出土盛期。善爬行，喜弹跳，外物临近时，善于躲避，有假死性。5 月下旬产卵。成虫产卵于叶片上。产时先在叶片背面将叶片缀合，再产卵其中，并把叶片与卵块粘在一起，常 10～40 粒产成卵块。6 月上旬幼虫孵化，落入土内生活，9 月下旬在 60～100cm 土深处筑土室越冬，次年春季继续取食，6 月下旬化蛹，7 月中旬羽化，在原处越冬。

5 月上、中旬花生幼苗出土后，咬食子叶及嫩叶。花生出苗到团棵是危害盛期。早晨及傍晚危害，白天多隐藏于土壤裂缝中。成虫常把叶片从尖端向内折成饺子形，在折叶内产卵。幼虫大多生活在耕作层以下的土中，取食腐殖质和植物须根。

2. 蒙古灰象甲

蒙古灰象甲在华北、东北 2 年发生 1 代，在黄海地区 1～1.5 年发生 1 代。以成虫或幼虫越冬。翌年春季日平均温度达到 10℃时，成虫开始出蛰。蒙古灰象甲较大灰象甲出蛰早，4 月中旬开始活动。成虫白天活动，以 10 时和 16 时前后活动最盛，受惊扰后假死落地。夜间和阴雨天很少活动，多潜藏在受害花生根迹处的土中在枝叶间。成虫无飞行能力，均在地面爬行，因而花生田中的成虫多由田外的杂草上迁移而来。一年中以 5～6 月份危害最重。

成虫经一段时间取食后，开始交配产卵。一般在 5 月开始产卵，卵多产在表土中，历时约 40d。单雌产卵 200 粒左右。卵期 11～19d。8 月以后成虫绝迹，9 月末做土室休眠，越冬后继续取食。

幼虫 5 月下旬开始出现，在花生根中寄生或多在杂草根中生活，因而幼虫对花生生长几乎不造成影响。9 月末在土中筑土室越冬，翌年继续活动，到 6 月中旬老熟，再筑土室于其中化蛹。成虫于 7 月上旬羽化，但不出土，仍在土室中越冬，第 3 年再出土。2 年发生 1 代。

3. 甜菜象甲

华北、东北地区一年发生 1 代。以成虫在 15～30cm 土层内越冬。越冬成虫翌年活动的早晚随各地气候而异。在日平均气温 6～12℃，土表温度 15～17℃时，越冬成虫出土活动。于 5 月上旬危害花生，5 月中旬至 6 月中旬达危害盛期。5 月上、中旬开始产卵，每雌产卵 80～200 粒。6 月中旬至 7 月上旬为产卵盛期，多产于花生根际土表、碎叶或土表下约 0.5cm 处。卵期 10～12d。

幼虫在表土下 15～25cm 处活动，咬食花生主根和侧根，特别是幼根，造成花生枯萎。幼虫期约 50d。6 月下旬至 7 月上、中旬危害达盛期。老熟幼虫于 7 月上、中旬在土内做土室化蛹，8 月中、下旬为化蛹盛期。蛹期 20d 左右。9 月上、中旬是成虫羽化盛期。当年羽化的成虫一般不出土活动，准备越冬。

成虫寿命长达 120d，不善飞翔，主要靠爬行觅食，性喜温暖，畏强光，多在土块下或枯枝落叶下潜伏。具假死性和抗饥性，在没有食料的情况下，可活 2 个月左右。

（四）发生条件

1. 气温

高温有利于象甲发生。春季随气温升高而活动加强，气温达 25℃左右时最活跃，有利于繁殖危害。

2. 土壤湿度

土壤湿度对各虫态的生长发育都有影响。幼虫在 10%～15% 的土壤湿度中发育最好。当土壤湿度较大时，幼虫、蛹和初羽化的成虫皆易感染绿僵菌而死亡。

一般春季成虫出土受 4 月份气候影响较大。温度高、湿度低有利成虫出土。如 8、9 月份雨水多，田间长期积水，则翌年发生较轻。

3. 土壤质地

一般土质疏松、通气良好的沙壤土，较长期阴湿的黏重土更有利于甜菜象甲发育。

4. 耕作

耕作粗放、整地不平、耕耙不均匀、花生出土不齐的地块，常受害严重。

（五）发生规律与防治指标

平均气温达 6～12℃，地表温度 15～17℃时越冬成虫出土，时期参差不齐，可由 4 月上旬延至 7 月下旬。早期出土的成虫多潜伏在避风向阳的枯草根际及渠背、地埂等土块处，随气温升高而活动加强，并向花生田爬行转移。气温达 25℃左右时最活跃。5

月份当花生苗处于子叶期至 2 片真叶时最易受害。5 月中旬成虫开始大量产卵于干湿土交界处。6～7 月是幼虫危害盛期。幼虫随花生根向下生长及土壤温度变化而向深土层潜入，老熟后做土室化蛹。7 月中、下旬为化蛹盛期。成虫羽化后一般不出土，在蛹室内越冬。

加强虫情调查。花生出苗时 20cm 土层温度稳定在 10℃ 以上时查虫，确定防治适期，当每株有 0.5～1 头成虫、气候条件又有利于害虫发生时，应进行防治。

（六）防治

1. 人工捉杀

利用该虫群集性和假死性，于 9 时前或 16 时后人工捕捉、捕杀成虫。

2. 农业防治

实行大面积轮作。有条件的地方，选择距连作 2 年花生地 300～500m 远的地块，可减少虫源。

花生播种后，立即在地四周挖防虫沟。沟宽 23～33cm，深 33～45cm，沟壁要光，沟中放药，毒杀并防止外来象甲掉入后爬出。

3. 药剂防治

喷洒或浇灌 4.5％高效氯氰菊酯乳油或 50％辛·氰乳油 2 000 倍液，在产卵前杀灭成虫。

在成虫发生盛期，于傍晚及时喷洒 50％马拉硫磷乳油 1 200 倍液（喷施根部土缝处）或 90％晶体敌百虫、40％乐果乳油 1 000 倍液、2.5％辛硫磷 1 000～1 500 倍液（杀成虫及孵化幼虫）。

第九节 芫 菁

在花生上发生的芫菁有豆白条芫菁（*Epicauta gorhami* Marseul）、黄黑花芫菁（*Mylabris ciohorii* L.，又名眼斑芫菁）、黄黑花大芫菁（*Mylabris phalerata* Pallas，又名大斑芫菁）、暗头豆芫菁（*Epicauta obscurocephala* Reitter）。均属鞘翅目，芫菁科。

（一）分布与危害

国内广泛分布。豆白条芫菁在江苏、浙江、江西、湖南、四川、广东、广西等省、自治区均有发生。黄黑花芫菁分布于中国河北、安徽、江苏、浙江、湖北、福建、台湾、广东、广西，在越南、印度也有发现。黄黑花大芫菁在中国浙江、湖北、台湾、广东、广西、云南均有发生，印度也有发现。暗头豆芫菁分布于中国宁夏、北京、天津、河北、山西、山东、上海、浙江等地。

芫菁除危害花生外，还危害豆类、辣椒，也能危害番茄、马铃薯、茄子、甜菜、蕹菜、苋菜等作物。成虫主要食叶片和花瓣，尤喜食幼嫩部位，将花生叶咬成孔洞或缺刻，甚至吃光，残存网状叶脉，使其不能结实。幼虫以蝗卵为食，是蝗虫的天敌。

（二）形态特征

1. 豆白条芫菁

（1）成虫。雄虫体长 11.7～14.2mm，雌虫 14.5～16.7mm。黑色。头部红色，具 1 对扁平黑疣，较光亮。近复眼内侧黑色。雌虫触角丝状（彩图 3-17），雄虫触角第 3～7 节扁而阔，但非栉齿状，其上一侧有 1 纵凹沟。前胸背面两侧、后缘及中央纵纹，小盾片、鞘翅内缘、外缘、末端及节中央纵纹，中、后胸腹面，各腹节后缘均镶有灰白色绒毛。前足胫节具 2 个尖细端刺，后足胫节具 2 个短而等长的端刺，外刺宽扁，内刺尖细。

（2）卵。长卵圆形，一端较尖。初产淡黄色，渐变黄色。表面光滑，卵块排列成菊花状。

（3）幼虫。有 6 龄。第 1 龄衣鱼型，体长 2～5mm，深褐色，胸足发达；第 2～4 龄蛴螬型，乳黄色，头部淡褐色；第 5 龄（又称假蛹）象甲幼虫型，长 9.5mm，乳白色微带黄色，全体被薄膜，光滑无毛，胸足不发达，乳突状，体微弯曲；第 6 龄蛴螬型，长 12.4～13mm，乳白色，头部褐色，胸足短小，跗节仅呈微小突起。

（4）蛹。长约 15.4mm，黄白色。前胸背板两侧具长刺 9 根，第 1～6 腹节后缘各具刺 1 排，左右各 6 枚，第 7、8 腹节左右各具刺 5 枚，第 9 腹节短小。触角达腹部第 2 节，翅芽达第 3 节。

2. 黄黑花大芫菁

体长 10～15mm，宽 3.5～5mm。体和足黑色，被黑毛。鞘翅淡黄至棕黄色，表面呈皱纹状，两翅中部各有 1 条横贯全翅的黑横斑，鞘翅基部自小盾片外侧沿肩胛而下至距翅基约 1/4 处向内弯至翅缝有 1 个弧形黑斑纹，两翅弧形纹在鞘缝处汇合成 1 条横斑纹，在弧形黑斑纹的界限内包着 1 个黄色小圆斑，两侧相对，形似 1 对眼睛，在翅基外侧还有 1 个小黄斑。翅端部完全黑色。头略呈方形，后角圆，表面密布刻点，额中央有 1 纵光斑。触角短，棒状，11 节，末端 5 节膨大成棒状，末端基部与第 10 节等宽。前胸背板长稍大于宽，两侧平行，前端 1/3 向前变狭；表面密布刻点，后端中央有 2 个浅圆形凹洼，前后排列（彩图 3-18）。

3. 暗头豆芫菁

体长 11.5～17mm，宽 3～4mm。头、体躯和足黑色。额中央有 1 条红色纵斑纹，其后头顶中央有 1 条由灰白色毛组成的纵纹。前胸背板中央和两鞘翅中央各有 1 条由灰白色毛组成的纵纹。在背板两侧、沿鞘翅周缘和体腹面镶有灰白色毛。头略三角形，向下伸，与体几成垂直；头后有很细的颈。触角较短细，丝状，11 节，第 1 节长而粗大，外侧红色，长与宽约为第 2 节的 2 倍，第 3 节与第 1 节约等长，但较细，第 4 节与末节略等长。前胸背板长稍大于宽，两侧平行，前端突然狭小。头、胸背板和鞘翅表面密布刻点，鞘翅上刻点较细密（彩图 3-19）。跗节为不等式：5-5-4；爪 2，每个爪纵裂为 2 片（这两个特征是芫菁科各属共同的特征）。雌雄性特征区别比较明显。雄虫后胸腹面中央有 1 椭圆形、光滑的凹洼，各腹节腹面中央也稍凹，前足第 1 跗节基细、端宽（雌虫无此特征）。本种有一些个体头部除中央的红色纵斑外，两侧也是红色，过去曾被定为不同的种，实际是种内的变异。

暗头豆芜菁成虫形状与黄黑花芜菁（彩图 3-20）相似，鞘翅上亦呈黄黑花相间，但体型较大，前胸背板纵缝不明显。体形、体色、鞘翅斑纹和黄黑花芜菁相似。主要的区别是：①体比黄黑花芜菁长得多；②触角末节基部明显窄于第 10 节；③鞘翅基部 1 对黄斑较大，形状较不规则，略呈方圆形。

（三）生活史与生活习性

芜菁在东北、华北一年发生 1 代，在长江流域及长江流域以南湖北、江西、福建各省一年发生 2 代。以 5 龄幼虫（假蛹）在土中越冬。华北 6 月中旬化蛹，成虫在 6 月下旬至 8 月中旬危害，尤其以花生开花前后最重。成虫白天活动取食，以中午最盛，群居性强，常群集在花生心叶、花和嫩梢部分取食，有时数十头群集在一株植株上，很快将整株叶子吃光。有群集性，能短距离迁飞，爬行力强，好斗，受惊则坠地，并从腿节末端分泌黄色液，接触人体皮肤，能引起红肿发包。每虫每天可食豆叶 4～6 片，尤喜嫩叶。雌虫一生多只交尾 1 次，6 月末产卵，用前足及口器挖土成 4.5cm 深斜穴，产卵穴中，70～150 粒排成菊花状，下部有黏液相连，并以土封口，然后离开。每雌可产卵 400～500 粒。初孵幼虫称三爪蚴，行动敏捷，爬向土面，分散寻找蝗虫卵块或土蜂巢内的幼虫为食，每虫可食 45～104 粒卵。若找不到食料，10d 后幼虫死亡。5 龄幼虫不取食，越冬后蜕皮为第 6 龄幼虫，随即在土中化蛹。

（四）发生条件

芜菁历年发生程度主要受降雨量、土壤类型、食料等因素影响。条件适宜食料又充足，发生重，反之则轻。

1. 雨量

芜菁多生活于半干旱地区。从历年发生情况来看，6 月份降雨量直接影响其发生程度。降雨量小，虫害发生较重。

2. 土质与地势

经多年实地调查，在同一年内阳坡地、沙质土比平坦、黏质、背阴地内虫量多。

3. 食源

其主要食源为蝗虫卵。根据历年的发生规律，豆芜菁的发生与上一年土蝗的发生程度和防治面积有一定相关性。一般来说，上年土蝗发生面积大、发生重、防治面积小，则第二年发生重，反之则轻。

（五）发生规律与防治适期

多数芜菁以第 5 龄幼虫在土中越冬（假蛹）。次年继续发育至 6 龄，6 月上、中旬开始化蛹，并羽化出成虫，7 月下旬进入危害盛期，并交配产卵，到 8 月中、下旬田内很少见到成虫。此时挖土调查，可挖到菊花状卵块，8 月中旬可挖到幼虫。可见，其从越冬到第二年成虫羽化历期较长。

建议在不同类型区域设立测报点，当每 100m² 成虫量达到 10 头时要严密监控，达到 50 头或花生田内可见到飞的成虫时，应立即防治。

（六）防治

如掌握不好防治时机，会造成较大损失。防治过早，一次用药不能阻止虫害暴发，防治过晚则会造成损失。尤其药剂防治，掌握适宜时期很重要。

1. 农业防治

冬季深翻土地，能使越冬伪蛹暴露于土表冻死或被天敌吃掉，增加越冬幼虫的死亡率，减少翌年虫源基数。有条件的地区实行水旱轮作，淹死越冬幼虫。

2. 人工捕杀

利用成虫群集危害的习性，于清晨用网捕成虫。但应注意勿接触皮肤。

以虫拒避成虫。在成虫发生始期，人工捕捉到一些成虫后，用铁线穿成几串，挂于田间豆类作物周边，可拒避成虫飞来危害。

3. 药剂防治

（1）喷粉。当成虫点片发生时，喷药防治。用 2.5% 敌百虫粉每 $0.067hm^2$ 1.5～2.5kg。

（2）喷雾。用 90% 晶体敌百虫 1 000～2 500 倍液，每公顷 1 125kg 药液。

第十节 白 粉 虱

白粉虱（*Trialeurodes vaporariorum* Westwood），又名小白蛾子。属同翅目，粉虱科。白粉虱是一种世界性害虫，繁殖能力强，繁殖速度快，种群数量庞大，相聚危害。

（一）分布与危害

我国各地均有发生。是温室、大棚作物的重要害虫。寄主范围广，除花生外，还有黄瓜、菜豆、茄子、番茄、辣椒、冬瓜、豆类、莴苣以及白菜、芹菜、大葱等，还能危害花卉、果树、药材、牧草、烟草等 112 科 653 种植物。

大量的成虫和幼虫密集在花生叶片背面吸食植物汁液，使叶片萎蔫、褪绿、黄化甚至枯死，还分泌大量蜜露，引起煤污病发生，覆盖、污染叶片和果实，严重影响光合作用。同时，白粉虱还传播病毒，引起病毒病的发生与流行。

（二）形态特征

1. 成虫

体长 4.9～1.4mm，淡黄白色或白色（彩图 3 - 21）。雌雄均有翅，翅面覆盖白蜡粉。停息时双翅合成屋脊状如蛾类，翅端半圆遮整个腹部。雌虫个体大于雄虫，产卵器针状。

2. 卵

长椭圆形，长 0.2～0.25mm。初产淡黄色，后变为黑褐色，基部有卵柄，长 0.02mm，从叶背气孔插入植物组织。产于叶背，初产淡绿色，覆蜡粉，尔后渐变褐色，孵化前黑色。

3. 若虫

椭圆形，扁平。淡黄或深绿色。体表有长短不齐蜡质丝状突起。

4. "蛹"

椭圆形，长 0.7～0.8mm。中间略隆起。黄褐色。体背有 5～8 对长短不齐蜡丝。

（三）生活习性

在北方温室一年发生 10 余代。世代重叠，同一时期可见到不同虫态。冬天室外不能越冬，华中以南以卵在露地越冬。次年春后，多从越冬场所向花生田逐渐迁移扩散危害。开始虫口密度增长较缓慢，7～8 月份虫口密度增长较快，8～9 月份危害十分严重。10 月下旬后因气温下降，虫口数量逐渐减少，并开始向温室内迁移危害或越冬。

成虫有两性生殖和孤雌生殖能力。前者所产生的后代均为雌虫，后者后代均为雄虫。成虫羽化后很快可交配。雌雄常成对并列排在一起，一生可交配多次。交配后经 1～3d 产卵。卵散产，有 1 小卵柄从气孔插入叶片组织内，与寄主植物保持水分平衡，极不易脱落。成虫有趋嫩性，在植株顶部嫩叶产卵，每雌产卵 300～600 粒。若虫孵化后 3d 内在叶背作短距离行走，当口器插入叶组织后开始营固着生活，失去爬行能力。

白粉虱发育历期受温度的影响，在 18℃ 时为 31.5d，24℃ 时为 24.7d，27℃ 时为 22.8d。各虫态发育历期，在 24℃ 时，卵期 7d，1 龄 5d，2 龄 2d，3 龄 3d，伪蛹 8d。在温室条件下，约 1 个月完成 1 代。

（四）发生条件

白粉虱发生与温、湿度关系最大。繁殖适温 18～21℃。成虫活动适温 25～30℃。当温度达到 40.5℃ 时，成虫活动能力明显下降。白粉虱种群数量由春至秋持续发展。初夏时节，光照增强，气温升高，空气湿度逐渐减小，此时是花生白粉虱迅速繁殖的时期。夏季高温、多雨抑制作用不明显，到秋季数量达到高峰，集中危害。

（五）发生规律与防治指标

白粉虱成虫喜栖息在花生植株顶端新叶上产卵，较易被雨淋或冲击，成虫遇水翅膀易被水黏附于叶片或寄生菌类增多，而被寄生死亡。故雨季不易造成灾害。但干旱季节有大发生的可能。当虫株率达到 30%，单株平均有虫 20～25 头时已达到防治指标，应加强白粉虱防治。

（六）防治

在北方，冬季是防治关键。白粉虱不能露地越冬，在温室，温度最低时采取综合防治措施可将其彻底消灭掉。采取综合防治措施，并重点在温室温度最低时增加打药次数，交换用药，彻底消灭白粉虱。

1. 农业防治

农业防治是一项最经济有效的防治方法。在播种或移苗前，要彻底清除棚内及周边杂草和残株败叶。棚地结合药物熏杀进行耕翻,消灭成虫、若虫、卵。

针对白粉虱喜温暖和对某些作物不愿取食特点,可先种芹菜、芫荽、蒜黄等,下茬再种花生,可明显减轻危害。

2. 生物防治

在保护地内释放草蛉或丽蚜小蜂,对白粉虱有很好的控制作用。按丽蚜小蜂与白粉虱成虫约2:1比例,每2周释放一次丽蚜小蜂寄生的黑蛹,隔行均匀施放株间。国外利用粉虱座壳孢菌防治白粉虱,效果也很好。目前这两项技术在我国花生生产中还未大面积应用。

3. 物理防治

温室白粉虱对黄色敏感,有强趋性,可在温室内设置黄板诱杀成虫。将 0.5m² 纤维板或硬纸板涂成橙黄色,再涂一层黏油(可使用 10 号机油,加少许黄油调匀)。现在农资市场有黄板销售。每 0.067hm² 设置 30～40 块,1 周重涂黏液 1 次。

4. 药剂防治

药物防治要连续用药,并变换不同种类农药。常用农药有 10％扑虱灵乳油 1 000 倍液、2.5％联苯菊酯乳油 3 000 倍液、21％氰马乳油 4 000 倍液、2.5％氯氟氰菊酯乳油 5 000 倍液、50％杀螟松 1 000 倍液。扑虱灵对白粉虱有特效,联苯菊酯对成虫、若虫有效,对卵效果不明显。以上农药在清晨成虫停歇活动力不强时进行喷洒,可提高杀虫效果。

目前,在花生生长中期可选用强内吸性药剂如 25％噻虫嗪水分散粒剂 2 500 倍液,喷雾;苗期可用该药剂灌根,持效期可达 15d。

第十一节 甜菜夜蛾

甜菜夜蛾(*Spodoptera exigua* Hübner),属鳞翅目,夜蛾科。又名贪夜蛾、玉米叶夜蛾等。具有寄主广、食性杂,繁殖力强、世代重叠严重,喜旱、耐高温,抗药性强和迁飞能力强等特点,是重要农业害虫之一。

(一)分布与危害

甜菜夜蛾是一种世界性害虫。从北纬 57°至南纬 40°之间都有分布。在亚洲、大洋洲、美洲、非洲及欧洲均有严重危害或成灾的记录,且每次成灾所造成的经济损失都十分惊人。甜菜夜蛾起源于南亚,包括印度及其周边地区,后扩散至世界很多地区,如埃及、北非、中东地区、欧洲等。1880 年左右传入美国夏威夷,此后在美国各州相继发现,从 1880 年起不到 50 年的时间里扩散到了从俄勒冈州到佛罗里达州的全美各州,并向南经墨西哥扩展到中美洲,进入加勒比海诸国。其中,以北纬 20°～35°的亚热带和温带地区受害最重。

在我国 20 世纪 80 年代以前,甜菜夜蛾只是零星发生,1986 年以来,发生危害的地区逐渐扩大,成灾频率和程度也越来越重。目前,已报道分布的有辽宁、安徽、海南、广东、江苏、山东、重庆、云南、河南等 20 余个省、自治区、直辖市。其中,以江淮、黄淮流域危害最严重,受害面积较大。1997 年山东、河南、安徽、河北发生面积 266.7 万

hm²，1999 年仅山东、河南发生危害面积就达 300 万 hm²。山东省因甜菜夜蛾危害造成直接经济损失 15 亿元，河南省因甜菜夜蛾造成的经济损失将近 50 亿元（陈勇冰，2004）。甜菜夜蛾猖獗危害期间，其幼虫密度高得惊人，山东省一个农民半天平均可捕捉高龄幼虫 1.25kg。据河南新乡 7 月调查，大豆和花生的百株虫量分别为 700～800、500～600 头。甜菜夜蛾生态可塑性很强。虽然是一种热带害虫，但也能在较低的温度条件下生存、繁殖，是一种广温性害虫。食物适应性强，还具有迁飞习性，可以逃避不良环境，选择适合生存繁衍生境。气候变暖和耕作体制演变有利甜菜夜蛾发生。监测和防治措施不利也会导致甜菜夜蛾大发生。

甜菜夜蛾初孵幼虫取食叶片下表面和叶肉，形成"天窗"；大龄幼虫食叶成缺刻或孔洞，严重的把叶片吃光，仅残留叶脉、叶柄，极大地影响花生产量。甜菜夜蛾食性杂，除危害花生外，还危害多种农作物（玉米、大豆、棉花、甜菜、高粱、芝麻、麻和烟草等）、蔬菜（甘蓝、花椰菜、白菜、萝卜、莴苣、番茄、青椒、茄子、马铃薯、黄瓜、西葫芦、豆类、茴香、韭菜、菠菜、芹菜、胡萝卜、大葱等）、果树（葡萄、苹果、梨树等）、林木（杞柳、杨树）、中药材（地黄、板蓝根等）、花卉〔月季、玫瑰、香石竹、非洲菊、海星（情人草）、洋桔梗、鸡冠花、香雪兰、菊花、唐菖蒲、勿忘我、紫罗兰、百合等〕、牧草等 170 多种植物。

（二）形态特征

1. 成虫

体长 10～14mm，翅展 25～33mm，体灰褐色。前翅内横线、亚外缘线灰白色，外缘线由 1 列黑色三角形斑组成，翅脉与缘线黑褐色。成虫较明显的特征是前翅中央近前缘外方有 1 个肾形斑，内有 1 个环形斑，均为黄褐色，有黑色轮廓线。后翅银白色，略带粉红色，翅缘灰褐色（彩图 3 - 22 右下）。

2. 卵

馒头形，直径 0.5mm。淡黄色到淡青色。卵粒重叠成卵块，有黄土色浅绒毛覆盖。

3. 幼虫

老熟幼虫体长 22mm 左右（彩图 3 - 22 左下）。体色变化较大，有绿色、暗绿色、黄褐色至黑褐色（彩图 3 - 24 右上）。共 5～6 龄，3 龄前多为绿色，3 龄后头后方有 2 个黑色斑纹。不同体色幼虫腹部有不同的背线。幼虫较明显的特征是每一体节气门后上方各有 1 个明显白点，气门下线为明显的黄白色纵带（有时带粉红色），纵带末端直达腹末。体色越深，白斑越明显，此为该虫的重要识别特征。

4. 蛹

长约 10mm，黄褐色。第 3～7 节背面和 5～7 节腹面有粗刻点。腹部末端具 2 根粗大的臀棘，垂直状。在每根臀棘后方各有 1 根斜向短毛（彩图 3 - 24 左上）。

（三）生活史与生活习性

甜菜夜蛾每年的发生代数因地而异，世代重叠严重。在北京、河北、河南中部、陕西关中一年发生 4～5 代，在山东、河南南部、苏北、安徽一年发生 5～6 代，在湖北武昌、苏南 6 代，少数年份 7 代，江西、湖南、浙江 6～7 代。以上各地均以蛹在土中越冬。在海南、深圳地区一年 10～11 代，无越冬现象，可终年繁殖危害。在安徽宿松棉区，幼虫盛发期分别为第 1 代 5 月上、中旬，危害蔬菜；第 2 代 6 月中、下旬危害芝麻、棉花；第 3 代 7 月下旬至 8 月上旬危害棉花、辣椒；第 4 代 8 月中、下旬危害棉花、蔬菜、山芋；第 5 代 9 月下旬至 10 月上旬危害蔬菜、油菜苗。河南驻马店一年发生 4～5 代。以蛹在土中越冬，尤以第 2 和第 3 代危害最重。成虫在 3 月出现，幼虫 3 月底至 4 月初以杂草为食，6～7 月危害芝麻幼苗，7～8 月进入危害盛期。各世代发育历期不同。1～3 代 21～25d，4～5 代平均 32d（阚跃峰，2007）。在福州可发生 8 代，世代重叠。每年 3 月下旬开始羽化。第 1 代幼虫发生于 4 月中旬至 5 月下旬，第 2 代在 5 月中旬至 6 月下旬，第 3 代在 6 月中旬至 7 月下旬，第 4 代在 7 月中旬至 8 月上旬，第 5 代在 8 月上旬至 9 月上旬，第 6 代在 9 月上旬至 10 月上旬，第 7 代在 10 月上旬至 11 月中旬，第 8 代在 11 月上旬至 12 月中旬。从 12 月下旬起，幼虫逐渐转移潜入隐蔽场所化蛹过冬。不同虫态发育起点温度及有效积温分别为：起点温度，卵 $9.98\pm1.61℃$、幼虫 $8.02\pm0.30℃$、蛹 $12.25\pm3.81℃$；有效积温，卵 $48.58\pm4.74℃$、幼虫 $233.00\pm15.63℃$、蛹 $121.40\pm32.92℃$。当 20℃，卵期 4.26d、幼虫期 18.91d、蛹 12.28d；30℃ 时，依次仅为 2.45d、10.61d 和 7.43d。

成虫昼伏夜出，白天隐藏在土块下、杂草丛里以及枯叶和树木阴凉处，夜间活动、取食、交配和产卵，以 20～23 时最盛。成虫具有较强趋光性，对黑光灯趋性强。当温度高、密度大、食料缺乏时，有成群迁移习性。成虫产卵有很强趋嫩性，嗜矮小且长势嫩的植物。卵多产于植物叶背或叶柄，且聚集成块。每块卵几粒至百粒不等，多单层或双层排列，其上覆盖灰白色鳞毛，颜色和大小与泥巴较为相似。初孵幼虫有群居习性，3 龄以后分散取食危害，且可钻蛀花、荚果，造成落蕾、烂蕾。大龄幼虫白天常潜伏于土中，夜间出土危害。幼虫具有假死性，3 龄以后更为明显，受惊动便立即坠下，卷曲假死落地。幼虫具有暴食性，低龄幼虫食量小，4 龄以后食量猛增，进入暴食期。幼虫老熟后，钻入 4～9cm 深土层中做土室化蛹；抗寒力较弱，在 -2℃ 以下数日即可大量死亡。

（四）发生条件

1. 气候与土壤条件

（1）温度。高温、干旱是甜菜夜蛾大发生的重要条件之一。甜菜夜蛾适应温度范围很广，18～38℃ 各虫态生长发育速度与温度成线性相关，温度越高，生长速度越快。这使得甜菜夜蛾在短期内数量大幅度增长成为可能。在高温条件下，甜菜夜蛾生殖力旺盛，且飞行、交配、产卵等活动较为活跃，发育历期短，存活率高，造成世代重叠。高温为甜菜夜蛾大发生提供了前提条件。

（2）湿度。降雨能提高大气湿度，不利甜菜夜蛾生长发育，这在一定程度上限制了甜菜夜蛾的繁殖速度。同时，雨后湿度大，病原菌大量繁殖、传播，从而降低甜菜夜蛾发生数量，且大雨冲刷或淹死甜菜夜蛾幼虫，减少田间的虫口密度。陆致平报道，甜菜夜蛾在大田发生轻重与当年入出梅雨季节早迟和 7、8、9 月份气候关系密切。凡是当年入梅早，夏季炎热少雨，则秋季甜菜夜蛾发生重；6～8月总降雨量少于常年，并有2个月或3个月的降雨少于常年的年份，甜菜夜蛾均发生偏重。

（3）土壤质地。据调查发现，种植在同土质上的花生受害情况差异较大。如沙壤土重于黏土，其原因是沙壤土保水能力差，易干旱，加之沙壤土疏松，适于幼虫栖息和繁殖。黏土土块大，不利于幼虫栖息和繁殖。

2. 种植结构与方式调整

甜菜夜蛾无滞育习性，在条件适宜的地区，一年四季均可发生。近年来，保护地蔬菜（大棚和温室）发展，为甜菜夜蛾在北方地区越冬提供了充足的食物和安全越冬的条件，大大提高了越冬蛹存活率。甜菜夜蛾蛹在0℃以下经10～20d即死亡，温室和大棚使甜菜夜蛾能在比较寒冷的北方地区越冬，加大了来年的越冬虫源基数，并进一步造成严重危害。

长期以来，由于不合理使用化学农药，造成甜菜夜蛾抗药性明显增高，尤其对有机磷和菊酯类农药的抗性更强。甜菜夜蛾对化学农药的敏感性逐年降低，化学防治效果越来越差，因而造成了甜菜夜蛾的暴发危害。

Brewe和Trumble采用性信息素诱捕测定法监测美国加州番茄等蔬菜上甜菜夜蛾的抗药性，其中在Monterey县1998年该虫对氰戊菊酯和灭多威的抗性倍数分别为11和29倍。

Moulto等在1999年对美国6个地区的甜菜夜蛾种群和泰国种群2龄幼虫进行多杀菌素的抗药性监测，发现美国6个地区种群均已产生抗性，抗性倍数在3.9～14倍之间，泰国种群则高达85倍。多杀菌素在1997年才登记使用，用药不到3年，抗性已达到中高抗水平，可见其抗性产生速度之快。

吴世昌采用虫体浸渍法对上海市郊区蔬菜上常用的杀虫剂进行抗性监测，1991年对氯氰菊酯、溴氰菊酯、氰戊菊酯、马拉硫磷、敌敌畏和乙酰甲胺磷的抗性分别为1981年的84.9、166.9、222.6、25.2、27.9和38.4倍。

王开运等用点滴法测定甜菜夜蛾泰安种群对顺式氯氰菊酯和毒死蜱的抗性，发现其抗性分别为1 535.9倍和164.1倍，均达到极高抗水平。

林珠凤等认为，杀虫剂使用失当是甜菜夜蛾大发生的重要原因之一。甜菜夜蛾对杀虫剂的抗药性水平超过天敌，而天敌的飞行、搜索、攻击和产卵等行为以及生长、发育、生殖和寿命等又容易受杀虫剂的干扰，产生负面影响，从而降低天敌对甜菜夜蛾的控制能力。

（五）虫情测报与防治指标

对甜菜夜蛾进行有效监测非常重要。对甜菜夜蛾的防治通常是看到花生受害时才开始进行，由于虫龄大防治效果不理想，加上其危害的隐蔽性，往往掌握不好最佳防治适期。为了适时有效防治，应利用不同手段检测成虫，根据成虫发生量，推测田间查卵、查幼虫时间，以便确定防治适期。

（1）利用黑光灯或性诱剂监测成虫。根据每日诱捕的成虫数量，推测确定田间查卵、查幼虫的时间。

（2）当成虫数量激增，数量为前一天 3 倍以上时，开始在田间查卵和幼虫。从卵进入高峰之日起，加上当代卵期及幼虫孵化到 2～3 龄的天数，即为防治适期。

（3）根据实践经验，当百株虫量在 50 头以上时，即应进行防治。

（六）防治

1. 农业防治

（1）秋、冬季深翻土，消灭部分越冬蛹，减少翌年虫源。

（2）幼虫化蛹盛期进行灌溉和中耕，以减轻危害。

（3）清洁田园，加强田间管理。春季及时铲除田间和路边杂草，消灭杂草上的初龄幼虫和卵块，也可减少害虫栖息和产卵场所，减少虫源。

（4）高温水淹法。在大棚夏秋茬无作物时，选晴天灌水，淹没厢面，盖棚膜，保持高温水浸 3d，杀灭土中卵块和蛹，可降低小环境内虫口基数。

2. 行为防治

行为防治，又称习性防治。是利用甜菜夜蛾成虫趋光性、趋化性等特性而采取的一些防治措施，具有高效、无毒、无污染、不伤益虫等优点。

（1）人工除治法。结合农事操作，可人工摘除部分卵块及低龄幼虫聚集较多的叶片，集中处理，并利用大龄幼虫的假死性，人工捕捉幼虫。

（2）用糖醋液诱杀成虫。可利用糖、酒、醋混合液（酒：糖：醋：水＝1：3：4：2）或甘薯、豆饼等发酵液加少量敌百虫诱杀。

（3）用杨（柳）树枝诱集成虫。用 5～7 根杨（柳）树枝扎成把，每 667m² 插 10 余把，于每天早晨露水未干时捕杀诱集到的成虫。10～15d 换把。

（4）频振式杀虫灯诱杀成虫。有供电条件的地方，可安装频振式杀虫灯诱杀。将佳多频振式杀虫灯设置于距地面 1.5m 的高度诱杀效果好。每晚每盏灯诱成虫 800～1 000 只，高的达 1 000 只以上。其中诱甜菜夜蛾 489 只，比黑光灯增加 165.76％。佳多频振式杀虫灯还可诱杀蔬菜主要害虫的成虫 20 多种。用灯区花生田控虫效果比无灯区明显减少，有的年份可以不用农药或少用农药。

（5）性诱剂诱杀成虫。人工合成的甜菜夜蛾性信息素（性诱剂）具有灵敏度高，诱蛾量大，诱蛾期长的优点，可以直接诱杀成虫，降低田间着卵量、幼虫量及危害率，防效可达 50％～63.3％。性诱剂诱捕器的制作方法是把 3 根竹竿绑成三脚架，其上放置直径33cm 左右的水盆，水面距盆缘 1.5～2cm，用细铁丝将性诱芯固定在水盆上方的中央，距水面 3～4cm。定期将诱集到的成虫捞出并及时补充盆内因蒸发失去的水分，加 1％左右的洗衣粉，可增大水的黏着性，效果更好。一般每公顷设 15～30 个性信息素诱捕器，30～40d 更换一次诱芯。

3. 生物防治

加强天敌资源的保护和利用，对于控制甜菜夜蛾的暴发具有十分重要的作用。甜菜夜蛾有大量的捕食性、寄生性天敌以及病原微生物。捕食性天敌主要有蛙类、鸟类、蜘蛛类、猎蝽、螳螂、步甲、瓢虫等，寄生性天敌包括寄生蜂和寄生蝇，主要有螟蛉悬茧姬蜂［*Cheroplor biclor*（Szepligeti）]、棉铃虫齿唇姬蜂（*Campoletis chlorideae* Uchida）、螟蛉绒茧蜂〔*Apanteles ruficrus*（Haliday）〕、斑痣悬茧蜂〔*Meteorus pulchricornis*（Wesmael）〕、白胫侧沟茧蜂（*Microplitis ablotibialis* Telenga）、拟澳洲赤眼蜂（*Trichogramma confusum* Viggiani）、双斑膝芒寄蝇（*Goniabim aculata* Wiedemann）、埃及等鬃寄蝇（*Peribaea orbata* Wiedemsnn）等，病原微生物主要有球孢白僵菌〔*Beaurveria bassiana*（Balsamo）〕、核型多角体病毒（SeNPV）、颗粒体病毒（GV）、微孢子虫、老虎六索线虫（*Hexamermis agrotis*）、白色六索线虫（*H. preris*）和太湖六索线虫（*H. taihuensis*）等。

习永和等采用植物油喷杀法，对初孵幼虫防治效果明显。选用的品种有薄荷油 800～1 000 倍液或香茅油 600～800 倍液、樟脑油 600～1 000 倍液、苦楝油 300～500 倍液，7～10d 喷一次。选取上述植物油加 20 倍大蒜汁液和 30 倍尖辣椒熬煮液等自制药，混合后喷施，防效更佳。

4. 化学防治

在甜菜夜蛾大发生时，化学防治是减少危害、降低损失的有效手段。但一定要科学合理用药，既要防治害虫，又要减少污染。要严格按照无公害花生的生产要求，选用高效、低毒农药。关键要把握 2 点：一是早治。3 龄以上幼虫的抗性明显增强，要集中在 3 龄前进行防治，在漏治或未防治而造成田间高龄幼虫较多的情况下，可选用对高、低龄幼虫均有较好防效的药剂喷雾防治。二是巧治。甜菜夜蛾具有怕光性，昼伏夜出，防治时间选在凌晨或傍晚前后为宜，重点对植株叶背、心叶和根部进行喷雾，可提高防效。

药剂可选用 15％茚虫威乳油 1 000～1 500 倍液或 2.5％多杀霉素悬浮剂 1 000～1 500 倍液、10％虫螨腈悬浮液 1 000～1 500 倍液、5％氟虫腈悬浮液 1 500～2 000 倍液、20％米满悬浮剂 1 000～1 500 倍液、24％虫酰肼悬浮剂 1 000～1 500 倍液。

刘效明（1995）分别用氟啶脲、灭多威、灭扫利、万灵、氯马乳油、灭幼脲药液防治花生甜菜夜蛾效果达 83.6％～98.4％（表 3-1）。

表 3-1　几种药剂对甜菜夜蛾的防治效果

（刘效明，1995）

药剂种类	稀释倍数	药前虫量	药后 2d		药后 8d	
			虫量（头）	防效（％）	虫量（头）	防效（％）
氟啶脲	2 000	71	15	78.9	7	98.4
灭多威	800	91	24	73.6	31	94.5
灭扫利	1 000	75	24	68.0	39	91.6
万灵	1 000	72	27	62.5	42	90.6
氯马乳油	2 000	74	27	63.5	67	85.3
灭幼脲	710	91	35	61.5	94	83.3
清水（CK）		23	23		142	

河南开封李国恒等选用 52.2％农地乐乳油 800～1 000 倍液叶面喷洒，防治甜菜夜蛾效果良好，且持效期较长，在幼虫初发期使用能较好地控制其危害。

江西景德镇余发根选择 1％阿维·高氯乳油 500～800 倍液防治幼虫效果好。在夏秋高温季节，提倡农药合理混用，并选择傍晚前后用药。根据混配方试验，用 48％毒死蜱乳油加 5％氟虫脲乳油或 5％氟啶脲乳油（3：1）1 000 倍混用液或 48％毒死蜱乳油加 10.8％凯撒乳油（7：1）1 000 倍混用液，防治效果更好。

第十二节　蝗　虫

蝗虫是全球性普发害虫，除南极洲、欧亚大陆北纬 55°以北地区外，均可发生。我国已知蝗虫 900 种以上，其中对农、林、牧业造成危害的 60 余种。危害花生、豆类、马铃薯、甘薯等作物的有中华蝗（*Oxya chinensis* Thunberg）、短星翅蝗（*Calliptamus abbreviatus* Ikonnikov）、笨蝗（*Haplotropis bruneriana* Saussure）、负蝗（*Aractomorpha* spp.）等。对禾本科植物造成较大危害的主要有东亚飞蝗（*Locusta migratoria manilensis* Meyen）、稻蝗（*Ox‐ya* spp.）、蔗蝗（*Hieroglyphus* spp.）、尖翅蝗（*Epacromius* spp.）等。蝗虫以咬食植物叶、茎为主。主要取食禾本科植物如小麦、玉米、高粱、水稻、粟、芦苇、稗草和荻等，饥饿时也取食花生等双子叶植物。危害花生的蝗虫以中华蝗为主。

中华蝗，属直翅目，丝角蝗科。又称中华稻蝗。以下描述均以中华蝗为例。

（一）分布与危害

中华蝗在我国南北各地均有发生，以长江流域和黄淮地区发生为重。成虫、若虫食花生茎、叶，危害严重时茎秆被咬断，叶片成缺刻状或全叶被吃光，仅残留叶脉。除危害花生外，还危害豆科的其他植物以及旋花科、茄科、禾本科等的多种作物。3 龄若虫开始扩散取食危害，食量渐增；若虫 4 龄后食量大增，至成虫时食量最大，常造成花生叶片缺刻，严重时仅剩主脉。在我国北方花生产区特别是黄淮海地区，由于持续干旱造成河滩裸露，水库水位下降，沿海地区低洼地干涸开裂，为蝗虫的繁殖提供了适合的条件，危害较严重。

（二）形态特征

1. 成虫

雄虫体长 15～33mm，雌虫 20～40mm，体色有黄绿、褐绿、黄褐、绿色等，具光泽。头宽大，卵圆形。复眼卵圆形。触角丝状。头顶向前伸，颜面隆起宽。两侧在复眼后方各有 1 条黑褐色纵带，经前胸背板两侧，直达前翅基部。前胸腹板有 1 锥形瘤状突起。前翅长超过后足腿节末端（彩图 3‐23 上）。

2. 卵

长圆筒形，长约 12mm，宽约 8mm，中央略弯。具褐色胶质卵囊。卵粒在卵囊内斜排 2 纵行。卵囊茄果形，前平后钝，长 9～14mm，宽 6～10mm。平均有卵 10～20 粒，卵粒间有深褐色胶物质相隔（彩图 3‐23 下）。

3. 若虫

又称蝗蝻。多数 5～6 龄，少数 7 龄。1 龄若虫体长约 7mm，灰绿色，有光泽。头大。触角 13 节，无翅芽。2 龄后体渐大，前胸背板中央渐向后突出。绿色至黄褐色。头、胸两侧黑色纵纹明显。3龄时出现翅芽,逐龄增大,至5龄时向背面翻折,6龄时可伸达第3腹节,并掩盖腹部听器的大部分。触角节数也逐龄增加,至末龄23~29节不等(彩图3-23中)。

(三) 生活史与生活习性

中华蝗在浙江、上海、江苏以北地区一年发生1代,江苏以南地区发生2代。各地均以卵在田埂及其附近荒草地土中或杂草根际等处卵囊内越冬。越冬卵于翌年5月中、下旬至6月中旬孵化。卵期长达6个月左右。7~9月是发生危害盛期,10月前后产卵越冬。喜在早晨羽化,在性成熟前活动频繁,飞翔力强,以8~10时和16~19时活动最盛。对白光和紫光有明显趋性。刚羽化的成虫经10余天卵巢完全发育,并进行交尾。成虫可交尾多次,交尾时间可持续3~12h。交尾时多在晴天,以午后最盛。交尾时雌虫仍可活动和取食。成虫交尾后经20~30d产卵。卵成块产于低温、草丛、向阳、土质疏松的田间草地或田埂等处。卵囊入土深2~3cm。每头雌成虫平均产卵1~3块,100~250粒。初孵若虫多集中在田埂或路边幼嫩杂草上。成虫嗜食禾本科和莎草科植物,其次为十字花科、豆科、苋科、藜科等。成虫日出活动,夜晚闷热时有扑灯习性。

蝗虫活动、取食受气候的影响很大,其中温度的影响最显著。经观察,地温在7~10℃时,蝗虫趴在花生的茎、叶上吸收光热,地温在10~15℃时开始取食;地温升到15~25℃时,蝗虫取食活动最盛。如遇阴天、大风、下雨或气温特别低时,土蝗整天静休,不动不食,待到无风雨的日子,才恢复正常活动。

(四) 发生条件

蝗虫的发生很大程度上取决于当年的气候状况。降水过大、温度较低,直接影响蝗蝻发育,而相对干旱的气候,蝗虫活动猖獗。据观测,每年秋季如气温低、降水少,翌年春天再遇低温天气,则坏死卵块较多。翌年4月份,降水适宜,气温回升快,早晚温差不大,蝗虫孵化率高。孵化后的蝗蝻在少雨、气温高时活动猖獗。

中华蝗抗逆性强,其卵经水浸泡两三年仍可孵化;蝗蝻能成群渡水,食量极大,生殖力高,又可成群迁飞危害。生态环境的变化也给蝗虫大发生提供条件。全球气候变暖,春季气温回暖早,夏季炎热,冬季暖,持续干旱,会导致蝗卵越冬死亡率低,蝗蝻发生期提早。华北部分地区由于过分开采地下水,致使海水倒灌,土壤盐碱化,有利蝗虫发生。过度放牧、草场退化以及不适宜利用土地资源等活动,也有利草原蝗虫发生。

(五) 虫情测报与防治指标

蝗虫发生从季节上分为夏蝗和秋蝗,其中夏蝗为重点防治对象。蝗虫处于若虫时危害并不大,只有长成5龄虫时,才会羽化成成虫。俗有"不起飞,不成灾"之说,将蝗虫消灭在起飞之前,是灭蝗关键。

中华蝗防治指标为0.5头/m²,防治适期为3龄和4龄盛期。中华蝗密度在5头/m²以下的中、低密度发生区,重点实施生物防治。中华蝗密度在5头/m²以上的发生区,重点实施化学应急防治。

（六）防治

1. 农业防治

入冬前发生量多的沟、渠边，利用冬闲深耕晒垄，破坏越冬虫卵的生态环境，减少越冬虫卵。

2. 保护天敌

利用青蛙、蟾蜍等捕食性天敌，一般发生年份均可基本抑制该虫发生。

3. 药剂防治

发生较重的年份，可在 7 月初至中、下旬进行喷药防治，以后则视虫情每隔 10d 防治一次。药剂可选用 5％氟虫腈悬浮剂 1 500 倍液或 2.5％高效氯氟氰菊酯乳油 2 000～3 000 倍液、5.7％天王百树乳油 1 000～1 500 倍液、苣核·甲维盐悬浮剂 800～1 200 倍液、20％阿维·杀虫单微乳剂 600～800 倍液（桑蚕地区慎用）、48％毒死蜱乳油 1 000 倍液等，喷雾。

第十三节　小造桥虫

造桥虫，属鳞翅目，夜蛾科。危害花生的造桥虫有大造桥虫（*Ascotis selenaria* Schiffermuller et Denis）和小造桥虫（*Anomis flava* Fabricius）2 种。大造桥虫在田间零星发生，危害花生以小造桥虫为主。以下描述均以小造桥虫为例。

（一）分布与危害

小造桥虫，又叫棉小造桥虫、小造桥夜蛾、棉夜蛾等。在我国分布很广，除新疆未发现，西藏不详外，其他各花生产区均有发生。近年来，造桥虫的发生有逐年上升趋势。此虫蔓延较快，且具一定暴食习性，如不及时防治常造成严重灾害。幼虫取食叶片、花、蕾、果和嫩枝。初孵幼虫取食叶肉，留下表皮像筛孔，大龄幼虫把叶片咬成许多缺刻或空洞，只留叶脉。被害严重的花生植株，片叶无存，形似火烧状。

（二）形态特征

1. 成虫

体长 10～13mm，翅展 26～32mm（彩图 3 - 24，1）。雄蛾触角双栉齿状，黄褐色。前翅外缘中部向外突出成角状，中横线到基部之间为黄色，密布赤褐色小黑点；亚基线、中横线和外横线均不平直；肾状纹为短棒状，环形纹为白色小点。后翅淡灰黄色，翅基部色较浅。雌蛾触角丝状，淡黄色，前翅色泽较雄蛾淡，斑纹与雄蛾相似，后翅黄白色。

2. 卵

扁圆形，直径约 0.6mm，高约 0.2mm，青绿色（彩图 3 - 24，2）。卵顶有 1 圆圈，四周有 30～34 条隆起的纵线，纵线间又有 11～14 条隆起横线，交织成方格纹。孵化前为紫褐色。

3. 幼虫

老熟幼虫体长 35mm。头部淡黄色，胸腹部黄绿、绿和灰绿等，背线、亚背线、气门上线及气门下线灰褐色，中间有不连续白斑；毛片褐色，粗看像许多散生小黑点。第 1 对腹足退化，仅留极小不明显的趾钩痕迹。第 2 对腹足较小，趾钩 11～14 个。第 3～4 对腹足发达，趾钩 18～22 个。臀足趾钩 19～22 个。趾钩有亚端齿。爬行时虫体中部拱起，似尺蠖。

共 6 龄（彩图 3 - 24，3）。1～6 龄幼虫头宽分别为 0.1、0.3、0.5、1.0、1.5、2.0mm；体长依次为 2～4、4～7、7～12、12～15、16～23、22～43mm。

4. 蛹

长约 17mm，红褐色（彩图 3 - 25，4）。头顶中央有 1 乳头状突起，后胸背面、腹部 1～8 节背面满布小刻点，第 5～8 节腹面有小刻点及半圆形刻点。腹部末端较宽，背面及腹面有不规则皱纹，两侧延伸为尖细的角状突起，上有刺 3 对，腹面中央 1 对粗长，略弯曲，两侧的 2 对较细，黄色，尖端钩状。

（三）生活习性

黄河流域每年发生 3～4 代。1 代幼虫危害盛期在 7 月中、下旬，2 代在 8 月上、中旬，3 代在 9 月上、中旬，有趋光性。白天隐蔽在作物和杂草等处，夜间活动。羽化至产卵，气温高时间短，反之则长。成虫寿命气温高时间短，反之则长；雌虫寿命长，雄虫寿命短。卵散产在叶片背面。初孵幼虫活跃，受惊滚动下落，1、2 龄幼虫取食下部叶片，稍大转移至上部危害，4 龄后进入暴食期。老龄幼虫在苞叶间吐丝卷包，在包内做薄茧化蛹。

（四）发生条件

小造桥虫的发生主要受气候条件如温度、湿度以及天敌等因素影响较大。

1. 温、湿度

在发生期内，多雨、高湿、高温有利其发生。据山东临清资料，疾风暴雨对其发生和繁殖不利，主要发生期降雨量都较大，大气相对湿度高。由于小造桥虫在叶枝上化蛹、产卵，幼虫体质较弱，遇大风暴雨的机械打击，各种虫态即死亡。同时，大风暴雨对成虫羽化、补充营养、交尾和产卵等活动也不利。因此，台风过境少，狂风暴雨不多，对小造桥虫的发生有利。平均气温超过 28℃，相对湿度超过 85％时，第 2 代发生重。此外，水肥条件和长势好的花生田发生较重。

2. 天敌

小造桥虫的天敌有绒茧蜂、悬姬蜂、赤眼蜂、草蛉、胡蜂、小花蝽、瓢虫等。这些天敌对棉小造桥虫的种群数量具有一定的抑制作用。

（五）虫情测报与防治指标

根据造桥虫成虫发生数量，结合田间卵、幼虫的调查结果，推算确定防治的适宜时期。

1. 诱测成虫

利用成虫的趋光性，采用灯光诱蛾。每天早晨检查一次诱捕到的成虫数量，以便作为查卵、幼虫的依据。

2. 查卵、幼虫

根据诱测成虫情况，当成虫数量激增（数量为前一天的3倍以上），即开始在花生田查卵和幼虫。如果没有黑光灯设备，可从夏播花生长出5片真叶开始，选择长势茂密和一般的花生地2块，每3d检查一次，每块花生地调查5点，每点查20株，逐株、逐叶细查虫、卵数量和幼虫龄期。当幼虫大部分进入1～2龄盛期，应进行一次大田抽查，及时指导防治。

3. 防治适期

根据田间查卵，从卵高峰之日起，加上当代卵期和幼虫孵化至2龄期天数，即为防治适期。

多年测报相关数据表明，百株花生有虫500头以上应及时防治。

（六）防治措施

1. 农业防治

成虫发生期，在田间用柳、杨树枝把或黑光灯诱杀。

耕地翻蛹、埋蛹，减少虫源。秋、冬季节结合垦复，消灭土里的蛹或将蛹埋入土层深处，使之不能羽化出土。

2. 生物防治

利用造桥虫的天敌——寄生蜂、寄生蝇、鸟类和菌类等防治。据试验，用白僵菌、苏云金杆菌每毫升1亿～2亿孢子的菌液喷杀2～3龄幼虫，灭虫率达90％以上。此外，鸟类中的白头翁、鹌鹑、竹鸡等，寄生蜂中的姬蜂、土蜂等，都是造桥虫的主要天敌。

3. 药剂防治

药物防治造桥虫应坚持治早、治小的原则。卵孵化盛期，用七二一六菌剂或Bt乳剂1 000倍液或100亿活芽孢/g苏云金杆菌可湿性粉剂500～1 000倍液，喷雾。在幼虫孵化至3龄盛期，喷洒20％虫酰肼悬浮剂2 000倍液或48％毒死蜱乳油2 000倍液、5％氟啶脲乳油1 500倍液、50％辛氰乳油1 500倍液、20％甲氰菊酯乳油1 500倍液、20％奇箭乳油1 000倍液、5％氟虫脲可分散液剂1 500倍液、10％除尽悬浮剂2 000倍液等，交替使用，收获前7d停止用药。

第四章 花生田地下害虫

花生田地下害虫种类很多，我国已知超过 60 种，分属 6 目 13 科。其中在全国花生田发生普遍、危害严重的主要有蛴螬、金针虫、地老虎、种蝇、网目拟地甲等。近几年花生新珠蚧在河南、河北、山东、陕西等地发生严重，成为部分花生产区的一大害虫。

第一节 花生新珠蚧

花生新珠蚧（*Neomargarodes gossypii* Yang，1979），属同翅目，蚧总科，珠蚧科。对花生新珠蚧的命名曾有过争议，现用学名由武三安（2007）修订。武三安（1979）认为在我国华北地区危害花生的介壳虫应是同一个种，即花生新珠蚧（*Neomargarodes gossypii* Yang）。曾由杨平澜（1912）鉴定为新黑地珠蚧，也称乌黑新珠蚧 [*Neomargarodes niger* Green，最早见于侯德璋（1986）]，与花生新珠蚧不是一个种。后被李金铭（1988）、王保华（1990）、王文夕（1991）、李爱花等（1996）、李绍伟等（2001）、张瑞军（2003）、仲伟霞（2005）、常智军等（2005）所沿用。汤祊德（1935）鉴定为野菊新珠蚧（*N. chondrillae* Arch.），与花生新珠蚧是不同的物种。武三安认为，鉴定为新黑地珠蚧或乌黑新珠蚧和野菊新珠蚧均不正确。由杨集昆（1979）发表的新种棉根新珠蚧（*Neomargarodes gossypii* Yang）与花生新珠蚧是同一个种，把该虫称为棉根新珠蚧不妥。因为在棉花上该虫不能完成其生活史，在花生等豆科植物上则可以完成，故中文学名以"花生新珠蚧"更为贴切。

关于科名也曾有过不同称谓，杨平澜称珠蚧科 Margarodidae，王子清称硕蚧科 Margarodidae，二者拉丁学名相同，只是中文名称不同而已。鉴于该科是以珠蚧属 *Margarodes* 为模式属建立的，且 2 龄虫酷似钢珠，故以珠蚧科相称为妥。

花生新珠蚧主要危害花生根部，发生面积逐年扩大。在河南、河北、山东、陕西产区均有发生。特别是 20 世纪 90 年代以来，危害日益严重，是花生生产中亟待解决的新问题。

（一）分布与危害

花生新珠蚧以若蚧刺吸花生根系液汁，导致花生生长不良，植株矮小，结果少而瘪或不结果，一般减产 20%～30%，严重时可达 50% 以上，甚至绝产。孵化后的 1 龄若蚧在土表爬行，行动活跃，寻找寄主，找到寄主后钻入土中，将口针刺入花生根部，固定在花生根部吸取营养（彩图 4-1 左）。蜕皮后形成圆珠形 2 龄若蚧，7 月上、中旬花生结荚期是 2 龄若蚧危害盛期，2 龄若蚧固定在花生根部大量吸取营养，虫体日益膨大，呈黑褐色。危害严重的田块，7 月下旬花生即有死株出现。花生被害后一般前期表现不明显，中、后期轻者植株矮小、变黄、生长不良，重者整株枯萎死亡，地下部根系变褐、变黑、腐烂，须根减少，植株易从土中拔出，结果少而瘪，收获时荚果易脱落。

分布范围较广。河南郑州、新郑、中牟、开封、尉氏、通许、杞县、兰考、濮阳、延津、偃师、灵宝、陕县、孟津，山东单县、梁山、郓城、巨野、临清、冠县、莘县、高唐、宁津，河北迁安、阜成、邯郸、新河、威县、南宫、隆光、临城、涿州均有发生，陕西大荔也有发生。

据王保华报道，1983—1984年在河南中牟、尉氏、新郑等县（市）调查，危害面积2 733.3hm²，占花生种植面积的42.7%。1982年7月调查，中牟八岗乡呼沱张村的一块花生田，受该蚧寄生危害死棵20%左右，受害重的1株花生根上有蚧多达135个，当年收荚果仅750kg/hm²，比不受害地块减产66.7%。1983年这块地又种花生，当年仅收300kg/hm²，不少农民因此被迫改种其他作物。据王保华估计，豫东每年受该蚧危害造成的经济损失达百万元以上。据马铁山调查，2005年在濮阳地区发生面积100hm²，到2006年增至200hm²，并有继续增加的趋势。李爱华（1999）调查，尉氏县发生面积由1990年的1 667hm²，上升到1997年的5 000hm²，占该县花生种植面积的40%。付东（2006）调查，邯郸2002年发生面积100hm²，到2004年增至200hm²，并有继续蔓延的趋势。

能完成生活史的寄主有花生、大豆、绿豆、小豆、豇豆、三棱草、蓖麻、半夏等，能造成危害但不能完成生活史的寄主有棉花、甘薯，非寄主作物有玉米、小麦、西瓜、芝麻等。

（二）形态特征

1. 成蚧

雌成蚧体粗壮，卵圆形，背面向上隆起，腹面较平（彩图4-1右）。体长4.0～8.5mm，宽3～6mm。体柔韧，乳白色，多皱褶，密被黄褐色柔毛。触角6节，基节极大，弱骨化，有长、短毛各5根，其余5节均粗短，塔状，顶端有1列刺状感觉毛，端节还有1根长毛。单眼和口器均退化。前足为开掘足，极发达，爪黑褐色，粗壮而坚硬，基部内凹，向下突伸呈T形；中、后足细小，约与前足爪等长，具刚毛，跗节与爪愈合，爪细长而弯曲。胸气门2对，位于中、后足外侧上前方，气门框褐色，内侧有1个末端膨大的细长棒，气门腔内有盘腺（有中孔及6个缘孔）。腹气门8对，位于第1～8腹节腹面两侧，第1对位置略高，腹气门较胸气门小，开口处有1列盘腺。肛门靠近腹面末端，有2条骨化条。阴门两侧各有1个近圆形骨化区。盘腺为多孔腺，大致分为两种类型。一种具中心孔，周缘具7～12孔，分布在体背腹两面各节中区；另一种无中心孔，有6～13孔，分布在阴门周围。

雄成蚧体长2.5～3.0mm，棕褐色。复眼大，朱红色。触角栉齿状，黄褐色，7节，基部3节短小，着生长毛，以后各节细长，端节最长。第4～6节各具1个侧枝，第4节侧枝短粗，第5、6节侧枝细长。口器退化，丛生刚毛。胸部宽大，前胸背板马鞍形，红棕色，前缘中央及两侧具黑褐色斑，两侧着生许多褐色长毛。中胸背板褐色，前盾片隆起呈圆球形，盾片中部套叠形成1道横沟，翅基肩片1对。后胸短小，与第1腹节结合紧密。腹部各节背面各具1对褐色横片，第6、7腹节褐色横片狭小，各有1丛管状蜡腺，分泌出长而直的白色蜡丝，蜡丝约为体长的 2 倍。第 2～6 腹节两侧各有 1 块褐色小斑。足黄褐色，前足短粗，适于开掘，腿节内侧多毛。中、后足细长，胫节下侧有许多粗刺。前翅发达，前缘黄褐色，中段呈齿状，后缘臀角处有 1 个指状突出物，翅脉为 2 条不明显的纵脉。后翅退化成平衡棒，基部狭窄，端部膨大，顶角有 1 个硬化钩。胸气门 2 对，气门杠如雌成蚧，呈长柄杓状，气门腔内无盘腺。腹气门 8 对。生殖刺在体末端，长矩形，端钝。

2. 卵

椭圆形或卵圆形，长 0.5～0.55mm，宽 0.3～0.35mm，乳白色，随着胚胎发育颜色加深。卵将孵化时顶端可见 1 对红色眼点。

3. 若蚧

1 龄若蚧长椭圆形，长约 1mm，宽约 0.5mm。淡黄褐色，触角和足颜色较深。头部有 1 对明显的红色眼点，尾部有体内透出的红色线纹。触角粗短，位于体前端，6 节，具少量刚毛，基节粗大，第 2～5 节短圆，端节宽大而顶端斜截，除刚毛外，还有 2 对感觉刺。单眼 1 对，大而显著，相互靠近，位于触角后之头背中区。在单眼与触角之间有 1 对粗刚毛，其长比触角稍短。口器发达，喙粗短，不分节，开口于前足基节间，口针极细长，可向后伸达第 2 腹节处。前足粗壮，适于开掘，转节 2 节，腿节与胫节愈合，跗节与爪愈合，爪粗短。中、后足均细长，转节 2 节，腿节、胫节、跗节不愈合，爪细长。胸气门 2 对，较大，腹气门 6 对，较小。肛门近背末开口处有 4 个骨化条，体末有 1 对与体等长的尾毛。体上疏生刚毛，腹面各节刚毛排列成行，每节背面 6 根，腹面 12 根。

2 龄若蚧圆珠形（图 4-1），初为红棕色，后为黑褐色，质地坚硬，其表面包有 1 层薄的白色蜡质分泌物。珠体大小相差悬殊，雄性珠体小，直径 1.6～2.5mm，雌性珠体大，直径 3.0～6.0mm。触角为圆形扁片，中央有 1 对刚毛。口器仅为 1 个小而不分节的喙，喙与触角呈三角形排列。胸气门 2 对，腹气门 7 对，大小相似，气门腔杯状，底部有一群多孔腺。肛门开口近肾形，位于腹面近端部，介于第 7 对腹气门之间。肛门前有马蹄形硬化区。腹疤在头、胸部每节 1 对，腹部每节 2 对，排列于两侧，呈弧形。另有小盘腺不规则分布。珠体在休眠期常分泌长短不等的白色蜡丝。

2 龄雄若蚧小型珠体脱壳后变成 3 龄雄若蚧，外形似雌成蚧，但个体较小，体长约 2.5mm，触角较宽，显微特征无阴门，体腹面后部缺无中心孔的多格孔。

4. "蛹"

雄蛹体长而扁，长约 3mm，初为乳白色，后渐变为黄褐色。触角、足、翅芽外露。胸气门 2 对。腹气门 8 对。在第 6、7 腹节背中央，各有一群管状腺，呈带状排列。

（三）生活史与生活习性

花生新珠蚧在河南一年发生 1 代。雌、雄蚧均以珠体（2 龄幼虫）在 10～20cm 深土壤中越冬，最深可达 1m。越冬雄性珠体在 4 月中旬脱壳变为 3 龄若蚧，4 月下旬化蛹。离蛹，蛹期 1 周左右。越冬雌性珠体于 4 月下旬开始羽化为成蚧，5 月中旬为雌、雄成蚧羽化盛期。羽化后即可交配产卵。产卵始期在 5 月中旬，盛期在 6 月上、中旬，卵期平均

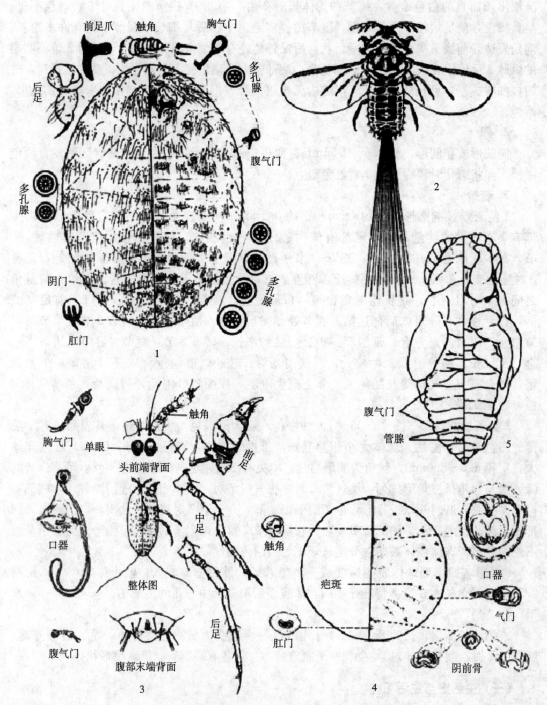

图 4-1 花生新珠蚧（*Neomargarodes gossypii* Yang）

1. 雌成蚧 2. 雄成蚧 3. 1龄若蚧（爬虫）

4. 2龄若蚧（珠体） 5. 雄蛹

（武三安，2007）

33d。6月中旬开始孵化，下旬为孵化盛期；7月份是危害盛期，7月下旬至8月上旬逐渐形成珠体而继续危害，9月花生收获时珠体落入土壤中越冬，整个越冬期长达7个月之久。

5月上、中旬越冬珠体开始脱壳变为成蚧。成蚧羽化后，多在白天上午爬出地面，在土表或土缝中爬行活动，寻求异性交配。雄蚧有翅，可做短距离飞行，一旦找到配偶，便开始交配，交配场所多在土表或土块的缝隙间。雄蚧可与多头雌蚧交配，而雌蚧只交配一次。雄蚧寿命短，2～4d，雌蚧寿命较长，平均17d。雌成蚧交配后即钻入土中，用前足挖掘土室，将卵成堆产于体后，同时分泌白色蜡质絮状物覆在卵上。每卵块最多达526粒，最少153粒，平均238粒。

1个月后卵开始孵化为幼蚧。1龄若蚧十分活跃，在土表四处行走，寻找寄主，一旦找到寄主便沿寄主的主茎往下钻入土中，将口针刺入其根部而固定下来吸食危害。后蜕皮成为米粒大小橘黄色珠体，即为2龄幼蚧，并继续吸食危害。随着吸取营养物质的增加，珠体逐渐膨大，颜色逐渐变为深褐色。在不良环境条件下，可呈滞育状态，隔年再羽化。

（四）发生条件

花生新珠蚧的发生直接受土壤条件、温度、降雨量、栽培制度、田间管理等因素的影响。

1. 土壤质地

花生新珠蚧喜欢在干燥疏松的土壤中生活，因此沙壤土发生危害较重，黄壤土发生危害较轻，黏土地中很少发生。据调查，新珠蚧在河南濮阳市的发生区域主要是沙质土壤，在黄壤土、黏壤土中数量少，危害轻。原因是其成蚧和若蚧在地表爬行后钻入土中，危害寄主根部，疏松的沙质土壤有利其成蚧和若蚧自由活动入土。在河南濮阳县、范县等壤土或黏土花生田未发现有该蚧发生。2005年将筛选的部分珠体埋在濮阳县一黏质土壤地块，2006年种植花生，按常规管理，但不施药，发现不但雌成蚧死亡率、卵孵化死亡率高，仅形成较少量珠体，2007年调查，基本不再发生。分析原因，主要是黏质土壤易板结，不利其若蚧活动，田间湿度相对较大，造成死亡率较高等。

2. 降雨量

在我国发生危害产区，6月下旬是新珠蚧1龄若蚧孵化盛期。若蚧在花生田爬行，此时雨日多、雨量大，直接影响若蚧的活动，对若蚧有一定的杀伤作用，危害较轻。反之，则重（表4-1）。

表4-1　新珠蚧发生与降雨的关系

（河南濮阳，马铁山，2005—2007）

时间 （年份）	虫量 （头/ 样方）	4月下旬		5月		6月中、下旬		7月上旬	
		雨量 （mm）	雨日 （d）	雨量 （mm）	雨日 （d）	雨量 （mm）	雨日 （d）	雨量 （mm）	雨日 （d）
2005	134.2	11.8	3	88.3	5	99.9	16	72.0	4
2006	72.5	0	0	69.8	7	76.4	13	70.4	3
2007	89.8	4.3	1	94.4	8	124.6	11	72.5	3

3. 温度

花生新珠蚧化"蛹"时间早晚和盛期迟早与 4 月中下旬、5 月上旬的气温有关。气温高则发生早，气温低则发生迟（表 4 - 2）。

表 4 - 2　新珠蚧化"蛹"与气温关系

（河南濮阳，马铁山，2005—2007）

时间	化"蛹"（月/日）		气温（℃）			
（年份）	始期	盛期	4 月中	4 月下	5 月上	5 月中
2005	4/25	5/7～15	19.5	16.9	18.8	20.0
2006	4/27	5/10～16	15.5	19.5	17.6	18.5

4. 栽培制度与管理

连作花生田，虫源在土壤中连年积累，土壤中珠体量大，发生严重。王保华（1982）调查，河南中牟受害重的地块，当年收荚果比不受害田减少 60％以上。该地块第二年又种花生，比上年又减产 50％以上。合理轮作倒茬，尤其与玉米、瓜类轮作发生则轻。由于珠体在不良环境条件下可滞育，呈休眠状态，有隔年羽化的特性，因此花生回茬最好在 2～3 年后。管理粗放，田间杂草多，发生就重，反之则轻。

（五）虫情测报与防治适期

新珠蚧寄生于花生根部，隐蔽，繁殖量大，危害重。在虫情调查时应倍加仔细，以确保结果的准确性。

每年 9 月上旬进行一次大田普查。方法可选取虫害发生程度轻、中、重 3 种类型田各 3 块，每个田块 5 点取样，挖取 30cm×30cm×20cm 样方土壤，筛取记录其中活虫数。虫情普查结果与同期 3 年的气象资料进行综合分析。如果 4 月下旬至 5 月份气候干旱、少雨或 6 月下旬至 7 月上旬雨日、雨量较多时，花生新珠蚧发生较轻，反之则重。原因在于 4 月下旬至 5 月份气候干旱、少雨，埋于表层干燥土壤中的珠体脱壳后失去壳体的保护，因失水而死亡，使虫源基数降低。6 月中、下旬至 7 月上旬为其孵化盛期，1 龄若蚧孵化后在地表爬行寻找寄主，此时雨日、雨量较多时，严重影响若蚧的活动，若蚧不能尽快找到寄主而死亡。同时，田间积水或土壤含水量大，可溺死部分若蚧及成蚧。反之则发生重。

防治适期一定要掌握在 1 龄若蚧期。以上发生危害的花生产区，6 月中、下旬至 7 月上旬是 1 龄若蚧孵化期，是防治的适期，花生新珠蚧 1 龄若蚧对大部分杀虫剂都很敏感，只要及时防治，均能收到较好的效果。

（六）防治

1. 农业防治

轮作倒茬，深中耕除草。花生新珠蚧主要危害花生、大豆、绿豆、棉花等作物，不危害小麦、玉米、芝麻、瓜类等作物。与玉米、芝麻、瓜类等非寄主作物轮作，可减少土壤中越冬虫源基数，减轻危害。调查发现，花生与玉米、甘薯、芝麻轮作倒茬，虫口减退率分别为 49.2％、60.1％、89.9％，与豇豆倒茬虫口减退率为 -74.7％，不降反升（表 4 - 3）。小麦虽不是花生新珠蚧的寄主植物，但在小麦生育期内该蚧处于越冬状态，小麦收获后播种花生刚好赶上 1 龄若蚧期，因此小麦与花生轮作不能减轻花生受害程度。6 月份在若蚧孵化期结合深中耕除草可破坏其卵室，消灭部分地面爬行的若蚧。

表 4-3　不同茬口花生新珠蚧变化调查

（陕西大荔，2003）

轮作类型	轮作前珠蚧数（个/株）	轮作后珠蚧数（个/株）	珠蚧减退率（％）
花生—玉米	42.7	21.7	49.2
花生—芝麻	53.6	5.4	89.9
花生—棉花	42.8	22.3	47.9
花生—甘薯	41.9	16.7	60.1
花生—豇豆	52.9	92.4	—74.7

不施用花生秧沤制的粪肥。因少数珠体成熟后仍黏附在寄主基部，混杂在粪肥中的珠体，随着施肥可回到田中，发生危害。

适时浇水，消灭若蚧。6月中旬是1龄若蚧孵化期，此时结合天气情况及时浇水，抑制地面爬行若蚧活动，可杀死部分若蚧。若浇水时结合用药，效果更好。

2. 药剂防治

有效的化学药剂有多种。可在花生播种时、生长期用药，两期结合用药防治效果更好。

（1）播种时防治。花生播种时，用5％辛拌磷颗粒剂（G）30～37.5kg，加细土450～750kg/hm^2，配成毒土盖种。或用50％辛硫磷乳油3～3.75kg，加适量水，拌细土450～600kg/hm^2，配成毒土撒施。还可用0.2％辛硫磷乳油拌种，防治效果均较好，同时还能兼治地下害虫、蚜虫、红蜘蛛等害虫。

（2）生长期防治。用40.7％毒死蜱乳油（EC）或5％锐劲特（氟虫腈）胶悬剂（SC）、10％吡虫啉可湿性粉剂（WP）叶面喷雾，虫口减退率分别为68.75％、59.24％、40.23％，防治效果较好。用50％辛硫磷乳油3.75～4.5kg/hm^{2}或80％敌敌畏乳剂30kg/hm^2，加水75kg，拌细沙土750kg/hm^2，在1龄若蚧期穴施，覆土，防治效果可达93.1％。也可用50％辛硫磷乳油1 000～1 200倍液直接喷淋到花生根部，效果也较好。

（3）播种期与生长期结合防治。花生播种时，用40.7％毒死蜱EC、5％锐劲特SC和10％吡虫啉WP沟施，并于6月下旬和7月上旬2次喷雾，防治效果更好。因为2龄若蚧在土壤10～20cm深的土层中越冬，到5月中、下旬才脱壳羽化为成蚧，4月份花生播种时沟施农药正好杀死部分2龄若蚧。选择防治效果较好的40.7％毒死蜱EC和5％锐劲特SC播种时沟施，再加交叉喷根，防治效果最好，因为这2种农药都具有胃毒作用。毒死蜱EC还有触杀作用，锐劲特SC有内吸作用，两者混用使农药具有多重药效，对防治既在表土活动又在土中刺吸根部的1龄若蚧有很好的效果。

第二节　蛴　螬

蛴螬是金龟子幼虫的总称。属鞘翅目，金龟甲科。别名大头虫、大牙、地狗子、地蚕、蛭虫、核桃虫等。蛴螬成虫通称金龟甲或金龟子，别名瞎撞、金翅亮、金巴牛、绒马褂等。植食性蛴螬食性广泛，危害多种农作物、经济作物和花卉、林木。喜食刚播种的种子、根、块茎以及幼苗。不同蛴螬对不同的作物有不同喜好。主要危害花生、大豆、玉米、甘薯。

一、危害花生的蛴螬种类

据调查，花生田蛴螬发生最重，其次是大豆和甘薯，玉米和高粱地发生较少。据资料记载，我国蛴螬种类有上千种，危害花生的有50多种。其中较严重的有25种（表4-4）。

表4-4　危害花生主要蛴螬种类

科　名	种　名	别　名	发生程度
鳃金龟科	华北大黑鳃金龟（*Holotrichia oblita*）	东北大黑鳃金龟、朝鲜黑金龟子、华北大黑鳃金龟	＊＊
	暗黑鳃金龟（*Holotrichia parallela*）	黑金龟甲、暗黑齿爪鳃金龟	＊＊
	黑皱鳃金龟（*Trematodes tenebrioides*）	无后翅金龟	＊＊
	棕色鳃金龟（*Holotrichia titanis*）	棕狭肋鳃金龟	
	拟毛黄鳃金龟（*Holotrichia formosana*）	拟毛黄脊鳃金龟	＊
	毛黄鳃金龟（*Holotrichia trichophora*）	毛黄脊鳃金龟	
	黑棕鳃金龟（*Apogonia cupreoviridis*）	朝鲜甘蔗金龟、黑阿鳃金龟	
	阔胫绒鳃金龟（*Maladera verticollis*）	阔胫绢金龟、赤绒鳃金龟、阔胫玛绢金龟	
	小阔胫绒鳃金龟（*Maladera ovatula*）	小阔胫绢金龟、小阔胫玛绢金龟	
	黑绒鳃金龟（*Maladera orientalis*）	天蛾绒金龟子、东方金龟子	＊
	云斑鳃金龟（*Polyphylla laticollis*）	大云鳃金龟、大石纹金龟	＊
	灰胸突鳃金龟（*Hoplosternus incanus*）		
	毛棕鳃金龟（*Brahmina faldermanni*）	小棕金龟、福婆鳃金龟	
丽金龟科	铜绿丽金龟（*Anomala corpulenta*）	铜绿金龟子、青金龟子、淡绿金龟子	＊＊
	蒙古丽金龟（*Anomala mongolica*）	蒙古异丽金龟、蒙古畸丽金龟	＊
	黄褐丽金龟（*Anomala exolenta*）	黄褐异丽金龟、黄褐畸丽金龟	＊
	中华弧丽金龟（*Popillia quadriguttata*）	四纹丽金龟、四斑丽金龟	＊
	黄闪丽金龟（*Mimela testaceoviridis*）	浅褐彩丽金龟	
	苹毛丽金龟（*Proagopertha lucidula*）	苹毛金龟子、长毛金龟子	
	豆蓝丽金龟（*Popillia mutans*）	棉花弧丽金龟、无斑弧丽金龟	
犀金龟科	中华犀金龟（*Eophileurus chinensis*）	中华晓扁犀金龟	
	阔胸犀金龟（*Pentodon patruelis*）	阔胸金龟子	＊
	后胸犀金龟（*Pentodon latifrons*）	宽额禾犀金龟	
花金龟科	白星花金龟（*Potosia brevitarsis*）	白纹铜花金龟、白星花潜、白星金龟子、铜克螂	
	小青花金龟（*Oxycetonia jucunda*）	银点花金龟、小青金龟子	

注：＊＊表示严重发生，＊表示较严重发生。

其中大黑鳃金龟是危害花生的主要虫种之一。分布区不同，亚种也不同。在华北发生的为华北大黑鳃金龟，在东北发生的为东北大黑鳃金龟，在长江以南发生的为华南大黑鳃金龟或江南大黑鳃金龟，在四川省发生的为四川大黑鳃金龟。东北大黑鳃金龟（*Holotrichia diomphalia* Bates）是 H. Bates 于1888年以采自朝鲜的1头雄虫而定名，在我国分布于东北、内蒙古、甘肃、天津地区，是一种重要的地下害虫。分布于华北、陕西、江苏、浙江和江西等地的华北大黑鳃金龟（*Holotrichia oblita*）与东北大黑鳃金龟非常相似。以上 2 种金龟甲除成虫形态稍有差别、分布区域不同外（仅天津与甘肃天水有重叠区域），在其他各个方面均存在惊人的一致。顾耘采用 RAPD 技术和杂交方法对东北大黑鳃金龟（*Holotrichia diomphalia*）和华北大黑鳃金龟（*Holotrichia oblita*）的分类地位进行了研究。应用 40 条引物，采用 UPDGA 法对华北大黑鳃的南京和文登种群、东北大黑鳃金龟的沈阳种群等进行了 RAPD 分析，所建立的系统发育树显示，东北大黑鳃金龟具有与华北大黑鳃金龟 2 个地理种群相同的分类地位。同时，作者对 2 种金龟甲进行了正反交的杂交与回交研究，结果表明，2 种金龟是同一物种的不同地理种群，按照动物命名法规，东北大黑鳃金龟是华北大黑鳃金龟的次异名，为无效名。在我国有 4 种形态、发生规律十分相似的大黑鳃金龟。除上述 2 种金龟甲外，还有江南大黑鳃金龟（*H. g ebleri*）和四川大黑鳃金龟（*H. szechuanensis*）。作者在大量观察华北大黑鳃金龟南京种群的标本时，曾发现了1 头具有四川大黑鳃金龟典型特征的个体，因而怀疑江南大黑鳃金龟和四川大黑鳃金龟亦存在与东北大黑鳃金龟相同的问题，同样可以采用 RAPD 技术进行确定。

二、分布与危害

我国常见的金龟种类繁多，发生危害程度各地有所不同。大黑鳃金龟以幼虫危害花生和多种作物以及林木等地下部分，3 龄若蚜为暴食期，可把花生根、茎部咬断，吃光后再转移危害。暗黑鳃金龟分布较广泛，危害性居三大金龟子（暗黑、大黑、铜绿）之首，成虫取食榆、杨、柳、槐等树叶，具有暴食特点。幼虫主要取食花生、大豆、薯类、麦类等作物的地下部分。铜绿丽金龟国内分布较广，主要分布于长江以北部分花生产区，山西、黑龙江、吉林、辽宁、内蒙古、宁夏、甘肃、河北、陕西、山东、河南、江苏、安徽、浙江、湖北、江西、湖南、四川，为我国金龟子的第三大优势种。成虫是林木、果树之大害虫，喜食苹果、梨、桃等果树、林木的叶片，也取食花生、豆类等作物叶片。幼虫取食花生荚果及根系，薯类块根、块茎，麦类、豆类、玉米、蔬菜、树苗的地下部分，在虫量过大时还可环食根或茎韧皮部分。拟毛黄鳃金龟国内分布于河北、辽宁、山东、江苏、浙江、广东、台湾省等，在山东主要分布于胶东半岛的花生产区。从分布广度范围看，远小于暗黑和大黑鳃金龟，但局部发生密度大，由过去的潜在性次要害虫变成主要害虫。丘陵梯田的花生产区发生严重，土壤以棕壤和砾质壤土为主。主要危害花生（彩图 4-20），其次是大豆，种群在田间呈不平衡集团型分布特点。黑皱鳃金龟分布在我国山西、吉林、辽宁、宁夏、青海、河北、陕西、山东、河南、安徽、江苏、湖南、台湾省、自治区以及蒙古和俄罗斯。棕色鳃金龟分布在山西、吉林、辽宁、河北、陕西、山东、浙江省以及俄罗斯和朝鲜。毛黄鳃金龟主要分布在山西、内蒙古、河北、陕西、山东、河南、安徽、江苏、浙江、湖北、江西、福建、四川等省、自治区。

1971 年调查，山东烟台花生因蛴螬危害绝产的逾 10hm²。山东莱阳罗家疃 2.7hm² 花生受害后全部死亡；栖霞市南埠 13hm² 以上岭地，因历年蛴螬危害严重，故有“蛴螬岗”之称。大黑鳃金龟和黑绒鳃金龟甲分布较为普遍。据调查，在蓬莱市辛旺集、陈家沟、大泊子，莱阳市泉水头、后山，荣成市岛俚、神道沟，栖霞市南埠，均遭大黑鳃金龟危害，严重的常造成当年花生减产，次年春作物死苗。黑绒鳃金龟主要是成虫危害花生及甘薯苗，幼虫危害较轻。暗黑金龟甲在蓬莱、荣成、莱阳等地均有发生，但以蓬莱最重。黑皱鳃金龟分布较普遍，特别是山区发生严重，成虫危害花生和甘薯苗，幼虫在花生地发生少。拟毛黄鳃金龟成虫在莱阳、招远、栖霞均有发现，幼虫危害花生甚重。棕色金龟甲成虫在蓬莱、莱阳、荣成、栖霞、龙口等地均有发现，幼虫仅在蓬莱发生危害。粪蜉金龟子分布普遍，但不造成危害。蒙古丽金龟、黑棕鳃金龟幼虫仅在蓬莱发现危害花生。山东单县金龟子主要虫种是暗黑、铜绿丽、黄褐丽及云斑鳃金龟，呈现明显的上升趋势。2002年金龟子量是2001年的1.6倍、2000年的3.5倍，主要是暗黑鳃金龟数量剧增，1998—2000年铜绿丽金龟为该地的优势种，2001—2002年被暗黑鳃金龟取代，2002年后暗黑鳃金龟占金龟子总类的72.4%，铜绿金龟子占26.2%，黄褐丽、云斑鳃金龟仅占1.4%。山东滕州1987年春花生受害面积2 100hm^2，占播种面积的98.1%，其中120hm^{2}绝产。胶南市2006年因受蛴螬危害，很多田块花生单产在450kg/hm^{2}以下，减产90%以上，个别地块绝收。20世纪80年代山东胶南海崖村38.7hm^{2}平均收获花生442.5kg/hm^2，蛴螬却有900kg/hm^{2}之多。2007年即墨市60hm^{2}以上花生田蛴螬发生严重，花生损失惨重。

蛴螬是河南省重要的农林害虫，种类多，分布广，危害重。近年来，河南东部的开封、杞县、兰考、通许、商丘、尉氏等地区暴发成灾。主要种类有铜绿丽金龟、华北大黑鳃金龟、暗黑鳃金龟、毛黄鳃金龟、黑绒金龟、阔胫绒金龟、云斑鳃金龟、黄褐丽金龟、四纹丽金龟、苹毛丽金龟等。花生是河南省的主要油料作物，近年来遭受蛴螬危害一般减产20%，严重的减产60%～70%，甚至绝收。同时，花生品质也明显下降，仁瘪、空壳多。据不完全统计，2004年南乐县花生种植面积0.5万hm^{2}左右，蛴螬发生面积0.5万hm^2，虫种主要是铜绿丽金龟、华北大黑鳃金龟、暗黑鳃金龟，每年8～9月份是蛴螬危害严重时期。新乡地区2005年有4.87万hm^{2}花生田受蛴螬严重危害，占播种面积的66.7%。2006年花生田蛴螬发生面积7.13万hm^2，占播种面积的89.2%。

据王永祥等1998年通过灯光诱集和田间大面积调查，冀中平原农区蛴螬主要有14种，其中以暗黑鳃金龟、铜绿丽金龟、黄褐丽金龟、华北大黑鳃金龟危害花生、甘薯等最为严重。其他种有暗黑鳃金龟、华北大黑鳃金龟、毛黄鳃金龟、阔胫绒鳃金龟、小阔胫绒鳃金龟、黑绒鳃金龟、云斑鳃金龟、黄褐丽金龟、铜绿丽金龟、阔胸犀金龟、中华弧丽金龟、苹毛丽金龟、白星花金龟、小青花金龟。河北抚宁县花生田蛴螬共有12种，各种所占比例依次是华北大黑鳃金龟70.14%、黄褐丽金龟8.5%、暗黑鳃金龟7.02%、铜绿丽金龟4.26%、阔胸犀金龟3.79%、毛黄鳃金龟2.37%、棕色鳃金龟1.42%、黑皱鳃金龟等共占2.5%。优势种为华北大黑鳃金龟，其次为黄褐丽金龟和暗黑鳃金龟。华北大黑鳃金龟在抚宁县各花生产区均有分布。黄褐丽金龟主要分布在林果旱沙壤土区，暗黑鳃金龟主要分布在丘陵山区及林果旱沙壤土区。河北第一大花生产区大名县种植面积3.3万hm^2，自2002年以来蛴螬呈暴发态势，一般减产10%～40%，重者60%～70%，严重者几乎绝收。2004年该县植保站6月20—25日单盏黑光灯诱杀蛴螬成虫日平均量高达1 150头。

安徽肥东、肥西等地田间挖土调查，合肥地区花生蛴螬主要有暗黑鳃金龟、华北大黑鳃金龟和铜绿丽金龟3种。幼虫发生量占总发生量的90%以上，其中暗黑鳃金龟约占50%，华北大黑鳃金龟约占20%，铜绿丽金龟占近20%，其他金龟约占10%。全省花生蛴螬监测点蒙城、阜阳、固镇、凤阳、肥东、肥西等地单盏灯诱金龟子，大多数地区花生蛴螬发生种类以铜绿丽金龟为主，占总诱虫量的 81.6%。但阜阳市和肥东县以暗黑鳃金龟为主，占 86.8%。安徽蚌埠市固镇 6 月下旬至 7 月下旬，单灯每晚诱集成虫 2 000 头，8 月初一般 100 墩花生平均有蛴螬 320 头，最多 1 100 头。固镇在防治花生蛴螬的示范田中，县财政用现金收购灯光诱集成虫多达 10 万 kg，可见其数量多，来势猛。2003 年 9 月下旬于肥西县董岗乡调查，花生果受害率 26.18%~39.47%，最高达 60.25%。2003 年 7 月中、下旬于肥东县某花生田挖土调查，1 龄幼虫 4.5 万~7.5 万头/hm²，平均 5.5 万头/hm²，最高达 27 万头/hm²。2004 年 2 月下旬至 4 月中旬于肥西县董岗乡某花生田挖土调查，平均越冬虫口 6.9 万头/hm²，最高达 22 万头/hm²。通过多点调查发现，自1998—2003 年，花生果受害率和花生地越冬残虫呈明显上升趋势。

四川省北部地区常年种植花生约 2.3 万 hm²，由于花生蛴螬的严重发生和危害，产量和品质遭受很大损失，一般减产 10% 左右，严重的达 50% 以上。全省花生蛴螬优势种群是暗黑鳃金龟。经调查鉴定，川北地区蛴螬有 6 种，其中四川大黑鳃金龟占 6.1%，暗黑鳃金龟占 84.6%，铜绿丽金龟占 1.07%，灰胸突鳃金龟占 1.54%，黑皱鳃金龟占 5.1%。陀江中、下游花生蛴螬优势种群是暗黑鳃金龟，涪江中、上游为灰胸突鳃金龟。四川威远县危害花生优势种是霉腹鳃金龟、四川大黑鳃金龟、暗黑鳃金龟，其中霉腹鳃金龟为新虫种。

江苏省金龟子有多种。据连云港市、淮安市植保站调查，危害苏北花生以暗黑、铜绿金龟子为主，花生田共 3 科 16 种，其发生量占地下害虫总发生量的 92.6%，其中优势种为大黑鳃金龟、暗黑鳃金龟和铜绿丽金龟 3 种，其发生量依次占 20.5%、42.0% 和28.9%。暗黑鳃金龟主要发生在夏花生田。

山西省植保植检总站报道，2001 年由于百年不遇的高温、干旱，4 月中旬以来，黑绒金龟子在全省大发生，一般有蛴螬 30~50 头/m²，高的 80~100 头/m²，最高在 200 头/m² 以上。

以上所述各花生产区蛴螬分布之广，危害之重，足以说明蛴螬是我国花生田地下害虫的最主要种类。

三、形态特征与生物学特性

不同的蛴螬种类形态特征不同，生活史及其生活习性也有着明显差异。

各类蛴螬生活史中绝大多数还未发现有滞育的特性，因而它们的成虫发生时期既有一定的稳定性，同时又随地区物候早晚有一定幅度的变化，具有明显的季节特点，可以划分不同的季节型。如毛黄鳃金龟是春季发生型，在山东西部菏泽和东部诸城，成虫出土时期早晚相差 10~15d。暗黑鳃金龟为典型的夏季发生型，少数越冬的老成虫一般都在 5 月中、下旬出土，当年发生的新成虫一般都在 6 月上、中旬，早晚变化幅度不大，可以根据地区物候预测成虫发生时期。

幼虫（蛴螬）和成虫（金龟子）是 2 个主要取食营养阶段，二者互相联系和补充。按照成虫习性，可分为以下几个类型。

（1）无营养型。成虫期不取食，胚前发育所需的营养物质都是在幼虫期所积累，成虫羽化时，卵巢已经发育，寿命短，繁殖力较低，而幼虫的生活期则相对较长，它的营养状况（包括食物的丰缺、种类及气候的影响）与蛹的大小、成虫的繁殖力有密切关系。毛黄鳃金龟、拟毛黄鳃金龟、鲜黄鳃金龟、棕色鳃金龟都属于此类型，成虫产卵20～30粒，最多50粒。

（2）补充营养型。成虫羽化时，体内积累了较多的营养物质，卵巢已基本完成发育或半发育状态，但还需继续取食、补充所需水分和碳水化合物。大黑鳃金龟属此类型。经研究表明，幼虫期和成虫期的生活营养条件对成虫繁殖力均有明显的影响。花生地种群繁殖力大于麦地的种群繁殖力，吃榆树叶的比吃杂草的繁殖力提高3～4倍。

（3）完全营养型。成虫羽化时，卵巢全未发育，所需营养物质全靠成虫期来摄取。因此，成虫的取食营养期长，主要用于生殖，幼虫期的营养主要用于生长。暗黑鳃、黑绒鳃金龟属于此类型。经研究结果，暗黑鳃金龟幼虫在不同的生境下，幼虫大小与成虫大小成正相关，但与产卵量并无相关性，而与成虫食物树叶的种类呈显著的相关性。不论虫体大小，食榆树叶的产卵量比食加拿大杨树叶的多5～7倍。

此外，根据成虫取食的部位或性状，可分为叶食类、花食类或汁食类。植食性金龟幼虫均属杂食性，同一种蛴螬在不同农田生境内，种群完成发育的速度，危害作物时期的长短则有不同的变化。如暗黑鳃金龟花生地种群发育早，个体大而重，9月中、下旬即开始下移越冬。豆田种群同时期内个体小而轻，且继续危害小麦，到10月中、下旬才完成发育。大黑鳃金龟菜地种群大部分当年完成发育，越冬后直接化蛹。

（一）大黑鳃金龟

1. 形态特征

（1）成虫。体长椭圆形，长17～21mm，宽8.4～11mm。中型甲虫。体背腹板较鼓圆丰满。初羽化时体为红棕色，逐渐变成黑褐色至黑色，油亮光泽。唇基短阔，前缘、侧缘向上弯翘，前缘中凹陷。触角10节，雄虫鳃片红褐色，约等于其前6节总长。复眼发达。前胸背板长4.7～5.2mm，宽6.6～8.3mm，密布粗大刻点，侧缘向侧弯扩，中点最阔，前段有少数具毛缺刻，后段微内弯，小盾片近半圆形。鞘翅密布刻点，微皱，鞘翅外缘及会合处有纵行隆起，每个鞘翅内有3条不明显的隆起带（亦称纵肋），肩凸，端凸较发达。臀板下部强度向后隆凸，末端圆尖，第5腹板中部后方有较深狭三角形凹陷。前足胫节外侧有3齿，较为锋利，内侧生1棘刺，与中齿相对，后胫节端一侧有2端距，跗节细长，5节，末节较长，先端生1对爪。每爪中部垂直着生1锐齿。腹部腹板有黄色绒毛，腹部具光泽，分节线中部不明显（彩图4-2）。雄虫末节中部凹陷，其前一节中央有1三角形横沟，雌虫末节隆起。

（2）卵。长椭圆形，长2.0～2.7mm，宽1.3～1.7mm。初产浑白色，孵化前卵壳透明，卵粒增大，圆形。

（3）幼虫。3龄幼虫体长约40mm，头宽4.9～5.3mm。头部前端刚毛每侧3根（冠缝侧2根，额缝侧1根），后顶刚毛每侧1根，额中刚毛各1根，少数2根（图4-2）。内唇端感区具感刺14～27根，感觉器10～20个，其中6个较大。亚缘脊7～9条。臀节腹面无刺毛列，只有钩状刚毛，肛门孔3裂（图4-3）。幼虫3龄。1龄25.8d，头宽

1.74mm；2龄 28.1d，头宽 3.38mm；3龄 30.7d，头宽 4.9～5.3mm。

（4）蛹。长 21～23mm，宽 11～12mm。裸蛹，蛹体向腹面弯曲，尾节瘦长，端生 1 对尾角。

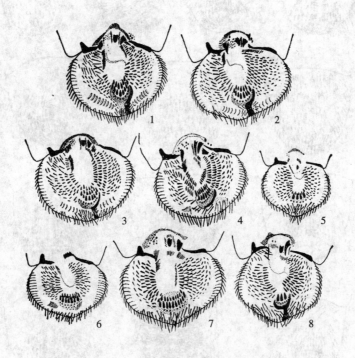

图 4-2 几种金龟幼虫内唇特征

1. 大黑鳃金龟 2. 暗黑鳃金龟 3. 黑皱鳃金龟 4. 棕色鳃金龟
5. 毛棕鳃金龟 6. 拟毛黄鳃金龟 7. 云斑鳃金龟 8. 铜绿丽金龟

（山东省花生研究所，1982）

2. 生活史与生活习性

两年 1 代。以成虫和幼虫隔年交替越冬。在山东省越冬成虫于 4 月中旬开始出现，5 月中、下旬至 6 月中旬为发生盛期，7 月下旬为末期。成虫每晚 7～9 时为出土盛期。初出土成虫飞翔力不强，喜在矮秆植物如花生、大豆、豌豆、芋头、小麦、玉米、高粱、红麻和矮小的杨、榆、梨、梧桐、刺槐等苗木上交尾，取食。交尾时个别雌虫继续取食或爬行，交尾时间一般 1h 左右，最长达 3h 以上。深夜 12 时左右开始向附近农田、树旁暄土内潜伏，黎明前全部入土。成虫交尾后 3～13d 产卵。交尾 2 次，多次产卵。1 头雌虫产卵次数一般在 8 次左右，每次产卵 3～5 粒，多者十几粒，平均每头雌虫产卵 77 粒。卵期最短 13d，最长 18d，平均 16.4d。6 月上旬至 7 月中旬为卵孵化期。1 龄幼虫危害轻，从 2 龄开始进入危害盛期，直到花生收获。幼虫于 10 月中、下旬下移，越冬，至翌年 4 月中旬开始上移，危害春苗，6 月下旬开始下移，化蛹，羽化为成虫，当年不出土，越冬。

幼虫喜湿润，其活动与土壤温、湿度关系密切。土壤湿度对蛴螬活动和发生数量有很大影响。土壤含水量 5% 以下，卵不能孵化，幼龄蛴螬不能成活；土壤含水量 10%，成活率降低；土壤含水量 15%～20% 适宜蛴螬发生；土壤含水量 20% 以上，也不利其生存。

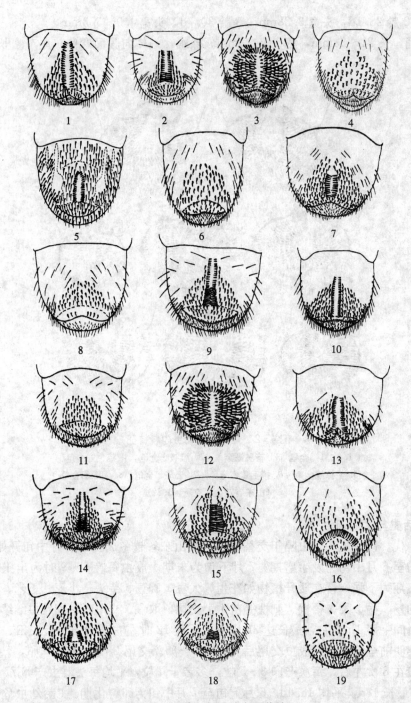

图 4-3　几种金龟子幼虫臀节特征

1. 棕色鳃金龟　2. 苹毛丽金龟　3. 拟毛黄鳃金龟　4. 暗黑鳃金龟　5. 白星花金龟　6. 大黑鳃金龟

7. 云斑鳃金龟　8. 黑皱鳃金龟　9. 黄褐丽金龟　10. 灰胸突鳃金龟　11. 阔胸犀金龟　12. 毛黄鳃金龟

13. 毛棕鳃金龟　14. 蒙古丽金龟　15. 铜绿丽金龟　16. 小阔胫绒鳃金龟

17. 中华弧丽金龟　18. 棉花弧丽金龟　19. 中华犀金龟

（中国北方常见金龟子彩色图鉴）

土壤含水量高于20%或低于10%，即使温度适宜，幼虫仍不活动。不同保水性能的土壤质地，蛴螬种类有很大差异。在饲养过程中测定，适宜大黑鳃金龟生长发育的土壤水分含量是18%左右。成虫产卵的最适土壤湿度15%～18%，雌虫喜在疏松潮湿的地方产卵。据调查，主要产卵在花生墩周围、甘薯墩下、地堰下、水沟边。

产卵深度在3～12cm范围内，一般以5cm深最多，从5月中旬到7月下旬都能查到卵。卵期达3个月之久（从5月中旬始到8月上旬止），卵盛期在6月份，占70%，卵高峰在6月中旬，占25.6%，平均每雌虫产卵45粒，最多达83粒（图4-4）。卵期随温度高低而不同。据山东烟台地区测报站观察，5月下旬到6月上旬产的卵，在17～26℃室温下，卵期平均22.2～26.6d，6月中旬产的卵，在19～22℃室温下19.2～20.9d。7月上旬产的卵在室温23～25.5℃下只12.8d。6月份为产卵盛期。据此分析，6月底到7月中旬为卵孵化盛期和幼虫低龄期，这是第二次防治的有利时期。

大黑鳃金龟成虫出土适宜日平均气温12.4～18℃，10cm土层日平均地温13～22℃。大气温度低于12℃，10cm土层日平均温度低于13℃，成虫基本不出土。如在山东临沂、烟台地区，3月中旬至4月上旬，10cm地温达到10℃，大黑鳃金龟幼虫开始

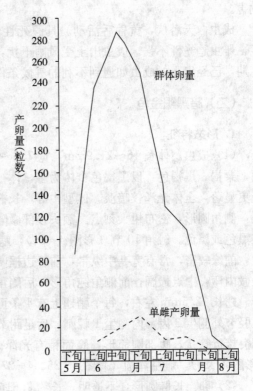

图4-4　大黑鳃金龟甲的产卵情况

上移，4月中旬地温达到15.6℃上升地表危害，4月下旬至5月上旬，地温达到18～24℃，是活动危害盛期，7、8、9月份土壤温度高，湿度适宜，当年发生的幼虫一般都在

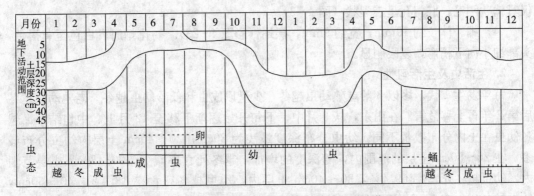

图4-5　大黑鳃金龟甲的生活史及地下活动范围

（引自山东省花生研究所内部资料，2007）

表土层危害。秋季10月下旬至11月上旬，土温下降到10℃左右时开始下移，11月中旬降低到6.3℃以下，下移到30～40cm深处越冬（图4-5）。北方花生主产区一般在4月中、下旬到5月中旬花生播种，正值大黑鳃金龟出土高峰期，出土即可取食苗期花生叶片。大黑鳃金龟开始危害时，正值春花生播种出苗期，而夏花生进入团棵期，都易受到危害。

成虫白天潜伏，黄昏后活动。具假死性、趋粪性，喜在有机肥中产卵。雄虫有趋光性，雌虫趋光性不强。成虫出土受风雨干扰，以傍晚降雨或风雨交加影响最大。在成虫发生期，已经出土的成虫如遇到不利的气候条件，即重新入土潜伏。

（二）暗黑鳃金龟

1. 形态特征

（1）成虫。体长16～21.9mm，宽7.8～11.1mm（彩图4-3）。体色变幅很大，有黄褐、栗褐、黑褐色，以黑褐色个体为多。体被淡蓝灰色粉状闪光薄层，腹部薄层较厚，闪光更显著，全体光泽较暗淡。体型中等，长椭圆形，后方稍膨阔，唇基长大，前缘中凹微缓，侧角圆形，密布粗大刻点。额头顶部微隆拱，刻点稍稀。初羽化时红棕色，逐渐变为红黑色或黑色。触角10节（彩图4-24），鳃片部短小，3节。前胸背板密布深大椭圆刻点，前缘较密，常有宽亮中纵带，前缘边框阔，有成排纤毛，侧缘弧形扩出，前段直，后段微内弯，中点最阔；前侧角钝角形，后侧角直角形，后侧缘边框阔，为大型椭圆刻点所断。翅长12.5mm左右，每个鞘翅上有4条可辨认的隆起带，刻点粗大，散生于带间。前足胫节外侧生3齿，内侧生1棘刺，后足跗节第1节明显长于第2节。雄性外生殖器阳基侧突接近管状。腹部圆筒形，腹面稍有光泽。雌雄可从臀板上区分，雄虫臀板后端尖削（彩图4-28），雌虫浑圆（彩图4-25、4-27）。

（2）卵。长椭圆形，不透明。长约2.61mm，宽约1.62mm。卵壳表面光滑，初产时乳白色，孵化前卵壳透明，椭圆形或圆形（彩图4-21）。

（3）幼虫。体长35～45mm，头宽5.6～6.1mm（彩图4-22）。头部前顶刚毛，每侧1根，位于冠缝旁。后顶刚毛各1根，额中刚毛各1根。头部黄褐色，无光泽。内唇端感区感觉刺12～16根，感觉器12～13个，其中6个较大（图4-2）。臀节腹面无刺毛列，仅具钩状刚毛，肛门孔呈三裂状（图4-3）。

（4）蛹。体长约19mm，宽约9mm，裸蛹（彩图4-23）。初化蛹时乳白色至黄褐色，头部细小向下稍弯，复眼明显。

2. 生活史及生活习性

每年发生1代。多以3龄老熟幼虫越冬，少量以成虫和低龄幼虫越冬。老熟幼虫越冬后第2年再上移危害。在山东，从9月中、下旬开始逐渐下移至12月上、中旬结束。越冬幼虫在土内分布数量不同。幼虫分布深度最浅为20cm，20～40cm土层内幼虫分布最多。在20～50cm土层的范围内，随深度的增加，越冬死亡率减少。20～30cm土层范围内，幼虫越冬死亡率69.4%，30～40cm土层内，幼虫越冬死亡率18.4%，40～50cm，幼虫越冬死亡率11.6%。因此，幼虫越冬适宜在30cm以下土层内（图4-6）。越冬幼虫5月上旬开始化蛹，5月中、下旬为化蛹高峰期，6月上旬为化蛹末期，化蛹期为29d。越冬幼虫化蛹主要取决于 5 月份的温度。化蛹始期 5cm 地温稳定在 18.8℃左右，化蛹盛期地温在 21.1℃左右。蛹期一般 20d 左右。

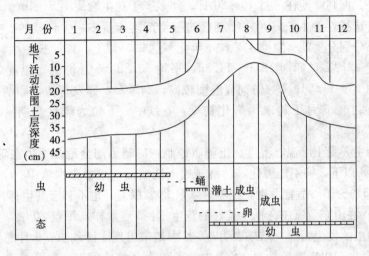

图 4-6　暗黑鳃金龟的生活史及地下活动范围
(引自山东省花生研究所内部资料，2007)

　　暗黑鳃金龟属夏季发生型。成虫羽化后一般在土层内蛰伏 7d 左右，待鞘翅硬化后，由赤褐色变为黑色后才出土活动。越冬成虫 5 月下旬出土活动，是田间最早虫源。当年羽化的成虫 6 月上旬开始发生，6 月中旬至 7 月中旬为盛发期，8 月下旬结束。发生时间共 3 个月。在成虫发生期内有 2 次明显的高峰，第 1 次在 6 月下旬至 7 月上旬，这次高峰持续 20d 左右，虫量较多。第 2 次高峰出现在 8 月中旬，虫量较少。盛发期雌虫较多，占 59%～76%。成虫发生期长，有假死性，趋光性强，灯光下数量大，但灯下始见期（5 月下旬）仍迟于田间实际出土期。多在每天 19 时 30 分至 22 时出土，20 时为盛期，成群飞翔，寻找配偶（彩图 4-26）。经过 1h 多飞翔后，停落在作物和灌木丛上，这时是人工捕捉成虫的有利时机。雌虫落下后不活动。雄虫飞行急速，寻找配偶，交尾时间为 20～30min，然后飞向各种高大树木如榆、桑上暴食树叶，零时后开始潜土，凌晨 2～4 时为潜土高峰时刻，黎明前 5 时潜土结束。迁飞距离 20～135m，平均 56.6m。因此，靠近树木、玉米地的花生地蛴螬发生较多，与成虫的迁飞距离有直接关系。成虫食性很杂，桑树、榆树、杨树、棉槐、刺槐、柳树、苹果等树叶都可取食，对桑树、榆树特别喜好，也可取食花生、大豆等作物叶片。成虫不仅有暴食性，还有定树取食习性，不论哪一种树，一旦上树取食，以顶部到中部连续吃光为止。经过一夜暴食后，消化道内充满食物，有一段生理消化期，次日晚一般不再出土，因而有隔日出土的特点。小雨、小风天气无显著影响。暗黑鳃金龟的生殖特征属于全营养型。刚羽化的成虫卵巢未发育完全，经过一段取食获得补充营养，卵巢才发育成熟。因此，食料多少和质量与成虫产卵有直接关系。据观察，成虫产卵前期 15～20d，产卵期 32d。单雌产卵最多 127 粒，最少 23 粒，平均 76.8 粒，成虫寿命 27～61d，平均 40d。暗黑鳃金龟幼虫喜食脂肪和蛋白质丰富的食物，食物营养越丰富，幼虫个体发育越大。有研究表明，取食不同食料的 3 龄幼虫的体重有明显差异。取食花生、大豆和玉米的 3 龄幼虫的平均体重分别为 0.99g、0.83g 和 0.63g。暗黑鳃金龟在暴食期内（晚上9时以后）有明显的假死性，振树即落，有利于人工捉虫。

通过在花生田间调查，6月中旬始见卵，7月上、中旬为产卵盛期，8月中旬结束，长达2个多月。卵高峰期在7月15～20日。卵多产于花生墩周围5～10cm土层。成虫产卵对花生也有选择性。生长好、枝叶茂盛的一类苗落卵量多，生长差的二类苗落卵量较少。室内、外分别分批观察虫卵177粒，孵化率达90%以上。卵期长短因饲育温度而异。室内饲育温度22.9℃，卵期12.1～14.3d，平均13.2d。6月份饲育温度23.4℃，卵期9～13d，平均10～11.5d；7月份饲育温度较高，24.7℃，卵发育快，卵期6～11d，平均8～9d。田间调查，6月下旬末为孵化初期，7月中、下旬为孵化盛期，8月下旬孵化结束。

幼虫活动主要受土壤温、湿度、土壤质地制约。暗黑鳃金龟多发生在砾质黏壤土中。土壤含水量5%以下，卵不能孵化，幼龄蛴螬不能成活；土壤含水量10%，成活率降低；土壤含水量15%～20%适宜发生；土壤含水量20%以上，也不利于其生存。从5月20日至9月10日，在山东董家庄选择生长好的花生田，5点取样，每点20墩，共调查100墩花生，观察幼虫的发生情况。结果表明，6月中旬末出现1龄幼虫，6月底到7月初出现2龄幼虫，7月上旬出现3龄幼虫，8月中、下旬为3龄盛发期。到9月上、中旬大部幼虫已经发育为3龄老熟幼虫，从9月中旬开始下移到下年5月上、中旬为越冬期，处于休眠状态，越冬后再羽化为成虫。幼虫发生密度和危害因花生长势而异。生长好的发生密度大，被害严重；反之，发生量少，花生被害轻。幼虫前期主要危害须根、果针，中后期以危害幼果、成果仁为主，造成空果。每头幼虫可危害幼果9～10个。幼虫初发期虽然取食较少，但对花生的产量影响较大，是防治的关键时刻。

（三）黑皱鳃金龟

1. 形态特征

（1）成虫。体长14～17.5mm，宽8.2～9.4mm（彩图4-4），中型，较短宽。前胸与鞘翅基部明显收狭，夹成钝角。全体黑色，比较晦暗。头大，唇基横阔，密布深大蜂窝状刻点，侧缘近平行，前缘中段微弧凹，侧角圆弧形。额唇基缝微陷，额头顶部刻点更大更密，后头刻点小。触角10节，鳃片部3节短小。下颚须末节长纺锤形。前胸背板短阔，密布深大刻点，前缘侧缘有边框，侧缘弧形扩出，有具毛缺刻；后段近直，后侧角钝角形。小盾片短阔。鞘翅粗皱，纵肋几乎不可辨，肩凸、端凸不发达。后翅短小，略成三角形，长度只达或略超过第2腹节背板。臀板阔大，密布浅大皱形刻点，胸部腹面密布具毛刻点。足粗壮，前足胫节外缘3齿，前、中足跗端之内外爪大小差异明显。雄虫腹部饱满，外生殖器阳基侧突较狭，中突突片粗壮，末端较复杂，可见3脊，大致在同一端面。

（2）卵。长2.3mm，宽1.5～1.6mm。初产乳白色，长椭圆形，孵化前卵壳透明，卵粒增大，呈椭圆形或圆形。

（3）幼虫。中等大小，其他特征与华北大黑鳃金龟幼虫相似。前顶刚毛多数各3根，也有一部分每侧各4根，其中3根位于额顶水平线以上的冠缝两侧，另一根位于近额缝的中部，也有前顶刚毛左4右3，呈不对称状。内唇端感区感刺14～15根，感受器14个（图4-2）。肛腹片被钩状刚毛占据，在复毛区与肛门之间有1条比较明显而整齐的无毛裸区。肛门3裂，纵裂短（图4-3）。

（4）蛹。体长18.5～20.0mm。初长蛹乳白色，后变淡黄褐色，腹部末端具尾刺1对。羽化前，头、胸、眼及附肢、腹部末端变为深褐色。

2. 生活史及生活习性

两年完成1代。以成虫和幼虫在20～30cm土层中隔年交替越冬。越冬成虫4月上旬气温达15℃以上时陆续出土活动，5月至7月上旬为活动、取食、交尾、产卵盛期，7月下旬至8月上旬为末期。成虫白天活动，食性很杂。取食花生、玉米、谷子、高粱、小麦、马铃薯、甘薯、豆类、棉花、甜菜及各种苗木之叶片，也取食各种杂草如刺儿菜、灰菜、车前草等之嫩芽、嫩叶。当气温稳定在14～15℃，成虫每日出土2次，第1次于上午7时前后开始出土，11时入土，第2次于下午3时出土，6时前入土，其中上午8～10时，下午3～4时是活动取食盛期。成虫出土后，一边爬行取食，一边寻找配偶，交尾时雄虫腹面朝上，雌虫拖着雄虫自由爬行和取食。每次交尾需23～144min。4月下旬开始产卵，5月中、下旬至6月上、中旬是产卵盛期，7月上、中旬为末期。每雌虫产卵23～39粒。卵单粒散产于5～25cm疏松湿润的土层内，以10～15cm深的土层中最多。早期产的卵因温度低，卵期25～28d，后期产的卵因温度高，卵期缩短为13～15d。幼虫孵化后即开始危害花生等作物。至10月下旬开始下移越冬。越冬后次年4月上、中旬上移危害春播作物。6月中旬至7月下旬下移化蛹，蛹期18～20d。7月中旬至8月上旬，成虫羽化后即在原处越冬。

（四）毛棕鳃金龟

1. 形态特征

（1）成虫。体小型，长11.05～11.75mm，宽5.0～7.5mm，深黄褐色或红棕色，全身密被纤细黄色绒毛。唇基前缘褐色并向上卷。复眼褐色，触角10节。前胸背板黄色，侧缘缺刻深而明显。前足胫节外侧具3齿，前端部1齿尖而弯，内侧生1棘刺。鞘翅隆起带不明显（彩图4-5）。

（2）卵。长0.88mm，宽0.6mm。初产时乳白色，长椭圆形。孵化前，卵粒增大，卵壳半透明，呈圆形。

（3）幼虫。3龄幼虫体长17～22mm，头宽2～3mm。头部前顶刚毛每侧2根，各位于冠缝和额缝旁。内唇端感区感刺4根，呈横弧形排列，感受器6个，大小相等。覆毛区刺毛列由单排短锥刺毛组成，前端近于平行而稍有弯曲，后端向两边急剧分开，每列有短锥刺毛18～21根，也有的在刺毛列的前部外侧生5～6根短锥刺毛（图4-2）。刺毛列外围有钩状毛。肛门孔呈3裂状（图4-3）。

（4）蛹。长12～16mm，宽4～6mm。体小，黄褐色。尾节端部有1对突出的尾角。雄蛹尾节腹面有3裂4瓣的瘤状突起，雌蛹尾节腹面生殖孔两侧突起。

2. 生活史及生活习性

一年发生1代。以2～3龄幼虫越冬。越冬幼虫于4月中旬上移至土层15～20cm处活动，4月下旬幼虫全部上移到15cm处危害春作物。5月下旬老熟幼虫下移至18～35cm深处化蛹，蛹期10～13d。蛹于6月上、中旬羽化为成虫。成虫于6月中、下旬出土活动，

7月中旬为出土盛期，7月下旬为末期，8月中旬成虫绝迹。成虫每晚7时30分至8时出土，无趋光性，先飞到附近小山枣树、杂草、花生、甘薯以及其他作物上交尾。交尾呈直角形，持续时间30～90min。交尾结束后，就地取食，凌晨3时开始入土至5时前结束。成虫于6月下旬开始产卵，7月下旬为产卵盛期。卵多产于花生植株周围，单粒散产，深度为5～15cm。7月下旬至8月上旬为卵孵化盛期，孵化的幼虫危害花生根、果，10月下旬陆续下移到20～40cm处越冬。

（五）棕色鳃金龟

1. 形态特征

（1）成虫。体长17.5～25.4mm，宽9.5～14mm。体大型，短阔，椭圆形，棕褐至茶褐色，略显丝绒状反光。腹面光亮。头较狭小，唇基宽于额，额高于唇基，表面粗糙不平，头顶中央有缝状凹陷，额和唇基之间下陷呈横线状。前胸背板淡茶褐色，中央有1线状突起，密生刻点，两侧边缘弧形扩突，后缘边框似横脊，有缺刻，上生细毛。腹板橙黄色，上生黄毛。

（2）卵。长3.1mm，宽2mm左右。初产时乳白色，长椭圆形。孵化前淡黄色，半透明，卵粒增大，呈椭圆形或圆形。

（3）幼虫。中大型，体长45～55mm。在肛腹片后部覆毛区中间的刺毛列，每列由16～24根短锥状刺组成，少数刺毛列排列整齐，多数不整齐。头部前顶刚毛3根，冠缝侧2根，额缝侧1根。内唇端感区感刺13～14根，呈2行弧形排列，感受器8～9根，其中6个较大，中央2～3个很小（图4-2）。肛门三射裂缝状，覆毛区中央有短锥状刺2列（图4-3）。

（4）蛹。长23.5～25.5mm，宽11mm左右。初化蛹乳白色，后变淡褐色，羽化前变为深褐色。腹部末端具尾刺1对。

2. 生活史及生活习性

两年发生1代。以成虫和2、3龄幼虫交替越冬。在成虫越冬的地块，成虫于翌年4月中旬出现，经补充营养后，交尾产卵，6月中旬田间见幼虫。主要危害花生、甘薯、大豆、小麦等作物，10月中、下旬移向深土层越冬。以幼虫越冬的地块，次年4月中旬开始上升到耕作层危害春苗，6月下旬开始向深土层转移化蛹。化蛹盛期在7月上、中旬。羽化的成虫当年不出土，在原土层越冬。幼虫主要危害花生、玉米、谷子、高粱、马铃薯、甘薯、豆类、棉花、甜菜、苗木等。成虫有多次出土交尾习性，无趋光性。飞翔力弱，活动范围小，活动时间短。一般晚上6时30分至7时为出土高峰盛期，至9时前全部入土。出土时间短而集中，经常可听到雄虫嗡嗡的飞翔声。雌虫基本不飞翔，出土后在极小范围爬行，等候雄虫交尾。交尾时雌虫拖着雄虫入土，雌虫全身入土，而雄虫头部略离地面，交尾历时120～150min。交尾结束后，雄虫就近入土。出土的雌虫找不到配偶时，在出土处爬行3～5min后入土，入土深度为5～10cm。成虫交尾后22～30d开始产卵，5月上旬是产卵盛期，产卵深度为20～30cm，单粒散产。卵期27～34d，5月下旬至6月上旬开始孵化。初孵出的幼虫危害花生根部，食量小，危害轻，至7月发育到2龄，8月下旬发育3龄，此时食量增大，危害严重。10月下旬开始陆续下移到30～50cm处越冬。次年3月底，开始上移危害，直至9月份下移化蛹。蛹期20～32d。成虫羽化后当年不出土即越冬。

（六）拟毛黄鳃金龟

1. 形态特征

（1）成虫。体长17～18.5mm。刚羽化时淡黄色，出土后加深，为深黄褐色，有光泽。体背有淡黄色细毛，尤其以胸部腹面和足的腿节内侧最多，且长。复眼圆形，黑色。2复眼后缘间有1横脊。头顶中央有1条黑褐色横脊。触角9节。前胸背板茶褐色，密生小圆形刻点。鞘翅除会合处有黑褐色隆起带外，再无隆起带。表面密布圆形刻点，每刻点上着生1根刚毛。

（2）卵。长2.25mm，宽1.75mm。初产乳白色或淡黄色，不透明，表面无花纹，长椭圆形。孵化时卵粒增大，淡黄色。

（3）幼虫。3龄幼虫体长约40mm，头宽4.5～5.2mm。前顶刚毛每侧6根，排成1列，后顶刚毛每侧2根，1长1短。内唇端感区感刺17～21根，感受器14～16个（图4-2）。亚缘脊（前侧褶区折面）不明显。覆毛区有斜向中、后方的直刺毛，中央形成椭圆形的裸区。肛门孔呈3裂状（图4-3）。

（4）蛹。长18mm，宽10mm。蛹体初为黄白色，至羽化前1～2d变为淡黄色，胸部背面变为淡黄褐色。

2. 生活史及生活习性

一年发生1代。以3龄老熟幼虫越冬，5月中旬化蛹，5月下旬开始出现成虫，6月中下旬为发生盛期。成虫不取食，胚前发育所需要的营养物质都是在幼虫期所积累，较补充营养型和完全营养型减少了成虫取食补充营养的阶段，成虫不受食料多寡的影响，产卵前期短，出土后即交尾、产卵。活动范围小，雌性比例高，一般1.2∶1～1.5∶1。出土活动时间较短，20～21时出土交尾，21时30分后入土潜伏。6月中旬产卵，单雌产卵量平均16粒，在土中深12～16cm，较暗黑鳃金龟深5～10cm。有较强的耐旱性，在气候正常年份，卵孵化率达100%，成虫耐旱性强是其突出特点。7月上、中旬为卵孵化期，7月下旬到9月上旬为幼虫严重危害期，9月中、下旬入土30～50cm深处越冬。翌年3月底4月初在原越冬处变为前蛹。前蛹期1个多月，于5月中旬大批化蛹，蛹期20d左右，5月下旬出现成虫，6月中、下旬是成虫发生盛期。成虫不取食，可立即产卵。7月上、中旬是卵孵化盛期和低龄幼虫阶段。8月至9月上、中旬是幼虫危害期，9月下旬幼虫老熟，开始向下迁移越冬。因此，一年仅夏播作物生长期和花生结果期受害。如久旱不雨，成虫有暂时休眠的特性，不出土或很少出土，但雨后休眠解除，马上形成出土高峰。初羽化的成虫体软色浅，蛰伏土中，晚间7时30分出土爬行，8～9时为活动盛期，10时以后潜入土中。成虫的飞翔力不强，飞的高度仅0.3～0.7m，飞的距离仅几米，成虫有较强趋光性，交尾时多聚集在甘薯、花生、小麦等矮秆作物上。卵期长短与温度有关。将室内成虫所产的卵饲养，其结果在日平均温度24～27℃时，卵期13～14d；在日平均温度27～29℃时，卵期10～11d（表4-5）。刚产下的卵为乳白色或淡黄色，不透明，经3～4d逐渐膨大，经6～7d时，卵壳透明，能看到壳内虫体。经9～10d，肉眼可看到淡黄褐色八字上腭，即将孵化，可作为预测卵孵化的标志。根据田间调查结合，室内卵孵化观察，自6月末卵孵化，8、9月份大量危害，于9月下旬老熟开始向下迁移越冬，至次年4月初做土室变成前蛹，幼虫历期300d左右。趁幼虫孵化上升表土层危害的6月末到7月末时进行防治，方能有效。

表4-5 拟毛黄鳃金龟卵期观察

（山东烟台植保站，1998）

编号	产卵日期 （日/月）	观察卵数	孵化卵数	孵化日期 （日/月）	经历天数 （d）	平均卵期 （d）	日平均温度 （℃）
1	15/6	16	15	27~28/6	13~14	13.5	23.5~24.5
2	21/6	11	9	2~4/7	12~14	13	27
3	22/6	17	13	4~5/7	13~14	13.5	25.5~27.5
4	28/6	13	10	9~10/7	12~13	12.5	24.5~29
5	2/7	7	6	11~12/7	10~11	10.5	27~29

（七）毛黄鳃金龟

1. 形态特征

（1）成虫。体长14.2~16.6mm，宽7.6~9.5mm。体中型，近长卵圆形，背面较平，棕褐或淡褐色。头、前胸背板及小盾片色泽略深，呈栗褐色，腹下色泽稍淡，光亮。头较小，唇基密布深大刻点，前缘略成双波形，侧缘短直；头顶复眼间有高锐横脊，横脊有时中断，侧端伸达眼缘，横脊前部密布长毛深大刻点，后部刻点细密，具茸毛。触角9节，鳃片部3节组成。前胸背板刻点较稀，大小相间，具长毛，前缘边框横脊状，侧缘钝角形扩阔，前段直而完整，后端微锯齿形，最阔点明显后于中点，前侧钝角形，后侧圆弧形。小盾片短宽三角形，两侧散布无毛刻点。鞘翅具毛刻点，基部毛最长，与前胸背板的相似，缝肋清楚，纵肋缺如。臀板短阔三角形，布具毛刻点。胸下绒毛柔长。腹下刻点具毛。前足胫节外缘3齿，内缘距与基中齿间凹对生；后足胫节横脊完整或中断，后外棱具齿突3~5枚；后足跗节第1节略短于第2节；爪细长，爪下齿中位（彩图4-6）。雄性外生殖器阳基侧突对称。

（2）幼虫。体长37mm，肛门3裂，肛腹面覆毛区无刺毛或钩毛，仅有斜向中央的锥状刚毛，外围较短，中央较长，在锥状刚毛的中央，有1椭圆形裸区（图4-3）。

2. 生活史及生活习性

在东北、华北均一年发生1代。以成虫和少数蛹、幼虫越冬。多食性地下害虫，喜食小麦、高粱、谷子、玉米、花生、豆类、薯类、蔬菜等作物嫩根，危害可持续至10月上旬。成虫多不取食，昼伏夜出，活动力不强，趋光性弱，雌虫有强烈性引诱力。

（八）云斑鳃金龟

1. 形态特征

（1）成虫。体长31~38.5mm，宽15.5~19.8mm，栗褐至黑褐色。头、前胸背板及足色泽常较深，鞘翅色较淡，体被各式白或乳白色鳞片组成的斑纹。头上鳞片披针形，前胸背板鳞片疏密不匀，其外侧各有1环形斑。小盾片密被厚实鳞片。鞘翅鳞片多呈椭圆形或卵圆形，组成云纹状斑纹，大斑之间有游散鳞片。体大型，长椭圆形，背面隆拱（彩图4-7）。头中等，唇基阔大，前方微扩阔（雄）或略收狭（雌），密布鳞片状皱形刻点，前缘十分翘升，俯视接近横直，侧端最高，中端微弧凸；头面刻点相似，密被灰黄或棕灰色绒毛。触角10节，雄虫鳃片部7节组成，十分宽阔长大，向外侧弯曲，为前胸背板长的1.25~1.33倍。雌虫鳃片部短小，6节组成。前胸背板阔大，密布粗大刻点，中后部刻点明显较疏。小盾片大，中纵滑亮，两侧被白鳞。鞘翅无纵肋，具鳞片刻点，不匀分布，似云纹。臀板及腹下密被针状短毛。胸下绒毛厚密。雄虫腹下有宽纵凹沟，雌虫腹部饱满。前足胫节外缘雄虫2齿，雌虫3齿。爪发达，对称。雄虫外生殖器阳基侧突端部略不对称。

（2）卵。长3.5~4.5mm，宽2.4~3.2mm。初产乳白色，长椭圆形，孵化前卵粒增大，壳半透明，圆形。

（3）幼虫。体大型，长61~70mm，覆毛区中间的刺毛列每列由8~15根（一般10~12根）小的较短扁锥状刺毛组成。2列刺毛，多数排列整齐，几乎平行，仅前后端少许靠近，无副列。少数排列不整齐，不平行，前后端靠近，中间远离，呈椭圆形，具副列。刺毛列的前端远没有达到覆毛的前部边缘处。内唇亚缘脊消失，缘脊12~18条（图4-3）。内唇端感区感刺16~22根，分2行排列，感受器12~18个，其中6个较大（图4-2）。

（4）蛹。长32~37mm，宽17~20mm，黄色或褐色。头部、胸部和附肢均明显可辨。臀板三角形，有1对突出尾角。

2. 生活史及生活习性

生活史较长，需3~4年完成1代。以幼虫越冬。越冬老熟幼虫6月化蛹，6月底出现成虫，7月上旬是出土活动盛期，7月下旬是发生末期。成虫每晚7时30分至9时出土，出土后先在地面爬行，然后起飞，高度在5~10m，飞行距离长达1 500~2 000m，寻找松树等取食，从上树取食到产卵前，昼夜均在树上生活，刮风、下雨均无影响。成虫趋光性和假死性都很强，上灯者绝大多数为雄虫。晚间8时至10时为活动高峰期，多在草丛中交尾，成虫交尾后继续取食。于6月下旬至7月中旬傍晚至夜间飞向湿润的沙性土，产卵于10~30cm处。每雌虫产卵7~55粒，单粒散产，产完卵后死于土中。卵期20~23d，7月中、下旬卵大量孵化。2~3龄幼虫食量大，危害严重。至11月中、下旬下移到60~80cm土中。成虫危害松、杉、杨、柳等树叶。幼虫危害树苗、花生等大田作物、灌木及杂草的地下茎及根，常造成严重损失。

（九）黑绒鳃金龟

1. 形态特征

（1）成虫。体长6~9mm，宽3.5~5.5mm，椭圆形，褐色或棕褐色至黑褐色，密被灰黑色绒毛，略具光泽。头部有挤皱和刻点，唇基黑色，边缘向上卷，前缘中间稍凹，中央有明显的纵隆起。触角9节，鳃叶状，雄较雌发达。前胸背板宽短，宽是长的2倍，中部凸起向前倾。小盾片三角形，顶端稍钝。鞘翅上具纵刻点沟9条，密布绒毛，呈天鹅绒状。臀板三角形，宽大，具刻点。胸部腹面密被棕褐色长毛。腹部光滑，每腹板具1排毛。前足胫节外缘2齿，跗节下有刚毛，后足胫节狭厚，具稀疏刻点，跗节下边无刚毛，外侧具纵沟。各足跗节端具 1 对爪，爪上有齿。

（2）卵。椭圆形，长径 1mm。初产时乳白色，后变灰白色，孵化前颜色变暗，体积变大，失去光泽。

（3）幼虫。体长 14～16mm，头宽 2.5～2.6mm。头部黄褐色，体黄白色，伪单眼 1 个，由色斑构成，位于触角基部上方。肛腹片覆毛区刺毛列位于覆毛区后缘，呈横弧形排列，由 16～22 根锥状刺组成，中间明显中断。

（4）蛹。裸蛹，长 8～9mm。初黄色，后变黑褐色。复眼朱红色，腹部分节明显，各节背部明显突出，末端有 1 对尾刺。

2. 生活史及生活习性

一年发生 1 代。主要以成虫在土中越冬。翌年 4 月成虫出土，4 月下旬至 6 月中旬进入盛发期，5 月至 7 月交尾、产卵。卵期 10d。幼虫危害至 8 月中旬至 9 月下旬，老熟后化蛹。蛹期 15d。羽化后不出土即越冬，少数发生迟者以幼虫越冬。成虫经取食、交配、产卵。卵多产在 10cm 深土层内，堆产，每堆着卵 2～23 粒，多为 10 粒左右。每雌产卵 9～78 粒，常分数次产下。成虫期长，危害时间达 70～80d。初孵幼虫在土中危害果树、蔬菜地下部组织，幼虫期 70～100d。老熟后在 20～30cm 土层做土室化蛹。主要危害花生。成虫出土后，因温度低，只能爬行，不能飞翔，经 7～8d 取食后，才有飞翔能力，所以掌握出蛰初期，是防治适期。6 月中旬是幼虫孵化盛期和低龄幼虫期，是防治的最佳时机。

（十）灰胸突鳃金龟

1. 形态特征

（1）成虫。体长 24.5～30mm，宽 12.2～15mm。深褐色或栗褐色，鞘翅色泽略淡。全体密被灰黄或灰白色短匀针尖形茸毛，腹部腹板侧端有三角形乳黄色斑。体大型，略近卵圆形（彩图 4-8）。头阔大，唇基前方略收狭，头上茸毛向头顶中心趋聚。触角 10 节，鳃片部雄虫由 7 节组成，长大微弯，雌虫 6 节，直而短小。前胸背板短阔，比较平整。前足胫节外缘 2～3 齿（雄），雌虫 3 齿明显；足端 3 爪不完全对称，以雄虫前足 2 爪差异最明显，内大外小。

（2）幼虫。大型，体长 50～60mm。在肛腹面覆毛区中间的刺毛列每列由 18～24 根短锥形刺毛组成，由尾端开始的 3～5 对，少许向后岔开，两列彼此靠近，且平行，刺毛列前端远远超出钩毛区前缘（图 4-3）。

2. 生活史与生活习性

是东北、华北常见种类之一。每年发生 1 代。成虫危害各种果树、林木的叶片，幼虫危害苗木和各种作物的地下根、茎。以 3 龄和 2 龄幼虫越冬。幼虫期 326d，蛹期 24.4d。成虫羽化一般在 5 月下旬至 6 月上旬。雄虫有较强趋光性，雌虫趋光性较弱。成虫寿命 20d，交配多在 20 时以后，交配后雌虫立即钻回洞内。雌虫产卵期 6 月下旬，每雌产卵 8～74 粒，散产在 5～10cm 松湿沙土中，卵期平均 18.5d。1 龄幼虫以作物幼嫩须根为食，2 龄幼虫危害花生、甘薯、马铃薯等作物的根、地下茎、块根。3 龄幼虫食量大增，对花生及薯类危害更重。

（十一）铜绿丽金龟

1. 形态特征

（1）成虫。体长 18～21mm，宽 8～10mm，中型，长卵圆形，背腹扁圆。体背铜绿色，有光泽。头部较大，头、前胸背板色泽明显较深。鞘翅色较淡而泛铜黄色，密布刻点，有 3 条不明显的隆起带。复眼黑色，大而圆。触角 9 节，黄褐色。背板为闪光绿色，密生刻点，两侧边缘有 1mm 宽褐边。腹部米黄色，有光泽。臀板三角形，上有 1 个三角形黑斑（彩图 4-9）。雌虫腹面乳白色，末节为 1 棕黄色横带，生殖孔前缘中央不向前凹陷；雄虫生殖孔前缘中央向前凹陷。前足胫节外缘 2 齿，内缘距发达。前足、中足 2 爪大小不等，大爪端部分岔，后足大爪不分岔。臀板三角形，黄褐色，常有 13 个形状多变的铜绿或古铜色斑。

（2）卵。长 1.93mm，宽 1.4mm。初产时乳白色，长椭圆形。孵化前卵粒增大，卵壳半透明，圆形。

（3）幼虫。3 龄幼虫体长 30～33mm，头宽 4.9～5.3mm。头部前顶刚毛每侧 8～9 根，排成 1 列，后顶刚毛 11～18 根，排成不整齐的 2 列。内唇端感区具感刺 3 根，感觉器 11～18 个（图 4-2）。覆毛区中央具长针状刺毛列，每列 14～18 根，2 列刺毛尖端大部分彼此相遇和交叉，刺毛列被钩毛群所包围，肛门孔横列（图 4-3）。

（4）蛹。体长 22～25mm，宽 11mm，淡黄色，稍弯曲。雄蛹尾腹面有裂瘤状突起，雌蛹较平坦。

2. 生活史与生活习性

一年发生 1 代。以幼虫在土壤中越冬。越冬幼虫 5 月中、下旬化蛹，6 月初羽化，经 7d 左右鞘翅硬化后，如土壤湿度适宜即可出土活动。在江苏省 5 月底至 6 月初是铜绿丽金龟成虫的羽化高峰，羽化后 6～8d 出土，一般在雨后为成虫出土高峰，发生期整齐。一般晚上 7 时开始出土，出土期内每天晚上都出土，出土后飞到田头、地边低矮的灌木丛上交尾、取食，7 时 30 分为出土交尾高峰期，8 时至 8 时 30 分是寻找寄主食物的高峰。后进入取食期，20～23 时为暴食期，一直取食到早上 4 时 30 分左右才飞走入土。铜绿丽金龟的交尾场所与其取食的寄主植物基本一致，不像暗黑鳃金龟那样，趋低交尾趋高取食。趋光性很强，雌虫比雄虫强，以晚上 8 时至 8 时 30 分扑灯量最大。与暗黑鳃金龟一样，铜绿丽金龟在晚上 9 时后暴食期内有明显的假死性，非常有利于人工捕捉。6 月下旬是产卵高峰期，单雌平均产卵 42 粒，花生田产卵集中在 5～10cm 处。雨水正常的年份，幼虫孵化高峰在 6 月底至 7 月初，8 月是幼虫的危害高峰，10 月下旬开始越冬。成虫交尾呈背负式，持续时间 1h。成虫交尾后 3d 即可产卵。每天雌虫产卵量平均 40 粒，产卵后即死亡。成虫平均寿命 30d，卵期 10d 左右。室内饲养的铜绿丽金龟完成 1 个世代平均 272.3d，3 龄幼虫期比田间种群缩短了 103.8d。在饲养过程中，幼虫的生长容易受到土壤湿度、食料、病原微生物的影响。卵的孵化率为 86.0%，1 龄、2 龄和 3 龄幼虫的存活率分别为 82.0%、76.0% 和 60.0%。10 日龄、15 日龄幼虫在有马铃薯的土壤中饲养 14d 后的死亡率分别为 8.8% 和 4.0%，明显低于初孵幼虫及 5 日龄幼虫的死亡率，可以作为生物测定的最佳供试幼虫。紫外线处理的壤土和沙壤土中幼虫可正常生长，死亡率较低。

（十二）蒙古丽金龟

1. 形态特征

（1）成虫。体长16～23mm，宽9.2～11.8mm，中到大型，长椭圆形，全体深绿到墨绿，有铜绿色金属光泽，腹面有紫色泛光，也有全体靛蓝或茄紫色个体，背面不被毛。体背面均匀密布粗大圆深刻点。触角9节，鳃片部雄长雌短。前胸背板相当隆拱，前缘有透明角质饰边，侧缘前端显著靠拢，最阔点后于中点接近基部，侧缘疏列长毛，中纵可见微弱光滑纵带。小盾片三角形，宽略大于长，侧缘缓弧形端钝，中央有深大刻点，侧缘及端部光滑。鞘翅长，中后部微弧扩，纵肋纹不显，后缘近横直，缘折中点之后有宽阔膜质饰边。臀板及前臀板布细密横皱和灰黄色绒毛。前足胫节外缘端部2齿，端齿前指尖锐，基齿钝；前足、中足大爪端部分裂为二（彩图4-10）。

（2）幼虫。覆毛区刺毛列每列34～43根，前段为短锥状刺毛，尖端微向中央弯曲，一般每列14～24根，后段为长针状刺毛，每列16～22根。刺毛列由前向后略微岔开，短针状刺毛列后段常延伸到长针状刺毛列的内侧，个别短针状刺毛还夹杂于长针状刺毛之间。长针状刺毛常有副列，呈2行或3行不整齐排列，2列长针状刺毛的尖端部分相遇或交叉（图4-3）。

（3）蛹。长18～22mm，宽10～11mm。

2. 生活史与生活习性

一年发生1代。以3龄幼虫越冬。4～5月份上升危害，5月中旬停止取食，进入预蛹期，5月下旬开始化蛹，蛹期17～19d。6月中旬始见成虫，7月上、中旬为成虫盛期，6月下旬开始产卵，卵期12～15d。7月中旬开始出现幼虫，1龄幼虫16～26d。8月初进入2龄，2龄幼虫期28～41d。随后进入3龄，3龄幼虫期270～295d。10月中、下旬3龄幼虫开始越冬。成虫有趋光性，于5月末至9月中活动，取食大豆、刺槐、苹果、葡萄、山楂、杨、柳等的叶片，群聚性强，常大量聚集在1～2棵树上危害。最喜食苹果、榆树叶。幼虫尤喜食花生嫩荚及甘薯嫩薯块，常发生在半山区、山区。

（十三）苹毛丽金龟

1. 形态特征

（1）成虫。体长8.9～12.2mm，宽5.5～7.5mm，小型，后方微扩阔，呈长卵圆形，背、腹面弧形隆拱。除鞘翅外黑或黑褐色，常有紫铜色或青绿色光泽，有时雌虫腹部中央有形状不规则的淡褐色区。鞘翅茶或黄褐色，半透明，常有淡橄榄绿色泛光，四周颜色明显较深。唇基长大无毛，密布挤皱刻点，点间呈横皱，前侧圆弧形。头面刻点较粗大，分布甚密长毛。触角9节，鳃片部3节组成（彩图4-11）。雄虫触角鳃片部十分长大，较额宽为长，雌虫只及额宽之半。前胸背板密布具长毛刻点，前、后侧角皆圆钝，后缘中段向后扩出。小盾片短阔，散布刻点。鞘翅油亮，有9条刻点列，列间尚有刻点散布。臀板短阔三角形，表面粗糙，雌虫尤甚，密布具长毛刻点。体长绒毛厚密，中胸腹突强大前伸，长短不一。后胸腹板中央宽深凹陷成纵沟。前足胫节外缘 2 齿，雄虫内缘无距。

（2）卵。椭圆形，乳白色。临近孵化时，表面失去光泽，变为米黄色，顶端透明。

（3）幼虫。体长 10～22mm，中型，全身被黄褐色细毛。臀节腹面覆毛区中央有刺毛列 2 列，每列前段为短锥状刺毛，一般 6～12 根，后段长针状刺毛较多，每列 6～10 根，相互交错，刺毛列两侧及肛裂前缘为钩状刚毛，刺毛列前缘伸出钩状刚毛区（图 4-3）。

（4）蛹。长 12.5～13.8mm，裸蛹，深红褐色。

2. 生活史与生活习性

一年发生 1 代。以成虫越冬。成虫 3 月下旬至 5 月中旬出土活动，危害盛期在 4 月中旬至 5 月上旬。幼虫于 8 月下旬潜入较深土层筑土室化蛹，9 月下旬羽化，成虫即于羽化处越冬。来年 3～4 月间出土危害。成虫白天活动，无趋光性，食性杂，寄主达 11 科 30 余种，喜食花和嫩叶，尤其嗜食苹果树的花，为苹果花期的重要害虫。在东北西部是防护林的主要害虫。幼虫土栖，危害高粱、谷类、麦类、花生的地下部分。

（十四）豆蓝丽金龟

1. 形态特征

（1）成虫。体长 9～14mm，宽 6～8mm，中型，椭圆形，蓝黑、墨绿、蓝，有紫色泛光，金属光泽强。唇基近半圆形，边缘稍弯翘，额刻纹挤皱，眼内侧有纵皱，头顶布粗密刻点。触角鳃片部，雄长大，雌短小。前胸背板甚隆拱，盘区和后部光滑无刻点，两侧及前侧刻点密大，侧缘强度弧扩，前侧角锐而前伸，后侧角圆钝，斜边沟线甚短。小盾片短阔三角形，后角圆钝，疏布刻点。鞘翅背板有 6 条粗刻点沟。臀板隆拱，密布粗横刻纹，无毛斑。中胸腹突长，侧扁，端圆。中、后足胫节中部强度膨扩（彩图 4-12）。

（2）幼虫。体长 24～28mm。臀节腹面覆毛区有 2 行纵向的刺毛列，每列 5～7 根，由前向后稍分开，2 刺毛列的尖端相遇或交叉，刺毛列的附近有斜向上方的长针状刺毛。长针状刺毛的上面和下面密生锥状短毛。

（3）蛹。裸蛹，乳黄色，后端橙黄色。

2. 生活史与生活习性

一年发生 1 代。以 2、3 龄幼虫在地下 24～35cm 深处越冬。7 月中旬至 8 月中旬为成虫活动盛期。成虫白天活动，夜晚栖息于作物花内或叶上。成虫喜食鲜嫩的玉米花丝和棉花雄蕊，还咬食葡萄、玉米、高粱、谷子、花生及豆类和甘薯等作物之嫩叶，造成严重危害。主要天敌有食虫虻和土蜂类。另外，蜘蛛、螳螂、步行虫均能捕食其幼虫。

（十五）中华弧丽金龟

1. 形态特征

（1）成虫。体长 7.5～12mm，宽 4.5～6.5mm，小型到中型。头、前胸背板、小盾片、胸、腹部腹面、3 对足基节、转节、腿节、胫节均为青铜色，有闪光，尤以前胸背板闪光最强。鞘翅黄褐色，沿缝肋部分绿或墨绿色。头部刻点细，且密，唇基梯形，前窄后宽，前缘直而弯翘（彩图4-13）。触角鳃片部雌虫短而粗，雄虫长而大。前胸背板隆起，密布小刻点，两侧中段具1小圆形凹陷，前侧角突出，侧缘在中点处呈弧形外扩，后端平直，后缘沟线几与斜边等长，在中段向前呈弧形凹陷。小盾片三角形。鞘翅短宽，后方明显收窄，背面有6条近相平行的刻点沟，第2刻点沟基部刻点散乱，后方不达翅端，肩突发达，缘折约从中点起，直到合缝处，具膜质饰边。臀板外露，基部有2个白色毛斑。腹部1～5节侧面具由白色毛组成的白斑。前足胫节外缘2齿，中胸腹突短阔，端部钝。

（2）幼虫。中小型。在臀节背面后部有稍凹陷、后边开口的圆形骨化环。臀节腹面覆毛区中间的刺毛列呈八字形岔开，每列由5～8根扁锥状刺组成。肛门孔呈横裂（图4-3）。

（3）蛹。雌蛹臀节腹面平坦，生殖孔位于基缘中间，雄蛹臀节腹面具瘤状外生殖器。

2. 生活史与生活习性

一年发生1代。以幼虫越冬。第2年春季移至土表，危害小麦、玉米、花生等作物的地下部分。6月上、中旬，越冬幼虫老熟，在土中做土室化蛹。6月下旬，成虫出土活动，取食玉米、花生及其他豆类等作物的叶片和棉花花蕊。成虫寿命26d。7月中、下旬为交尾、产卵盛期。1雌虫产卵50粒左右。多喜在前茬大豆、花生的地块产卵。成虫白天活动，弱趋光，有假死性，受惊后立刻收足坠落。与日本丽金龟十分相似，以往常把本种误定为日本丽金龟。

（十六）黄褐丽金龟

1. 形态特征

（1）成虫。体长15～18mm，宽7～9mm，黄褐色，有光泽。前胸背板色深于鞘翅。前胸背板隆起，两侧呈弧形，后缘在小盾片前密生黄色细毛。鞘翅长卵形，密布刻点，各有3条暗色纵隆纹。前、中足大爪分岔，3对足的基、转、腿节淡黄褐色，胫、跗节为黄褐色（彩图4-14）。

（2）幼虫。体长25～35mm，头部前顶刚毛每侧5～6根，1排纵列（图4-2）。腹片后部刺毛列纵排2行，前段每列由11～17根短锥状刺毛组成，占全刺列长的3/4，后段每列由11～13根长针状刺毛组成，呈八字形向后岔开，占全刺毛列的1/4（图4-3）。

2. 生活史与生活习性

河北、山东、辽宁省一年发生1代。以幼虫越冬。河北省成虫5月上旬出现，6月下旬至7月上旬为成虫盛发期。成虫出土后不久即交尾、产卵。幼虫期300d，主要在春、秋两季危害。5月化蛹，6月羽化为成虫。成虫昼伏夜出，傍晚活动最盛，趋光性强。成虫不取食，寿命短。不同前茬作物的地块土内幼虫密度亦有差异。除新疆、西藏无报道外，分布遍及全国各地。成虫、幼虫均能危害，以幼虫危害严重。幼虫栖息在土壤中取食萌发的花生种子，造成缺苗断垄，咬断根颈、根系，使植株枯死，且伤口易被病菌侵入，造成植物病害。另外，幼虫还危害各类牧草。

（十七）中华犀金龟

1. 形态特征

（1）成虫。体长 18～27.2mm，宽 8.4～12mm，多黑色，光亮。大型甲虫，狭长椭圆形，背腹甚扁圆。头面略呈三角形（彩图 4-15），唇基前缘钝角形，顶端交叉弯翘，中央有 1 束圆锥形角突，雌体为 1 短锥突，上颚大而端尖，向上弯翘。触角 10 节，鳃片部短壮。前胸背板横阔，密布粗大刻点。雄虫在盘区有略呈五角形凹坑，雌虫则有 1 宽浅纵凹，侧缘弧形扩出。鞘翅长，侧缘近平行，每鞘翅有 6 条平行的刻点沟。臀板短阔。足粗壮，前足胫节外缘 3 齿，中足、后足第 1 跗节末端外侧延伸呈指状突。雄虫前足 2 爪之内爪特化，扩大呈拇指叉形，另 4 指为并拢的手掌形。

（2）幼虫。覆毛区缺刺毛列，具少量尖端微弯的扁钩状刚毛，不达臀节腹面的 1/2 处，余均散生针状毛（图 4-3）。

2. 生活史与生活习性

为华北平原重要地下害虫之一。尤喜在保水力强、偏碱性的黏土地内产卵繁殖，在沿河低洼地、过水地、水浇地虫口密度大，受害最重。主要以幼虫危害花生等农作物的地下根茎为主。在华北需 2 年多完成 1 代。成虫于 4 月下旬开始出现，7～8 月为盛期，主要在夜间活动，趋光性强。雌虫于 5～6 月份抱卵量最高，因此 5～7 月份用灯光诱杀成虫效果甚佳。

（十八）阔胸犀金龟

1. 形态特征

（1）成虫。体长 17～25.7mm，宽 9.5～13.9mm，长卵圆形，黑褐或赤褐色，腹面着色较淡，全身油亮。头阔大，唇基长大，梯形，布有密刻点，前缘平直，两端各有 1 上翘齿突，侧缘斜直，额唇基缝明显，由侧向内向后弧弯，中央有 1 对疣凸，疣凸间距约为前缘齿距的 1/3。额上刻纹粗皱。触角 10 节，鳃片部 3 节。上颚发达，端缘 3 齿。前胸背板横阔，十分隆拱，散布圆大刻点。前方和两侧刻点皱密，前缘边框阔，侧缘圆弧形，外框细狭。后缘无边框，前侧角近直角形，后侧角圆弧形。小盾片三角形。每个鞘翅有 4 条隐约可辨的纵肋纹。臀板短阔，微隆，散布刻点，后胸腹板中部裸滑。足粗壮，前足胫节扁阔，外缘 3 齿，中齿基齿间有 1 小齿，基齿以下有小齿 2～4 枚。前胸垂突柱状，端面中央无毛。中足、后足胫节外侧有具刺斜脊 2 道，后足胫节端缘有刺 17～24 枚（彩图 4-16）。

（2）幼虫。中型偏大，体长 40～50mm。肛背片有 1 条由细缝围成的很大的臀板，在肛腹片后部覆毛区中间，无尖刺列，只有钩状刚毛群和周围的细长毛。肛门孔横列状（图 4-3）。

2. 生活史与生活习性

一年发生 1 代。以幼虫在土中越冬。成虫 5 月份出现，7～8 月为发生盛期。有假死性。主要危害玉米（乳熟期）、大麻等植物的花或危害有伤痕、过熟的桃和苹果，吸取榆、栎类多种树木伤口处汁液。成虫产卵于含腐殖质多的土中或堆肥和腐物堆中。幼虫以腐败物为食，在豆类、玉米、花生等地较多。

（十九）白星花金龟

（1）成虫。体多古铜色或黑紫铜色，有光泽。前胸背板、鞘翅和臀板上有白色绒状斑纹。前胸背板通常有 2～3 对排列不规则的白色绒斑。体长 18～22mm，宽 11～13mm。椭圆形。背面较平，体较光亮，有的足绿色，体背面和腹面散布很多不规则的白绒斑（彩图 4-17）。唇基较短宽，密布粗大刻点，前缘向上折翘，有中凹，两侧具边框，外侧向下倾斜，扩展呈钝角形。触角深褐色，雄虫鳃片部长，雌虫短。复眼突出。前胸背板长短于宽，两侧弧形，基部最宽，后角宽圆。盘区刻点较稀小，并有 2～3 个白绒斑，呈不规则排列，有的沿边框有白绒带，后缘有中凹。小盾片呈长三角形，顶端钝，表面光滑，仅基角有少量刻点。鞘翅宽大，肩部最宽，后缘圆弧形，缝角不突出，背面遍布粗大刻纹，肩凸内外侧刻纹尤为密集，白绒斑多为横波纹状，多集中在鞘翅的中、后部。臀板短宽，密布皱纹和黄茸毛，每侧有 3 个白绒斑，呈三角形排列。中胸腹突扁，前端圆。后胸腹板中间光滑，两侧密布粗大皱纹和黄绒毛。腹部光滑，两侧刻纹较密粗，1～4 节近边缘处和3～5 节两侧中央有白绒斑。后足基节后外端角齿状。足粗壮，膝部有白绒斑，前足胫节外缘有 3 齿。

（2）幼虫。中等偏大，3 龄幼虫头宽 4.1～4.7mm，体较粗。头小，唇基前缘 3 叶形。臀节腹面密布短直刺和长针状刺，2 刺毛列长椭圆形排列，每列由 14～20 根扁宽锥状刺毛组成。肛门孔横裂状（图 4-3）。

（二十）小青花金龟

（1）成虫。体长 12mm 左右，暗绿色，头部黑色，复眼和触角黑色。胸、腹部腹面密生许多深黄色短毛。前胸背板和翅鞘均为暗绿或赤铜色，并密生许多黄色绒毛，无光泽。翅鞘上有黄白色斑纹，腹部两侧各有 6 个黄白色斑纹，排成 1 行，腹部末端也有 4 个黄白色斑纹。足黑褐色（彩图 4-18）。

（2）幼虫。老熟幼虫头部较小，褐色，胴部乳白色，各体节多皱褶，密生绒毛。肛腹板上有 2 行纵向排列的刺毛。

（3）卵。椭圆形或球形，初乳白色，渐变淡黄色。

（4）蛹。裸蛹，白色，尾端橙黄色。

（二十一）小阔胫绒鳃金龟

（1）成虫。体长 6.5～8mm，宽 4.2～4.8mm，小型，近长椭圆形，浅棕色。额、头顶部深褐色，前胸背板红棕色，触角鳃片部浅黄褐色。体表较粗糙，刻点散乱，有丝绒般闪光。头较短阔，唇基滑亮，密布刻点，纵脊不显，侧缘微弧形，额唇基缝弧形，仅极少数个体略呈折角。额部疏布浅刻点，常见光滑中纵带。触角 10 节，鳃片由 3 节组成，雄虫鳃片部长大，约与柄部等长。前胸背板颇短阔，密布刻点。胸下被毛少，腹部每腹板有 1 排整齐刺毛。前足胫节外缘 2 齿，后足胫节扁阔，光滑，几乎无刻点，2 端距着生于胫端两侧。雄性外生殖器阳基侧突上片细毛基部稍大，似泡。

（2）幼虫。覆毛区刺毛列为单排横弧形，均匀排列，约 23 根（图 4 - 3）。

（二十二）阔胫绒鳃金龟

体长 6.7～9mm，宽 4.5～5.7mm（彩图 4 - 19），小型，长卵圆形，浅棕或棕红色，体表颇平，刻点浅匀，有丝绒般闪光。头阔大，唇基近梯形，布较深但不匀刻点，有较明显纵脊。额唇基缝弧形，额上布浅细刻点。触角 10 节，鳃片部由 3 节组成。前胸背板短阔。侧缘后段直，后缘无边框。小盾片长三角形。鞘翅有 9 条清晰刻点沟，沟间带弧隆，有少量刻点。胸下杂乱被粗短绒毛。腹部每腹板有 1 排短壮刺毛。前足胫节外缘 2 齿，后足胫节扁阔，表面几乎光滑无刻点，2 端距着生在跗节两侧。雄性外生殖器阳基侧突上片基部 2/3 鼓大似泡，后部急剧收尖。

四、虫情测报与防治指标

预测预报内容包括发生期预测、发生量预测、分布区预测、危害程度预测和损失预测。在研究蛴螬种群数量变动时，应注意死亡率是不可忽视的因素。蛴螬一生有 3 个虫态是生活在地下，不如地上害虫那样比较容易查明影响各个虫态死亡率的环境因素，但是应用长期系统的调查资料，仍可探明影响种群生存率的关键因素以及这种因素作用的强度和时间。据当前蛴螬发生的动态资料，在比较稳定的土壤环境中，有 2 类因素可能引起蛴螬数量急剧下降。一是人们的生产实践活动，包括耕作、田间管理等；二是极端气象因素的作用，特别是在孵育期和 1～2 龄幼虫期内，久旱不雨，土壤湿度降低到 10％以下或达到作物开始凋萎的临界水分 5％～6％时，卵失水干瘪，幼虫不能存活。相反，在同样时期内，暴雨、内涝、土壤湿度处于饱和状态，蛴螬因缺氧而窒息死亡。根据蛴螬发生特点和综合防治技术的发展，预测预报要加强以下几个方面的工作。

（一）加强种群基数调查

蛴螬发生世代数稳定，播种前的虫口数量即为下一代或下茬作物发生危害的基数。在黄淮地区，秋种前应作为基数调查的有利时期。此时调查可以为秋种小麦直接提供虫情资料，便于开展防治。了解越冬虫态和比例、数量多少，预报当年或次年发生程度。对大黑鳃金龟、棕色鳃金龟、黑皱金龟子等以成虫、幼虫交替越冬的种类，只有这时调查，才能预测出大小年的变化。坚持多年调查，了解蛴螬在常发区内种群数量消长规律。调查时要进一步改进取样方法，使之符合种群空间分布特点，提高调查数据的准确性。在地势、土质均一的地方，可按面积大小划分取样方，采用棋盘式 9 点取样法。在生态环境特殊的地片，例如山坡梯田、平原与洼地或植株长相的差异，可采取选样取样法，以比较不同生态条件下种群分布的状况。山东莒南县预计 2007 年花生蛴螬大发生，防治适期在 7 月 15 日左右。预报依据为暗黑、铜绿金龟子出土量为偏多年份。据近期田间多点挖土调查，虫（卵）墩率为 38.2％，平均百墩有虫（卵）90.9 粒（头），在近 27 年中占第 4 位，较 2006 年同期增加 71.2％，较近 27 年平均值增加 68.5％，截止 7 月 8 日挖土调查，田间孵化率为 46％。自 6 月份以来，降雨较频繁，有利于花生生长，也有利于蛴螬发生危害。

综上分析，预计花生蛴螬将大发生，防治适期 7 月 15 日左右，防治指标为平均 2 头/m²（约 12 墩花生）以上地块。

（二）成虫发生期及防治适期预测

防治成虫是贯彻综合防治的重要环节。观测方法要因地、因虫制宜，以简便可行、有代表性为原则。对食叶类的优势种如暗黑鳃金龟，可定榆树观测。多年实践证明，不论发生时期、数量消长、性比结构，均与同地区黑光灯诱测资料无多大差别，定榆树观测法可替代黑光灯作为测报的辅助方法。据在山东郓城粮区观测，大黑鳃金龟也有上榆树取食的习性，上树数量、性比都多于黑光灯，可以榆树作为诱饵树，作为观测此虫的辅助方法，但观测地点、树龄大小要相对固定。对于无趋光性、取食习性的金龟子如毛黄、棕色鳃金龟，可在常发区内定地片、定面积观测，掌握成虫活动的温度指标，定期观测成虫发生时期和数量。安徽省根据花生产区灯诱金龟子虫量和雌成虫卵巢发育进度，结合气象条件和食料因子综合分析，预计 2006 年花生蛴螬在花生产区中等发生（3 级），其中淮北东部部分地区中等偏重发生（4 级）。预计成虫产卵盛期在 7 月 3～10 日前后，幼虫孵化高峰期在 7 月 10～20 日前后。主要依据为灯诱成虫数量明显低于近年同期，淮北西部下降较为明显，发生种类以铜绿丽金龟为主。据固镇 6 月 28 日解剖调查雌虫卵巢发育进度，卵巢成熟度指数，暗黑鳃金龟 50.83，铜绿丽金龟 80.35，因此预计成虫产卵盛期在 7 月 3～12 日前后，幼虫孵化盛期在 7 月 10～20 日前后，接近常年或略偏迟。

（三）防治指标

防治指标指害虫达到经济损失允许水平之前需要防治的密度，即经济阈值。这个指标并不是固定的数量标准，而是随作物种类、季节、地区以及人们的要求而变化。应选定有代表性的虫种（如虫体大小、危害习性）和当地危害较重的花生物候期，研究种群密度与经济损失的关系。根据花生的经济价值、防治费用，确定经济损失允许水平和需要进行防治的虫口密度。宋协松等对危害花生的大黑和暗黑鳃金龟的防治指标进行研究认为，花生种苗期大黑和花生生长期大黑、暗黑鳃的虫口密度（X）与减产率（Y）呈明显直线正相关。其相关式苗期网池接虫为 $Y = 0.7245 + 0.004X \pm 3.3957$（$r = 0.9520$，$n = 39$），同步模拟为 $Y = 0.4452 + 0.004X \pm 1.3959$（$r = 0.9661$，$n = 28$），接虫示范为 $Y = 0.1360 + 0.0074X \pm 1.5888$（$r = 0.9800$，$n = 4$），生长期接大黑鳃金龟卵为 $Y = 1.2927 + 0.0042X \pm 3.2704$（$r = 0.8993$，$n = 36$），接暗黑鳃金龟卵为 $Y = 0.7308 + 0.0042X \pm 2.1344$（$r = 0.9568$，$n = 32$）。分析提出花生种苗期防治指标为 3 龄大黑鳃金龟幼虫 2 头/m²，生长期防治指标为大黑鳃金龟卵 3 粒/m²，暗黑鳃金龟卵 5 粒/m²。

徐守明等对射阳县 1974—1995 年资料统计分析，筛选出上年 12 月至当年 2 月月均 20cm 最低地温（X_2），6～8 月份降雨强度（X_3）和棉花、大豆及花生等秋熟经济作物种植面积（X_4）对秋季蛴螬混合种群密度影响极显著。依此建立当年秋季蛴螬混合种群密度预报模型 $Y = 25.7012 + 2.3822X_2 - 0.3751X_3 - 0.3274X_4 \pm 2.8749$。经 1974—1995 年历史回报和 1996—1998 年预报验证效果良好，可以用于预报实践。伍椿年等认为，花生产量与每平方米暗黑鳃金龟幼虫数量呈负相关，其回归方程为 $Y =$

441.38−6.32X，损失率为 1.43%。研究认为，花生蛴螬危害花生的经济允许受害水平以 2%～3%为宜。

五、发生与环境的关系

蛴螬的发生程度受多种因素的影响。主要与耕作制度、作物种类、土壤质地和温度、湿度、光照、雨量等气象因子以及花生生育时期等密切相关。

（一）与栽培制度及作物种类的关系

蛴螬的发生与其周围环境条件关系密切。不同种类的蛴螬习性、适应条件也各不相同，对其种类的分布与发生的数量有明显影响。

1. 耕作制度对蛴螬种群分布的影响

在两年三作的长期旱作地区，作物种类多以小麦、玉米、油料及其他经济作物为主，有利于大黑鳃金龟的发生与繁殖，易形成明显的老虫窝地带。冬闲田面积的减少和免耕技术的应用，为蛴螬生存提供了优越的生态条件，有可能加重大黑鳃金龟和暗黑鳃金龟的发生。一年两熟旱作区，作物种类以粮食、蔬菜为主，土壤耕翻的次数多，不利于两年完成 1 代的大黑鳃金龟生存。但这类地区一般林木繁多，土壤有机质含量较为丰富，土层深厚，有利于暗黑鳃金龟和铜绿丽金龟的生存与繁殖。大部分一年两熟水旱轮作区以铜绿丽金龟的发生量最大，在湖洼地区，地下水位高，土壤湿度大，不利于铜绿丽金龟生存，优势虫种多为暗黑鳃金龟和黄褐丽金龟。水旱轮作区由于旱田面积少，蛴螬分布集中，使旱作物的受害程度加重。

2. 不同作物类型对蛴螬发生量的影响

据调查，花生田蛴螬发生量最大，其次是大豆田和甘薯田，玉米和高粱地发生量较少。就虫种而言，大黑鳃金龟幼虫在花生田和大豆田的发生量最大，暗黑鳃金龟产卵有选择性，在花生、大豆、甘薯、玉米、瓜菜、花卉等并存时，特别喜欢在花生、大豆等豆科作物田产卵，所以花生和大豆田暗黑幼虫的发生危害最重，其次是甘薯田。铜绿丽金龟对寄主植物选择性强，特别喜食榆树、杨树、蜡条、杞柳和苹果树等树木叶片，在林木稀少的地区则取食玉米和高粱叶片。拟毛黄鳃金龟主要危害花生，其次是大豆。胶东地区花生下针、结果期和荚果成熟期，正是拟毛黄鳃金龟发生和危害盛期。由于食料丰富，幼虫个体发育好，生存率高。据调查，幼虫食玉米根的比食花生果的平均体长少 3.4mm，个体轻 0.25g，成活率低 33.7%。

（二）与土壤质地的关系

蛴螬种群分布与土壤质地有密切关系。成虫喜欢在通透性好的土壤中产卵繁殖。通常青沙土、紫沙土、中砾石土、沙壤土及黄土等类型的土壤中幼虫发生量较大，而白浆土、岭沙土、包浆土、岗黑土、黏土和水稻田等类型的土壤中蛴螬发生量很少。不同虫种对土壤质地也有不同的要求。棕色、毛棕鳃金龟多发生在丘陵沙砾土；大黑、暗黑鳃金龟多发生在砾质黏壤土；云斑鳃金龟、蒙古丽金龟多发生在退海滩地和沿河沙壤土；铜绿丽金龟、拟毛黄鳃金龟多发生于土质疏松、土层深厚的黄河冲积平原等花生产区；黄褐丽金龟以粉沙壤土或沙壤土适宜其发生和分布；毛黄鳃金龟喜好在疏松的沙壤和轻壤地、保水性较差的丘陵坡地及部分土质疏松、通透性强、排水性好的平川水浇地生息繁殖。

（三）与气候因素的关系

1. 温度

温度对金龟子出土及蛴螬在土壤中活动规律有极其重要的影响。4月上、中旬，平均气温达到10℃以上，5cm地温达到15℃左右时，大黑鳃金龟开始出土，气温达到15~16℃，5cm地温升到17~18℃，进入出土活动高峰。暗黑鳃金龟的出土适宜气温为22~25℃。10cm地温达到15.6℃时，越冬的大黑鳃金龟幼虫上升到土表危害春作物的种苗或取食杂草或越冬作物的幼根，地温达到18~24℃时，是活动危害盛期。秋季10cm地温下降到15℃以下时，各种蛴螬开始下移，10℃以下时停止危害，潜入深处越冬。此外，金龟甲的活动状态也与气温有密切关系。晚20时的气温在23℃以上时，暗黑鳃金龟、铜绿丽金龟的活动最为活跃。棕色鳃金龟成虫每晚出土数量的多少，与当地的气候条件关系极为密切。如气温在10.3℃以上，风弱，出土量大；低于上述温度，风大、雨天则基本不出土。早春温度低时，黑绒鳃金龟成虫多在白天活动，取食早发芽的杂草、林木、蔬菜等，成虫活动力弱，多在地面上爬行，很少飞行，黄昏时入土潜伏在干湿土交界处。

2. 降水及土壤湿度

降水量的大小及土壤湿度的高低影响金龟子出土和幼虫成活。在金龟子的出土期内，如少雨干旱、土壤板结，则会推迟其出土日期。暗黑鳃金龟、铜绿丽金龟及小麦等越冬作物田中的大黑鳃金龟受降水和土壤湿度的影响最大。出土高峰都出现在出土期内的第一次透雨之后。干旱年份，金龟子的出土期延迟，幼虫的发生期也会随之延迟。降水还直接影响金龟子的发生量，初羽化的蛴螬在土壤水分饱和的情况下，金龟子的卵能正常孵化，但孵化的幼虫死亡率高，6h死亡率20%，12h死亡率50%，24h死亡率85%。因此，7月中、下旬，幼虫处于1~2龄盛期时，如降水集中、降水量大，土壤水分饱和时间长，则死亡率高，危害轻。暗黑鳃金龟隔日出土，受降雨的影响较大，如果出土日晚上7~8时下大雨则不出土，并由原来的双日或单日出土，改为单日或双日出土。

3. 光照时间

1989年据山东省平度定点调查和室内外饲养观察，在田间，暗黑鳃金龟的成虫白天出土数量极少，夜间隔日出土的习性表现为一天数量多，一天数量少，即出现大小日现象，连续20d缺食对其出土习性没有影响。始终黑暗50d以上影响不大，24h光照和24h黑暗的光周期，开始影响甚小，之后十分明显，再后影响又小。始终光照时，其规律完全被打破，出土数量也大大减少。由此推断，影响暗黑鳃金龟出土习性的主要因素是光照的持续时数，其临界光周期应在14~24h之间。

（四）与花生生育期的关系

山东、河南、河北、安徽、江苏等花生主产区，春花生一般在4月中、下旬至5月上旬播种，大黑鳃金龟出土高峰恰逢春花生播种出苗期，出土后可就地取食花生叶片，大黑鳃金龟幼虫开始危害时，正值春花生下针结荚期，夏花生进入团棵期，都易受到严重危害。暗黑鳃金龟幼虫和铜绿丽金龟幼虫开始危害时，春花生进入结荚成熟期，夏花生正值开花下针期，因此夏花生与播种较晚的春花生受暗黑鳃金龟幼虫和铜绿丽金龟幼虫的危害时间长，危害重。

六、防　治

目前在防治蛴螬的工作中，有的年年施药仍然受害。主要原因是对蛴螬的种类及生活习性没有深入了解。从面上的防治情况来看，多数都是结合春播耙地或播种施药，此时除对大黑鳃金龟和铜绿丽金龟有一定作用之外，对暗黑鳃金龟和拟毛黄鳃金龟等不起作用。为了有的放矢主动防治，必须查明当地蛴螬所属种类，然后根据其习性和发生规律，掌握有利时机，采取综合防治措施，经济高效进行防治。

（一）根据虫情适时防治

以幼虫越冬的地块，可趁秋种时蛴螬尚未下移和翌年春播时蛴螬又上升危害2个时机，跟犁拾虫和施药除虫保苗。以成虫越冬的，经出土产卵以致孵化出幼虫危害当年花生的，必须施药保果。一般大黑鳃金龟在6月为防治有利时机。花生苗期正是暗黑鳃金龟越冬幼虫进入化蛹羽化期，对花生不会造成危害。因此，在暗黑鳃金龟单一虫种发生区，播种期可以不防治，幼虫的关键防治时期是7月上、中旬，这时正是幼虫孵化的初盛期，也是大批果针入土时期。拟毛黄鳃金龟和暗黑鳃金龟一样，5月上、中旬在地下30～40cm深土室内化蛹，5月下旬出现成虫，6月中、下旬是成虫盛发期，因为成虫不取食，因此也是产卵盛期。成虫出土后，飞翔力弱，成虫期较短，仅半个月，趋光性强，是防治盛期。7月上旬是卵孵化高峰期和幼虫低龄阶段，是防治的有利时机，仅在花生结果期危害，故春播不必防治。7月中、下旬和8月是幼虫集中危害盛期，防治适期应选择在7月中旬低龄幼虫阶段。

（二）农业防治

（1）有条件的花生产区，努力扩大水旱轮作和水浇地面积，是防治虫害的有效途径之一。

（2）在选用抗虫品种的基础上，精耕细作，及时中耕除草，深耕多耙，果（林）带及冬闲季深翻冬灌，降低虫源基数，减少虫口密度。

（3）农田合理施肥。不施未经腐熟的有机肥料，追施氮肥时，宜选用碳酸氢铵、氨水、铵化过磷酸钙或腐殖酸钙，并深施入土中，既能提高肥效，散发出的氨气又能有效熏蒸杀灭一定量的蛴螬和驱避一定量的金龟子产卵。

（4）合理轮作。花生除了与小麦、玉米、谷子、高粱、甘薯等旱作物轮作外，提倡水旱轮作，防虫效果最佳。

（5）人工灭虫。结合耕地、播种和收刨花生，捡拾成虫和幼虫，集中消灭。

（6）在田边地头种蓖麻。对诱杀大黑鳃金龟成虫有一定效果。

（7）扩栽金龟子较厌食的松、杉、楝、梧桐、银杏等经济林的比例或与其混栽；压缩栽植加拿大杨、榆树等暗黑鳃金龟成虫喜食树种，达到减轻危害的目的。

（三）化学防治

1. 成虫防治

大黑鳃金龟飞不高，多集中在田埂、地头、虫源地附近荒坡和非耕地活动。可在成虫盛发期喷洒 2.5％敌百虫粉剂 15～30kg/hm²；也可将乐果内吸剂涂抹于树干，使金龟子啃食树叶而中毒死亡。

2. 幼虫防治

用 3％辛硫磷颗粒剂 37.5～45kg/hm²，可有效防治越冬幼虫。20％毒死蜱微胶囊剂田间推荐剂量为 1 500～2 100ml/hm²，拌毒土撒施，防效可达 90％以上。每公顷用 15％毒死蜱颗粒剂 9～10.5kg 或 48％毒死蜱乳油 3 000ml，在花生行间顺垄撒施，随之与中耕锄草配套把毒土翻压土中，也可撒施后结合浇灌，防效明显。15％毒死蜱在花生花针期撒施，每公顷有效成分 1.8～3.6kg，防效可达 80％。48％毒死蜱乳油对蛴螬具有较高的防治效果和保苗、保果效果，且速效性好、持效期长，用药量 3 000～3 750ml/hm²，防治效果可达 95％以上，保果效果高达 96％以上。5％二嗪磷颗粒剂播种期使用，600g/hm² 对大黑鳃金龟等有明显的防治作用。用 30％邦得乳油（10％毒死蜱＋20％辛硫磷）6 000～9 000ml/hm²，防效达 85％以上。30％辛毒微胶囊悬浮剂花生生长期撒施，每公顷有效成分用量 3.6～4.9kg，采用毒土法，拌细沙土均匀撒施在花生墩周围，每公顷拌细沙土 450kg，防效可达 90％。新型吡虫·辛乳油在辽宁省平均防效可达 90％。在大黑鳃金龟卵孵盛期，5％丁硫克百威颗粒剂 45～75kg/hm²，在花生苗期施一次毒土，与 48％毒死蜱乳油 3 000ml/hm² 防效相当。

种子处理方法简便，是保护种子和幼苗免遭地下害虫危害的有效方法。50％辛硫磷乳油、辛硫磷微胶囊剂，有效成分 0.05％～0.1％，拌花生种仁，防虫效果良好。

（四）病原微生物药剂防治

1. 白僵菌的应用

用于防治蛴螬等地下害虫的白僵菌是布氏白僵菌（又称卵孢白僵菌），已有十几个国家将其用于田间防治试验。该菌在土壤中能长期存活，且具有一定的传播能力，近年日益引起研究者的重视。目前已发现该菌能寄生 7 个目的 70 种昆虫，特别对鞘翅目害虫具有独特寄生效果。主要寄生于土栖类和钻秆类害虫，如蛴螬、象甲和天牛等。在法国、瑞士等地，用白僵菌连续多年防治林区的西方五月鳃金龟，取得了令人瞩目的防治效果和生态效益。我国用该菌防治花生田及苗圃蛴螬都取得明显成效，可降低虫量82.5％，减少花生果被害率高达 85.9％。李兰珍等试验，利用卵孢白僵菌 AB 菌株，施菌量 112.5～150.0kg/hm²，对东北大黑鳃金龟有较强寄生力，虫口减退率 69.1％～93.3％，防效明显。徐庆丰利用白僵菌防治暗黑鳃金龟、大黑鳃金龟等地下害虫，用菌 37.5～52.5kg/hm²（或菌药混用），对花生等作物田有显著效果，不仅被害率减少 80％，且使花生增产 24％以上，应用前景广阔。球孢白僵菌对东北大黑鳃金龟 2 龄幼虫的感病率 60％以上。2％白僵菌粉剂（蛴螬防治专用型）对防治花生田蛴螬具有较好的防治效果，一般防效在 70％以上，连年使用效果更好，尤以 2％白僵菌 15kg/hm² 拌土于中耕前撒施和 48％毒死蜱乳油 3L/hm² 于花期喷雾相结合的防治效果最好。30％（150 亿孢子/g）球孢白僵菌可湿性粉剂防治花生蛴螬在花生开花下针期拌毒土撒施，然后中耕浇水使药剂渗入土中，每公顷用土 75kg，用药制剂量 3 750～4 500g/hm²，防效可达 80％。卵孢白僵菌防治东北大黑金龟幼虫，每公顷施原菌粉量 60～90kg，防治效果 68.8％～86.0％。白僵菌和化学农药混用有一定的增效作用，防效达 91％。

2. 绿僵菌的应用

金龟子绿僵菌最初是由 Metchnikoff 从奥国金龟子死虫体上分离得到。现已分类的有 75 种，其中利用较多的为金龟子绿僵菌和黄绿绿僵菌。在新西兰用绿僵菌防治金龟子幼虫死亡率达 90％以上。我国自 1958 年从马铃薯瓢虫上获得野生菌株后，对其研究才逐步展开。20 世纪 80 年代初金龟子绿僵菌也曾被许多人试用于防治农业害虫，先后用于防治白蚁、棉铃虫、玉米螟以及农作物地下金龟子等，都取得了较好的效果。在福建省用绿僵菌防治花生蛴螬获得成功，施用绿僵菌 45kg/hm²（50 亿孢子/g），蛴螬死亡率达 90％以上。南开大学生物系将菌粉拌土或拌种后，以不同剂量处理阔胸犀金龟，侵染率在 55％～100％之间。田间试验以菌粉拌种，45d 后检查蛴螬最高死亡率达 70％，而对照仅 4％。陈祝安等从黄褐金龟虫尸分离的绿僵菌菌株（RAW8），经室内试验，结果对暗黑金龟幼龄蛴螬致病力强，在每克含孢量 2.0×10^6～2.5×10^6 的土中饲养，致病率均达 100％。另外，将绿僵菌同化学农药混合使用也能起到增效作用。贾春生等发现，通过绿僵菌与低剂量的倍硫磷混用防治东北大黑鳃金龟，不但可明显提高防治效果，还可加速绿僵菌感染致幼虫死亡的进程。

3. 拟青霉菌

拟青霉菌也是昆虫病原真菌中的一种，已经被用于害虫防治试验，但还未能形成规模生产的商品。林国宪等用拟青霉菌防治花生蛴螬可使花生增产 29.8％，其原因是拟青霉菌不仅起到了杀死花生蛴螬的作用，同时还产生了类似植物营养和激素等物质，刺激了花生的生长。

4. 苏云金芽孢杆菌（Bt）制剂

苏云金芽孢杆菌（Bt）是杀虫细菌中应用最为广泛的，它必须通过口服进入虫体，在绝大多数情况下，昆虫致死并非由于该细菌在虫体内增殖，而是菌体产生芽孢的同时产生了 1 个或 2 个有毒的伴孢晶体使昆虫中毒，数十分钟内即可致昆虫于死地。我国大量试验和实际应用证明，Bt 对 40 多种昆虫有不同程度的致病和毒杀效果。用 Bt 防治鞘翅目害虫研究，已发现对鞘翅目昆虫的菌株分属 7 个亚种。林国宪等用苏云金杆菌 Bt 8010 防治花生蛴螬，可使花生田增产 11％，但他认为，苏云金杆菌的孢子在土壤中的存活力较差，产生毒蛋白数量较少，因此应用效果较绿僵菌差。中国农业科学院于红等找到了一个 Bt 185 菌株，证实其对暗黑鳃金龟有特异杀虫活性。用苏云金杆菌群（*Bacillus thuringiensis*）防治花生田蛴螬有较好效果，在经济效益和生态效益上，8 号菌比之常用化学农药优越。5 年试验示范效果较稳定，8 号菌拌种平均灭虫效果为 76.7%，保果效果 70.9%，持效期达 80d 以上。菌药防治的成本与净收益之比为 1∶42.2，而化学药剂防治的净收益之比为 1∶23.5。

5. 乳状菌

乳状芽孢杆菌专杀金龟子幼虫，属口服感染。该菌在蛴螬体内大量繁殖，虫体充满芽孢而死亡。由于芽孢有折光性，罹病蛴螬呈乳白色，故得乳状菌之名。得病的蛴螬死亡前活动量加大，从而扩大了传染面。这种细菌是一种可以长效防治蛴螬的细菌杀虫剂，能使 50 多种金龟子致病。在这方面最早成功的例子是美国用日本金龟子芽孢杆菌大面积防治日本丽金龟。日本金龟芽孢杆菌能使日本金龟子幼虫产生 A 型乳状病。第 1 个日本金龟子芽孢杆菌制剂于 1950 年在美国登记，成为美国政府批准的第 1 个生物制剂。我国自 1975 年开展利用乳状菌防治蛴螬。山东省花生研究所从自然感染乳状菌的大黑蛴螬体中分离出鲁乳 1 号新菌株，花生播种时用自制菌粉 25 000 亿活芽孢杆菌，对蛴螬的致病率最低为 25%，最高 64.7%，平均 37.96%，防效高达 70%。乳状菌制剂 Doom 和 Japidemic 已有乳状菌商品出售，防治用量是每 23m² 用 0.05kg 乳状菌粉，这种菌粉每克含 1×10^9 个活孢子，防治效果达 60%～80%。

6. 昆虫病原线虫

昆虫病原线虫是 20 世纪发展起来的一种非常有潜力的生物控制因子。国外学者研究表明，昆虫病原线虫对 250 种害虫有防治作用。我国在昆虫病原线虫的实际应用方面也进行了大量研究，利用线虫防治土栖性害虫如桃小食心虫、甘蔗实背黑蔗龟、暗黑鳃金龟等，均取得了较好的防治效果。周新胜等发现利用小卷蛾线虫 Agriotos 品系是防治东北大黑、白星花金龟理想的生物因子。2003 年江苏省室内测定了 *Steinernema carpocapsae* Ohio 线虫对 8 种常见害虫以及不同温、湿度条件下对该线虫感染活性的影响。结果表明，该线虫对蛴螬等害虫感染活性较高，48h 感染死亡率达 83%～93%。异小杆线虫对东北大黑鳃金龟的寄生效果明显。应用较多的线虫主要是斯氏科 Steinernematidae 和异小杆科 Heterorhabditidae。这 2 个科的一些线虫种或品系对蛴螬有很好的防治效果。

一般来说，用线虫防治蛴螬需要一定的环境条件，即作用效果较佳的是沙土或沙壤土，土壤温度为 12～28℃，使用时间为 18 时以后。紫外线能使线虫失去活性，并死亡。土壤湿度也会影响线虫的活动性和存活率。湿度较低，线虫的活动性和存活率都会降低，田间应用剂量一般为 10^9～10^{10} 条/hm²。

7. 利用天敌防治

土蜂是寄生蛴螬的重要天敌种类。在我国山东省有着丰富的资源和良好的自然控制作用，种类主要有大阪土蜂、日本土蜂、白毛长腹土蜂、金毛长腹土蜂、日本丽金龟小土蜂等。陈红印等在山东莱阳市、海阳市和日照市建立土蜂保护区 3 处，设定土蜂、蛴螬观察点 9 个，经 1997—2001 年研究表明，在 1km 范围内农田土蜂成虫数量由平均 100 网 0.23 头升至 3.62 头，土蜂茧数量由 0.35 粒/m² 升至 1.46 粒/m²，蛴螬数量由 3.74 头/m² 降至 0.62 头/m²。因此，建立土蜂保护区、恢复和保护土蜂混合种群是目前控制花生蛴螬的一项行之有效的生物防治方法。

除土蜂外，1998 年魏新田还首次报道利用蛴螬天敌食虫虻幼虫对蛴螬进行生物防治。试验表明，当每公顷有食虫虻 7 500 头以上，不需要药剂防治也可控制蛴螬的危害。弧丽钩土蜂（Tiphia popilliavora）、福鳃钩土蜂（Tiphia phyllophagae）可寄生大黑鳃金龟，在花生地边种植红麻、菜豆等豆科杂粮可大大提高寄生蜂的寄生率。

（五）利用化学物质预报和控制

昆虫信息素和引诱剂的研究与应用成为生物防治关注的焦点之一。化学信息素对金龟子的取食、交配、产卵、栖息等行为起诱导作用，具有高效、无毒、无污染、不伤天敌等优点。目前，昆虫信息素的应用主要体现在种群监测、大量诱捕、干扰交配和区分近缘种等方面。利用性信息素把害虫诱来，使其与不育剂、病毒、细菌等接触，再与其他昆虫接触交配。这样对其种群造成的损失要比当场杀死效果大得多。

谭六谦等报道，对铜绿金龟甲雌虫虫体 4 个部位的二氯甲烷分段提取物进行生物活性测定，表明雌虫体内提取物对雄虫有引诱作用，尤以直肠剖出物反应率最高，达 95.5%，组织切片及电镜观察得知，其性信息素的分泌部位在直肠。另外，黑七鳃金龟的性信息素仅在雌虫臀板和尾端 2 腹板上可探测到，在腹部末端则不存在，这与丽金龟科的一些种类相同。王惠等对华北大黑鳃金龟的性信息素活性腺体和非活性腺体的甲醇提取液分别进行了气相色谱分析，并筛选出与活性有关的组分，再经气—质联用仪（GC-MS）分析鉴定表明，甘氨酸甲酯可激活华北大黑鳃金龟雄虫的性行为，是华北大黑鳃金龟性信息素的组分。据报道，新西兰肋翅鳃金龟的性信息素产生于腹板黏腺的内共生细菌，其化学成分为苯酚。Arakaki 等研究认为，邻氨基苯甲酸对黑鳃金龟子具有性引诱和聚集的双重作用。除上述信息素之外，许多植食性金龟子的感觉细胞对绿叶挥发物及花的挥发物敏感，尤以丽金龟科和花金龟科为甚。李仲秀等发现，从日本金龟子中提取性诱集物对我国北方丽金龟中 Popillia 属有很强诱集力，从玫瑰花中提取诱集物对我国北方花金龟中白星花金龟和小青花金龟等诱集力最强，尤以后者为甚。

（六）物理防治

暗黑鳃金龟、铜绿丽金龟、拟毛黄鳃金龟、云斑鳃金龟等成虫具有很强的趋光性，可用灯光诱杀。在花生等经济作物连片种植区，可于 6 月下旬始架设佳多频振式杀虫灯，单盏灯控面积可达 4hm² 左右。也可选用 20W 黑光灯或控黑绿双管灯进行诱杀，对暗黑鳃金龟，双管灯诱杀比黑、绿单管灯诱杀量分别提高 8.59% 和 12.9%。同时，对铜绿金龟子诱杀效果也非常突出，比黑光灯提高 90.3%。应用太阳能灭虫器控制蛴螬危害具有较高的防治效果和保苗、保果效果。灯诱试验区相对农民自主化学防治区防治效果为 81.28%，灯诱区相对农民自主化学防治区花生果粒受害率下降 89.98%，产量对比增产 55.22%。

第三节　种　蝇

危害花生的种蝇（*Delia platura* Meigen）属双翅目，花蝇科。幼虫称根蛆，别名花生灰地种蝇。

（一）分布与危害

种蝇在我国各花生产区均有分布。危害花生、油菜、蔬菜、果树、林木及多种农作物。其危害特点是以幼虫钻入花生种子，咬食子叶及胚芽，使之不能发芽而腐烂。

（二）形态特征

1. 成虫

体长4～6mm（彩图4-29右）。雄稍小，体色暗黄或暗褐色，2复眼几乎相连。触角黑色。胸部背面具黑纵纹3条。前翅基背鬃长不及盾间沟后的背中鬃之半。后足胫节内下方具1列稠密末端弯曲的短毛。腹部背面中央具黑纵纹1条，各腹节间有1黑色横纹，雌灰色至黄色。2复眼间距为头宽的1/3。前翅基背鬃同雄蝇。后足胫节无雄蝇的特征，中足胫节外上方具刚毛1根。腹背中央纵纹不明显。

2. 卵

长椭圆形，长约1.6mm，稍弯，乳白色，表面具网纹。

3. 幼虫

体长7～8mm，乳白色稍带浅黄色。头部极小，尾近似断截状，尾节具肉质突起7对，1～2对等高，5～6对几乎等长（彩图4-29左）。

4. 蛹

长4～5mm，宽1.8mm，椭圆形，红褐色或黄褐色。

（三）生活史与生活习性

花生灰地种蝇在黑龙江省一年发生2～3代，辽宁3～4代，北京、山西3代，陕西4代，江西、湖南5～6代。在南方产区以幼虫越冬，在北方一般以蛹在土壤中越冬。在山西越冬代成虫于4月下旬至5月上旬羽化、交配、产卵。第1代幼虫发生于5月上旬至6月中旬，第2代发生在6月下旬至7月中旬，第3代发生于9月下旬至10月中旬。危害洋葱、韭菜、大白菜、秋萝卜等。在25℃时，卵期1.5d，幼虫期7d，蛹期10d，产卵前期7d。成虫早晚隐蔽，喜在晴朗的白天活动，对花蜜、蜜露、腐烂有机物、糖醋的发酸味有趋性。施用的粪肥不腐熟或裸露在地表上，可诱集大量成虫产卵。成虫产卵有趋湿性，多产在比较湿润的、有机肥料附近的土缝下。幼虫活动性很强，在土中能转换寄主危害。

（四）虫情测报及防治指标

调查种蝇类发生期，掌握最佳防治时期是防治种蝇的关键。一般常用糖醋盆诱集法进行调查。利用种蝇类成虫的趋化性，在成虫发生期，每块地设置 1～2 个糖醋盆（口径 33cm），盆内先放入少许锯末，然后倒入适量诱剂（诱剂配方为红糖：醋：水＝1：1：2.5，并加入少量敌百虫拌匀），加盖，盆距地面 15～20cm。每天在成虫活动时间开盖，及时检查诱集虫数和雌雄比，并注意补充和更换诱剂。当盆内诱蝇数量突增或雌雄比接近 1：1 时，是成虫发生盛期，应在 5～10d 内立即防治。

（五）发生条件

发生轻重主要受温、湿度影响。在适宜的温度范围内，田间湿度较大，有利于发生。

1. 气候条件

灰地种蝇不耐高温。当气温超过 35℃ 时，有 70％ 以上的卵不能孵化而死亡，幼虫不能存活，蛹不能羽化，故夏季种蝇发生量较少。成虫羽化期降雨可促进成虫羽化。在羽化前连续降雨 20～30mm，则雨后 3～5d 开始羽化，若在羽化期中后阶段连续降雨，则雨后 1～2d 开始羽化。相对湿度 60％ 对卵孵化最有利。干旱对成虫羽化和卵孵化均不利。

2. 施肥与耕作

灰地种蝇成虫产卵有趋未腐熟粪肥的习性。施用未腐熟的粪肥于地表，极易招引成虫集中产卵而加重根蛆的危害。在成虫产卵期新翻耕的潮湿土壤易招引成虫产卵。

（六）防治

1. 农业防治

施用充分腐熟的有机肥，防止成虫产卵。收获后及时翻晒田地，以减少虫源。

2. 化学防治

（1）成虫防治。成虫产卵高峰及地蛆孵化盛期及时防治。预测成虫通常采用诱测成虫法。诱剂配方：糖 1 份、醋 1 份、水 25 份，加少量辛硫磷拌匀。诱蝇器用大碗，先放少量锯末，然后倒入诱剂加盖，每天在成蝇活动时开盖，及时检查诱杀数量，并注意添补诱杀剂。当诱器内数量突增或雌雄比近 1：1 时，即为成虫发生盛期，应立即防治。在成虫发生期，地面用 5％ 杀虫畏粉或 21％ 灭杀毙乳油 2 000 倍液、25％ 溴氰菊酯 3 000 倍液、40％ 辛·甲·高氯乳油 2 000 倍液、20％ 蛆虫净乳油 2 000 倍液，隔 7d 一次，连续防治 2～3 次。当地蛆已钻入幼苗根部时，可用 50％ 辛硫磷乳油或 25％ 爱卡士乳油 1 200 倍液灌根。

（2）药剂处理土壤或种子。用 50％ 辛硫磷乳油 3 000～3 750g/hm²，加水 10 倍，喷于 25～30kg 细土上拌匀成毒土，顺垄条施，随后浅锄或以同样用量的毒土撒于种沟或地面，随即耕翻或混入厩肥中施用、结合灌水施入。用 37.5～45kg/hm² 5％ 辛硫磷颗粒剂或 5％ 地亚农颗粒剂，处理土壤，都能收到良好效果，并兼治金针虫和蝼蛄。药剂处理种子：当前用于拌种的药剂主要有 50％ 辛硫磷，也可用 25％ 辛硫磷胶囊剂等有机磷药剂或杀虫种衣剂拌种，亦能兼治金针虫和蝼蛄等地下害虫。

（3）毒谷。用 25％～50％ 辛硫磷胶囊剂 2 250～3 000g/hm²，拌谷子等饵料 5kg 左右，或 50％ 辛硫磷乳油 50～100g，拌饵料 3～4kg，撒于种沟中。可兼治蝼蛄、金针虫等地下害虫。

第四节　金　针　虫

金针虫，属鞘翅目，叩头虫科，沟金针虫（*Pleonomus canaliculatus* Faldermann）和细胸金针虫（*Agriotes subvittatus* Motschulsky）2 种，俗称蛴虫。以幼虫蛀食嫩茎和地下部危害。

一、分布与危害

沟金针虫主要分布于长江流域以北、辽宁以南、陕西以东的广大区域内，以有机质较贫乏、土质较疏松的粉沙壤土和粉沙黏壤土地带发生较重。细胸金针虫国内分布于北纬33°~50°，东经 98°~134°的广大地区，主要包括淮河以北的东北、华北和西北各省、自治区、直辖市，以水浇地、低洼过水地、黄河沿岸的淤地、有机质较多的黏土地带危害较重。金针虫食性很杂。成虫在地上部活动的时间不长，只吃一些禾谷类和豆类作物的绿叶，不造成严重危害，幼虫长期生活于土中，能咬食刚播下的花生种子，食害胚乳，使种子不能发芽，出苗后危害花生根及茎的地下部分，导致幼苗枯死，严重的造成缺苗断垄。花生结荚后，金针虫可以钻蛀荚果，造成减产。此外，受金针虫危害后，有利病原菌侵入，从而加重花生根茎及荚果腐烂病发生。沟金针虫国内辽宁、内蒙古、山东、山西、河南、河北、北京、天津、江苏、湖北、安徽、陕西、甘肃等 13 个省、自治区、直辖市均有分布，其中以旱作区域中有机质较为缺乏、土质较为疏松的粉沙壤土和粉沙黏壤土地带发生较重，是我国中部和北部旱作地区的重要地下害虫。

二、发生条件

1. 土壤温度

土壤温度能影响金针虫在土中的垂直移动和危害时期。沟金针虫在北京地区 3 月下旬10cm 土温 6.8~12℃，幼虫到达小麦根下，正值冬麦返青，开始危害，4 月上、中旬土温11.7~19.8℃，正是春播末期，是沟金针虫危害春播作物的一次高峰。5 月上旬土温升至19.1~23.3℃，幼虫开始向 13~17cm 深处下移，一旦温度稍低而表土湿润，仍能上移。6 月份土温达 22~32.1℃，幼虫即深入土中越夏，待 9 月下旬至 10 月上旬，6.5~10cm 深处土温约 7.8℃左右，幼虫又回升到 13cm 以上土层活动危害，为一年中第 2 次危害高峰。细胸金针虫适宜于较低温度，早春活动较早，秋后也能抵抗一定的低温，所以危害期较长。在陕西，越冬成虫当 10cm 土温平均 7.6~11.6℃，气温 5.3℃时开始出土活动，4 月中、下旬 10cm 土温平均达 15.6℃，气温 13℃左右时，是越冬成虫活动盛期。2 月中旬当 10cm 土温平均达 4.8℃时，便有 16.2%的越冬幼虫上升到表土层危害。秋季危害时间也较长，直到 12 月中旬，旬平均气温降至 1.3℃，10cm 土温下降到 3.5℃时幼虫下移越冬。在黑龙江省佳木斯 5 月下旬 10cm 处土温 7.8~12.9℃时，是幼虫危害盛期，当土温超过 17℃时，幼虫向深层转移。

2. 土壤湿度

沟金针虫适于旱地，但对水分也有一定的要求，其适宜的土壤湿度为 15%～18%。在干旱平原，如春季雨水较多，土壤墒情较好，危害加重。如 3～4 月表土过湿，幼虫向深处移动。细胸金针虫不耐干燥，要求较高的土壤湿度（20%～25%）。在滨湖和低洼地区洪水过后，受害特重。短期浸水对该虫危害有利。

3. 耕作栽培制度

精耕细作地区一般发生较轻。耕作对金针虫有机械损伤，且能将土中虫体翻至土表，使其遭受不良气候影响和天敌侵袭而增加其死亡率。田间间作、套作，由于犁耕次数较少，金针虫危害往往较重。土地长期不翻耕，对金针虫发生造成有利条件，如多年生首蓿地改种禾谷类作物后，金针虫发生密度往往较大。在未经开垦的荒地，由于杂草多，饲料充足，又无犁耕影响，适于金针虫的繁殖。因此，接近荒地或新开垦的土地，虫口量较大，开垦年限越长，虫口有渐少的趋势。

三、形态特征与生物学特性

（一）沟金针虫

1. 形态特征

（1）成虫。体长，雌虫 14～17mm（彩图 4 - 30），雄虫 14～18mm；体宽，雌虫 4～5mm，雄虫 3.5mm。成虫浓栗色，无光泽，全身密生金黄色细毛。前胸背板宽大于长，中央具微细纵沟。雌虫触角 11 节，略呈锯齿形，约为前胸长的 2 倍；雄虫触角 12 节，丝状，长可达鞘翅末端。

（2）卵。椭圆形，乳白色。

（3）幼虫。体长 20～30mm，宽 4～5mm。体形较宽，扁平，每节宽大于长。胸腹背面正中具 1 纵沟。体黄褐色，尾节深褐色，末端二分岔，岔内侧各有 1 小齿。

（4）蛹。裸蛹，纺锤形，长 15～22mm，初呈绿色，后变浓褐色。

2. 生活史与生活习性

2～3 年完成 1 代。适生于干旱区域，以成虫和各龄幼虫越冬。次年 4 月中旬至 5 月上、中旬为活动盛期。白天潜伏于表土内，夜间出土交配、产卵。每雌虫平均产卵 90 粒。雄虫有趋光性。10cm 土温 6.7℃时幼虫开始活动，9.2℃时开始危害，15.1～16.6℃时危害最重。土温升高至 19.1～23.3℃时，幼虫潜入深土层中越夏。老熟幼虫 8 月下旬至 9 月上旬筑土室化蛹，20d 左右羽化为成虫，当年在土中越冬。来年春天活动。雌、雄成虫晚间在地面活动、交尾，卵产于土中 3～7cm 深处。成虫寿命 220d 左右，有假死性。雄虫交尾后 3～5d 即死去，雌虫产卵后不久也死亡。卵经过 1 个月左右孵化成幼虫。幼虫期特长，约 2 年半以上。沟金针虫在土壤中活动与土壤湿度有密切关系。据在北京观察，沟金针虫在 10 月下旬已潜入土壤深处越冬，11 月下旬 10cm 土层温度 1～5℃时大部分在土下 27～33cm 处，来年 3 月中旬土表解冻，10cm 处平均地温 6～7℃开始活动。4 月上、中旬土温 15.1～16.6℃危害最烈，5 月上旬土温达到 19.1～23.3℃向 13～17cm 处栖息，6 月份 10cm 土温平均 28℃，回到深土层越夏。9 月下旬和 10 月上旬土温降到 18℃左右，金针虫又上升至表土层危害。早春多雨，土壤湿润，有利幼虫活动。干旱年份，土表水分缺乏，不利其活动。在土表过湿情况下幼虫向下移动，停止危害。

（二）细胸金针虫

1. 形态特征

（1）成虫。体黄褐色，有光泽，长 8～9mm，宽 2.5mm，全部密生灰色短毛，前胸背板长大于宽，鞘翅上有 9 条纵列刻点（彩图 4-31）。

（2）卵。圆形，乳白色。

（3）幼虫。体细长，圆筒形，淡黄褐色。长 33mm，宽 1～3mm。尾节圆锥形。背面近前缘两侧各有褐色圆斑 1 个，并有 4 条褐色纵纹。

（4）蛹。裸蛹。长纺锤形，乳白色，长 8～9mm。

2. 生活史与生活习性

在河北、陕西一带，大多二年完成 1 代。以成虫和幼虫越冬，但以幼虫居多。在田间 7 月中、下旬土温 7～11℃时活动最烈，土温超过 17℃时，向土壤深处移动。成虫趋光性弱，有假死性和很强的叩头反跳能力，白天多潜伏在土表层，夜晚出来活动。5 月上、中旬为产卵盛期。卵产于土表层。5 月下旬到 6 月上、中旬为卵孵化盛期。幼虫活泼，有自残习性。幼虫孵化后开始危害花生等作物，直至 12 月下旬才下移至深土层越冬。翌年，早春幼虫即可开始活动，老熟幼虫 6 月中、下旬逐渐下移至 15～30cm 深的土层中做土室化蛹，7 月份为化蛹盛期。幼虫喜低温，土壤湿度大有利于细胸金针虫的生长发育，所以沿河地区分布多。金针虫的生活史很长，常需 2～5 年才能完成 1 代，以各龄幼虫或成虫在 15～85cm 的土层中越冬。在整个生活史中，以幼虫期最长。

四、虫情调查及预测方法

每年春播期或秋季收获后至结冻前，选择有代表性地块，按不同土质、地势、茬口、水浇地、旱地分别挖土取样调查。采用平行线或棋盘式 10 点随机取样法，每点 50cm×50cm、深 30～60cm。当虫口密度大于 3 头/m² 时，确定为防治田块。防治指标：当田间调查金针虫数量达 45 000 头/hm² 时，应采取药剂防治措施。

五、防　　治

（1）秋末耕翻土壤。实行精耕细作。

（2）合理轮作倒茬。实行禾谷类和块根、块茎类大田作物与棉花、芝麻、油菜、麻类等直根系作物轮作。有条件的地区实行水旱轮作，是减轻金针虫危害的有效措施。

（3）种子处理。种子药剂处理方法参见蛴螬类防治方法中的种子处理。

（4）土壤处理。播种前，用 3%米乐尔颗粒剂与细土、细粪混匀成毒土或毒粪，撒在播种沟（穴）或定植穴内。也可用毒土盖种。

（5）药液灌根。用20％好年冬乳油1 500倍液灌根，对金针虫有特效。其他药剂参见蛴螬类防治方法中的药液灌根。

（6）堆草诱杀细胸金针虫。在田间堆放8～10cm厚新鲜略萎蔫的小草堆，每公顷750堆，在草堆下撒施少许5％敌百虫粉或2％甲基异柳磷粉、5％乐果粉，诱杀细胸金针虫效果良好。

第五节 地 老 虎

地老虎（彩图4-32左）是鳞翅目夜蛾科切根夜蛾亚科昆虫的总称。别名土蚕、地蚕、切根虫等。其种类多、分布广、危害重。我国已鉴定的地老虎有170余种。危害花生（彩图4-32右）的主要是大地老虎、黄地老虎和小地老虎3种。

一、大地老虎

从分布来看，大地老虎（*Agroris tokionis* Butler）没有小地老虎广泛，但在局部花生产区所造成的损失较重，生产上应引起重视。

（一）分布与危害

主要分布于河南省各地，属多食性害虫。幼虫咬食花生幼苗的嫩茎叶，使整株死亡，常给花生造成严重损失。除危害花生外，还危害小麦、谷子、玉米、甘薯等其他作物根茎，形成缺苗断垄，直接影响产量。

（二）形态特征

1. 成虫

头、胸部黑褐色，体长20～23 mm。翅展52～62mm。腹部、前翅灰褐色，自前缘基部至2/3处黑褐色，环状纹、肾状纹、棒状纹明显，无楔形黑斑。前翅与小地老虎相似，但没有楔形纹，外缘部分多为灰色；后翅褐色，外缘有宽黑褐色边。雌虫触角丝状，雄虫羽毛状。

2. 卵

半球形。初产时淡黄色，后渐变为米黄色，孵化前为灰黑色。

3. 幼虫

老熟幼虫体长40～60mm，黑褐色，体表多皱纹，颗粒不明显。头部褐色，中央具黑褐色纵纹1对，额（唇基）三角形，底边大于斜边，各腹节2毛片与1毛片大小相似。气门长卵形，黑色，臀板除末端2根刚毛附近为黄褐色外，几乎全为深褐色，且全布满龟裂状皱纹。臀板深褐色。

4. 蛹

体长23～29mm。头部唇基三角形底边大于斜边，蜕裂线两臂在颅顶不与颅中沟相连。腹部第 1～8 节背面 4 个毛片，前 2 个与后 2 个大小几乎相同。臀板几乎全为深褐色的一整块密布龟裂状的皱纹板。第 5 至第 7 腹节刻点环体 1 周，背面和侧面刻点大小相同。

(三) 生活史与生活习性

大地老虎一年完成 1 代。一般以 2～3 龄幼虫在土表或草丛下越冬。5 月下旬在 20～30cm 的深土层中做土室夏眠，9 月底化蛹，10 月中、下旬羽化后产卵。卵散产于土表或植物茎叶上。

河南省每年发生 1 代。以 3～6 龄幼虫在土表或草丛中潜伏越冬。越冬幼虫 4 月份开始危害，6 月中、下旬老熟幼虫在土壤 3～5cm 深处筑土室越夏。越夏幼虫对高温有较高的抵抗力，但由于土壤湿度过干或过湿或土壤结构受耕作等生产活动、田间操作所破坏，越夏幼虫死亡率很高。越夏幼虫至 8 月下旬化蛹，9 月中、下旬羽化为成虫。每雌产卵 1 000 粒左右，散产于土表或生长幼嫩的杂草茎叶上。卵期 11～24d，孵化后，常在草丛间取食叶片，气温上升到 6℃ 以上时，越冬幼虫仍活动取食。抗低温能力较强，在 −14℃ 下越冬幼虫很少死亡。幼虫期逾 300d。

(四) 发生条件

大地老虎适宜的生活环境是田间湿度较大、气温较暖、苗嫩的作物田。如氮肥使用过多，生长过嫩，氮肥使用过迟，贪青徒长，开花吐絮期延长，温暖多湿或时晴时雨，有利大地老虎繁殖。头年秋、冬，干旱、温暖、雨雪少，连作地、田间及四周杂草多，栽培过密，通风透光差，管理粗放，有利大地老虎发生。

(五) 虫情测报与防治指标

对成虫的测报可采用黑光灯或蜜糖液诱蛾器。在华北地区春季自 4 月 15 日至 5 月 20 日设置，如平均每日每台诱蛾 5～10 头以上，表示进入发蛾盛期，蛾量最多的一天即为高峰期，过后 20～25d 即为 2～3 龄幼虫盛期，为防治适期。诱蛾器如连续 2 天在 30 头以上，预示将有大发生的可能。对幼虫的测报采用田间调查的方法，如每平方米有幼虫 0.5～1 头或百株花生幼苗上有虫 3～6 头，即应防治。

地老虎 1～3 龄幼虫期抗药性差，且暴露在寄主植物或地面上，是药剂防治的适期。

(六) 防治

1. 农业防治

早春清除田间及周围杂草，防止地老虎成虫产卵是关键。如已产卵并发现 1～2 龄幼虫，则应先喷药后除草，以免个别幼虫入土隐蔽。清除的杂草，要远离菜田，沤粪处理。

水旱轮作或浇水。实行水旱轮作可消灭多种地下害虫，在地老虎发生后及时灌水可收到一定效果。

2. 诱杀成虫

(1) 利用糖醋酒液或甘薯发酵液诱杀成虫。糖 6 份、醋 3 份、白酒 1 份、水 10 份、90％敌百虫 1 份，调匀，或用泡菜水加适量农药，在成虫发生期设置，均有诱杀效果。某些发酵变酸的食物，如甘薯、胡萝卜、烂水果等加入适量药剂，也可诱杀成虫。

(2) 用鲜草诱杀成虫。可选择地老虎喜食的灰菜、刺儿菜、苦荬菜、小旋花、苜蓿、艾蒿、青蒿、白茅、鹅儿草等柔嫩多汁的鲜草，每 25～40kg 鲜草拌 90％敌百虫 250g，加水 0.5kg，每公顷用 225kg，黄昏前堆放在苗圃地上诱杀成虫。

(3) 用泡桐叶或莴苣叶诱杀成虫。每天清晨翻开树叶捕捉，或在泡桐叶、莴苣叶上喷 100 倍敌百虫液诱杀成虫。

(4) 人工捕杀幼虫。清晨在受害苗周围或沿着残留在洞口的被害茎叶周围，将土拨开 3～5cm 深，即可发现幼虫，并在幼虫盛发期晚 8～10 时捕杀。

3. 药剂防治

(1) 毒土。75％辛硫磷乳油 0.5g，加少量水，喷拌细土 120～170kg，施用 300kg/hm²。也用 3％林丹 G 22.5kg/hm² 加土375～450kg，撒在苗周围。

(2) 喷施药液。可喷 800 倍液 90％敌百虫或 1 000 倍液 50％敌敌畏、3 000～5 000 倍液 2.5％溴氰菊酯、21％灭杀毙（增效氰马）800 倍液、2.5％溴氰菊酯或 20％氰戊菊酯 3 000 倍液、90％敌百虫 800 倍液、50％辛硫磷 800 倍液，喷雾。

二、小地老虎

小地老虎（*Agrotis ypsilon* Rottemburg）在我国花生产区分布较广，危害程度也比较重，是生产中不可忽视的害虫之一。

(一) 分布与危害

分布最为广泛。全国各花生产区均有发生。小地老虎常与大地老虎混合发生，但仅在长江沿岸的部分地区发生较重。咬断花生嫩茎或在土中截断幼根，造成缺苗断垄，个别还能钻入荚果内取食籽仁。食性杂，除危害花生外，还能危害小麦、玉米、高粱、棉花、甘薯、苘麻、春麦、绿肥和蔬菜等多种作物。

随着作物布局、间套复种、水肥管理等种植技术改革，田间小气候改变，小地老虎有向平原扩散的趋势，特别是棉、麦，棉、豌豆，棉、油菜，棉、绿肥间作套种的地块和"三种三收"套种春玉米的地块，发生危害较重。

(二) 形态特征

1. 成虫

体黑褐色，长 17～23mm。翅展 42～54mm。前翅黑褐色，亚外缘线外、中、内明显，翅面从内向外各有 1 个棒状纹、环状纹和肾状纹，肾状纹的外侧有 1 条黑色楔状纹。后翅灰白色，翅脉及边缘褐色。

2. 卵

半球形。初产时乳白色，后渐变为淡黄色、黄褐色。孵化前灰褐色，卵顶出现黑点。

3. 幼虫

共 6 龄。老熟幼虫体长 37～47mm，头宽 3～3.5mm，黄褐色至暗褐色，有明显灰黑色背线。体表粗糙，布满黑色颗粒状突起。臀板淡黄褐色至深黄褐色。

4. 蛹

体长 18～24mm，宽 6.5～7.0mm，红褐色至暗褐色。第 4～7 腹节背面有明显刻点。腹部末端有 1 对臀刺。

（三）生活史与生活习性

小地老虎属迁飞性害虫，各个虫态都不滞育，只要温度等条件适宜即可生长发育，气温低于 8℃时生长缓慢。幼虫、蛹和成虫都可越冬。我国从北到南一年可以完成 2～7 代。年发生代数由北至南不等，黑龙江 2 代，北京 3～4 代，江苏 5 代，福州 6 代。越冬虫态、地点在北方地区至今不明。据推测，春季虫源系迁飞而来。在长江流域能以老熟幼虫、蛹及成虫越冬。在广东、广西、云南则全年繁殖危害，无越冬现象。

3 月初前后，各地相继出现越冬代成虫。成虫对黑光灯及糖醋酒等趋性较强，并喜食甜酸食料。成虫夜间活动、交配、产卵。越冬代成虫喜欢在小旋花、小蓟、藜、猪毛菜等杂草、绿肥以及土块和干草上产卵，尤其在贴近地面的叶背或嫩茎上。卵产在 5cm 以下矮小杂草上，每头雌虫平均产卵 800～1 000 粒，多散产。卵经 7～14d 孵化为幼虫。1～2 龄幼虫剥食作物嫩叶或咬成缺刻。幼虫共 6 龄，3 龄前在地面、杂草或寄主幼嫩部位取食，危害不大。3 龄以后开始扩散，白天潜伏于土表下，晚间出来危害，行动敏捷，性残暴，能自相残杀。老熟幼虫有假死习性，受惊缩成环形。幼虫发育历期 15℃ 67d、20℃ 32d、30℃ 18d，蛹发育历期 12～18d，越冬蛹则长达 150d。

（四）发生条件

小地老虎喜温暖及潮湿的条件。最适发育温度 13～25℃。在河流湖泊地区或低洼内涝、雨水充足及常年灌溉地区，土质疏松、团粒结构好、保水性强的壤土、黏壤土、沙壤土均适于小地老虎发生。尤其在早春菜田及周缘杂草多，可提供产卵场所，蜜源植物多，可为成虫提供补充营养的情况下，将会形成较大的虫源，发生严重。土壤湿度对小地老虎的发生影响很大，土壤潮湿、植被茂密发生危害严重。

（五）虫情测报与防治指标

1. 看卵色，查孵化情况，定防治适期

根据测报站（点）预报，在卵高峰后 2～5d，选择常年发生小地老虎较重的春田 2～3 块进行调查。每块地随机取样 9 点，每点 0.11m²，共 1m²。选好点后，趴在地上仔细察看点内作物幼苗、杂草、干草棒、根茬和土块上的卵和幼虫，然后查找杂草叶片背面的卵和幼虫。当发现初龄幼虫危害状（啃食背面叶肉，留下上表皮）时，要在植株及其周围细查幼虫；最后再用镊子将杂草逐棵拔起，查叶片反面漏查卵粒；将点内表土翻一指深，查找潜藏幼虫。小地老虎卵在发育过程中呈现不同的色泽，可分5级记载。根据调查幼虫头数和各级卵粒数，推算孵化率80％的日期，即为防治适期。

推算方法：先分别把调查的幼虫头数和各级卵粒数换算成所占总卵、总虫数的百分比，然后从幼虫开始先加卵的最后一级，顺序向前依次相加，加到80％左右的级别为止。从表中查出最后相加的一级卵距孵化的天数，即为调查日期距防治适期的天数。

例如4月12日调查卵、虫69粒（头），其发育分级如下：

0级卵13粒，占18.84％；

1级卵7粒，占10.14％；

2级卵17粒，占24.64％；

3级卵21粒，占30.43％；

4级卵5粒，占7.25％；

幼虫6头，占8.70％。

计算孵化率80％的日期，即＝81.16％。一级卵距孵化天数是8.5d。从调查日期4月12日向后推8.5d，即4月21日为孵化率81.16％的时间。一般幼虫3龄以前是小地老虎的防治适期。

2. 查卵、虫密度，定防治地块

进入防治适期，立即对春田进行普查，调查方法同1。如果一块地内查9点都未找到卵和幼虫，应再查9点，记载卵粒数和幼虫头数。棉花、甘薯每平方米有卵、虫0.5头（粒），高粱、玉米1头（粒），苘麻、红麻、芝麻2头（粒），春麦、绿肥5～10头（粒），定为防治地块。

（六）防治

1. 农业防治

根据测报站（点）预报，从卵高峰后至孵化盛期，早春铲除田间及其周围和田埂刺儿菜、小旋花、灰藜等杂草，拾净残茬干草棒，进行耕、耙、耢、耘、锄，消灭卵和初孵幼虫。春耕耙地，秋翻晒土及冬灌，杀灭虫卵、幼虫和部分越冬蛹。

2. 诱杀成虫

利用成虫的趋光性，用多佳牌频振灯诱杀成虫。也可用3∶4∶1∶2的糖、醋、酒、水诱液加少量敌百虫诱杀成虫。

3. 药剂防治

准备开展生防的田块和"三种三收"套种玉米的大田，应采用撒毒土、毒饵的方法，尽量避免杀伤天敌。单作春播作物可采用地面喷粉。

地面喷洒药液粉：48％乐斯本EC 900～1 000ml/hm² 或2.5％敌百虫粉（有高粱的区域禁止使用）45kg/hm²，在小地老虎2龄前，喷于地表。

毒饵诱杀：用30％敌百虫EC 10g，加少许水溶解，均匀喷在5kg碎菜叶上，充分拌匀，于出苗前傍晚顺垄撒于花生根际地面，诱杀幼虫。

三、黄地老虎

黄地老虎（*Euxoa segetum* Schiffer-Muller）是北方花生产区主要害虫之一。随着生产环境的改变，现在我国大部分花生产区均有不同程度危害。

（一）分布与危害

黄地老虎为多食性害虫。1～2 龄幼虫在植物幼苗顶心嫩叶处昼夜危害，3 龄以后幼虫开始扩散。白天潜伏在被害作物或杂草根部附近的土层中，夜晚出来危害。幼虫老熟后多在翌年春上升到土壤表层作土室化蛹。在华北花生产区，以第 1 代幼虫危害棉花、玉米、高粱、稷子、芝麻等各种春播农作物的幼苗最严重。1～2 龄幼虫在植物幼苗顶心嫩叶处昼夜危害。3 龄以后从接近地面的茎部蛀孔食害，造成枯心苗。4 代幼虫危害油菜，常切断幼苗近地面的茎部，造成切叶、截头、枯心，缺苗断垄，甚至翻耕毁种。据新疆观察，黄地老虎一般以第 1 代幼虫危害最重，危害期在 5～6 月份，如内蒙古在 5～6 月、新疆莎车在 5 月下旬至 6 月上旬危害花生等春播作物，新疆玛纳斯一带约迟 1 旬以上。

黄地老虎分布相当普遍，以北方各省较多。主要危害地区在雨量较少的草原地带，如新疆、华北地区、甘肃河西地区以及青海西部常造成严重危害。20 世纪 70 年代以前黄地老虎主要分布于西部的干旱地区，近年来逐渐向东、向北推移，已成为江苏、山东、河南、河北等花生主产区的优势种。在黄淮地区黄地老虎发生比小地老虎晚，危害盛期相差半个月以上。

（二）形态特征

1. 成虫

体黄褐色，长 14～19mm，翅展 32～43mm。前翅黄褐色，散布小黑点，前翅亚外缘线外、中、内不明显，棒状纹、环状纹和肾状纹清晰可见，各围以黑褐色边。后翅白色，半透明，翅脉及前缘黄褐色。雌蛾触角丝状，雄蛾前端 2/3 为羽毛状。

2. 卵

半球形，底平，直径约 0.5mm。卵面有 16～22 条较粗纵脊线，不分岔。初产时乳白色，后渐变为淡黄色、紫红色、灰黑色，孵化前变为黑色。

3. 幼虫

与小地老虎相似。但老熟幼虫体长 33～43mm，黄褐色，体表颗粒不明显，有光泽，多皱纹。腹部背面各节有 4 个毛片，前方 2 个与后方 2 个大小相似。臀板中央有黄色纵纹，两侧各有 1 个黄褐色大斑。腹足趾钩 12～21 个。多数为 6 龄，少数 7 龄。

4. 蛹

体长 15～20mm，宽 7mm 左右。初化蛹淡黄色，后变黄褐色、深褐色。第 5 至第 7 腹节背面和侧面有相似的小刻点，腹部末节有臀刺 1 对。

（三）生活史与生活习性

成虫昼伏夜出。在高温、无风、空气湿度大的黑夜最活跃，有较强的趋光性和趋化性。产卵前需要丰富的补充营养，能大量繁殖。黄地老虎在华北地区每年发生 3～4 代，在黑龙江、辽宁、内蒙古和新疆北部一年发生 2 代，甘肃河西地区 2～3 代，新疆南部 3 代，陕西 3 代。在福建省等无越冬现象的南方地区一年发生 5 代以上。大多以 3 龄以下老熟幼虫越冬。越冬场所为麦田、绿肥、草地、菜地、休闲地、田埂以及沟渠堤坡附近。一般田埂密度大于田中，向阳面田埂大于向阴面。也有以蛹和低龄幼虫越冬的现象。在河北、河南、山东、安徽等花生产区，越冬代黄地老虎 3 月下旬至 4 月中、下旬气温回升，开始活动，陆续在土表 3cm 左右深处化蛹。越冬幼虫化蛹直立于土室中，头部向上，蛹期20～30d。4～5 月为各地羽化盛期。成虫羽化后经 3d 左右取食，补充营养并交尾产卵，卵高峰期一般出现在 5 月上旬。单雌虫产卵 300～600 粒，多散产。在山东等地，第 1 代卵平均历期 7～9d，多于黄昏时孵化为幼虫，幼虫 3 龄后潜入土中活动，能咬断花生基部果枝，夜间出土转移危害。黄地老虎耐低温，气温下降到 2℃时才进入越冬期。

陕西（关中、陕南）第 1 代幼虫出现于 5 月中旬至 6 月上旬，第 2 代幼虫出现于 7 月中旬至 8 月中旬。越冬代幼虫出现于 8 月下旬至翌年 4 月下旬。卵期 6d。1～6 龄幼虫历期分别为 4d、3.5d、4.5d、5d、9d，幼虫期共 30d。卵期平均温度 18.5℃，幼虫期平均温度 19.5℃。产卵前期 3～6d。产卵期 5～11d。

甘肃（河西地区）4 月上、中旬化蛹，4 月下旬羽化。第 1 代幼虫期 54～63d，第 2 代 51～53d，第 2 代后期和第 3 代前期幼虫 8 月末发育成熟，9 月下旬起进入休眠。

新疆（莎车地区）4 月下旬发蛾，第 1 代幼虫于 5 月上旬孵化，6 月上旬化蛹。化蛹深度 3cm 左右。蛹期在温度 14～15℃时 34～48d，23～24℃时 14～16d。每年有 3 次发蛾高峰期，第 1 次在 4 月下旬至 5 月上旬，第 2 次在 7 月上旬，第 3 次在 8 月下旬。

（四）发生条件

黄地老虎的发生受气候条件影响较大。卵期长短因温度变化而异，一般 5～9d，如温度在 17～18℃时为 10d 左右，28℃时只需 4d。黄地老虎严重危害地区多系比较干旱的地区或季节，如西北、华北等地。但十分干旱的地区发生也很少，一般在上年幼虫休眠前和春季化蛹期雨量适宜才有可能大量发生。新疆大田发生严重与否和播期关系很大。春播作物早播发生轻，晚播重；秋播作物早播重，晚播轻。其原因主要是播种灌水期是否与成虫发生盛期相遇。新疆墨玉地区经验，5 月上旬无雨，是导致春季黄地老虎严重发生的原因之一。

（五）虫情测报与防治适期

通常根据虫态发育进程来推测最佳防治适期。最常用的是根据卵的孵化率，结合被害株情况来确定。根据虫口密度结合被害情况确定防治地块。

1. 看卵色，查孵化，定防治适期

根据测报站（点）预报，在卵高峰后 2～3d，选常年发生黄地老虎较重的棉田和其他春播作物 2～3 块进行调查。方法同小地老虎。分别卵色记载各级卵数和幼虫数。推算孵化率达 70％的日期，即为防治适期。

2. 查幼虫密度，定防治地块

进入防治适期，对春田进行普查。方法同小地老虎。黄地老虎由于受 5 月中、下旬干旱、高温的影响，初孵幼虫成活率较低，确定防治地块主要以幼虫密度为标准。每平方米田地有虫 0.5～1 头，定为防治地块。但对卵量较大的地块 5～7d 后要再普查一次，如幼虫密度达上述指标，仍应定为防治地块。

3. 查最新被害株，定防治适期和地块

黄地老虎幼虫危害状因不同作物而异。1 龄幼虫啃食叶肉，留下表皮，造成小米粒大小的伤痕；2 龄幼虫吃成绿豆粒大小的透明窗或孔洞；3 龄幼虫咬成缺刻状，有的可咬断嫩顶；4 龄以后咬破叶片，截断幼苗。有的 2 龄末期，转入根际土下，3 龄后从根际吃成孔洞，造成枯心苗或啃食气生根。

5 月初开始，3d 普查一次，到防治时止。每块地取 5 点，每点查 20～40 株，共100～200 株，以早晨调查最好，仔细检查叶片和心叶上低龄幼虫新鲜危害状，记载被害株。同时，扒出幼虫，记载虫龄。要注意剔除金花虫、网目拟地甲及大灰象甲等其他昆虫的危害株。当百株最新被害株达 3％～5％，定为防治适期和地块。

以上 2 种查定方法，可因地制宜任选一种。杂草较多的地块，因黄地老虎低龄幼虫喜食杂草，作物被害株较少，采用查卵、虫的方法比较准确。

（六）防治

1. 农业防治

（1）除草灭虫。杂草是地老虎产卵寄主和初龄幼虫的重要食料。清除田间杂草可消灭大量卵和幼虫，减少幼虫早期食料来源。清除杂草在春播作物出苗前或 1～2 龄幼虫盛发时进行。

（2）灌水灭虫。有条件的地区，在地老虎发生后，根据作物种类及时灌水，可收到一定效果。新疆结合秋耕进行冬灌，消灭越冬幼虫，可减轻来年的发生危害。

（3）铲埂灭蛹。这是新疆防治黄地老虎的成功经验。田埂面积虽小，却聚积了大量的幼虫，只要铲除 3cm 左右一层表土，即可杀死很多蛹。铲埂时间以黄地老虎化蛹率达90％时进行为宜，要在 57d 内完成。

（4）调整作物播种时期。适当调节播种期，可避过地老虎危害。新疆地区冬小麦一般以 8 月份播种的受害最重，墨玉地区 4 月上旬播种的玉米受害轻。应根据当地实际情况酌情采用。

2. 物理防治

（1）种植诱杀作物。可根据成虫发生早晚，利用其喜食蜜源植物的习性进行诱杀。在地中套种芝麻、谷子、红花草等，可诱集地老虎产卵，减少药治面积。河北省经验，2 行芝麻约负担 2.7～3.3hm² 作物的诱虫任务。

（2）诱杀器防治。用糖醋液诱杀器或黑光灯诱杀成蛾，或用鲜草 50kg 加 90％敌百虫0.5kg 于傍晚撒于田间诱杀。此外，可根据地老虎 3 龄后危害造成掉枝的特点，于清晨人工捉虫。

（3）生防田可采用泡桐叶诱杀的方法。河南省经验，每公顷放被水浸湿的泡桐叶1 050～1 350片，每天清晨捕杀幼虫，一次放叶效果可保持4～5d。把泡桐叶放在90％敌百虫150倍液中浸透（据汶上经验，也可用90％敌百虫1 000倍液浸泡），每公顷放1 200～1 700片，持效期7d左右。

3. 药剂防治

（1）拌种。新疆用75％辛硫磷乳油按棉种干重的0.5％～1％浸种，效果良好。

（2）毒土。每公顷用2.5％敌百虫粉30kg加细土300kg混匀，撒在心叶里。

（3）喷粉。春播玉米可用2.5％敌百虫粉，用量30～37.5kg/hm^2。

（4）喷雾。地老虎3龄前，可喷洒90％敌百虫800～1 000倍液或20％蔬果磷300倍液、50％地亚农1 000倍液等。另外，也可在幼虫孵化时喷施50％辛硫磷或2.5％溴氰菊酯等1 000倍液。

（5）毒饵。用90％敌百虫5kg加水3～5kg，拌铡碎的鲜草或鲜菜叶50kg，配成青饵，傍晚撒在植株附近诱杀。

（6）药液灌根。用80％敌敌畏或50％地亚农、50％辛硫磷等，每0.2～0.25kg加水400～500kg，灌根。

第六节　蟋　蟀

蟋蟀（彩图4 - 33），属直翅目，蟋蟀科。俗名土猴、大土狗等。危害花生的主要种类是大蟋蟀（*Brachytrupes portentosus* Lichtenstein）和油葫芦（*Teleogryllus emma*）。

（一）分布与危害

大蟋蟀为典型的南方性地下害虫。主要分布于广东、广西、云南、福建、台湾、江西等省、自治区。食性很杂。危害花生、大豆、芝麻、瓜类、甘蔗、玉米、棉花、烟草、黄麻、茄子、柑橘、梨、桑、茶、松等农作物和树木幼苗的茎、叶、果实、种子和根部，常造成幼苗枯死。油葫芦分布广泛，是北方花生产区重要害虫之一。主要危害花生叶、茎及嫩根，发生猖獗的地块可造成灾害。除危害花生外，还危害甘薯、豆类及蔬菜等作物。

（二）形态特征

1. 大蟋蟀

（1）成虫。体长30～41mm，黄褐、棕褐或黑褐色。头部半圆形，复眼间具丫形纹。触角丝状，约与身体等长。前胸背板前方膨大，又以雄虫为甚，前缘较后缘宽，中央有1纵沟，两侧有桃形斑块，色较浅。后足腿节发达，显著长于胫节，胫节粗，具2列4～5个刺突，端距4根。腹部尾须长而稍大。雌虫产卵管短于尾须。

（2）卵。长4～6mm，肾形。初产青灰色，渐变土黄色，孵化前变淡黄色，卵面光滑，微透明。

（3）若虫。外形与成虫相似，但体色较浅，深褐至浅黄色，随所栖土色深浅而变化。6～11龄，各地不一。7龄时，3龄始见雌虫产卵瓣，4龄产卵瓣的背、腹瓣始见结合，但未伸达肛门，5龄产卵瓣已达肛门，并始见翅芽，6龄产卵瓣已达腹末，7龄产卵瓣超过腹末。

2. 油葫芦

（1）成虫。体较狭长，19～24mm，背面黑褐色，有光泽，腹面黄褐色。头顶黑色，复眼内缘、头部及两颊黄褐色。前胸背板有2个月牙纹，中胸腹板后缘中央有小切口。前翅淡褐色，有光泽，后翅尖端纵褶露出腹端很长，形如尾须。后足褐色，强大，胫节有距6个，具刺6对。产卵管甚长，褐色，微曲。尾须褐色。

（2）卵。长2.5～4mm，略长筒形，乳白色微黄，表面光滑。

（3）若虫。共6龄。体长21～22mm，背面深褐色，前胸背板月牙纹明显。雌、雄若虫均具翅芽，雌若虫产卵管较长，露出尾端。

（三）生活史与生活习性

1. 大蟋蟀

一年发生1代。以3～5龄大、中若虫在土穴中越冬。广州3月开始活动，3～5月危害最烈，6～7月成虫陆续出土，7～8月在穴中交尾、产卵。卵堆产，每堆20～100余粒，约经25d孵化。若虫初孵化时较集中，后分散各自筑穴。夜出危害，咬食近地面花生及其他植物幼嫩部分，并拖回穴内嚼食。若虫和成虫白天在穴中，平均每5～7d出穴一次，以晴天雨后出穴最盛。雄虫好斗，常于黄昏时振翅高鸣求偶。大蟋蟀喜干燥，湿地或黏土地发生少。洞口有松土。幼龄穴浅，老龄穴深；暖季穴浅，冷季穴深。一般多在0.67m以下。

2. 油葫芦

一年发生1代。以卵于土中越冬。在山东、河北、陕西、北京等省、直辖市，越冬卵于4月底或5月下旬开始孵化，5月份为若虫出土盛期，6月中、下旬进入3龄盛期，立秋后进入成虫盛期。9月至10月上、中旬为产卵盛期，10月中、下旬以后成虫陆续消亡。卵于土中越冬。安徽淮北一带于5月中旬孵化，9月上、中旬为成虫发生盛期，9月中旬左右成虫开始产卵。江苏常州一带8～9月份发生严重。成虫、若虫白天隐藏于杂草、砖石、土块及田间裂缝中，夜出活动，取食或交配，尤以午夜活动最盛。低龄若虫昼夜均能活动，4龄后白天隐藏，夜间危害。成、若虫均喜群栖。成虫对黑光灯具有较强的趋光性，对萎蔫的杨树枝叶、泡桐叶等也有较强趋性。成虫有多次交尾习性，交配采用背负式，雌上雄下。卵产于成虫常活动场所，不结块，常4～5粒成堆，位于土下2～3cm。产在地表面的卵不能孵化。成虫有筑穴习性，雌雄虫同穴，有时自相残杀。

（四）防治

1. 毒饵诱杀

用50％辛硫磷可湿性粉剂1份，与炒香的米糠5份拌匀后，再加适量水调成毒饵，制成黄豆大小的颗粒，傍晚撒入穴洞的附近，虫夜间出洞，取食后中毒死亡。

2. 农业防治

秋季花生收后，进行 1～2 次犁地、耙地，把越冬幼虫翻于地上冻死或被鸟吃掉。有条件地区秋耕 30cm，结合冬、春灌水，一般能降低卵孵化率 85％以上。

3. 利用趋性诱杀

利用蟋蟀成虫的趋光性，用黑光灯诱杀。利用蟋蟀喜栖于薄层草堆下的习性，厚度 10～20cm 的小草堆按 5m 一行、3m 一堆均匀地摆放在田间，次日揭草集中捕杀。若在草堆下撒些毒饵效果更好。

第七节 蝼 蛄

蝼蛄（彩图 4-34），属直翅目，蝼蛄科。别名拉拉蛄、蜊蛄、土狗子等。我国已知的蝼蛄有华北蝼蛄（*Gryllotalpa unispina* Saussure）、东方蝼蛄（*G. orientalis* Burmeister）、普通蝼蛄（*G. gryllltalpa* L.）和台湾蝼蛄（*G. formosana* Shiraki）4 种，其中华北蝼蛄和非洲蝼蛄是危害花生的主要种类。

一、分布与危害

蝼蛄是最活跃的地下害虫。食性杂，成、若虫均危害严重。东方蝼蛄在全国均有分布，在华中、华南一带危害较重。华北蝼蛄主要分布于北方盐碱地、沙壤土。在河南、河北、山东、山西、陕西、辽宁、吉林的西部和安徽的部分地区等均有发生。黄河沿岸和华北部分地区常是 2 种蝼蛄混合发生区，但以华北蝼蛄为主。

2 种蝼蛄的成虫和若虫都可在地上和地下危害。危害春播和夏播花生幼苗，特别喜食刚发芽的种子，咬食幼根和嫩茎，受害株的根部呈乱麻状。由于蝼蛄活动，将表土窜成许多隧道，使苗土分离，幼苗生长不良甚至枯萎死亡，造成严重缺苗断垄。温暖湿润、腐殖质多、施未腐熟厩粪地块危害更重。

二、发生条件

1. 土壤类型与降雨和灌水

土壤类型对蝼蛄的分布和虫口密度影响很大。盐碱地虫口密度大，壤土地次之，黏土地最小。靠近村庄的地块一般比远离村庄的地块发生多。水浇地的虫口密度大于旱地。降雨或灌水后 2～3d 的夜晚常严重危害。

2. 作物和茬口对蝼蛄发生危害的影响

蝼蛄危害大田作物，以小麦、谷子受害重；蔬菜以苗床内的菜苗及刚移栽的辣椒、甘蓝、番茄等受害重；水稻育秧苗床和移栽后的水渠两旁稻秧受害也较重。蔬菜、甘蓝、薯类等作物茬口，虫口密度大，高粱次之，谷子最少。

3. 施肥水平

蝼蛄有趋向粪肥等有机质的习性。凡是施用未经腐熟的牲畜粪肥等有机肥料的地块，蝼蛄发生危害比较严重。因此，施用有机肥料，必须腐熟和深施。

4. 温度与湿度

土壤湿度影响蝼蛄的活动。蝼蛄喜湿，土壤湿润有利其活动，危害也较重。一般土壤含水量 22%～27% 是华北蝼蛄的最适活动范围，20cm 表土层含水量达 20% 以上时对东方蝼蛄最为适宜，小于 15% 时则活动减弱。蝼蛄活动受温度（特别是土温）的影响很大。在春、秋两季，当旬平均 20cm 土温达 15～20℃ 时，是华北蝼蛄和东方蝼蛄猖獗危害时期。在一年中 2 种蝼蛄都可形成春季和秋季 2 个危害高峰。在早春，当旬平均气温上升至 2.3℃ 左右，20cm 土温亦达 2.3℃ 左右时，越冬蝼蛄开始苏醒。当旬平均气温达 7.0℃ 左右，20cm 土温达 5.4℃ 左右时，地面开始出现蝼蛄的新鲜虚土隧道。当旬平均气温达 1.5℃ 左右，20cm 土温达 9.7℃ 左右时，地面呈现大量弯曲虚土隧道。夏季当气温达 23℃ 以上时，2 种蝼蛄则潜入较深层土中，一旦气温降低，又再上升至耕作层活动。在秋季，当旬平均气温下降至 6.6℃ 左右，20cm 土温下降至 10.5℃ 左右时，2 种蝼蛄的成、若虫开始潜入深土层越冬。

三、形态特征与生物学特性

（一）东方蝼蛄

1. 形态特征

（1）成虫。体较细瘦，短小，长 30～35mm，前胸阔 6～8mm。体色较深，呈灰褐色。腹部颜色较其他部位浅，全身密布细毛。头圆锥形，触角丝状。前胸背板卵圆形，中央具 1 个凹陷明显的暗红色长心脏形坑斑，长 4～5mm。前翅鳞片化，灰褐色，覆盖腹部的 1/2。前足为开掘足，腹部末端近纺锤形。后足胫节背侧内缘有距 3～4 个。

（2）卵。椭圆形。初产时长 1.5～3.0mm，乳白色，有光泽，后变黄、暗褐色。

（3）若虫。共 6 龄。初孵若虫头、胸细，腹部肥大，乳白色，后变灰褐色。

2. 生活史与生活习性

东方蝼蛄的生活史比华北蝼蛄稍短。华中及南方每年发生 1 代，华北和东北则需 2 年完成 1 代。以成虫和若虫越冬。以成虫和若虫越冬的，在华中地区，越冬成虫于第 2 年 3～4 月开始活动，5～6 月交尾、产卵。越冬若虫 5～6 月羽化为成虫，7～8 月在地下 25～30cm 的土室中交尾、产卵。初孵若虫先食土壤中腐殖质，后分散危害，10 月份开始越冬。东方蝼蛄更喜潮湿，多集中于沿河两岸、池塘和沟渠附近腐殖质较多的地方产卵，适于产卵的土壤 pH6.8～8.1、10～15cm 深处土壤湿度约 22%。每雌虫可产卵 60～80 粒。卵经 21～28d 孵化为若虫。初孵化的若虫先取食土壤中的腐殖质，1～2d 后爬出土面分散危害，10 月份开始越冬。越冬若虫于夏、秋季节羽化为成虫。

（二）华北蝼蛄

1. 形态特征

（1）成虫。体粗壮肥大，长 36～56mm，前胸宽 7～11mm。黄褐色，腹部颜色浅，全身密生细毛。头卵圆形。前翅鳞状，黄褐色，长 14～16mm，覆盖腹部不到 1/3。前足特化为开掘足，前足腿节内侧外缘缺刻明显、腹部末端近圆筒形。后足胫节背侧内缘有距 1～2 个或消失。

（2）卵。初产时长 1.6～1.8mm，乳白色或黄白色，有光泽，后变黄褐色，孵化前变暗灰色。

（3）若虫。初孵化若虫全身乳白色，复眼浅红色，腹部颜色逐渐加深。每蜕 1 次皮增加 1 龄，共 13 龄。

2. 生活史与生活习性

华北蝼蛄生活史很长，约 3 年完成 1 代。以成虫或若虫越冬。在华北地区，越冬成虫于 6 月上、中旬开始在土下 15～25cm 处做土室产卵。适宜产卵的土壤 pH7～7.5，10～15cm 深处的土壤湿度 18％左右。平均每雌虫产卵 300 粒。7 月初卵孵化为若虫。初孵若虫有聚集性，3 龄后分散危害，到秋季达 8～9 龄，深入土中越冬。次春越冬若虫恢复活动继续危害，到秋季达 12～13 龄后又深入土中越冬。第 3 年春又活动危害，夏季若虫羽化为成虫，即以成虫越冬。若虫各龄历期不一，1～2 龄各约 3d，3 龄 5～10d，4 龄 8～14d，5～6 龄 10～15d，7 龄 15～20d，8 龄以上除越冬情况外，每龄 20～30d，羽化前末龄 50～70d。

2 种蝼蛄有着共同的习性。白天隐藏在土壤中，傍晚至夜间活动，有趋光性，在闷热阴天的傍晚及雨后或浇水后活动加强，有趋马粪、土粪及其他有机肥料的习性。初孵若虫有群集性，怕光、怕风、怕水。华北蝼蛄初孵若虫 3 龄后分散危害。蝼蛄对香、甜物质气味有趋性，特别嗜食煮至半熟的谷子、棉籽及炒香的豆饼、麦麸等。此外，蝼蛄对马粪、有机肥等未腐烂有机物有趋性，在堆积马粪、粪坑及有机质丰富的地方，蝼蛄多，可用毒粪进行诱杀。蝼蛄喜欢栖息在河岸渠旁、菜园地及轻度盐碱潮湿地，有"蝼蛄跑湿不跑干"之说。华北蝼蛄多在轻盐碱地内缺苗断垄、无植被覆盖的干燥向阳、地埂畦堰附近或路边、渠边和松软的油渍状土壤中产卵，禾苗茂密、郁闭之处产卵少。在山坡干旱地区，多集中产在水沟两旁、过水道和雨后积水处。产卵前先做卵窝，呈螺旋形向下，内分 3 室，上部为运动室（或称耍室），距地面 8～16cm，一般约 11cm；中间为椭圆形卵室，距地表 9～25cm，一般约 16cm；下面是隐蔽室，供雌虫产完卵后栖居，距地面 13～63cm，一般约 24cm。1 头雌虫通常筑 1 个卵室，也有筑 2 个的。产卵少则数十粒，多则上千粒，平均 300～400 粒。

四、虫情调查及预测方法

1. 目测查虫

在蝼蛄春、秋两季活动初期（春、秋播前），选择代表不同地势、土质、茬口等地块，雨后、浇地后或在上午 10 时前，用棋盘式或 Z 字形取样法进行 10 点取样，每样点为 1m²，根据华北蝼蛄于地面呈现 10cm 左右的新鲜虚土隧道和东方蝼蛄在洞顶拱起一小堆新鲜虚土的特征，调查和记载蝼蛄隧道数，逐项记入调查表中。地表有 2 条蝼蛄新隧道就有 1 头蝼蛄。隧道宽度在 3cm 以下的多为若虫，在 3cm 以上的多为成虫，有的成虫（华北蝼蛄）隧道宽达 5.5cm。

2. 田间被害调查

春播作物（如花生、玉米、谷子、薯类等）在出苗与定苗后各调查 1 次，秋播作物（如冬小麦）在出苗、返青、拔节与抽穗期各调查 1 次。调查时选有代表性的地块，每块地检查 10 点。小麦、谷子、大豆等密植作物每点查 1m 行长，花生、玉米、薯类等稀植作物每点 1 行查 20 株。记载调查结果。

3. 黑光灯诱测

利用蝼蛄成虫在夜间有趋光的习性，用黑光灯诱测。灯光诱测的标准规格是 1 台 40W 交流黑光灯，天黑前开灯，天亮后关灯，记载每日灯下诱虫数量。

4. 发生程度预报

当田间调查蝼蛄数量低于 3 000 头/hm² 时为轻发生，3 000～5 000 头/hm² 为中等发生，5 000 头/hm² 以上为严重发生。故田间蝼蛄数量达到 3 000 头/hm² 以上时应及时采取防治措施。

五、防 治

1. 农业防治

（1）改进耕作栽培制度。春、秋耕翻土壤，实行精耕细作。有条件的地区实行水旱轮作。

（2）合理施肥。施用厩肥、堆肥等有机肥料要充分腐熟，施入较深土壤内。

2. 物理防治

（1）灯光诱杀成虫。根据蝼蛄具有趋光性强的习性，在成虫盛发期，选晴朗、无风、闷热的夜晚，在田间地头设置黑光灯诱杀成虫。

（2）挖窝灭卵。夏季结合夏锄，在蝼蛄盛发地先铲表土，发现洞口后往下挖 10～18cm，可找到卵，再往下挖 8cm 左右可挖到雌虫。若是东方蝼蛄从产卵口向下挖 5～10cm，可见卵。

3. 化学防治

（1）土壤处理。在蝼蛄重发区，可结合播种，用 3％米乐尔颗粒剂 15～30kg/hm² 或 10％二嗪农（二嗪磷）颗粒剂 30～45kg/hm²、5％辛硫磷颗粒剂 30kg/hm² 与 450～750kg 干细土混匀，撒于苗床上、播种沟或移栽穴内，然后覆土。

（2）药剂拌种。用 50％辛硫磷乳油 1kg 加水 60kg，拌种子 600kg，可有效防治蝼蛄等地下害虫。

（3）毒饵诱杀。在成虫盛发期，选晴朗、无风、闷热的夜晚，用 50％巴丹（杀螟丹）可溶性粉剂与麦麸按 1∶50 比例拌成毒饵，也可用 40％乐果乳油或 90％晶体敌百虫 10 倍液 0.55kg，拌炒香的谷糠 5kg，或用 90％敌百虫 0.15kg 对水 30 倍，拌炒香的麦麸或豆饼 5kg，傍晚撒在苗床上或田间，诱杀蝼蛄，同时可兼治蟋蟀等地下害虫。田间施用时，在傍晚每隔 3～4m 挖一碗大的浅坑，放一捏毒饵再覆土，每隔 2m 挖一坑，每公顷施毒饵 30～45kg。

第八节　网目拟地甲

网目拟地甲（*Opatrum subaratum* Faldermann），又称网目沙潜，成虫俗称黑盖子虫，幼虫称伪金针虫。属鞘翅目，拟地甲科。

（一）分布与危害

网目拟地甲主要分布于淮河以北地区。幼虫危害花生幼苗，影响花生正常发育。食性很杂，除危害花生外，还能危害小麦、玉米、大豆、瓜类及棉花等。

（二）形态特征

1. 成虫

雌虫长 7.2～8.6mm，宽 3.8～4.6mm；雄虫长 6.4～8.7mm，宽 3.3～4.8mm。体黑色。头黑褐色，较扁。触角棍棒状，11 节。复眼黑色，在头下方。前胸发达，前缘凹，半圆形，密生小突起。鞘翅将腹部完全遮盖，其上密生小突起及稀疏的较大突起。前足腿节、胫节发达，跗节较短，后足胫节较长，足上有黄色细毛。腹部腹面可见 5 节。肛上板黑褐色，密生刻点（彩图 4-35 左）。

2. 卵

长 1～2mm，乳白色，椭圆形。

3. 幼虫

与金针虫相似。体细长，黄褐色。第 1 对胸足发达。腹部末节小，纺锤形，臀板前部稍突，成 1 横沟，左右有褐色沟状纹 1 对，末端中央褐色隆起，末端边缘有刚毛 12 根，中央有 4 根，两侧各有 1 根（彩图 4-35 右）。

4. 蛹

裸蛹。黄白色，长 8～10mm。

（三）生活史与习性

一年发生 1 代。以成虫在土中及田埂枯草下越冬。翌年初春开始活动，危害小麦，并在土中产卵。5 月份幼虫危害花生幼苗，6 月老熟幼虫在 6～13cm 深的土层中化蛹。羽化后成虫多集中于杂草根处越夏。秋季向外转移活动，危害秋播作物。初冬入土越冬。喜干燥，多生活于干旱或黏性土壤中，成虫不能飞翔，有假死性。

（四）防治方法

参照蛴螬的防治方法。

第五章 花生田草害

花生田草害是指在花生田内与花生共同生长的杂草所造成的花生产量降低、品质下降而带来的损失。杂草是经过长期自然选择而生存下来的适应性和生命力都很强的非人为栽培的植物类群。我国花生田杂草种类繁多，数量较大，发生普遍，与花生争光、争肥、争水，直接影响花生的产量和品质。杂草还是病虫害的寄主，可助长病虫害发生和蔓延。为了有效控制杂草危害，要了解杂草的种类及发生危害的特点，准确把握防治适期，做到科学防治，才能收到良好的防除效果。

第一节 花生田主要杂草种类与特征

杂草种类多，繁殖系数高，适应性强，危害时间长。据报道，我国花生田杂草多达80余种，分属30余科。以禾本科杂草为主，其发生量占花生田杂草总量的60%以上。其次为菊科、苋科、茄科、莎草科、十字花科、大戟科、藜科、马齿苋科等。

一、禾本科杂草

主要有马唐、升马唐、毛马唐、止血马唐、牛筋草、野燕麦、狗牙根、大画眉草、小画眉草、白茅、雀稗、狗尾草、结缕草、稗、千金子、龙爪茅、虎尾草等。

1. 马唐（*Digitaria sanguinalis* L. Scop.）

别名署草、叉子草、线草。马唐为一年生杂草（彩图5-1）。株高40~100cm，上部直立，中部以下伏地生，节有不定根。叶鞘短于节间，稀疏长毛。叶舌卵形，棕黄色，膜质；叶片长线状披针形或短线形，疏生软毛或无毛。总状花序，由2~8个细长的穗集成指状，小穗较大，狭披针形，孪生或单生。颖果长椭圆形，较大，成熟后灰白色或微带紫色。

马唐适应性较强，主要旱作物田间均有发生，通常单生或群生，喜湿喜光性较强，适生于潮湿多肥的花生田。多数5~6月份出苗，7~8月份开花，8~9月份成熟。唐洪元等研究了马唐不同播期对出苗、开花、叶片生长和生育期天数的影响（表5-1）以及马唐种子在不同条件下萌发的情况。①土质、灌溉对不同土层内马唐出苗率的影响。不同土质、不同播种深度，对其出苗影响明显。无论何种土质播种深度1~3cm为宜，超过3cm出苗严重受到影响。播种深度超过9cm均不能出苗（表5-2）。②在不同时期、不同土壤湿度条件下，种子发芽率差异明显。总的趋势是常规自然条件下发芽率高，干旱（含水量15%）发芽受到严重影响（图5-1）。马唐一生均可危害花生。1株马唐数百至数千粒种子。种子边成熟边脱落，靠风力、水流和人畜、农机具携带传播，生命力强，被牲畜整粒吞食后排出体外或埋入土中，均能保持发芽力。

表5-1　马唐生育期观察

(上海植物保护研究所，1991。下同)

播种日期 （日/月）	出苗日期 （日/月）	开花日期 （日/月）	植株总叶 （张）	全生育期 （d）
20/3	14/4	8/8	21	118
9/5	15/5	23/8	21	97
8/6	14/6	26/8	20	73
10/7	14/7	10/9	18	56
10/8	14/8	5/10	12	51

表5-2　土质、灌溉对不同土层内马唐出苗率的影响

出苗率（%）　土层(cm) 土质和灌水	0~1	2~3	3~6	6~9	9~12
旱田（浇水）　青紫泥	67.0	60.5	2.0	0	0
黄泥	64.5	72.5	37.0	2.25	0
沙泥	93.5	33.25	2.25	0	0
浸水　　　　　黄泥	16.25	0.25	0	0	0

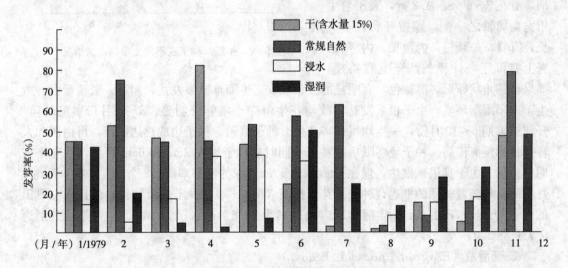

图5-1　马唐种子在不同土壤湿度中休眠萌发情况

2. 升马唐 [*Digitaria adscendens* (H. B. K.) Henrard]

一年生草本（彩图5-2）。秆基部倾斜或横卧，着地后节易生根，高30~50cm，光滑无毛。叶片条状披针形，无毛或叶面被疏柔毛；叶鞘大都短于节间，鞘口及下部疏生疣基柔毛；叶舌膜质，先端钝圆。总状花序3~8个，呈指状排列于秆顶；小穗披针形，通常孪生，1具长柄，1具短柄或近无柄，成2行着生于穗轴的一侧；第1颖微小，第2颖狭长，约为小穗的1/2~3/4，边缘具纤毛；第2外稃稍长或等长于第1外稃，边缘覆盖内稃。种子繁殖。多数5~6月份出苗，7~8月份开花，8~9月份成熟。分布于全国各地，

以南方较普遍。

3. 毛马唐 [*Digitaria ciliaris* （Retz.）Koeler]

与马唐相似。主要区别在于第 2 颖被丝状柔毛，第 1 外稃通常在两侧具丝状柔毛，且杂有具疣基的刺毛，其毛于成熟后张开（彩图 5 - 3）。广布全国各地。

4. 止血马唐 [*Digitaria ischaemum* （Schreb.）Schreb.]

与马唐区别在于总状花序一般仅 3～4 个，长 2～8cm，穗轴每节着生 2～3 个小穗；第 1 外稃 5 脉，脉间与边缘具棒状柔毛；第 2 外稃成熟后为黑褐色（彩图 5 - 4）。广布全国各地。

5. 牛筋草 （*Eleusine indica* L. Gaertn）

别名蟋蟀草、蹲倒驴。一年生杂草（彩图 5 - 5），根须状，秆扁，自基部分枝，斜生或偃卧，秆与叶强韧，不易拔断，高 10～60cm，叶鞘压扁而有脊，叶舌短。叶片条形，扁平或卷折，无毛或上部具有柔毛。穗状花序 2～7 枚，呈指状排列于秆顶，有时其中 1～2 枚单生于花序之下。小穗无柄，有花 3～6 朵，成 2 行，紧密着生于宽扁穗轴之一侧，颖披针状，不等长，有脊，外颖短，内颖长。内稃短，脊上有纤毛，外稃长，脊上有狭翅。

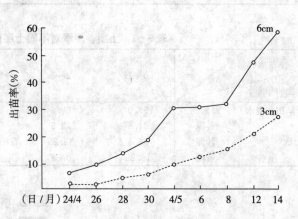

图 5 - 2　牛筋草种子在不同土层内出苗情况

颖果呈三角状卵形，黑棕色，有明显的波状皱纹。牛筋草根系发达，耐旱，繁殖量大，适生于向阳湿润环境，由于根系发达，故与花生争夺土壤养分明显。5～8 月份屡见幼苗，开花结果期 6～10 月份，一生均可危害花生。种子繁殖。种子边成熟边脱落，可由风和人畜携带远距离传播。种子经冬眠后发芽。不同时期种子埋在 3cm 和 6cm 深处，发芽率有明显差异。由于其根系发达，埋在 6cm 深的比 3cm 深的发芽率高；2 个深度，在 4 月与 5月期间，均随着时间的推迟，种子发芽率提高（图 5 - 2）。种子寿命较长，而且埋在旱田的种子寿命比水田的长，3 年后旱田内发芽率为 23.8%，水田为 13.5%。4 年后分别为6.7% 和 3.0%。

6. 画眉草 （*Eragrostis pilosa* L.Beauv.）

别名蚊子草、星星草。一年生杂草（彩图 5 - 6）。株高 20～60cm，秆细弱，直立或茎部膝屈，多密集丛生。叶鞘有脊，口缘具长毛，叶片线形，柔软；叶舌具纤毛。圆锥花序，总花梗下部光滑，上部粗涩。小穗直立，线状披针形，成熟后暗绿色或带紫色，小花 3～14 枚，护颖易脱落，外稃侧脉不显著，内稃弓状弯曲。种子为不规则椭圆形，棕色或微带紫色。画眉草喜潮湿肥沃的土壤。多数 5～6 月份出苗，7～8 月份开花，8～9 月份成熟，一生与花生共生。1 株发育良好的画眉草，能产生几十个分蘖，产生种子数万粒。种子极小，可借风力远距离传播，埋在土壤深处的种子能保持几年不丧失发芽力。

7. 小画眉草（*Eragrostis poaeoides* Beauv.）

一年生草本。形态、习性与大画眉草相似，唯植株较细弱（彩图 5-7）。秆高 20～40cm。圆锥花序较大画眉草更为开展而疏松；小穗条状长圆形，深绿色或紫色，含 4 至数朵小花；外稃宽卵圆形；内稃稍短宿存。颖果近圆形。种子繁殖。广布全国各地。

8. 野燕麦（*Avena fatua* L.）

别名铃铛麦、乌麦。一年生或越年生草本植物（彩图 5-8）。秆直立，单生或丛生，有 2～4 个节，株高 60～120cm。叶鞘光滑或基部被柔毛，叶舌膜质透明，叶片宽条状。圆锥花序呈塔形开展，分枝轮生，小穗疏生；小穗生 2～3 朵小花，梗长向下弯；两颖近等长，一般 9 脉；外稃质地坚硬，下部散生粗毛，芒从中间略下伸，2～4cm 长，膝曲扭转。颖果长圆形，被浅棕色柔毛，腹面有纵沟。种子繁殖。野燕麦发芽适温 10～20℃。当温度高于 25℃时，发芽率显著下降。在土层中出苗深度 0～20cm，最深达 30cm，因地中茎调节野燕麦的分蘖节一般都在地表下 1～5cm。在东北和西北地区，野燕麦于 4 月上旬出苗，4 月中、下旬达到出苗高峰，出苗时间可持续 20～30d，6 月下旬开始抽穗开花，7 月中、下旬种子成熟或脱落。成熟种子经 90～150d 休眠后才萌发。

9. 狗牙根〔*Cynodon dactylon*（L.）Pers〕

别名百慕大草、爬地草、绊根草。多年生草本植物（彩图 5-9）。具根状茎和匍匐枝，须根细而坚韧。匍匐茎平铺地面或埋入土中，长 10～110cm，光滑坚硬，节上生根及分枝，直立部分高 10～30cm。叶片平展，披针形，长 3.8～8cm，宽 1～3mm，前端渐尖，边缘有细齿，叶色浓绿。穗状花序 3～6 枚，呈指状排列于茎顶，小穗成 2 行排列于穗轴一侧，含 1 小花；2 颖近等长或第 2 颖稍长，各具 1 脉；外稃与小穗等长，具 3 脉，脊上无毛；内稃与外稃近等长，具 2 脊。种子长 1.5mm，卵圆形，成熟易脱落，可自播。狗牙根性喜温暖、湿润气候，耐阴性和耐寒性较差，最适生长温度 20～32℃，在 6～9℃时几乎停止生长，喜排水良好的肥沃土壤。狗牙根耐践踏，侵占能力强。该草坪在华南绿期为 270d，华北、华中为 240d 左右。

10. 白茅〔*Imperata cylindrica*（Linn.）Beauv.〕

别名茅、茅草。禾本科多年生草本植物（彩图 5-10）。匍匐根状茎黄白色，有甜味。秆丛生，直立，高 25～80cm，具 2～3 节，茎节上有长柔毛。叶片条形或条状披针形。叶背主脉明显突起；叶鞘无毛或上部边缘和鞘口具纤毛，老熟时基部常破碎成纤维状；叶舌膜质，钝头。圆锥花序，分枝短而紧密；小穗含 2 小花，仅第 2 小花结实，基部密生银丝状长柔毛，颖果成熟后，自柄上脱落。根茎和种子繁殖。一般 3 月下旬至 4 月上旬根茎发芽出土，5～6 月即抽穗开花。

11. 雀稗（*Paspalum thunbergii* Kunth ex Steud.）

多年生草本植物（彩图 5-11）。秆丛生，稀单生，直立或倾斜，高 20～50cm，具 2～3 节，节具柔毛。叶鞘松弛，具脊，多聚集跨生于秆的基部，被柔毛；叶舌膜质，长 0.5～1mm；叶片条状披针形，两面密生柔毛。总状花序 3～6 枚，呈总状排列于主轴上；小穗倒卵状圆形，长约 2.5mm，边缘被微毛，稀无毛，较稀疏地以 2～4 行排列于穗轴的一侧；第 1 颖缺，第 2 颖与第 1 稃相似。谷粒倒卵状圆形，与小穗等长，灰白色。种子繁殖。

12. 狗尾草（*Setaria viridis* L. Beauv.）

别名谷莠子。一年生晚春杂草（彩图 5-12）。株高 20～60cm，直立或茎部膝屈，通常丛生，叶鞘圆形，短于节间，有毛，叶舌纤毛状。叶片线形或纤状披针形，基部渐狭呈圆形开展。圆锥花序紧密呈圆柱形，通常微弯垂，绿色或变紫色，总轴有毛。小穗椭圆形，顶端钝，3～6 个簇生，外颖稍短，卵形，具 3 脉，内颖与小穗等长或稍短，具 5 脉，不稔花外颖与内颖等长，结实花外颖较小，穗较短，卵形，革质。颖果椭圆形，扁平，具脊。狗尾草适应性较强，各种类型花生田均可生长。多数 4～5 月份出苗，7～8 月份开花，8～9 月份成熟。在良好的生长条件下，植株高大，分枝多，否则相反，但均可开花结实。种子由坚硬的厚壳包被，被牲畜整粒吞食后排出体外或深埋土壤中一定时间，仍可保持较高的发芽力。

13. 结缕草（*Zoysia japonica* Steud.）

别名崂山青、延地青、老虎皮草、锥子草。多年生杂草（彩图 5-13），具长匍匐的根状茎。秆从根状茎的每节的节上生出，直立，高 10～15cm，稀达 25cm。叶鞘无毛，仅鞘口处有长柔毛。下部松弛而互相跨复，上部紧密包茎；叶舌不明显；叶片线状披针形，长 3～10cm，宽 2～4mm，表面具疏柔毛，背面无毛，通常扁平或边缘微内卷。总状花序顶生，长约 2cm，宽约 3mm；小穗卵形，长 3～3.5mm，宽 1.2～1.5mm；小穗柄常弯曲，长 4mm；第 2 颖革质，紫褐色，有光亮，无毛，顶端钝，具 1mm 的短尖头，脉不明显；外稃膜质，具 1 脉，长 2.5～3mm。雄蕊 3 枚，花药长 1～1.5mm；花柱伸出颖外。花果期 6～8 月。

14. 稗［*Echinochloa crusgalli* (L.) Beauv.］

别名稗草、稗子。一年生草本（彩图 5-14）。秆丛生，直立或基部膝屈，株高 50～130cm。叶片条形，无毛；叶鞘光滑，柔软；无叶舌及叶耳。圆锥花序较开展，直立或微弯；总状花序长，具分枝，斜生或贴生；小穗含 2 花，卵圆形，长约 3mm，有硬疣毛，密集于穗轴一侧；颖具 3～5 脉；第 1 外稃具 5～7 脉，先端常有长 5～30mm 的芒；第 2 外稃先端有小尖头，粗糙，边缘卷抱内稃。颖果椭圆形，米黄色、骨质、有光泽。晚春型杂草，适应性强。喜温暖、湿润环境，既能生长在浅水中，又较耐旱，并耐酸碱。繁殖力强，1 株结子可达 1 万粒左右。由于稗草株高叶茂，故对花生及其他农作物危害严重。为了掌握其种子发芽条件，张磊等人研究了温度、湿度、土壤质地等因素与发芽率的关系。稗草种子发芽起点温度 10℃ 以上即可发芽，3～5 月期间，随播种时间推迟，发芽率相应提高（表 5-3）。发芽最适宜温度 30℃，超过 35℃ 发芽率降低。但 45℃ 温度下仍能发芽（图 5-3）。

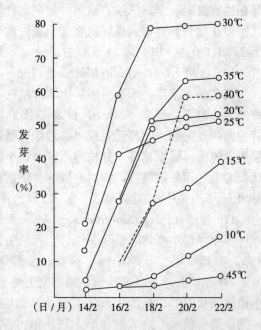

图 5-3 稗草种子在不同温度下的发芽情况

表 5-3　稗草种子发芽起点温度

种至出苗时间 (月/日)		平均出苗温度 T (℃)	历期 N (d)	出苗速率 V (1/N)
1982 年	3/20~3/31	10.07	11	0.060 9
	3/25~4/2	11.26	8	0.125
	3/30~4/4	15.28	5	0.20
	4/4~4/12	14.09	8	0.125
	4/9~4/14	16.90	5	0.20
	4/14~4/20	17.40	6	0.167
	4/19~4/24	15.62	5	0.20
	4/24~4/29	17.90	5	0.20
	4/29~5/3	17.30	4	0.25
	5/4~5/7	21.00	3	0.333 3
	5/9~5/11	27.45	2	0.70
	$\sum$	184.554		2.361

$$\sum = \frac{\sum V^2 \sum T - \sum V \sum VT}{n \sum V^2 - (\sum V)^2} = 8.28(℃)$$

　　稗草种子不同播期的出苗率与有效积温是随着播期的后推，有效积温相应提高，发芽率上升，发芽高峰出现时间缩短（表 5-5）。从不同土质、灌溉对不同土层内稗草出苗率的影响看，沙泥、黄泥、青紫泥，在不同深度的土层内，黄泥土出苗率最高。以 0~1cm 土层出苗最好，2~3cm、3~6cm、6~9cm 和 9~12cm 土层深度出苗率依次降低。稗草种子浸水的土层深超过 3cm 即不能发芽（表 5-4）。

表 5-4　土质、灌溉对不同土层内稗草出苗率的影响

出苗率(%) ＼ 土层(cm) 土质和灌水		0~1	2~3	3~6	6~9	9~12
旱田（浇水）	青紫泥	69.25	47.5	26.5	10.0	0
	黄泥	91.00	73.0	36.75	13.25	2.5
	沙泥	87.75	58.5	18.0	1.25	0
浸水	黄泥	88.5	22.25	0	0	0

表 5-5　稗草种子不同播期出苗率与有效积温

播种日期	从播种到发生期 (d)	发生期有效积温 (℃)	从播种到发生高峰 (d)	发生高峰时出苗率 (%)
3 月 10 日	17	20.0	17	52.4
3 月 20 日	12	28	23	51.7
3 月 30 日	6	31.6	8	55.0
4 月 19 日	4	34	7	52.1
4 月 29 日	4	32	5	77.1
5 月 9 日	3	33	3	56.7
6 月 8 日	2	31	2	80.1
7 月 10 日	2	35	3	66.4

15. 千金子 [*Leptochloa chinensis* (L.) Nees]

别名续随子、打鼓子、一把伞、小巴豆、看园老。一年生草本（彩图 5-15）。秆丛

生，上部直立，基部膝屈，高 30～90cm，具 3～6 节，光滑无毛。叶鞘无毛，大多短于节间；叶舌膜质，多撕裂具小纤毛；叶片条状披针形，无毛，长卷折。圆锥花序，长 10～30cm，分枝细长；小穗成 2 行，着生于穗轴的一侧，含 3～7 朵小花；颖具 1 脉，第 2 颖稍长于第 1 颖；外稃具 3 脉，无毛或下部被微毛；第 1 外稃长约 1.5mm；雄蕊 3，颖果长圆形。种子繁殖。花期 6～7 月，果期 8 月。千金子在不同土壤湿度中休眠萌发率有明显差异。以常规自然情况下发芽率较高，干旱（15％）发芽受影响不明显，浸水发芽率较低（图 5-4）。空气氧分压对千金子等杂草种子发芽有较大影响。当含 O_2 量 1.3％时，千金子和马唐的种子不能萌发，而稗草种子发芽率平均 96％，在含 O_2 11.6％、20.0％、50.0％时其发芽率依次降低，尤其是在含 O_2 50.0％时，发芽率只有 9.7％。马唐在后 3 种情况下，发芽率依次分别为 80％、80％和 50％，保持比较高的水平。稗草在后 3 种情况下，发芽率依次分别为 40％、28％和 16％，明显低于马唐（表 5-6）。

表 5-6 空气氧分压对千金子等杂草种子发芽的影响

杂草	发芽率(%) 氧含量	1.3%	11.6%	20.0%	50.0%
稗草	1	98	94	74	7
	2	96	94	76	13
	3	97	92	74	9
	平均	96	93.55	74.6	9.67
千金子	1	0	38	26	19
	2	0	44	28	18
	3	0	38	32	11
	平均	0	40	28	16
马唐	1	0	70	86	56
	2	0	80	80	50
	3	0	82	58	60
	平均		77	74.6	55.3

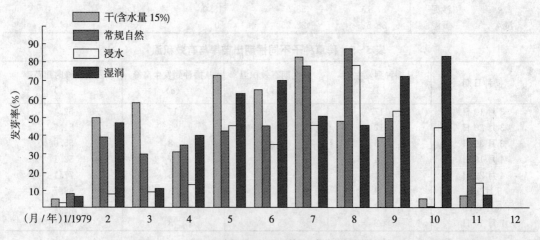

图 5-4 千金子种子在不同土壤湿度中休眠萌发情况

（唐洪元，1991）

16. 龙爪茅 [*Dactylocteninm acgyptium* (L.) P. Beauv.]

别名竹目草、埃及指梳茅。一年生草本（彩图 5-16）。直立或匍匐状，多分枝，具匍匐茎，蔓延地上，节能生根。叶片线状披针形，长 10～30cm，主脉 3 条，叶尖圆钝形，叶缘及叶背被软毛，叶鞘扁平无毛，叶舌膜质，具纤毛。穗状花序 2～7 个呈指状排列，一般 4 个。穗状花序粗短，小穗密集呈覆瓦状排列，每个小穗有 2～4 朵花。颖果球形，被皱纹。

17. 虎尾草 (*Chloris virgata* Swartz)

别名棒槌草。一年生草本（彩图 5-17）。秆直立或基部膝屈，光滑无毛，高 20～30cm。叶鞘光滑，无毛，背部有脊，松弛抱茎，顶部常肿胀而包藏花序；叶片长 5～25cm，宽 3～6mm，平滑，有时边缘粗糙。穗状花序长 3～5cm，4～10 余个呈指状排列于秆顶；小穗长 3～4mm，幼时绿色，成熟时带紫色；颖不等长，具 1 脉，膜质，第 1 颖长 1.5～2mm，第 2 颖长约 3mm，具长 0.5～1.5mm 的短芒；第 1 外稃长 3～4mm，具 3 脉，边脉具长柔毛，着生于中部以上的长柔毛约与稃体等长，芒自顶端以下伸出，长 5～15mm；内稃稍短于外稃，脊上具纤毛；不孕外稃顶端截平，长约 2mm，具长 4～8mm 的长芒。颖果长约 2mm。花果期 6～10 月。

二、菊科杂草

主要有刺儿菜、蒲公英、苍耳、苦菜、飞廉、黄花蒿、艾蒿、鬼针草、小花鬼针草、三叶鬼针草、鳢肠等。

1. 刺儿菜 [*Cephalanoplos segetum* (Bunge) Kitam.]

别名小蓟、刺蓟。多年生根蘖杂草（彩图 5-18），有较长的根状茎。茎直立，有棱，株高 20～50cm，上部具分枝，全草被绵毛。叶互生，基生叶片花时凋落，下部和中部叶椭圆形或椭圆状披针形，长 7～10cm，宽 1.5～2.5cm，表面绿色，背面淡绿色，两面有疏密不等的白色蛛丝状毛，顶端短尖或钝，基部狭窄或钝圆，全缘有疏锯齿，有短柄或无柄。头状花序，单生于顶端，雌雄异株。雄花序较小，总苞长 18mm，雌花序较大，总苞长约 25mm。总苞片 6 层，外层苞片短，长椭圆状披针形，中层以内总苞片披针形，顶端长尖，有刺。雄花花冠长 17～20mm，雌花花冠长约 26mm。雄花花冠裂片长 9～10mm，雌花花冠裂片长约 5mm。瘦果椭圆形或长卵形，褐色，略扁平，冠毛羽状，白色或褐色。适宜生长在多腐殖质的微酸性至中性土壤上。根分布在 50cm 左右的土壤中，最深可达 1m。土壤上层的根着生越冬芽，向下则着生潜伏芽。多数 5～9 月间可随时萌发，6～7 月份开花，7～8 月份成熟。1 株刺儿菜有种子数十粒，但通常只开花而较少结实或者只生长茎叶，不开花结实。铲掉地上部或犁断根部，残茬和根部都能成活。

2. 蒲公英 (*Taraxacum mongolicum* Hand. -Mazz)

别名蒲公草、食用蒲公英、尿床草。多年生草本（彩图 5-19）。株高 10～25cm，含白色乳汁。根深长，单一或分枝，外皮黄棕色。叶根生，排成莲座状，狭倒披针形，大头羽裂或羽裂，裂片三角形，全缘或有数齿，先端稍钝或尖，基部渐狭成柄，无毛蔽有蛛丝状细软毛。花茎比叶短或等长，结果时伸长，上部密被白色蛛丝状毛。头状花序单一，顶生，长约 3.5cm；总苞片草质，绿色，部分淡红色或紫红色，先端有或无小角，有白色蛛丝状毛；舌状花，鲜黄色，先端平截，5 齿裂，两性。瘦果倒披针形，土黄色或黄棕色，有纵棱及横瘤，横瘤有刺状突起，先端有喙，顶生白色冠毛，花期早春及晚秋。成熟的蒲公英种子没有休眠期，当气温在 15℃ 以上，即可发芽。土壤温度 15℃ 左右时发芽较快，在 25～30℃ 以上时，发芽慢。

3. 苍耳（*Xanthium sibiricum* Patrin）

别名野茄子、刺儿棵、疔疮草。一年生草本（彩图 5-20）。茎直立，粗壮，多分枝，高 30～100cm，有钝棱及长条状斑点。叶互生，叶片三角状卵形或心性，长 6～10cm，宽 5～10cm，顶端尖，基部浅心形至阔楔形，边缘有不规则的锯齿或常成不明显的 3 浅裂，两面有贴生糙伏毛；叶柄长 3.5～10cm，密被细毛。花单性，雌雄同株。雄头状花序，椭圆形，生于雄花序的下方，总苞有钩刺，内含 2 花。瘦果壶体状无柄，长椭圆形或卵形，长 10～18mm，宽 6～12mm，表面具钩刺和密生细毛。钩刺长 1.5～2mm，顶端喙长 1.5～2mm。种子繁殖，花期 7～10 月，果期 8～11 月。

4. 苦菜［*Ixeris chinensis*（Thunb.）Nakai］

别名山苦荬、黄鼠草、苦荬菜、苦麻子、奶浆草。多年生草本根蘗杂草（彩图 5-21）。株高 10～20cm，茎直立或茎部稍斜，多分枝，全草有白色乳汁。根叶簇生，条状披针形或倒披针形，先端钝或急尖，基部下延成窄叶柄，全缘或具疏小齿或不规则羽裂，幼时常带紫色。茎叶互生，向上渐小，细而尖，无柄，稍抱茎，全缘或疏具齿。头状花序，排列成稀疏的聚伞状，花朵小而多。总苞 2 列，钟状。舌状花，白色、黄色或粉红色。瘦果长椭圆形或纺锤形，稍扁，有条棱，棕褐色，具长喙；冠毛白色。苦菜抗旱、耐寒，在酸性和碱性土壤中都能生长，解冻不久就返青，到上冻时就枯死。根斜行或平行伸在 10～15cm 的土壤中，主、侧根都着生不定芽。5～6 月份开花，7～8 月份成熟。种子边成熟边脱落，能被风吹到很远处，经过 2 周左右的休眠期，即可发芽出苗。根的再生能力强，被切成很短的根段，都能发芽成活。

5. 飞廉（*Carduus crispus* L.）

别名大蓟、刺盖、老牛锉。越年生草本（彩图 5-22）。高 70～100cm。茎直立，单生，稀丛生，具纵沟棱及纵向下延的绿色翅。翅有齿刺，上部有分枝。茎下部叶椭圆状披针形，长 5～20cm，羽状深裂，裂片边缘具缺刻状齿，齿端及叶缘有不等长的细刺，刺长 2～10mm，上面绿色，无毛或疏被皱缩柔毛，下面浅绿色，被皱缩长柔毛，中部叶与上部叶较小，羽状深裂。头状花序，2～3 个聚生于枝端，直径 1.5～2.5cm，总苞钟形，总苞片 7～8 层，中层苞片先端成刺状，向外反曲；花全部筒状，紫红色。瘦果褐色，长椭圆形，直或稍弯；冠毛白色或灰白色，刺毛状。4 月中旬返青，6 月中、下旬现蕾，7 月上、中旬开花，下旬进入盛花期，8 月下旬至 9 月上旬开始枯黄。

6. 黄花蒿（*Artemisia annua* L.）

别名臭蒿。越年生或一年生草本。有臭味。茎直立，高 50～150cm，粗壮，上部多分枝，无毛。叶互生，基部叶及下部叶在花期枯萎；中部叶卵形，三次羽状深裂，长 4～5cm，宽 2～4cm，叶轴两侧具狭翅，裂片及小裂片长圆形或卵形，先端尖，基部耳状，两面被短柔毛；上部叶小，通常一回羽状细裂。头状花序极多数，球形，有短梗，排列成复总状或总状花序，通常具条线形苞叶；总苞半球形，直径约 1.5mm，无毛；总苞片 2～3 层，外层狭小，绿色，内层的长椭圆形，中肋较粗，边缘宽膜质；花序托圆锥形，裸露。花黄色；雌花 4～8，长约 0.8mm；两性花 26～30，长约 1mm；柱头 2 裂，先端呈画笔状。果实椭圆形，长约 0.6mm，光滑。花期 8～9 月，果期 9～10 月。

7. 艾蒿（*Artemisia argyi* Levl. et Vant.）

别名艾、家艾。多年生草本。根茎发达。茎直立，高 45～120cm，圆形，质硬，基部木质化，密被白色茸毛，中部以上或仅上部有开展及斜生的花序枝。单叶，互生；茎下部的叶在开花时即枯萎；中部叶具短柄，叶片卵状椭圆形，羽状深裂，裂片椭圆状披针形，边缘具粗锯齿，上面暗绿色，稀被白色软毛，并密布腺点，下面灰绿色，密被灰白色茸毛；近茎顶端的叶无柄，叶片有时全缘，完全不分裂，披针形或线状披针形。花序总状，顶生，由多数头状花序集合而成；总苞苞片 4～5 层，外层较小，卵状披针形，中层及内层较大，广椭圆形，边缘膜质，密被绵毛；花托扁平，半球形，上生雌花及两性花 10 余朵；雌花不甚发育，长约 1cm，无明显的花冠；两性花与雌花等长，花冠筒状，红色，顶端 5 裂；雄蕊 5 枚，聚药，花丝短，着生于花冠基部；花柱细长，顶端 2 分杈，子房下位，1 室。瘦果长圆形。花期 7～10 月。

8. 鬼针草（*Bidens bipinnata* L.）

别名鬼叉草、鬼子针、婆婆针。一年生晚春性杂草（彩图 5-23）。茎直立，株高 40～100cm，上部多分枝，茎圆形，黑褐色。中、下部叶对生，长 11～19cm，2 回羽状深裂，裂片披针形或卵状披针形，先端尖或渐尖，边缘具不规则的细尖齿或钝齿，两面略具短毛，有长柄；上部叶互生，较小，羽状分裂。头状花序，直径 6～10mm，有梗，长 1.8～8.5cm；总苞杯状，苞片线状椭圆形，先端尖或钝，被细短毛；花托托片椭圆形，先端钝，长 4～12mm，花杂性，边缘舌状花黄色，通常有 1～3 朵不发育；中央管状花黄色，两性，全育，长约 4.5mm，裂片 5 枚；雄蕊 5，聚药；雌蕊 1，柱头 2 裂。瘦果线状，有 3～4 棱，有短毛。顶端冠毛芒状，3～4 枚，长 2～5mm。鬼针草适应性强，高燥地和低湿地块皆有发生。在肥沃的地块，植株高大，分枝也多。在旱薄地生长纤细，分枝少。多数 5～6 月份出苗，7～8 月份开花，8～9 月份成熟。一株鬼针草有种子数百至数千粒。种子能借助果实的刺毛，黏附在人、畜体上向外传播。充分成熟的种子，经过越冬能全部整齐地出苗。

9. 小花鬼针草（*Bidens parviflora* Willd）

别名小花刺针草、小刺叉、一包针。一年生草本（彩图 5-24）。茎直立，多分枝，高 20～70cm，常带暗紫色。叶对生，具长柄；叶片二至三回羽状分裂，裂片条形或条状披针形，全缘或有齿，疏生细毛或无毛。头状花序具细长梗，直径 3～5mm；总苞片 2～3 层，外层短小，绿色，内层较长，膜质，黄褐色；花黄色，全为筒状，先端 4 裂。瘦果条形，有 4 棱，先端具 2 枚刺状冠毛。幼苗上胚轴较发达，紫红色；子叶 2 片，长圆状条形，具长柄；初生叶 2 片，羽状全裂，裂片 5 个。种子繁殖。多数 5～6 月份出苗，7～8 月份开花，8～9 月份成熟。

10. 三叶鬼针草（*Bidens pilosa* L.）

别名鬼针草。一年生草本（彩图 5 - 25）。茎直立，高 30～100cm。中部叶对生，3 深裂或羽状分裂，裂片卵形或卵状椭圆形，边缘有锯齿或分裂；上部叶对生或互生，3 裂或不裂。头状花序，直径约 8mm，总苞基部有细软毛；舌状花黄色或白色，筒状花黄色。瘦果长条形，有 4 棱，先端有 3～4 条芒状冠毛。幼苗子叶长圆形；初生叶深裂或羽状深裂。种子繁殖。多数 5～6 月份出苗，7～8 月份开花，8～9 月份成熟。

11. 鳢肠（*Eclipta prostrata* L.）

别名旱莲草、墨草。一年生草本（彩图 5 - 26），高 15～60cm，全株被短糙伏毛。根状茎匍匐，具多数须根，茎铺散，直立或上升，通常自基部分枝。叶对生，叶长圆状披针形或披针形，长 1.5～6cm，宽 0.5～2cm，基部狭楔形，下延成短柄或无柄，先端钝，具小突尖，两面被糙伏毛。头状花序 1～3，径 4～8mm；花序梗细弱，长 0.5～4.5cm；总苞球状钟形，长约 5mm，宽约 1cm；总苞片 5～6 枚，绿色，外层长圆状披针形，被白色短糙状毛，先端暗绿色，草质，内层较狭，且短；边花雌性，舌状，长 3mm，宽 0.5mm，先端 2 浅裂或不分裂，白色；中央花两性，管状钟形，先端 4 裂；花药基部耳状，花丝无毛；花柱分枝先端钝，具小疣；花托凸起，托片丝形，被短糙状毛。边花瘦果长圆形，长 3mm，宽 1.5mm，褐色或灰褐色，具长梗毛，具淡黄色木栓质边缘，沿中肋具淡黄色小疣状突起，先端截形；中央花瘦果扁平，有狭边；冠毛睫毛状，结合成副冠状，具 1～2 齿。5～6 月份发芽、出苗，7～10 月开花，9 月果实成熟。

三、苋科杂草

主要有反枝苋、白苋、凹头苋、青葙（鸡冠子）等。

1. 反枝苋（*Amaranthus retroflexus* L.）

别名苋菜、人苋菜、西风谷。一年生晚春性杂草（彩图 5 - 27）。株高 80～100cm，直立。茎圆形，肉质，密生短毛。叶互生，有柄，叶片倒卵形或卵状披针形，先端微凸或微凹，基部广楔形，边缘具细齿。圆锥花序，顶生或腋生，密集成直立的长穗状花簇，多刺毛。花被 5 个，白色，先端钝尖，雄蕊 5 个，雌蕊 1 个，子房上位。种子扁圆形，极小，黑色，光亮。反枝苋适应性强，不同条件下的花生田均有生长。不耐阴，在高秆作物田生长不良。多数 5～6 月份出苗，7～8 月份开花，8～9 月份成熟。出苗期可持续到 8 月份。晚期出苗的矮小株也能开花结实。1 株可有种子数万粒。种子边成熟边脱落，经过越冬才能发芽出苗。种子被牲畜整粒吞食后排出体外仍能发芽。埋在深层土壤中可保持 10 年的发芽力。

2. 白苋（*Amaranthus albus* L.）

别名细苋。一年生草本（彩图 5 - 28），高 40～80cm，全体无毛。茎直立，少分枝。叶互生，倒卵形、长圆状倒卵形或匙形，长 5～20mm，宽 3～5mm。先端微凹，具芒尖，基部楔形全缘或略成波状。花单性或杂性，密生，绿色；穗状花序，腋生，或集成顶生圆锥花序；苞片及小苞片干膜质，披针形，小萼片 3 个，矩圆形或倒披针形；雄蕊 3 个；柱头 2～3 个。胞果扁球形，不裂，极皱缩，超出宿存萼片。种子褐色或黑色。花期 6～

7月。

3. 凹头苋（*Amaranthus lividus* L.）

别名野苋菜、光苋菜。一年生杂草（彩图5-29），全株无毛。茎基部分枝，平卧而上升，高10～30cm。叶互生，叶片卵形或菱状卵形，长3～5cm，宽2～3.5cm，先端微2裂或微缺，基部楔形，全缘，表面暗绿色，背面淡绿色，无毛或有微毛；叶柄与叶片近等长，绿白色，无毛。花簇生叶腋，后期形成顶生穗状花序；苞片短；花被片3个，细长圆形，先端钝而有微尖，向内曲，膜质，长约为胞果之半，黄绿色，有时具绿色隆脊的中肋；雄蕊3枚；柱头3或2个，线形。胞果球形或宽卵圆状，近平滑或具皱纹，不裂。果期8～9月。

4. 青葙（*Celosia argentea* L.）

别名野鸡冠花。一年生草本（彩图5-30），全株光滑无毛。茎直立，高30～100cm，有分枝或不分枝，具条纹。叶互生，具短柄。叶片椭圆状披针形至披针形，全缘。穗状花序，圆柱状或圆锥状，直立，顶生或腋生。苞片、小苞片和花被片干膜质，光亮，淡红色。胞果卵形，盖裂。种子倒卵形至肾脏圆形，稍扁，黑色，有光泽。种子繁殖。喜较湿润农田，秦岭以南各省、自治区较多。多数6月份出苗，8～9月份开花成熟。

四、茄科杂草

主要有苦蘵、龙葵、曼陀罗等。

1. 苦蘵（*Physalis pubescens* L.）

别名毛酸浆、洋姑娘。一年生草本（彩图5-31），全体密生短柔毛。茎铺散状分枝，斜横扩张，高20～60cm。叶互生，具长茎。叶片卵形或卵状心形，边缘有不等大的齿。花单生于叶腋，花梗弯垂。花萼钟状，先端5裂。花冠钟状，直径6～10mm，淡黄色，5浅裂，裂片基部有紫色斑纹，具缘毛。雄蕊5个，花药黄色。浆果球形，被膨大的宿萼所包围。宿萼椭圆状卵形或宽卵形，基部稍凹入。种子倒宽卵形。种子繁殖。长江以南各省较多。5～6月份出苗，7～8月份开花，8～9月份成熟。

2. 龙葵（*Solanum nigrum* L.）

别名猫眼、黑油油、野葡萄、黑星星、七粒扣。一年生晚春杂草（彩图5-32）。株高50～100cm，直立，上部多分枝。茎圆形，略有棱。叶互生，有柄，卵形，质薄，边缘有不规则的粗齿，两面光滑或有疏短柔毛。伞房状花序，腋外生，有梗。萼钟状，5深裂。花瓣5片，白色。雄蕊5个，花药黄色。雌蕊1个，子房球状，2室。浆果球形，直径约8mm，成熟时黑色。种子扁平，近卵形，白色，细小。龙葵喜光性较强，要求肥沃、湿润的微酸性至中性土壤。多数5～6月份出苗，7～8月份开花，8～9月份成熟。花由下而上逐次开放。浆果味甜可食，整粒种子被吞食后排出体外仍能发芽。种子埋入耕作层，多年不丧失发芽力。

3. 曼陀罗（*Datura stramonium* L.）

别名醉心花、狗核桃、醉仙桃、疯茄儿、南洋金花、山茄子、凤茄花。一年生草本植物（彩图5-33）。茎粗壮，直立，圆柱形，株高50～150cm，光滑无毛，有时幼叶上有疏毛。上部常呈二叉状分枝。叶互生，叶片宽卵形，边缘具不规则的波状浅裂或疏齿，具长柄。脉上生疏短柔毛。花单生在叶腋或枝叉处；花萼5齿裂筒状，花冠漏斗状，白色至紫色。蒴果直立，表面有不等长的硬刺，卵圆形。种子稍扁肾形，黑褐色。花果期6～10月。

五、其他科杂草

1. 碎米莎草（*Cyperus iria* L.）

别名三棱草、荆三棱。属莎草科一年生杂草（彩图5-34）。具须根，秆丛生，株高20～85cm，扁三棱形，基部具少数叶，短于秆；叶鞘红褐色。叶状苞片3～5枚，通常较花序长。长侧枝聚伞状花序复出。具4～9个辐射枝，最长者达12cm，每个辐射枝有5～10个穗状花序。穗状花序短圆状卵形，具5～21个小穗；小穗排列松散、斜展、扁平，短圆形或披针形，具5～22朵花；鳞片宽倒卵形，先端略缺，有短尖，背部有绿色龙骨状突起，两侧黄色；雄蕊、柱头各3个。柱头为小坚果倒卵形或椭圆形，三棱状，与鳞片等长，褐色，密生微突起细点。喜生于潮湿的花生田，田间湿度低于20％不能生长。多数5～6月份出苗，7～8月份开花，8～9月份成熟。1株有数千至数万粒种子。种子边成熟边脱落，种子极小，可随气流传播到远处。种子在当年处于休眠状态，经越冬后才能发芽出苗，埋在土壤深处的种子可以保持几年不丧失发芽力。

2. 荠［*Capsella bursa-pastoris*（L.）Mcdic.］

别名荠菜、吉吉菜。属十字花科一年生或越年生杂草（彩图5-35）。株高20～50cm，直立，多分枝，有短毛。基生叶丛生，呈莲座状，有柄，叶片长圆状披针形，疏浅裂至羽状深裂。茎叶互生，无柄，叶片长圆形至披针形，上叶近乎线形，基部箭头状，抱茎。总状花序，顶生和腋生；花瓣4片，白色。短角果倒三角形或倒心形，中脉隆起，中间有残余花柱。种子卵圆形，表面具细微疣状突起。适应性广，耐寒，抗旱。种子繁殖。以种子和幼苗越冬。越冬苗土壤解冻不久即返青。多数3～4月份出苗，6～7月份开花，8～9月份成熟。1株有数十粒至数千粒种子。

3. 铁苋菜（*Acalypha australis* L.）

俗名野苏子、夏草、人苋。属大戟科一年生晚春性杂草（彩图5-36）。株高30～50cm，茎直立，多分枝。叶互生，有细长柄。叶片卵状披针形，边缘具有细钝齿，叶面有麻纹。穗状花序，腋生，单性花，雌雄同花序。雄花多数生于花序上端，雌花生于叶状苞片内，此苞片展开时肾形，闭合时如蚌壳。小蒴果，钝三角状，表面有小瘤。种子倒卵球形，常有白膜质状的蜡层。铁苋菜适应性广。5～6月份出苗，7～8月份开花，8～9月份成熟。1株有数百粒种子。种子边成熟边脱落，可借风和水流向外传播。在土壤深层不能发芽的种子，能保持数年不丧失发芽力。

4. 藜（*Chenopodium album* L.）

别名灰菜、灰灰菜。属藜科一年生早春杂草（彩图5-37）。株高30～120cm。茎直立，上部多分枝，常有紫斑。叶互生，有细长柄，叶片变化较大，大部为卵形、菱形或三角形，先端尖，基部广楔形或楔形，边缘疏具不整齐的齿。叶片背面生白粉，花顶生或腋生，多花聚成团伞花簇。花被 5 片，黄绿色，雄蕊 5 个，雌蕊 1 个，子房卵圆形，花柱羽状 2 裂。胞果扁圆形，果完全包于花被内或顶端稍露。种子肾形，黑色，无光泽。适应性强，抗寒，耐旱，喜光喜肥。在适宜条件下能长成多枝的大株丛，在不良条件下，株小，也能开花结实。从早春到晚秋可随时发芽出苗，发芽温度为 5~30℃，适宜温度 10~25℃。一般 7~8 月份开花，8~9 月份成熟。1 株有数万粒种子。种子细小，可随风向外传播。被牲畜整粒吞食的种子，排出体外仍能发芽。上海农业科学院、青海农业科学院、沈阳化工研究院 1979 年研究藜种子不同播种期至发生和高峰期所需天数，2~6 月，随着时间的后移，其发芽和发芽高峰期所需要的天数依次缩短（图 5-5），并研究了藜种子在青海、沈阳和上海休眠萌发情况，由于气候条件的不同，其休眠萌发存在明显差异（图 5-6）。种子在土中发芽深度为 2~4cm，深层不得发芽的种子，能保持发芽力 10 年以上。

5. 马齿苋（*Portulaca oleracea* L.）

别名马齿菜、蚂蚱菜、马舌菜。属马齿苋科一年生草本（彩图 5-38）。由茎部分枝四散，全株光滑，无毛，肉质多汁。叶互生，有时对生，叶柄极短，叶片倒卵状匙形，基部广楔形，先端圆或半截或微凹，全缘。花腋生成簇。苞片 4~5 片，萼片 2 片，花瓣 5 片，黄色。雄蕊 8~12 个，雌蕊 1

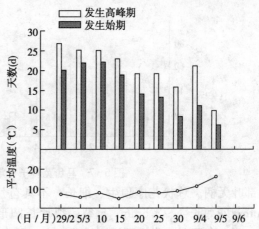

图 5-5　藜不同播种期至发生和高峰期所需天数
（上海农业科学院、青海农业科学院、
沈阳化工研究院，1979）

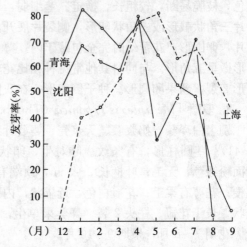

图 5-6　不同地区藜种子休眠萌发的情况
（上海农业科学院、青海农业科学院、
沈阳化工研究院，1979）

个，子房半下位。蒴果盖裂，种子细小。马齿苋极耐旱，拔下的植株在强光下暴晒数日不死，遇上降雨可以复活。发芽温度 20~40℃。上海植物保护研究所研究了马齿苋种子在上海农田一年内各月休眠萌发情况（图 5-7），多数 5~6 月份出苗，7~8 月份开花，8~9 月份成熟。1 株有种子数千粒至上万粒。再生力强，除种子繁殖外，其断茎能生根成活。

6. 附地菜〔*Trigonotis peduncularis* (Trev.) Benth.〕

别名鸡肠草。属紫草科越年生或一年生草本（彩图 5-39）。高 10~38cm。茎通常自基部分枝，纤细，直立，或丛生，具平伏细毛。叶互生，匙形、椭圆形或披针形，长 1~3cm，宽 5~20mm，先端圆钝或尖锐，基部狭窄，两面均具平伏粗毛；下部叶具短柄，

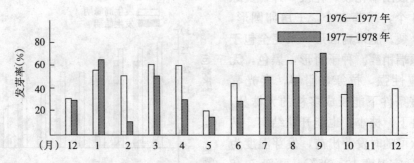

图 5-7　马齿苋种子一年内各月休眠萌发情况

上部叶无柄。总状花序顶生，细长，不具苞片；花通常生于花序的一侧，有柄，长 3～6mm；花萼长 1～2.5mm，5 裂，裂片长圆形，先端尖锐；花冠蓝色，长约 1.5mm，5 裂，裂片卵圆形，先端圆钝；雄蕊 5 个；子房深 4 裂，花柱线形，柱头头状。小坚果三角状四边形，具细毛，少有光滑，有小柄。花期 5～6 月。

7. 打碗花（*Calystegin hederacea* Wall.）

别名小旋花、面根藤、狗儿蔓、蕾秧。属旋花科多年生草质藤本（彩图 5-40）。嫩根白色，枝脆易断，较粗长，横走。茎细弱，长 0.5～2m，匍匐或攀援。叶互生，具长柄；叶片三角状戟形或三角状卵形，侧裂片展开，常再 2 裂。花单生于叶腋；花萼外有 2 片大苞片，卵圆形；花蕾幼时完全包藏于内。萼片 5 片，宿存。花冠漏斗形（喇叭状），口近圆形微呈五角形。与同科其他常见种相比花较小，粉红色，喉部近白色。子房上位，柱头线形 2 裂。蒴果卵圆形。种子倒卵形。在我国大部分地区不结果，以根扩展繁殖。

8. 萝藦［*Metaplexis japonica*（Thunb.）Makino］

别名白环藤、奶浆藤、天浆壳、婆婆针线、青小布。属萝藦科多年生草质藤本（彩图 5-41）。茎圆柱形，有条纹。叶对生，卵状心形，长 5～10cm，宽 3～6cm，顶端渐尖，背面粉绿色、无毛；叶柄长 2～5cm，顶端有丛生腺体。总状式聚伞花序腋生，有长的总花梗；花萼有柔毛；花冠白色，近辐状，内面有柔毛；副花冠杯状，5 浅裂；花柱延伸成线状，长于花冠。柱头 2 裂。蓇葖果单生，长角状纺锤形，长 8～10cm，宽 2～3cm，平滑。花期 7～8 月，果期 9～10 月。

9. 蒺藜（*Tribulus terrestris* L.）

别名硬蒺藜、蒺骨子、刺蒺藜。属蒺藜科一年生草本（彩图 5-42），全体被绢丝状柔毛。茎自基部分枝，平卧地面，长可达 1m 左右。羽状复叶互生或对生；小叶 5～7 对，长椭圆形，先端尖锐或钝，基部稍偏斜，近圆形，小而尖。花单生于叶腋；萼片 5 片，宿存；花瓣 5 片，黄色，早落；雄蕊 10 个，5 长 5 短；子房上位，5 室，柱头 5 裂。花期 6～7 月，果期 8～9 月。

10. 平车前（*Plantago depressa* Willd.）

别名小车前。属车前科一年生或越年生草本（彩图 5-43）。主茎圆锥形。叶基生，椭圆形、椭圆状披针形或卵状披针形，有柔毛或无毛，边缘有远离小齿或不整齐锯齿，基部渐狭而成叶柄。花葶稍弯曲，长 4～17cm，疏生柔毛。穗状花序细长，花小，淡绿色；苞片三角状卵形，与花萼近等长；花萼裂片椭圆形；花冠裂片椭圆形或卵形；雄蕊 4 个，外露。蒴果圆锥状，含种子4～5粒，多为长圆形。花期4～5月。

11. 大车前（*Plantago major* Linn.）

别名大车前草、大叶车前。属车前科多年生草本（彩图5-44）。根状茎短粗，具多数须根。基生叶直立，叶片卵形或宽卵形，先端多圆钝，边缘波状或有不整齐锯齿；叶柄明显长于叶片。花茎直立，高8～12cm，穗状花序占花茎的1/3～1/2；花密生，苞片卵形，较萼裂片短，二者均有绿色龙骨状突起；花萼无柄，裂片椭圆形；花冠裂片椭圆形或卵形。蒴果椭圆形，种子8～15粒，少数至18粒，棕色或棕褐色。花期6～9月，果期7～10月。

12. 问荆（*Equisetum arvense* L.）

别名笔头菜、骨节草、节节草、土笔。属木贼科多年生草本（彩图5-45）。高30～60cm。根状茎横生地下，黑褐色。地上气生的直立茎由根状茎上生出，细长，有节和节间，节间通常中空，表面有明显的纵棱。有能育茎和不育茎之分。能育茎（生殖枝）无色或带褐色，春季由根状茎上生出，单生无分枝，顶端有1个像毛笔头似的孢子叶穗。不育茎（营养枝）绿色多分枝，每年春末夏初当生殖枝枯萎时，从地上茎上长出。叶退化为细小的鳞片状，在节上轮生，基部相连形成管状或漏斗状，并具锯齿的鞘筒，包裹在茎节上。问荆生活在北半球的寒带和温带地区。我国东北、西北、华北及西南各省都有分布。

13. 野西瓜苗（*Hibiscus trionum* L.）

别名小秋葵、香铃草、山西瓜秧、野芝麻、打瓜花。属锦葵科一年生草本（彩图5-46）。茎直立，高30～60cm，多分枝，基部的分枝常铺散，具白色星状粗毛。叶互生，具长柄；叶片掌状3～5全裂或深裂；裂片倒卵形，通常羽状分裂，两面有粗刺毛。花单生于叶腋；小苞片12片，条形；花萼钟状，裂片5片，膜质，有绿色条棱，棱上有紫色疣状突起；花瓣5片，白色或淡黄色，内面基部紫色。蒴果长圆状球形。种子肾形，有瘤状突起。

14. 萹蓄（*Polygonum aviculare* L.）

别名鸟蓼、地蓼。属蓼科一年生草本（彩图5-47）。高10～40cm，常有白粉。茎丛生，匍匐或斜升，绿色，有沟纹。叶茎生，叶片线形至披针形，长1～4cm，宽6～10cm，顶端钝或急尖，基部楔形，近无柄；托叶鞘膜质，下部褐色，上部白色透明，有明显脉纹。花1～5朵簇生叶腋，露出托叶鞘外，花梗短，基部有关节；花被5深裂，裂片椭圆形，暗绿色，边缘白色或淡红色；雄蕊8个；花柱3裂。瘦果卵形，长2mm以上，表面有棱，褐色或黑色，有不明显的小点。花果期5～10月。

另外，还有旋花科的牵牛花、常春藤、打碗花；灯心草科的灯心草；车前草科的小车前、大车前；锦葵科的野苘麻；蔷薇科的地榆；堇菜科的梨头草；蓼科的天蓼、杠板归、本氏蓼、马氏蓼；桑科的葎草；石竹科的鹅不食草；鸭跖草科的鸭跖草；天南星科的半夏；茜草科的猪殃殃（拉拉藤）；豆科的草木樨、野绿豆等对花生都有一定的危害。

第二节　花生田杂草的分布及危害

一、草害区的划分及杂草分布特点

花生田杂草分布广泛，各花生产区由于所处地理位置的不同，气候条件的差异以及耕作制度、地势、土质的不同，杂草的种类、数量存在明显差异。

（一）我国花生草害区的划分

上海市植物保护研究所唐洪元等根据 1986—1988 年对我国主要花生产区的草害调查结果，将我国主要花生草害划分为东北、黄淮海、黄土高原、长江流域和南亚热带—热带、云南元谋 6 区。

1. 东北花生草害区

黑龙江和吉林交界处有小面积的花生种植，这是我国花生种植的北缘。辽宁省是我国东北花生的主产地，锦州地区花生地草害面积达 76.7％，中等以上危害面积 35.1％，主要杂草有马唐、铁苋菜、扁穗莎草、马齿苋等，危害面积分别达 46.7％、43.3％、5％、1.7％，其出现频率分别为 98.4％、100％、61.7％、13.4％，主要杂草群落有花生－铁苋菜＋马唐＋藜，花生－马唐＋铁苋菜＋藜，花生－马齿苋＋马唐＋铁苋菜，其危害面积分别达 26.7％、40％、50％。该区是我国温带的南缘，作物一年一熟，都是夏播，没有冬季杂草危害，杂草种类少，由于夏季气温不高，且时间较短，一些喜暖杂草，如香附子、狗牙根、牛筋草、绿苋、画眉草等不见分布危害，唯铁苋菜危害较其他地区严重。

2. 黄淮海花生草害区

山东、河南、河北等是我国最主要的花生产地，尤以山东省种植面积最大。由于花生生长期间正逢雨季，杂草生长茂盛，危害较重。在山东省烟台、德州等地，草害面积达 94.0％，中等及以上危害面积 80.0％。主要杂草有牛筋草、绿苋、马唐、马齿苋、刺儿菜、铁苋菜、香附子、狗尾草等，危害面积分别达 30％、26％、16％、12％、10％、6％、4％、3％，其出现频率分别为 80％、76％、86％、80％、26％、82％、28％、14％。该区位于长城以南，作物一年二熟或二年三熟，有明显的冬季作物和冬季杂草。另外，一些喜暖杂草，如香附子、狗牙根、牛筋草也有分布和危害，尤其在本区南部和花生集中产区的胶东半岛，更为突出。

3. 黄土高原花生草害区

晋中、晋南有部分花生种植。该区降水量少，气温和辽宁南部类似，花生草害不严重，危害面积 44％，中等以上危害面积占 20％。主要杂草有龙葵、藜，危害面积分别达 12％、10％，出现频率分别为 66％、90％。

4. 长江中下游花生草害区

该区不是花生集中产地，但在安徽、江苏、浙江等丘陵地有部分种植。在皖南地区，花生地草害面积达 82％，中等及以上危害达 38％。主要杂草有马唐、千金子、稗草、碎米莎草、马齿苋、臭矢菜等，其危害面积达 44％、22％、6％、6％及以下，出现频率分别为 100％、46％、26％、58％、22％、44％。主要杂草群落有花生－马唐＋叶下珠＋香附子，花生－千金子＋马唐＋稗草，花生－马齿苋＋千金子＋马唐，花生－臭矢菜＋毛鳞球柱草＋叶下珠。其危害面积分别达 38％、22％、6％、6％。该区杂草主要属亚热带旱田杂草，其中千金子、臭矢菜、叶下珠、粟米草、黄花稔的出现和危害是以上各区所没有的，另外，香附子普遍出现危害。

5. 南亚热带—热带花生草害区

该区花生种植面积仅次于黄淮海地区，是我国第二花生生产区。该区地处亚热带及热带，花生生育季节气温高，降水量多，草害严重。就广西来宾和广东广州调查，草害面积达84%，中等以上危害面积达60%以上。主要杂草有马唐、牛筋草、青葙、稗草、胜红蓟、香附子、绿狗尾、臭矢草、碎米莎草、野花生等，其危害面积分别达36%、18%、12%、12%、10%、8%、6%、6%、6%、4%，出现频率分别为92%、46%、76%、64%、64%、32%、16%、36%、36%、24%。主要杂草群落有花生—马唐+稗草+青葙，花生—牛筋草+稗草+马唐，花生—香附子+马唐+青葙，花生—碎米莎草+牛筋草+马唐，花生—绿狗尾+马唐+青葙，花生—青葙+马唐+稗草，其危害面积分别达34%、14%、8%、4%、4%、4%。

6. 云南元谋地区

花生草害面积达86%，中等到以上危害占54%。主要杂草有马唐、龙爪茅、香附子、辣子草、狗牙根、牛筋草、飞扬草等，其危害面积分别达44%、24%、22%、10%、10%、10%、6%，出现频率分别为82%、94%、80%、34%、52%、48%、80%。由于小气候的原因，元谋的年平均气温超过22℃，比广州、南宁略高，属南亚热带，近似热带气候，所以有典型的热带杂草龙爪茅、飞扬草、黄花稔等危害。

（二）花生田杂草的分布特点

在同一草害区，花生田间杂草的种类和发生密度受气候、地势、土壤肥力、栽培制度、花生种植方式等多方面因素影响。山东泰安市农业科学研究所蒋仁棠等（1985）对山东花生田间杂草的区域分布进行了调查。其分布特点是胶东花生田的优势杂草为马唐，平均密度为73株/m^2，其次为牛筋草，平均密度50.8株/m^2。鲁西的优势杂草为马唐和铁苋菜，平均密度分别为28.2株/m^2和0.9株/m^2；鲁北的优势杂草为马唐和马齿苋，平均密度分别为113株/m^2和147株/m^2。鲁中南夏播花生田的优势杂草为马唐，出现频率为100%，平均密度为113株/m^2。总的趋势是由南向北随纬度的推移，喜温、湿的杂草渐减，耐寒、抗旱的杂草增多。

山东省花生研究所徐秀娟等（1989）对山东省烟台、威海、青岛、临沂、泰安、日照6市（地）11个重点花生生产县（市）158块花生田的杂草种类及发生密度进行了调查，发现种群最大的为禾本科，共16种，占花生杂草种群的22.5%，其次为菊科，9种，占总种群的12.6%，再次为蓼科、苋科、藜科和茄科。主要杂草的发生密度为马唐37.6株/m^2、莎草31.6株/m^2、铁苋菜9.7株/m^2、马齿苋9.3株/m^2、稗草1.4株/m^2、藜0.4株/m^2。其中单子叶杂草占63.6%。主要杂草田间出现的频率平均为马唐95.3%、铁苋菜87.3%、莎草86.7%、牛筋草68.7%、马齿苋67.3%、刺儿菜62.9%、画眉草39.1%、稗草34.7%、狗尾草34.0%。主要杂草的分布特点是马唐、马齿苋等杂草在平泊地的发生密度较山丘地显著大，其密度比例分别为1.6：1和2：1。喜肥水的杂草如车前子、苍耳、千金子等主要在平泊地发生，丘陵薄地则很少见。马唐、马齿苋、牛筋草、铁苋菜、苋菜、莎草、画眉草等杂草在沿海地区花生田的发生密度大于内陆地区花生田；狗尾草、稗草、藜等的发生密度则内陆大于沿海。在同一地区，同一杂草，一般在夏花生田发生密度大，春花生田发生密度少；在平作花生田发生密度大，垄作花生田发生密度少。如马唐在平作田的发生密度为 96.5 株/m²，在垄作田为 79.0 株/m²。

（三）花生田杂草的消长规律

花生田杂草的田间消长动态受温度和土壤水分等因素影响。一般随着花生播种出苗，杂草也开始出土，春播露地栽培，因温度低，北方地区多数年份春季干旱，地表 5cm 土层水分不足，影响杂草出土生长，出草高峰期出现较晚，一般要在花生播种一个月以后出现。地膜覆盖栽培及麦套和夏直播花生，由于温度高，土壤水分较高，出草高峰期出现较早，一般在花生播种后 20～30d。随着花生及出土杂草的生长，由于花生及已出土生长杂草的遮阳及肥水竞争，露地栽培春播花生一般在花生播种后 60d 左右再萌发出土的杂草很少，麦套及夏直播花生一般在花生播种后 45～50d，即很少再有杂草萌发出土。地膜覆盖栽培则在花生播种后 30d，即不再有杂草萌发出土。据山东农药研究所王智（1985）观察，在山东济南地区，于 4 月 28 日覆膜播种花生，5 月 28 日，膜内草量达到高峰，其中单子叶杂草占花生全生育期总出草量的 75.6％，到 6 月 8 日杂草基本不再萌发出土。据开封市农林科学研究所刘素玲等（1999）对开封地区麦套花生田调查，花生于 5 月 25 日套种，6 月 15 日为杂草始盛期，6 月 25～30 日达高峰，7 月 5 日为盛末期（图 5-8）。

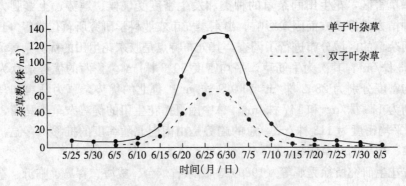

图 5-8 麦套花生田杂草田间消长动态

二、杂草对花生的危害

杂草对花生的危害程度取决于杂草密度和与花生共生时间的长短。杂草密度愈大，共生时间愈长，危害愈严重，反之则轻。杂草对花生的危害具体表现在争光、争水、争肥等生存条件的竞争，直接影响花生植株发育，最终导致花生减产。

1. 对光的竞争

杂草对花生受光有一定的影响，并随杂草密度的增加，花生株丛受光越来越差。据中国农业大学高柱平等 1985 年和 1986 年在北京夏花生田试验，人工控制马唐密度的情况下，随着密度的增加，花生株丛中部受光状况越差，随着杂草的生长，共生时间越长，影响越重（表5-7）。山东省花生研究所徐秀娟等研究了不同密度混群杂草对花生株丛的受光影响，发现每平方米5株、10株、20株、30株、60株、120株、240株混群杂草（马唐、马齿苋、苋菜、莎草、铁苋菜、藜、狗尾草、牛筋草、稗草混生）使花生株丛光照较无草花生株丛分别减弱16%、37.9%、63.8%、76.1%、77.2%、87.5%、89.2%。当杂草密度每平方米在30株以内，每一密度间受光差异均显著，而杂草每平方米超出30株之后，30株与60株之间光照差异不显著，而与120株的差异显著，而120株与240株之间的差异又不显著。

表5-7 马唐不同密度对北京夏花生群体受光状况的影响
（高柱平等，1986）

马唐密度（株/m²）	花生株丛中部光强（klx）					
	7月15日	差异显著性	8月2日	差异显著性	8月25日	差异显著性
0	36.12	aA	23.6	aA	5.5	aA
5	36.0	aA	23.6	aA	5.5	aA
10	35.7	aA	23.0	aA	5.4	aA
20	35.3	aA	21.3	bB	4.9	bB
30	35.0	aA	14.9	cC	3.5	cC
60	34.7	aA	12.4	dD	2.4	dD
120	31.7	bB	8.3	eE	1.0	eE
240	30.0	bB	5.8	fF	0.6	fF

在同一杂草密度下，杂草与花生共生时间的长短对光照影响程度不同。杂草与花生共生时间愈长，对花生群体受光影响愈大。花生出苗后20d、35d和50d，与花生杂草共生的3个杂草密度（每平方米有草30株、80株和120株）与无草对比，光照影响差异均达到5%显著水平。而出苗后50d与杂草共生的3个密度之间，花生受光差异不显著。这表明，花生生长后期杂草与花生共生时间较短，花生群体已达到生育高峰，杂草群体小，失去竞争优势，故杂草密度对光照的影响差异不显著。

2. 对水分的竞争

草与花生共生，与花生对水分的竞争也很激烈，且随着杂草密度的增加，共生期的延长，竞争更加激烈。据中国农业大学试验，北京地区夏花生每平方米有5株、10株、20株、30株、60株、120株、240株马唐，7月10日0～15cm土壤含水量16.40%～16.51%，各处理间差异不显著。8月11日土壤含水量各处理12.27%～15.26%，随着马唐密度的增大，含水量降低，少于20株/m²差异仍然不显著，而大于30株/m²差异达到极显著水平。表明马唐密度越大，与花生共生时间越长，马唐争夺水分能力越强。徐秀娟等对山东春播花生田混群杂草的研究结果表明，混群杂草密度不同，对水分的竞争力也不相同。6月5日0～15cm的土壤含水量，不同杂草密度间差异较小，此时是花生与杂草幼苗期，需水量少，尤其是杂草群体小，竞争能力差，故密度间差异不显著。到8月5日和8月30日，土壤含水量随着杂草密度的加大而降低，当每平方米有混群杂草5株以上，各密度间土壤水分差异显著（表5-8）。

表 5-8　不同密度混群杂草对花生田含水量的影响

(徐秀娟等，1991)

杂草密度 (株/m²)	6月5日			8月5日			8月30日		
	土壤水分（%）	差异性比较		土壤水分（%）	差异性比较		土壤水分（%）	差异性比较	
0	17.18	a	A	19.30	A	A	20.85	a	A
5	17.16	a	A	19.03	A	AB	20.43	ab	A
10	17.13	ab	AB	18.41	B	BC	20.07	b	AB
20	17.12	ab	AB	18.03	Bc	CD	19.46	c	B
30	17.10	ab	AB	17.61	Cd	DE	18.41	d	C
60	16.99	bc	ABC	17.18	D	EF	17.30	e	D
120	16.93	c	BC	16.64	E	FG	15.89	f	E
240	16.89	c	C	16.07	f	G	14.95	g	F

3. 对养分的竞争

当杂草与花生共生时，杂草的存在势必导致花生吸收养分的减少，从而使花生减产。杂草吸收矿物质营养的能力比较强，而且以较高的量积累于组织中。如马唐积的 N、P_2O_5 和 K_2O 分别占干物质重的 2%、0.36% 和 3.48%；藜分别占 25.9%、0.37% 和 4.34%；马齿苋分别占 2.40%、0.09% 和 4.57%；苍耳分别占 2.47%、0.64% 和 2.54%；而花生则分别占其干物质重量的 2.72%、0.52% 和 1.50%。鲁因阿德（Ruinard）的研究报告指出，肥料只能使花生增产 30%，而防除杂草则可使花生增产 65%。赛米高达（Thimme Gowda）报道，花生萌发前，每公顷使用 2.5kg 除草醚，除草效果很好，即使减少 40% 的施肥量，花生产量也没有明显差异。表明杂草与花生对养分的竞争相当激烈。

4. 草对花生植株生育和产量的影响

花生田杂草与花生争光、争水、争肥，对花生生育和产量均有不同的影响，且随着杂草密度的增加和共生期的延长，影响加重。据江苏东海县农业局试验，露栽春花生田利用自然草被设立不同人工除草时间和次数，自 6 月 7 日开始，每次除草间隔 10～15d，随着除草次数的减少，单位面积鲜草重显著增加，花生产量、植株性状、荚果性状均受到显著影响。其中侧枝长、分枝数、成熟期的绿叶数、单株结果数均与单位面积杂草鲜重呈极显著负相关。与产量损失率呈极显著正相关，为指数函数关系。与花生主茎高度关系不显著（表 5-9）。

表 5-9　杂草鲜重与花生植株性状、产量、质量的关系

(韩方胜等，1991)

处理序号	1	2	3	4	5	6（CK）	回归方程
除草时间（日/月）	7/6	22/6	6/7	18/7	28/7	10/9	R 显著临界值
累计除草次数	4	4	3	2	1	0	$P_{0.05}=0.8114$
0.11m² 杂草鲜重（x）(g)	1	43.8	117.4	142	153.5	200.3	$P_{0.01}=0.9172$ $P_{0.005}=0.9225$
花生性状（Y）主茎高（cm）	34.5	33.7	35.3	34.8	34.6	35.3	$Y=34.1+0.0051x$ $r=0.6489$
侧枝长（cm）	37.3	36.2	29.3	27.6	26.6	25.5	$Y=37.79-0.0672x$ $r=-0.9807$

（续）

处理序号	1	2	3	4	5	6（CK）	回归方程
分枝数	8.9	8.68	7.2	6.48	5.87	5.6	$Y=9.16-0.018\,6x$ $r=-0.977\,6$
单株绿叶片数	40.1	39.5	30.1	18.9	15.7	13.1	$Y=43.21-0.154\,8x$ $r=-0.954\,4$
单株生产力（g）	16.2	16.1	13.6	9.6	8.3	7.6	$Y=17.299-0.049\,4x$ $r=-0.939\,7$
荚果损失率（%）	2.7	7.0	21.5	44.5	52.2	56.0	$Y=\sin^2 11.329e^{0.07x}$ $r=0.976\,9$
饱果率（%）	59.3	58.1	53.5	51.4	51.7		$Y=\sin$ $(56.35-0.036x)$ $r=-0.992\,6$
单株果数（个）	15.23	15.33	13.9	11.67	9.77	9.2	$Y=16.192-0.033\,5x$ $R=-0.918\,6$

据中国农业大学试验，在北京夏花生田，单一杂草马唐不同密度对花生单位面积株数、株粒数、百粒重、出仁率均有影响（表5-10）。

表5-10 马唐不同密度对夏花生产量性状的影响

（高柱平等，1995）

马唐密度 （株/m²）	667m² 株数	比CK增 减（%）	单株 粒数	比CK增 减（%）	百粒重 （g）	比CK增 减（%）	出仁率 （%）	比CK增 减（%）
0（CK）	15 635	—	23.78	—	27.28		62.51	—
30	13 824	−11.5	20.77	−12.66	24.87	−8.83	58.45	−6.49
60	9 458	−39.51	20.65	−13.16	24.58	−9.97	57.20	−8.49
120	6 010	−61.56	17.45	−26.62	22.52	−17.45	53.25	−14.91
240	792	−95.93	9.81	−58.75	20.1	−26.32	51.81	−17.12

据徐秀娟等试验，山东春花生产量也随田间混群草被密度的加大减产幅度增加。平均每平方米有草5株与无草的产量差异不显著，多于5株差异均显著。当每平方米有混群杂草10株以上，对花生产量均有显著影响，当每平方米超过30株，各密度间差异不显著（表5-11）。

表5-11 杂草不同密度对花生产量的影响

（徐秀娟等，1991）

杂草密度 （株/m²）	产量 （kg/hm²）	差异显著性 比较		比无草减产 （kg/hm²）	比无草 减产（%）	单株生产力 （g）
0	2 472.45	a	A	—	—	14.03
5	2 128.95	a	AB	344.25	13.89	9.48
10	1 627.50	b	BC	844.50	34.16	7.85
20	1 278.00	b	C	1 194.45	48.31	5.57
30	488.55	c	D	1 983.90	80.24	3.90
60	386.55	c	D	2 085.90	84.37	2.23
120	309.00	c	D	2 163.45	87.50	1.22
240	141.45	c	D	2 331.00	94.28	0.50

不同密度杂草与花生共生时间不同，对花生产量的影响也不相同。花生出苗后20d有草，影响产量最重，其次为花生出苗后35d有草，出苗后50d有草对产量影响最轻，三者

每公顷产量依次为 393kg、1 772.9kg 和 2 654.9kg，三者间差异达到 1‰显著水平。杂草与花生共生时间越长，对产量的影响越大。由于花生本身有一定的竞争力，每平方米有草少于 5 株对产量影响不显著。花生出苗后 50d，即花针期，再出现杂草，不论密度有多大，对花生产量的影响均不显著。

第三节　花生田杂草防除技术

我国劳动人民防除花生田杂草积累了丰富的经验，历史上以人工拔除为主，并结合多种农业措施，如应用腐熟的有机肥料，合理轮作，中耕除草，清除田埂、地边、路旁、沟边杂草等，控制杂草危害。20 世纪 80 年代以来，采用化学除草剂防除花生田杂草，从无到有，从试验到推广，从小面积示范到大面积生产应用，发展迅速。不论采取哪种方式除草，过去的"见草就除，除小除了"的传统除草办法，与现代化农业所要求的经济效益、生态效益和社会效益兼顾的原则不相吻合。随着生态学和经济学的发展，杂草在农业生态中的地位、作用越来越得到人们的重新认识。杂草虽然对花生生产带来不少损失，但它在固定土壤，防止水土流失，活化富集土壤养分，改善土壤理化生物状态，净化环境，连接食物链等方面起着积极的作用。因此，把生态效益和经济效益结合起来，存利避害地控制杂草，是近几年来科学防除花生杂草研究的新问题。

一、防除指标

花生田杂草防除指标的确定，要将生态观念和经济观念结合起来，依据促进生态平衡的原则进行。花生田除草临界期、杂草危害经济允许水平是指除草投资与收益相当时（$B/C=1$）的值。据江苏东海县农业局研究计算，如以常年除草 3 次，投工 15 元，除草效果 90%，荚果价值 1.4 元/kg，荚果产量 666.7m^{2}250kg，求得产值损失率 4.76%，杂草鲜重 0.11m^{2}15.3g，则除草临界期即受害天数为 23d，杂草自然高度 5.7cm，杂草覆盖度 4%。不同产量水平经济阈值不同（表 5-12）。

山东省花生研究所（1991）研究了春花生田杂草的防除指标。不考虑杂草经济价值，杂草混合群体（株/m^2 数，x）与荚果产量损失率（kg/hm^2，y）的相关式为 $y=f(x)$。

表 5-12　花生田杂草危害经济阈值

（江苏东海县农业局韩方胜，1994）

666.7m^2 花生荚果产量（kg）	200	225	250	275	300	325	350	375	400
产值损失率（%）	5.95	5.29	4.76	4.33	3.97	3.66	3.40	3.17	2.98
除草临界期（d）	25	24	23	23	22	22	21	21	21
0.11m^2 杂草鲜重（g）	22.5	18.4	15.3	12.7	10.4	8.4	6.6	4.9	3.5
杂草自然高度（cm）	7.0	6.3	5.7	5.2	4.8	4.4	4.1	3.7	3.4
杂草覆盖度（%）	5.5	4.6	4.0	3.5	3.1	2.8	2.5	2.3	2.1

考虑杂草经济价值，杂草混合种群的绝对高度与重量之积［即杂草平均高度（m）×杂草干重（g/m^2），x］与荚果产量损失率的相关式为：$y=0.662x^{0.714}$。不考虑杂草创造

价值的经济允许损失率为：

$$\hat{y} = \frac{C}{PVE} \times 100\% \cdots\cdots\cdots\cdots\text{a}$$

考虑杂草创造价值的经济允许损失率为：

$$\hat{y} = \left(\frac{C}{PVE} + \frac{F}{PV}\right) \times 100\% = \frac{C+FE}{PVE} \times 100\% \cdots\cdots\cdots\text{b}$$

式中：$\hat{y}$ 为经济允许损失率（%），C 为每公顷防除成本（元/hm²），P 为春花生产量水平（kg/hm²），V 为每千克花生价格（元/kg），E 为防除效果（%），F 为每公顷杂草混合种群所创造的价值。

例如：某农户人工除草和喷施 50%乙草胺乳油的防除成本（C）分别为 60～90 元和 25.5～38.25 元，P 为每公顷 4 500kg，V 为 2 元（元/kg），E（防除效果）80%和 96%，F 为每公顷 45 元。将这些数字分别代入 a 式和 b 式求得 y 值（$\hat{y} = y$），再分别代入杂草密度与春花生产量损失率相关式，杂草绝对高、重之积与春花生产量损失率相关式，分别求得二者的防除指标（即经济阈值），人工除草的防治指标（x）为 0.87～1.0 株/m² 和 2.66～3.90m·g/m²，乙草胺除草的防除指标为 0.66～0.72 株/m² 和 1.29～1.64m·g/m²。以上指标是动态的，随着相关因子的变化而变化。但为了便于在生产上实施，可全面分析，提出在生产上实施的一个防除指标，并酌情修正。

二、防除方法

花生田杂草的防除主要有化学除草剂除草、农业措施除草以及其他新技术除草等方法。各种措施搭配使用，效果更好。

（一）化学除草

随着科学种田水平的不断提高，花生田化学除草，已成为主要除草技术。在通常情况下，化学除草比人工除草可以增产荚果 10%以上。每公顷节省工作日 30～45 个。化学除草比较彻底，可以防除人工或机械除草难以铲除的花生株间杂草和植株周围杂草，还可减少病虫害。总之，化学除草不仅是提高劳动生产率的重要途径之一，也是农业现代化的重要组成部分。

1. 除草剂的主要类型及使用方法

根据使用方法，花生田除草剂主要分为 2 大类型。一种是土壤处理剂，又称芽前除草剂；一种是茎叶除草剂，又称芽后除草剂。另外，还有杀草药膜及有色除草膜。

（1）土壤处理剂。将除草剂喷洒于土壤表层或者施药后通过混土操作把除草剂拌入土壤的一定深度，形成除草剂的封闭层，待杂草萌发接触药层后即被杀死。乙草胺、扑草净、氟乐灵、五氯酚钠等均属土壤处理剂。土壤处理剂先被土壤固定，然后通过土壤中的液体互相移动扩散，或者与根茎接触吸收，再进入植物体内。土壤处理技术除利用除草剂自身的选择性外，多系利用位差和时差来选择杂草。覆膜栽培的花生田全是采用土壤处理剂，当花生播种后，接着喷除草剂处理土壤，然后立即覆膜。露栽花生播种后，花生尚未出土,杂草萌动前药剂处理土壤即可。土壤处理剂必须具备一定的残效,才能有效控制杂草的萌动。进入土壤立即钝化失去活性的除草剂不宜作土壤处理剂。

(2)茎叶处理剂。将除草剂用水稀释后,直接喷洒到已出土的杂草茎叶上,通过茎叶吸收和传导消灭杂草。盖草能、排草丹、灭草灵、拿草净等均属茎叶处理剂。茎叶处理剂主要是利用除草剂的生理生化选择性来达到灭草保苗的目的。在花生出苗后,用药剂处理正在生长的杂草。此时药剂不仅接触杂草,同时也接触作物,因此要求除草剂应具有选择性。茎叶处理剂主要采用喷雾法,使药剂易附着与渗入杂草组织,保证药效。生育期茎叶处理的施药适期,应在对花生安全而对杂草敏感的生育阶段进行,一般以杂草3～5叶期为宜。

2. 花生常用的除草剂

花生田常用的除草剂,当前多达60余种。现将主要除草剂及使用技术分述如下:

(1)乙草胺(Acetochlor)。又名乙基乙草安、禾耐斯、消草安。加工剂型50%、86%乳油。工业品为深黄色液体,不易挥发和光解,性质稳定,20℃时2年内不分解。在20℃时,相对密度1.135 8,在25℃时,水中溶解度223mg/L。系低毒性除草剂。对人、畜安全,但对眼睛和皮肤有轻微刺激作用。大鼠急性口服 LD_{50} 为2 593mg/kg,家兔急性口服 LD_{50} 为3 667mg/kg。选择性芽前除草剂,禾本科杂草主要由幼芽吸收,阔叶杂草主要通过根吸收,其次是幼芽,药剂被植物吸收后可在植物体内传导。其作用机理是抑制和破坏发芽种子细胞的蛋白酶。当药进入植物体内后抑制幼芽和幼根的生长,刺激根产生瘤状畸形,致使杂草死亡;而花生吸收该药后在体内迅速代谢为无活性物质,正常使用对作物安全。在土壤中的持效期为8～10周。主要防除一年生杂草,对苋、藜、鸭跖草、马齿苋也有一定的效果,对多年生杂草无效。50%乙草胺乳油露栽田每公顷用量1.17～1.50kg,覆膜田0.67～0.99kg,对水750～1 050kg,均匀喷洒土壤表面。花生出苗后可与盖草能混合使用喷洒地面,既抑制了萌动尚未出土的杂草,又杀死了已出土杂草,提高防效。用量应注意随土壤有机质含量的高低而确定上、下限。有机质含量多的土壤除草剂活性差,用量多,取上限;有机质含量少的土壤除草剂活性强,用量少,取下限。

注意事项:①杂草对本剂的主要吸收部位是芽鞘,因此必须在杂草出土前施药。只能作土壤处理,不能作杂草茎叶处理。②本剂的应用剂量取决于土壤湿度和土壤有机质含量,应根据不同地区,不同季节确定使用剂量。③未使用的地方和单位应先试验后推广。

(2)扑草净(Prometryn)。加工剂型50%、80%可湿性粉剂。原粉为灰白色粉末,熔点118～120℃,有臭鸡蛋味。在25℃时,水中溶解度33mg/L,易溶于有机溶剂。不燃不爆,无腐蚀性。土壤吸附性强。50%扑草净可湿性粉剂外观为浅黄色或浅棕色疏松粉末,pH6～8。系低毒除草剂。原药大鼠急性口服 LD_{50} 为3 150～3 750mg/kg,50%扑草净可湿性粉剂大鼠急性口服 LD_{50} 为9 000mg/kg。该除草剂为内吸传导型,药可从根部吸收,也可从茎叶渗入体内,运输至绿色叶片内抑制光合作用,中毒杂草失绿逐渐干枯死亡,发挥除草作用。其选择性与植物生态和生化反应的差异有关,对刚萌发的杂草防效最好。扑草净水溶性较低,施药后可被土壤黏粒吸附在0～5cm表土中,形成药层,使杂草萌发出土时接触药剂。持效期20～70d。主要防除一年生阔叶杂草、禾本科杂草和莎草科杂草。系芽前除草剂。于花生播后出苗前，每公顷用药 0.75～1.125kg，对水 900～1 050kg，均匀喷雾于土表。扑草净还可与甲草胺混合使用，效果很好。

注意事项：①有机质含量低的沙质土不宜使用；②称量应准确，撒施要均匀，可先将称好的药剂与少量细土混匀，均匀撒施，否则易产生药害；③适当的土壤水分是发挥药效的重要因素。

(3) 氟乐灵（Trifiuralin）。又名特福力、氟特力、氟利克等。加工剂型 48％乳油或 2.5％、5％颗粒剂。48％乳油外观为橙黄色液体，相对密度为 1.067（20℃），沸点 138℃，闪点 45.6～48.3℃，系低毒除草剂。48％氟乐灵乳油，大鼠急性口服 LD_{50}＞2mL/kg。该除草剂是通过杂草种子发芽生长穿过土层的过程中吸收，是选择性芽前土壤处理剂。主要被禾本科植物的幼芽和阔叶植物的下胚轴吸收，子叶和幼根也能吸收，但出苗后的茎和叶不能吸收。造成植物药害的典型症状是抑制生长，根尖与胚轴组织细胞体积显著膨大。受害后的植物细胞停止分裂，根尖分生组织细胞变小，厚而扁，皮层薄壁组织中的细胞增大，细胞壁变厚。由于细胞中的液泡增大，使细胞丧失极性，产生畸形，呈现"鹅头"状的根茎。氟乐灵施入土壤后，易挥发、光解，潮湿和高温会加速药剂的分解速度，因此，适宜于覆膜花生田。露栽田施药后应立即混土，以防挥发、光解。其防杂草的持效期为 3～6 个月。主要防除禾本科杂草。花生播种后苗前用药液喷洒地面，每公顷 0.72～1.08kg。为了扩大杀草谱，可与灭草猛、赛可津等除草剂混用。

注意事项：低温干旱地区，持效期较长，下茬不宜种高粱、谷子等敏感作物。

(4) 高效氟吡甲禾灵（Haloxyfop - R - methyl）。又名精盖草能、高效微生物氟吡乙草灵、高效盖草能等。沸点＞280℃，蒸气压 0.328mPa（25℃），水中溶解度 8.74mg/L（25℃）。属苗后选择性除草剂。茎叶处理后能很快被禾本科类杂草的叶子吸收，传导至整个植株，抑制植物分生组织而杀死禾草。喷洒落入土壤中的药剂易被根部吸收，也能起杀草作用，在土壤中半衰期平均 55d。与盖草能相比，高效盖草能在结构上以甲基取代盖草能中的乙氧乙基，并由于盖草能结构中丙酸的 α-碳为不对称碳原子，故存在 R 和 S 两种光学异构体。其中 S 体无除草活性。高效盖草能是除去了非活性部分（S 体）的精制品（R 体）。同等剂量下，它比盖草能活性高，药效稳定，受低温、雨水等不利环境条件影响小。药后 1h 后降雨对药效影响就很小。对苗后到分蘖、抽穗初期的一年生和多年生禾本科杂草，有很好的防除效果，对阔叶杂草和莎草无效。

注意事项：在有单子叶和双子叶杂草混生地块，应与相应的除草剂混用。

(5) 盖草能（Haloxyfop）。加工剂型 12.5％、24％乳油。12.5％乳油为橘黄色液体，相对密度 0.966（20℃），沸点 160℃，闪点 29℃，乳化性好，常温储存稳定期 2 年以上。系低毒除草剂。12.5％乳油对大鼠急性口服 LD_{50} 为 2 179～2 398mg/kg。盖草能为芽后选择性除草剂，具有内吸传导性，茎叶处理后很快被杂草叶片吸收，并输导至整个植株，抑制茎和根的分生组织，并导致杂草死亡。对抽穗前一年生和多年生禾本科杂草防除效果很好，对阔叶杂草和莎草无效。花生 2～4 叶期，禾本科杂草 3～5 叶期，每公顷用药 0.075～0.12kg，按常量对水（900～1 050kg/hm²）喷雾于杂草茎叶，干旱情况下可适当提高用药量。当花生有禾本科杂草和苋、藜等混生，可与苯达松、杂草焚混用，扩大杀草谱，提高防效。

(6) 灭草松（Bentazone）。又名排草丹、苯达松、噻草平、百草克。加工剂型48％粉剂，25％水剂。纯品为无色晶体，熔点137～139℃，蒸气压0.46mPa（20℃），密度1.47，水中溶解度（g/kg，20℃）丙酮1 507，苯33，乙酸乙酯650，乙醚616，环己烷0.2，三氯甲烷180，乙醇861，水570mg/L（pH7，20℃），酸碱介质中不易水解，紫外光分解。常温下储存稳定期至少2年，是低毒除草剂。大鼠急性口服LD_{50}为1 750mg/kg，急性经皮$LD_{50}>5 000mg/kg$，是触杀型具选择性的苗后除草剂。药剂主要通过茎叶吸收，传导作用很小，喷药时药液要均匀覆盖杂草叶面。杀草作用是抑制光合作用、蒸腾作用和呼吸作用，抗性植物能将苯达松降解代谢为无活性物质，故能迅速恢复生长。除了适用于花生田外，还可以用于水稻、大豆、禾谷类作物防除莎草科和阔叶杂草，如碎米莎草、异型莎草、鸭舌草、苍耳、马齿苋及部分水田杂草。对禾本科杂草无效。有禾本科杂草的田块可与稳杀得、禾草克等混用。与液体氮肥混用茎叶处理时，增加除草活性2～4倍。在花生2～4片复叶时施药，最多施用一次。每公顷常用量为1.15～1.44kg。注意选择高温、晴天时用药，除草效果好。阴天和低温时药效差。

注意事项：①使用灭草松应在阔叶杂草出齐时施药，喷洒均匀，使杂草茎叶充分接触药剂。②灭草松在高温、晴天活性高，除草效果好，施药后8h内应无雨。在极其干旱或水涝的田间不宜使用，以防发生药害。

(7) 普杀特（Amiben）。又名豆草唑。加工剂型5％水剂。其外观为棕色透明液体，相对密度1.01，沸点与水接近，不易燃，不易爆，储存稳定期2年以上，系低毒除草剂。普杀特5％水剂，大鼠急性口服$LD_{50}>5 000mg/kg$。为选择性芽前和早期苗后除草剂，通过根叶吸收，积累于分生组织内，阻止乙酰羟酸合成酶的作用，影响有机酸的形成，破坏蛋白质，造成杂草死亡。而豆科作物吸收药剂后，在体内很快分解，因而安全。适用于豆科作物防除一年生、多年生禾本科杂草和阔叶杂草等。杀草谱广，在花生播后苗前喷于土壤表面，也可在花生出苗后茎叶处理。黏土或有机质含量高的地块，用量酌增；沙质土或有机质含量低时，用药量宜少。每公顷用药量同乙草胺。在单、双子叶混生的花生田可与除草通或乙草胺混合施用，提高药效。

(8) 五氯酚钠（Pentachlorophenol）。又名五氯苯酚钠。加工剂型80％、95％粉剂，25％颗粒剂。纯品为白色针状结晶，原粉为淡红色鳞片状结晶，熔点170～174℃，易溶于水和甲醇，其水溶液呈碱性反应。在阳光直接照射下易分解，在潮湿空气中易吸潮结块，但不影响药效。系中等毒性除草剂。大鼠急性口服LD_{50}为126mg/kg。属灭生性触杀型除草剂。能与植物细胞内酸性化合物形成不溶于水的五氯酚结晶，使细胞死亡。药剂能破坏细胞线粒体中的蛋白质膜，阻止ATP的形成，使植物丧失维持生存的能量来源。一年生杂草种子在萌发时接触药层而死亡。花生在播种后出苗前，每公顷用药8.44～1.25kg，对水喷洒地面。

注意沙质土不能使用本剂，以防渗药入土造成危害。毒性较高，施药作业时切勿与皮肤接触。

(9) 三氟羧草醚（Acifluorfen）。又名杂草焚、达克尔、达克果。加工剂型21.4％水溶液。原药为浅褐色固体，相对密度为1.546，熔点142～160℃，蒸气压0.01mPa（20℃），水中溶解度120mg/L（23～25℃），丙酮中为600g/kg（25℃），乙醇500g/kg

（25℃），二甲苯＜10g/kg（25℃），煤油中＜10g/kg（25℃），50℃时储存2个月稳定。在酸碱性介质中稳定，分解温度235℃（为酸的性质）。系低毒除草剂。21.4％水溶液对大鼠急性口服 LD_{50} 为5 260mg/kg。是一种触杀性除草剂。苗后早期处理，药剂被杂草吸收，促使杂草气孔关闭，借助光发挥除草剂的活性，引起呼吸系统和能量产生系统的停滞，抑制细胞分裂，使杂草死亡。杂草焚进入花生、大豆体内可被迅速代谢，因而能选择性防除阔叶杂草。在普通土壤中能被土壤微生物和日光降解成二氧化碳，在土壤中半衰期为30～60d。适用于花生、大豆等作物防除阔叶杂草，如马齿苋、鸭跖草、铁苋菜、龙葵、藜、蓼、苋、苍耳、蒿属、鬼针草等。对芽后1～3叶期禾本科杂草也有效。花生1～3叶期，阔叶杂草3～5叶期用药，每公顷用药0.36～0.48kg，对成药液，均匀喷洒于杂草茎叶上，与防除禾本科杂草的盖草能、稳杀得等先后使用，除草彻底。本品为水剂，需在0℃以上的条件下储存。

注意事项：①对阔叶杂草的使用时期不能超过6叶期，否则防效较差。②天气恶劣时或花生受其他除草剂伤害时不要使用。③施药时注意风向，不要使雾粒飘入棉花、甜菜、向日葵、观赏植物与敏感作物上。④施药时注意安全。⑤存放在阴凉、干燥、通风和远离食物和饲料的地方。

（10）灭草灵（Butachlor）。加工剂型25％、50％可湿性粉剂，20％乳油。纯品为白色结晶固体，熔点112～114℃，工业品为褐色固体，熔点110～113℃，难溶于水，室温下溶于丙酮（46％）。遇碱易分解，一般情况下稳定。大鼠急性口服 LD_{50} 为552mg/kg。系选择性内吸兼触杀型除草剂。药物由杂草根系吸收，向上传导至地上部分，杀草机理为抑制细胞分裂，扰乱代谢过程。旱田在作物播后苗前土壤处理，杂草芽前或芽后早期（1～3叶期）用药，每公顷2.7～5.6kg。可用于花生、棉花、甜菜、大豆、玉米、小麦等作物田，防除一年生禾本科杂草和某些阔叶杂草，如稗草、马唐、牛筋草、狗尾草、三棱草、藜、苋、马齿苋、车前草等。

（11）烯禾啶（Sethoxydim）。又名拿捕净、硫乙草灭、乙草丁。防治一年生禾本科杂草，莎草。加工剂型20％乳油，12.5％机油乳油。油状无味液体，沸点＞90℃／399.966×10^{-5}Pa，蒸气压＜0.013mPa，相对密度1.043（25℃），Kow（pH7）44.7，水中溶解度25（pH4）、4700（pH7）（mg/L，20℃），溶于大多有机溶剂，如丙酮、苯、乙酸乙酯、己烷、甲醇＞1（kg/kg，25℃），一般储存条件下商品制剂至少2年稳定不变。系低毒除草剂。大鼠急性口服 LD_{50} 为4 000mg/kg。拿捕净为选择性强的内吸传导型茎叶处理剂，药剂能被禾本科杂草茎叶迅速吸收，并传导到顶端和节间分生组织，使其细胞遭到破坏。由生长点和节间分生组织开始坏死，受药植株3d后停止生长，7d后新叶褪色或出现花青素色，2～3周全株枯死。本剂在禾本科和双子叶植物间选择性很高，对花生和其他阔叶植物安全。施入土壤很快分解失效，在土壤中持效期短，宜作茎叶处理剂。本剂传导性强，在禾本科杂草2～3个分蘖期间均可施药，降雨基本不影响药效。在土壤中持效较短，施药后当天可播种阔叶作物，但播种禾谷类作物时需在用药后4周。花生田每公顷有效成分用量124.5～187.5g。

注意事项：①在单双子叶杂草混生地，烯禾啶应与其他防除阔叶草的药剂混用，如虎威、苯达松等。②喷药时应注意防止药雾飘移到临近的单子叶作物上。

(12) 乳氟禾草灵（Lactofen）。又名克阔乐，防治一年生阔叶杂草。纯品外观为棕色至深褐色，水中溶解度＜1mg/L（20℃）。大鼠急性经口大于 5 000mg/kg，急性经皮 2 000mg/kg。对眼睛有刺激作用。选择性苗后茎叶处理除草剂。通过植物茎叶吸收，在体内进行有限的传导，通过破坏细胞膜的完整性而导致细胞内含物的流失，最后使草叶干枯而致死。在充足光照条件下，施药后 2～3d，敏感的阔叶杂草叶片出现灼伤斑，并逐渐扩大，整个叶片变枯，最后全株死亡。本品施入土壤易被微生物分解。花生田有效成分用量 54～108g/hm²。

注意事项：①该药安全性较差，故施药时应尽可能保证药液均匀，做到不重喷，不漏喷，且严格限制用药量；②该药对 4 叶期以前生长旺盛的杂草活性高。低温、干旱不利于药效的发挥。

(13) 仲丁灵（Butralin）。又名丁乐灵、地乐胺、双丁乐灵、止芽素。防治一年生禾本科杂草。纯品略带芳香味橘黄色的晶体，熔点 60～61℃，沸点 134～136℃/333.3Pa，蒸气压 1.7mPa（25℃），水中溶解度 1mg/L（24℃），丁酮 9.55kg/kg，丙酮 4.48kg/kg，二甲苯 3.88kg/kg，苯 2.7kg/kg，四氯化碳 1.46kg/kg（24～26℃），26.5℃分解，光稳定性好，储存 3 年稳定，不宜在低于－5℃下存放。对人、畜低毒。大鼠急性口服 LD_{50} 为 2 500mg/kg，急性经皮 LD_{50} 为 4 600mg/kg，急性吸 LC_{50} 为 50mg/L 空气。该药为选择性萌芽前除草剂。其作用与氟乐灵相似。药剂进入植物体内后，主要抑制分生组织的细胞分裂，从而抑制杂草幼芽及幼根的生长，导致杂草死亡。花生田有效成分用量 1 620～2 160g/hm²。

注意事项：①使用地乐胺一般要混土，混土深度 3～5cm，可以提高药效。在低温季节或用药后浇水，不混土也有较好的效果。②茎叶处理防治菟丝子时，喷雾力求细微均匀，使菟丝子缠绕的茎尖均能接受到药剂。③施药时注意安全防护。

(14) 烯草酮（Clethodim）。又名赛乐特、收乐通。防治一年生禾本科杂草。本剂黄褐色油状液体，蒸气压＜10μPa（20℃），相对密度 1.14（20℃），低于沸点分解。属低毒除草剂。大鼠急性经口 LD_{50} 为 1 360～1 630mg/kg，兔急性经皮 LD_{50}＞5 000mg/kg。对眼睛和皮肤有轻微刺激性。易溶于大多数有机溶剂，对光、热、高 pH 不稳定，可配制成任意倍数的均匀乳液。内吸传导型茎叶处理剂，有优良的选择性，对禾本科杂草有很强的杀伤作用，对双子叶作物安全。茎叶处理后经叶迅速吸收，传导到分生组织，在敏感植物中抑制支链脂肪酸和黄酮类化合物的生物合成而起作用，使其细胞分裂遭到破坏，抑制植物分生组织的活性，使植株生长延缓，施药后 1～3 周内植株褪绿坏死，随后叶灼伤干枯而死亡。对大多数一年生、多年生禾本科杂草有效。在抗性植物体内能迅速降解，形成极性产物，迅速丧失活性。对双子叶植物、莎草活性很小或无活性。加入表面活性剂、植物油等助剂能显著提高除草活性。花生田有效成分用量 63～72g/hm²。

(15) 西草净（Simetryn）。防治一年生杂草。纯品为白色结晶，熔点 81～82.5℃，难溶于水（450mg/L，室温），溶于甲醇、乙醇和氯仿等有机溶剂，常温下储存 2 年，有效成分含量基本不变。在强酸、强碱、高温下易分解。对人、畜低毒。大鼠急性口服 LD_{50} 为 1 830mg/kg。是选择性内吸传导型除草剂。可从根部吸收，也可从茎叶透入体内，运输至绿色叶片内，抑制光合作用希尔反应，影响糖类的合成和淀粉的积累，发挥除草作用。对早期稗草、瓜皮草、牛毛草均有显著效果，施药晚则防效差。因此应视杂草基数选择施药适期及药用剂量。

注意事项：①根据杂草基数，选择合适的施药时间和用药剂量。田间以稗草及阔叶草为主，施药应适当提早。但小苗、弱苗易产生药害，最好与除稗草剂混用以减低用量。②用药量要准确，避免重施。喷雾法不安全，应采用毒土法，撒药均匀。③要求地平整，土壤质地、pH 对安全性影响较大，有机质含量少的沙质土、低洼排水不良地及重碱或强酸性土使用，易发生药害，不宜使用。④用药时温度应在 30℃以下，超过 30℃易产生药害。主要在北方使用。

（16）噁草酮（Oxadiazon）。又名农思它、噁草灵。防治一年生禾本科杂草及阔叶杂草。本品无色、无味结晶。熔点 87℃，Kow63100，蒸气压＜0.1mPa（20℃），20℃时水中溶解度为 1mg/L，于甲醇、乙醇约 100（g/L，20℃），环己烷 200，丙酮、异佛尔酮、甲基乙基酮、四氯化碳 600，甲苯、氯仿约 1 000。常温下储存稳定。对人、畜低毒。大鼠急性口服 LD_{50}＞8 000mg/kg，急性经皮 LD_{50}＞8 000mg/kg，对鸟、蜜蜂低毒。选择性芽前、芽后除草剂。土壤处理，通过杂草幼芽或幼苗与药剂接触、吸收而起作用。苗后施药，杂草通过地上部分吸收，药剂进入杂草体后积累在生长旺盛部位，抑制生长，致使杂草组织腐烂死亡。在光照条件下才能发挥杀草作用，但并不影响光合作用的希尔反应。杂草自萌芽至 2～3 叶期均对该药敏感，以杂草萌芽期施药效果最好，随杂草长大效果下降。在土壤中代谢较慢，半衰期为 2～6 个月。花生田有效成分用量 450～750g/hm²。

注意事项：使用该药时，土壤润湿是药效发挥的关键。

（17）异丙甲草胺（Metolachlor）。又名都尔、稻乐思。防治一年生禾本科杂草及部分阔叶杂草。纯品无色到浅褐色液体，沸点 100℃/0.133Pa，蒸气压 4.2mPa（25℃），相对密度 1.12（20℃），KowlogP＝2.9（25℃），水中溶解度 488mg/L（25℃），与苯、二甲苯、甲苯、辛醇和二氯甲烷、己烷、二甲基甲酰胺、甲醇、二氯乙烷混溶，不溶于乙二醇、丙醇和石油醚。300℃以下稳定。强酸、强碱下和强无机酸中水解。对雌、雄大鼠急性经口毒性 LD_{50} 分别为 2 330mg/kg 和 3 160mg/kg，急性经皮毒性 LD_{50} 大于 2 150mg/kg。眼及皮肤刺激试验均为轻度刺激性。该药主要通过幼芽吸收，其中单子叶杂草主要是芽鞘吸收，双子叶植物通过幼芽及幼根吸收，向上传导，抑制幼芽与根的生长，敏感杂草在发芽后出土前或刚刚出土即中毒死亡。作用机理主要抑制发芽种子的蛋白质合成，其次抑制胆碱渗入磷酯，干扰卵磷脂形成。如果土壤墒情好，杂草被杀死在幼芽期。如土壤水分少，杂草出土后随着降雨，土壤湿度增加，杂草吸收药剂。禾本科杂草心叶扭曲、萎缩，其他叶片皱缩后整株枯死。阔叶杂草叶片皱缩变黄整株枯死。由于禾本科杂草幼芽吸收异丙甲草胺能力比阔叶杂草强，因此该药防除禾本科杂草的效果远好于阔叶杂草。花生田有效成分用量 1 080～1 620g/hm²。

注意事项：①露地栽培作物在干旱条件下施药，应迅速浅混土，覆膜作物田施药不混土，施药后必须立即覆膜；②都尔残效期一般为 30～35d，所以一次施药需结合人工或其他除草措施，才能有效控制作物全生育期杂草危害；③采用毒土法，应掌握在下雨或灌溉前后施药；④不得随意加大用药量。

（18）乙羧氟草醚（Fluoroglycofen-ethyl）。又名克草特。防治一年生阔叶杂草。原药外观深琥珀色固体，相对密度 1.01，熔点 64～65℃，蒸气压（25℃）133Pa，水中溶解度（g/L，25℃）0.000 1，一般条件下稳定。制剂外观琥珀色透明液体，pH5.0～7.0。该产品为新型高效二苯醚类苗后除草剂。属低毒除草剂。大鼠急性经口 LD_{50} 均大于 1 500mg/kg，兔急性经皮 LD_{50} 大于5 000mg/kg。对皮肤和眼睛有轻微刺激作用。它被植物吸收后，使原卟啉氧化酶受抑制，生成对植物细胞具有毒性的四吡咯，积聚而发生作用。它具有作用速度快、活性高、不影响下茬作物等特点。可有效防除藜科、蓼科、苋菜、苍耳、龙葵、马齿苋、鸭跖草、大蓟等多种阔叶杂草。花生田有效成分用量 60～75g/hm²。

注意事项：①施药后，花生会发生触杀性灼伤，施药 2 周后恢复，不影响产量。②应在当地农技部门指导下使用，应先试验后推广。

（19）精喹禾灵（Quizalofop‐P‐ethyl）。又名精禾草克。防治一年生禾本科杂草。纯品为淡褐色结晶，熔点 76℃，沸点 220℃/26.6Pa，相对密度 1.35g/cm²，蒸气压 110nPa（20℃），水中溶解度 0.4mg/L（20℃），溶剂中溶解度（20℃）丙酮650，乙醇22，甲苯360（g/L，20℃），pH9 时半衰期 20h。酸性中性介质中稳定，碱中不稳定。属低毒除草剂，急性经口 LD_{50}：雄大鼠 1 210mg/kg，雌大鼠 1 182mg/kg。本品对眼睛和皮肤无刺激性，对皮肤无致敏性。精喹禾灵是在合成禾草克的过程中除去了非活性的光学异构体（L‐体）后的精制品。其作用机制、杀草谱与禾草克相似。通过杂草茎叶吸收，在植物体内向上和向下双向传导，积累在顶端及居间分生组织，抑制细胞脂肪酸合成，使杂草坏死。精禾草克是一种高速选择性的新型旱田茎叶处理剂，在禾本科杂草和双子叶作物间有高度的选择性，对阔叶作物上的禾本科杂草有很好的防效。精禾草克与禾草克相比，提高了被植物吸收性和在植株内移动性，所以作用速度更快，药效更加稳定，不易受雨水、气温及湿度等环境条件的影响。同时用药量减少，药效增加，对环境安全。花生田有效成分用量45～50g/hm²。

（20）精吡氟禾草灵（Fluazifop‐P‐butyl）。又名精稳杀得。防治一年生禾本科杂草。纯品为浅色液体，熔点约5℃，沸点 164℃/2.67Pa，蒸气压 0.54mPa（20℃），相对密度 1.22（20℃），KowlogP＝4.5，水中溶解度 1mg/L，溶于丙酮、己烷、甲醇、二氯甲烷、乙酸乙酯、甲苯和二甲苯，紫外光下稳定，25℃保存 1 年以上，50℃保存 12 周，210℃分解。由于稳杀得结构中丙酸的 α‐碳原子为不对称碳原子，所以有 R‐体和 S‐体结构型两种光学异构体，其中 S‐体没有除草活性。精稳杀得是除去了非活性部分的精制品（即R‐体）。用精稳杀得 15%乳油和稳杀得 35%乳油相同商品量时，其除草效果一致。急性口服 LD_{50}雄鼠 3 680mg/kg，雌鼠 2 451mg/kg，兔急性经皮 LD_{50}＞2 000mg/kg。花生田有效成分用量 112.5～135g/hm²。

注意事项：①在土地湿度较高时，除草效果较好，在高温、干旱条件下施药，杂草茎叶未能充分吸收药剂，此时要用剂量的高限；②单子叶草与阔叶杂草、莎草混生地块，应与阔叶杂草除草剂混用或先后使用；③施药时应注意安全防护，以避免污染皮肤和眼睛，工作完毕后应洗澡和洗净污染的衣服。

（21）2，4‐滴丁酯（Butylate）。又名2，4‐二氯苯氯乙酸正丁酯、2，4‐D。纯品为无色油状液体，沸点169℃/266.64Pa，相对密度 1.242 8。原油为褐色液体，20℃时相对密度1.21，沸点146～147℃/133.32Pa。难溶于水，易溶于多种有机溶剂，挥发性强，遇碱分解。属低毒类，急性毒性：LD_{50} 为 500～1 500mg/kg（大鼠经口）。苯氧乙酸类激素型选择性除草剂。具有较强的内吸传导性。主要用于苗后茎叶处理，穿过角质层和细胞膜，最后传导到各部分。在不同部位对核酸和蛋白质的合成产生不同影响。在杂草顶端抑制核酸代谢和蛋白质的合成，使生长点停止生长，幼嫩叶片不能伸展，抑制光合作用的正常进行，传导到植株下部的药剂，使杂草茎部组织的核酸和蛋白质的合成增加，促进细胞异常分裂，根尖膨大，丧失吸收能力，造成茎秆扭曲、畸形，筛管堵塞，韧皮部破坏，有机物运输受阻，从而破坏杂草正常的生活能力，最终导致死亡。

注意事项：①气温高、光照强不易产生药害。②该药挥发性强，施药作物田要与敏感作物如棉花、油菜、瓜类、向日葵有一定距离。③此药不得与酸碱性物质接触。④此药不得与种子化肥一起储存。⑤喷施药械最好专用。

（22）乙氧氟草醚（Oxyfluorfen）。又名氟硝草醚、果尔、割草醚。纯品为橘黄色结晶固体，熔点 85～90℃（工业品 65～84℃），沸点 358.2℃（分解），蒸气压（纯）0.026 7mPa（25℃），相对密度 1.35（73℃），Kow29400，水中溶解度 0.116mg/L（25℃），溶于大多数有机溶剂，如丙酮 72.5，环己酮、异丙醇 61.5，二甲基替甲酰胺＞50，异丙叉丙酮 40～50（g，每100g），pH5～9 中保存 28d，无明显水解（25℃），紫外光下分解迅速，50℃以下稳定。大鼠急性经口 LD_{50}＞5 000mg/kg，兔急性经皮 LD_{50}＞5 000mg/kg。触杀型除草剂，在有光的情况下发挥杀草作用。主要通过胚芽鞘、中胚轴进入杂草体内，经根部吸收较少，并有极微量通过根部向上运输进入叶部。芽前和芽后早期施用效果最好。对种子萌发的杂草除草谱较广，能防除阔叶杂草、莎草及稗，但对多年生杂草只有抑制作用。施药后 3 周内被土壤中的微生物分解成二氧化碳，在土壤中半衰期为 30d 左右。

注意事项：①该药为触杀型，因此喷药时要均匀，施药剂量要准。②该药用量少，活性高，对花生易产生药害。初次使用时应根据不同气候带，先经小规模试验，找出适合当地使用的最佳施药方法和最适剂量后，再大面积推广使用。

（23）二甲戊灵（Pendimethalin）。又名除草通、二甲戊乐灵、施田补、胺硝草。防治一年生杂草。纯品为橙色晶状固体，熔点 54～58℃，蒸气压 4.0mPa（25℃），相对密度 1.19（25℃），Kow152 000，水中溶解度 0.3mg/L（20℃），丙酮 700，二甲苯 628，玉米油 148，庚烷 138，异丙醇 77（g/L，26℃），易溶于苯、甲苯、氯仿、二氯甲烷，微溶于石油醚和汽油中，5～30℃储存稳定，对酸碱稳定，光下缓慢分解，DT_{50} 水中＜21d。对人、畜低毒。大鼠急性口服 LD_{50} 为 1 050～1 250mg/kg，兔经皮 LD_{50}＞5 000mg/kg，对鸟类、蜜蜂低毒。主要抑制分生组织细胞分裂，不影响杂草种子的萌发，而是在杂草种子萌发过程中幼芽、茎和根吸收药剂后而起作用。双子叶植物吸收部位为下胚轴，单子叶植物为幼芽，其受害症状是幼芽和次生根被抑制。花生田有效成分用量 742.5～990g/hm²。

注意事项：①对鱼有毒，应避免污染水源；②防除单子叶杂草比双子叶杂草效果好，在双子叶杂草多的田，应与其他除草剂混用。③有机质含量低的沙质土壤，不宜苗前处理。

（24）异噁草松（Clomazone）。又名广灭灵。纯品为无色透明至浅褐色黏稠液体。熔点 25℃，沸点 275℃，相对密度 1.192（20℃），蒸气压 19.2mPa（25℃），水中溶解度

1.1g/L（25℃）。可与丙酮、乙腈、氯仿、环己酮、二氯甲烷、甲醇、甲苯等相混。常温下储存至少2年，50℃可保存3个月。为低毒除草剂。大鼠急性经口 LD_{50}＞2 000mg/kg（雄性），LD_{50}为1 369mg/kg（雌性），兔急性经皮 LD_{50}＞2 000mg/kg。对眼和皮肤无刺激。选择性芽前除草剂，被吸收后可控制敏感植物叶绿素的生物合成，使植物在短期内死亡。花生具特异代谢作用，使其变为无杀草作用的代谢物而具有选择性。与土壤有中等程度的黏合性，土壤中主要由微生物降解。

注意事项：①此药在土壤中的生物活性可持续6个月以上，施用此药当年的秋天（即施用后4～5个月）或次年春天（即施用后6～10个月），都不宜种植小麦、大麦、燕麦、黑麦、谷子、苜蓿。施用此药之后的次年春季，可以种植水稻、玉米、棉花、花生、向日葵等作物。可根据每一耕作区的具体条件安排后茬作物。②此药可与赛克、利谷隆、氟乐灵、拉索等药剂混用。用药量同单用，赛克为单用的1/2，利谷隆为单用的2/3。当土壤沙性过强、有机含量过低或土壤偏碱性时，广灭灵不宜与赛克混用，否则会使花生产生药害。③药剂储存应遵守一般农药存放条件，放在阴暗、干燥、儿童接触不到的地方。

（25）噻吩磺隆（Thifensulfuron‐methy）。又名阔叶散、噻磺隆。纯品为无色、无味晶体。熔点176℃，蒸气压17mPa（25℃），相对密度1.49，Kow1.6（pH5），0.02（pH7），水中溶解度230（pH5），6 270（pH7）（mg/L，25℃），己烷＜0.1，二甲苯0.2，乙醇0.9，甲醇、乙酸乙酯2.6，乙腈7.3，丙酮11.9，二氯甲烷27.5（g/L，25℃），55℃下稳定，中性介质中稳定。对人、畜低毒。大鼠急性口服 LD_{50}＞5 000mg/kg。兔急性经皮 LD_{50}＞2 000mg/kg。对兔皮无刺激，对眼睛有中等刺激。对鸟、鱼和蜜蜂低毒。芽后处理，敏感植物几乎立即停止生长，并在7～21d内死亡。加上表面活性剂可提高噻磺隆对阔叶杂草的活性。在有效剂量下，冬小麦、春小麦、硬质小麦、大麦和燕麦等作物对本剂具有耐受性。由于本剂在土壤中有氧条件下能迅速被微生物分解，在处理后30d即可播种下茬作物。本品属选择性内吸传导型磺酰脲类除草剂，是侧链氨基酸合成抑制剂。阔叶杂草经叶面与根系迅速吸收，并转移到体内分生组织，抑制缬氨酸和异亮氨酸的生物合成，从而阻止细胞分裂，达到杀除杂草的目的。

注意事项：①用药量以不超过32.5g/hm²。②当作物处于不良环境时（如干旱、严寒、土壤水分过饱和及病虫害危害等），不宜施药。③剩余的药液和洗刷施药用具的水，不要倒入田间。

（26）杀稗磷（Anilofos）。别名阿罗津。纯品为无色或黄褐色晶体，熔点50.5～52.5℃，蒸气压2.2mPa（20℃），相对密度1.27（25℃），溶解度150，水13.6mg/L（20℃），在丙酮、氯仿、甲苯＞1 000/L，苯、乙醇、二氯甲烷、乙酸乙酯＞200g/L，pH5～9（22℃）时稳定，分解温度150℃。对人、畜低毒。大鼠急性口服 LD_{50}为472～830mg/kg，急性经皮 LD_{50}＞2 000mg/kg。对鱼毒性中等。为内吸传导选择性除草剂。药剂主要通过杂草的幼芽和地下茎吸收，抑制细胞分裂与伸长。对正萌发的杂草效果最好；对已长大的杂草效果较差。杂草受害后生长停止，叶片深绿，有时脱色，叶片变短而厚，极易折断，心叶不易抽出，最后整株枯死。防除三叶期以前的稗草、千金子、一年生莎草、牛毛草等，但对扁秆鹿草无效。药剂的持效期30d左右。杀稗磷可以防除的杂草有稗草、马唐、狗尾草、牛筋草、野燕麦、异型莎草、碎米莎草等。对阔叶杂草效果差。花生

田有效成分用量 $450\sim675g/hm^2$。

（27）丁草胺（Machete）。别名马歇特、灭草特、去草胺、丁草锁。主要通过杂草的幼芽吸收，尔后传导全株而起作用。芽前和苗期均可使用。杂草吸收丁草胺后，在体内抑制和破坏蛋白酶，影响蛋白质的形成，抑制杂草幼芽和幼根正常生长发育，从而使杂草死亡。可防除稗草、马唐、狗尾草、牛毛草、鸭舌草、节节草、异型沙草等一年生禾本科杂草和某些双子叶杂草。

注意事项：①本品对出土前杂草防效较好，大草防效差，应尽量在播种定植前施药。②土壤有一定温度时使用丁草胺效果好。③旱田应在施药前浇水或喷水，以提高药效。④瓜类和茄果类蔬菜的播种期，使用本品有一定的药害，应用时应慎重。⑤本品主要杀除单子叶杂草，对大部分阔叶杂草无效或药效不大。菜田阔叶杂草较多的地块，可考虑改用其他除草剂。喷药要力求均匀，防止局部用药过多造成药害，或漏喷现象。

（28）威霸（Whip-Super、fenoxaprop-ethyl）。别名精噁唑禾草灵。属杂环氧基苯氧基丙酸类除草剂。主要通过抑制脂肪酸合成的关键酶——乙酰辅酶 A 羧化酶，从而抑制脂肪酸的合成。药剂通过茎叶吸收传导至分生组织及根的生长点。作用迅速，施药后 $2\sim3d$ 停止生长，$5\sim6d$ 心叶失绿变紫色，分生组织变褐色，叶片逐渐枯死，是选择性极强的茎叶处理剂。野燕麦、稗草、金狗尾草、狗尾草、马唐、稷属、早熟禾、看麦娘、千金子、牛筋草、画眉草、藜藜草、剪股颖、虎尾草、野高粱、假高粱、狗牙根、黑麦属、臂形草等一年生和多年生禾本科杂草。

注意事项：①使用威霸除草剂要掌握禾本科杂草二叶期至分蘖初期（或杂草生长旺盛期）使用。②每公顷用威霸 75ml，对水 375kg，均匀喷雾在杂草叶面上。③喷药后土壤要保持湿润，才能发挥威霸的最佳除草效果。土壤干旱杂草生长慢，对除草剂敏感度降低，除草效果差。④用喷雾器喷雾除草效果好，若用水唧筒喷雾除草效果差。

（29）异丙草胺（Propisochlor）。别名扑草胺、普乐宝。植物发芽抑制剂，制剂为72%普乐宝乳油。适用于大豆、玉米、向日葵、马铃薯、甜菜及豌豆等旱地作物。可同时防除禾本科和阔叶杂草。对稗草、马唐、牛筋草、狗尾草、金狗尾草、藜、猪毛草、反枝苋、龙葵有极好防效，对自生高粱、本氏蓼、卷茎蓼、苍耳、小蓟也有良好效果，对马齿苋、鸭跖草、苣荬菜、问荆有抑制作用。

注意事项：①本品对鱼类有毒，残药、药液避免流入河道、池塘。②本品对眼睛、皮肤有刺激，施药时应戴防护用具，防止药液口鼻吸入，如溅入眼睛、皮肤上应用清水冲洗。施药后应清洗手、脸及身体被污染部分。如发生中毒，应及时送医院，对症治疗。储于儿童触及不到的场所，并加锁，勿与食品、饲料、种子等共同存放。③本品可与苄磺隆混用，能扩大杀草谱，提高防效。应在当地植保部门指导下使用本品。

（30）拉索（Alachlor）。别名甲草胺、草不绿、杂草锁。选择性芽前除草剂。可被植物幼芽吸收向上传导，苗后主要被根吸收向上传导。能在小麦、玉米、大豆、花生、葱头、萝卜作物田使用，防除多数一年生禾本科杂草及某些双子叶杂草。适用于防除稗草、马唐、狗尾草、碱茅、硬草、鸭跖草、菟丝子等。

注意事项：拉索对高粱、谷子、水稻、黄瓜、韭菜、菠菜等有药害，不宜使用；拉索乳油具可燃性，储存、运输应注意远离火源。

总之，用于花生田的除草剂种类繁多，各有特点，在使用过程中应根据其性能、特点，注意有关方面的问题，以利提高药效。如同种药剂的用药量，在有机质含量高的壤土地要比有机质含量低的沙土地酌情增加用量。低温、干旱情况下，不利于土壤处理剂和茎叶处理剂的药效发挥。高温、高湿杂草生长快，对除草剂的吸收传导也快，温度约每增10℃，吸收传导增加1倍，一般20～30℃为宜。茎叶处理剂适于15～27℃用药。春季用药，在高温天气和中午温度高时效果好。土壤pH过高、过低都不利于药效的发挥，喷雾药液时，风速8～10m/s，防效降低50%，无风天喷药有利提高药效。采用高压低用量药械施药效果好，污染轻，是今后的发展方向。

（二）农业措施除草

以农业措施防除杂草，是花生田综合防除体系中不可缺少的途径之一。在花生栽培过程中，要贯穿于每一生产环节。

1. 秋耕

秋耕能有效地接纳冬春降水，加快土壤的熟化过程，提高土壤肥力和消灭杂草。秋耕能使部分表土上的杂草种子较长时间埋入地下，使其当年不能发芽或丧失生活能力。如禾本科杂草马唐的种子，埋入土内5cm深，5个月后完全丧失活力。菊科中的三叶鬼针草，一个月内即丧失活力。多年生杂草地下繁殖部分，经过秋耕可以翻到地上冻死或晒死，秋耕比春耕杂草减少24.5%。

2. 适当深耕

适当深耕可减少表层土壤杂草种子萌发率，较好地破坏多年生杂草地下繁殖部分。耕深20cm、30cm和50cm，每平方米有草株数依次为156株、128株和64株。随耕深的增加杂草株数减少，有条件的可适当深耕，配合增施肥料，既除草，又增产。

3. 施用腐熟土杂粪

土杂粪中往往带有不少的杂草种子，如不腐熟运到田间，粪中的杂草种子就会得到传播、蔓延危害。土杂粪腐熟后，其中的杂草种子经过高温氨化，大部分丧失了生活力，可减轻危害。

4. 轮作换茬

轮作换茬，可从根本上改变杂草的生态环境，有利于改变杂草群体，减少伴随性杂草种群密度，特别是水旱轮作，效果最佳。

此外，及时清除田边、地埂杂草，随时拔除漏网大草，使杂草种子成熟前即被消灭。结合田间管理，进行中耕培土或者耘锄浅耕，都较容易清除花生田幼小杂草。

5. 覆盖碎草

利用碎草麦糠等覆盖花生田地面，既有良好的除草效果，又能起到保水、增肥作用。据闻兆令等人（1991）试验，在花生播种后，杂草出苗前，露栽花生田地面撒施麦糠、烂树叶或其他碎烂草覆盖，每公顷均匀撒施2 500～3 000kg，除草效果达91.51%，0～20cm土壤含水量比不盖草的高4.6%，并可提高有机质含量和氮、磷、钾等养分。以草除草，无污染，无残留，而且可就地取材，废物利用，减少生产投入。此法是生产无公害产品、绿色食品和有机食品花生的最佳除草措施。

（三）地膜除草

除草药膜是含除草剂的塑料透光药膜，将除草剂按一定的有效成分溶解后均匀涂压或者喷涂至塑料薄膜的一面。有色膜是不含除草剂、基本不透光、具有颜色（黑、灰、绿等）的地膜。两者都是在花生播种后，覆盖土壤表面封闭播种行，然后打孔点播或者破孔出苗。药膜上的药剂在一定湿度条件下与水滴一起转移到土壤表面或者下渗至一定深度，形成药层发挥除草作用。无药有色膜是利用基本不透光的特点，使部分杂草种子不能发芽出土，部分能发芽出土的，不见阳光也不能生长。两种膜在覆盖时，花生垄必须耙平耙细，膜要与土贴紧。注意不要用力拉膜，以防影响除草效果。用于花生田的除草药膜种类不断增加，目前主要有如下几种。

（1）甲草胺（Alachlor）除草膜。每 $100m^2$ 含药 7.2g，除草剂单面析出率 80% 以上。经各地使用，对马唐、稗草、狗尾草、画眉草、莎草、藜、苋等的防除效果在 90% 左右。

（2）扑草净（Prometryne）除草膜。每 $100m^2$ 中含药 8.0g，除草剂单面析出率 70%～80%。适于防除花生田和马铃薯、胡萝卜、番茄、大蒜等蔬菜田主要杂草。防除一年生杂草效果很好。

（3）异丙甲草胺（Metolachlor）除草膜。有单面有药和双面有药 2 种。单面有药注意用时药面朝下。对防除花生田的禾本科杂草和部分阔叶杂草效果很好，在 90% 以上。

（4）乙草胺（Acetochlor）除草膜。杀草谱广，对花生田的马唐、牛筋草、铁苋菜、苋菜、马齿苋、莎草、刺儿菜、藜等，防效高达 100%，是花生田除草较理想的除草药膜。

使用除草药膜，不需喷除草剂，不需备药械，工序简单，不仅节省工日，除草效果好，药效期长，而且除草剂的残留明显低于直接喷除草剂覆盖普通地膜。据山东省花生研究所试验，使用乙草胺除草膜，乙草胺在土壤、植株、荚果内的残留均低于直接喷乙草胺覆盖普通膜的处理（表 5 - 13）。

表 5 - 13　乙草胺除草膜残留量测定结果

（山东省花生研究所，1999）

处 理 名 称	取样时间 （日/月）	0～15cm 土壤残留量 （mg/kg）	较喷乙 草胺低 （%）	植株残 留量 （mg/kg）	较喷乙 草胺低 （%）	荚果 残留量 （mg/kg）	较喷乙 草胺低 （%）
乙草胺除草膜	24/5	0.136	84.89	0.086	64.02	—	—
普膜喷乙草胺	24/5	0.900	—	0.239	—	—	—
乙草胺除草膜	29/6	0.058	75.63	0.018	75.68	—	—
普膜喷乙草胺	29/6	0.238	—	0.074	—	—	—
乙草胺除草膜	29/7	0.008	93.33	0.008	80.95	0.006	25.0
普膜喷乙草胺	29/7	0.120	—	0.042	—	0.008	—
乙草胺除草膜	27/8	0.007					
普膜喷乙草胺	27/8	0.007					

吉林省开发的系列专用除草地膜厚度 0.012～0.015mm，对防除一年生杂草效果显著，可用于花生、玉米、棉花、瓜类等。

用于生产的主要有色膜有黑色地膜、银灰地膜、绿色地膜，还有黑白相间地膜等。有色膜除草效果也较好，尤其对防除夏花生田杂草效果突出。据山东省花生研究所试验，其除草效果达100%。在除草的同时，银灰膜还可驱避花生蚜等害虫。黑色膜既可以除草，还可提高地温，增加产量。由于有色膜无化学除草剂，所以无毒、无残留，适宜于生产无公害花生、绿色食品花生和有机食品花生，是可持续发展农业的理想产品。

山东省花生研究所对覆盖不同地膜除草技术进行了较系统研究。

小区试验于花生所试验田。该地片连续8年未用过化学肥料和农药以及调节剂，符合有机生产要求。壤土，肥力中等。草种基数较大，包括禾本科杂草和阔叶杂草。扶大垄双行播种，品种花育17。5月1日播种，播种后38d调查各处理除草效果。收获时以区为单位晒干计产，比较不同处理间的产量差异。

大田示范共设4处，有莱西市朱翠示范基点和乳山市乳山寨小俺示范基点（为基点1），花生所莱西试验站西泊试验田路南和路北两处大田示范（为基点2）。示范田为轻壤土和沙壤土，地力中等和中等偏上，杂草种子基数中等偏大，包括禾本科杂草和阔叶杂草。5月1日前后播种，品种鲁花15、花育16、花育17，扶大垄覆膜播种双行。播种后30～40d调查不同地膜的除草效果，并进行分析比较。

试验处理：①聚乙烯配色吹型膜（下同）黑白相间膜中间不带除草剂（中间为无色两边为黑色，山东三塑集团提供，下同）；②黑白相间膜中间带除草剂（中间为无色两边为黑色）；③无色无药增温地膜（加有增温剂）；④金都尔除草膜；⑤无色无药普通地膜（不喷除草剂为对照）。

田间设计为三行区，小区面积12.3m²（2.46m×5.0m）。随机区组排列，重复3次。大田示范面积在666.7m²以上，不设重复，不同地膜依次排列。

小区试验结果，参试地膜的除草效果均较好，对禾本科和阔叶杂草的株数防除效果在88.89%～100%，鲜重防效在92.98%～100%（表5-14）。无药无色增温地膜和无药黑白相间膜的除草效果与有药地膜的除草效果差异不显著，所有膜与无药无色普通地膜（对照）除草效果差异显著。结果说明，无药无色增温膜和无药黑白相间地膜用于有机食品花生田除草效果较好，而且无污染，是比较理想的除草手段。有药黑白相间地膜和金都尔除草地膜在除草效果较好的同时，比普通地膜喷除草剂药剂残留明显低，适合用于无公害花生和A级绿色食品花生田除草。

表5-14　不同地膜防除花生田杂草效果

处理	马唐		牛筋草		狗尾草		马齿苋		苋菜		莎草	
	株数鲜重(g)	防效(%)	株数鲜重(g)	防效(%)	株数鲜重(g)	防效(%)	株数鲜重(g)	防效(%)	株数鲜重(g)	防效(%)	株数鲜重(g)	防效(%)
无药	2.3	88.9	2.3	90.0	0	100	0	100	0	100	0	100
黑白膜	1.6	93.0	0.1	96.8	0	100	0	100	0	100	0	100
无药	2.7	94.0	0	100	0	100	0	100	2.3	98.2	0	100
增温膜	0.6	97.4	0	100	0	100	0	100	0.3	98.4	0	100
有药	0	100	0	100	0	100	0	100	0	100	0	100
黑白膜	0	100	0	100	0	100	0	100	0	100	0	100
有药	2.3	97.4	0	100	0	100	0	100	2.3	98.2	0	100
金都尔膜	0.2	99.1	0	100	0	100	0	100	0.2	99.0	0	100
普膜	11.7	—	3.0		2.7		2.0		16.3		2.3	
（CK）	22.7	—	3.1	—	0.5	—	6.3	—	19.1	—	0.9	—

产量的高低，同除草效果好坏和提高地温的高低是一致的（表5-15）。产量最高的为无药无色增温地膜，比对照增产37.85%。但是由于施加增温剂，成本偏高。次之为黑白相间中间无药地膜，比对照产量高27.64%，增产主要表现在提高饱果率和出米率，可见提高产量的同时又提高了产品质量。

表5-15　不同地膜对花生产量的影响效果

处理名称	总果数（个）	饱果数（个）	500g花生果饱果率（%）	米重（g）	出米率（%）	小区产量（kg）	产量（kg/hm²）	较对照增减产（%）
黑白相间膜中间有药	300	100	33.33	377	75.4	6.07	4 935.0	23.96
黑白相间膜中间无药	260	104	40.00	395	79.0	6.25	5 081.6	27.64
无药无色增温膜	254	120	47.24	378	75.6	6.75	5 488.1	37.85
金都尔除草膜	288	120	41.67	378	75.6	5.87	4 772.6	19.88
普通膜不喷除草剂（CK）	296	108	36.49	370	74.0	4.88	3 981.2	—

大田示范效果，不同地膜大田除草效果同小区试验除草效果相一致（表5-16）。无论对禾本科杂草还是阔叶杂草防除效果均较好，从株数防效和鲜重防效都能说明，参试的不同地膜既能防除杂草又能抑制杂草生长，比普通膜不喷除草剂的对照除草效果差异显著。

表5-16　不同色膜大田示范除草效果

处理	马唐 株数鲜重（g）	马唐 防效（%）	狗尾草 株数鲜重（g）	狗尾草 防效（%）	马齿苋 株数鲜重（g）	马齿苋 防效（%）	莎草 株数鲜重（g）	莎草 防效（%）	备注
黑白相间	0	100	0	100	0		0	100	
膜中间有药	0	100	0	100	0		0	100	
黑白相间	2.7	94.17	0.7	58.82	1.3		0.3	88.89	
膜中间无药	2.5	92.38	0.13	85.56	2.6		0.07	90.00	示范点1
无药无色	0	100	0	100	0.7		2.0	25.93	
增温膜	0	100	0	100	0.4		0.4	42.86	
普通膜不喷药	46.3	—	1.7		0		2.7	—	
CK	32.8	—	0.9		0		0.7	—	
黑白相间	0	100	0	100	0	100	0		
膜中间有药	0	100	0	100	0	100	0		示范点2
无药无色	1.3	98.12	0	100	0	100	1.0		
增温膜	0.6	98.63	0	100	0	100	1.2		
金都尔除草膜	0	100	0	100	0	100	0		
CK	0	100	0	100	0	100	0		
普通膜不喷药	69.3	—	2.0		0.70		0		
CK	43.7	—	1.0		0.26		0		

总之，在花生生产过程中，根据当地的耕作需要，可因地制宜选择除草技术措施控制草害，达到优质高效生产目的。

（四）生物及其他新技术除草

化学除草的兴起，不可避免地破坏自然生物群落，污染环境，不同程度地危及人类的自身健康与生存，对此生物除草已日益引起人们的重视。国内外研究利用动物、真菌、细菌和病毒等防除农田杂草，取得了不少成果，有的已转化为生产力。如真菌除草剂对人无害、专化寄生性强，能保持较长的有效期，在美国市场上已有 2 种商品真菌除草剂出售。研究工作者发现，核盘菌属的真菌杀草范围很广，据专家估计，21 世纪真菌除草剂可控制 30 多种杂草，如国外研究寄生性的锈病与白粉病，能抑制花生田难以根除的苣荬菜和田旋花。美国密歇根州立大学在 23 个土壤试样中分离筛选出一种微生物，有强烈抑制稗草生长的作用，在此基础上再进行纯化，有的可抑制马唐等杂草。以虫治草的事例更多。我国生物除草起步较晚，但也取得了一些成绩。如以香附子尖翅小卷蛾、萹蓄角胫叶甲、稗草螟等昆虫除草，已取得成绩，有待今后系统开发与应用。

以植物防除杂草的方法也已引起科研人员的重视。例如向日葵能有效地抑制马唐、马齿苋、曼陀罗等花生田杂草的生长。以植物学为基础的化学生态学，植物间的相互敏感现象——植物化学作用，已引起研究工作者的注意。像农作物对杂草的他感作用，杂草对农作物的他感作用等，有待今后系统研究、开发、应用。

其他新的除草方法，如国外正在探索的电流除草法。利用高压电流极大地损伤杂草，而对农作物则无害。光化学除草法。利用光化学除草剂，该剂遇到阳光能自动产生化学反应，从而高效率地把杂草杀死，但不损害花生、小麦、玉米等作物。还有微波辐射、激光、噪声，开发杂草种子发芽促进剂等，目前正处于研究阶段。

山东省花生研究所对碎草覆盖地面除草技术进行了较系统研究。结果如下：花生夏直播，7 月 9 日播种，品种花育 17。7 月 19 日调查各处理区的草情，调查各种杂草株数并分别称鲜重，统计各种杂草防治效果。从 6 种处理的除草效果（表 5 - 17）看，起垄覆膜的 2 个处理，盖麦糠的比不盖的除草效果好，对试验田内的马唐 [Digitaria sanguinalis (L.) Scop]、苋菜（Amaranthusretroflexus L.）、狗尾草 [Setaria virdis (L.) Beauv]、稗草 [Echinochloa crusgalli (L.)] 4 种杂草均达到 100% 防治效果。在平种不盖膜盖 3 种碎草的处理中，除草效果均比不盖草的对照好，而且差异显著。对马唐、狗尾草、稗草 3 种禾本科杂草的株数防效为 87.0%～100%，鲜重防效达 79.2%～100%，对阔叶杂草苋菜的株数防效为 83.5%～89.6%，鲜重防效为 79.2%～98.0%。以上结果说明，夏直播花生田覆膜不喷除草剂盖麦糠或覆盖普通膜不喷除草剂不盖草的基本都可达到除草目的。其结果是由于 7 月中旬以后，膜下温度较高，萌动的杂草，刚出土即被膜下高温烤死，而且多数草种也发不了芽。结果还说明，平种的 3 种处理，不覆膜不喷除草剂覆盖碎草即可以达到无公害除草目的，而且覆盖烂草还可以起到保持土壤湿度和增加土壤有机质的作用，达到长短利益结合的目的。

表 5 - 17　碎草覆盖地面防除花生田杂草效果

处理名称	马　唐				狗尾草				稗　草				苋　菜			
	株数	防效 (%)	鲜重 (g)	防效 (%)	株数	防效 (%)	鲜重 (g)	防效 (%)	株数	防效 (%)	鲜重 (g)	防效 (%)	株数	防效 (%)	鲜重 (g)	防效 (%)
垄种覆膜盖麦糠	0	100	0	100	0	100	0	100	0	100	0	100	0	100	0	100
垄种覆膜不盖草	0	100	0	100	0	100	0	100	0	100	0	100	0.67	98.8	1.4	99.1
平种不覆膜盖麦糠	0	100	0	100	0	100	0	100	0	100	0	100	9.0	83.5	3.2	98.0

（续）

处理名称	马唐				狗尾草				稗草				苋菜			
	株数	防效(%)	鲜重(g)	防效(%)	株数	防效(%)	鲜重(g)	防效(%)	株数	防效(%)	鲜重(g)	防效(%)	株数	防效(%)	鲜重(g)	防效(%)
平种不覆膜盖麦糠	0.67	95.8	2.07	97.3	0	100	0	100	0	100	0	100	7.7	85.9	32.9	79.2
平种不盖膜盖烂草	1.0	93.8	3.03	96.0	0.33	100	0	100	0	100	0	100	5.7	89.6	26.2	83.4
平种不盖膜不处理（CK）	16.0	—	76.2	—	1.0	—	2.07	—	33.3	—	16.83	—	54.67	—	158.3	—

不同处理的产量高低与除草效果好坏相一致（表 5-18）。各种处理均比平种不覆膜不盖草的对照产量高，增产 37.86%～117.92%。

表 5-18　不同碎草覆盖地面除草产量 LSR 测验结果

处理	产量（kg/hm²）	比 CK±		差异显著性	
		kg/hm²	%	5%	1%
起垄覆膜盖麦糠	3 696.255	2 000.1	117.92	a	A
起垄覆膜不盖草	2 493.255	797.1	46.99	b	AB
平种不覆膜盖麦糠	2 396.250	700.05	41.28	b	AB
平种不覆膜盖柳叶	2 355.045	658.89	38.85	b	AB
平种不覆膜盖麦秧	2 338.395	642.3	37.86	b	AB
平种不覆膜不处理（CK）	1 696.155	—	—	b	B

以上 6 种处理研究结果，其中，除草药膜的两个处理适用于无公害食品花生和 A 级绿色食品花生田除草，余者处理均适用于有机食品花生田和 AA 级绿色食品花生田除草，而且花生增产效果理想。

总之，花生田杂草综合防治技术的基本原则是将杂草消灭在作物生长前期，使杂草失去竞争优势，方能使杂草危害减少到最低程度；运用各种除草措施，创造不利于杂草发生的农田生态环境。化学除草是综合防治中的重要措施，大面积推广应用的同时，要尽力减少环境污染，保护生态平衡。综合除草体系要结合本地区的具体草情，动态地灵活运用，注意经济效益分析，根据农田生态学和经济学的原则实施防除，以获得显著的经济、生态和社会效益。

第六章　花生田鼠害

鼠是脊椎动物亚门哺乳纲啮齿目动物的一大类群，也是动物界中进化地位最高、最为先进的类群之一。除具有哺乳动物所共有的全身被毛、运动快速、恒温、胎生、哺乳等特点外，鼠的主要特征是：无犬牙门齿与前臼齿或臼齿间有明显的空隙；上下门齿各 1 对，呈凿状，发达，无齿根，终生生长，常借啮咬物体以磨短，啮齿动物由此得名。体型大多较小，少数中等；前肢常短于后肢，除终生营地下生活的种类外，一般能迅速奔跑。鼠类分布广，几乎遍布全球。除极少数种类外，绝大多数都给人类带来不同程度的危害，故称害鼠。害鼠不但严重危害花生等农作物，而且危害林果、草原，损坏财物、建筑物，盗食储粮、食品，破坏机械设备、电力设施，导致江、河、湖、水库决口，更能传播鼠疫，威胁人类的健康和生命。

害鼠种类多、繁殖速度快、种群数量大、机警聪明，加之混杂于人类生产、生活的各个领域，很难防除。必须充分了解各类害鼠的生物学和生态学习性，把握其生命的薄弱环节，采取综合措施，才能达到持续控制其危害的目的。

花生田鼠害的特点：

(1) 害鼠种类多。危害花生的鼠类有鼠科的褐家鼠、黑线姬鼠、小家鼠、黄毛鼠、黄胸鼠和仓鼠科的大仓鼠、黑线仓鼠、棕色田鼠、东北鼢鼠、中华鼢鼠等 10 多种。其中黑线仓鼠、黑线姬鼠、大仓鼠、褐家鼠和棕色田鼠为花生田的优势鼠种。在靠近村庄的花生田，褐家鼠常是绝对优势鼠种。

(2) 危害普遍。从播种到花生成熟期，所有的花生田都会遭受害鼠的危害。

(3) 危害部位集中。主要危害花生的种子和荚果，很少危害茎、叶。

(4) 鼠害高峰期明显。花生田有 2 个鼠害高峰期，即播种至出苗期和荚果成熟期。在播种至出苗期危害，是将播种的花生种仁扒出啃食，有的被整粒吃掉仅留种皮；有的种仁被咬破，不能发芽出苗；也有的种仁被扒出未吃，但暴露土面又被其他动物糟蹋造成缺苗。出苗后至结荚前基本不受害鼠危害。荚果形成后进入第 2 危害期，成熟期达危害高峰。有的从荚果一端咬 1 个孔洞，食果仁，留下空壳，有的荚果被扒出土面，咬破果壳，吃掉果仁，地面留下一堆堆果壳，有的荚果被搬回鼠洞储藏起来，慢慢取食。

(5) 害鼠分布有明显的趋边性。大多数害鼠栖息于花生田周围的埂边、沟边、渠边、路边、坟头或村庄内的鼠洞中，夜间出来危害花生，田四周 10m 以内的花生受害重，越往田中间受害越轻，表现出明显的趋边危害性。

(6) 危害程度与生态环境和花生栽培制度有密切关系。靠近村庄、沟渠、道路、埂边、坟堆的花生受害重。

第一节　褐家鼠

（一）分布与危害

褐家鼠（*Rattus norvegicus* Rerkonhout），别名大家鼠、沟鼠，俗名大耗子。属啮齿目鼠科。褐家鼠盗食粮食、咬毁器物、危害农田，是全球数量最多、危害最大的鼠种。其危害是多方面的。在农田内主要危害特点为咬断主茎或分蘖、破坏苗床及秧苗、盗食各种种子与瓜果。在室内，窃取、污损各种食物，损毁家具、衣物等各种器物，可造成房屋倒塌，影响河堤安全，造成断电及火灾，破坏生产，并造成重大损失。还是多种鼠传疾病的主要宿主，严重威胁着广大人民群众的身体健康，与其有关的疾病有 22 种之多。凡是有人居住的地方，都有该鼠的存在，是广大农村和城镇的最主要害鼠。数量多，危害大。

（二）形态特征

褐家鼠（彩图 6-1）体形粗大，成鼠体长 145～250mm。耳朵短而厚，向前折不能遮住眼部，生有短毛。后足粗壮，长 33～45mm。尾粗而短，明显短于体长，被毛稀疏，环状鳞片清晰可见，约为体长的 74％左右。雌鼠乳头 6 对，胸部 2 对，腹部 1 对，鼠鼷部 3 对。体背毛灰褐色或棕褐色，头部和背部中央黑色毛尖较多，毛基深灰色，体侧毛色稍淡。腹毛灰白色，微有乳黄色，毛基灰色，毛端白色。尾双色，上面黑褐色，下面灰白色，前后足背面毛白色。头骨粗大结实，脑颅部较窄，鼻骨较长，眶上脊发达，与顶骨颞脊连接向后延伸至鳞骨。颞脊在顶外侧不呈弧形弯曲而近乎平行。此特征易与家鼠属其他种类区别。腭骨孔较短，其后缘过第 1 上臼齿的前缘水平线。牙齿无特殊结构，基本与本属各种相似。上颌第 1 臼齿较大，齿突 8 枚，第 2 臼齿仅为前 1 臼齿的 2/3，第 3 臼齿最大。

（三）生活习性

1. 栖息

就全国来讲，褐家鼠主要是家栖鼠，与人伴生。在农村则为家、野两栖型，多栖息在居民区内和附近的田野；在城市则长年生活在住宅区。根据褐家鼠与人类的关系可分为 3 种生态型。一是北方生态型，终年生活在住宅内；二是中间生态型，夏秋季生活在野外，冬季迁回住宅区；三是南方生态型，多数长年生活在野外。

褐家鼠的栖息地点非常广泛。在城镇多栖息在下水道、建筑物内，尤以下水道中最多；在农村居民区，多栖息在猪、鸡、鸭、鹅圈舍和仓库、厕所、屠宰场、农贸市场、场院、阴沟、厨房、住房、草垛、加工厂等场所。工矿企业、港口、码头、飞机、船舶、大型机械及运输工具等，也是褐家鼠的栖息场所。野外的栖息地点多在沟边、埝边、渠边、路边、坟头、水库。

褐家鼠的栖息方式多是打洞穴居，且聚群而居。居民区的洞穴多在地下道、阴沟内、树根下、草垛下和建筑物的墙根下、地板下。洞穴结构复杂，一般有洞口 5 个左右，进口通常只有 1 个，出口有 1 堆颗粒松土。洞道分岔多，洞道长 50～210cm，洞深可达 150cm。一般只有 1 个窝巢，多用破布、碎纸、细草、兽毛、棉絮做成，巢多呈碗状。野外的洞穴一般有洞口 2～3 个，洞道分岔较少，仅 1～2 个，洞深 30～80cm。

2. 活动

褐家鼠昼夜均活动，但以夜间活动为主。一天中的黄昏后和黎明前，各有一次活动高峰，其中以黄昏后活动最为频繁。在城镇的郊区和农村，褐家鼠有明显的季节迁移现象，一年中有 2 次迁移高峰。第 1 迁移高峰在 4～5 月份，这时正是花生等春播作物的播种期、越冬及早春瓜菜的成熟期和水稻等夏播作物的播种育苗期，褐家鼠从居民区向野外迁移危害农田；第 2 迁移高峰在 8～10 月份，在野外的褐家鼠随作物的成熟期在不同作物的田间作迁移危害活动。到 10 月份天气转冷田间作物收获结束秋播麦子也已出苗，此时褐家鼠又迁入居民区。两次迁移高峰即是褐家鼠二次田间危害活动高峰期。也是花生田被害高峰期。

在环境条件比较稳定的情况下，褐家鼠的活动范围有限，一般在洞穴周围 30～50m，最长可达 300m。

3. 食性

褐家鼠为杂食性害鼠。在居民区除盗食人的所有食品外，还盗食禽、畜饲料，伤害幼禽、幼畜甚至幼婴。在农田主要危害各种作物的籽实、种子、果实，如花生和豆类的荚果、水稻和玉米的籽粒、山芋的块根、马铃薯的块茎、瓜类及草莓的果实等，也取食草籽。有时也吃昆虫和其他小动物。褐家鼠不但大量取食，而且需要饮水。成年褐家鼠对干燥食物的日食量为 25g 左右，日饮水量为 30ml 左右。因此，有水源的地方和田块鼠害发生量大，而干旱无水源的地方和田块鼠害发生量小。

4. 繁殖

褐家鼠的繁殖力很强，一年四季都可繁殖，即使在东北寒冷的冬天也能繁殖。每年繁殖 6～10 窝，孕期 20～22d，每窝 8～9 只，多的达 17 只。产仔后 1～2d 又可交配怀孕。幼鼠 3 个月就可交配繁殖。每年怀孕的最高峰在 4～5 月份和 9～10 月份。雌鼠的生殖能力可以持续 1～2 年。

5. 感觉器官

褐家鼠色盲，但黄色和绿色对其最有吸引力。因此，褐家鼠喜食黄色和绿色的食品，配制饵料时应注意。对红光不敏感，用红灯观察其夜间活动不受影响。味觉发达，对不含任何药物的饵料和仅含 2mg/kg 刺激素的同种饵料都能分辨出来，能察觉出含 250mg/kg 杀鼠灵的饵料。配制毒饵时要严格掌握鼠药的浓度。褐家鼠嗅觉灵敏，在洞穴周围用尿液和生殖道分泌物标记嗅迹，同类鼠能根据嗅迹活动。

褐家鼠对巢区周围的环境有很强的警觉性，通过嗅觉和味觉加以记忆，很快熟悉生活环境、跑道、洞穴、食物、水源，并形成比较固定的活动路线。在熟悉的环境里能迅速发现任何一种新物品、新变化，并予以回避。称为"新物反应"。

6. 体能

褐家鼠能在粗糙的墙壁或物品上攀行，在电话线类的绳上走动。能通过直径 1.25cm

左右的孔洞。能原地跳高 77cm 以上，原地跳远 1.2m。能在平静的水面游泳 800～1 000m，会水下捕鱼。咬肌发达，牙齿锐利，可以咬坏铝板、质量差的混凝土、沥青等大多数建筑材料，破坏性强。

(四) 防治

褐家鼠防治的总原则是领导重视，大家动手；"灭"字当头，抓好三关（鼠情调查关、全面毒杀关、扫残复灭关）；针对特性，综合治理；坚持三性（多样性、经常性、持久性），长期控制。具体防治策略与主要技术如下。

(1) 突击灭鼠技术。应用全栖息地毒鼠法。

(2) 经常性灭鼠。经常性杀灭方法很多。器械法有各种鼠笼、鼠夹等捕鼠器，还有电子灭鼠器、黏鼠胶等，适用于杀灭零星个体。一种器械不宜多次反复使用，不时更换捕杀方法。杀鼠药物提倡使用抗凝血灭鼠剂，如敌鼠钠盐、复方灭鼠剂 88-1 等。褐家鼠对许多杀鼠剂都较敏感，使用浓度可偏低。灭鼠毒饵一般选用当地的主要作物种子，如南方宜用新鲜稻谷，城市也可使用大米。在食品库、饲料厂及粮仓，宜使用毒水。如 0.02％复方灭鼠剂（特杀鼠 2 号）毒水，效果特佳。在火车、轮船上可用熏蒸灭鼠。

(3) 毒饵筒技术。在农田与房舍铺设由南竹等制作的毒饵筒，房舍区每户 3～5 个，田间 30～50m 埋置 1 个，定期补充、更换毒饵。可长期控制害鼠危害。

(4) 农田、农村环境整治。①农田结合春耕和夏收，修整田埂，铲除杂草，消灭田埂里的鼠洞与幼鼠。②配合兴修水利平整沟渠，使之不利于害鼠隐藏、栖息。③经常进行大扫除，清理阴沟、垃圾、铲除房屋周围杂草、杂物，搞好室内外卫生。④农村应做到粮有仓，物有库，柴草理成堆（架空），畜禽栏厩整洁，厨房干净，居室明亮；新房修建时，设混凝土地面和墙根，封闭墙、门、窗的鼠通道，造成不利害鼠流窜、营巢和隐蔽的环境。⑤提倡有利于控制鼠害的农业生产措施。如早稻秧田采用地膜覆盖；害鼠危害较重的田块如优质稻田，强化毒饵筒控制网等。

第二节　黑线姬鼠

(一) 分布与危害

黑线姬鼠 (*Apodemus agrarius* Pallas)，别名黑线鼠、田姬鼠、长尾黑线鼠。属啮齿目鼠科姬鼠属。分布很广，全国除青海、西藏外各地都有分布。一般在平原、盆地的农业地区分布较多。

播种期盗食花生种子，生长期和成熟期啃食作物营养器官和果实。黑线姬鼠为稻区及其他湿润农业区的重要优势鼠种，常盗食各种农作物的禾苗、种子、果实以及瓜、果、蔬菜。一般咬断作物的秸秆，取食作物的果实，对作物的危害，如水稻、小麦、玉米等可从播种期一直到成熟期。在瓜菜田及保护地经常盗食瓜菜、种子、小苗。同时由于其经常迁入室内，且为流行性出血热和钩端螺旋体病的重要宿主，传播的疾病多达 17 种，对人民群众的身体健康危害极大。

（二）形态特征

黑线姬鼠（彩图6-2）是鼠科中一种较小的鼠。体长65～120mm，头小，吻尖。耳长9～16mm，向前翻可接近眼部。尾长为体长的2/3，尾毛短且稀，鳞片裸露，鳞片环清晰。毛色随栖息环境的不同和亚种的分化多有一定的变化。黑线姬鼠乳头4对，在胸、腹各2对。体背毛一般棕褐色。生活在农田的黑线姬鼠棕色或沙褐色，生活在林缘和灌丛地带的毛色灰褐带有棕色。体背部杂有较多的黑褐色毛尖，体侧较少，背毛一般棕褐色，背毛基部多深灰色，上段黄棕色，有些带有黑尖。背部具1条明显黑线，从两耳之间一直延伸至接近尾的基部。体侧毛棕色无黑毛尖，腹面与四肢内侧毛灰白色，毛基灰色，毛尖白色。头骨较狭，眶上脊明显，向后与颞脊相连。臼齿咀嚼面有三纵列丘状齿突，第1、2上臼齿具发达的后内齿尖，第3上臼齿咀嚼面内侧具2个突角，前面为1孤立的圆形齿叶。

（三）生活习性

黑线姬鼠栖息环境较广泛，以向阳、潮湿、近水场所居多。在农田多于背风向阳的田埂、堤边、河沿、土丘筑洞栖息。洞穴简单，分栖息洞和临时洞两种。栖息洞多为2～3个，洞道长1～2m，内有岔道和盲道，窝巢用草筑成，结构紧密坚实，不易脱落。临时洞简单，只有1个洞，无窝巢。无存粮习性，主要以夜间活动为主，尤以上半夜最为活跃，白天一般不活动，不冬眠。繁殖力强，在北方一年繁殖2～3窝，春、夏季为繁殖盛期，每胎产仔5～7个。

1. 栖息

黑线姬鼠主要栖息于农田，很少进入居民区。栖息的方式为打洞穴居。栖息地点多在背风向阳的埂边、渠边、沟边、路边、水库边、河岸边及坟头上。洞穴结构比较简单，有栖居洞和临时洞，栖息洞又分为夏、秋季洞和冬季洞。在作物成熟季节多扒临时洞。洞形简单，洞道较浅，只有1个洞口；栖息洞（图6-1）相对比较复杂，洞道长1～2m，窝巢也较深，有洞口2～3个，洞口直径2.5～3.5cm。其中冬季洞比夏、秋季

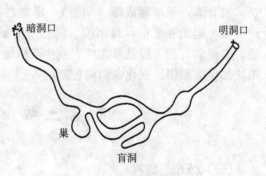

图6-1 黑线姬鼠洞剖面

洞的洞道长，分支多，窝巢深，少数洞有储粮。因洞穴简单，冬季保温差，加之无储粮习性，在冬季黑线姬鼠常转移洞穴，聚集栖息。

2. 活动

黑线姬鼠白天栖息，夜间出洞穴活动。早春和深秋夜间气温低时，活动高峰在夜间20～24时；夏、秋季作物成熟期，除夜间上半夜活动外，下半夜天亮前还有1个活动高峰，但仍以上半夜活动最盛。

黑线姬鼠无冬眠习性。一年四季活动，但以播种期、成熟期活动最为频繁。每种作物的被害高峰期都在播种期和成熟期，尤以成熟期受害最重。因此，黑线姬鼠的危害有明显

的随作物成熟期而流窜移居、转移危害的规律。

3. 食性

黑线姬鼠为杂食性害鼠，主要取食当地作物的果实和种子，如花生、西瓜、甜瓜、草莓、蚕豆、大豆、小麦、玉米、稻米等。在果实和种子缺乏时，也取食蔬菜和其他作物的茎叶，也捕食昆虫等其他小动物。

4. 繁殖

黑线姬鼠的幼鼠通常 5 个月性成熟便可繁殖后代。在花生产区，一年有 2 个繁殖高峰，分别在春季的 4～5 月份和秋季的 8～9 月份。其中春季繁殖以老龄鼠为主，秋季繁殖以当年鼠为主。除南方冬季有少量繁殖外，其他地区冬季不繁殖。每胎繁殖 2～10 只，最多的 12 只，一般为 5～6 只。

(四) 防治

防治本鼠应从生态控制途径着手，当害鼠数量增加到生态失控时，需进行大面积突击联合药物防治。防治适期主要掌握在春、秋 2 个繁殖高峰来临之前，即 3 月中旬至 4 月下旬和 8 月中旬至 9 月下旬。其中春季防治效果较好，且此时雨季尚未来临，毒饵在田间不易霉变，对灭鼠有利。

(1) 农田建设要考虑到防治鼠害。如深翻土地，破坏其洞系及识别方向位置的标志，能增加天敌捕食的机会。

(2) 清除田园杂草，恶化其隐蔽条件，可减轻鼠害。

(3) 作物采收时要快，并妥善储藏，断绝或减少鼠类食源。

(4) 保护并利用天敌。

(5) 人工捕杀。在黑线姬鼠数量高峰期或冬闲季节，可发动群众采取夹捕、封洞、陷阱、水灌、鼓风、剖挖或枪击等措施进行捕杀。有条件的地区也可用电猫灭鼠。

(6) 毒饵法。用 0.1％敌鼠钠盐毒饵或 0.02％氯敌鼠钠盐毒饵、0.01％氯鼠酮毒饵、0.05％溴敌隆毒饵、0.03％～0.05％杀鼠脒毒饵，以小麦、莜麦、大米或玉米（小颗粒）作诱饵，采取封锁带式投饵技术和一次性饱和投饵技术，防效较好。

(7) 烟雾炮法。将硝酸钠或硝酸铵溶于适量热水中，再把硝酸钠 40％与干性畜圈粪 60％或硝酸铵 50％与锯末 50％混合拌匀，晒干后装筒，筒内不宜太满太实，秋季选择晴天将炮筒一端蘸煤油、柴油或汽油，点燃待放出大烟雾时立即投入有效鼠洞内，入洞深达 15～17m 处，洞口堵实，5～10min 后害鼠即可被毒杀。

(8) 熏蒸法。在有效鼠洞内，每洞把注有 3～5ml 氯化苦的棉花团或草团塞入，洞口盖土；也可用磷化铝，每洞 2～3 片。

(9) 拌种法。播种时用甲基异柳磷拌种。

注意事项：①严格按灭鼠毒饵配制操作规程，集中配制毒饵；②田间投饵前，及时收听气象预报，避免雨天放药；③投饵期间，关好家禽、家畜，以防中毒事故发生。如发现误食中毒可注射维生素 K_1；④清理残余毒饵，收集鼠尸深埋，防止污染环境；⑤大面积防治以后，应做好防治效果复查，当害鼠密度仍超过防治指标的，还需做好补治工作。

第三节 小家鼠

（一）分布与危害

小家鼠（*Mus musculus* Linnaeus），别名小鼠、鼷鼠、小耗子。属啮齿目鼠科。分布遍及全国各地，几乎有人居住的地方都有分布。特别是在土墙结构的房屋被砖瓦结构的房屋取代后恶化了家鼠的生存环境，大型家鼠类日渐减少，但却有利于体小、易于藏匿的小家鼠的生存。因此，小家鼠的数量呈上升趋势。小家鼠不但栖息在居民区，啃坏衣物、家具、书籍，糟蹋食品，是典型的家居鼠，而且还迁移野外危害花生等农田，是重要的农田害鼠。对花生田从花生荚果形成期开始危害一直到花生成熟期。小家鼠危害花生时，一般不将花生扒出而是从荚果一端咬1个孔洞然后将果仁盗食一空，尤以荚果形成期至成熟前危害最重。小家鼠也是人类多种自然疫源性疾病的传播者。

（二）形态特征

小家鼠（彩图6-3）是鼠科中较小的一种鼠类。体纤细，长60～90mm，重7～20g。尾长多数短于体长，后足较短，一般小于17mm。耳壳短而厚，向前拉不能遮住眼部。背毛棕灰或棕褐色，自头顶至尾基部毛色一致。背毛基部深灰色，毛尖棕色，腹毛多为土黄色，毛基深灰色，毛尖棕黄色，部分个体腹毛灰白色。背、腹毛色在体侧分界线不明显。尾背面棕褐色，腹面土黄色。前、后足背棕褐色。头骨略细长，吻部短，脑颅略扁，顶间骨较宽，眶上嵴不甚发达，鼻骨较短，门齿孔较长，多数伸入左右第1上臼齿之间。听泡小，且较扁平。腭骨较长，后缘达第3上臼齿联线之后。上颌门齿内侧具1直角形缺刻，为其分类鉴定的主要特征。上颌第1臼齿特别发达，其齿冠长度，约占整个臼齿齿冠长度之半。第1上臼齿的第1、2横嵴外齿突和中齿突发育正常，内齿突向后延伸。第3横嵴内齿突消失，中齿突最大，外齿突较小。第2上臼齿第1横嵴仅有1内齿突，中齿突和外齿突退化。第2横嵴发育正常，内齿突微微向后弯曲，第3横嵴中齿突最大，内齿突消失，外齿突不发达。第3臼齿最小且退化成3个齿突。

（三）生活习性

1. 栖息

小家鼠是人类的伴生种，栖息环境非常广泛，凡是有人居住的地方，都有小家鼠的踪迹。小家鼠是家、野两栖的小鼠类，栖息范围很广。在居民区主要栖居在住房、厨房、储藏室、仓库，在有人类活动的其他场所如学校、工厂、加工厂、码头、车站、办公楼等建筑物内，也是小家鼠的栖息地。在野外主要栖居在茂密的旱作农田、杂草丛生的田埂、路边、渠边、沟边、坟头以及场院、草堆中。栖居方式可以在草堆、衣物、书柜、长期不用的抽屉等器物中或墙缝内、天花板上、房屋内做巢栖息，也可在地下、地板下、墙角下扒洞栖息。野外多在草堆内做窝。

在村庄周围农田内野居的小家鼠，多在杂草丛生的田埂、荒地、坡地、沟渠、路边、坟头等隐蔽处打洞，以洞穴的方式栖息。小家鼠的栖息洞（图6-2）洞道短、结构简单，洞长一般60～100cm，有1～3个洞口。只有1个洞口的盲道多为临时洞，有2～3个洞口的为栖息洞。小家鼠多独居生活，只在交配和哺乳期可见数鼠同居一洞。

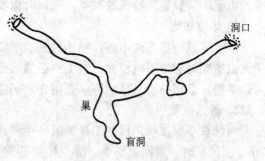

图6-2　小家鼠洞剖面

2. 活动

小家鼠昼夜均活动，但以夜间活动为主。多在地面沿墙根和家具旁边行动。奔跑迅速，攀登能力强。每天的黄昏和清晨有2个活动高峰。季节性活动规律和褐家鼠一样，受气候和作物播种及成熟期影响。住房、场院、仓库、草垛等温暖、食物丰富的地点是其越冬的最佳场所。春季作物播种期多数迁往村庄周围的农田，盗食播种的种子；作物出苗后迁往附近的瓜类、茄果类蔬菜田内，盗食瓜类和茄果、草莓等；夏熟作物成熟期迁往麦田危害麦穗，麦类收获后有的迁往晒谷场；花生等秋熟作物进入成熟期，则根据不同作物成熟期的先后在作物间迁移危害；秋熟作物收获后迁往晒谷场、仓库、粮草堆及其附近；冬季谷物入仓，气温寒冷，则多数潜入民房、仓库。

3. 食性

小家鼠食性杂，但以种子、瓜果类为主。因嘴小所以喜食小粒的谷物及幼嫩的花生荚果。食物缺乏时可取食瓜果、蔬菜、植物幼芽及幼小昆虫等。每天取食高峰多在夜间19～22时。

4. 繁殖

小家鼠的繁殖力强，几乎可终年繁殖，但以春、秋两季繁殖为主。妊娠期18d左右，产仔间隔时间为30～50d，长的100d左右。一般年产5～7窝，每窝产仔4～7只，少的1只，多的16只。幼鼠生长2～3个月即可繁殖后代。雌鼠产仔后不久又可怀孕。

小家鼠危害所有农作物，盗食粮食。主要危害期为作物收获季节。危害时一般不咬断植株，只盗食受害株果穗，很少倒伏。而在居民区内的危害无孔不入，往往啮咬衣服、食品、家具、书籍，其他家用物品均可遭其破坏和污染。同时大量出入人类的住所，可传播某些自然疫源性疾病。

（四）防治

小家鼠密度超过3‰必须进行防治。小家鼠的特殊性不在形态上，而指的是其生态适应性甚强，一般灭鼠方法难以凑效。其生态适应性强主要表现在：杂食；运动方式多样化，能跑、跳、攀登；造巢条件不高，在墙洞、壁缝中可栖息，在衣被、家具、杂物及草堆中也可营巢繁殖；活动规律和节奏可随环境条件而很快地改变；虽嗜温，但化学调温能力甚强，对较低温度也能耐受等。此外，其摄食行为是间歇性的，每次取食量很少，给毒饵灭鼠带来一定困难。

小家鼠体型虽小，但危害较大，尤其是与其同域的黄胸鼠、褐家鼠被大量毒杀后，数量明显上升，危害尤为突出。

由于小家鼠是较特殊的种类，灭鼠时也要有特殊要求。

1. 环境防治

因小家鼠栖息条件不高，很小的缝隙里即能栖居，少量食物即能维持生命。因此生态学灭鼠措施对它的影响较大，但工作必须细致、深入。诸如做到室内无洞，无缝隙，经常清除杂物，整理抽屉、书柜等；否则，它仍能维持一定的数量。

2. 器械灭鼠

对捕获小家鼠所用捕鼠工具的灵敏度要求一定要高，鼠夹用小号，布放地点之间小于2m；用鼠笼时，笼网眼要小。群众使用的碗扣、坛陷等方法效果也好，用黏鼠胶或黏蝇纸捕捉，安全有效。

3. 毒饵杀灭

多种毒鼠药均可用于杀灭小家鼠。但根据它对毒物的耐药力稍大，而每次取食量小的特点，各种毒鼠药的使用浓度应比杀灭褐家鼠要高，但每堆投饵量可减少一半。一般灭鼠药饵用 0.5～1g，敌鼠钠盐 3～5g。诱饵以作物种子为佳，少用水分多的瓜果蔬菜。投饵应本着多堆少量的原则，堆间距离最好 2m，一般不超过 3m，投饵应尽量普遍。据近 10年的研究，以下几种药物及诱饵灭小家鼠效果较满意。

(1) 0.005％杀鼠隆及 0.005％鼠得克小麦片毒饵（即用 2 种药物 0.1％母粉，按比例加入小麦片及 1％花生油，分别配制），布放于毒饵盒内，每日检查补充毒饵，连投 21d左右。

(2) 0.005％溴敌隆毒饵（玉米粉等加工制成）回合式投饵（即第 1 次投饵后 6～7d再投）。

(3) 0.01％溴敌隆大米饵一次投饵。

(4) 3％马钱子毒饵（马钱子粉碎，80 目过筛，按所需浓度加玉米粉、植物油、调味品，用成形机制成直径约 0.3cm，长约 1.5cm 的圆条形，晾干即成），室内每 $15m^2$ 2 堆，室外每 $5m^2$ 1 堆，每堆 30g，连续 5d。

(5) 2％灭鼠优毒饵［制法及投饵同 (4)］。

(6) 0.3％溴代毒鼠磷大米毒饵（药物为浙江产。先用 95％酒精溶解原药，加入大米中搅拌均匀，加少量食用红色素作为警戒色，加 2％食糖即成），麦地等鼠多的地方每 $5m^2$ 布 1 堆，每堆 5～10g。

(7) 0.5％溴毒鼠磷（原药为辽宁省化工研究院生产。下同）小麦毒饵（3％～5％花生油及医用酒精为增食剂。下同），采用一次投毒或两次（间隔 10d）投毒法。

(8) 0.3％氯毒鼠磷小麦毒饵、0.5％氯毒鼠磷小麦毒饵、0.3％氯毒鼠磷面团毒饵（药物与 70％玉米面、25％面粉、5％白糖混合制成）。

(9) 农场的粮库、饲料房和牲口棚用 0.005％杀它仗毒饵（药物与燕麦片 90％、面粉5％、谷油 5％充分混合制成），在地面和顶棚四周 1～2m 放 1 个饵盒，每盒 20～30g，每周二至周五检查补充，直到鼠不再取食为止。

此外，用磷化锌配制的毒饵或于冬季在仅有小家鼠分布的地方使用杀鼠糖（氯醛糖），对杀灭小家鼠亦有效。Rowe 报道（1974），用金丝雀籽（Whole canariensis）作基饵配制维生素 D_2 毒饵，进行防治小家鼠的现场试验获得理想效果。

4. 毒水灭鼠

据大连卫生检疫所试验，用瓶装0.05％敌鼠钠毒水布于以小家鼠为优势种的本市仓储公司（货场占地面积60 000m²）灭鼠，结果投毒水18h后，即发现8只小家鼠鼠尸，21d内捡到鼠尸370只。具体做法：敌鼠钠用医用酒精溶解，用量按0.5g敌鼠钠原药加30ml计（10kg毒水含300ml酒精），加1％糖精或5％食用糖，将85ml毒水倒入罐头瓶中备用；将瓶布于鼠活动场所，瓶口朝外躺放，用木板或石块固定防止滚动。要实施饱和投放毒水，时间不少于18d。

小家鼠取食具有时断时续和取食场所不固定，其耐药力特强和取食量又小，因此应用化学灭鼠防治小家鼠时，要提高毒饵的浓度，并遵循小堆多放，且尽量遍布它可能活动的每个角落。栖息于缺水环境下时，可使用毒水的方法。其他如毒粉、毒糊的方法也可局部使用。在有条件的地方（如轮船、火车、仓库等）使用烟剂或熏蒸剂，效果更好。

5. 其他防除方法

（1）翻草堆。小家鼠秋季多聚集在稻草堆下，可翻开草堆捕杀。

（2）机械性捕杀。一般捕鼠工具都适用，用捕鼠笼时网孔不能太大。将室内小家鼠能够隐蔽的缝隙皆予堵塞，室内柜子、箱子也予垫高，并使其离墙有一段距离，家具、橱柜、粮仓等关严，不留缝隙，户外的草堆垫高，使小家鼠无处隐藏而易被发现和消灭。农田应铲除杂草。

第四节　黄　毛　鼠

（一）分布与危害

黄毛鼠（*Rattus losea* Swindoe），别名黄哥仔（广东）、田鼠、圆顶鼠（福建）。属啮齿目（Rodentia），鼠科（Muridae），鼠属（*Rattus*）。

主要分布于我国长江以南地区。全国各地均有发生。黄毛鼠是一种杂食性鼠类，以食植物性食物为主，占90％以上，动物性食物较少，喜吃花生、大米、谷子、甘薯、小麦、黄豆等。对不同作物、不同生育期的食物有明显的选择性。对早熟的水稻品种危害较重。食性杂，对稻、麦、豆类、花生、甘蔗、果蔬等均取食；秋收以后也食野生植物的茎、叶、种子和块根；经常捕食鱼、青蛙和昆虫等。食量大，危害相当严重。

（二）形态特征

黄毛鼠（彩图6-4）体型中等，长140～165mm，比褐家鼠瘦小。尾细长，略大于或等于体长。耳小而薄，向前折不到眼部。后足小于33mm，是黄毛鼠的重要特征之一。背毛呈黄褐色或棕褐色，背中部毛色深，两侧毛色浅。腹部灰白色，毛基灰色，毛尖呈白色，背、腹部毛色无明显分界线。尾上下色近似，上部呈深褐色，下部略浅。尾环基部有浓密的黑褐色短毛。乳头胸部和鼠鼷部各3对。颅骨的吻部较宽和短，颧宽约为颅长的一半，眶间宽略较窄；眶上嵴甚为显著，但到顶骨两侧不甚发达；左右眶上嵴后角之间宽小于12.5mm。鼻骨长约为颅长的1/3，其前端稍为超出前颌骨，并与上门齿前缘垂直，其后端为前颌骨后端所超出。腭骨后缘中间有尖突。门齿孔较长，后端超过第 1 上臼齿前缘基部水平。听泡较发达。

（三）生活习性

黄毛鼠善涉水，纵横交错的河流或沟渠不妨碍它觅食和栖息活动。通常在稻田、甘蔗地、灌木丛、塘边、河堤、路边等处栖息筑窝。春季多在水源附近，挖洞筑窝；秋、冬季节迁移到粮库和居民区场院的储粮囤、垛、柴草堆底下挖洞筑窝，一般有 2～5 个鼠洞，洞口直径 3～5cm，洞道弯曲，分支较多，洞内有 1 个鼠窝，窝内用细软杂草铺垫。有鼠栖息的洞口比较光滑，洞口附近常有挖出的颗粒状土堆和撒落的粮食、铺垫物以及鼠尿等物。昼夜都活动，以清晨和傍晚活动频繁。在它栖居范围内食源充足时，活动范围就小，当食源缺乏时，会到 1.5km 远的地方觅食。

此鼠的分布与数量变动有关系。在南方，夏、秋高温、高湿季节，因炎热气候其哺乳期的仔鼠成活率明显降低，冬、春两季的气温不太冷，对它生存并不构成威胁，甚至对它更加适宜。

每年生殖 3～5 胎，每胎产仔 5～7 只。在中南地区春、秋季是繁殖高峰，春季高峰在 4～5 月，秋季高峰在 9～10 月，12 月至翌年 2 月很少生殖。

1. 栖息分布

黄毛鼠为野栖鼠种，室内极少捕获到。在平原、丘陵和山区农田数量较多，喜居稻田、甘蔗田、菜地、灌木丛、塘边、沟边杂草中。夏季多在近水、凉爽地方活动，秋、冬季喜居于住宅区附近的菜地、杂草丛中或山脚下。

2. 洞穴结构

黄毛鼠是地下栖居鼠种，其洞穴结构较为简单，一般有洞口 2～5 个，洞口直径 3～5cm，洞道直径 4～6cm。洞道弯曲多分支，洞道内通常只有 1 个巢室，巢室直径 15cm 左右，巢室顶部离地面 20cm 左右。

3. 活动规律

黄毛鼠昼夜活动，一般夜间活动最多，以清晨和黄昏最为频繁。活动范围随食物条件不同而变化。食物丰富时，活动范围小，约几十米以内，食物缺乏时，活动范围明显扩大，可到距栖息地 2～3km 的地方觅食。黄毛鼠的数量随着不同作物生长和成熟而变动。冬季作物成熟收割后，一部分迁至稻草堆下，一部分窜入室内（数量极少）。在福建古田地区黄毛鼠窜入室内主要在 5 月和 12 月。

（四）防治方法

1. 毒饵诱杀法

一般用磷化锌毒饵。配置方法很多。用马铃薯、甘薯、黄瓜等作饵料，切成小块，然后在小块上切 2、3 条小缝，在缝中撒上 400～500mg 磷化锌粉末，即成毒饵；或用磷化锌 2.5kg 拌 50kg 饵料（青稞、大麦粒等），拌药时，先加饵料重量 5% 的清油，使每粒表面都沾上一层油，然后放于拌种器或盆缸内，将药粉倒入，继续拌匀即可使用。在每个鼠洞内加 30 粒左右。投饵时，要用漏斗、探棍、木勺等工具，严防人手触及。为了更有把握，大田使用毒饵时，先把洞口挖开，过数小时检查洞口有无封堵处，凡是被封堵的地方就有该鼠，可投饵毒杀。

2. 熏烟和灌水法

春天青苗和杂草生长前，将辣椒末放在干草上燃烧，使烟吹向洞内或侦查好鼠洞后，用水灌入其内。由于老鼠受不了烟熏及水灌，就会跑出洞外，即行捕杀，效果很好。

3. 其他防治方法

在仓库及种子储藏室的家鼠，可用特别可口的饵料，如油炸花生米及香油糕等制成磷化锌、白砒、红砒及安妥毒饵，毒杀。或采用一些捕鼠工具如鼠笼、鼠夹等捕杀。

第五节　黄　胸　鼠

（一）分布与危害

黄胸鼠（*Rattus flavipectus* Milne-Edwards），属啮齿目，鼠科。别名黄腹鼠、长尾鼠。分家栖和野栖2类。主要分布在长江流域及其以南地区，现已扩展至我国除东北外的广大地区。

黄胸鼠食性杂，以植物性食物为主，有时也吃动物性食物，甚至咬伤家禽。黄胸鼠主要栖息在室内，除盗食粮库、食品厂、养殖场、饲料厂、居民户的粮食、饲料外，还咬坏衣物、家具和器具，咬坏电线，甚至引发火灾。在住宅区主要吃粮食和各种食品，在野外危害花生、蔬菜、谷类等农作物。喜食植物性及含水较多的食物，有的咬食瓜类作物花托、果肉。靠近村庄田块易受害，危害程度不亚于褐家鼠。

（二）形态特征

黄胸鼠（彩图6-5）是鼠科中体型较大的鼠。体型与褐家鼠相似。体躯细长，尾比褐家鼠的细而长，超过体长。体长130～150mm，重75～200g，尾长等于或大于体长。耳长而薄，向前折可遮住眼部。后足细长，长于30mm。鼻端部尖锐，耳大而薄。雌鼠乳头5对，胸部2对，腹部3对。背中部颜色较体侧深。背毛棕褐色或黄褐色，背脊处夹生黑色毛较暗，腹面毛灰白至淡黄，喉、胸间有棕黄色斑，毛基灰色。尾毛稀，尾黑褐色。头部棕黑色，比体毛稍深。头骨小于褐家鼠，呈弧形向两侧凸。黄胸鼠重要的识别特征是前足背面中央有1棕褐色斑，周围灰白色。尾的上部呈棕褐色，鳞片发达，构成环状。幼鼠毛色较成年鼠深。头骨比褐家鼠的较小，吻部较短，门齿孔较大，鼻骨较长，眶上嵴发达。第1上臼齿齿冠前缘有1条带状的隆起，臼齿咀嚼面有3横嵴，第2上臼齿和第3上臼齿咀嚼面第1列横嵴退化，仅余1个内侧齿突，第2和3横嵴在第2上臼齿缘明显，第3上臼齿则已愈合，呈C形。

（三）生活习性

黄胸鼠是我国的主要家栖鼠之一。又名黑鼠、屋顶鼠。主要栖息于建筑物的上层，如屋顶、天花板、屋脊、橼瓦间隙、门框和窗框上端等，夹墙、墙缝、地面杂物堆中和地板下也有。野外则在住区附近水沟、灌丛、田野中活动。黄胸鼠善于攀爬，可在粗糙墙壁上行走，也能在屋梁上奔跑，喜欢栖息屋顶。建筑物的上层，屋顶、墙头夹缝及天花板上面常是其隐蔽和活动的场所。夜晚黄胸鼠会下到地面取食和寻找水源，在黄胸鼠密度较高的地方，能在建筑物上看到其上下爬行留下的痕迹。多与褐家鼠混居，黄胸鼠在建筑物上层，褐家鼠在下层。大型交通工具如火车、轮船上常可发现其踪迹，危害严重。在农村，它们随农作物的生长、收获等，在住房和田野间作季节性的迁移。

夹墙中的黄胸鼠洞构造一般较复杂，洞口多，上通天花板，下达地板，前后左右相连贯。栖息在农田的黄胸鼠洞穴分为复杂洞和简单洞两种结构类型。复杂洞为越冬洞，入土较深，洞口、巢室数量较多；简易洞为季节性临时洞，作物成熟时迁入挖掘，收割后即转移废弃。复杂洞有一个圆形前洞口，直径 4～5cm，1～3 个后洞口，位置比前洞口高，群众称为"天窗"，口径比前洞口小，约 4cm 左右，洞外无浮土，有外出的路径，但不及前洞光滑。洞道直径 4～5cm，因鼠常出入十分光滑，垂直入土 30～40cm。简易洞只有一个巢室，复杂洞有 2～3 个，只有一个巢室垫物是新鲜的，巢室离地面 20～50cm，椭圆形，直径 8～20cm，内垫物有干枯植物茎叶，如稻草、豆叶、杂草等。

黄胸鼠行动敏捷，攀缘能力极强，能攀高、跳远，警惕性高，稍有异常即逃窜。昼夜活动，以夜间活动为主，黄昏后和黎明前有 2 个活动高峰。一般夜里 9 时出洞，11 时左右回洞，凌晨 1 时再出来，3 时左右再回洞。有季节性迁移习性，每年春、秋两季作物成熟时，迁至田间活动。

黄胸鼠一年四季均可繁殖，7～8 月为繁殖高峰，年繁殖 3～4 次，每胎 6～8 仔，个别多达 16 仔。幼鼠出生 3 个月达性成熟。寿命长达 3 年，可在无水的环境下生活 1 周以上。南方全年均可繁殖，全年可繁殖 3～4 窝，在北方冬天停止繁殖。

与小家鼠有明显的相斥现象，两者之间的斗争十分激烈，常是胜利者居住，失败者被排斥。

(四) 防治

1. 防鼠

主要在房舍内进行，如堵塞鼠洞，使其无藏身之所。妥善保存粮食，断绝鼠粮，可抑制鼠类的生存繁殖。搞好环境卫生，整理阴暗角落，特别是杂物堆、畜舍和阴沟。改变房屋的结构或修建防鼠设施，阻止其进入房屋的上层，可降低其种群数量。

2. 灭鼠

化学防治以抗凝血灭鼠剂为主。但黄胸鼠的耐药性比褐家鼠高，容易漏灭，因此在黄胸鼠密度比较高的地区应相对提高药量。同时，黄胸鼠的新物回避反应及其栖息特性，决定在使用毒饵灭鼠时，应延长投饵时间和高层投饵。在火车、轮船上可熏蒸灭鼠。

(1) 毒饵法。下述毒饵可于傍晚撒在田鼠或家鼠活动的地方进行毒杀。

5%磷化锌毒饵：把 5kg 玉米或豆类粉碎，与 500g 稀面汤拌混，再加入 5%磷化锌拌匀即成。

敌鼠钠盐毒饵：用 0.05％敌鼠钠盐 1g 与 2kg 米饭或玉米面拌匀即成。

灭鼠眯毒饵：用 1 份灭鼠眯粉 50g 与 19 份饵料，玉米渣 55g 或面粉 350g、粗糖 50g 混合拌匀。

中草药毒饵：用马前子 20 个炒热油炸后晾干研细，掺入 1 碗炒面、食用油 100g，加入适量水拌匀，制成豆粒大小药丸即成。

（2）堵洞法。用玉米轴或秆蘸磷化锌毒糊，堵塞鼠洞。毒糊用磷化锌 12％、白面 13％、水 75％，先把油、盐、葱爆炒发香后，把水倒进去煮开，再用少量水把面粉调成稀面糊倒入锅里熬成浆糊，待冷却后再放入磷化锌，充分搅拌均匀即成。

（3）毒液法。把灭鼠药用 30～40 倍水稀释后，放在缺水的地方，引诱害鼠饮食而灭鼠。

（4）熏蒸法。把氯化苦 3～5ml，用注射器注入棉花团或草团里，将药团塞入鼠洞，洞口盖上土。也可用磷化铝 2～3 片投入鼠洞中，防效优异。

（5）烟雾炮法。点燃灭鼠专用烟雾炮后，待放出大量烟雾时，投入有效鼠洞 15～17cm 深处，再用泥土堵塞洞口，经 5～10min 老鼠即可被毒死。

第六节　大仓鼠

（一）分布与危害

大仓鼠（*Cricetulms triton* Winton），别名大腮鼠、灰仓鼠、齐氏鼠、搬仓鼠。属啮齿目，仓鼠科。广泛分布于山东、河南、河北、山西、陕西、甘肃、黑龙江、吉林及内蒙古等地，为北方的重要害鼠。主要危害豆类、花生、小麦及苹果等水果，尤喜盗食花生种子，也食蜗牛、蝗虫等，并有自残现象。

（二）形态特征

大仓鼠（彩图 6-6）为仓鼠科中体型最大的一种，外形似褐家鼠。体长 140mm 以上，尾较短，其长不超过体长的一半。耳较短，呈圆形，有 1 圈狭窄的白色毛边。口具颊囊。雌鼠乳头 4 对。冬毛背面黄灰色，毛基部灰黑色，多数毛尖沙黄色，少数毛尖黑色，全背有黑色的长毛致使背脊中央毛色较暗，但不形成条纹；腹面下颏、胸部中央及肢内侧均为白色，余部灰色毛基。耳内外侧均有短棕褐色毛，耳的边缘有由灰白色短毛组成的狭窄白边。尾上下同色，毛基部灰色，毛尖白色；后足背面纯白。夏毛较冬毛稍暗，呈沙黄色。大仓鼠幼体几乎为纯黑灰色。头骨粗壮而狭长，颅全长 35～43mm；鼻骨狭长，其前端 1/3 处略显膨大；眶间隔较宽，两侧隆起的眶上嵴向后延伸经顶骨、顶间骨的边缘与人字嵴相连接；顶间骨较大，几乎呈长方形，其外角微向前伸。颧骨较为纤弱，不特别外突，但其后部则明显地宽余前部；枕骨上缘人字嵴清晰，前颌骨的两侧有上门齿齿根所形成的突起，门齿齿根伸至前颌骨与上颌骨的缝合线清晰；上颌第 3 白齿的咀嚼面具 3 个齿实，下颌第 3 白齿的齿突 4 个，但内侧的 1 个极小。听泡突起而形窄，其前内角与翼骨突起相连接，2 听泡的距离与翼骨间的宽度相等。

（三）生活习性

1. 栖息

大仓鼠主要栖居于土质疏松而干燥的旱作地区的农田。靠近农田的荒地、林地、草原等环境也稍有分布。栖息的方式也是扒洞穴居。洞穴多建在地势较高的田埂、路边、坟头、坡地、场边等处。

大仓鼠的洞穴（图6-3）比较复杂，每个洞穴有洞口3~6个，分进出洞口和隐蔽洞口。进出洞口圆形、光滑，平均直径5~6cm。隐蔽洞口建在隐蔽处，上用浮土堵塞，形成明显的圆形土丘。一般出入洞后20~30cm左右垂直向下，然后洞道斜行向下，洞道全长可达2~3m。洞道很深，一般1~3m，内有窝巢和仓库。窝巢一般1个，多在洞道的最深处，直径11~36cm，形如碗状，多用植物茎、叶做成，常有气孔直通

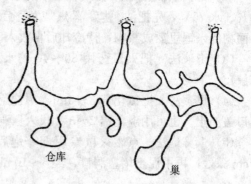

图6-3　大仓鼠洞剖面

地面。仓库1~4个，多的达8个，大多数3~4个，每个仓库储粮1~2kg，并新、陈食物分存，每个洞系储粮可达10kg之多。因有大量盗食和储粮的习性，故名大仓鼠。

2. 活动

大仓鼠白天栖居洞中，夜间活动。每天黄昏前后出来活动，直到黎明前后复入洞穴栖息。活动范围很大，当取食地点较远时，活动范围可达1~2km，如洞穴附近食物充足，则就近取食。

大仓鼠无冬眠习性，一年四季活动，但冬季储粮多，很少出洞。一年中活动最高峰在秋熟作物的成熟期，因需储存大量的越冬食粮，所以此时最活跃，进出洞穴最频繁。

3. 食性

大仓鼠的主要食物是植物的种子，如花生、小麦、大豆、玉米、谷子、杂豆等，也捕食昆虫等小动物。早春食物缺乏时，还取食植物的茎、叶。春季盗食花生等春播作物的种子，造成大面积缺苗断垄；夏季糟蹋麦穗，取食麦粒；秋季花生成熟期也是大仓鼠活动的高峰期，能大量盗运花生及其他粮食作物以备越冬。还能爬到果树上啃食梨、苹果等，危害相当严重。

4. 繁殖

大仓鼠的繁殖力较强，除冬季不繁殖外，春、夏、秋都可繁殖。一般3~4月份开始繁殖，10月份结束，繁殖高峰在4~5月份和8~9月份，一年繁殖2~3窝。每窝产仔7~9只，多的可达15只左右。孕期和哺乳期均为22~23d，幼鼠2.5~3个月，即可繁殖。天敌主要有各种鼬、鸮、鹰、野猫、狐狸及蛇等。

（四）防治

1. 化学灭鼠法

大面积消灭大仓鼠时，主要采用化学灭鼠法，人工、器械捕捉仅具有次要的意义。

（1）5％～10％磷化锌毒饵。以谷物（麦类、玉米或豆类）为诱饵，先用水煮成半熟，捞出后稍晾干，然后加 3％～5％的面糊，搅拌均匀，再加磷化锌，继续搅拌，最后加少量清油再搅拌均匀即成。在鼠洞外 16cm 处投放麦类毒饵 10～15 粒或玉米毒饵 8～10 粒、豆类毒饵 5 粒，能达到毒杀的目的。按行距 30～60m 投放。如用飞机喷撒，麦类毒饵的含药量应为 10％。毒饵配制后，要在阴凉处阴干 12～24h。间隔 40m，喷幅 40m，于 5 月中旬喷撒为宜。

（2）0.5％甘氟毒饵。以马铃薯、萝卜或番茄作诱饵。先将诱饵切成指头大小的方块，再将 0.5％甘氟用水稀释 4 倍。然后将诱饵投入盛甘氟水溶液的金属容器中，搅拌、浸泡至甘氟水溶液诱饵吸干为止，亦可用麦类作诱饵。每洞投 3～5 块或 10～15 粒。如果在夏季使用带油的毒饵时，为了避免毒饵风干或被蚂蚁拖去，可将毒饵投入洞中。采用毒饵法灭鼠时，毒饵要求新鲜，并选择晴天投放，雨天会降低防效。夏季（6～7 月份），由于植物生长茂盛，鼠的食物丰富，不适于使用毒饵法。此时正是幼鼠分居前母鼠与仔鼠对不良条件抵抗力较弱的时候，宜采用熏蒸法。

（3）氯化苦熏蒸法。温度不低于 12℃时，在鼠洞前使用氯化苦熏蒸法较好。用小石子、羊粪粒或预先准备好的干草团若干，在晴天气温较高时，将羊粪粒或小石子盛于铁铲上，然后迅速倒上 3～5mm 的氯化苦，马上投入鼠洞中，再用草塞住，加土封好洞口即可。

（4）磷化铝或磷化钙熏蒸法。用磷化铝 1 片或磷化钙 15g，投入鼠洞中，杀灭效果较高。若投放磷化钙时同时加水 10ml，立即掩埋洞口，杀灭效果更好。

（5）灭鼠炮熏蒸法。投放灭鼠炮时，先将炮点燃，待冒出浓烟后再投入洞中，随后堵塞洞口。每洞投放 1 只灭鼠炮即可。

2. 其他灭鼠法

（1）置夹法。用 0～1 号弓形夹，支放在洞口前的跑道上。

（2）活套法。将细钢活套安放在洞口内约 6cm 深处，三面贴壁，上面腾空半厘米，当鼠出洞或入洞时均会被套住。

（3）灌水法。灭鼠的效果较好。对沙土中的鼠洞，在水中掺些黏土，灭效更好。此外，还可采用箭扎、挖洞、热沙灌洞等方法来灭鼠。

第七节　黑线仓鼠

（一）分布与危害

黑线仓鼠（*Cricetuls Barabensis* pallas），别名花背仓鼠、背纹仓鼠、搬仓、腮鼠、中华仓鼠、中国地鼠、中国大颊鼠。属啮齿目，仓鼠科，仓鼠属。我国农田害鼠的优势种，占农田鼠总量的 54.2％。黑线仓鼠是我国黄河以北一些省份的优势鼠种。蒙古、俄罗斯、东欧及中亚细亚也有分布。多见于草原、半荒漠、耕地、山坡及河谷的灌木丛。广泛分布于我国中部和北部，属北方鼠种，在甘肃、宁夏、陕西、山西、内蒙古、河北、山东、河南、江苏、安徽、辽宁、吉林和黑龙江等省、自治区都有分布记录，尤以华东、华北、东北和西北发生为重，是危害农业、传播疾病的有害动物。黑线仓鼠为我国北方地区分布极为广泛的一种啮齿类害鼠。

（二）形态特征

黑线仓鼠（彩图 6-7）为小型鼠类。体粗壮，长约 95mm。口内因有颊囊而膨大，吻较钝，耳圆，尾短，约为体长的 1/4 左右。乳头 8 个。毛色因地区不同而异。冬毛背面从吻端至尾基部以及颊部、体侧与大腿的外侧均为黄褐色、红棕色或灰黄色（因地区而异）。背部中央从头顶至尾基部有 1 条暗色条纹（有时不明显）。耳内外侧有棕黑色短毛，且有 1 很窄的白边。身体腹面、吻侧、前后肢下部与足掌背部的毛均为白色。故体背与腹部之间的毛色具有明显区别。尾的背面黄褐色，腹面白色。头骨的轮廓较平直，听泡隆起，颧弓不甚外凸，左右几乎平直。鼻骨窄，前端略膨大，后部较凹，与颌骨的鼻突间形成 1 条不深的凹陷。无明显的眶上嵴。顶骨的前外角向前延伸达额骨后部的两侧，形成 1 明显而尖的突起。顶间骨宽为长度的 3 倍。上颌肌在眶下孔的前方形成 1 个突起。颧弓细小。门齿孔狭长，其末端达第 1 臼齿的前缘。上门齿甚细长。上臼齿 3 枚，前者较大，愈后愈小。第 1 上臼齿的咀嚼面上有 6 个左右相对的齿突。第 2 上臼齿仅 4 个齿突。最后 1 个臼齿的 4 个齿突排列不规则，并且后方的 2 个极小，因而整个牙齿较第 2 臼齿小得多。上臼齿磨损程度可作为其年龄鉴定指标。下臼齿与上臼齿相似，向后逐渐变小。第 1 下臼齿的咀嚼面上有齿突 3 对，第 2、第 3 下臼齿均有齿突 2 对。

（三）生活习性

黑线仓鼠主要栖息在野外，一般不迁入农家，多活动于耕地内和路旁、荒滩地等处。其洞穴多建在高出水面的田埂、沟沿和垄背。

黑线仓鼠洞穴形式不一，大体可分为朝天洞和居住洞、储粮洞 3 种。朝天洞结构简单，一般是 1 个深 40～47cm 的洞道，末端有 1 个 8～20cm 的膨大部分。洞口 1 个，直径 3～4.5cm，外表有松土，一般不堵塞洞口。在这种洞穴中无鼠巢，也无鼠居住，仅是专做临时储存粮食或建巢材料的库房。居住洞结构复杂（图 6-4），有 2～5 个洞口，洞道多，距地面 40～50cm，圆形，直径约 20cm，内铺干草、花生叶及杂草等，

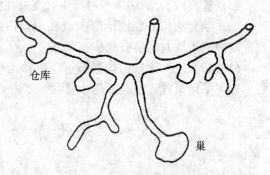

图 6-4　黑线仓鼠洞剖面

储藏少量花生供日常用。储粮洞一般有 2～3 个。储藏花生的方法是一批批地将其直立和横卧重叠起来，每一层有 50～60 个荚果，洞口用泥土封住。居住洞大小及距地面的垂直深度随季节变化而不同，一般冬季较深，其他季节较浅。

黑线仓鼠善于筑巢，行动不敏捷，运动时腹部着地，当受到外界刺激而兴奋时发出激烈的叫声。雌鼠力气比雄鼠大，而且好斗，常主动攻击和追逐雄鼠，除了发情期以外，雌鼠不让雄鼠接近。背部毛呈灰褐色，背部有 1 条黑线，腹部呈白色。

黑线仓鼠住、食、便处从不混用，具有按食物种类分藏的习性，一般一个洞穴内只有1只成年鼠，幼鼠与母鼠分居，在距母巢35～100m处建筑洞穴。母鼠与幼鼠在同一领域内呈圆形分布，在其领域内几乎没有其他鼠类建筑洞穴，但允许在其范围内绕行活动。雌雄比1：3.7。黑线仓鼠可在距离洞穴80～200m的范围内活动，但以80～150m范围内活动最频繁，雨后较晴天活动频繁。冬季活动范围小，主要依靠存粮为生。5～6月和10～11月为储粮高峰期，不冬眠。该鼠食性杂，以花生、小麦、玉米等作物的种子为主要食料，占食料的60%以上，杂草籽次之，占20%，还取食少量昆虫和植物茎、叶、根等。

黑线仓鼠昼伏夜出，以夜间活动为主，白天隐藏于洞穴内，黎明前、黄昏后活动频繁，一般以19～21时危害严重。春季刨食播下的小麦、玉米、豌豆等种子，继而啃食幼苗，特别喜欢吃豆类幼苗；作物灌浆期啃食穗果，并有跳跃转移危害的特点，啃食水果及瓜类时专挑成熟、甜度大的危害，秋季夜间往洞中盗运成熟的粮食及花生，储备冬季食料。据调查，在1个洞穴内就可挖出15kg花生荚果。

黑线仓鼠繁殖力极强，3～4月和8～9月为2个繁殖高峰期。冬季不繁殖。年繁殖3～5胎，每胎平均4～9只幼仔，以6只居多。黑线仓鼠妊娠期20～21d，哺乳期21d。初生仔鼠重1.5～2.5g，成年鼠达30～40g，初生仔无毛、闭眼3～4日龄，长被毛。7日龄全身蒙上被毛，10～14日龄睁眼，有听觉。黑线仓鼠寿命为2～2.5年。

(四) 防治

1. 化学灭鼠

(1) 灭鼠剂。芳基重氮硫尿、毒鼠磷、溴代毒磷、磷化锌等。灭鼠剂使用方法：①毒饵。配制毒饵必须尽量新鲜，灭鼠剂要合格，不含影响适口性杂质，严格按配方要求，浓度太高或太低都会影响质量，调拌要均匀。毒饵有附加剂、引诱剂、增效剂、防腐剂、黏着剂和警戒剂等。②毒水。不仅节省粮食，而且安全。③将毒粉撒在鼠洞口和鼠道上，当鼠类走过时，毒粉沾在爪和腹毛上，通过修饰行为将毒粉带进口腔吞下中毒。

(2) 化学绝育剂。甾体激素类、非甾体化合物、带有乙撑亚胺和甲黄酸酯基因的烷基化制剂等。用于灭鼠较化学灭鼠剂安全。但其作用非常缓慢，且尚有的化学绝育剂适口性差。

(3) 熏蒸剂。氰化氢、磷化氢、氯化苦、溴甲烷、二氧化硫、二硫化碳、一氧化碳、二氧化碳、环氧乙烷，民间使用的烟剂等。

(4) 驱鼠剂。福美双、灭草隆、三硝基苯、三丁基氯化锡。

(5) 中草药灭鼠。白头翁、苦参、苍耳、狼毒等。

2. 生物灭鼠

(1) 利用鼠的天敌灭鼠。.

(2) 利用病原微生物灭鼠。如依萨琴柯氏菌（*S. decumanicidum*）等。

3. 器械灭鼠

捕鼠夹、木板夹、铁板夹、钢弓夹、环形夹、捕鼠笼、捕鼠箭、挤弓捕鼠、套具捕鼠、吊套捕鼠、捕鼠钩、电子捕鼠器捕鼠、黏鼠法、碗扣法、盆扣法、吊桶、压鼠法、陷鼠法。鼠夹和弓形夹等捕鼠工具以及挖洞和灌饵等方法均有效。在春、秋两季也可以选用磷化锌、亚砷酸等毒饵诱杀，氯化苦、磷化铝、磷化钙及灭鼠烟炮等都可收到良好效果。

第八节　棕色田鼠

（一）分布与危害

棕色田鼠（*Microtus mandarinus* Milne - Edwards），又叫北方田鼠。属啮齿目，仓鼠科，田鼠亚科，田鼠属。主要分布在山西、陕西、内蒙古、河南、河北等地。江苏通扬运河以南、长江以北的高沙土地带，安徽、江苏、湖北北部，山东西部与河南接壤的高沙土地区也有分布。据河南长垣、中牟等地调查，棕色田鼠约占当地鼠类的20%～30%。

棕色田鼠的食物以地下根茎为主，尤喜食鲜嫩、多汁的食物。其食性极为广泛，受害植物主要有芦苇、白茅、莎草、刺槐、泡桐、山杏、杜梨、小麦、胡萝卜、马铃薯、苹果树及其他果树等。但主要危害苹果树根部及马铃薯、胡萝卜、小麦等。危害苹果树时，咬啃地下30cm范围内的根的韧皮部，以幼树主根及果树根颈部受害最重。冬季是果树受害高峰期，特别是大雪覆盖地面的年份受害最重。

（二）形态特征

棕色田鼠为仓鼠科的一种小型田鼠。成鼠体长88～112mm，尾长17～26mm，后足长14～17mm。耳小而圆，耳廓不超过毛外，几乎被毛掩盖。尾短小。体呈圆筒形，静止时缩成短粗状。幼体毛色为浅褐色，成鼠毛色较深，背部从吻端至尾基部均为有光泽的棕灰或棕褐色毛，并杂有黑色毛，毛基呈深灰色，体侧毛较背部浅，为浅棕黄色，腹部及四肢内侧略呈乳白色，毛基灰色。足背毛稀疏呈污白色。尾毛二色，上面黑褐，毛尖端发白，下面灰白色。乳头2对，位于鼠鼷部。头骨较短而宽扁，棱角清晰，颧弓粗壮。鼻骨后端短于前颌骨后端。眶间宽较窄，中部有明显的凹坑。腭骨后端有1纵嵴，纵嵴两侧各有1小窝。门齿甚为发达，尤以下门齿为显著，其后端远伸至下颌髁状突下面，上门齿略向前倾斜，明显超出鼻骨前端。第1上臼齿前横叶之后为2个内侧和2个外侧相互交替的闭合三角形。第2上臼齿横叶之后有1个内侧和2个外侧相互交替的闭合三角形，第3上臼齿具前横叶，接着是较小的外侧闭合和1较大的内侧闭合三角形，最后是1个三叶状齿叶，由外叶、内叶和主叶组成，后者位于齿列轴上与内叶相通。第1下臼齿后横叶之前有3个内侧和2个外侧以及1个几乎呈斜四方形的前叶。第2下臼齿后横叶之前内外侧各有2个闭合三角形。第3下臼齿具有2后横叶和前内侧闭合三角形。

（三）生活习性

棕色田鼠大多喜欢栖居于靠水而潮湿的地方，尤其在土质松软、植被茂盛的旱作农田、果园、林地。在花生产区，花生田栖居的数量最多。棕色田鼠长年在地下的洞道内活动，为典型的地下害鼠，所以洞穴构造复杂。由地面的土丘、取食道、干道、仓库和窝巢构成。一个完整的鼠洞占地 20～50m²，深 0.4～0.6m，洞长 20～40m，一个洞系有仓库 2～3 个，有鼠 2～4 只，多的 8 只左右，内藏食物 500～1 000g。个别洞道长达 80 多米。洞径 28～51mm，洞道弯曲，分上下两层。因其在地下取食，所以沿取食路线形成极其复杂的多条支道，上通地面，下达干道。干道距地面 20～45cm，沿干道又分多条支道，下通窝巢和仓库。棕色田鼠常过着家族式群居生活，每个洞系内有鼠 5～7 只，多的达 10 多只。巢多建在田埂、渠道的两侧。巢的形状有卵圆和球形 2 种，结构紧密坚实，用各类作物的茎、叶和杂草做成。棕色田鼠有推土封洞的习惯，在风和日丽的天气，挖开洞口 7～15min 即推土封洞，有风天气，一般 2～3min 就封洞。挖掘洞道时，将土堆推出地面。故在地面形成数量不等的小土堆，直径 14～20cm，土堆下面即洞口。

棕色田鼠昼夜都活动。以夜间活动为主。活动高峰出现在夜间 0～5 时左右，到黎明 6 时后一般不再活动。白天活动有 2 个高峰期，即 8～10 时，18～20 时，每次活动 2h 左右，雨天降温或有大风时活动量减少。白天多在有隐蔽的地方如麦地、杂草丛中等处活动。冬季大雪后在雪下将积雪挤压成雪道与地面洞口相通，在雪道内啃食根皮及树干基部，因而冬季大雪后果树受害较重。雪少或无雪时在向阳较暖有树枝堆积的下面活动取食。

棕色田鼠一年有 2 次迁移活动。春末、夏初从果园迁往荒坡、地埂、林地；秋末、冬初又迁往果园、农田。迁移原因与食源、气候、农事活动以及繁殖密度有关。春、夏果园、农田农事活动频繁，破坏和扰乱了它的正常生活环境。荒坡、地梗、林地杂草丛生，隐蔽条件好，较安全，草根、茎及树根等又为其提供了丰富的食物。冬季果园、农田农事活动减少，冬季麦根、果树根茎韧皮鲜嫩多汁，甜度可口，迁入果园、农田危害。迁入果园的害鼠钻入地下或在雪下危害果树根部，咬断侧根、环剥主根或树干基部根皮，轻者削弱树势，重者导致全树枯死。危害盛期在入冬至翌年 3～4 月份。

棕色田鼠喜群栖，每洞平均有鼠 5～7 只，最多达 16 只。雌雄共居 1 个洞穴，幼鼠 8～10 个月性成熟，从老巢中分出，另组成新巢穴繁殖后代。

棕色田鼠一年四季均可繁殖，3～5 月和 8～10 月为繁殖高峰。一年繁殖 2 次，每胎产仔 2～4 只，有的可达 5～6 只。

(四) 防治

对棕色田鼠的防治，根据其生活习性，冬、春在果园捕杀。此时植被稀疏、食物贫乏，洞口易发现，是杀灭的有利时机。

1. 人工灭鼠

摸清该鼠在当地的活动规律，进行人工捕杀。

2. 器械灭鼠

可采用捕鼠盒、弹簧钳等器械灭鼠，是根据地下鼠有堵洞习性而研制的专门捕鼠工具。捕鼠盒两端装有通风透光的网状门，一端为固定门，一端为活动门。先将鼠洞挖开，将活动门一端插入鼠洞 3～4cm，四周用土堵严，棕色田鼠堵洞前进入盒内向外探视，触动开关，活动门关闭，鼠被困在盒中被捕。弹簧钳是用一根钢丝折回弯成大小不同的两个圈，小圈上装有自动开关，将圈放入洞内 5～10cm 处。待棕色田鼠推土时，其头部进入圈内触动开关，将鼠夹住。

3. 灭鼠管炸

LB-1型灭鼠管是专门炸灭棕色田鼠的新产品。具有不引爆炸药、效率高、成本低、安全方便的特点，很受群众欢迎。根据棕色田鼠有堵洞的习性，采用外接电源，将灭鼠管置于洞内 6～7cm 处，棕色田鼠出来堵洞时推出的土接触电源，引起灭鼠管爆炸，将鼠炸死。一般一管炸一鼠，效果在 95％以上。

4. 毒饵诱杀

棕色田鼠地下生活，冬、春食物贫乏，利用毒饵诱杀，效果很好。饵料可选择鲜嫩、多汁的胡萝卜、马铃薯、苹果枝条、白菜帮等。将饵料切成宽 0.5cm、长 3～5cm 的长条，使用时配制 0.005％的溴敌隆毒饵。在田间选择有鼠的洞口，放入 2～3 条毒饵，深度距洞口 15～20cm。棕色田鼠出来时将毒饵拖入洞穴，共同食用，使全窝田鼠中毒而死。以秋末至早春投放效果最好。

5. 生物灭鼠

注意保护鼠类天敌猫头鹰、蛇类等，创造其适生条件，发挥天敌的灭鼠作用。

第九节　东北鼢鼠

（一）分布与危害

东北鼢鼠（*Myospalax psilurus* Milne-Edwards），别名地羊、瞎老鼠、盲鼠、瞎摸鼠子、地排子。国内广泛分布于东北及山东、河南、安徽及河北省、自治区等，内蒙古大兴安岭林区全境均有分布。国外主要分布在亚洲。属啮齿目（Rodentia），仓鼠科（Cricetidae），鼢鼠亚科（Myospalacinae），鼢鼠属（*Myospalax*）。除危害花生外，麦类、蔬菜等作物都可受害。春播后即窃食播下的种子及幼根，造成缺苗断垄，秋天花生荚果成熟即偷运荚果，储藏于洞中以备冬粮。有时 1 洞能储 10～15kg。

东北鼢鼠是农业生产的重要害鼠，由于其挖洞和储粮活动，给农业生产带来很大损失，常造成大片农田缺苗、枯死。尤以危害甘薯、马铃薯、胡萝卜和花生受害最重。同时，打洞道破坏土层结构，使农作物失水干枯，造成缺苗断垄。在产仔后危害加重，雌鼠带领仔鼠活动频繁，教仔鼠适应自然环境和练习打洞，田间作物损失更甚。

（二）形态特征

东北鼢鼠（彩图6-8）体型与中华鼢鼠相似。体长 200～230mm。尾短，约为体长1/5，尾几乎裸露。前爪发达，爪壮趾长，后趾爪正常。眼较小，耳壳退化，隐藏毛下。体毛细柔，有光泽。背毛灰赭色。吻端部毛呈污白色，无灰色毛基。额部有 1 块极明显的白色斑点，其大小变化很大，在个别鼠体上可能完全消失。体两侧及前后肢外侧毛色与背毛相似。腹毛灰色，毛尖稍显淡褐色，与体侧毛无明显界限。东北鼢鼠头骨粗大，有明显棱角，颧弓很宽大，头骨后端在人字嵴处成截切面。老体鼠有发达的眶上嵴与颞嵴，在左右平行的嵴凸之间形成明显凹陷。人字嵴大，成直线，伸向两侧。上枕骨大，中部稍向后隆起，形成脑颅后壁。上颌门齿凿状相当强大，齿根伸至第 1 上臼齿的前方，其齿内侧有 2 个凹刻，与外侧的 2 个凹刻交错排列，并将其咀嚼面分成前后交错排列的三角形及 1 个稍向前伸的后叶。下颌第 1 臼齿内侧有 3 个凹刻，外侧有 2 个，内侧第 1 凹刻深，因而前部的咀嚼面分割成 2 个独立的三角形，相互联接成 1 斜列前叶，其后尾有 2 个交错的三角形和 1 个长形的内叶。

（三）生活习性

东北鼢鼠主要栖息于森林、草原、农田、丘陵和荒草地、灌木丛及林缘地带。在内蒙古大兴安岭林区主要危害樟子松、苗圃地幼苗，严重地带被害率可达 40%。

东北鼢鼠常年栖居于地下生活，听觉特别灵敏，很难捕捉。地下洞道长达数十米，大致可分为通道洞、储粮洞、粪便洞、居住洞、朝天洞。鼠打洞时，每隔一段即将洞内挖出的余土堆成许多小土丘。根据新堆的去向，可辨认其洞道的去向。洞道构造复杂，无显著洞口，内部分支极多。洞道直径 5~6cm，居住洞与储粮洞距地面约 100cm。觅食道深仅15cm。居住洞长约 50cm，宽 20cm，高 15.5cm。居住洞用草筑成，附近有粪便洞。洞道不同地点、不同性别、不同季节构造不同，雌雄分居，雌性洞道较雄性复杂。秋、冬季洞道较春、夏季洞道复杂，农田洞道与草原等区域的洞道不同。其余习性与中华鼢鼠略同。

东北鼢鼠冬季深居于洞内，除取食外不甚活动，有时也到地面上觅食、寻偶。当春季土地尚未全部解冻前即开始活动，而以 3~4 月和 8~9 月活动危害最盛。一天之内又以早、晚活动最盛。小雨及阴天全天都能活动。该鼠有怕光、怕风的习性，见风就堵洞。一般除了繁殖季节外均独居。食性杂，食物主要以植物的地下部分，亦食植物的茎叶和地下害虫，尤其喜食块根、块茎及植物的种子。

东北鼢鼠繁殖期主要在 4~6 月。每年繁殖 1~2 次，每次产仔 2~4 只，最多可产8 只。

（四）防治

防治东北鼢鼠采取"春秋结合，秋防为主"的方针。以农业防治为基础，化学防治为重点，辅之以物理防治。

1. 翻土拌种

采取深翻改土或有条件地进行冬灌，破坏洞穴，使之在寒冬饥饿而死。压低越冬基数，恶化其生活条件，以达到减轻危害的目的。在播种前，应用种衣剂或甲基异柳磷农药拌种，不仅能防治地下害虫，而且对鼢鼠有明显的驱避作用，可推迟其进入农田 30d 左右，减轻对农作物的危害。

2. 药剂灭鼠

采用毒饵对东北鼢鼠具有很好的防治效果。一般采用 0.005% 溴敌隆毒饵。投放毒饵时，先找到其新取食的痕迹，然后投放。插孔投药法：将木棍的一端削尖插入洞内，拔出立即投入孔内 3~5 粒毒饵，再用土封严。开洞投药法：将主洞道打开，看清其去向，在洞鼻印的反方向投放 6~8 粒毒饵或远送 40~50cm 处，再用新鲜泥土把洞封严。毒饵诱杀要注意打破地域界限，采取大面积连片防治。此外，还可采用蝼蛄饵料法，即将新鲜蝼蚰打开后背壳，放入磷化锌等鼠药，盖好后背壳放入鼢鼠洞道内，使之向里运动。东北鼢鼠顺道取食后便可中毒死亡。

3. 挖洞法

据陕西群众经验，先寻找食道（地面有突起的虚土裂纹用脚踩会下陷）和通道洞（离地面 30cm 左右的交通道），分段用锹切开，使阳光与风进入洞中。由于东北鼢鼠有堵洞的自卫性，当它出来堵洞时即可进行挖捕。挖捕时要沉着、迅速、仔细。如遇岔路则应分析其去路，凡洞壁光滑就是鼢鼠走的洞，粗糙生了草芽的是旧洞，如果当时不能肯定，就把两洞都切开，根据堵洞习性确定它的去向。其他鼠类均可采用挖洞法。

第十节　中华鼢鼠

（一）分布与危害

中华鼢鼠（*Myospalax fontanierii* Milne-Edwards），别名原鼢鼠、瞎老鼠、瞎瞎、瞎鼢、瞎狯、仔隆（藏语）。属啮齿目，仓鼠科。分布于甘肃、青海、宁夏、陕西、山西、河北、内蒙古、四川、湖南等省、自治区。主要采食植物性食物，只在个别个体的胃内发现有昆虫的残肢。喜食植物的多汁部分，如地下根、茎等。有时亦将茎、叶和种子拖入洞内取食。其食性很广，而且因时因地而异，主要采食作物种类如花生、青稞、燕麦、小麦、马铃薯、豆类、高粱、玉米、甘薯、甜菜、棉花幼苗以及蔬菜等，甚至啃食果树或针叶树的根部。

中华鼢鼠是农田的主要害鼠，咬断作物根部，致使植物枯死；或者把整株的作物从地下拖走，造成大片作物缺苗断垄。大量盗运储粮，影响作物收获量。

（二）形态特征

中华鼢鼠（彩图 6-9）体粗短肥硬，圆筒状。体长 146～250mm，一般雄性大于雌性。头部扁而宽，吻端平钝，无耳壳，耳孔隐于毛下，眼极细小，因而得名。四肢较短，前肢较后肢粗壮。第2、第3趾的爪接近等长，呈镰刀形。尾细短，被稀疏的毛。全身有天鹅绒状的毛被，无针毛，亦无毛向，毛色灰褐色，夏毛背部多呈锈红色，但毛基仍为灰褐色。腹毛灰黑色，毛尖亦为锈红色。吻上方与2眼间有1较小的淡色区。有些个体的耳部中央有1小白点。足背与尾毛稀疏，白色。整个头骨短而宽，有明显的棱角，鼻骨较窄，幼体的额骨平坦，老年个体有发达的眶上嵴，向后与颞嵴相连，并延伸至人字嵴处。鳞骨前侧有发达的嵴。人字嵴强大，但头骨不在人字嵴处形成截切面。上枕骨自人字嵴向上常形成2条明显的纵棱，向后略微延伸，再转向下方。门齿孔小，其尾端与前臼齿间没有明显的凸起，听泡相当低平。第3上臼齿后端多1个向后方斜伸的小突起，内侧第1凹入角不深，因而与第2下臼齿极相似，只是稍小一些。

（三）生活习性

中华鼢鼠广泛栖息于农田、草原、山坡、梯田及河道漫滩等处，尤其在土壤疏松而潮湿的坡地、沟谷等植被茂密的地区以及牧草生长良好的草原上，数量最多。

中华鼢鼠的洞道相当复杂（图6-5），在它栖息的地面上有许多大小不等的土堆（丘），地面上无直接敞开的洞口。就其洞道而言，有1条与地面平行、距地面8～15cm、洞径为7～10cm的主干道，沿主道两侧挖掘多条觅食洞道。比主干道更深一层的洞道，称为常洞，一般距地面约20cm，是中华鼢鼠由居住洞到主干道进行取食等活动的通道。洞道比较宽大，内有临时仓库。在常洞的下方，一般由1～2条向下直伸或斜伸的通道，称为朝天洞，是来往与居住洞的道路。居住洞距地面150～300cm，一般雄性的较浅，雌性的较深。在居住洞中一般均无巢室、仓库及便所。巢室直径15～29cm，巢深10～13cm，内径14～18cm。

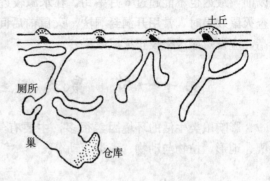

图6-5　中华鼢鼠洞剖面

中华鼢鼠喜欢独居生活，通常每个洞中居住1只，但在繁殖期雌雄的洞道相通，繁殖期过后这些沟通的洞道又被堵塞。幼鼠与母鼠分居之后也开始独居生活。中华鼢鼠的食性很杂，一般是和它栖息地附近的农作物一致。

中华鼢鼠繁殖期一般在4～6月份，5月为繁殖高峰期。一般每胎2～4只。

中华鼢鼠不冬眠，昼夜活动，是典型的地下生活种类，终年在地下活动。一般每年有2次活动高峰，春季4～5月觅食活动加强，同时进行交配，到6～8月交配结束，天气炎热活动减少。秋季9～10月作物成熟开始盗运储粮活动，又趋向频繁出现第2次活动高峰。所以，在春、秋两季地面上新土堆增多。冬季在居住洞内，储粮很少活动。据封洞和捕获时间分析，一天之内早晚活动最多。雨后更为活跃。

（四）防治

华北、西北地区的群众捕捉中华鼢鼠时，常用地箭、弓箭法。地箭、弓箭必须安放在直的常洞上。洞口要切齐，洞顶的地面要铲平。弓距洞口约15cm，若是地箭要安3箭，箭与箭之间相隔3.3cm。箭头不要露入洞中，箭要射在洞道的正中位置。弓形夹捕打法：常用1、2号鼠夹，效率较高。方法是先捅开食眼，留作通风口。顺着草洞找到常洞，在常洞上用铁铲挖一洞口，与洞道垂直，使两边来的鼠均能被夹住，再在鼠夹上轻轻撒些松土，把夹子用细铁丝固定于洞外的木桩上。最后，用草皮将洞口盖严。若鼠被夹住，夹上的铁丝就绷得很紧，容易发现，也不易被鼠或其他动物将鼠夹拖走。

用毒饵杀鼢鼠时，各种杀鼠药物均可使用。诱饵法毒杀鼢鼠的关键是投饵。这里介绍2种方法。①开洞投饵法：在中华鼢鼠的常洞上，用铁铲挖1上大下小的洞口（下洞口不宜过大），把落到洞内的土取净，再用长柄勺把毒饵投放到洞道深处，然后将洞口用草皮严密盖住。这种方法在较紧实的草地上使用较好。②插洞投饵法：用1根一端削尖的硬木棒，在鼢鼠的常洞上插1洞口。插洞时，不要用力过猛，插到洞道上时，有一种下陷的感觉。这时不要再向下插，要轻轻转动木棒，然后小心地提出木棒。用勺取一定数量的毒饵，投入洞内，然后用湿土捏成团，把洞口堵死。毒杀中华鼢鼠的时间，最好在5月中旬以前，最迟也不能超过6月中旬。在水源较近的地方，用喷洒法消灭鼢鼠，效果较好。检查灭鼠效果时，常用开洞封洞法。灭鼠前后间隔5～10d。由于这种方法的自然灭洞率很高，应设对照区来校正灭鼠效果。

第十一节　鼠类发生与环境条件的关系

影响鼠类生活的环境因素很多，主要有气候，如温度、水分、光照，此外，还有土壤、地形、植物与动物、人类活动等。

一、气候条件

(一) 温度

温度对鼠类的影响很大，是一种经常作用的生态因子。鼠类虽是恒温动物，但它们对外界温度的适应力仍有一定限度。每种鼠或它自己的机体内部的每一代谢过程，都有它自己对温度要求的最低点、最高点和最适点。低于最低点或高于最高点，有机体内某过程将停止或整个有机体死亡，如大白鼠的低温低于－25℃，高温高于40℃。在最适温度时，发育、繁殖正常，但在非最适温度时，则发育迟缓，成熟较晚，受孕率较低，且后代可能不育。

鼠类适应温度的范围越大，即生态幅度越广，被称为广温动物。如褐家鼠能在热带和寒带，甚至于在－20～10℃的冷库中营巢育幼。

温度首先表现在对鼠体温的影响，也决定动物新陈代谢的强度，影响鼠类的生长发育。春、夏之际，温度适宜是多种鼠类繁殖和活动的盛期。冬季多在中午出洞。出洞时间短，活动范围小。风雪严寒的天气，整天不出洞。春、秋两季整个白天都出洞活动。

(二) 水分

水分是鼠类生活中同环境发生极其密切关系的条件。大气中降雨多少，直接影响植物的生长，从而间接地对鼠类起着重要的制约作用。

鼠类通过饮食和皮肤吸收等获得水分。同时，通过排水、排尿和皮肤及呼吸道的蒸发而丧失水分。当鼠体内的含水量低到一定限度时，鼠由衰竭而昏睡，继之死亡。可见，水在鼠类生态因素中占多么重要的地位。

水的来源，在大部分地区来自降水。降水量影响植物生长，也影响鼠类的食物及栖息条件。暴雨或洪水，可淹毙许多鼠类。在我国华北地区有"大暑小暑，灌死黄鼠"，"洪淤一年地，三年没黄鼠"等民谚。也有在洪水后，由于鼠集中高地而引起鼠害和疾病的流行。如安徽淮河和长江沿岸一般干旱年景，在湖地里黑线姬鼠的种群数量迅速增高，反之受淹或内涝，种群数量急剧下降。雪和冰是固态的水，对鼠类生活的影响也很大。雪下的温度较高，为小啮齿类害鼠造成良好的生活条件。

（三）光照

日照既有昼夜的变化，也有季节的变化，对鼠类的影响很复杂。昼夜光线的变化首先影响鼠类的活动时间，昼行鼠在天亮后活动，天黑时停止。

除了极少数地下穴居生活的鼠类外，其余各种鼠都需要某种强度的日光。因为光是外界环境对鼠类刺激的重要信号之一。由于光的昼夜和季节性的变化影响到鼠的繁殖、换毛、蛰眠和迁徙等，特别是对鼠类生殖腺的发育、怀孕和繁殖过程等周期性现象更具有意义。例如，黄鼠在进入休眠以前，就已经开始了蛰眠的准备，其中包括体内脂肪积累和冬眠巢修筑。这一切都是出现在气温尚未下降到很低和食物条件还未变坏的情况下，即使对当年出生的幼鼠来说，虽然从未经历过严冬的艰难环境，但也能做好妥善的入冬准备。显然，冬眠是在生活环境不良条件出现之前就作好了准备，是鼠类在进化过程中长期自然选择的结果。夏季昼长夜短，冬季相反，这种季节变化影响到鼠类的繁殖，是因为日照通过眼和脑，影响脑下垂体，刺激垂体前叶分泌，促使生殖器官发育，使雌性引起发情和排卵，完成性周期，甚至对于终生地下生活的鼠类也是如此。

二、土壤、地形

每种鼠都有其发生中心、进化历史、生存条件，因此都有自己特有的、历史上逐渐形成的分布区。在种群的分布区，只是在特定的栖息地内才能见到居住和觅食的老鼠。也就是说，土壤、地形对鼠都有一定的影响。各种鼠有它们自己栖息的最适生境。如分布在我国北方的草原黄鼠，大都栖息在地势较平坦、植被低矮的沙质土壤地带。它们的巢穴多建筑在荒地、地沿、坟地、道路旁边。黄鼠栖息分布的特点是黏土地少，沙土地多；水地少，旱地多；坡地少，平地多；耕地少，荒地多；地中少，地边多；光山少，林边多。从地貌土壤条件看，土质坚硬或岗地、起伏地、坡地分布多；沙沟、沼泽地和坡度大的连绵起伏的丘陵地带比较罕见。仓鼠类、黑线姬鼠、小家鼠等对于营巢无特殊环境的选择性，除了石质山地、戈壁之外，广泛栖息在草原、农田、山坡、河谷、丛林、沼泽等处。鼢鼠不能离土壤而生活，它们一定要分布在土壤比较松软，通风良好而不是过分潮湿的地方。了解鼠类最适生境、对消灭鼠害、自然疫源流行病有很大的意义。

三、植　被

植物一方面供给鼠类以食物，同时又提供鼠类以隐蔽条件。因为鼠类的食物直接或间接都取之于植物，所以在没有植物或植物稀少的地方，鼠类是不能存在或极少存在的。

虽然绝大多数鼠种是食植物的，但它们也吃少量的动物和泥土、石块等。如在解剖鼠的胃内，经常可见到瓢虫、蚂蚁、蛾蝶以及地下害虫等。在南方，有的鼠种喜欢吃螃蟹、小鱼、小虾等，有的在冬季甚至啃食蛇类。在华北、西北的黄鼠，早春出蛰后，由于缺乏食物还捕食蜥蜴。

植物是鼠类的栖息生境，又受气候、土壤、水分等综合因素影响，故鼠类及一切动物都会受到植物变更的影响，如森林和草原遭受火灾后，在植被恢复的各阶段都伴有不同的鼠类。

四、天敌与其他动物

动物与鼠类的关系，有食物、共栖、寄生与竞争等。鼠类虽然种类多、数量大、分布广、繁殖快、适应性强，但它们的后代经常朝不保夕，屡遭不测。在自然界，以食啮齿目鼠类为主的有天上飞的、地上跑的、地下钻的禽、兽共几十种，如猫头鹰、鸢、隼、雕、黄鼬、艾虎、青鼬、银鼬等。另外，还有狐狸、豹猫、家猫等。它们日夜捕食各种鼠类。

鼠类的天敌到处都有，但每种天敌的捕鼠能力差异很大。1只艾虎一年中要捕食300～500只花鼠、黄鼠、仓鼠和大量的小家鼠。1只银鼬一年要消灭3 500只小家鼠、仓鼠等。1只狐狸一昼夜可吃掉20只害鼠。1只猫头鹰一个夏季可捕鼠1 000只。1只隼一日可捕12只沙鼠。草原鸢一日可食6～8只黄鼠。蛇的捕鼠能力很强，有人观察到，1条蛇从清明节到重阳节的200多天里总共吃掉176只老鼠。

寄生虫如蜱、螨、蚤等寄生于鼠体上，严重时可引起疾病传播。如鼠疫、出血热等。在鼠间流行鼠疫时，可使鼠降低繁殖，甚至死亡，几天之内几个村子的鼠可完全死绝。这些内外因素使各种鼠既不会繁殖太多，也不会绝迹。

另外，生存空间也限制了老鼠的发展。如褐家鼠占领住宅地表、地沟，黄胸鼠则霸占屋顶、楼阁，地面和天花板之间便成了它们各自的"自由地带"。还有，鼢鼠一生钻在地下；花鼠、松鼠奔窜在林间、梯田侧畔；黄鼠打洞在荒草地、地边、沟沿；沙鼠洞群筑在沙丘等，各不相扰。当一种鼠数量多时，侵犯它鼠地盘，强者把弱者驱逐出境，否则，就被咬死或吃掉。

五、人类经济活动

人类的经济活动很大程度上影响鼠类数量的变化。由于森林被砍伐、荒地被开垦、沼泽干涸、河湖断流和某些地区植树造林、防风固沙、扩大灌溉面积等原因，使鼠类的数量发生极大的变化，有的数量减少，甚至完全消灭；有的数量增加，如褐家鼠和小家鼠。在人类的经济活动中，通过各种交通工具，使现有鼠的数量比原来有了显著增加，几乎遍布世界各大洲。人类的活动改变了植被和动物群落的组成。同时，过度猎获猛禽小兽，如狐狸、鼬类、鹰雕等鼠类的天敌，给北方穴居鼠类创造了良好的生活环境，它们迁入草原地区，营地下穴居生活。对这些鼠类防御和逃避敌害的袭击、防避不良气候、储藏食物、保护幼仔等方面起着极大作用。这就增加了它们的数量及扩大了生活领域。其次，人类的耕作、不适宜的草原开垦和大面积的森林砍伐等，意味着原有天然植被的毁灭，因而影响了栖息于其中的动物数量及其组成。

人类的经济活动也影响鼠类的分布范围。在大量砍伐森林及开垦土地之前，田鼠、仓鼠和姬鼠只栖息在草滩、烧毁的森林及清除后的森林附近。然而，这些土地发展成耕作区后，食料丰富，促使它们移居到田地中，保证了它们能终年繁殖和生育。另一方面，庄稼的收获及土地耕种又破坏田鼠和沙鼠的生活环境，迫使它们去寻找新的适宜的生活地区。因此，它们在有利条件下就能大量发生。

上述事实说明，鼠类数量的增减，并不是简单地改变了它们的食性，而是它们同别的动物以及环境条件互相制约的结果。群众性大面积灭鼠，使它们的数量在短的时间内大大降低，有一些残余也逃离了耕地，迁移到更隐蔽的地方去，因而对农作物也减轻了危害。

第十二节　花生田鼠害的预测预报和防治指标

一、预测预报

冬季和早春害鼠密度基数、繁殖力、种群年龄组成以及温度、降水、天敌、食物和防治情况，是影响害鼠种群数量变动的主要因素。前者是引起害鼠种群数量变动的内因，后者是外因。这是鼠情预测预报的主要依据。以黑线姬鼠为例，根据影响黑线姬鼠发生消长的因素，除做好逐日温度、降雨记录外，着重观测冬季低温、积雪、春秋季冷空气活动、夏季雨季早迟、降水强度、高温干旱等特殊气象因子以及旱灾、洪涝、淹水等地面水文资料，同时调查当地植被、耕作栽培、农业生产收成、粮食储藏等基本情况。

采用综合分析的方法进行预测。当冬季、早春害鼠密度基数高、雌鼠怀孕率高、食源丰富、气象条件有利，则未来 3～6 个月害鼠种群数量迅速增长。若冬季、早春密度偏低，老体鼠比例较大，气象条件不利，则未来 3～6 个月害鼠种群数量将呈下降趋势，发生量减少。对照农田鼠害发生危害程度分级标准，作出鼠害程度的预测。若预测当年害鼠有中等以上发生趋势时，需做好防治准备，根据防治标准适时开展药剂防治，控制其危害。

我国各地自然环境条件千差万别，农业开发和发展速度有很大差异，害鼠种类及其分布组成和发生规律、危害状况也很不相同，各地开展鼠害的研究和防治工作必须因地制宜，才能收到事半功倍的效果。如华北地区气候较干旱，旱田面积较大，主要害鼠有大仓鼠、黑线仓鼠、黑线姬鼠。这 3 种鼠的发生基本规律也不一致。黑线仓鼠在气温回升以后进入繁殖盛期，繁殖时间长，一年内有 2 个繁殖高峰期，分别在 6 月至 7 月上、中旬和 9 月至翌年 4 月上旬，秋季繁殖高峰期较明显。黑线姬鼠繁殖期为 3～11 月，每年有 2 个繁殖高峰，首峰在 4 月，后峰在 7～11 月间，各年不一致。大仓鼠繁殖期较短，一般在 4～8 月，1 年仅 1 个繁殖高峰期。这 3 种鼠的季节数量变化比较一致的是在冬季数量下降的速度很快。主要原因是繁殖中断，也有自然因素。这 3 种鼠均属数量不稳定的类型，其中以大仓鼠的数量波动最为剧烈。

长江中、下游平原，人口密集，农区主要为水田，主要农业害鼠为褐家鼠和黑线姬鼠。褐家鼠在洞庭湖平原全年繁殖，3～10 月为繁殖盛期，4、7、9 月份 3 个月为繁殖高峰期。褐家鼠及黑线姬鼠都喜食粮食和瓜果，但均不食苎麻。在繁殖高峰前进行防治，效果最佳。珠江三角洲农田主要害鼠有黄毛鼠、小家鼠。近年随着珠江三角洲外向型经济的建立，由过去单一种水稻已改为多种作物混作，因而黄毛鼠亦侵害丘陵、低山果园。香蕉田小家鼠比较多，黄毛鼠繁殖随作物生育期变化而出现有规律的季节性变化，2月和8月害鼠相对集中，柑橘、香蕉地、鱼塘、大的排灌渠等成害鼠集栖地，所以在2月和8月进行防治效果良好。

二、防治指标

探讨花生田害鼠的防治指标，是科学灭鼠的重要课题之一。经济阈值的概念在虫害防治领域早已应用，同样也可应用于鼠害的防治。在国内，对农牧区的鼠害防治指标已进行了一定的研究，大多通过单元回归分析，以单一鼠种密度表示防治指标。徐金汉等研究花生结荚期以黄毛鼠为优势种的鼠害防治指标的结果表明，花生结荚期鼠密度与荚果被害率之间回归关系式呈极显著相关（$r=0.9619$），故可根据所允许的荚果受害率来确定相应的鼠密度即防治指标。鼠密度与受害株率之间也呈极显著相关（$r=0.9149$）。为此，可根据已确定的鼠密度防治指标来推算相应的株受害率的防治指标。花生结荚期鼠害的动态防治指标可用模型 $x=625 \times CF/YPE+4.2475$ 来估计；花生结荚期的经济允许损失率为 1.167%，相应的鼠害防治指标为鼠密度 11.54%。

王玉山等提出以多元回归分析法来拟定花生播种期和收获期害鼠的综合防治指标。在花生播种期选取农耕条件大致相近的 14 个地块作为调查样方，各样方面积 $2hm^2$ 左右。在花生播种后每样方按棋盘式 10 点取样，每点 200 墩，调查种子被盗食率。在花生出苗后鼠害减轻之时，以害鼠捕获率作为害鼠密度指标，按夹距 5m、行距 50m 布夹。每样方连捕 2 夹夜，共 150 夹夜。春播花生因鼠害造成缺苗墩或单株苗墩，于收获期挖取单株苗花生墩和健株进行测产。在花生收获期于原试验样方选取鼠害程度不同的 10 个地块作样方，同样方法调查害鼠密度和作物受害率，在各样方随机选取受害墩及长势相对一致的健全株各 50 墩测产。

1. 鼠密度和作物损失率

花生播种期的害鼠捕获率与花生产量损失率的调查结果如表 6-1。其中 D_1、D_2 和 D_3 分别代表黑线仓鼠、大仓鼠和黑线姬鼠的分捕率，S_1 和 S_2 分别代表空穴率和单株率，通过测产，单株花生墩平均损失率为 26.28%，则花生产量损失率 $L=（S_1+S_2）\times 26.28\%$。

花生收获期的调查结果如表 6-2。其中 D_1、D_2 和 D_3 如上，则纯损失率 $R=（N-H）/N$，$666.7m^2$ 减产率 $L=R \times S$，S 为受害率。

表 6-1　花生播种期害鼠密度与产量损失的调查

（王玉山等，1996）

样地编号	黑线仓鼠密度(D_1) (%)	大仓鼠密度(D_2) (%)	黑线姬鼠密度(D_3) (%)	空穴率(S_1) (%)	单株率(S_2) (%)	作物损失率(L) (%)
1	6.00	0	0	0.70	0.25	0.77
2	3.33	0	0	0.40	0.15	0.44
3	6.67	1.33	0	1.25	0.20	1.30
4	4.67	0	0	0.50	0.15	0.54
5	4.00	0.67	0.67	0.65	0.05	0.66

（续）

样地编号	黑线仓鼠密度(D_1) （%）	大仓鼠密度(D_2) （%）	黑线姬鼠密度(D_3) （%）	空穴率(S_1) （%）	单株率(S_2) （%）	作物损失率(L) （%）
6	5.33	0	2.00	0.75	0.15	0.79
7	8.67	3.33	0	1.85	0.50	1.98
8	9.33	1.33	0	1.30	0.10	1.33
9	10.00	0	1.33	1.35	0.80	1.56
10	7.33	2.67	0	1.75	0	1.75
11	12.67	0	0	1.85	0	1.85
12	10.00	2.00	0	1.85	0.20	1.90
13	5.33	1.33	0	1.15	0.10	1.18
14	2.67	0	0	0.05	0.10	0.08

表 6 - 2　花生收获期害鼠密度与产量损失的调查

（王玉山等，1996）

样品	黑线仓鼠密度(D_1) （%）	大仓鼠密度（D_2） （%）	黑线姬鼠密度（D_3） （%）	受害率 （%）	受害株产量 （50墩）（H） （kg）	健株产量 （50墩）（N） （kg）	纯损失率 （R）	作物损失率（L） （%）
1	1.33	6.67	0	6.75	1.26	2.03	0.378	2.55
2	1.33	4.00	0	2.05	1.07	1.97	0.473	0.97
3	0	3.33	0.67	0.55	0.92	1.64	0.436	0.24
4	2.00	4.67	0	2.10	1.35	2.25	0.400	0.84
5	1.33	2.67	0	0.55	1.36	2.14	0.364	0.20
6	0.67	6.67	0	4.30	1.12	1.77	0.365	1.57
7	2.00	3.33	0	1.35	1.05	1.95	0.459	0.62
8	0.67	2.00	0	0.05	1.22	2.03	0.399	0.02
9	2.00	6.00	0.67	4.80	1.22	2.10	0.417	2.00
10	0.67	7.33	2.00	5.05	0.94	1.84	0.489	2.47

2. 鼠密度与作物损失率的关系

以农田害鼠群落中各鼠种的分捕率 D_1、D_2 和 D_3 为自变量，与之对应的产量损失率 L 为因变量，进行多元回归分析，并对回归系数进行检验（F 测验），求出复相关系数 R。

播种期：$L = 0.167 + 0.155D_1 + 0.260D_2 + 0.086D_3$，$R = 0.981$，$F = 87.48$，$df = k$，$n - k - 1 = 3$，10，$F_{3,10,0.01} = 27.23$，$F > F_{3,10,0.01}$，$L$ 与 D_1 之间相关极显著。

收获期：$L = 1.226 + 0.176D_1 + 0.456D_2 + 0.110D_3$，$R = 0.959$，$F = 22.98$，$df = k$，$n - k - 1 = 3$，6，$F_{3,6,0.01} = 9.78$，$F > F_{3,6,0.01}$，$L$ 与 D_1 之间相关极显著。

3. 经济阈值的探讨

（1）经济允许损失水平的测定。鼠害的经济允许损失水平（EIL）一般由以下公式确定：

$$EIL(\%) = \frac{C \cdot F}{Y \cdot P \cdot E} \times 100$$

其中 C 为防治费用，F 为经济系数，Y 为 $667m^2$ 产量，P 为产品价格，E 为防治效果。

根据目前黄淮地区一般生产水平估计，花生平均 $667m^2$ 产量 186kg，花生价格（1993年）3.5 元/kg，大面积灭鼠效果一般 80％。鼠害的防治费用 0.5 元，经济系数指灭鼠后挽回的经济损失相当于灭鼠投饵费用的倍数，从经济、生态和社会效益等各方面考虑，取 4 为宜。则花生的经济允许损失水平为：

$$EIL(\%) = \frac{0.50 \times 4}{186 \times 3.5 \times 80\%} \times 100 = 0.384\%$$

（2）经济阈值的确定。在产量损失率 L 与鼠密度 D_1 的多元直线回归关系中，L 取 EIL 是所对应的 D_1 值，即为鼠害防治的经济阈值，用多个分鼠种密度共同表示。由 EIL （％）$= a + b_1 D_1 + b_2 D_2 + b_3 D_3$，得 $0.155 D_1 + 0.260 D_2 + 0.086 D_3$（播种期）和 $0.176 D_1 + 0.456 D_2 + 0.110 D_3$（收获期），满足以上 2 个关系式，即与经济允许损失水平相对应的 3 个分鼠种密度的集合，即为花生播种期和收获期的害鼠群落的复合防治指标，因此复合防治指标有多个。

（3）各鼠种的分捕率与危害作物的关系。在多元直线回归方程 $L = a + b_1 D_1 + b_2 D_2 + \cdots + b_i D_i$ 中，偏回归系数 b_1、$b_2 \cdots b_i$，表示自变量 D_1、$D_2 \cdots D_i$ 每变化 1 个单位而使因变量 L 平均改变的值。本文中表示任何一鼠种密度的变化对花生产量损失的贡献大小。它们相比，可得出各鼠种对作物危害程度的密度对应关系。以黑线仓鼠的危害程度（b_1）作为 1 个当量单位，其余鼠种与之相比，结果如表 6-3。从表 6-3 可以看出，在危害花生的过程中，在各鼠种密度一致的情况下，以大仓鼠危害最为严重，其次为黑线仓鼠，黑线姬鼠对花生的危害较轻。

表 6-3　花生地各鼠种的危害程度当量值
（王玉山等，1996）

鼠　种	播种期	收获期
黑线仓鼠	1	1
大仓鼠	1.667	2.591
黑线姬鼠	0.533	0.625

注：黑线仓鼠为标准，其当量值为 1。

在花生鼠害防治指标的拟定过程中，多元回归分析法是一新的方法，它对不同鼠种对花生的危害不同进行了综合的考虑，其准确性是可信的。在多元直线回归关系中皆呈极显著相关。

用多元回归分析法拟定鼠害复合防治指标，可以不考虑害鼠的具体危害过程，直接建立花生产量损失率与各鼠种分捕率的回归关系，进而求得害鼠的防治指标。

多元回归分析法一般用于由多鼠种组成的群落，才显出其简便、准确的优点。对鼠种丰富、优势种群不明显的花生害鼠群落，用多元回归分析法拟订害鼠的防治指标更为实用。

用多元回归分析法拟订害鼠防治指标，操作简便，在使用过程中仅调查花生播种和收获前的各鼠种密度即可。

第十三节　花生田鼠害的综合防治

害鼠对人类的危害可以说是无处不在，自古有"老鼠过街人人喊打"之说。人、鼠大战持续了几千年，但至今仍"鼠丁兴旺"。究其原因主要有以下几个方面：一是老鼠的适应能力极强，能够依附于人类，和人共生，随着人类活动范围的扩大而扩大，随着人类的发展而发展。二是老鼠在人类和其他动物长期捕杀下练就了一身防御的本领，比如觅食、筑巢多在安静、隐蔽的场所；行动小心谨慎，采取探索、回避、再探索的方式，不断发现环境中的隐蔽场所、食物、水源、洞穴和联系这些场所的安全通道；对环境中出现的新物体、新情况都存有戒心，不盲目行动；当遇到危险时能立刻作出反应，逃跑的速度可达3.6m/s；老鼠种群有等级森严的社会行为，当遇到新物、新情况时，往往是老、弱、病、残的鼠先行探视，当种群内的某个个体遇到危险时，会将信息立即传给同伙。这些狡猾的生活习性给人类灭鼠带来了极大的困难。三是老鼠有惊人的繁殖力，幼鼠长到2～3个月就可怀孕，怀孕20d左右就可产仔，产仔后几天又可怀孕，1只雌鼠每年少的繁殖2～3窝，多的6～7窝，每窝产仔多在6～8只，并且条件越优越，繁殖速度越快，繁殖量越大。四是人类对老鼠天敌的大量捕杀，大面积推广免耕、少耕技术，大量食物的浪费以及农田周围杂草丛生、隐蔽场所增加等，都为老鼠的生存创造了优越的生态条件。五是近30年来一家一户的个体经营给社会化灭鼠运动带来很大困难，群众自发灭鼠活动范围小、时间不统一、不适时，加之大多选用的是禁止使用的急性灭鼠药，虽然灭了部分老、弱、病鼠，短时间内鼠量有所减少，但很快又恢复到原有水平。防治方法不科学，不但没有使老鼠减少，反而帮助老鼠淘汰了老、弱、病鼠，优化了鼠群结构，改善了鼠群的生活条件，加快了老鼠的繁殖速度。

总结国内外灭鼠的经验教训，专家们一致认为，要想持续控制老鼠的密度和危害，必须从两个方面着手。一是通过减少老鼠的食物来源和隐藏场所等农业防治措施，恶化老鼠的生存条件，降低老鼠的繁殖速度，使老鼠少生；二是通过捕杀、诱杀等物理、化学、生物防治措施，提高老鼠的死亡率。也就是说农业防治措施可以治本，诱杀、捕杀等物理、化学防治措施可以治标，标本兼治才能收到理想的效果。

一、恶化老鼠生存条件

（一）水旱轮作

长期旱作的农田，生态环境相对稳定，鼠害发生量大，危害重。实行水旱轮作，推广稻茬种花生，可以改变土壤生态环境，大大减少鼠害的发生。

（二）深翻土地

在旱作地区，土地长期免耕少耕，甚至田埂、畦面多年不动，特别有利于害鼠的栖居、生活和繁殖。通过深翻土地，更新田埂和畦面，可以破坏害鼠的洞穴，使其无家可归，死亡率增加，繁殖率降低，从而减轻鼠害。

（三）清除杂草

田间害鼠多栖居于田埂、沟渠、路边、坟头等杂草丛生的隐蔽处，清除杂草，使害鼠隐藏条件恶化，洞穴暴露地面，不利于生存，减少鼠量，危害程度则可减轻。

(四) 推行墓地改革

墓地是害鼠的群居地，墓地周围的农田是害鼠的重发地，将散布在农田内的坟墓集中迁入统一规划的墓地，不但可以节省农田，而且可以减轻害鼠的发生。

(五) 统一作物布局

实践证明，插花种植田、零星种植田、早播田和晚播田的鼠害都重。实行统一布局，鼠害分散，程度自然减轻。

(六) 减少害鼠食源

食物来源是害鼠生存的先决条件，只要尽量减少害鼠的食物来源，就可有效地控制鼠害发生。一要保证作物及时收获，颗粒归仓。二要改善人们的住房条件，硬化室内地面，密闭房间，使害鼠不能入室。三要避免食物浪费，不乱倒、乱扔食物。四是粮食、饲料等食物要保管好，严防害鼠盗食。秋收后挖掘鼠洞内的仓库，将害鼠储藏的冬粮扒出处理后作饲料，捣毁鼠巢。

(七) 人工捕杀

在春播作物播种前和花生等作物中、后期老鼠开始危害时，组织人力查找农田周围和居民区的鼠洞，做上标记，用水灌洞，将老鼠逼出鼠洞打死，可有效地控制鼠害。

如能大面积推广以上配套的农业防治措施，并能长期坚持，就可长期控制害鼠的危害。

二、积极推广器械捕杀

捕杀害鼠的器械很多，有鼠夹（铁猫）、捕鼠笼、电子猫、黏鼠板等，使用最普遍的是 120mm×66mm×0.8mm 规格的中型鼠夹。这种器械既能用于大田捕鼠，又能用于居民区捕鼠。每次使用后擦涂植物油保养，并存放在干燥处，可使用多年。在使用时应注意以下几点。

(一) 布夹时间

布夹时间要适时。花生等农田布夹时间应掌握在播种前 5～7d 和荚果成熟期害鼠危害开始时。室内及住房周围布夹的时间每年 2 次。第 1 次在早春 2～3 月份，害鼠尚未繁殖、未迁到农田以前；第 2 次在 10～11 月份害鼠从野外迁回居民区时。每次应连续布夹 3～5d，夜间布放，早晨收回。

(二) 布夹地点

鼠夹要布在害鼠经常路过的地方。在田间，主要布在害鼠洞穴周围的田埂、路边、坟头以及花生等被害农田周围 5m 范围内。在居民区可调查鼠情后再布鼠夹，可根据害鼠留下的脚印、鼠粪以及鼠洞等确定布夹的地点，如墙脚、门边、鼠洞口、橱柜下、地下道出口处等。也可在害鼠经常活动的场所布放无毒饵料，2～3g 一堆，连放 3 个晚上。凡是饵料被取食的地方一律布上鼠夹。

（三）布夹的范围及密度

农田周围 5m 范围内，全面布夹，3～5m 放 1 夹，所有需要防治的农田都要布放。居民区灭鼠，室内及住房周围都需同时布放，3～4m 布放 1 夹。

（四）选好诱饵

一要诱饵新鲜，二要老鼠喜食。常用的诱饵有甜瓜、西瓜、草莓、苹果、梨、鲜花生米、鲜玉米粒等。各地可因地制宜，选其中 1～2 种。也可同时选用几种诱饵，分开布放在田间或室内诱鼠取食，连放 2～3 个晚上，哪种诱饵消耗多，就选用哪种。选用的诱饵要固定在饵钩上。

（五）伪装鼠夹

褐家鼠对鼠夹有新物反应，很少上钩。可采用先"请客"后捕杀的办法。即开始的 2 天只挂诱饵，不放鼠夹，使老鼠失去警惕后再放鼠夹，即可将狡猾的老鼠捕获。居民区也可用草糠、锯末等将鼠夹伪装起来，使老鼠只见诱饵不见鼠夹，同样能提高捕获率。

（六）鼠夹不可火烤

有人认为捕过鼠的夹子必须在火上烧烤后才能再用，否则老鼠不上夹。实际上，鼠夹不能在火上烧烤，否则会损伤弹簧，烧掉油漆，容易生锈，减少鼠夹的使用期。只要用棉花或棉纱、布条等蘸点植物油擦一擦即可再用。

鼠夹灭鼠的效果虽好，但农田内大面积使用不大现实。室内害鼠密度小时可直接使用鼠夹捕杀，害鼠密度大时可诱杀后再用鼠夹扫残。

三、合理保护利用天敌

在花生产区，鼠类的天敌主要有蛇、鹰、黄鼠狼、猫头鹰等，对控制害鼠有一定的效果，应注意保护利用，不能乱捕乱杀。不提倡养猫灭鼠。猫是人类驯养的家畜，其生存主要靠人喂养，不是以鼠为生，而且猫能够传播鼠疫、寄生虫，威胁人类的健康和安全，所以养猫灭鼠不但不宜提倡，而且应禁止养猫。

四、科学合理使用鼠药

使用鼠药灭鼠是长期以来最被重视、最为普遍的灭鼠方法，也是在鼠害严重发生时见效最快的一种方法。因此，在鼠害严重的地区可以使用。

(一) 药剂拌种

在花生等作物播种期，防治鼠害的最简单、最经济、最有效的办法是药剂拌种。花生可用辛硫磷和多菌灵拌种，也可用 50％福美双可湿性粉剂（既是杀菌剂又是驱鼠剂）和 50％辛硫磷乳剂拌种，用药量各占种子重量的 0.1％，即福美双 50g＋辛硫磷 50ml＋水 3L，匀拌花生种仁 50kg。还可用 40％拌种双粉剂（福美双与拌种灵的复配剂），按花生种仁重量的 0.2％拌种，即拌种双 100g＋水 3L，匀拌花生种仁 50kg，拌后水分吸干即可播种。药剂拌种不但能预防鼠害，而且能预防花生病害。

(二) 毒饵诱杀

毒饵由杀鼠剂、诱饵和附加剂 3 部分组成。毒饵灭鼠具有经济、使用方便、效果明显、适于大面积灭鼠等优点。

1. 选择最佳防治适期

用毒饵诱杀法防治鼠害的最佳适期同鼠夹法一样，农田在花生等春播作物播种前 5～7d 和秋熟作物成熟期鼠害零星发生时进行；居民区在秋熟作物收获后，褐家鼠、小家鼠等害鼠从田间迁回居民区后进行。南北时间不尽一致，一般在 10～11 月份。

2. 严格挑选鼠药

鼠药的种类很多。根据毒力发挥快慢，可分为慢性杀鼠剂、急性杀鼠剂和介于两者之间的亚急性杀鼠剂。根据鼠药作用的途径主要分为胃毒型（多数都是胃毒剂）、熏杀型（磷化铝）、驱鼠剂（福美双）。根据对人、禽、畜的安全性，可分为推广类杀鼠剂（杀鼠灵、杀鼠迷、敌鼠钠盐、氯鼠酮、杀它仗、灭鼠优、磷化铝、大隆、溴敌隆等），控制使用类杀鼠剂（磷化锌、毒鼠磷、溴代毒鼠磷）和禁止使用类杀鼠剂（氟乙酰胺、毒鼠强、氟乙酸钠、鼠立死、毒鼠硅）。

由于鼠药种类多，鼠药市场混乱，加之害鼠与人类伴生，既要灭鼠效果好，又要高度注意人、禽、畜的安全，因此选好鼠药特别重要。应根据害鼠类型、防治方法、防治地点的不同严格挑选。

禁止使用的杀鼠剂：有些杀鼠剂毒性强、速度快，害鼠死在明处，表面上效果好，实际灭鼠率低。因为老鼠的群体等级森严，发现新物（毒饵）时都是等级低下的老、弱、病鼠先行探视、取食，由于此类鼠药毒力发挥快，老鼠取食后中毒症状明显，使老鼠的群体及时得到信息，不再取食。所以死掉的只是占少数的老、弱、病鼠。可以说，使用此类杀鼠剂帮助老鼠淘汰了老、弱、病鼠，优化了老鼠的种群，更有利于老鼠的繁衍。况且此类杀鼠剂对人、禽、畜极不安全，目前还没有有效的解毒药，一旦中毒无法解救，甚至来不及抢救就致人死亡，因此不得使用。目前市场上个体商贩销售的大多数是禁止使用的杀鼠剂，一定不要乱买、乱用。

控制使用的杀鼠剂：有些杀鼠剂对人、禽、畜及老鼠的天敌毒性较大，有二次中毒现象，只能在农田和仓库灭鼠时与慢性杀鼠剂搭配使用，并且要在专业技术人员的指导下统一使用，不得与皮肤接触，农户不得自行购买、使用。

推广使用的杀鼠剂：磷化铝为熏蒸杀鼠剂，用于鼠洞和非成品粮仓库熏蒸灭鼠；福美双为驱鼠剂，用于拌种防鼠。以下8种都可用于制作毒饵：杀鼠灵、杀鼠迷、敌鼠钠盐、氯鼠酮为第1代抗凝血类杀鼠剂，慢性，毒力强，适口性好，灭鼠彻底，安全性好，是我国大力推广的杀鼠剂。其配制毒饵的浓度（指有效成分）分别为0.025%，0.03%～0.05%，0.05%～0.1%，0.005%～0.01%。大隆、溴敌隆、杀它仗为第2代抗凝血类杀鼠剂，安全、高效，灭鼠彻底，但价格昂贵，适合对第1代抗凝血类杀鼠剂产生抗性的地区及城镇灭鼠时使用。其配制毒饵的浓度（指有效成分）分别为0.005%，0.005%～0.01%，0.005%。灭鼠优为高效、比较安全的急性、亚急性类杀鼠剂，可与第1代抗凝血类杀鼠剂交替使用，防止长期单一使用一种杀鼠剂，老鼠产生抗药性。其配制毒饵的浓度（指有效成分）分别为0.5%～2%。

近年来，经大面积灭鼠检验，目前我国推广的制作毒饵最经济、最安全、最高效的杀鼠剂为氯鼠酮、敌鼠钠盐和甘氟。氯鼠酮和敌鼠钠盐要交替使用。经济条件好的或老鼠产生抗性的地区或城镇，可以用氯鼠酮或敌鼠钠盐与大隆或杀它仗交替使用。这几种杀鼠剂都适合高浓度一次投毒，减少用工，降低成本。

3. 科学筛选诱饵和附加剂

（1）诱饵。诱饵是毒饵的重要组成部分，适口性再好的杀鼠剂也必须拌在老鼠喜食的诱饵中，制成毒饵老鼠才会去吃。选择好诱饵与选择好杀鼠剂同样重要。具体要做到"一生、二新、三性"。

一生：即用生的饵料，不要煮熟。生的饵料不变质，有清香味，接近自然，老鼠喜食；煮熟的饵料易发霉变质，而且易被人、畜误食中毒。

二新：一是新鲜，最好在田间现取现用，如鲜玉米粒、鲜甜瓜、鲜西瓜、鲜花生米等。陈粮、霉变的食物不能作饵料。二是新加工，即现取、现做、现用。春季灭鼠田间取不到新鲜饵料，所选用的大米或花生等，必须是新加工的。

三性：即针对性、普遍性、诱惑性。针对性就是根据当地优势鼠种的取食习性选择诱饵。褐家鼠、小家鼠、黑线姬鼠食性杂，对饵料种类的要求不是太严，可根据作物的成熟期选择在田间的成熟作物的果实或籽粒作诱饵。大仓鼠和黑线仓鼠喜食作物的种子，可以选用新鲜的玉米、小麦、大米、花生米作饵料。棕色田鼠长期在地下生活，取食作物地下部分，应选用花生荚果、山芋等块茎或根茎作诱饵。普遍性就是所选的诱饵要适合大面积灭鼠的需要，来源充足，价格便宜，使用方便，如新鲜的玉米、小麦、大米、花生仁等。诱惑性就是在食物充足的季节或环境内要选择害鼠平日不易得到而又特别喜食的食物作诱饵。如花生结荚期可用新鲜的小干鱼油炸后切碎、炒香的花生米切碎、甜瓜切碎作饵料效果好。再如仓库内多是干的粮食，如选用鲜山芋、水果、胡萝卜、甜瓜作诱饵效果比粮食好。

（2）附加剂。附加剂主要为引诱剂、黏着剂和警戒色。附加剂如需大批生产、长期保存，还需加防霉剂。①引诱剂。真正的引诱剂是能引诱老鼠取食毒饵的物质。目前尚未发现这样的物质。比较实用的是味觉剂。在毒饵中增加1%的植物油或3%的食糖、0.5%的食盐、0.1%的糖精、0.5%的味精。因为不同的老鼠或同一种老鼠在不同季节的口味不尽相同，所以在大面积灭鼠前，可先用这些味觉剂分别拌在毒饵里做诱杀试验，然后筛选毒饵消耗最多的味觉剂作附加剂。②黏着剂。因多数的鼠药不溶于水，需要用黏着剂将其黏附在诱饵的表面。特别用干燥的固体食物做诱饵时，必须用黏着剂。常用的黏着剂主要有炼香的植物油和油盐浆糊。③警戒色。老鼠色盲，在毒饵中加少量的红色颜料（品红或红墨水），防止人、禽、畜误食中毒。也能防鸟误食（有些鸟讨厌红色）。

4. 正确配制毒饵

要根据鼠药的溶解性和毒饵的类型确定毒饵的制作方法。配制毒饵时必须严格按照规定的鼠药、诱饵、附加剂的比例进行配制，不要直接用手拌和或接触毒饵。配制的毒饵要妥善保存和管理，配制毒饵的工具、容器用后要反复清洗干净。

毒饵制作的方法主要有黏附法、湿润法、浸泡法、混合法。毒饵的类型有毒粒、毒块、毒糊、毒丸。

（1）黏附法。所有的杀鼠剂特别是不溶于水的杀鼠剂，多用作物的籽粒如玉米、小麦、大米、花生仁或切碎的小干鱼等作诱饵。毒饵的制作可采用黏附法。

0.01%氯鼠酮毒饵的配制：配方为90%氯鼠酮原粉5.5g，大米、小麦、切碎的花生仁或其他诱饵50kg，菜用油1kg（黏着剂）。氯鼠酮原粉不溶于水，配制的浓度很低，用量很少，直接使用不易拌匀，需要先配制母液，再和诱饵相拌。具体方法是将菜用油1kg放入锅内，然后加入5.5g氯鼠酮，并将油温加热到80℃左右，不断搅拌，待氯鼠酮全部熔解后，冷却，即制成0.5%氯鼠酮油剂1kg。将50kg大米或其他诱饵放在塑料布上，再将配制的1kg氯鼠酮油剂慢慢倒入诱饵中，并用锨反复掺拌，直到拌匀后用塑料布包好，堆闷2h，即制成0.01%氯鼠酮毒饵。可用于一次饱和投毒法诱杀害鼠。

用切成小块的瓜果、根茎作诱饵的毒饵配制：如用西瓜、甜瓜、苹果、梨、胡萝卜、山芋、马铃薯作诱饵。这些诱饵本身水分大，放在塑料布上或盆内，然后根据毒饵的浓度要求，将氯鼠酮或敌鼠钠盐等杀鼠剂按一定比例拌入诱饵，拌匀即可使用。

（2）湿润法。用可溶于水的杀鼠剂（敌鼠钠盐）配制毒饵时多用湿润法。

0.1%敌鼠钠盐毒饵的配制：配方为80%敌鼠钠盐6g，大米或小麦等诱饵5kg，水0.5L，菜油50ml，红墨水10ml，少量白酒。将6g敌鼠钠盐放入少量白酒中溶解，加入500ml热水制成毒水。再将毒水慢慢倒入盛有5kg诱饵的容器中，边倒边拌，拌匀、水分吸干后再加入菜油和红墨水，即制成0.1%敌鼠钠盐毒饵，适用于一次饱和投毒法诱杀害鼠。

（3）混合法。用80%敌鼠钠盐6g，面粉和玉米粉各2.5kg，白糖150g，水2.5L，红墨水或蓝墨水100ml。先将面粉、玉米粉和敌鼠钠盐一起混合拌匀，再将白糖、墨水倒入水中化开成糖水，用糖水和面，最后制成黄豆粒大小的毒丸。毒丸用于室内灭鼠。可随制随用，也可将毒丸晒干后密封在塑料袋内备用。此法适合机械化大批量生产。由于毒丸有色，又是甜的，很像商店内卖的小糖丸，小孩容易误食中毒，所以使用毒丸要倍加小心。

5. 巧妙使用毒饵

用于毒饵灭鼠的时间和范围与鼠夹法一样。毒饵的选择，一般毒糊用于堵洞灭鼠，毒丸用于室内灭鼠，田间和室外灭鼠可选用敌鼠钠盐或氯鼠酮毒饵交互使用。

根据灭鼠范围和毒饵投放地点不同，可合理选用毒饵的投放方法。

（1）田间毒饵的投放。根据害鼠大都在农田四周危害的特点，用食饵消耗法测定，四周田埂上的食饵消耗率占 80％以上，田中间只占 20％以下。所以田间灭鼠，要将毒饵投放在大田四周的埂边、路边、沟边、渠边、坟头边。采用一次饱和投饵法，2m 远放 1 堆，每堆放 10g 左右。一般于春季和秋季各投毒饵 1 次即可。如鼠量大，采用一次饱和投饵法不能控制鼠害，可隔 5～7d 再采用一次饱和投饵法投放毒饵 1 次。

（2）居民区毒饵的投放。家鼠对新物反应明显，特别是褐家鼠非常狡猾，投放毒饵前必须先投放无毒的诱饵，称做前饵，迷惑家鼠，消除其新物反应。前饵投放在家鼠经常活动的场所，如室内的墙边、橱柜下、门两边及室外的地下道出口处、树根下、圈厕周围等。每隔 2m 放 1 堆，每堆放诱饵 10g，每天晚上禽、畜进圈后的天黑前投放，早晨禽、畜出圈前检查前饵消耗情况，对于前饵消耗多的堆，第 2 天晚上加倍投放。当连续 2 个晚上的前饵消耗量基本相同时，说明家鼠已经解除顾虑，可以投放毒饵。低毒含量的毒饵需连续投毒 2～3 个晚上，每晚毒饵投放量则是饵投放在前饵消耗多的地方。

（3）毒糊堵洞。毒糊堵洞的方法比较简单，事先查找沟、渠、路、田埂边及坟头上的鼠洞，采用堵洞盗洞法确定有鼠洞穴。即将所有洞口用土堵上，并插上标记，2 天后凡是洞口被重新盗开的，则确定为有鼠洞穴。春季选用未长霉的玉米穗轴，秋季选用新鲜的玉米穗轴，截成 3～5cm 长，一端蘸上毒糊，将所有盗开的洞口全部堵上。玉米轴的直径要稍大于洞口的直径，确保塞紧洞口。洞中老鼠取食毒糊死于洞中。

（4）洞穴熏杀。利用害鼠白天栖居洞中的习性，除采用毒糊堵洞法灭鼠外，还可以用磷化铝片剂进行洞穴熏杀。具体方法与毒糊堵洞法一样，事先用堵洞盗洞法确定有鼠洞穴，然后在每个有鼠洞穴内投放 2 片磷化铝，随即用硬土块或石块将所有的洞口堵上，再用细土踏实堵严。磷化铝吸收洞中的潮气，分解放出磷化氢毒气，将害鼠毒死于洞中。磷化铝容易吸潮分解失效，因此装磷化铝的盒盖必须密封防潮，打开盒盖后要尽快用完，投入鼠洞后要立即封严洞口。

第七章　花生田其他有害生物

在我国，危害花生的主要生物除了花生病原菌、害虫、害草和害鼠外，还有蚂蚁、鸟类、獾、野兔、刺猬等。这些有害生物从花生种子下地到收获，整个生长季节均可不同程度造成危害，直接影响花生产量和质量。为了经济、高效控制这些有害生物对花生造成的损失，在认识的基础上，摸清分布与危害特点、发生规律，方可有的放矢采取相应防治措施进行有效控制其危害。

第一节　蚂　　蚁

危害花生的蚂蚁是草地铺道蚁（*Tetramorium caespitum* Linnaeus）。属膜翅目，蚁科。

（一）分布与危害

草地铺道蚁危害花生首先在山东发现，此后在河北、陕西、河南等花生产区相继发现。在我国北方花生产区普遍发生。蚂蚁蛀食花生荚果、种仁，造成空壳。花生单株荚果受害率5%～15%，严重的高达70%～90%，植株受害率3%～5%，严重者8%～12%，危害后的空果率3%～5%，最多达10%～15%，使花生产量及质量受到较大影响。

（二）形态特征

工蚁体黑褐色，长2.3～2.9mm。头长0.63～0.81mm，宽0.59～0.75mm。触角12节，端部3节棒状，触角柄节长0.43～0.58mm。前胸背板宽0.41～0.54mm，胸长0.73～0.95mm。复眼最大直径0.11～0.18mm，后头缘直。唇基中央纵脊突出，前缘平直，额脊短，向后延伸至复眼水平。胸部背面轻度隆起，后胸在两侧明显，并具胸腹节刺短。后侧叶宽三角形，端部钝角状。腹柄2节，侧面观腹柄结前、后缘向上稍变窄，背面平，后上角钝圆。后腹柄结背面圆，稍低。上鄂具纵条纹，唇基和头部背面具密集平行纵条纹。胸部背面具粗糙网状刻纹，并胸腹节侧面较光滑。腹柄具密集细刻点，但膜柄结和后腹柄结背面中央光滑，发亮。腹部光滑，发亮。头和体背面具丰富直立、亚直立毛。触角柄节和后足胫节具亚倾斜毛。体色一致，黑褐色。上鄂、触角鞭节和跗节黄褐色。

（三）发生规律

草地铺道蚁在花生田土壤内营造蚁巢。巢洞口周围常被营造巢穴时掘出细土粒堆成1个明显可见的小土湾。进出巢穴口直径20～30mm，孔道由地面弧斜状掘至深处，洞道长15～20cm，卵产于巢内。因蚂蚁属社会性昆虫，分工明确，蚁后和雄蚁生活于地下巢内，负责生殖。工蚁外出觅食，危害花生。花生收获后至土壤封冻前，仍可见工蚁在地面活动。

（四）防治方法

1. 清除田间杂草及枯枝败叶

破坏草地铺道蚁群集产卵的场所。

2. 注意防治蚜虫

发生蚜虫的田块常诱发大量蚂蚁，因为有蚜虫发生的地方蚂蚁也通过"地道"迁入。蚂蚁咬食蚜虫，也咬食地里的花生。

3. 药物毒杀

用70％的灭蚁灵粉，直接撒于有蚁群的土面或蚁巢、蚁道周围、拌成饵料撒施。此外，用林丹等粉剂喷施在蚁群活动土面，也有良好效果。

4. 农业措施防治

改进耕作制度，深耕、深翻及灌溉等农业措施破坏蚁巢，打乱蚂蚁生活和繁殖习性，消灭部分个体，减轻危害。

第二节　鸟　类

鸟纲在生物分类学上是脊椎动物亚门下的一个纲。鸟是两足、恒温、卵生脊椎动物，身披羽毛，前肢演化成翅膀，有坚硬的喙。危害花生的主要鸟类有喜鹊和乌鸦等。

（一）分布与危害

喜鹊（*Pica pica*），属雀形目，鸦科，鹊属。又名鹊。是分布非常广泛的物种，亚种分化也很多。传统认为分布在欧洲、亚洲和北美洲的喜鹊均为同一物种 *Pica pica*。但最近有学者认为，喜鹊的北美亚种其亲缘关系与分布在同一地域的喜鹊属另一物种黄嘴喜鹊更接近，应独立成种 *Pica nuttall*。亦有学者指出，在东亚分布甚广泛的普通亚种 *Pica pica sericea* Gould 与分布在欧洲的喜鹊亲缘关系比较远，应单列成种。在中国，除草原和荒漠地区外，见于全国各地，有4个亚种，均为当地的留鸟。主要吃农作物的害虫，如蝗虫、蚱蜢、地老虎、蝼蛄、松毛虫、夜蛾幼虫等，也吃植物种子和谷物。

乌鸦（*Corvus hawaiiensis*），属鸟纲，鸦科（Corvidae）。俗称老鸹、老鸦。是大型的雀形目鸟类。分布很广，是一种常见的留鸟。我国共有7个种，最常见的有大嘴乌鸦、小嘴乌鸦、秃鼻乌鸦等。

喜鹊和乌鸦主要取食播下的花生种子，影响花生全苗，造成田间局部缺苗断垄，使花生造成减产。

（二）形态特征

喜鹊（彩图7-1）头、颈、背至尾均为黑色，并自前至后分别呈紫色、绿蓝色、绿色等光泽。双翅黑色而在翼肩有1大形白斑。尾远较翅长，呈楔形；嘴、腿、脚纯黑色。腹面以胸为界，前黑后白。体长 435～460mm。雌、雄羽色相似。幼鸟羽色似成鸟，但黑羽部分染有褐色，金属光泽也不显著。虹膜为褐色，嘴和脚为黑色。

乌鸦（彩图 7-2）是雀形目鸟类中个体最大的。体长 400～490mm。羽毛大多黑色或黑白两色，黑羽具紫蓝色金属光泽，翼有绿光。翅远长于尾。嘴、腿及脚纯黑色。脚粗壮。嘴大而直。

（三）生活习性

喜鹊是很有人缘的鸟类之一，喜欢栖息于平原村庄和城市树林，在居民点附近活动。巢呈球状，由雌、雄鸟共同筑造，以枯枝编成，内壁填以厚层泥土，内衬草叶、棉絮、兽毛、羽毛等，每年将旧巢添加新枝修补使用。除秋季结成小群外，全年大多成对生活。鸣声宏亮，杂食性。在旷野和田间觅食，繁殖期捕食蝗虫、蝼蛄、地老虎、金龟甲、蛾类幼虫以及蛙类等小型动物，也盗食其他鸟类的卵和雏鸟，还吃瓜果、谷物、植物种子等。喜鹊为多年性配偶，每窝产卵 5～8 枚，卵淡褐色，布褐色、灰褐色斑点。雌鸟孵卵，孵化期 18d 左右。雏鸟晚成性，双亲饲喂 1 个月左右方能离巢。

乌鸦多群居在树林中或田野间，常成群结队，且飞，且鸣，但多数种类不集群营巢。每对配偶通常各自将巢筑于树的高枝上。乌鸦为杂食性，吃谷物、浆果、昆虫、腐肉及其他鸟类的蛋。视觉发达，嗅觉退化，性机警多疑，离栖宿地飞向食场及自食场返回栖宿地均沿着一定的路线飞翔。自 3 月中旬至 4 月上旬开始筑巢或加修旧巢，一年繁殖 1 次，1 窝卵一般 3～5 枚，卵期 4～6 个月，孵化期 18d，育雏期 35～40d。

（四）防治方法

1. 覆膜栽培

在田间扎草人恫吓（草人要经常移动）或播种后整平地面，使鸟看不出播种痕迹而不下落危害。

2. 煤油拌种

有一定的忌避作用。

第三节　獾

獾（*Meles meles*），亦称猪獾（*Arctomyx collaris*），又名沙獾。是分布欧洲和亚洲大部分地区的一种哺乳动物。属食肉目，鼬科。在鼬科中是较大型的种类，俗名狗獾子。獾被单独列入獾属，主要包括以下几个亚种：西欧亚种 *Meles meles meles*，分布于西欧各国；伊比利亚亚种 *Meles meles marianensis*，分布于西班牙和葡萄牙；俄国亚种 *Meles meles leptorynchus*，分布于俄罗斯；中国亚种 *Meles meles leucurus*，分布于中国；日本亚种 *Meles meles anaguma*，分布于日本。

（一）分布与危害

在我国，獾主要分布在西藏、东北地区、长江流域以北、黄河流域、华南和华中、新疆天山以北和天山以南等地区。虽是食肉目兽类，但食性很杂，以植物性食物为主食，每年有 2 个时期危害花生。一是春播时期，能够不断窃食播下的花生种子；二是花生成熟期，主要窃食花生荚果。据河北省报道，1 只獾一年能使花生损失干荚果达 20～25kg。除危害花生外，还能危害玉米、豆类和瓜类。

（二）形态特征

獾（彩图 7-3）体短而肥，长约 1m，重 10kg 左右，最大的重达 15kg 以上。背部圆盾，四肢粗短，颈短，尾短。毛黑褐色与白色相杂。针毛颜色分 3 段。基部白色，中间黑褐色，毛尖白色，腹部毛黑褐色，喉部及四肢毛色较深。头部扁而长，有 3 条较宽的白色条纹，中央的 1 条从鼻尖到头顶。鼻端有发达的软骨质鼻垫，类似猪鼻，鼻端尖。眼小。耳圆而短，边缘为白色。四肢和腹面皆为黑色（沙獾的胸部为白色），四肢都有 5 趾，趾端均生强而粗近似趾长的爪。爪长而弯曲，尤其是前肢爪，是掘土的有力工具。

（三）生活习性

獾主要生活在森林、山坡、荒野、沙丘、草丛、湖泊堤岸等地带，是一种夜行动物。春、夏、秋季活动最盛，每晚 8～9 时出洞活动捕食，拂晓回巢。獾胆小，如遇危险会凶猛顽抗。食性很杂，主要以植物根、茎、玉米、杂豆、花生、瓜类等为食，对农作物有害。偶尔也捕食昆虫、蠕虫、蛙类、小爬行类、鸟和啮齿类小兽等。獾秋季肥胖，多脂肪。有半冬眠习性，每年 11～12 月入洞，翌年 2～3 月冬眠醒来出洞活动。由于前肢发达，爪子很长，适于掘洞，洞穴大部分筑在幽僻而人不常到之处，如荒山脚下，坟园附近以及灌木丛生的丘陵地带。洞穴深达数米，结构复杂，有几个洞互相连通，内有完整的穴道，穴道有的长达 9～10m，还有小穴、粮仓、卧室和死胡同，巢位于穴道末端。洞内洁净光滑，无杂物，常铺一些青苔、干叶等。一旦选穴定居，它们从不轻易搬家。喜群居，一洞内居住数只至 10 余只。新的洞口多虚土，并有足迹。出洞口很多，如以烟熏，临近洞也能冒烟。獾大便于洞外，进洞时常以爪清除身上的污物。繁殖力不强，一年繁殖 1 次，一般 9～10 月间交配，次年 3～4 月间生产，每胎 2～5 仔，当年生的仔獾秋季就可长大成兽，幼獾经 2～3 年后才能生育。

（四）防治方法

1. 使用驱避剂拌种

用煤油、棉籽油、獾油按 667kg/hm² 左右拌种，也可用獾粪拌种，能使獾忌避不取食，可减轻危害。

2. 熏烟法

用谷糠加些辣椒末，在獾洞口燃点，烟吹向洞内，獾受不住烟的刺激，常跑向洞外，此时可配合猎狗，捕捉打死，也可将艾搓成长绳，用竹竿吊于花生田的四周，于傍晚点燃，獾闻到艾味与见到田周红火，就不会前来危害。此法在獾害严重地区可以应用。

3. 猎狗捕捉

猎狗比獾跑得快，嗅觉灵敏，但猎狗的力量没有獾大。獾为了自卫，与犬拼搏，猎犬吠叫，猎人闻声赶到猎捕。

4. 下圈套捉

在獾必经的路上设置铁丝圈套，铁丝的另一端捆在树上。獾经过时，常误入套中，愈挣扎，套子愈紧。獾力甚大，铁丝要粗，不然会挣断逃跑。

5. 毒饵猎法

使用装好的毒丸，把蚯蚓捣烂涂在外面做成毒诱饵，猎獾效果很好。把油炸豆腐干剪开，把毒丸放在里面，也是猎獾的好办法。毒饵投于兽径上。

6. 穴套索猎法

当确知穴中有獾，可在洞口设套，按"套索猎旱獭"的方法进行。獾力大、牙锐，必须使用多股细钢丝绳才行。

第四节　野　兔

野兔（*Lepus europaeus*），属哺乳纲，啮齿目，兔科。是家兔的祖先。早在公元前3000年前人们已开始驯育野兔成为今天的家兔。我国野兔有7个种，16个亚种，广泛分布于全国各地，且分布数量较多。主要有雪兔和草兔2大类。

（一）分布与危害

我国雪兔（*Lepus timidus*）又叫白兔。主要分布在黑龙江大兴安岭的北部和三江平原的林区。大兴安岭的南部也有。草兔（*Lepus capensis*）繁殖力很强，又能适应不同的生活环境，分布很广，全国各省几乎都有它们的踪迹。但在人烟稠密地区较少，荒凉地区较多。野兔以草本植物为食，主要吃谷物、草类、树叶、树苗、麦苗、大豆、花生、马铃薯等幼苗。但是，在冬季和早春季节食物匮乏期啃食新栽5d内的幼树树皮、树叶、嫩梢和枝干，啃食新植幼苗的根系。野兔主要啃食花生幼苗，影响花生全苗及植株生长。

（二）形态特征

雪兔（彩图7-4）在10月份开始变白，11月底或12月初完成换毛过程，这时冬毛全身雪白，仅有2个黑色的耳尖。夏季，雪兔的头、背棕褐色，腹部白色。体长50cm左右，体重2.5～4kg，比华北地区的草兔大。

草兔（彩图7-5）毛棕褐色，也有红棕色和暗褐色，腹毛白色或污白色。夏毛色淡，短而无绒。毛色上的差异，与它们栖息的环境有关，说明它们能高度适应环境，隐蔽自己。前肢较短，后肢长而有力，善奔跑，每秒可达10m左右。视觉佳，视野大。耳朵长，能作侧向扭动，捕捉声音，听觉十分灵敏。

（三）生活习性

雪兔是典型的林栖兽，平时生活在灌木林里，江河、湖沼沿岸的树林里和云杉占优势的混交林里。冬天，在疏林、林缘和灌木丛里，也常见雪兔活动的跑道网。那些长满阔叶幼龄林的火烧迹地和采伐地带，更是雪兔生活的场所。夏天以草本植物为食，冬啃幼树的树皮和嫩枝，遇有大量繁殖，常给局部地区的树木造成危害。每年产仔二三次，孕期大约50d，每胎3~5只，有时多达10只。生而睁眼，覆密毛，10d左右独立生活。寿命8~10年。

草兔喜欢生活在有水源的混交林内，农田附近的荒山坡、灌木丛中以及草原地区、沙土荒漠区等处，除育仔期有固定的巢穴外，平时过着流浪生活，但游荡的范围一定，不轻易离开所栖息生活的地区。春、夏季节在茂密的幼林和灌木丛中生活，秋、冬季节百草凋零，野兔的匿伏处往往是一丛草、一片土疙瘩或其他认为合适的地方。草兔用前爪挖成浅的小穴藏身。这种小穴，长约30cm，宽约20cm，前端浅平，越往后越深，最后端深约10cm左右，草兔匿伏其中，只将身体下半部藏住，脊背比地平稍高或一致，凭保护色的作用而隐蔽。食性复杂，随栖地环境而定。一般喜食嫩草、野菜和某些乔、灌木的叶。昼伏夜出，喜欢走已经走过多次的固定路径。每年3胎或4胎，早春2月即有怀胎的母兔。孕期一个半月左右，年初每胎2~3只，4、5月每胎4~5只，6、7月每胎5~7只，随天气转暖，食料丰富，产仔数目也增加。

（四）防治方法

对野兔的防治原则应以生物防治和人工防治为主。在策略上一方面降低野兔的种群密度，另一方面降低野兔对花生的危害。

1. 将野兔的种群密度控制在不成灾的范围

（1）控制野兔数量。应用植物性不育剂作用于雌雄草兔，破坏其生殖能力，降低其出生率，从而达到降低草兔种群密度的目的。用不育剂与饵料按1：15的比例搅拌均匀，于野兔食物缺乏时期的3月底和11月下旬在需保护的林地投饵，按照每30m×30m投放1堆，尤其注意在兔道上投药，每堆0.1kg，每公顷用药2.5kg。第1年投药2次，每公顷5kg，第2年以后，每年3月初投药一次，每公顷2.5kg。从而达到长期控制的目的。

（2）C型肉毒素毒杀。选用高效、低毒、无二次中毒、不污染环境的新型制剂。C型肉毒素配制成含量为0.2%的毒饵，防治时间同（1），先将C型肉毒素冻干剂稀释，将稀释的冻干剂2ml加入80ml水中拌匀，再与1kg饵料充分拌匀，放置1h，使药液充分被饵料吸收，直至搅拌器底部无药液，毒饵最好在3d内放定。饵料应按每40m×40m投放1堆，每堆0.005~0.008kg，每公顷用药0.075kg左右。此方法可在短期内降低野兔密度。

2. 人工防治

利用兔笼、捕兔夹、钢丝索套和绳套等物理器械捕杀野兔，也是野兔种群数量调查和防治的有效、实用技术之一。

3. 生物防治

保护野兔的天敌猫头鹰、老鹰、隼类、石雕等小型食肉动物，提高自然控制能力。在鼠害、兔害防治区开展工作时，可将上述方法和鼠害防治方法结合应用，以达到减轻野兔和害鼠危害程度的目的。

第五节 刺 猬

刺猬（*Erinaceus europaeus*），属哺乳纲，猬科。是食虫目猬科刺猬亚科的通称，又名刺球。刺猬有鄂尔多斯亚种、中国亚种和黑龙江亚种3个亚种。

（一）分布与危害

刺猬在中国自东北、华北至长江中、下游均可见到。国外广布于欧洲及朝鲜。其中，鄂尔多斯亚种分布于陕西、山西、内蒙古，中国亚种分布于华东及甘肃，黑龙江亚种分布于东北。花生播种出苗时，刺猬常于21～22时出来取食花生子叶或将整株幼苗拔出，严重的可以造成缺苗断垄，直接影响花生产量。

（二）形态特征

刺猬（彩图7-6）是一种长不过25cm的小型哺乳动物。头宽，嘴尖而长，耳小，四肢粗短，爪发达，尾短。体背自头至尾被坚硬的棘刺。耳前、腹部及四肢具较细的硬毛，毛色由黄到土黄或污白，腹毛纯白；前后足均具5趾，少数种类前足4趾，蹠行；齿36～44枚，均具尖锐齿尖，适于食虫。受惊时，全身棘刺竖立，卷成如刺球状，头和4足均不可见。有5对乳头，鼻子非常长，触觉与嗅觉很发达。

（三）生活习性

刺猬是一种性格非常孤僻的动物，喜安静，怕光，怕热，怕惊，会游泳，广泛栖息在山地、丘陵、平原、洼地等区域，林间、草地、农耕地、撂荒地、荒山荒坡、灌草丛及居民区内的草垛、乱石中均可见到。喜挖洞，常在树根、倒木下以及石隙或古墙缝隙中作窝，窝内铺以其采集来的树叶、干草和苔藓等垫料。眼适应朦胧光，属于晨昏性活动类型动物，白天隐匿在巢内，黄昏后才出来活动。在秋末开始冬眠，直到第2年春季，气温暖到一定程度才会醒来。枯枝和落叶堆是刺猬最喜欢的冬眠场所。用小树枝和杂草来营造冬眠的巢穴，有时巢穴有50cm的隔层，它们也能在木制楼梯下或其他人造场所睡眠。刺猬是杂食性动物，以昆虫和蠕虫为食，也吃幼鸟、鸟蛋、蛙、蜥蜴以及花生、豆类、菜根、菜叶、果皮、瓜类等。成年刺猬一年繁殖1～2次，一般在4～5月间第1次发情交配，8月份进行第2次交配，雌性常与多只雄性交配，交配期2～3d，妊娠期一般6～7周，每次产仔3～6只，初生刺猬重13～15g，哺乳期一般40～50d。

（四）防治方法

刺猬白天栖息于窝中，晚上到花生田取食危害，可于每天早晚2个时辰实行人工捕捉或撒施有强刺激气味的农药，起忌避作用。

第八章 花生储藏期有害生物及防治

第一节 储藏期病害

储藏期病害，包括在储藏期中荚果和种仁由真菌引起的霉烂变质。实际上，有些荚果和种仁在田间生长期中已经被真菌侵染，只是在收获干燥期中暂时抑制了其发展，入仓后遇到适宜的条件，病原进一步繁殖蔓延，表现出病征。另一种情况则是在田间或收获、堆垛、干燥等过程中花生已经被病菌污染，甚至侵染，入仓后才显示出症状，并扩大蔓延。这些菌类大多是兼性寄生或腐生的。

一、主要病菌及其毒素种类

引起花生储藏期病害的真菌种类，无论花生在土壤中发育时期或者挖出后在干燥以及储藏期间的荚果都经常与真菌接触，除若干花生病原真菌能侵染种荚引起严重损失外，附着在荚果表面土壤中的真菌，在挖出后于适宜条件下也能继续生长而变为花生在干燥和储藏期中种仁品质变劣的因子。经常同花生果壳和种仁接触的真菌可分为田间真菌和仓储真菌2类。

（一）田间土壤所带的病菌种类

在土壤中侵染花生果实的许多田间真菌，多系兼性寄生菌。McDonald 曾研究了花生荚果表面和子房锥表面所附土壤中的真菌类群，分离到 87 种真菌，隶属 51 个属。Joffe 曾从以色列的土壤中分离到 157 种真菌，隶属于 44 个属。这些真菌存在于花生根围的有 133 种，在田中的有 96 种，在子房锥周围的有 86 种。其中，对花生储藏期产生污染的主要有镰刀菌（*Fusarium*）、曲霉菌（*Aspergillus*）、青霉菌（*Penicillium*）、壳球孢菌（*Macro-phomina phaseoli*）、疣孢漆斑菌（*Myrothecium verrucaria*）、可可球二孢菌（*Botryodiplodia theob-romae*）等。

McDonald 从花生荚果表面和子房锥表面所附土壤中分离得到的大量真菌类群，于挖掘前 6 周用稀释平板法分离。结果证明，在该处土壤中镰刀菌占总数的 42.5%、曲霉菌占总数的 44%，两者为优势种。在荚果表面黏附土壤中的则以镰刀菌为优势种，比率 36%，依次为青霉菌 19%、曲霉菌 16.5% 和菜豆壳球孢菌 11%。疣孢漆斑菌 6%，可可球二孢菌仅 5%，数量较少。在子房锥表面黏附土壤中的则以曲霉菌（34.5%）、镰刀菌（23.3%）和青霉菌（20.5%）为优势种，另有少量球壳孢菌（5.2%）和漆斑菌（4.1%）。

（二）仓储真菌种类

花生收获后，田间真菌在干燥过程中渐趋死亡，而腐生或弱寄生的真菌在湿度较低的种仁上逐步繁殖起来，很快地变为优势种。储藏期间生长于花生果实内外的真菌类群特称仓储真菌。储藏期真菌的种类及数量因储藏的方法、时间和储藏前的处理（如堆垛、干燥的方法和时间等）以及储藏期中环境条件的变化而不同。据有关报道，花生储藏期真菌至少170余种，从储藏的种仁中分离出来的就有153种，但真正与种仁变质有关的种为数不是很多。其中以曲霉菌［黑曲霉（*Aspergillus niger*）、柱黄曲霉（*A. flavus*）、灰绿曲霉（*A. glaucus*）］、青霉菌［绳状青霉（*Penicillium funiculo-sum*）、红色青霉（*P. rubrum*）］、菜豆壳球孢菌、立枯丝核菌（*Rhizoctonia solani*）、镰刀菌和根霉菌（*Rhizopus*）最为重要。

（三）毒素种类

上述真菌中，产生污染花生的真菌毒素主要有黄曲霉（aflatoxin）毒素、圆弧青霉菌酸（cyclopiazonid acid）、赭曲霉毒素（ochratoxin）、橘毒素（citrinus）、赤霉烯酮（zearalenone）等。

二、危害及其症状

荚壳和种仁发霉，一部分是大田病害的继续，一部分是储藏期中生长于花生果实内外的真菌所致。仓储期间花生荚壳和种仁上的微生物区系常随储藏时期的长短、储藏方法以及当时的环境条件而有变化，因而其症状也很不固定。概括起来可分为表伤和内伤两类。前者是在荚壳表面显示红色、黄色、褐色，最后使种仁变色（一般由淡红色变为红褐色）出油，表面常生黑色、黄色、绿色等霉状物，也可发生黑色颗粒；后者荚壳表面完好，没有任何不健康的表现，但剥开种壳则见其内充满菌丝体，种仁变色，着生各色各样的霉状物或颗粒体。内伤实际上也包括某些缺素症（如缺硼、缺钙等）所引起的种仁的变化。

花生在储藏期间受真菌的侵染可导致种子活力、储藏质量、营养价值、食用价值等降低。在储藏开始时，花生种仁的含水量是影响储藏能力和品质变化的重要因子。鉴别花生种仁的品质，通常是测定其油内游离脂肪酸的含量。油的质量不仅取决于游离脂肪酸，而与过氧化价（Peroxide value）、羰基（Carbonyls）、碘值（Iodine number）和组成油的脂肪酸种类均有一定关系。游离脂肪酸增加，标志着质量降低（水解恶臭即酸败）；过氧化价、羰基和碘值的增加，也标志着质量降低（氧化恶臭）。花生油中自然抗毒剂如生育酚（tocopherols）可防止氧化恶臭。有关油的质量降低的其他表现在于颜色、气味、味道等变劣，糖分和蛋白质减少等。

Christenson曾选出6个优势菌种，通过精密研究来决定引起花生变化的主要菌种。在30℃下将每种真菌隔离培养于消过毒的花生仁上，经2、4、8周后，分别称各样品的重量，决定其干物质的损失，并对几种成分进行化学分析。其结果是干重、含油量降低，游离脂肪酸增加。溜曲霉引起干物质和总含油量的大量降低，而游离脂肪酸的增加则大大超过了橘青霉和灰绿曲霉。另有报道，由于真菌生长2周后糖分（蔗糖）几乎全部损失，但对蛋白质总量没有明显影响。真菌可使花生油变为深黄色（溜曲霉）至琥珀色（灰绿曲霉），发出芥子味至焦枯味。但是橘青霉则不引起花生油变色，味道也无特殊变化。由于这类储藏真菌在花生仁上生长，生育酚并不降低，其油的过氧化价、羰基和碘值也不增加，对油的脂肪酸成分没有太大影响。

Pattee 和 Sessoms 曾研究花生仁上游离脂肪酸迅速增加与柱黄曲霉生长的关系，发现游离脂肪酸和可见的真菌生长高度相关。

这些病菌与产生的毒素，在花生储藏期间发霉变质能引起多方面的损失，其可在花生上产生并分泌水解酶，引起干重损失、含油量降低、游离脂肪酸增加，进而使种子酸败，降低出油率及食品加工的风味，从而影响经济收益。黄曲霉毒素是公认的强致癌物质，对人、畜危害极大。种用花生在储藏期受害，能降低种子发芽率，引起缺苗断垄，而且由于种子带菌，在田间常引起冠腐病、丝核菌病等。

三、主要病菌形态特征

1. 黄曲霉（*Aspergillus flavus* Link）

菌落生长较快，初黄色，后变黄绿色，老后颜色变暗，反面无色或褐色。分生孢子头疏松，放射形，继变为疏松柱状。分生孢子梗直立，粗糙。顶囊烧瓶形或近球形。小梗单层、双层或单、双同时生于 1 个顶囊上。小型顶囊上只有 1 层小梗。分生孢子球形或近球形，粗糙。有些菌系产生菌核。生长最适温度 30℃，相对湿度 80%。是引起储粮霉变发热的主要菌种。有些菌株可产生黄曲霉毒素。

2. 青霉属（*Penicillium*）

分生孢子梗直立，顶端 1 至多次分支，形成扫帚状，分支顶端产生瓶状小梗，小梗顶端产生成串的内生芽殖型分生孢子。

3. 曲霉属（*Aspergillus*）

分生孢子梗直立，顶端膨大成圆形或椭圆形，上面着生 1～2 层放射状分布的瓶状小梗，内生芽殖型分生孢子，聚集在分生孢子梗顶端成头状。大多腐生，有些种可用于发酵，是重要的工业微生物。

4. 立枯丝核菌（*Rhizoctonia solani*）

菌丝体早期无色，后期逐渐变淡褐色，最后纠结成菌核。菌丝锐角分支，分支处有明显缢缩，离分支处不远有隔膜。菌核褐色或黑色，形状不一，表面粗糙，内外颜色相似。不产生分生孢子。

四、发生规律

引起花生储藏期病害的真菌种类与发生数量受相对湿度、温度、储藏时间、大气成分、花生发育时期及发生部位、土质、耕作制度、环境胁迫等因素的影响。

（一）湿度、温度及储藏时间

霉变的发生需要一定的温度和水分。含水量 8% 以下的种子，温度 20℃ 以下不易发生霉变。霉菌活跃繁殖的环境一般是空气相对湿度 80％以上，温度 20～25℃。河北省粮食研究所综合各地资料，提出了花生霉变的临界水分和临界温度（表 8‐1）。

表 8‐1　花生种子储藏中霉变的临界水分和临界温度

临界水分（％）	6	7	8	9	10
临界温度（℃）	34	32	28	24	16

影响仓储真菌在花生荚果和种仁上生长的主要因子是相对湿度、温度、储藏时间等。花生入仓之初，含水量与真菌区系数量间的关系较其他因子更为密切。柱黄曲霉和谢瓦曲霉能在不同的相对湿度和温度下生长。而黑曲霉、溜曲霉（*A. tamarii*）、烟曲霉（*A. fumigatus*）和马顿青霉（*Penicillium marten-sii*）在相对湿度 88％以下都不能生长，灰绿曲霉等则在相对湿度或含水量低的花生上生长迅速。

Welty 等曾研究在 22～28℃下控制湿度 75％、85％、99％，储藏 6 个月的花生种仁上分离的 6 种真菌的次数变化。4 个月后在相对湿度 75％和种仁含水量（KMC）8.8％下，种仁被赤曲霉侵染的从 0 上升到接近 80％；被阿姆斯特丹曲霉侵染的从 0 上升到 25％，被匍匐曲霉侵染的则从 80％降到 4％。在相对湿度 85％（KMC 10.5％）情况下，种仁被赤曲霉侵染的在储藏 1 个月时为 0，到 3～4 个月时上升为 97％～100％；当储藏到 2 个月后，青霉菌、匍匐曲霉和柱黄曲霉则分别从 80％、57％、7％降至 10％、10％和 1％，到 4 个月后都降到不足重视的水平。在相对湿度 99％（KMC 28％）下，优势真菌逐月变化。总之，赤曲霉在 12％～15％KMC 下生长最好，匍匐曲霉在 18.5％、柱黄曲霉和青霉菌在 20％、阿姆斯特丹曲霉则在 20％～28％KMC 下生长最好。镰刀菌在第 4 个月出现，且当 KMC 增至 18％以上后变为优势真菌。

花生上生长的大多数仓储真菌与某些田间真菌一样，适宜生长在温度 25～35℃，少数种在 35～45℃下生长良好。多数种在较低的温度下生长速率减低，但某些种甚至在 5～15℃下仍能缓慢生长。Jackson 发现，在 26～38℃下适于柱黄曲霉、黑曲霉、黑根霉（*Rhizopus stolonifer*）等侵染健全并经过表面消毒的荚果和种仁。在温度与时间的关系中温度是重要的。在低于适宜的温度下，倘若其他条件适宜，真菌仍将生长，而且能引起花生进一步变质。

温度与湿度相互配合决定病菌孢子发芽的速度。通常在指定的相对湿度下，温度较高，发芽所需的时间就较短。在各种种子储藏中，种子本身的含水量不如种子的吸湿性能和储藏种子的小气候环境的相对湿度那样重要。直到种子与它的空气环境之间的吸湿性平衡（RH equilibrium）建立之前，花生荚果和种仁的含水量始终在变动着。

（二）储藏时间

不同储藏时期花生种子上的真菌数量及种类也有很大差异。据 Welty 试验，先将供试花生充分干燥，使其含水量降至 8％，然后将种壳剥去，并储藏种仁，使其含水量最后降到 4.5％，再把种子分别放到不同相对湿度的干燥器内。仅以其储藏于相对湿度在 70％

以下（接近花生入仓时的标准含水量）的资料为例：储藏始期从 54％的种仁上分离出匍匐曲霉（A. repens），80％的种仁上分离出青霉菌，7％的种仁上分离出柱黄曲霉。储藏 2～3 个月后，含匍匐曲霉和青霉菌的种仁降至 10％左右，但 6 个月后又逐渐回升到 40％。在前 3 个月中含柱黄曲霉的种仁为 7％，而 4～6 个月后则增至 18％。一般认为在进行真菌繁殖体的定量计算时所用的培养基是非常重要的。麦芽盐培养基（maltsalt medium）适于耐低湿度的储藏真菌生长，而对田间真菌的生长不利。Czapeks、Rbm - 2 培养基适于分离在土壤中荚果表面的以及新挖出的果实上的真菌，而不适于分离在储藏期间的灰绿曲霉、赤曲霉（A. ruber）、匍匐曲霉（A. repus）、阿姆斯特丹曲霉（A. amstelodami）、谢瓦曲霉（A. chevalieri）、局限曲霉（A. restrictus）。此外，潜育的温度、分离的技术以及检查的时期对定量研究真菌的区系均有很大影响。

Diener 从 26 个储藏囤中取样，用定量方法测定未剥壳花生种子上的真菌区系，并比较了在种子含水量、种仁破损度、储藏囤的形式、储藏期长短等不同情况下，种子上真菌区系的密度。发现在 8～56 个月的储藏期内，Farmer stock 花生品种的真菌主要以灰绿曲霉、柱黄曲霉和橘青霉（Penicillium citrinum）为主。每克种子中的繁殖体数目平均为 4 059～7 266 个，分别占 26 个样本中繁殖体数量的 37.1％、20.7％和 30.6％。

Hanlin 发现，从成熟前 20d 到收获后 40d 期间，荚果被害率逐日增加，但曲霉菌对种壳的侵染率则明显从 13％～23％降至 1％～3％，同时镰刀菌则由 1％～5％激增至 60％～78％，青霉菌也由 51％～55％下降到 28％～44％。种仁受曲霉菌侵染率较种壳稍高。40d 后储藏囤中真菌的数量下降，曲霉菌从 29％～51％降至 8％～13％，青霉菌从 37％～48％降至 21％～25％，但镰刀菌的侵染率则由 1％～4％上升到 17％～20％。

（三）大气质量

仓储真菌是高度好氧性微生物，其发育依靠空气中氧的存在。Landers 等研究各种浓度的 CO_2、N_2 和 O_2 对柱黄曲霉在高湿度花生仁上发育的影响，也测定了被真菌污染的种仁中游离脂肪酸（FFA）与真菌生长的关系。当 O_2 浓度从 5％降至 1％，与 CO_2 浓度 0％、20％、80％相配合，真菌的生长和孢子形成显著降低。CO_2 从 40％～80％每增加 20％，真菌的生长和孢子形成依次降低。CO_2 浓度达 100％时，真菌即不能生长。游离脂肪酸的形成与柱黄曲霉的生长密切平衡。San-ders 测定了相对湿度与温度配合下，CO_2 对减低真菌生长的影响。柱黄曲霉可见的生长和游离脂肪酸的形成在相对湿度 86％与温度 17℃下，被 20％的 CO_2 禁止；在相对湿度 60％、温度 25℃下，被 40％CO_2 禁止；当相对湿度从 99％降到 92％，再降到 86％时，游离脂肪酸的水平也逐步降低。

（四）土壤种类与耕作

土壤种类不同，其中生长在花生根际和子房锥周围的真菌区系也不相同。Joffe 从土壤中分离到 328 种真菌，其中轻壤土中 120 种，重壤土中 92 种，中壤土中 116 种。重壤土中以曲霉菌最多，轻壤土中以青霉菌最多，在中壤土中则以镰刀菌最多。

菌类是入库前荚果及种子上带有的，但是带菌量的多少则因耕作制度与耕作方式有所不同。重茬地花生、收获过迟或收刨、摘果、晒干过程中受损伤的花生，带菌量较多。这些菌类不仅附着在果壳上，并且容易侵入壳内，但不易侵入完整的种皮。因此，破伤粒要比完好种子容易发生霉变。据有关试验指出，连作花生田中荚果被真菌的侵害率较之与禾谷类、瓜类或马铃薯轮作的土壤中要高得多。

除了在耕作中机械的损伤、受线虫、昆虫的危害或极端环境条件的生理影响外，花生荚果从幼果直至成熟接近挖掘的时期，一般是能抵抗腐生真菌侵入的。田间真菌能迅速侵入那些破损、生理不健全、过度成熟的荚果和遗落于土壤中的种仁。挖掘后倘若环境条件不适于迅速干燥，健康荚果在堆垛期也能被侵害。在挖掘和田间干燥过程中受到机械损伤的荚果，更容易被田间真菌侵染。

不同生长时期花生荚果和种仁上的真菌区系差异颇大。一般在生长前期真菌很少侵入花生荚果和种仁，愈接近成熟至挖掘期，荚果和种仁的受害率愈高。特别是已经成熟而不及时挖掘的花生荚果，随着在土壤中停留时间的延长，种仁被侵入的数量激增。据 Mc-Donald 试验，刚挖出的荚果种仁带菌率不足 2％，收获后风干 2 天的荚果带菌率达 25％，4～11d 后种仁带菌率高达 85％～95％。其优势种为镰刀菌和菜豆壳球孢菌。成熟后及时收获的，其种仁带菌率 1％，延迟到 12d 后再行收获的，带菌率猛增至 61％。被镰刀菌侵害的种仁 2 天后由 1％～2％（适时收获的）激增至 14％～16％，而且持续增至 10～12d。然而，被菜豆壳球孢菌侵害的种仁在开始的 10d 中每隔 2 天增加 3％，到第 13d，则突然由第 10d 的 12％增至 30％以上。

此外，花生荚果或种仁上真菌区系的消长也随花生的生长和收获后的风干、储藏等时期而有明显差别。

五、黄曲霉毒素污染和控制

花生籽仁中的黄曲霉毒素是世界公认的强致癌物质，对人、畜危害较大，故全世界均列为花生质量问题的重中之重，得到全球的关注和重视。

(一) 黄曲霉毒素种类

黄曲霉毒素（Aflatoxin）是黄曲霉（*Aspergillus flavus*）和寄生曲霉（*Aspergillus parastitucus*）在生长过程中产生的引起人和动物产生病理变化的有毒的代谢产物。

1. 目前确定的种类

黄曲霉毒素有 18 种。分为 B 类、G 类和 M 类。

最常见的有 B1、B2、G1、G2。B1 的毒性和致癌性最强。B1、B2 在紫外线处呈蓝色荧光。G1、G2 在紫外线处呈黄绿色荧光。M1、M2（牛奶中，吃含黄曲霉毒素的饲料）。

2. 危害

被世界卫生组织列为已知的最强的致癌物。

3. 检测方法

薄层色谱（TCL）、高压液相色谱（HPLC）、酶联免疫（ELISA）等。

（二）黄曲霉菌生长和产生毒素的条件

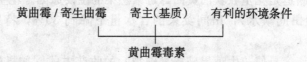

是霉菌、寄主和环境条件（表 8－2）三者相互作用的结果。

寄主（基质）：油料种子（花生、大豆、向日葵、棉籽）、谷物（玉米、高粱、水稻）、香料（辣椒、胡椒等）、坚果（杏仁、核桃、椰子）、无花果、牛奶。

表 8－2　黄曲霉菌生长的环境条件

	生长繁殖 （范围及最适）	产毒 （范围及最适）
温度（℃）	8～42（32）	12～40（25～35）
水分活性（aw）	＞0.8（＞0.95）	＞0.85（＞0.98）
酸碱度（pH）	2～11.2	3.0～8.0

相对湿度和寄主的水分可用水分活性 $aw＝PX/PW$ 作指标：

$aw＝1$，富含水分；

$aw＝0.98$，细菌繁殖的极好条件；

$aw＝0.93$，细菌不能繁殖；

$aw＝0.85$，酵母菌繁殖受抑制，黄曲霉仍能繁殖；

$aw＝0.7$，几乎所有微生物包括黄曲霉都不能繁殖。

（三）黄曲霉毒素的产生条件

1. 温、湿度与储藏时间

黄曲霉菌生长的最低温度为 6～8℃，适温 36～38℃，最高 44～46℃。种子含水量 12%～20%时，该菌生长最快，9%～11%时生长最慢。空气相对湿度 70%、种子含水量 8%时，黄曲霉菌不能生长。据报道，在花生收获后采取各种措施如日晒、风干、烘干等，迅速降低花生的含水量，4～5d 内降到安全含水量（8%）以下，可大大减少黄曲霉菌侵染机会。由于霉菌生长需要氧气，有人试验用聚氯乙烯薄膜袋储藏花生，能大大降低氧气浓度，储藏 9 个月基本上不受黄曲霉菌污染。

2. 影响花生收获前黄曲霉毒素污染的因素

土壤中黄曲霉菌的种类取决于产毒株和不产毒株的多少。

（1）地下害虫。蛴螬、千足虫、蝽蟓、白蚁和线虫侵袭花生荚果，并将所携带的黄曲霉菌传染花生，土壤中的黄曲霉菌也从害虫损伤部位感染荚果，受地下害虫侵袭的花生荚果中黄曲霉毒素含量通常很高。

（2）植物病害。受锈病、叶斑病以及虫害侵染而枯死花生植株上的荚果中黄曲霉菌感染率较高。

（3）荚果破碎。栽培操作收获时受损、土壤温度和湿度的波动而引起的自然爆裂，增加黄曲霉菌的感染率。

（4）成熟度。花生成熟后留在土壤中的时间越长，黄曲霉菌对籽仁的侵染率就越高。

生育后期干旱胁迫是花生收获前黄曲霉毒素感染的主要原因。花生收获前 30d 内，如果遇到干旱胁迫（田间缺水），田间荚果的含水量下降到 30%，特别容易感染黄曲霉毒素。

（5）收获方式。容易使花生荚果破损（破裂）的收获方式（如机械脱粒，摔打脱粒）往往增加花生黄曲霉菌感染和污染的程度。

3. 影响花生收获后黄曲霉毒素污染的因素

（1）收获的干燥速度。花生收获后，含水量逐渐下降，当荚果含水量降至 12%～30%，极易感染黄曲霉菌（高度危险期）。收获后，花生荚果干燥的时间越长，黄曲霉毒素污染的程度越高。

（2）加工过程的污染。目前花生脱壳普遍采用机械脱壳。为减少机械脱壳过程中花生籽仁的破碎率，脱壳前先将花生果润水，从而活化了黄曲霉菌孢子，若脱壳后的花生籽仁水分不能快速降至安全以下，黄曲霉菌就会快速生长，1 周时间就可产生黄曲霉毒素污染。

（3）运输过程的污染。目前出口花生的运输是采用集装箱运输，在高温季节，由于昼夜温差较大，集装箱内会产生结露现象，集装箱表层花生的水分加大，从而活化黄曲霉菌孢子，若集装箱内的温度适宜，就有可能产生黄曲霉毒素污染。

（四）如何防止花生收获前的黄曲霉毒素污染

（1）产毒黄曲霉菌的监控。选择产毒菌株群体较少的地方或田块作为出口生产基地。实行轮作制度并喷施杀虫药剂，消灭地下害虫。

（2）选择抗性强的品种。如抗黄曲霉、抗虫、抗旱等品种。

（3）采用生物控制。喷施不产毒的黄曲霉菌株。

（4）合理排灌水。确保花生生育后期对水分的需求，避免花生生育后期干旱（特别是旱坡地花生）。

（5）防止花生荚果在生长期间破裂。荚果充实期间应避免中耕除草，防止人为损伤。避免在土壤温度较高时灌水，防止因温差较大而使荚果破裂。

（6）适时收获。一般在花生成熟期前后 1 周内收获最佳。

（7）采用良好的收获方式。防止花生荚果在收获时受损破裂。

（8）收获后的花生鲜果要迅速干燥（3～5d 内），将荚果含水量降至安全储藏水分标准（8%～10%）以下。

（9）花生在催干过程以及干燥以后切忌回潮。已催干的花生应迅速包装和入库。

（五）如何预防收获后黄曲霉毒素的污染

（1）控制进货渠道。在充分调研的基础上，了解产地基本情况，避免到黄曲霉毒素污染水平较高的地区收购花生种子和原料。

（2）把握好进货质量关。要从外地引入花生种或者原料时，首先要目测，是否果壳外产生霉菌、籽仁是否有霉变；同时手感湿度状况，水分过大易产生病菌，导致变质，结合闻其味道是否正常。严禁劣质产品调入。

（3）降低原料入库时的水分。原产地或调入的产品，尽量将水分控制到安全水分（籽仁8％～9％，荚果10％）以下。

（4）脱壳时防变质。脱壳时一定要采用干脱，切不可采用施水脱壳的方法。

（5）剔除劣质果仁。入库前，剔除霉变、破损、皱皮、变色和虫蛀等不正常的花生果仁。采用人工剔除，光电剔除。

（6）清洁仓库。入库前，必须做好仓库的清洁工作，确保有完善的防虫、防潮和防微生物滋生的条件。

（7）降低仓库温、湿度。提倡低温储存、地下储藏等技术。确保花生果仁安全度过盛夏。仓库要干燥，要有通风条件和设施，随时控制相对湿度，确保湿度在70％以下。

（8）降低氧气浓度。黄曲霉菌是好氧菌，当氧气浓度1％、二氧化碳浓度80％、氮气浓度19％，可抑制黄曲霉毒素的产生。实际操作时，可使用复合聚乙烯薄膜袋储藏花生。

（9）定期抽样检查。在保证低温、低湿度条件储藏的基础上，对储藏的花生产品要定期或不定期进行抽样检查，确保质量安全。

综上所述，花生是最容易感染黄曲霉菌的食品之一，黄曲霉毒素是很强的致癌物。黄曲霉菌无处不在，只要条件适宜，就产生毒素。产毒是动态过程，感染前的预防是最有效的措施。花生在收获前可能感染黄曲霉毒素，收获前受干旱胁迫的花生感染程度很高。花生安全储藏的含水量是8％～9％，危险含水量是12％～30％。收获后的花生要尽快干燥至安全水分。把好进货关，确保货源的安全。入库前，要清洁仓库，并将入库前的花生含水量降至8％～9％。储藏期间搞好防潮、防虫措施。仓库尽可能保持低温和低相对湿度。定期检查，如发现问题，迅速处理，隔离受污染的货物。如在早期阶段发现局部霉变，但危害尚未扩展时，筛选和剔除已感染的种子。重新干燥，抑制黄曲霉菌生长。如已严重感染，采用其他预防措施已太晚时，黄曲霉毒素虽超标，但含量尚低，可采用脱毒措施将毒素降至最低水平或改作其他用途。如毒素严重超标的花生，要完全隔离，防止其传染到其他花生和食品上或流入市场。

第二节　储藏期病害的防治

花生储藏期病害的主要来源和传播途径，一是入库前产品包括收晒和运输过程中带入病源。二是储藏场所有害虫潜伏。三是储藏期间感染。防治以杜绝3条途径的来源为主攻目标。

（一）提高花生质量，增强抗霉能力

切实保证花生的干燥、纯净、完整、无虫、无病，增强花生的抗霉能力，是防止霉变的基础。防治储藏期间的病害，主要是确保入库前的花生在收、晒、运过程中不带病源，并要做好入库前的仓库消毒，彻底消灭病菌。已入库的花生，不宜采用库内熏蒸，以免因虫尸水分多，留于种子内招致产生霉菌。

（二）改善储藏环境，防止霉菌扩大污染

保持仓内器材、仓库环境的清洁卫生。不同质的荚果或籽仁应分开储存。从而防止微生物的传播感染。

（三）控制生态条件，抑菌防霉

1. 控制湿度和水分——干燥防霉

仓库内的相对湿度保持在 70％以下，使收获物水分保持在与此温度相平衡的安全水分界限之内。谷类粮食水分 13％～15％，豆类 12％～14％，油类 8％～10％。

为了减少外界不良气候影响，除了密闭仓库门（仓库具有防潮、隔热性能）、保持干燥低温环境外，还可在花生种子堆上压盖蓆子或麻袋等物，再压盖麦麸，以保持低温干燥状态，减少外界病虫害侵入。

2. 控制温度——低温防霉

利用自然低温，在适当时机进行冷冻或冷风降温，尔后隔热密闭保管或人工制冷，进行低温冷冻储藏。一般所说"低温储藏"的温、湿度界限，温度为 10～15℃，相平衡的相对湿度为 70％～75％，基本上可以做到防止霉变。

3. 控制气体成分——缺氧防霉

实践证明，通过生物脱氧或机械脱氧，使堆内氧气浓度控制在 2％以下或二氧化碳浓度增加到 40％～50％，对微生物特别是多种储藏真菌有抑制作用。

4. 化学药剂处理——化学防霉

到目前为止，许多用于粮食、花生上的杀菌剂和抑菌剂都不很理想。但一些杀虫熏蒸剂都有较强的杀菌力。例如，现在多用的磷化氢就有很好的防霉效果。由于化学药剂对花生品质和使用安全都有一定的负作用，一般不宜多采用。

另外，储藏期病虫害可结合防治。具体可参照储藏期虫害防治。

第三节　储藏期虫害的防治

花生储藏期间的害虫种类较多，储藏不当危害严重。不仅影响花生产量，更重要的是影响花生产品质量，降低经济价值和食用价值。所以在花生丰产的同时，加强储藏期间管理，及时做好储藏期虫害的防治非常重要。要做到有的放矢经济、高效防治，首先要了解储藏期间的虫情，认识和了解主要害虫的形态特征、分布与危害以及生活习性等。

一、大　谷　盗

大谷盗 [*Tenebroides mauritanicus* (Linnaeus)]，属鞘翅目，谷盗科。

异名 *Trogosita mauritanicus* Linnaeus；*Trogosita caraboides* Thunberg。

（一）分布与危害

我国绝大部分省、自治区均有分布。欧洲、南美洲、北美洲、非洲、澳大利亚、印度、土耳其、印度尼西亚、前苏联南部也有发生。

危害各种原粮、大米、面粉、豆类、油料、药材及干果等。严重影响被害物的品质及种子的发芽力。对木板仓以及包装物也有一定的破坏作用。

（二）形态特征

体长 6.5～110mm。长椭圆形，略扁平，暗红褐色至黑色，有光泽。头部近三角形。触角末 3 节，向一侧扩展呈锯齿状。前胸背板宽略大于长，前缘深凹，两前角明显，尖锐突出。前胸与鞘翅间有细长的颈状连索相连。鞘翅长为宽的 2 倍，两侧缘几乎平行，末端圆，刻点行浅而明显，行间有 2 行小刻点（图 8-1）。

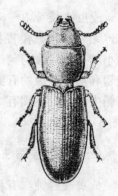

图 8-1 大谷盗
（仿 Bousquet）

（三）生物学特性

在温带，一年发生 1～2 代，在热带可发生 3 代。多以成虫越冬，以幼虫越冬者少。成虫和幼虫喜潜伏于黑暗角落，在木板内、天花板内、粮仓的板壁及粮船的衬板下比较集中。雌虫将卵产在面粉内或被害物的缝隙中，每批通常含卵 20～30 粒。产卵持续 2～14个月。每雌产卵430～1 319 粒（其中有 1 头雌虫在室内饲喂燕麦片、酵母及真菌，产卵 3 581粒）。完成 1 个发育周期需要 70～400d。幼虫 3～7 龄，主要取决于饲养过程中的温度及食物。成虫寿命长，6～22 个月。在不利的条件下幼虫期可长达 36 个月。幼虫和成虫对低温抵抗力强，低于 15℃时停止繁殖，12℃下停止活动，28～30℃为发育和繁殖最适温度，最适相对湿度 70%～80%。在 -9～40℃ 可以存活。增长速率低。发育周期长，冬季进行冬眠。

成虫羽化若发生在秋末，则寿命可长达 12 个月；若在春季羽化，则寿命只有 6～7 个月。在 15℃下，成虫可耐饥 114d，幼虫耐饥 33d。食物的营养价值对该虫的发育和发生量有很大关系。在 30℃下，取食整粒小麦时生活周期为 79d，取食全面粉时需 90d，取食精面粉时需 102d，取食稻谷时需 96d。

大谷盗也生活在室外的树皮下及蛀木昆虫的隧道内，营捕食生活。卵及蛹在冬季低温下不能成活。

二、暹罗谷盗

暹罗谷盗（*Lophocateres pusillus* Klug），属鞘翅目，谷盗科。

（一）分布与危害

我国分布于吉林、辽宁、内蒙古、河北、河南、广东、广西、四川、云南、江苏、湖北等省、自治区。安哥拉、加纳、坦桑尼亚、刚果、赞比亚、肯尼亚、尼日利亚、马达加斯加、印度、巴基斯坦、斯里兰卡、泰国、缅甸、柬埔寨、印度尼西亚、日本、澳大利亚、英国、德国、法国、意大利、葡萄牙、美国、秘鲁、危地马拉、巴西等国也有发生。

主要危害破碎的稻谷、大米、小麦、玉米、花生及碎屑等。为第2食性昆虫，多与第1食性害虫如 *Sitophilus* 属的仓虫（谷象、玉米象、米象）、谷蠹、拟谷盗类和豆象类生活在一起。

（二）形态特征

成虫体长 2.5～3mm，长椭圆形，极扁平，赤褐色或暗褐色，无光泽。触角棍棒状，11节。前胸前缘2角突出，背板密布小刻点，后缘与鞘翅基部紧密接连。鞘翅上各有纵隆线7条，鞘翅和前胸背板均有突出的扁平边缘。幼虫体长4mm，乳白色，两侧生细毛，尾端有1凹型大臀叉，叉的末端成钩状，弯向内方（图8-2）。

图8-2　暹罗谷盗
（仿 Hinton）

（三）生物学特性

成虫性迟钝，有群集性，常紧附于粮粒、面袋、木板表面。雌虫产下扇形的卵块，每卵块有卵11～14粒。卵多产在缝隙中。以成虫越冬。

三、粉 斑 螟

粉斑螟〔*Ephestia cautella*（Walker）〕，属鳞翅目，螟蛾科。

（一）分布与危害

全国各地均有发生。

幼虫危害大米、玉米、高粱、麦类、粉类、豆类、油料及干果等。食性很杂。

（二）形态特征

成虫体长6～7mm，翅展14～16mm。头及胸灰黑色。触角丝状。前翅狭长，灰黑

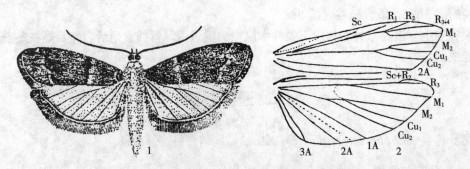

图8-3　粉斑螟
1. 成虫　2. 成虫前后翅脉序

色，近基部 1/3 处，有 1 不甚明显的淡色横纹带，横纹外色较深。后翅灰白色，4 翅外缘都有缘毛。幼虫体长 12～14mm。头部赤褐色，胴部乳白至灰白色，体中部粗，两端略细（图 8 - 3）。

（三）生物学特征

一年发生 4 代。以幼虫越冬。次年春暖化蛹羽化为成虫。产卵于粮堆表面，孵化的幼虫先蛀食粮粒柔软胚部，再剥食外皮。幼虫在粮面吐丝结网或吐丝缀粮粒成一个个小团，潜伏其中危害。老熟幼虫离开粮堆爬至墙壁、缝隙等处越冬化蛹。

四、地中海螟

地中海螟（*Ephestia kuehniella* Zeller），属鳞翅目，螟蛾科。

（一）分布与危害

我国吉林、甘肃省均有发生。
危害面粉、高粱、玉米、大米、豆类、油料及干果等。

（二）形态特征

成虫体长 7～14mm，翅展 16～25mm，灰黑色。前翅长三角形，翅面在近中横线及亚缘线处各有 1 淡色波状纹。后翅灰白色。幼虫体长 11～14mm，胴部乳白色至灰白色或稍带粉红色（图 8 - 4）。

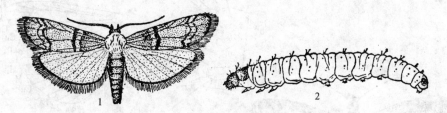

图 8 - 4 地中海螟
1. 成虫 2. 幼虫

（三）生物学特性

一年发生 2～4 代。常与印度谷蛾同时发生。以幼虫在仓内各种缝隙中做茧越冬。幼虫吐丝缀粮粒成团，匿居其中危害。

五、印度谷螟

印度谷螟［*Plodia interpunctella*（Hübner）］，属鳞翅目，螟蛾科。

（一）分布与危害

印度谷螟分布十分广泛，我国除西藏外，各地均有发生。

食性很广，几乎危害每一种植物性仓储物。除发生于仓库内，还常发生于家庭。对粮食、粮食制成品、粉类、谷类、油料、豆类、干果等均严重危害。比较喜好粗粒谷粉。还能危害生长中的鲜枣。

（二）形态特征

成虫体长 8～9mm，翅展 14～16mm，密被灰褐及赤褐色鳞片。复眼间有 1 向前方突出的鳞片锥体。下唇须 3 节，颇长，向前伸出。前翅狭长，基部 2/5 淡黄白色，其余部分为红褐色。鳞片完整的成虫则可以看到红褐色部分有 3 条铅灰色发金属光泽的条纹。条纹变异较大。第 1 条纹近中部，前端略向前缘基部倾斜；第 3 条纹与翅的外缘平行，略呈波状；第 2 条纹在 1、3 条纹中间从后缘向前分成 2 支。2 支的区域略呈倒三角形，在此三角形区域有 1 红褐色圆点。后翅灰白色。前翅 Sc 及 Rs 伸到或未伸到前缘，后翅 $Sc+R_1$ 与 Rs 在中室外愈合，至近端部分离或不分离，M_2 与 Cu_1 在基部相遇于中室角。雄虫前翅前缘基部向下卷折，具 1 簇长而密的黄色毛状鳞片。本种与粉斑螟近似，其区别：①下唇须不向前伸出；②前翅基部不呈淡黄白色。

幼虫体长 10～13mm，体壁近白色或淡粉红色、淡绿色，头部黄褐色或红褐色。除中胸和第 8 腹节的 3 毛以外，中后胸、腹节 1～9 节无毛片，刚毛不从毛片生出。第 8 腹节的气孔约为 3 毛至 5 毛间距离之半。趾钩双序环状（图 8-5）。

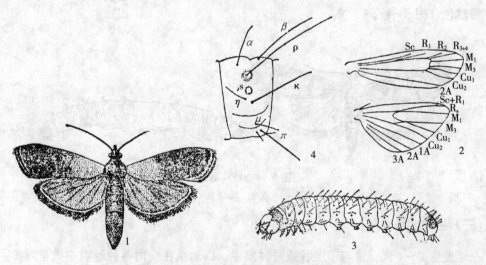

图 8-5 印度谷螟
1. 成虫 2. 成虫前后翅脉序 3. 幼虫 4. 幼虫第 8 腹节

（三）生物学特性

一年发生 4～6 代。以幼虫越冬。次年春化蛹，羽化后即交配产卵。卵产于粮堆表面或包装缝隙中。卵散产或集成，10～13 粒成块。每雌产卵 39～275 粒。幼虫孵化后，即钻入粮粒间危害。先蛀食粮粒柔软部分如胚芽，然后削食外皮。幼虫喜欢吐丝缀粒，结成小团，潜伏其中。大量发生时，吐丝结网，把整个粮面加以封闭。卵期一般2～14d。幼虫期变异很大。同一母体产的卵，同时孵化，并培养在同一环境下，幼虫期29～282d，蛹期4～33d，成虫能活2～28d。幼虫老熟则离开粮堆，向墙壁、梁柱、天花板及包装缝隙或背风角落吐丝结茧，越冬化蛹，少数在连缀成的小团内化蛹。

六、米 黑 虫

米黑虫（*Aglossa dimidiata* Haworth），属鳞翅目，螟蛾科。

（一）分布与危害

米黑虫在我国除西藏外，其他各地均有发生。
主要危害各种禾谷类粮粒、粉类、油料等，尤喜咬食大米。

（二）形态特征

成虫体长10～14mm，翅展22～34mm，全体黄褐色，散生紫褐色鳞片。头圆，小，头顶有1小丛灰黄色细毛。前后翅宽大，前翅黄褐色，满布紫黑色鳞片，形成4条不明显的波纹状横纹，前缘与外缘处各有1列紫黑色斑块，后翅淡黄褐色。幼虫体长20～28mm，头部宽大，胴部多皱纹，乳白色。幼虫逐渐长大时，除头部赤褐色及前胸盾板橙黄色不变外，胴部逐渐变黑（图8-6）。

图8-6　米黑虫
1. 成虫　2. 幼虫

（三）生物学特性

一年发生1～2代。以幼虫越冬。次年5～7月成虫相继出现，交尾，产卵于粮堆表面背光处。成虫有负趋光性，日间一般不甚活动，晚间飞行交配产卵。卵孵化后幼虫较活泼，爬行不停，当找到食物后即吐丝缀粮粒、粮屑，居中危害。

七、腐嗜酪螨

腐嗜酪螨［*Tyrophagus putrescentiae* (Schrank)］、［卞氏长螨（*Tyrophagus longiorvar castellanii* Hirst)］，属蜱螨目，粉螨科。

（一）分布与危害

腐嗜酪螨是最重要的仓库螨类害虫之一。在我国各地发生相当普遍。

曾发生于麦壳、大米、小米、高粱面、棉子、蜜药丸内。在温带地区，大量发生于脂肪和蛋白质含量高的仓储物内，如蛋粉、火腿、椰子干、干酪和各种坚果。对花生、向日葵、菜籽较喜欢，对棉籽更为喜欢。还能引起谷痒症。患者皮肤发生皮疹，奇痒难忍或胸部发闷。

（二）形态特征

雄虫体长 280～350μm，半透明。螯肢、足几乎无色。体形比其他种类细长，长毛不很硬。前足体盾不明显，向后延伸到胛毛处，后缘几乎直。顶内毛伸到螯肢末端之外，有稀疏的栉毛；顶外毛比顶内毛略靠近，而且围绕着颚体两侧。胛毛长于前足体，胛内毛长于胛外毛。基节上毛扁，基部扩张，从基部发出僵硬的侧突起，展宽的基部引伸成长而细的尖。基部之宽与突起之长因标本和看标本时的角度不同而异。表皮内突腹面淡黄褐色。基片板无色；第 1 表皮内突前缘有一不规则轮廓。在后半体背面的背毛、侧前毛、侧腹毛短，几乎相等（等于身长的 8%～10%）；肩内毛长于肩外毛，与体侧成直角。其余的毛长，连在一起，形成 1 个扇形长列。在腹面，肛门两侧有半球形肛吸盘 1 对。吸盘边缘扩张到末端之外，肛后毛扩张到体以后相当远。螯肢有齿，带着 1 个矩状突起和上颚刺。各足末端有柄状爪和相当发达的前跗节。跗节 I 之长不超过膝、胫 2 节之和，跗管毛圆筒形，近于芥毛。在跗节末端的跗管毛跟背毛远远扩张到爪的末端之外，管毛有弯而钝的尖。腹面有刺 3 根，膝节 I 的管毛 1 略长于管毛 2。跗节 IV 的 2 个吸盘与该节的两端相等。

（三）生物学特性

腐嗜酪螨生长发育最适温度 23℃。在条件适宜时，完成 1 代需 9～11d。每年 6～8 月为繁殖盛期。螨爬行缓慢，喜湿，怕干（干燥储粮很少发生）。温度 45℃ 1h 即死亡。对低温及药剂抵抗力较强。能借风、老鼠、昆虫及人的衣服、鞋子、检查工具等接触而传播。

八、锯 谷 盗

锯谷盗［*Oryzaephilus surinamensis* (Linnaeus)］，属鞘翅目，锯谷盗科。

（一）分布与危害

锯谷盗分布于国内各地。几乎分布于世界各国。

锯谷盗几乎对所有的植物性储藏品均可危害。除粮食外，种子、油料、干果、中药材等被害也相当严重。该虫在粮仓内的虫口数量最大，对高温、低温、干燥及化学药剂的抵抗力很强，为第 2 食性害虫中最重要的一种。被认为是储藏小麦、玉米、稻谷和其他谷物的重要害虫的国家有塞浦路斯、捷克、斯洛伐克、德国、伊拉克、以色列、意大利、英国、澳大利亚和瑞典等。

(二) 形态特征

体长 2.5～3.5mm，宽 0.5～0.7mm。体扁平细长，暗赤褐色至黑褐色，无光泽，腹面及足颜色较淡。头近梯形。复眼小，圆而突出，长径由 30～40 个小眼面组成。眼后的颊颥大而端部钝，其长为复眼长的 1/2～2/3。前胸背板长略大于宽，上面有 3 条纵脊，其中两侧的脊明显弯向外方，不与中央脊平行。触角末 3 节膨大，其中第 9、第 10 节横宽，半圆形，末节梨形。鞘翅长，两侧略平行，每鞘翅有纵脊 4 条及 10 行刻点（图8-7）。

图8-7　锯谷盗

(三) 生物学特性

在我国不同地区，一年发生 2～5 代。成虫群集在仓库缝隙中、仓板下以及仓外枯树皮下、砖石土块下、杂物及尘芥中越冬。次年早春爬回粮堆内交尾、产卵。卵散产或聚产。每头雌虫产卵多达 375 粒。成虫爬行迅速，多集聚于粮堆表层。

取食第 1 食性害虫危害过的谷粒，一般情况下并不危害完整的粮粒，其危害程度随破碎粒数量而异。另外，食物含水量增加，危害程度加剧。

卵孵化的温度范围 17.5～40℃，在 30～40℃下卵期 3～5d。幼虫共 2～5 龄，多数为 3 龄。在 32.5℃、相对湿度 90％的条件下，幼虫发育最快。在 30℃、相对湿度 30％～70％的条件下取食小麦时，幼虫期 12～15d，蛹期 1 周或 1 周以上。在 31～35℃、相对湿度 65％～90％的条件下，由卵至成虫需要 20d。在 21℃、相对湿度 50％的条件下，需要 80d。在 18℃、相对湿度 80％的条件下，需 100d。成虫寿命可长达 3 年。该虫发育和繁殖的温度范围 18～37.5℃，最适温度 31～34℃。对湿度的要求不严格，在相对湿度 10％的条件下仍可繁殖。有较强的生存适应能力，既可生活于仓内，又可生活于户外，既可生活于热带，又可生活于广大温带区。

九、大眼锯谷盗

大眼锯谷盗［*Oryzaephilus mercator* (Fauvel)］，属鞘翅目，锯谷盗科。

(一) 分布与危害

分布于甘肃、陕西、山东、安徽、湖北、江苏、贵州、湖南、浙江、福建、广东、广西、云南等省、自治区。在美洲、亚洲、欧洲和非洲均有发生。几乎遍布世界各地，但在北温带冬季无加温条件下难以生存。

体扁，容易钻入包装不紧密的仓储物内繁殖危害。多繁殖在第 1 食性仓库害虫危害过的碎屑中。危害多种粮食及加工品，取食范围与锯谷盗类似。更喜食含油量较高的食物，如棉籽、花生、芝麻、核桃、杏仁、大豆等，尚未在储粮内发现。在非洲，对大豆及棕榈仁危害最重。食性与锯谷盗不同。在非洲，对大豆及棕榈仁危害最重。

（二）形态特征

外形与锯谷盗十分相似。其主要区别是复眼大，向后几乎伸达头后缘，颚颥小而端部尖，颚颥长为复眼长的 1/5～1/4，前胸背板上的侧纵脊较直（图 8-8）。

（三）生物学特性

与锯谷盗相比，抗寒力较差。卵期在 35℃或稍高的温度下最短，低于 20℃或高于 37.5℃，卵的死亡率明显增加。最适温度 30～32.5℃。幼虫蜕皮 3 次，

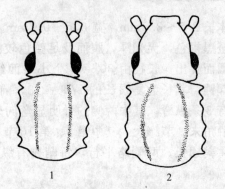

图 8-8　大眼锯谷盗与锯谷盗的头、
前胸部形态比较
1. 大眼锯谷盗　2. 锯谷盗

少数个体蜕皮 2 次或 4 次。温度在 35℃以上时，蛹期最短。在 30～33℃下产卵前期为 3～8d，一般为 5d，1 周后达产卵高峰。每雌虫可产卵 200 粒，卵的孵化率达 95%。

十、尖胸谷盗

尖胸谷盗〔*Silvanoprus scuticollis*（Walker）〕，属鞘翅目，锯谷盗科。

（一）分布与危害

分布于我国四川、湖南、云南、台湾等省。在马德拉群岛、几内亚、加纳、尼日利亚、科特迪瓦、喀麦隆、扎伊尔、刚果、苏丹、乌干达、坦桑尼亚、南非、马达加斯加、日本、越南、马来西亚、新加坡、印度尼西亚、菲律宾、巴布亚—新几内亚、美国、危地马拉、哥斯达黎加、巴拿马、委内瑞拉、圭亚那、巴西等也有发生。

对储藏物不造成明显危害。

（二）形态特征

体长 2.0～2.6mm，为两鞘翅合宽的 3～3.2 倍。背面单一黄褐色至赤褐色，腹面较暗。头横越 2 复眼的宽度大于头长。复眼大而突出，小眼面粗大。颚颥十分狭窄而后弯，端部尖，由腹面观，2 复眼的间距约为复眼横宽的 2 倍。触角末 3 节形成触角棒，第 10 节至末节近圆形。前胸背板倒梯形，两侧向基部方向显著收狭，前角十分发达，指向前方，齿尖向前伸越颚颥，横越 2 前角的宽度构成前胸背板的最大宽度，约为前胸背板后缘宽的 1.5 倍。鞘

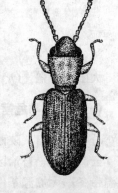

图 8-9　尖胸谷盗

翅两侧近平行，长为 2 翅合宽的 1.8～1.9 倍，刻点粗大成行（图8-9）。

（三）生物学特性

多发现于腐烂的落叶层内和腐殖质内，在脱落的油棕榈坚果、花生、香蕉、大米、豆类以及食品库内也曾发现。

十一、缢胸谷盗

缢胸谷盗（*Silvanus difficillis* Halstead），属鞘翅目，锯谷盗科。

（一）分布与危害

我国分布于台湾。国外分布于印度、斯里兰卡、越南、马来西亚、新加坡、印度尼西亚、菲律宾、澳大利亚、巴布亚—新几内亚、新爱尔兰、所罗门群岛、西亚、哥斯达黎加、巴西。

对储藏物不造成明显危害。发现于原木皮下以及西米粉、椰干、棕榈仁、茶叶以及花生饼内。

（二）形态特征

体长 2.2～2.6mm，褐色至黄褐色。头宽大于长（10.8～11.9：10），头横越 2 复眼的宽带小于前胸背板横越 2 前角的宽度（10：10.6～11.6）。复眼通常大，但大小多变。颊颥长为 1～1.5 个小眼面。前胸背板长大于其前角之后的最大宽度（12.4～13.4：10），侧缘由中部向前、向后均显著缢缩，在后角之前呈明显波状。鞘翅长为 2 翅合宽的 2～2.1 倍，边缘明显平展。

十二、大眼谷盗

大眼谷盗（*Silvanus lewisi* Reitter），属鞘翅目，锯谷盗科。

（一）分布与危害

我国分布于广东、台湾。国外分布于印度、斯里兰卡、缅甸、泰国、越南、日本、马来西亚、新加坡、印度尼西亚、菲律宾、巴布亚—新几内亚、所罗门群岛、澳大利亚、刚果、加纳、肯尼亚。

对储藏物危害较轻。

（二）形态特征

体长 2.0～2.5mm，无光泽，多黄褐色。头部横越 2 复眼的宽度小于前胸背板横越 2 前角的宽度（10.0：11.5A～11.7）。刻点粗而密，在头的两侧和基部更密。复眼大而突出，其长约为头部长的 1/2。背面观，2 复眼的距离为复眼长的 1.5～1.7 倍。颊颥极短，其长度不

图 8-10　大眼谷盗

到1个小眼面。前胸背板长大于除前角之外的最大宽度(11.5～11.9：10.0)，密布刻点。前角尖，两侧几乎直，其长约为复眼长的1/2。鞘翅长为2翅合宽的2倍，边缘明显平展(图8-10)。

(三) 生物学特性

经常发现于树皮下，也出现于货物的衬垫物内及椰干、木薯粉、大米、花生仁及其他豆类、阿拉伯胶等储藏物内。

十三、花生豆象

花生豆象 [*Caryedon serratus* (Olivier)]，属鞘翅目，豆象科。

(一) 分布与危害

我国分布于云南、台湾。国外分布于日本、印度、斯里兰卡、缅甸、印度尼西亚、巴基斯坦、塞内加尔、尼日利亚、马里、喀麦隆、乌干达、冈比亚、马达加斯加、新西兰、墨西哥、哥伦比亚、圭亚那、西印度群岛、太平洋及印度洋诸岛。

花生豆象（彩图8-1）幼虫蛀食花生仁，对储藏花生造成较严重危害。此外，还危害罗望子、决明、金合欢等多种豆科植物种子。值得注意的是，花生豆象在西非对储藏花生危害严重，但在东非不危害花生。其原因不明。

(二) 形态特征

体长3.5～6.8mm，宽1.8～3.0mm，表皮褐色，被黄褐色毛。前胸背板中区无暗色纵纹。触角第5～10节向一侧扩展呈锯齿状。复眼大而突出，具浅凹。后足腿节极发达，腹面中央有1大齿，向端部方向跟随8～12个小齿。雄性外生殖器的外阳茎腹瓣端部不分裂，内阳茎有大的骨化刺4对，其中1对呈牛角状，另1对强烈弯曲（图8-11）。

(三) 生物学特性

在不同的国家和地区，一年发生2～6代。以成虫、预蛹或幼虫越冬。成虫喜夜间活动，羽化后几小时即可交尾，但交尾多发生于羽化后1～2d。交尾多在花生垛的表面进行，然后爬到垛内产卵。卵散产于花生壳表面的凹刻内或花生仁的种皮上。成虫多在仓内产卵，但也偶尔发现卵产于田间。卵若产在花生壳上，当幼虫孵化后随即在卵的附着处蛀孔，穿透花生果荚蛀入花生仁。幼虫老熟后，在花生荚上咬成直径2～3mm的圆孔，在壳内做蛹茧，堵塞孔口或幼虫爬出壳

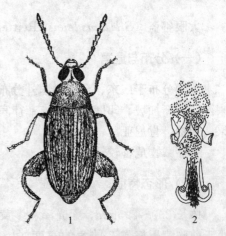

图8-11 花生豆象
1. 成虫　2. 雄虫内阳茎骨化刺
(1. 仿 Hinton　2. 仿 Prevett)

外做茧，将茧附着在花生果或其他物体上。幼虫在茧内潜伏，不食不动，化蛹于其中，在不利条件下可在茧内停留数月至 2 年之久。成虫寿命 2～3 周。

产卵最适温度 27℃，最适相对湿度 50%～70%。成虫产卵持续 6～15d。湿度过低（<20%）或过高（>90%）卵很少能孵化。在 27℃、相对湿度 50% 的条件下，卵的孵化率为 54.1%～57.3%。在 35℃、相对湿度 70% 的条件下，孵化率 61.1%～69.4%。在 25℃ 下卵期 9～10d，27℃ 下为 7d。

十四、赤足郭公虫

赤足郭公虫［*Necrobia rufipes* (Degeer)］，属鞘翅目，郭公虫科。

（一）分布与危害

分布于云南、广东、广西、贵州、四川、福建、浙江、湖北、湖南、安徽、陕西、内蒙古。呈世界性分布。

严重危害干制的肉类及皮毛、鱼粉、椰干、棕榈仁、花生、蚕茧及多种动物性中药材，幼虫最喜食油及蛋白质含量丰富的食物。此外，也营捕食生活，猎取其他昆虫和卵。

（二）形态特征

体长 3.5～5.0mm，长卵圆形，金属蓝色，有光泽。体被黑色近直立的毛，触角和足赤褐色。触角 11 节，基部 3～5 节赤褐色，其余节色暗。触角棒 3 节，第 9、第 10 节漏斗状，末节大而略呈方形。前胸宽大于长，两侧弧形，以中部最宽。鞘翅基部宽于前胸，两侧近平行，在中部之后最宽。刻点行明显，行纹内的刻点小而浅，间距大，行间的刻点微小。足的第 4 跗节小，隐于第 3 跗节的双叶体中。爪的基部有附齿（图 8-12）。

（三）生物学特性

在我国华北地区一年不多于 2 代，在华中一年 2～4 代，华南一年 4～6 代。在 30℃、相对湿度 64%～70% 的条件下，以脊胸露尾甲、椰干加鱼粉或单纯以椰干为食，幼虫期分别为 32d、46d、61d。幼虫蜕皮 2～3 次。在 30℃、相对湿度 70%～81% 的条件下，蛹期 6d。在 25℃、30℃ 下，卵期分别为 8d、4d。发育最低温度 22℃，最适温度 30～34℃。卵成块产下，每块最多含卵 30 粒，产于干燥的缝隙深处。每头雌虫可产卵 54～3 412 粒，平均 1 476 粒。成虫善飞。成虫及幼虫均有相互残杀的习性。

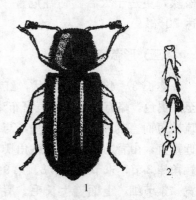

图 8-12 赤足郭公虫
1. 成虫 2. 附节
(1. 仿 Knull 2. 仿 Green)

十五、大 谷 蠹

大谷蠹〔*Prostephanus truncates*（Horn）〕，属鞘翅目，长蠹科。

（一）分布与危害

大谷蠹原产于美国南部，后扩展到美洲其他地区。20世纪80年代初在非洲立足。目前在泰国、印度、多哥、肯尼亚、坦桑尼亚、布隆迪、赞比亚、马拉维、尼日尔、美国、墨西哥、危地马拉、萨尔瓦多、洪都拉斯、尼加拉瓜、哥斯达黎加、巴拿马、哥伦比亚、秘鲁、巴西等国均有分布。

大谷蠹在中国有无分布，是一个有待进一步澄清的问题。据 Lesne（1898）报道，在中国的储藏玉米中曾发现此虫，而且在巴黎举行的博览会上也曾由来自中国的展品中发现此虫。20世纪70年代，从香港输入到美国的仓储物内又截获到大谷蠹。以上事例说明该虫可能在我国有分布。然而，从50年代至80年代，我国进行了多次较大规模的仓储害虫调查，均未发现该虫。所以，即使该虫在我国存在，发生范围可能十分局限；或由于我国 *Sitophilus* 属的谷物象虫大量发生，大谷蠹的虫口密度尚很低，因此不易查出。

大谷蠹为我国规定的对外检疫危险性害虫。主要危害储藏的玉米和木薯干，对甘薯干也危害严重。还危害软质小麦、花生、豇豆、可可豆、扁豆和糙米，对木制器具及仓内木质结构也可危害。

大谷蠹为农家储藏玉米的重要害虫，很少发生于大仓库内。成虫穿透玉米棒的包叶蛀入籽粒，并由1个籽粒转入另1籽粒，产生大量的玉米碎屑。危害既可发生于玉米收获之前，又可发生于储藏期。在尼加拉瓜，玉米经6个月储存后可使重量损失达40%；在坦桑尼亚，玉米经3～6个月储存，重量损失达34%，籽粒被害率达70%。此外，大谷蠹可将木薯干和红薯干破坏成粉屑。特别是发酵过的木薯干，由于质地松软，更适于大谷蠹钻蛀危害。在非洲，经4个月的储存后，木薯干重量损失有时可达70%。

（二）形态特征

体长3～4mm，圆筒状，红褐色至黑褐色，略有光泽。体表密布刻点，疏被短而直的刚毛。头下垂，与前胸近垂直，由背方不可见。触角10节，触角棒3节，末节约与第8、第9节等宽。索节细，上面着生长毛。唇基侧缘不短于上唇侧缘。前胸背板长宽略相等，两侧缘由基部向端部方向呈弧形狭缩，边缘具细齿。中区的前部有

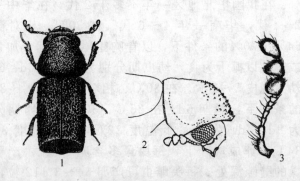

图 8-13　大谷蠹
1. 成虫　2. 头部侧面观　3. 触角

多数小齿列，后部为颗粒区。每侧后半部各有 1 条弧形的齿列，无完整的侧脊。鞘翅刻点粗而密，排成较整齐的刻点行，仅在小盾片附近刻点散乱。行间不明显隆起。鞘翅后部陡斜，形成平坦的斜面，斜面四周的缘脊明显，圆形，包围斜面。腹面无光泽，刻点不明显。后足跗节短于胫节（图 8 - 13）。

（三）生物学特性

主要危害储藏的玉米，对田间生长的玉米也能危害。在田间，当玉米含水量降至 40%～50%时该虫即开始危害。

不同玉米品种对大谷蠹的抗虫性不同，硬粒玉米被害较轻。另外，在玉米棒上的籽粒被害重，脱粒后被害减轻。成虫钻入玉米粒后，留下 1 整齐的圆形蛀孔。在玉米粒间穿行时，则形成大量的粉屑。交尾后，雌虫在与主虫道垂直的盲端室内产卵。卵成批产下，1 批可达 20 粒左右，上面覆盖碎屑。产卵高峰约在开始产卵后的第 20d。在 32℃、相对湿度 80%的条件下，产卵前期 5～10d，持续 95～100d，产卵量平均约 50 粒。

Shires（1979）研究了温度和湿度的 24 个组合对大谷蠹发育的影响，结果见表 8 - 3。

表 8 - 3　温度和湿度对大谷蠹幼虫发育的影响

温度	湿度（%）			
	50	60	70	80
22℃	77. 62＋1. 88	65. 50＋1. 08	60. 96＋0. 84	70. 34＋1. 45
25℃	49. 98＋0. 68	44. 52＋0. 70	43. 05＋0. 72	43. 41＋0. 59
27℃	40. 18＋0. 46	37. 13＋0. 64	36. 68＋0. 56	35. 93＋0. 56
30℃	33. 71＋0. 54	41. 80＋1. 22	29. 83＋0. 39	28. 82＋0. 51
32℃	32. 55＋0. 58	38. 81＋0. 86	29. 82＋0. 42	27. 08＋0. 35
35℃	43. 21＋1. 44	40. 79＋1. 02	39. 57＋0. 96	32. 90＋0. 74

注：表中数据为幼虫期（d）。

由表 8 - 3 可以看出，大谷蠹幼虫在温度 22～35℃、相对湿度 50%～80%的条件下均能发育。最不适合其发育的组合为 22℃、相对湿度 50%，在此条件下，幼虫期长达 78d；温度 32℃、相对湿度 80%的条件最适于发育，此时幼虫期仅 27d。Shires（1980）在上述最适条件下（32℃，相对湿度 80%）进一步对大谷蠹各虫态的历期进行了观察，其结果是卵期 4. 86d，幼虫期 25. 40d，蛹期 5. 16d，完成 1 个发育周期平均 35d。雌虫产卵前期 5～10d，多数卵产于雌虫羽化之后 15～20d，虽然某些雌虫可继续产 70～80d。68%的卵产于被害玉米粒内。雄虫寿命平均 44. 7d，雌虫 61. 1d。

成虫羽化后，寻找玉米粒或玉米棒产卵。1 粒玉米可有几头成虫产卵。玉米脱粒后不太适于大谷蠹发育。因为玉米粒不固定，使大谷蠹钻蛀有困难。在玉米棒上产卵量比散粒上显著提高。

在 32℃下，当相对湿度由 80%降到 50%时，玉米含水量达 10. 5%，发育期平均延长 6d，死亡率增长 13. 3%。大谷蠹特别耐干，在玉米含水量低于 9%时危害仍比较重，在这种条件下其他害虫多无法繁殖。在中美洲，其他仓虫特别是 *Sitophilus* 属的种类（玉米象、米象、谷象）的竞争无疑限制了大谷蠹虫口的增长。在东非，由于过分干燥，对 *Sitophilus* 属的生存不利，来自于这些仓虫的竞争不太明显。另外，在非洲，玉米多以玉米棒的形式大量在农家储存，这些因素可能是大谷蠹在当地猖獗的主要原因。

十六、隆胸露尾甲

隆胸露尾甲（*Carpophilus obsoletus* Erichson），属鞘翅目，露尾甲科。

（一）分布与危害

我国分布于辽宁、天津、陕西、河南、安徽、湖北、湖南、浙江、江西、四川、广东、广西、云南、台湾。欧洲、非洲及马达加斯加、马来西亚、印度、日本、所罗门群岛有分布。

危害储藏的大米、小麦、花生、面粉及多种植物种子。

（二）形态特征

体长 2.3～4.5mm，宽 1.0～1.6mm。体长约为宽的 3 倍，两侧近平行，背方略隆起，疏生褐色毛。表皮栗褐色至近黑色，有光泽。鞘翅肩部及前胸背板两侧有时色泽稍淡且带红色。足及触角基部数节呈赤褐或黄褐色。触角第 2 节等于或稍长于第 3 节。前胸背板宽大于长（1.34∶0.98），最宽处位于中部至基部 1/3 处，侧缘在端部及基部前方明显波状，后缘两侧波状，近后角处有 1 宽浅凹陷。2 鞘翅合宽

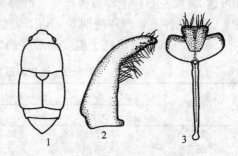

图 8-14　隆胸露尾甲
1. 成虫轮廓　2. 雄虫阳基侧突　3. 雄虫第 8 腹板
（仿 Dobson）

大于翅长（1.47∶1.23）。中胸腹板有 1 条完整的中纵脊，两侧各有 1 条斜隆线。腹末 2 节背板外露。雄虫腹部腹板 6 节，第 5 节端缘中央深凹，第 6 节（即附加体节）椭圆形。雌虫腹部腹板 5 节，腹末略平截（图 8-14）。

（三）生物学特性

根据 Okuni（1928）报道，在台湾省一年发生 5～6 代。成虫羽化大约 2 周后开始交尾，产卵前期约 1 周。每 1 雌虫约产卵 80 粒。卵期 2.8～19d，幼虫期 36～59d，雌幼虫期略长于雄幼虫。幼虫蜕皮 3 次，偶尔 2 次。雌虫寿命 207d，雄虫 168d。

十七、酱曲露尾甲

酱曲露尾甲［*Carpophilus hemipterus*（Linnaeus）］，属鞘翅目，露尾甲科。

（一）分布与危害

分布于我国福建、广东、广西、云南以及世界温带及热带区。成虫和幼虫危害谷物及

其加工品、豆类、花生、干果、药材等。

（二）形态特征

体长 2～4mm，倒卵形至两侧近平行，背面略隆起。表皮暗栗褐色，有光泽。鞘翅肩部及端部各有 1 个黄色斑。触角第 2 节略长于第 3 节。前胸背板宽大于长，末端 1/3 或 1/4 处最宽，两侧均匀弧形，近后角处有 1 凹窝。2 鞘翅合宽大于其长。中足基节窝后缘线与基节窝平行，仅在近末端处有 1 小段后弯。腹末 2 节背板外露。雌虫臀板末端截形，有 5 个可见腹板。雄虫有 6 个可见腹板，臀板末端非截形（图 8-15）。

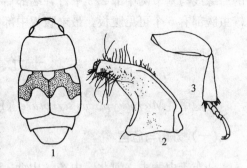

图 8-15　酱曲露尾甲
1. 成虫背面观　2. 雄虫阳基侧突　3. 后足

（三）生物学特性

成虫寿命偶尔超过 1 年。在室内用发酵的桃干饲养时，雌虫寿命平均 103.3d，雄虫 145.6d。雌虫平均产卵 1 071 粒。卵期 1～7d，平均 2.2d。幼虫期 6～14d，平均 10d。蛹期 5～11d，平均 6.8d。

十八、干果露尾甲

干果露尾甲（*Carpophilus mutilatus* Erichson），属鞘翅目，露尾甲科。

（一）分布与危害

尽管有文献报道干果露尾甲在国内分布广泛，但可能是误将小露尾甲当成干果露尾甲所致。该种在我国的分布尚待进一步调查。世界性分布。

危害储藏的椰干、果干、大米、芝麻、花生等。

（二）形态特征

体长 2.3～3.9mm。背面略隆起，两侧近平行。表皮淡锈褐色至黑色，略有光泽。触角第 2、第 3 节等长，第 8 节宽小于第 9 节宽的 1/2。前胸背板宽约为长的 1.5 倍，近基部处最宽。鞘翅两侧近平行，以端部 1/3 处最宽。前胸腹板中突无隆脊，前背折

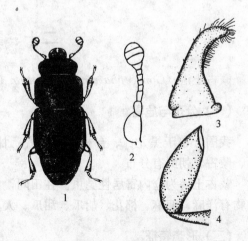

图 8-16　干果露尾甲
1. 成虫　2. 触角　3. 雄虫阳基侧突　4. 雄虫后足腿节
（1. 仿 Bengston　2～4. 仿 Dobson）

缘几乎无刻点而具小颗瘤。中胸腹板有 1 条光滑而略隆起的中纵纹。后胸腹板中足基节窝的后缘线与基节窝中部 2/3 平行,端部后弯,终止于后胸前侧片中部。腋区光滑无刻点。雄虫腹部有 6 个可见腹板,最末腹板中部凹陷。雌虫腹部有 5 个可见腹板(图 8-16)。

十九、小 隐 甲

小隐甲 [*Microcrypticus scripture* (Lewis)],属鞘翅目,拟步甲科。

(一) 分布与危害

分布于内蒙古、河北、山东、山西、辽宁、江苏、浙江、福建、江西、安徽、河南、湖北、湖南、广东、广西、陕西、四川、贵州、云南等省、自治区。热带美洲、热带亚洲及热带非洲、大洋洲、日本、阿富汗有分布。

对仓储物不造成明显危害。

(二) 形态特征

图 8-17　小隐甲
(仿赵养昌)

体长约 3mm,宽 1.7mm。体卵形,稍凸,黑褐色,稍有光泽。头的前端有横凹,触角褐色,末节草黄色。前胸背板宽远大于长,两侧缘向前显著缢缩。每鞘翅端部 1/3 处有一字形橙黄色斑纹。该斑纹的前侧方有 1W 形黄色斑纹,在翅的基半部又有 2 条纵斑纹。鞘翅略宽于前胸。中胸腹板弯成 V 形(图 8-17)。

(三) 生物学特性

可能以霉菌为食,多在粮仓、面粉厂、花生及中药材库内发现。

二十、蒙古土潜

蒙古土潜 (*Gonocephalum reticulatum* Motschulsky),属鞘翅目,拟步甲科。

(一) 分布与危害

我国分布于黑龙江、吉林、内蒙古、甘肃、宁夏、河北、山东、山西、青海。俄罗斯、蒙古、朝鲜有分布。

蒙古土潜为仓内寄居性昆虫。在田间,成虫危害植物的嫩芽,幼虫危害幼根,被害的植物有洋麻、亚麻、棉花、胡瓜、甜瓜、大豆、小豆、花生等。

(二) 形态特征

体长 4.5mm,锈褐色至黑褐色。前胸两侧浅红色或浅黄褐色。头宽,密布粗大刻点。触角短,仅达前胸中部,第 3 节长为第 2 节的 1.5 倍,第 4 节略等于第 2 节,末 4 节形成明显的触角棒。上唇宽为长的 1.5 倍，两侧圆形，各有 1 束棕色长刚毛。下唇须末节钝，纺锤形，其长等于前 2 节之和。前胸背板宽为长的 2 倍，最宽处等于后缘宽的 1～1.1 倍。两侧扁平，表面密布粗大的网状刻点及若干光滑斑点，有 2 个较明显的瘤状突，大致位于前端 1/3 和外端 1/3 的交叉处。后角呈直角，其前端稍凹。鞘翅两侧平行，长为 2 翅合宽的 1.67～1.75 倍，刻点行细而明显，行间有光泽。被弯曲的黄色刚毛，不形成明显的毛列（图 8-18）。

图 8-18　蒙古土潜
（仿赵养昌）

（三）生物学特性

一年发生 1 代。以幼虫越冬。3 月底化蛹，4 月初开始羽化。幼虫在土内栖息。

二十一、花斑皮蠹

花斑皮蠹（*Trogoderma variabile* Bailion），属鞘翅目，皮蠹科。

（一）分布与危害

我国分布于黑龙江、辽宁、内蒙古、河北、河南、山西、陕西、湖南、四川、贵州、浙江、广东。前苏联、阿富汗、蒙古、朝鲜、美国、加拿大、墨西哥等也有分布。

幼虫严重危害多种仓储谷物及其制品、蚕丝、中药材及其他动物性收藏品，为斑皮蠹属害虫中当前在国内分布最广、危害最甚的种类。

（二）形态特征

体长 2.2～4.4mm，宽 1.1～2.3mm。头及前胸背板表皮黑色，鞘翅表皮褐色至暗褐色，并有淡色花斑。鞘翅上的淡色毛着生于淡色斑上，形成清晰的亚基带环、亚中带及亚端带，但有时翅上的花斑变异很大。触角 11 节，雄虫触角棒 7～8 节，末节长于第 9、第 10 节之和，雌虫触角棒 4 节。颏略呈长方形，前缘直或稍凹入。雄虫第 9 腹节背板内缘呈波状，阳茎桥极狭窄；雌虫交配囊内的骨片大，长约 0.5mm，一侧着生多数小齿（图8-19）。

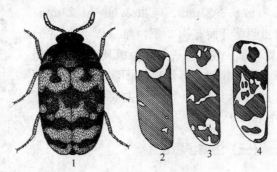

图 8-19　花斑皮蠹
1. 成虫　2～4. 鞘翅花斑变异
（2～4. 仿 Beal）

（三）生物学特性

在自然界，多生活于某些蜂类的巢内，取食死蜂。在仓房和居室内也十分普遍，取食谷物及多种储藏物。一年发生 1～2 代。以幼虫越冬。最适温度 30℃以下。产卵前期 1～2d，产卵持续 2～6d，卵期 5～6d，幼虫期约 20d，蛹期 3～4d，完成 1 个发育周期约 1 个月。雌虫产卵 100～120 粒，散产于粮粒之间。幼虫常群集取食、化蛹。

一般认为，该虫发育的温度范围 17.5～37.5℃，最适发育温度 30℃，最适相对湿度 70%。成虫寿命 8～58d。

二十二、玉 米 象

玉米象（*Sitophilus zeamais* Motschulsky），属鞘翅目，象虫科。

（一）分布与危害

分布于国内各省、自治区以及世界大多数国家和地区。据报道，仅发现米象而无玉米象的国家有阿尔及利亚、阿拉伯、多米尼加、埃及、厄瓜多尔、危地马拉、伊拉克、黎巴嫩、斯里兰卡、智利、塞浦路斯、新几内亚、尼加拉瓜、巴拉圭、索马里、津巴布韦、利比亚、毛里求斯、摩洛哥、西班牙、瑞典、土耳其。

为储粮的头号大害虫，对多种谷物及加工品、豆类、油料、干果、药材均造成严重危害。在适宜的条件下，粮食储藏期所造成的重量损失在 3 个月内可达 11.25%，6 个月内可达 35.12%。

（二）形态特征

前胸和鞘翅的宽度明显较大，体较胖。前胸沿中线的刻点数目多于 20 个。雄虫体长 2.97～3.21mm，雌虫 3.09～4.24mm。雄虫阴茎背面有沟 2 条，雌虫 Y 形骨片的 2 臂端部尖锐。该种与米象极其近缘，外部形态十分相似，雄性成虫阳茎及雌虫 Y 形骨片的形状为 2 个种最主要的区分特征（图 8 - 20）。

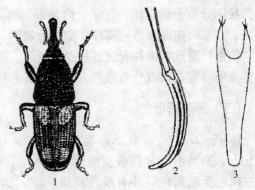

图 8 - 20　玉米象

1. 成虫　2. 雄虫阳茎　3. 雌虫 Y 形骨片

(1. 仿 Balachowsky)

（三）生物学特性

在我国北方地区一年发生 1～2 代，在中原地区 3～4 代，亚热带地区可达 6～7 代。主要以成虫越冬。当气温下降到 15℃以下时成虫不再活动，进入滞育。成虫用喙在粮粒表面做卵窝。每个卵窝内产 1 粒卵，然后用黏液封口。卵期一般 3～16d，幼虫期 13～28d，前蛹期 1～2d，蛹期 4～12d。幼虫有 4 龄。在 27℃、66%～72% 相对湿度下，1～4 龄幼虫的历期分别为 3.6d、4.7d、4.8d、5d。玉米象发育的温度范围为 17～34℃，最适温度 27～31℃，相对湿度范围 45%～100%，最适相对湿度 70%。

与米象相比，玉米象的抗寒力较强。因此，该种在我国的分布大大向北伸延。据

Bodenheiner 推测，在月平均温为 3℃ 的地区米象的生存即受到限制。

从食性上比较，玉米象喜食大粒谷物如玉米，而米象则喜食小粒谷物如大米。从行为上比较，玉米象更善飞，而米象较少飞翔。

二十三、谷斑皮蠹

谷斑皮蠹（*Trogoderma granarium* Everts），属鞘翅目，皮蠹科。

（一）分布与危害

分布于中国台湾。越南、缅甸、斯里兰卡、印度、马来西亚、日本、朝鲜、印度尼西亚、新加坡、菲律宾、土耳其、以色列、伊拉克、叙利亚、黎巴嫩、伊朗、巴基斯坦、孟加拉国、阿富汗、哈萨克斯坦、乌兹别克、塔吉克、土库曼、塞浦路斯、索马里、塞内加尔、马里、毛里求斯、尼日利亚、尼日尔、上沃尔特、摩洛哥、阿尔及利亚、突尼斯、埃及、苏丹、肯尼亚、坦桑尼亚、津巴布韦、南非、利比亚、莫桑比克、毛里塔尼亚、安哥拉、马尔加什、乌干达、英国、德国、法国、葡萄牙、西班牙、荷兰、丹麦、芬兰、意大利、捷克、斯洛伐克、瑞典、美国、墨西哥、牙买加有分布。

为国际危险性害虫。严重危害储藏的谷物以及花生仁、花生饼、干果、坚果、豆类、棉籽等。

（二）形态特征

体长 1.8～3.0mm，宽 0.9～1.7mm。头部、前胸背板表皮暗褐色至黑色，鞘翅红褐色至暗褐色。鞘翅表皮淡色花斑及淡色毛斑均不清晰。触角 11 节。雄虫触角棒 3～5 节，雌虫触角棒 3～4 节。雄虫触角窝后缘隆线消失全长的 1/3，雌虫消失全长的 2/3。颏前缘具深凹，两侧钝圆，凹缘最低处颏的高度不及颏最大高度的 1/2。雌虫交配囊骨片极小，长约 0.2mm，宽 0.01mm，上面的齿稀少（图 8-21）。

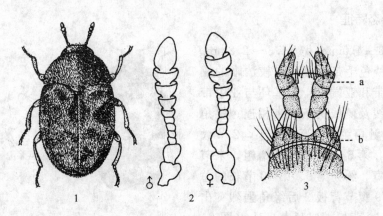

图 8-21　谷斑皮蠹
1. 成虫　2. 触角　3. 下唇：a 上唇须　b 下唇须

（三）生物学特性

在东南亚，一年发生 4～5 代或更多。从 4 月至 10 月为繁殖危害期。11 月至翌年 3 月以幼虫在仓库缝隙内越冬。幼虫在末龄幼虫皮内化蛹。成虫羽化 2～3d 后开始交尾产卵。卵散产。在适宜条件下，每雌虫产卵 50～90 粒，平均 70 粒，也有报道个别雌虫产卵达 126 粒。卵期 6～10d。幼虫在正常情况下有 4～6 龄，多者达 7～9 龄。在 21℃下完成 1 个发育周期需 220d，在 30℃下需 39～45d，在 35℃下需 26d。成虫丧失飞翔能力。

耐干性强，在食物含水量 2％的情况下仍能顺利发育和繁殖。发育的相对湿度 1％～73％。耐冷、耐热的能力也十分突出。在 10℃时个别成虫仍可交尾，在－10℃下处理 25h，幼虫死亡率为 25％，在－21℃下仍可经受 4h。一般仓库害虫最高发育温度 39.5～41℃，而谷斑皮蠹为 40～45℃；一般仓库害虫发育最适温为 25～30℃，而谷斑皮蠹为 33～37℃。还有突出的耐饥力。在不适宜的温度、虫口密度太高或营养条件恶化的情况下均可导致幼虫滞育，在完全断绝食物的情况下又可导致饿休眠。休眠和滞育可持续 4～8 年。还有明显的趋触性，幼虫进入 3 龄后喜欢钻入缝隙内群居。墙壁、席囤缝隙、地板缝、包装物以及仓内梁柱裂隙均可能成为幼虫的隐匿场所。

二十四、云南斑皮蠹

云南斑皮蠹（*Trogoderma yunnaeunsis* Zhang et Liu），属鞘翅目，皮蠹科。

（一）分布与危害

分布于云南省（1983 年黄树德采自德钦，刘永平采自畹町）。危害储藏的玉米、花生等。

（二）形态特征

体长 2.6～4.0mm，宽 1.3～2.2mm。鞘翅表皮及淡色毛带都显示出较清晰的亚基环、亚中带和亚端带。亚基环与亚中带间尚有傍中线及侧线两条纵带相连。触角 11 节。雄虫触角第 3、第 4 节小，2 节大小几乎相等，第 5～10 节逐渐增粗，末节长稍大于其宽，约为第 9、第 10 节长的总和。雄虫第 9 腹节背板 2 后缘角强烈突出呈角状，第 10 背板端缘显著凹入（图 8-22）。

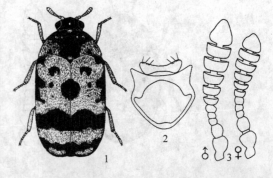

图 8-22 云南斑皮蠹
1. 成虫 2. 雄虫第 9 腹节及第 10 腹节背板 3. 触角

二十五、黑斑皮蠹

黑斑皮蠹 [*Trogoderma gzabrum* （Herbst）]，属鞘翅目，皮蠹科。

（一）分布与危害

我国分布于黑龙江、内蒙古、河北、山东、江苏、四川、新疆。欧洲、前苏联、小亚细亚、美国、墨西哥、加拿大有分布。

为仓储谷物的重要害虫，同时也危害昆虫标本、花生饼、棉籽饼及家庭储藏品。

（二）形态特征

体长 2～4mm，宽 1.3～2.2mm。表皮黑色，鞘翅表皮无淡色花斑，仅少数个体鞘翅肩胛部及翅端稍带红褐色。鞘翅上的淡色毛形成清晰的亚基带环、亚中带及亚端带。触角 11 节。雄虫触角棒 5～7 节，末节长大于第 9、第 10 节长之和，雌虫触角棒 4 节。颏的骨化部分极不规则。雌虫交配囊骨片极小，略长于 0.2mm（图 8-23）。

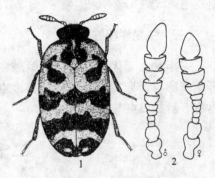

图 8-23 黑斑皮蠹
1. 成虫 2. 触角

（三）生物学特性

在自然界，多生活于某些蜂类的巢中。在前苏联，一年发生 1 代。以幼虫越冬。翌年 5 月末至 6 月初化蛹。成虫出现于 6 月，无访花习性，也不需要补充营养。幼虫取食蜂巢内蜂类的食物和死蜂。在 25℃和相对湿度 45%～60% 的室内条件下，雌虫交尾 3～4d 后开始产卵。产卵持续 5～6d。每雌虫产卵60～80 粒。卵期平均 9d，幼虫期 75～85d，蛹期 9～10d。幼虫蜕皮 5 次（雄虫）或 6 次（雌虫）。发育的最适温度为 27～38℃。在江苏连云港的室内条件下，一年发生 2 代，以幼虫越冬。第 1 代成虫出现于 5 月下旬，第 2 代成虫出现于 8 月下旬。成虫羽化 3～4d 后开始产卵，卵期 5～8d，产卵 50～76 粒，平均 56 粒。成虫寿命 15～45d，幼虫有 7～8 龄，幼虫期约 50d，蛹期 8d。

二十六、赤毛皮蠹

赤毛皮蠹（*Dermestes tessellatocollis* Motschuisky），属鞘翅目，皮蠹科。

（一）分布与危害

我国分布于黑龙江、吉林、辽宁、山西、陕西、内蒙古、青海、西藏、甘肃、宁夏、河南、河北、山东、四川、江苏、浙江、上海、云南、贵州、广西、福建。前苏联、日本、朝鲜、印度有分布。

此虫发现于存放饲料、花生、油饼、中药材、皮张、干制水产品仓库，偶尔也发现于粮仓。主要危害皮张、干鱼、动物性药材及动物标本等。

(二) 形态特征

体长 7~8mm。表皮赤褐色至暗褐色。前胸背板有成束的赤褐色、黑色及少量白色倒伏状毛，不规则指向。腹部第 1~5 腹板前侧角各有 1 黑色毛斑。第 5 腹板末端还有 1V 字形的黑毛斑，该毛斑有时两侧继续向前扩展，与前侧角的黑斑相接。雄虫第 3、第 4 腹板近中央各有 1 凹窝，由此生出 1 直立毛束（图 8 - 24）。

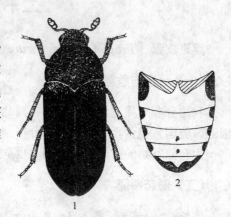

图 8 - 24　赤毛皮蠹
1. 成虫　2. 腹部腹面观

(三) 生物学特性

一年发生 1 代。以成虫或蛹越冬。从 5 月份开始产卵，产卵期长。平均产卵 200 粒。幼虫通常有 8 龄。成虫寿命长达 250d。

二十七、赤拟谷盗

赤拟谷盗［*Tribolium castaneum*（Herbst）］，属鞘翅目，拟步甲科。

(一) 分布与危害

分布于国内各省、自治区。世界性分布。

赤拟谷盗（彩图 8 - 2）危害谷物、油料、动物性产品及加工品、中药材等。食性杂，以面粉被害最重。除取食外，对被害产品还有严重的污染作用，使被害物结块，变色、变臭。种子被害后明显降低发芽率。

(二) 形态特征

体长 2.3~4.0mm，宽 1.0~1.6mm。长椭圆形，背面扁平，褐色至赤褐色，有光泽。复眼大，腹面观，2 复眼间距等于或稍大于复眼横径。背面观，头的前侧缘在复眼上方不呈隆脊状。触角 11 节，末 3 节形成触角棒。前胸背板横宽，宽为长的 1.3 倍，前缘无缘边。鞘翅第 4~8 行间呈脊状隆起。

雄虫前足腿节腹面基部 1/4 处有 1 卵圆形凹窝，其内着生多数直立的金黄色毛，雌虫无上述构造。

(三) 生物学特性

一般情况下一年发生 4~5 代。每雌虫平均产卵 450 粒。卵产于食物表面。卵期在 20~40℃的范围内为 2.6~13.9d，一般情况下为 3~9d。相当湿度对卵期似乎没有影响。幼虫有 5~11 龄。幼虫期 12~109d，取决于温度及食物等因子（在 30~37.5℃及相对湿度 90％的条件下，幼虫期 12～15.3d）。幼虫最适的发育温度为 35℃。幼虫畏光，常躲藏在食物内。蛹期在 20～37.5℃下 3.9～24d。老熟幼虫在食物表面或间隙内化蛹。在最适条件下，完成 1 个发育周期大约 20d。在实验室内，成虫寿命可长达 335～540d。

在 20～40℃、相对湿度 10％～95％的条件下，该虫可顺利地发育和繁殖。最适温度为 32～35℃，最适相对湿度为 70％～75％。在最适的室内条件下培养，每月虫口最高的增长速率为 70 倍。

成虫不善飞，常聚集在粮堆下层，喜黑暗，有群集及假死习性。

二十八、米 蛾

米蛾 [*Corcyra cephalonica* (Stainton)]，属鳞翅目，蜡螟科。

(一) 分布与危害

栖息场地和习性，可在大米、小麦、玉米、小米、花生、芝麻、干果等上发现。幼虫喜欢栖息于碎米中，并吐丝把碎米连缀而筑成筒状长茧。幼虫潜匿在茧内取食危害（彩图 8-3）。每年发生 2～7 代。以幼虫越冬。

(二) 形态特征

成虫翅展约 18mm。复眼棕褐色。前翅长椭圆形，外缘圆弧状，灰褐色，翅面有不甚明显的纵条纹。后翅比前翅宽阔，灰黄色。

(三) 生物学特性

每雌蛾可产卵约 150 粒。在温度为 21℃左右的条件下，完成一代约需 42d。卵长卵形，淡黄色，有光泽，约经 7d 便孵化为幼虫。幼虫长约 13mm，头部赤褐色，体黄白色。幼虫期约 25d。蛹长约 11mm，纺锤形，淡棕色。蛹期约 10d。每年 6 月中、下旬成虫羽化，喜欢在夜间活动，白天静息在仓库墙壁或麻袋上。交配后 1～2d 即产卵于粮堆表面或仓库缝隙中。成虫寿命短 7～10d。

二十九、锈赤扁谷盗

锈赤扁谷盗 [*Cryptolestes ferrugineus* (Stephens)]，属鞘翅目，扁谷盗科。

(一) 分布与危害

分布于国内各省、自治区。广布于世界温带、热带区。

该虫属第 2 食性。成虫及幼虫危害破碎或损伤的谷物、油料、粉类、豆类及干果等多种农产品及其加工品，有时虫口密度极高。除直接取食外，也往往导致农产品发热霉变。在非洲危害可可豆、豇豆及油料种子。

（二）形态特征

体长 1.70～2.34mm，红褐色，有光泽。头部后方无横沟，额中部的刚毛辐射指向。雄虫触角长约等于体长之半（为体长的0.42～0.55倍），雌虫触角略短（为体长的 0.4～0.42 倍），雄虫的触角节与雌虫的相比稍长。雄虫上颚近基部有 1 个外缘齿。前胸背板两侧向基部方向显著狭缩（尤其雄虫更明显，侧缘在基部之前呈波状，使前胸背板略呈心脏形），前角稍突出。雄虫前胸背板后角尖而明显，雌虫后角钝，几乎呈直角。鞘翅长为 2 翅合宽的 1.6～1.9 倍。第 1、第 2 行间各有 4 纵列刚毛。雌虫交配囊骨片为 1 近环状构造，一端膨大呈棒状，另一端骨化强。雄虫的 2 块生殖器附骨片呈新月形，同等弓曲，

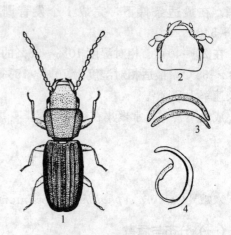

图 8 - 25　锈赤扁谷盗
1. 成虫　2. 头部背面观　3. 雄性外生殖器附骨片
4. 雌性交配囊骨片
（1. 仿 Anon　2. 仿 Bousquet）

上方的一块比下方一块略粗，内阳茎末端有 2 个附器，内有 3 对骨化刺，中央的 1 对略呈锯状（图8-25）。

（三）生物学特性

成虫羽化 1～2d 后开始交尾。产卵前期 1～2d。雌虫产卵于粮粒裂隙或破损处，尤喜产于粮粒的胚部。在 35℃及相对湿度 70%的条件下，每头雌虫产卵多达 423 粒，平均日产卵 6 粒。在 32℃及相对湿度 60%～90%的条件下，卵期平均 3.8d（3.6～3.9d），1 龄幼虫平均龄期 4.1d（3.3～5.1d），2 龄幼虫平均 3.0d（2.4～3.6d），3 龄幼虫平均 3.5d（2.7～4.0d），4 龄幼虫平均 6.8d（6.4～7.5d），蛹期平均 4.3d（4.0～4.5d）。由卵至成虫羽化平均 25.37d（23.0～27.5d）。

在相对湿度为 75%的条件下，当温度为 38℃、32℃、27℃和 21℃时，由卵发育至成虫分别需要 21d、20d、27d 和 94d。在 22～38℃范围内，卵的成活率在 85%以上，但在 40℃及相对湿度 70%的条件下卵的成活率仅 50%。在 21℃下雄虫寿命 180d，雌虫寿命 214d；在 32℃下雄虫寿命 93d，雌虫 134d。

锈赤扁谷盗虽然喜食小麦和黑麦，并喜欢将卵产于上述食物上。但该虫至少可以在种子携带的 10 种真菌上完成发育。该虫也经常发现于树皮下、土壤内以及许多植物性材料的堆放处。除取食植物性物质之外，还可兼营捕食性生活，并有同类自相残杀习性。

在 20～40℃及相对湿度 40%～95%的条件下，锈赤扁谷盗可顺利发育和繁殖。其中最适的温度为 32～35℃，最适的相对湿度为 70%～90%。在最适温、湿度条件下，该虫 1 个月增殖的速率为 60 倍。在－12℃及相对湿度 10%的条件下仍然可存活。当温度升到

23℃以上时成虫开始飞翔。

三十、长角扁谷盗

长角扁谷盗［*Cryptolestes pusillus* (Schönherr)］，属鞘翅目，扁谷盗科。

(一) 分布与危害

分布于国内各省、自治区。世界性分布。

危害同锈赤扁谷盗。

(二) 形态特征

体长 1.35～2.00mm，淡红褐色至淡黄褐色或在该种亚种 *C. pusillus fuscus* 的触角、头、前胸及鞘翅基部的半圆形区域及中胸腹板黑色，鞘翅其余部分、后胸腹板、腹部腹板及足淡红褐色。头部额区的刚毛呈辐射状指向。两侧的刚毛为前侧方指向。雄虫触角稍长于体长之半，其第 5～11 触角节比雌虫的长；雌虫触角长等于或稍长于体长之半。前胸背板明显横宽，宽为长的 1.22～1.34 倍（♂）或 1.17～1.5 倍（♀）。前角不突出，后角钝，两侧向基部方向稍狭缩。鞘翅短，其长最多为两翅合宽的 1.75 倍。第 1、第 2 行间各具 4 纵列刚毛。雄性外生殖器有 2 块附骨片，上方的 1 块较窄而骨化强，下方的 1 块较宽而直，骨化弱；内阳茎端部有 2 个具关节的附器，每侧有 1 个杆状物，中央的骨化物由多数横向加厚的刺组成，顶端区域呈加厚马蹄形（图 8 - 26）。

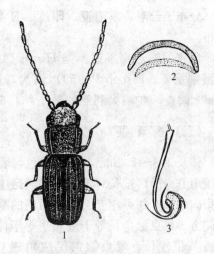

图 8 - 26　长角扁谷盗
1. 成虫　2. 雄性外生殖器附骨片
3. 雌性外生殖器附骨片

(三) 生物学特性

一年发生 3～6 代。以成虫在较干燥的碎粮、粉屑、底粮、尘芥或仓库缝隙中越冬。成虫羽化后，在茧内静止 1 至数日，便开始交尾、产卵。卵散产。产于疏松的食物内或谷物缝隙内，卵上黏附着食物颗粒。

每雌虫产卵 20～334 粒。17℃时日平均产卵 0.5 粒，30℃时日平均 4 粒。在相对湿度 50%～90% 的范围内，产卵量随湿度的增加而锐增。在 32℃ 及相对湿度 90% 的条件下，卵期 3.5d，幼虫 4 个龄的龄期分别为 4.0d、3.6d、3.3d 和 7.0d，蛹期 4.4d。在相对湿度 90% 及温度 17.5℃ 的条件下，雄虫寿命 48 周，雌虫 24.1 周；在相对湿度 90% 及温度为 37.5℃ 下，雄虫寿命 16.1 周，雌虫 8.2 周。除温度、湿度条件外，食物的质量对该虫的发育也有很大影响。例如，在 28℃、相对湿度 75% 时，饲喂英国小麦，生活周期平均

37.1d；同样温、湿度条件下若饲喂加拿大面粉，生活周期平均 43.4d。在不利的营养条件下可发生同类相残现象。

发育的温度范围为 18～38℃，相对湿度范围为 45％～100％。发育最适温度为 35℃，最适相对湿度为 90％，每月虫口最大的增殖速率为 10 倍。32.5℃及相对湿度 90％最适于产卵。

三十一、微扁谷盗

微扁谷盗［*Cryptolestes pusilloides*（Steei et Howe）］，属鞘翅目，扁谷盗科。

（一）分布与危害

分布于云南。东南亚、印度、日本及欧洲、非洲、南美洲、北美洲及澳大利亚有分布。

危害同锈赤扁谷盗。据 Howe（1943）等报道，能引起大量的谷物发热，因而显得特别重要。Bishop（1959）认为，微扁谷盗是危害储藏谷物最猖獗的害虫。又据 Banks 调查，在澳大利亚的昆士兰，65％的农庄受到微扁谷盗侵害。

（二）形态特征

体长 1.8～2.2mm，淡红褐色，表皮虽稍暗淡但有光泽，被长茸毛。头部额区中部的刚毛指向中央，并可相互交叉，两侧的刚毛指向前侧方。雄虫触角长等于或几乎等于体长，触角各节也较长，雌虫触角仅达鞘翅基部 1/3 处。前胸背板横宽，宽与其长之比为 12.3～13.6∶10（♂）或 12.1～13.0∶10（♀），前角钝，雄虫通常稍突出；两侧由基部 1/2 或 1/3 至基部狭缩；在近前角处稍狭缩（雄虫更明显）。鞘翅长几乎为两翅合宽的 2 倍，第1、第 2 行间各有刚毛 3 纵列。雄性外生殖器的附

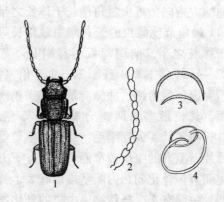

图 8 - 27　微扁谷盗
1. 雄成虫　2. 雌虫触角　3. 雄性外生殖器附骨片
4. 雌性交配囊骨片

骨片均匀弯曲，相互远离，一长一短；内阳茎内有几块大骨化板。雌虫交配囊骨片呈双环状（图 8 - 27）。

（三）生物学特性

幼虫共 4 龄。末龄幼虫的前胸腺可分泌少量丝线用以做茧。茧薄，且不坚固。

发育所需时间较其他几种扁谷盗稍长，雄虫发育所需时间又长于雌虫。在 32.5℃及相对湿度 90％的条件下发育最快，在 27.5℃及相同湿度下成活率最高，在 17～35℃及相对湿度低至 50％时仍可发育。在 15℃时，幼虫极少能发育到成虫。在 30℃及相对湿度 90％的条件下，产卵速率最快，温度或湿度降低均可降低产卵速率。与土耳其扁谷盗和锈

赤扁谷盗相比，微扁谷盗的耐寒力远远不如前者。因此，该种只分布在我国最南方个别省份而未能向北扩展。另外，微扁谷盗也不耐干燥，在相对湿度低于50％的条件下就不能存活，也是该虫不能向北扩展的原因之一。

第四节　储藏期害虫的防治

一、防治原则

对花生储藏害虫的防治，要"以防为主，综合治理"。防和治是一个问题的两个方面，二者相互依存、相互补充。防是主动的，积极的，无虫时防感染，有虫时防扩散。因此，割断虫源、杜绝害虫的传播途径和防治害虫感染是花生害虫防治的根本。

花生害虫的防治原则是"安全、经济、有效"。安全是采取任何一种防治手段的前提。首先是对人的安全，其次对花生是安全的，即不会产生药害或影响产品的品质。最后，对环境也必须安全，不能污染环境或破坏生态平衡。经济是害虫防治的目的，任何代价昂贵的防治技术在一般情况下难以推广应用。有效是防治的关键，如果一种防治技术没有效果或效果很差，安全和经济都无从谈起。

二、花生储藏期害虫的主要来源和传播途径

(1) 通过贸易传入或花生收获后在装运过程中带入仓库。

(2) 储藏场所有害虫潜伏。

(3) 储藏期间感染。我国北方冬季严寒，在−10～−15℃低温下，潜在虫源可基本消除。南方密封储藏，或秋植花生荚果于冬季低温干燥季节短期储藏，害虫危害一般较少。但对度夏的库存花生，需切实注意。

三、防　　治

(一) 植物检疫控制人为传播

由于国际贸易、国内贸易的发展，科学技术合作的广泛开展以及人们相互之间各种交往的日益频繁，特别是大容量、快速先进交通运输工具的普遍采用，不仅大大提高了害虫的成活率，而且使其可到达各大陆的腹地。人为传播是快速、突发和全球性的。需要植物检疫设置各种障碍来阻止传播，从而达到防治害虫的作用。

(二) 储藏害虫的预防

好的管理方法和仓库良好的卫生条件，对于仓储害虫的防治非常重要。花生在收获后必须进行干燥处理，使花生仁的湿度降低到7％左右，这是安全储存的上限。如果湿度较大，害虫会快速大量繁殖，还会增加有毒真菌侵染的机会，造成黄曲霉毒素的

污染。

花生入库前准备是入库工作的第一个环节。要做好仓房和货位的清理、检查、整修、空仓杀虫等工作。每次粮食出完后都应该把剩余的零星花生和尘杂从仓房中清扫干净，最好在彻底打扫之后再用杀虫剂处理一遍。严格检验是把住花生入库质量的关键。实践证明，破碎率、虫蚀率、杂质和尘埃含量低的花生，仓库害虫就不易侵入。加之水分含量低，其生态体系不利于仓库害虫滋生繁殖。对质量差的花生源，入库前应进行相应处理，如过筛除杂、降水等，达到标准后再进仓储存。原则上应做到无虫花生入仓。对于有虫花生要分别处理，及时杀虫。储藏期间要加强管理，通过门窗隔离，防止外界害虫感染到仓内，一般采用防虫网防止飞虫入仓。储存场所还要做到"五分开"，即有虫花生与无虫花生、有虫器材与无虫器材、潮花生与干花生、新花生与陈花生、粗加工花生与精细加工花生及副产品，均应严格分开储存。

（三）低温防治技术

机械制冷是利用制冷设备产生的冷气降低仓库内温度，将花生温度控制在较低水平，从而可以不同程度的抑制害虫的生长发育和繁殖，大大降低害虫的发生和危害，同时有效地保护花生的食用和种用品质。机械制冷的使用不受季节和环境温度的限制，通常在温度较高的春、夏季使用。目前用于花生冷却的制冷设备主要有制冷机、空调器和谷物冷却机。使用机械制冷的仓库，需加强其保温性能，这样才能更长时间地保持仓内的低温，充分发挥机械制冷的效能。

（四）电离辐射防治

电离辐射杀虫可采用的辐射能有 X 射线、r 射线和电子束。较常用的是 r 射线。电离辐射对害虫的致死作用与传统的杀虫剂不同，后者是典型的胃毒剂、神经毒剂或呼吸毒剂，而电离辐射没有选择性，而且作用是瞬间的。可损坏害虫的细胞，其细胞核的敏感性要明显大于其周围的原生质；分裂活跃的细胞。低剂量的辐射可抑制生殖细胞的形成过程，导致害虫不育；较高剂量的辐射处理可直接杀死害虫。电离辐射处理还可以使卵和幼虫不能发育为正常的成虫。

研究资料表明，用 3～5kGy 的辐射照射可以立即杀死害虫；1kGy 的剂量照射，害虫在几天内死亡；100～200Gy 的剂量照射，害虫可在几周内死亡。仓储害虫不同的虫种和虫期对电离辐射的敏感性存在一定的差异。通常蛾类比甲虫的抵抗能力更强。同一虫种蛹和成虫的抵抗力要比卵和幼虫强，如致死 99.9% 的赤拟谷盗卵、幼虫、蛹和成虫的辐照剂量分别为：109Gy、105Gy、250Gy、215Gy。

联合国辐照食品卫生安全性国际合作计划和机构（IFIP）1980 年审查了专家委员会的研究结果及各国安全性研究数据，评价了 13 种辐照食品，得出结论：任何食品总体平均吸收剂量高达 10kGy 没有毒理学危险，用此剂量辐照的食品，可以不再要求进行毒理学试验，同时在营养学和微生物学上也是安全的。把 10kGy 辐照剂量作为国际安全线。

花生在辐照前必须进行筛选，使产品中无蛹和成虫期害虫，筛选后应立即包装。包装后应立即辐照。

(五) 生物防治

生物防治具有有效控制害虫、不污染环境、改善生态系统、降低防治费用等多种优点，有广阔的应用前景。但它对害虫的控制作用是有条件的。实践证明，单纯依靠生物防治，尤其是现有的生物防治技术和手段，仍有许多局限性。

Jay（1968）首次报道了黄色花蝽［*Xylocoris flavipes*（R.）］对几种储藏物甲虫实验种群的抑制效果，发现黄色花蝽可抑制花生仁中赤拟谷盗的种群增长，并减少花生的被害率；还可抑制玉米中锯谷盗的种群增长。

仓双环猎蝽（*Peregrinator biannulipes* M.）也是一种半翅目的捕食性昆虫。成虫对赤拟谷盗、锯谷盗及长角扁谷盗等的繁殖具有一定控制的能力。有人曾用花生饲养赤拟谷盗5对，并加入仓双环猎蝽，100d后赤拟谷盗的数量即减少90%，花生被害率只有2.65%；对照中赤拟谷盗数量增加了5.1倍，花生被害率高达31.34%。又在5对锯谷盗中加入一对仓双环猎蝽，经过111d后，锯谷盗全部被消灭，而对照组中锯谷盗的数量却增加了14倍。

普通肉食螨（*Cheyletus eruditus*）是一种很有价值的捕食性螨类，在花生中常和一些粉螨如粗脚粉螨、腐食酪螨等一起发生，并以捕食这些粉螨为生。

利用病菌防治害虫，最成功的细菌之一是苏云金秆菌（*Bacillus thuringiensis* fan.）防治鳞翅目害虫。治病真菌利用它们防治储藏物害虫的研究有限，白僵菌（*Beauveria bassianah*）和绿僵菌（*Metarhizium anisopliae*）对昆虫有很强的致病能力，已知寄生的种类在200种以上，多用于防治农业害虫。利用真菌防治储藏物害虫的缺点是影响花生的稳定性。因为真菌发挥其活性要求较高的湿度条件，但通常的储藏环境是干燥的。目前发现并分离出的储藏物昆虫病毒，主要有印度谷螟颗粒体病毒（PGV）、粉斑螟颗粒体病毒（CGV）和粉斑螟核型多角体病毒（NPV）。

(六) 化学防治

1. 熏蒸剂

（1）溴甲烷（CH₃Br，methyl bromide）。溴甲烷低浓度时无气味，高浓度时略带甜味，略有乙醚或氯仿气味。沸点3.6℃，不易燃烧。化学性质稳定，不易被酸碱物质分解，但大量溶解于酒精、丙酮、乙醚等有机溶剂中，在油类、脂肪、燃料和醋等物质中溶解度也很高。花生对溴甲烷的吸附能力较强。

溴甲烷可广泛应用而不产生有害影响的为数很少的熏蒸剂之一，具有良好的穿透性，扩散迅速，对昆虫毒性高。由于比空气重，其横向和向下扩散迅速，向上扩散较慢。

使用溴甲烷熏蒸应注意以下几点：处理后，48h内不能将花生置于阳光下和强烈通风场所，不应弄湿花生；溴甲烷是剧毒品，可通过皮肤吸收，并累积性中毒，不易被人体解毒，使用时应注意安全。

（2）磷化铝（AIP，aluminium phosphide）。磷化铝是一种片状或丸状药品，在空气中吸湿分解释放出剧毒的磷化铝气体，达到杀虫目的。1927年发现，1963年作为粮食熏蒸剂使用。目前广泛应用于粮食、农副产品的熏蒸灭虫。

2. 接触剂

（1）敌百虫（Dipterex）。敌百虫是一种高效、低毒的有机磷杀虫剂，具有触杀和胃毒作用。

挂带法：适用于熏蒸粮、油堆表面害虫。若结合粮油堆机械通风均匀的吹入堆内部，也可防治其他害虫。空仓杀虫用挂带法亦可。具体做法是用布条或纸条浸湿敌敌畏原油或乳剂（不对水或对水2.5倍），挂在仓内事先置好的2m高的绳索上。绳的间距1.5m，布条的间距1m。所用药量，纯度80%的敌敌畏乳油为空间、空仓0.1~0.2g/m³，熏蒸加工厂、器材为0.2~0.3g/m³，密闭时间为2~5d。对于实仓的粮堆，施药前要在挂药带处的下面铺一层草帘或席子，以防污染粮、油。

喷雾法：适用于空仓、加工厂、器材、铺垫物料的杀虫。所用剂量为80%的敌敌畏乳油100~200mg/m³，对水30~50倍喷雾。密闭72h。也可采用喷雾法喷在粮油堆表面的麻袋上，用药量以整个仓容计算100mg/m³（纯度100%），用水稀释50倍，密闭72h。

使用敌敌畏防治害虫注意事项：①施药时必须穿工作服，戴乳胶手套和口罩（浸有5%~10%小苏打溶液纱布制做的）。②皮肤上沾染药液，应立即用水冲洗，每次施药后用肥皂洗手、洗脸，并用清水漱口。③敌敌畏遇水能缓慢分解，故药液应随配随用，切不可和碱性药剂混用，新粉刷的石灰墙也不能施用。④喷雾器等器械使用完以后，应以清水洗净。

（2）马拉硫磷（malathion）。马拉硫磷原油纯度在97%以上，经脱除蒜臭味，是专用于储粮的优质马拉硫磷。商品名称防虫磷，以区别于农业上的应用者。在水中或长期置于潮湿空气中能缓慢水解，在中性溶液中稳定，如遇酸碱则易失效，温度超过30℃能缓慢分解。马拉硫磷对害虫具有触杀、胃毒作用。作为储粮防护剂具有药效长、残留低、价格便宜、使用安全、应用面广等优点。以防虫磷为防护剂可施用于各种原粮、油料及种子，也可做空仓杀虫使用。一般农用的马拉硫磷（原油纯度97%以下），只可用于空仓、器材、运输工具喷雾防虫。

使用防虫磷原油，用药量为10~30mg/kg，粮食施药后须间隔1个月后加工食用（均按防虫磷有效成分100%计算），一般情况下，药剂在粮食中的残效期可维持1年左右。

机械喷雾法：具有粮油机械化的大型粮库，将仓用电动喷雾机（浙—RW—8型）的喷头安装在输送带的基部或中部上方，粮食边入仓边喷雾。按照输送机的台时产量，控制药剂喷雾量。

人工超低量喷雾法：对于不具备机械化进仓的粮库，可将粮食先薄摊在晒场上，随时用超低量喷雾，随时翻匀，待药液蒸发后即可入仓。一般超低量喷雾器流量，每分钟约30~50ml。

（3）杀螟硫磷。本药剂稍有蒜臭味，遇碱分解失效，纯品有效成分95%以上。剂型有50%乳油，50%可湿性粉剂和2%、3%粉剂。具有触杀、胃毒作用，是一种广谱性杀虫剂。在新的有机磷储粮防护剂中，优于防虫磷。如增加增效醚杀螟硫磷（混合比为5:6）对防治抗防虫磷品系的赤拟谷盗有良好效果。若加以除虫菊酯1份，又可防治抗防虫磷品系谷蠹和谷象。

（4）辛硫磷（phoxim）。该药剂在中性、酸性内稳定，遇碱或受光、受热易分解。

辛硫磷具有较强的触杀作用。我国生产的辛硫磷有 80％原油和 50％乳油两种。应用 50％乳油可稀释成 0.1％的药液进行空仓、加工厂、器材、运输工具的喷雾杀虫。用量为 30g/m²，每千克药液可喷洒 20～40m²，密闭 1～3d。

（5）甲嘧磷。该药剂也是一种广谱性有机磷杀虫剂，也是杀螨剂。对主要甲虫类储粮害虫和蛾类的幼虫毒杀效果高于防虫磷。对高等动物毒性低。有 20％、50％的乳油和 2％的粉剂。空仓杀虫剂量为 0.5～1.0g/m²。作为储粮防护剂的剂量为 5～10mg/kg。

（6）甲基毒死蜱（chlorpyrifos）。该药是一种广谱性、残效期长、性质较稳定的新型有机杀虫剂。目前我国生产的有 50％乳剂。作为储粮防护剂，剂量 5～10mg/kg，药效期可达 3～9 个月。

（7）溴氰菊酯（Deltamethrin）。这是一种人工合成的拟除虫菊酯杀虫剂。商品名称凯安保，以触杀和胃毒作用为主，兼具驱避作用。具有击倒力快、用药量极少的特点，是当前杀虫药剂中最高效的储粮防护剂。一般使用剂量为 0.5mg/kg（增效醚 2.5％凯安保乳油，稀释 20ml 乳油加水 0.5kg）。该药剂对谷蠹有特效，但对玉米象效果不理想，若与其他药剂混用，可取长补短，达到杀虫效果好，用药量少，也避免长期单一用药害虫产生抗性的弊病。

第九章 花生病虫草鼠害综合治理

第一节 综合治理的概念

花生病、虫、草、鼠害综合治理是以生态学为基础，对有害生物进行科学管理，从农业生态总体出发，根据有害生物与环境之间的相互联系，充分发挥自然控制因素的作用，因地制宜协调运用必要措施，将有害生物控制在经济受害允许水平之下，以获得最佳效益。从我国国情出发，在生产实践中逐步形成以农业防治为主体，积极保护和利用自然天敌，提倡使用生物制剂、物理保护措施，与合理使用农药相结合的花生有害生物综合防治技术体系。发扬精耕细作的优良传统，创造有利于作物生长发育而不利于有害生物滋生的生态环境条件，并根据有害生物的发生规律和生活习性，因地制宜地推广应用合理的耕作制度、轮作换茬，搞好品种布局和及时耕沤等防、避有害生物措施。选育、种植抗病虫高产、优质良种，达到防治有害生物与花生高产、稳产、优质栽培技术相一致。各种农事操作和化学农药的使用，首先要考虑对有害生物天敌的保护和利用，使天敌能更好地发挥对有害生物的自然抑制作用。

"预防为主，综合防治"，这是我国长期与病虫害作斗争中所提出的植保工作方针。进行花生病虫害综合防治，从花生田生态系统的整体概念出发，用生态学、经济学和环境保护学的观点，全面考虑花生整个生育期主要有害生物的综合治理，综合分析花生田生态系统中各种因素的相互关系，结合地域特点、耕作制度和栽培措施，对各种防治措施进行选择和技术组配，形成一个经济、高效综合治理花生有害生物技术体系，将病虫害控制在经济损失允许水平以下，最大限度地减少有害副作用，达到高产、优质、低成本、无公害目的，以获得最佳的经济、社会和生态效益。

第二节 综合治理的意义与特点

我国花生病、虫、草、鼠害的防治，经历了人工防治为主，农业防治、药剂防治和综合防治几个阶段。20 世纪 80 年代后逐步进入了综合防治为主的时期。历史上由于化学农药的不合理使用和耕作制度的变更，出现了环境污染，有害生物抗药性提高，主要害虫再度猖獗和次要害虫的暴发等一系列问题。这些问题使人们认识到有害生物的防治是一个生态学问题，单独应用某类方法都有一定的局限性，解决花生的病、虫、草、鼠害必须采用综合措施。综合治理不仅能保证花生的优质、高产、高效，而且综合防治具有"安全、高效、经济、简易"的特点。

安全：综合治理是从农业生态系统的整体出发，不是只从防治对象（病、虫、草、鼠）而是从全生育期可能发生的病、虫、草、鼠害出发来考虑所采取的各种防治措施，并且要求一切防治措施应该保护人、畜、作物、有益生物等的安全。因此综合防治中农药的选用有严格的要求，严格控制农药品种，严格执行农药使用安全间隔期。在选择农药品种时，应优先推广使用生物农药和高效、低毒、低残留的化学农药，禁止使用高毒、残留期长的农药，如甲胺磷等。最后一次施药距收获期的天数，一般允许使用的生物农药为3～5d，菊酯类5～7d，有机磷7～10d（少数14d以上），杀菌剂中除80％代森猛锌要求15d以上外，其余均为7d左右。

经济：综合治理是以农业防治为主，化学防治为辅，大大减少农药的使用次数和剂量，降低生产成本。综合防治效果的好坏，不是看是否把病、虫、草、鼠彻底消灭，而是付出相对较低的代价，把已有的种群数量压到不足以造成经济损失的水平，不可造成有害生物绝迹而影响其他生物，要从生态学角度核算成本。病、虫、草、鼠害是相对的，在一定条件下它可能会是有益的而非有害。各种防治措施必须有机结合，辩证地配合，以及从经济、生态、社会效益等方而综合加以考虑。防治不是简单地打农药，应研究探索各种无害化的防治手段，扩大害和益的评估范围。每次施药时，必须从实际出发，选择有效的使用浓度和药量。如一般菊酯类杀虫剂使用浓度为2 000～3 000倍液，有机磷为1 500～2 000倍液，杀菌剂通常为600～800倍液，切不可随意加大浓度和剂量。否则，不但造成大量浪费和农药残留量超标，而且会加快害虫产生抗药性，形成恶性循环。

高效：讲究防治策略，适时、适量防治，对症下药。首先，根据病虫消长规律，准确选择施药时期，如在蚜虫和螨类点片发生阶段及时挑治，往往事半功倍；病害初发时，喷药封锁其发病中心，可有效防止病害蔓延。其次根据病虫在田间分布情况，正确选择农药，提倡科学合理混合和交替用药，以有效地防止病、虫、草、鼠产生抗药性。

简易：综合治理是以农业防治为主，因地制宜地推广应用合理的耕作制度、清洁田园、轮作倒茬、品种合理布局、选种综合抗性好、高产、优质品种等措施，简单易行，可操作性强。

总之，综合治理并不强调预期的防治效果或短期效应，而是比较注重长期的积累效应。在技术上重视各种技术的协调运用。

花生田有害生物综合治理，充分体现了综合防治的几大特点。既保护生态环境不受污染，又维护生态平衡，可保护和利用生物的多样性；既能实现有害生物的有效治理，又可保证产品的安全性和优质营养的特点；既降低防治的投入成本，又促进了可持续发展农业的良性循环。这不仅具有较大的现实意义，同时具有对人类社会健康发展的长远意义。

第三节　综合治理的技术要点

根据综合治理的原则和当地生态的特点，以花生病、虫、草、鼠害等发生与危害特点为依据，将多种低耗、高效防治技术进行创新组装，协调运用。

（一）摸清有害生物的危害特点

1. 危害的部位
花生从种子下地到收获，整个植株生长发育过程中每个部位均可受到有害生物的危害。播种期危害花生种仁、造成缺苗的主要有鼠害、鸟害、种子上所带的病菌以及因肥害、土壤酸碱害、低温、干旱以及播种方法不当等引起的烂种等。中、后期危害花生荚果的主要是蛴螬、金针虫、害鼠和各种倒秧病。花生地上部分有害生物以危害花生的叶片、茎秆为主，如蚜虫、棉铃虫等地上害虫与各种叶斑病、病毒病、锈病等叶部病害以及药害等。有的以危害花生的根、茎为主，主要有根结线虫病、花生新黑珠蚧、蛴螬、根腐病、青枯病等。危害花生地下茎的主要有新黑珠蚧、蛴螬、地老虎和茎腐病，苗期蚜虫危害子叶以上的嫩茎。有的以危害花生的种仁和荚果为主，如蛴螬、果腐病、黄曲霉病等。危害花生整株的有病毒病、草害、旱害、缺肥病以及霜冻等。

不同花生产区，有害生物的重点对象不同，根据其危害特点，对准靶标，可收到事半功倍的防治效果。

2. 危害的主要时期

从花生物候顺序首先是播种至出苗期。此期也是抓全苗、培育壮苗的关键时期。苗全、苗齐是花生高产的基础，影响花生齐苗、全苗的主要因素是土传病菌引起的烂种病、干旱缺水造成的种子落干、地下虫害、鸟、鼠害等侵袭种子，形成苗不全、不齐。苗期是蚜虫、根结线虫病、地老虎及越冬金龟甲成虫和幼虫危害的高峰期，也是培育壮苗、搭好丰产框架的重要时期。花针期至结荚期，此期是多种有害生物并发期，草害、病毒病、倒秧病、缺肥病、蛴螬、蚜虫、棉铃虫、根结线虫病等危害的高峰期。饱果期，是花生各种叶斑病、锈病等叶部病害、多种地下害虫及鼠患等危害的盛期。

摸清各花生产区不同有害生物的主要危害时期，抓住最有利时机，有针对性地进行防治，方能收到最佳防治效益。

3. 用阈值观念适时防治

花生有害生物的综合防治效果的好坏，抓住防治最佳时机是取得高效防治的关键。不同有害生物的防治最佳时机来自科学预测预报的准确结果。在准确的预测预报基础上，必须树立综合防治的经济阈值观念，防治有害生物，核算防治投入成本、与其挽回的经济损失相当或大于投入成本前提下（视情况而定），防治才有其经济意义。有了阈值观念，就不会出现见到病、虫、草、鼠就治，也不会出现盲目用药、用药量大、用药次数多等滥用药现象，或者多种措施盲目并用等不科学防治问题。

（二）掌握综合防治的原则

花生有害生物应以防为主、以治为辅，防治兼顾，多种措施协调运用，以一种措施兼治几种有害生物，低成本、安全、高效的原则。

在花生病、虫、草、鼠害严重危害发生之前，及早采取有效措施，达到控制发生或推迟发生或减轻发生，以至于不用或少用化学农药防治的目的。坚持预防为主的原则，可有效控制或减轻花生病、虫、草、鼠的危害程度，减少所造成的损失，防止因病、虫、草、鼠严重发生而大量使用化学农药所带来的增加成本、农药残留、污染环境、危害人类健康等不良后果。

实践证明，大多数的病、虫、草、鼠不能单靠一种方法来有效地控制，特别是不可能通过单一使用化学农药达到长期控制其危害的目的，而必须将各种有效的防治方法有机地结合起来，互相取长补短，共同发挥作用，才能达到持续控制危害的目的。比如花生各种叶斑病、网斑病、菌核病等叶部病害，必须将抗病品种、农业防治和药剂防治3种方法有机结合起来才能提高防治效果；花生病毒病的防治必须靠四级选种、覆盖地膜、苗期及时用药防治刺吸式口器蚜虫等的综合措施才能收到良好的防效；再如鼠害的防治也必须靠恶化其生存环境、减少其食物来源、巧妙地使用捕鼠器和杀鼠剂等方法的密切配合，才能持续地控制其危害。

综合防治还应充分考虑采取某种措施可以兼治几种或多种有害生物。譬如农业防治中的水旱轮作，可以明显减轻多种花生病害，同时明显降低多种害虫的基数、草种基数、破坏鼠洞。可见选好一种防治措施，病、虫、草、鼠害可以一并兼治，可谓一举多得。

（三）明确综合防治的技术内容

1. 农业防治

在掌握花生病、虫、草、鼠害发生发展规律的基础上，对农业生态系统人为有计划地进行改造或调整，达到有利于花生的生长发育、优质、高效，而不利于病、虫、草、鼠发生与危害的目的。

所有的农业防治措施都能够减轻或推迟花生病、虫、草、鼠的发生和危害，在综合防治中发挥重要的作用。甚至单独使用农业防治技术就可持续控制某些病、虫害的发生。不需要再用农药防治。在无水旱轮作条件的地区或田块，在大黑金龟子的出土高峰期人工捡虫2～3次，即可控制大黑鳃金龟幼虫的危害。在花生播种前以及结荚期开始出现鼠害时进行2次人工以水浇灌鼠洞，就可控制花生鼠害的发生，无需使用杀鼠剂。双膜覆盖栽培的反季节菜用花生，病虫害发生都很轻，都不需用药防治。农业防治技术不但可以控制病、虫、草、鼠害的发生，而且对大自然没有破坏作用，不污染环境，对提高花生产量和品质有重要作用。

农业防治可以有效改善环境、保护环境不受污染，维持生态农业的平衡，充分发挥生物的多样性，从而不用农药或少用农药，保证了产品质量安全、优质、营养，促进人类健康。农业防治与花生高产栽培技术体系是一致的。如有利于控制病、虫、草的高产耕作、轮作制度；种植抗（耐）性强的优良品种及合理的品种布局；培育无病虫的种苗，针对性的种子消毒、土壤处理；将培育壮苗、提高免疫力，控制病、虫、草的栽培技术纳入作物高产栽培体系。

（1）选用抗病品种。在花生生产中针对当地病虫害的发生规律、主要病害的类型，选用适合当地栽培的、具有较强综合抗性的花生品种。

（2）轮作、间作制度。合理轮作不仅能提高作物本身的抗逆能力，而且能够使潜藏在地里的病原物经过一定期限后大量减少或丧失侵染能力。间作套种是我国农民的传统经验，是农业上的一项增产措施。合理选择不同作物实行间作或套作，辅以良好的栽培管理措施，也是防治有害生物的途径。如花生、小麦、油菜、棉花间作套种是商丘市近几年推广应用的一种高产、高效种植模式。高、矮秆作物的配合也不利于喜高温、高湿和郁闭条件的有害生物发育繁殖。但间、套作不合理或田间管理不好，则反而会促进病、虫、杂草等有害生物的危害。

（3）清洁田园。很多花生有害生物体附在残枝上散落田间，进入土壤后，成为后茬作物的侵染源。因此，应在生长后期加强病害防治，直接减少病虫基数，并在花生收获后，彻底清除田间残株、败叶，对易感根系病害的还要清除残根。消除杂草及残株、败叶，可以消灭越冬或转主的有害生物及其滋生场所，减少病、虫、草害发生的可能性。

（4）适度深耕。深耕的目的是破坏病菌、地下害虫的生存环境。一般要求收获后深耕30～50cm，借助自然条件，如低温、太阳紫外线等，杀死部分土传病菌、虫源、草种等。耕地过深，生土在上，营养跟不上，不利于花生生长发育，会影响花生产量，注意不打乱土层，同时增施基肥。

（5）高温消毒。在夏季换茬间隙，深耕后灌足水，盖上塑料薄膜进行高温消毒，热带地区可使土层10cm内最高温度达70℃，能够杀死大量有害生物。这是一种简单、有效的控制方法。

（6）调整播种期以避开病虫害危害高峰。花生播种期的早晚不但影响产量和品质，与病虫害的发生也有密切的关系。一般适当早播或晚播避开高温、高湿季节，可以有效地减少病虫害的发生。

2. 生物防治

利用某些有益生物或生物的代谢产物来防治有害生物的方法，它可以通过生物间的竞争作用、抗菌作用、寄生作用、交叉保护作用等来抑制某些有害生物的发生。生物防治是有害生物综合治理的重要组成部分。生物防治不污染环境，病虫害不容易产生抗性，且有持续控制有害生物的优点，发展前景广阔。

（1）保护和利用天敌昆虫。在自然界，有很多的有益昆虫，如螳螂、草蛉、瓢虫、蜘蛛、寄生性线虫等。要保护这些天敌资源，避免或减轻对天敌的伤害，创造有利于天敌生存繁衍的条件，从而减少和抑制害虫的发生。还可以大量繁殖天敌昆虫来补充天敌数量。如人工繁殖赤眼蜂防治花生棉铃虫等多种农作物害虫，降低了防治成本，减少了化学农药的使用量，提高了产量和品质。

（2）使用生物农药防治病虫害。生物农药是指用生物活体（微生物）及其代谢产物制造的农药。如微生物杀菌杀虫剂、农用抗生素、昆虫激素等。

3. 物理防治

物理防治是利用害虫的某些生理特性或习性，用物理的方法进行防治，包括人工捕捉等方法。利用物理因子或机械作用对有害生物生长、发育、繁殖等的干扰，以防治植物病虫害的方法。物理因子包括光、电、声、温度、放射能、激光、红外线辐射等；机械作用包括人力扑打、使用简单的器具、器械装置，直至应用近代化的机具设备等。这类防治方法可用于有害生物大量发生之前或作为有害生物已经大量发生危害时的急救措施。

（1）利用害虫对颜色的趋性进行诱杀。田间悬挂黄色黏虫胶纸（板）可防治蚜虫、白粉虱、蓟马等害虫；蓝色胶板可防治蓟马。

（2）利用无色地膜、有色膜、防虫网等各种功能膜防病、抑虫、除草。防虫网覆盖技术是隔离防治害虫的一种方式，主要是利用人工构建隔离屏障，将害虫拒之网外。

（3）利用害虫对某些物质的趋性诱杀。用糖醋液诱杀、性信息素诱杀花生斜纹夜蛾、地老虎等，杨树枝诱杀棉铃虫等。

（4）利用趋光性诱杀。根据有害生物对光的反应进行诱集、诱杀。一些趋光性强的害虫如鳞翅目害虫、飞虱、叶蝉、蝼蛄等，尤其对短光波的趋性更强。可利用黑光灯、白炽灯、高压汞灯、频振式诱虫灯进行诱集，也是进行害虫种类调查和发生期、发生量预测预报的一种常用手段。在黑光灯上装置高压电网，或在灯下放置氰化物毒瓶或水面滴油的水盆可直接诱杀害虫。尤其是频振式杀虫灯能诱杀的害虫达 17 科 30 多种，包括斜纹夜蛾、甜菜夜蛾、地老虎、蝼蛄等主要害虫，控害效果显著。

（5）温度、热能的利用。不同种类有害生物的生长发育均有各自适应的温、湿度范围。可利用自然的或人为地控制调节的温、湿度，使之不利于有害生物的生长、发育和繁殖，直至导致死亡，以达到防治的目的。如晒种、高温灭杀土壤中的病虫。用 50～70℃高温堆沤有机肥 2～3 周，可杀死肥料中潜藏的有害生物。利用通风管道系统、空调设备或人工方法调节仓库内温度，则是防治仓库有害生物的基本方法。

（6）人工和使用器械机具捕杀。由于人工防除简便易行，且成本低。用各种捕鼠夹、笼压板、胶物以至弓箭等捕杀害鼠，结合田间管理铲除杂草、拔除病株和摘除受病虫危害的荚果等。对群集性害虫，采用药剂防治，辅以人工捕杀，可迅速控制其危害。对一些有假死习性的害虫如金龟子等，采用打落或振落捕杀是常用的辅助性措施。根据有害生物对栖息潜藏和越冬场所的选择性，用人工方法创造适宜的条件进行诱集，称为潜所诱集。如对金龟子、蝼蛄等可于越冬前束草诱杀。根据有害生物的活动规律，还可人为设置障碍物以阻止其扩散危害或直接消灭。还可使用离心撞击机，通过高速旋转将害虫分出，并机械撞击致死。物理和机械的防治方法效果稳定、迅速、明显。随着近代生物物理学、分子遗传学、电子计算机技术和有关设备装置的不断发展而进一步完善，还可利用放射能、电离辐射处理有害生物，特别是害虫，以破坏其生殖细胞，诱发基因染色体突变，使雄性不产生精子，雌性不排卵或受精卵不能正常发育而造成不育或亚不育个体。

随着近代生物物理学的发展，采用生物物理技术，利用温度热效应防治有害生物，为物理机械防治增加了新的内容。如高频电流和微波的应用，是根据有害生物不同种类、不同生育阶段对电磁能的感应和热效应的差异，利用不同剂量和频率所产生的磁场热提高热效率，以杀死病、虫、杂草种子或直接杀死杂草；使用非致死频率可使仓储害虫和土壤中的害虫后代数量显著减少；利用不同激光束所产生的温度，可使不同生育阶段的病菌、害虫、杂草等有害生物致死或使其生殖机能被破坏而不育；利用红外线电磁波穿透处理物体内部，并使之增热，也可造成病菌和害虫的死亡。这些技术还都在试验研究中。

4. 药剂防治

科学使用农药，贯彻"达标"用药，节制用药。选择性用药，提倡用高效、低毒、低残留农药，抓好挑治、兼治，减少用药面积、用药次数和用药量。

尽量不用或少用化学农药。防治花生有害生物，尽可能采用农业措施、生物技术、物理措施等方法防治，少用或不用化学农药防治。能在播种期施用农药防治的，就不在生长期用药防治。如花生倒秧病，通过多菌灵等药剂拌种就可控制发生。

选用安全、低毒、低残留农药适量使用。有些剧毒、高毒农药国家已禁产、禁用，花生有害生物防治过程中，要选用安全、低毒、低残留农药。用量要准确。用量过高，易使病、虫、草、鼠产生抗药性、降低防效，产生药害；用量过低，又不能收到预期的防治效果。

科学使用农药。为了防止花生有害生物产生抗药性，不能长期单一地使用某一种农药防治某一种病、虫、草、鼠害，一定要注意农药品种间的搭配、交替使用。应根据花生某一生育期内的主要病虫，选用2～3种农药配合使用，瞻前顾后，达到1次用药，控制多种病虫的目的。防治叶面病虫害时，为防止雨水的冲刷，尽量选用乳剂，而不用粉剂；施药方法应采用喷雾法，不用喷粉法；喷药的时间应在雨后1～2d进行，如喷药后24h内有大的降水过程，雨后应补喷；因花生荚果在地下，为防止残毒和污染，土壤内尽量不施农药；防治地下害虫可采用拌种法和地下害虫地上治（即防治成虫）的办法。

第四节　综合治理的技术操作规范

通过以上章节，能比较清楚地了解危害花生的主要病、虫、草、鼠的形态特征、危害规律和防治技术。由于花生有害生物种类繁多，发生范围广泛，在不同产区有害生物发生的种类、相同种类发生的程度等都有不同；在同一个产区，往往在同一时期内有多种有害生物同时发生或者在一个时期内某种有害生物发生重，而其他病、虫、草、鼠危害较轻；有些危害种类主要发生在花生生长的前期，而有些种类主要发生在花生生长的后期。因此，在系统掌握各单一病、虫、草、鼠害的基础上，还必须因地制宜，动态地运用综合防治措施。将近年来国内研究的新技术、新成果用于花生生产中，实现安全、优质、高效地控制花生有害生物的目的，现特制定花生病、虫、草、鼠害综合防治技术规范，供各地参考。

（一）播种前防治

花生播种前采取综合措施防治有害生物，是整个综合治理过程中的关键环节之一。主要包括种子的选用、处理、土地耕整、肥料的合理使用等技术，都能有效控制花生田病、虫、草、鼠害的发生。

1. 选用综合抗性好、优质、高产品种

花生品种的选用对有害生物的发生程度、质量的好坏、产量的高低至关重要。在有害生物综合防治中占有重要位置，应当引起重视，充分发挥良种的作用。

选用品种原则：根据花生品种特性，重点考虑品种在当地对病、虫、草、鼠害的综合抗性情况、对土壤和气候环境的适应性，特别是对逆境抗性的好坏；品种内在品质和受环境影响后的质量变化情况；产量性状，对化肥和农用化学物的反应等方面进行选择。

根据当前育种水平，选择选育增产幅度较大并兼抗多种病害的品种。品种选用应强调品种的抗病虫和综合抗性能力。应选用既抗病虫又具有强的综合抗性能力的品种。这样的品种不易被有害生物感染侵袭、对不良环境具有较强的抗御能力，是生产合格花生产品的根本保证。应该选择近5年内适宜当地种植的新品种，审定超过10年以上的品种，往往有些已经混杂退化，原有的品种抗性和优质、高产性能会有所减弱，尽量不用，或提纯复壮后再应用。

选择品种的高产性能时，不要单纯看增产幅度，应该注意区域试验时的对照种。随着科学的发展，国家花生区域试验对照种也在变化，产量水平也在不断提高。如国家南方区

区域试验对照种先后是狮头企、粤油 551、粤油 116 和油油 523。

生态类型要适宜。花生品种因气候不同而形成不同的生态类型。不同生态类型花生品种在各地能否正常生长发育，主要受耕作制度、开花结荚期的日平均气温及适温保持时间所制约。因此，应选用当地育种部门育成的或经过引种试种适应当地种植的品种，以发挥品种的增产潜力和抗逆能力。

（1）北方花生主产区高产、优质、抗性好的品种。

鲁花 3 号。山东省花生研究所利用徐州 68-4 作母本、协抗青作父本杂交育成。株型紧凑，茎枝粗壮，抗倒伏、抗旱、耐瘠性好。生育期 125d。结果集中，荚果中等偏大。春播露地栽培荚果产量可达 3 750～4 500kg/hm²，地膜覆盖栽培荚果产量可达 5 250～6 000kg/hm²，属于抗病、高产品种。适合在青枯病易发区种植。

鲁花 9 号。山东省花生研究所育成的早熟大花生品种。春播生育期 130d 左右。荚果普通形，籽仁椭圆形，种皮粉红色，色泽较鲜艳。荚果及种仁的外观品质好，基本符合大花生出口标准。百果重 223.5g，百仁重 93.8g，出仁率 72.63%，粗脂肪含量 55.19%，粗蛋白含量 27.83%。抗旱性较强，适应性好，可春播、夏播，产量水平 4 500～7 500kg/hm²。

鲁花 11。山东省莱阳农学院育成的中早熟大粒花生品种。春播生育期 135d 左右。株型紧凑，结果整齐而集中，抗倒伏。产量水平 6 000～7 500kg/hm²，适合高产栽培。耐瘠、耐湿性差。要开好三沟，竖畦横垄种植，保证雨过田干，以防烂果。

鲁花 14。山东省花生研究所育成的早熟大花生品种。春播生育期 130d 左右。百果重 220g 左右，百仁重 90g 以上，出仁率 74% 左右。结果多而集中，双饱果多，比鲁花 9 号增产 10%～12%。产量水平 6 000～7 500kg/hm²，属高产品种。不足之处是耐湿性差，易发生烂果，种仁皮色不好看。

花育 16。山东省花生研究所育成的早熟大花生品种。春播生育期 130d 左右。适合春播和麦田套种。株高中等，结果较集中。百果重 210g 左右，百仁重高达 96g 左右，出仁率 73% 左右，比鲁花 11 增产 12%～14%。产量水平 6 000～7 500kg/hm²。排水不好的田块有烂果现象，适合通透性好的沙壤土、青沙土、岭沙土、沙性岗黑土种植。

花育 17。山东省花生研究所育成的早熟大花生品种。春播生育期 130d 左右。普通形大花生，株型偏高，分枝粗壮，叶片偏大，结果较集中，整齐度好，双果率高。种皮浅粉红色、好看，外观品质好。百果重 240g 左右，百仁重 96g 左右，出仁率 72%，符合出口大花生标准，比鲁花 11 增产 10% 左右。产量水平 6 000～7 500kg/hm²，可用于高产、优质栽培。注意后期排水防涝，及时收获，以防烂果。

豫花 15。河南省农业科学院经济作物研究所育成的早熟大粒花生品种。一般麦垄套种生育期 115d 左右。河南省麦套花生区域试验，荚果产量 4 692.75kg/hm²、籽仁产量 3 336.45kg/hm²，分别比对照增产 17.07% 和 20.44%。全国（北方区）早熟组花生区域试验，荚果产量 3 738.30kg/hm²、籽仁产量 2 667.15kg/hm²，分别比对照鲁花 9 号增产 13.95% 和 10.44%。荚果普通形，百果重 225.8g 左右，籽仁椭圆形，粉红色，百仁重 90.1g 左右，出米率 70.3%。籽仁蛋白质含量为 23.52%，粗脂肪含量 56.58%，油酸/亚油酸比值为 1.34。高抗网斑病、枯萎病；抗叶斑病、锈病；耐病毒病。具有较强的抗旱、耐涝性和抗倒伏能力。种子休眠性中等。

豫花 9331。河南省农业科学院经济作物研究所育成的中早熟大粒花生品种。麦套生育期 120d 左右。河南省花生区域试验，荚果产量 4 509.15kg/hm²，比对照豫花 8 号增产 11.79%。河南省麦套花生生产试验，荚果产量 2 299.50kg/hm²，比对照豫花 8 号增产 14.8%。荚果普通形。百果重 230g 左右，籽仁椭圆形、粉红色，百仁重 86g 左右，出仁率 68.5%。籽仁蛋白质含量 25.31%，粗脂肪含量 52.81%，油酸/亚油酸比值为 1.28。抗网斑病、叶斑病、病毒病，高抗花生锈病。抗旱、抗倒伏能力强。种子休眠性较强。

开农 49。河南开封市农林科学研究所育成的中早熟大粒花生品种。生育期 128d。河南省麦套花生区域试验荚果产量 4 081.50kg/hm²，籽仁产量 2 848.50kg/hm²，分别比对照豫花 8 号增产 11.89%和 13.10%。河南省麦套花生生产试验，荚果产量 4 241.10 kg/hm²、籽仁 3 038.10kg/hm²，分别比对照豫花 8 号增产 9.33%和 11.02%。荚果普通形。百果重 191.0g，籽仁椭圆形，粉红色，内种皮橘黄色，百仁重 74.8g，出仁率 70.4%。籽仁蛋白质含量 22.99%，脂肪含量 53.64%，油酸/亚油酸比值 1.46。株型较松散，抗倒伏能力差，抗旱性弱。高抗病毒病、中抗网斑病和叶斑病。种子休眠性较强。

濮科花 5 号。河南濮阳市农业科学研究所育成的中早熟大粒花生品种。生育期 128d 左右。全国（北方片）大花生新品种区域试验，荚果产量 4 237.65kg/hm²、籽仁产量 3 078.30kg/hm²，分别比对照鲁花 11 增产 10.02%和 13.63%。全国北方片大花生新品种生产试验，荚果产量 4 668.45kg/hm²、籽仁产量 3 528.00kg/hm²，分别比对照鲁花 11 增产 10.11%和 15.09%。荚果普通形，百果重 198.4g，籽仁椭圆形，种皮粉红色，色泽鲜艳，百仁重 82.90g，出仁率 73.62%。籽仁蛋白质含量 23.60%，粗脂肪含量 49.26%，油酸/亚油酸比值为 1.49。荚果饱满整齐，双仁果多。中抗叶斑病，网斑病较重。种子休眠性中等。

冀花 4 号。河北省农林科学院粮油作物研究所育成的中早熟花生品种。春播生育期 120~130d，夏播生育期 110d 左右。河北省春花生区域试验荚果产量 5 265kg/hm²，比对照冀花 2 号增产 13.9%，籽仁产量 3 975kg/hm²，比对照冀花 2 号增产 19.6%。全国（北方片）小花生区域试验荚果产量比对照鲁花 12 增产 13.6%，籽仁增产 16.0%。荚果普通形。籽仁椭圆形，种皮粉红色，内种皮金黄色，果重 187.0g，百仁重 79.9g，出仁率 75.6%。粗脂肪含量 57.65%，粗蛋白含量 18.45%，油酸/亚油酸比值为 1.3。抗旱、抗倒性强，抗叶斑病。种子休眠性强。

徐花 5 号。江苏徐州市农业科学研究所选育的大粒型高产新品种。春、夏播兼用。百果重 190g 左右，百仁重 80g 左右，出仁率高达 75%。种仁皮色粉红鲜艳，外观品质好，符合出口标准。产量水平 6 000~7 500kg/hm²。缺点是种子休眠期短，应及时收获，以防发芽。

徐花 6 号。江苏徐州市农业科学研究所选育的早熟、高产大花生品种。夏播生育期 116d 左右。适合夏播及早春双膜菜用栽培。夏播百果重 220g 左右，百仁重 85g 左右，比鲁花 9 号增产 13%~20%。缺点是荚果大小不够整齐。

徐早花 1 号。江苏徐州市农业科学研究所选育的菜用型花生新品种。荚果大中型。春播保护地栽培，95d 即可采果上市。鲜果产量水平 9 000~15 000kg/hm²，比鲁花 9 号增产 15%左右。该品种株型紧凑，结果集中，果型好看。鲜花生煮食，香甜松脆，口感好，是我国第一个以菜用花生命名的品种。

（2）华南地区高产、优质抗性好的品种。2001 年以来华南地区通过国家品种审定（鉴定）的品种有粤油 13、粤油 7 号、粤油 9 号、汕油 21、粤油 79、湛油 30 等。其中粤油 13 和粤油 7 号比对照种汕油 523 增产幅度达到 10%以上。

粤油 13。广东省农业科学院作物研究所选育的品种。于 2006 年分别通过国家品种鉴定和广东省品种审定。适宜广东、广西、福建、海南、云南、湖南和江西南部地区种植。珍珠豆型花生品种。2004 年参加省区试，荚果产量 4 861.20kg/hm²，比对照种汕油 523增产 11.50%，增产极显著；2005 年复试，荚果产量 4 169.55kg/hm²，增产 14.88%，增产极显著。全生育期春植 126d，秋植 110d。中感青枯病，田间表现中抗叶斑病，高抗锈病。耐旱性、抗倒性和耐涝性均较强。

粤油 7 号。广东省农业科学院作物研究所选育的品种。于 2004 年分别通过国家品种鉴定和广东省品种审定。适宜华南地区如广东、广西、海南、福建、云南、湖南和江西南部地区种植。2002 年参加广东省区试，荚果产量 4 858.95kg/hm²，比对照种汕油 523 增产 683.85kg/hm²，增幅 16.07%，增产极显著。籽仁产量 3 476.70kg/hm²，增产 468.75kg/hm²，增幅 15.58%，增产极显著；2003 年复试，荚果产量 4 364.25kg/hm²，比汕油 523 增产 734.85kg/hm²，增幅 20.25%，增产极显著。籽仁产量 3 006.90kg/hm²，增产 448.20kg/hm²，增幅 17.52%，增产极显著。2000—2001 年参加全国北方片区试，荚果产量 4 431.00kg/hm²，比对照鲁花 11 增产 9.0%。籽仁产量 3 145.50kg/hm²，较对照鲁花 11 增产 7.7%。2001 年生产试验，荚果产量 4 612.50kg/hm²，籽仁产量 3 279.00kg/hm²，分别较对照鲁花 11 增产 8.3%和 8.0%。珍珠豆型。春植全生育期 126d。抗倒性、耐旱性和耐涝性强。试验地田间自然发病叶斑病 2 级、锈病 2.1 级，均属高抗级。接种青枯病菌表现为中感。缺点是果壳较厚，出仁率略低。

粤油 9 号。广东省农业科学院作物研究所选育的品种。于 2004 年分别通过国家品种鉴定和广东省品种审定。适宜华南地区如广东、广西、福建、海南、云南、湖南和江西南部地区种植。抗黄曲霉侵染的花生新品种。该品种植株生势强，株型紧凑，耐旱性强，抗倒性、耐涝性中等。叶斑病 2.5 级，锈病 3.0 级。经人工接种鉴定，粤油 9 号黄曲霉侵染率为 17%，比对照种汕油 523 侵染率低 78 个百分点，达高抗水平。是我国育成的第一个抗黄曲霉侵染品种。参加 2001—2002 年国家（南方区）花生品种区域试验，荚果产量 3 878.70kg/hm²，比对照种增产 4.50kg/hm²，增产率 0.12%，增产未达显著水平。

粤油 79。广东省农业科学院作物研究所选育的品种。1999 年通过广东省品种审定。2002 通过国家品种审定。适宜华南地区如广东、广西、福建、海南、云南、湖南和江西南部地区种植。1996—1997 年广东省花生新品种区域试验，荚果产量 4 075.50kg/hm²，比对照种汕油 523 增产 4.18%，产量居各参试品种首位。蛋白质含量 32.47%，含油量 51.9%。抗逆性强。抗倒伏、耐旱性强，抗锈病力强。锈病发病级数为 1.8 级（九级制），同时抗青枯病。该品种属珍珠豆型，植株生势强。生育期春植 120d，秋植 115d。

湛油 30。广东湛江市农业科学研究所选育的品种。1999 年通过广东省品种审定。2002 通过国家品种审定。适宜广东、广西、福建、海南、云南、湖南和江西南部地区种植。属珍珠豆型品种。全生育期 120d。抗倒、抗旱性强，抗锈病、青枯病能力较强。粗脂肪含量 49.08%，粗蛋白含量 26.2%，油酸含量 43.73%，亚油酸含量 36.30%。油酸/亚油酸比值 1.024。1996—1998 年参加全国（南方片）花生区试，荚果产量 3 326.25kg/hm²，较对照汕油 523 增产 5.14%。

汕油 21。广东汕头市农业科学研究所选育的品种。2003 年分别通过广东省品种审定和国家品种审定。适宜广东、广西、福建、海南、云南、湖南和江西南部地区种植。

珍珠豆型。全生育期 123d。高抗锈病和叶斑病，耐肥、抗倒，适应性较广。2000—2001 年参加省区试，荚果产量3 735.00kg/hm²，比对照种汕油 523 增产 5.48%。

桂花 30。广西壮族自治区农业科学院经济作物研究所选育的中早熟珍珠豆型品种。生育期 120d 左右。1997—1999 年参加品比试验，荚果产量 4 196.25kg/hm²，比对照种汕油 27 增产 17.33%；2000—2002 年参加广西花生新品种试验示范，荚果平均产量 3 712.5 kg/hm²，比对照种桂花 17 增产 12.95%。荚果茧形。百果重 151g，百仁重 72g，出仁率 70%，含油率 50.83%。中抗叶斑病、病毒病和锈病，抗倒性好，易发生青枯病。种子休眠性弱。

（3）长江流域高产、优质、抗性好的品种。

中花 7 号。中国农业科学院油料作物研究所从 7506 - 57×鲁花 1 号的杂交组合后代中经系谱法育成的花生新品种。具有品质优良、高产、稳产、早熟、抗叶斑病、耐旱性强等优良特性。适合湖北省及长江流域地区种植。2000 年通过湖北省农作物品种审定。在湖北省区试中两年平均荚果产量 4 161.2kg/hm²，居试品种首位，比对照品种中花 4 号增产 13.60%。在湖北省生产试验中所有试点均比对照表现增产，增产幅度 5.7%～11.3%。平均荚果产量 4 036.5kg/hm²，比对照中花 4 号增产 9.5%。抗叶斑病和矮化病毒病。经人工接种，叶斑病（黑斑病）发病级数平均为 4.3 级（按国际 9 级标准），感病对照品种鄂花 4 号发为 7.8 级，达到中抗水平；矮化病毒病情指数为 34.11，感病对照种鄂花 4 号的病情指数为 77.10，比感病对照低 54%，达到中抗水平。耐肥、抗倒，种子休眠性较强。由于根系发达，耐旱性强。

丰花 1 号（农大 516）。山东农业大学用海花 1 号与蓬莱一窝猴杂交育成。1998—1999 年参加山东省大花生组新品种区域试验，2000 年参加全省生产试验和全国北方区大花生品种区试。在全省区试及生产试验中丰花 1 号各项指标均达到选拔标准。2004 年通过湖北省品种审定。经山东省 11 处试验，两年平均荚果产量 5 762.70kg/hm²，籽仁产量 4 074.30kg/hm²，分别比对照品种鲁花 11 增产 12.87%和 11.68%。属普通型中熟大花生。生育期 135～140d。株型直立，主茎高 44.7cm，侧枝长 49.8cm，总分枝 9.3 条，耐储藏，质地香脆，口感好，适合出口。抗旱、耐涝，耐重茬性强，种子双仁果率 80%，种子休眠期长。

中花 4 号。中国农业科学院油料作物研究所用遗传背景不同的多亲本复合杂交并采用改良系谱法选育而成。具有高产、抗锈病、抗青枯病、高耐铝毒、早熟等特性。在全国区试中，荚果产量 3 511.50kg/hm²；生产试验荚果产量 3 867.00kg/hm²。该品种春播全生育期 120～130d，夏播 105～110d。株型直立、紧凑，适应多种种植制度的需要。百果重 160g，百仁重 65g；出仁率 72%。种仁蛋白质含量 30.7%，含油量 50.8%。该品种适宜在我国淮河以南广大地区推广种植。

天府18。四川南充市农业科学研究所育成的早熟中粒品种。春播生育期140d左右，夏播生育期120d左右。2003—2004年四川省区域试验，荚果产量4 293.0kg/hm²，比对照种天府9号增产9.2％。2004年四川省生产试验，荚果产量4 804.5kg/hm²，比对照种天府9号增产19.6％。荚果普通形，籽仁圆锥形，无裂纹，种皮粉红色，内种皮金黄色，百果重178.0g，百仁重76.2g，出仁率78.9％，粗脂肪含量51.74％，粗蛋白含量26.4％，油酸/亚油酸比值为2.5。果针入土深，果柄较长而坚韧，成熟后收获不易掉果。抗旱性强，耐涝性较强，较抗叶斑病。种子休眠性强。

（4）注意事项。各花生产区因地制宜因需选用良种的同时，避免或减少有害生物通过种子侵染，还应作好以下工作。

严格种子检疫。需要引种、调种的产区，事先必须调查好种子产地的有害生物发生情况，不从重病区调种，不得从根结线虫病、青枯病区调种，以防病害的扩散。

选用秋夏花生留种。选定品种以后，还要尽量选用储藏时间短、活力强、未受病虫危害的种子。南方秋花生留种，北方夏花生留种生活力强，耐储性好，休眠期短，耐低温，出苗快，增产显著，是花生品种复壮、防止退化、保持稳产的重要措施。

四级选种。做好四级选种（选地块、株、果、仁）。选长势好、品种纯、病虫害轻、产量高的田块留种；摘果时选结果多而整齐的单株留种；在株选的基础上选双饱果留种；播种前剥壳时，将小粒、破皮、变色、有紫斑的种仁剔除。四级选种是防治花生病害的重要措施，也是花生提纯复壮、高产、稳产的重要技术条件。

注意种子保存。要选择低温、干燥的仓库储藏。目前农家常用的瓦缸储藏法，即选择密封性好的瓦缸或容器，放到阴凉的地方，下面垫石灰或草木灰隔潮或者垫一层干燥的花生壳或稻草防潮，放入花生荚果后加盖密封保存。这种方法可保存花生荚果1～2年，适合少量种子的储藏。

2. 种子准备与处理

（1）晒种。播种前要带壳晒种2～3d。晒种场地以土质晒场为宜。不要选用水泥或石灰做成的晒场晒种，以免灼伤种子。在晒种过程中，要经常翻种，以使种子不同部位受热均匀。晒种可增强花生种皮的透性，提高种子细胞的渗透压，有利播后种子吸水。晒种可提高种子内部水解酶的活性，提高呼吸强度，有利物质的转化，促进种子萌芽。晒种可杀死病菌和虫卵等，从而减少播种后病虫害发生的危险性。

（2）剥壳。在播种前1～2d剥壳，最好即剥即播。剥壳过早会使种子吸水受潮，呼吸作用与酶的活性增强，过多地消耗养分，降低种子活力。过早剥壳还可为病菌和害虫侵害种子，或机械伤害种子创造条件。所以，在生产上一般不提倡过早剥壳。

（3）精选种子。通常分为4级，用1级和2级饱满完好籽仁作种。下种前要作种子发芽试验，选用无病虫、优质良种，确保生产田使用的种子发芽势在80％以上，发芽率达95％以上。

（4）浸种催芽。在低温、干旱的地区种植花生，或当种子质量差时，可通过浸种催芽的方式选优淘劣，控制有害生物侵染，以保证播种质量。催芽温度维持在25～30℃，催芽至种子的胚根刚露白时即可播种。

（5）药、肥拌种。药剂拌种的主要目的是为了减轻播种后鼠、雀、兽及地下害虫等对种子的危害。药剂拌种还可抑制花生种子上常附有的青霉菌、根霉菌、曲霉菌和镰刀菌等病菌的侵染，防止播种后烂种或死苗。常用相当于种子重量 0.1% 的百菌清或 0.3% 的多菌灵、托布津拌种，拌后即播。用 50% 辛硫磷乳剂 50ml＋40% 多菌灵胶悬剂 100ml，或 50% 多菌灵粉剂 100g＋水 3L，匀拌花生种仁 50kg（可种 2 000m² 地）。

在新垦地或瘦瘠地初次种植花生，将种子与根瘤菌或钼肥拌种可使根系早结瘤、多结瘤。用相当于种子重量 0.2% 的煤油或柴油拌种对地下害虫和鼠、雀害有防避作用。但煤油和药剂拌种会影响根瘤菌的活力，故使用根瘤菌时应将根瘤菌拌到种肥中。也可用种子包衣技术来代替药剂拌种。

3. 科学耕整土地

病虫害发生重的产区，深耕不但可以蓄水、保水，改良土壤，提高土壤肥力，使花生高产，而且可以明显减轻花生病、虫、草、鼠害。深耕时要注意不要打乱土层，深耕的深度 30～50cm，以利消灭病原菌、虫原和杂草种子越冬基数。适度深耕必须结合施用大量有机肥料，提高花生抗御自然灾害和有害生物的能力。耕翻的方法以翻转耕翻为好，即是将熟土层较彻底翻于犁底层，可以明显压低病原基数、消灭越冬害虫和卵以及杂草种子，减轻有害生物发生。

早春耙地除能保墒外，还能防除田间杂草，减少地老虎的落卵量及大黑金龟子的食物来源。耕耙地时，人工随时捡拾越冬蛴螬成、幼虫以及其他地下害虫。因此，早春及遇雨后应及时耙地保墒除害。

精细整地，做到深、细、松、软、平。垄、畦宽度适宜、竖畦横垄。起畦（垄）可相对加厚耕作层，提高昼夜温差，使田间通风透光，有利于花生根系生长和结荚，便于排水降渍，防止缺氧而烂果，还能促进通风，降低田间湿度，改善田间小气候，减轻病害的发生，增强花生的光合作用，提高花生产量和质量。北方习惯于高垄双行，垄宽 72.4～80cm，垄沟宽 26.5～30cm，垄面宽 46.2～50cm，垄上种双行花生。而南方地区一般习惯高畦 5 行，畦面宽 120～140cm，畦沟宽 30～40cm，畦上种 5 行花生。为了防止涝害，要做好三沟配套，花生最怕雨涝、渍害，必须开好丰产沟、腰沟、田边沟，并疏通外围沟系，保证沟沟相通，雨过田干。要挖好三级排水沟，畦沟深 20～25cm，田中呈十字沟，沟深 25～30cm，田外排水沟沟深 40cm 以上。旱坡地要开好环山沟，畦面可宽些，一般 170～200cm（包沟），畦沟深 13～17cm。

4. 合理施基肥

多施腐熟的有机肥。使用有机肥是改良土壤、培肥地力、减轻病害、提高产量和质量的有效措施。施用量一般 15 000～30 000kg/hm²。但有机肥中混有大量的草种和病株残体，必须充分腐熟后才能施用。搭配施用氮、磷、钾复合化学肥料。氮、磷、钾复合肥能提高抗寒、抗病、抗倒伏能力，使花生茎秆健壮、坚韧、荚果饱满。

种肥能促进花生苗期的生长发育及根瘤的形成。对于肥力瘠薄或基肥不足的地块，可施入部分氮肥作种肥，用硫酸铵 45～75kg/hm²，施于种子附近，避免与种子直接接触，以防烧种。为促进根瘤发育，使花生早结多结根瘤，提高根瘤菌固氮量，可采用花生根瘤菌剂拌种。在种子浸种或催芽后，用根瘤菌剂 375g/hm² 加 2 250～3 750ml/hm² 水调开，与种子拌匀，随拌随播，一般可增产 8%～13.1%。还可采用生物钾肥拌种，用量 7 500 g/hm²，可促进土壤中钾、磷、镁等元素的转化，促进花生生长发育，提高花生抗御灾害的能力。

（二）播种期间防治

掌握好播种的适宜时期、合适墒情、播种密度以及播种深度等技术因素，对防治烂种、种子落干、死苗，造成缺苗断垄至关重要。密度决定群体大小，适宜播种密度，营造有利于花生生长发育，而不利于有害生物的发生。

1. 适时播种

确定适宜播期要根据当地地温变化、墒情、土质和栽培方法而定。通常 5～10cm 地温连续 5d 稳定在 15～18℃时，即可播种。

山东早春双膜菜用花生、地膜覆盖春花生、露地春花生的适宜播种期分别为 3 月 20 日左右、4 月 15 日左右、4 月底至 5 月上旬。春季瓜套花生的适播期在西瓜或甜瓜收获前 10～15d，一般在 5 月 15～25 日。广东省北部，包括韶关、梅州、惠州、肇庆北部等地，春植花生的播期以春分前后为宜，中部地区，包括广州、佛山、江门、清远、梅州、肇庆、惠州等市的南部春花生以雨水前后播种为宜。广东省秋植花生，北部地区以大暑前后播种为宜，中部地区可在立秋前后播种，南部地区以处暑前后播种较适宜。

2. 适墒播种

在适宜的温度条件下，土壤含水量达田间最大持水量的 60%～70%，即耕作层土壤手握能成团，手搓较松散时，最有利于花生种子萌发和出苗。土壤含水量低于 40% 易落干，种子不能正常发芽出苗。高于最大持水量的 80%，由于土壤缺氧，易发生烂种或幼苗根系发育不良。在适宜播期内，要有墒抢墒播种，无墒造墒抢播。墒情很差、近期又无下雨迹象的，最好在播种前提前泼地造墒，适墒时再播。墒情略差的，可在播种时先顺播种沟浇少量水，待水下渗后再播。如雨后播种，一定要待土壤稍干时适墒播种，严防种子落干和烂种。

3. 合理密植

确定适宜的密度应考虑品种特性、土壤肥力、气候条件及栽培水平等。决定密度的因素有垄宽，株、行距大小。一般早熟品种宜密，晚熟品种宜稀；分枝少的宜密，分枝多的宜稀；株丛矮的宜密，株丛高的宜稀；肥力低的宜密，肥力高的宜稀，雨水少的地区宜密，雨水多的地区宜稀；栽培条件差的宜密，栽培条件好的宜稀。确定株行距的原则是行距相当于品种的侧枝长（R），墩距为 0.44R，每墩两粒。一般北方产区，中熟大花生的适宜密度为 12.0 万～15.0 万穴/hm²，平均行距 40～45cm，穴距 16～18cm，每穴 2 粒（下同）；早熟小花生适宜密度为 13.5 万～18.5 万穴/hm²，平均行距 35～42.5cm，穴距 15～18cm。在广东省，水田春植花生以 27.0 万～33.0 万株/hm²，秋植以 36.0 万株为宜；旱坡地春植以 30.0 万～36.0 万株/hm² 较合适。播种过稀，群体小，影响花生产量；密度过大，易造成田间小气候郁闭，有利于有害生物的发生危害。

播种分为机械播种和人工播种两种方式。目前仍以人工播种为主。机械播种的好处是省工、省力，播种规格比较一致，确保播种深度一致，出苗整齐。有条件情况下尽可能采用机械播种。播种适宜深度，露地播深 3～5cm，地膜覆盖播种 3cm 左右为宜。播种过浅，容易造成种子落干，并易遭鸟、兽等危害。播种过深，易造成烂种。

4. 及时防除病、虫、草、害

在播种期间采取措施防治草害和土传病害非常关键。在精耕细作、选用抗病品种的基础上，随着化学除草技术的应用，花生播种期间，露栽田，播种后出苗前，趁墒情较好有利于除草剂充分发挥作用，于地面喷洒 50％乙草胺乳油 65ml＋12.5％盖草能乳油 5ml，或者 5％普杀特水剂 1 500～18 000ml/hm²，对水 900～1 125kg/hm²。春、夏播花生覆膜田地表面喷洒芽前除草剂（土壤处理剂）异丙甲草胺（metolachlor）或甲草胺（ala-chlor）、乙草胺（acetochlor），除草效益高。覆膜田，在播种后覆膜前于地面喷洒化学除草喷施除草剂，同时与杀菌剂结合喷洒封锁地面，如灭菌威＋乙草胺、霉易克＋乙草胺、菌核净＋乙草胺等组合，既除草又防花生立枯病、菌核病、白绢病、黑霉病、叶斑病等多种土传病害发生。50％多菌灵可湿性粉剂按种子重量的 0.3％拌种，也可有效防治多种病害。青枯病发生区用 50％消菌灵 1 250g/hm² 拌种。花生根结线虫病发生区可用无毒高脂膜 30kg/hm² 或农乐 1 号 37.5kg/hm² 拌种防治。目前正在推广应用杀草地膜（膜本身带有除草剂），不用单独喷洒除草剂，省工、省力，土壤残留和籽仁残留比直接喷除草剂的明显降低。如乙草胺除草地膜，或者扑草净除草地膜，除草效果较好。双膜菜用花生，可喷施除草剂后立即盖地膜和弓棚膜，7d 后打孔播种。明显减轻病虫危害。

播种期地下害虫蛴螬、新黑珠蚧、金针虫等的防治很重要。在花生田周围种植蓖麻，以诱杀大黑鳃金龟甲、黑皱鳃金龟甲或安装灯光诱杀趋光性强的拟毛黄金龟甲、铜绿丽金龟甲等。在成虫发生盛期，用农药喷洒大田周围树木灭杀成虫。露地春花生田大黑金龟子的出土高峰在花生出苗前，可在出土高峰期于晚上 9 时后持灯下田，捡拾田内出土的大黑金龟子，5～7d 捡拾 1 次，连续捡拾 2～3 次，即可控制大黑鳃金龟幼虫的危害。用 25％克甲种衣剂按用种重量的 0.2％进行种子包衣或选用 48％乐斯本缓释颗粒剂 15kg/hm² 拌细土 225kg/hm²，均匀撒于播种沟内、50％锌硫磷乳油按 0.2％浓度拌种，可以有效地防治花生新珠蚧、大黑鳃金龟、棕色鳃金龟、铜绿鳃金龟、蒙古丽金龟及金针虫等地下害虫及鼠害，同时对苗期发生的蚜虫、蓟马等地上害虫也有较好的兼治作用，而对天敌的影响较小。

（三）苗期防治

蚜虫、叶螨、白飞虱等害虫和病毒病是花生苗期的防治重点。露栽田，及时清棵蹲苗培育壮苗，还能控制花生根腐、茎腐、冠腐等倒秧病、蚜虫、病毒病的发生。清棵时，先用大锄破垄，后用小锄清棵。清棵深度以露出子叶节为准。并要随时出苗随时清棵，直至完全出苗为止。随时拔除病毒病苗株，以防传播蔓延。当有蚜墩率达 20％～30％，墩蚜量 10～20 头时，及时喷高效、低毒、持效期较长的农药 30％蚜克灵可湿性粉剂 2 000 倍液或 50％抗蚜威可湿性粉剂 2 000 倍液、10％吡虫啉可湿性粉剂 4 000 倍液，也可选用 40％乐果乳油、20％广克威乳油或 20％二嗪农乳油 1 000 倍液、45％马拉硫磷乳油 1 000～1 500 倍液，兼治棉铃虫、斜纹夜蛾和甜菜夜蛾等食叶害虫。还可喷施联苯菊酯乳油、灭扫利乳油、氰戊菊酯乳油等菊酯类农药。以上药剂要交替施用，以防产生抗性。另外，要注意，当田间百墩花生有蚜4头左右，瓢蚜比为1：100左右时，蚜虫危害可以得到有效的控制，暂时不需用药。防治叶螨用15%扫螨净乳油2 500～3 000倍液或73%克螨特乳油1 000倍液、1.8%阿维菌素乳油5 000～8 000倍液、15%达螨灵乳油2 000～3 000倍液或1.8%农克螨乳油2 000倍液、40%水胺硫磷乳油2 500倍液叶面喷雾。当朱沙叶螨和二斑叶螨混发地块用1% 7051杀虫素乳油3 000倍液喷雾防治。

（四）开花下针期至结荚期防治

此期是花生病、虫、草、鼠多种有害生物并发时期，也是多数病害的防治适期和地上虫和地下虫防治的关键时期。

当花生网斑病、褐斑病、黑斑病和焦斑病发生，主茎叶片发病率达5%～7%时，叶面喷施50%多菌灵或75%百菌清1 250～1 500g/hm²、1.5%多抗霉素或中生霉素3 750g～4 500g/hm²、井冈霉素1 875g～2 250g/hm²、倍量式波尔多液叶面喷雾，能兼治花生菌核病、茎腐病、白绢病、根腐病、黑霉病等。当花生青枯病病株率达1%时，喷施1.8%的爱福丁150g/hm²，对水1 500kg，或用85%强氯精500倍液浇淋根部，能有效地控制花生青枯病的发展。分别用绿亨2号、绿亨1号、代森锰锌3种药剂防治青枯病持效期较长。

蛴螬、棉铃虫、甜菜夜蛾、斜纹夜蛾、棉小造桥虫、伏蚜等的防治要成、幼虫兼治、调治。采用毒枝诱杀暗黑、铜绿金龟子；50%辛硫磷1 000倍液灌墩，防治金龟子幼虫。当棉铃虫在成虫盛发期来临之前，用0.1%草酸喷洒植株，每隔5d喷1次，连喷3次，可有效驱避成虫。当每平方米有棉铃虫幼虫4头（或卵孵化盛期）时，3龄前用增效Bt或50%辛硫磷乳油、25%灭幼脲、5%氟啶脲乳油、5%氟虫脲乳油1 500倍液、40%毒死蜱乳油1 000倍液、10%吡虫啉可湿性粉剂4 000倍液、25%灭幼脲、45%马拉硫磷1 000倍液、70%硫丹乳油1 000倍液等，每隔7～10d，叶面喷洒1次，可兼治多种害虫。清除地边杂草，破坏田鼠生存环境，提高其死亡率，降低繁殖力。

花针期也是花生营养生长和生殖生长逐渐进入并旺的时期，如0～30cm土层含水量低于田间最大持水量的40%，植株出现萎蔫，顶部复叶的小叶片在晴天中午自动闭合，且预计近日无雨应及时浇水。灌溉方式以小水浸润沟灌为宜，严防大水漫灌，易造成烂果。如在下针后期至结荚前期株高超过40cm，即为花生植株徒长。为了防止徒长，可喷洒调控生长剂壮保安控制。如秋雨多，雨量大，排水不畅，内涝地块，要及时排水，建立排水系统。根据地头的长短和地势，挖好拦腰沟和解决内边涝的排水沟。以免田间积水、内涝，造成伏果烂果，影响花生质量和产量。

为了防止叶片早衰，叶面肥追施2 250g/hm²磷酸二氢钾或尿素、1 875～2 250ml/hm²天然海藻肥对水900～1 125kg、天达2116细胞膜稳态剂120ml/hm²、对水900kg，间隔7～10d，连喷2～3次，可以明显防止叶片早衰和减轻病虫危害。耘、锄、耪、垄沟结合人工拔除漏网大草，彻底清除草害，以免留下越冬草种。

（五）荚果成熟期防治

此期应对上述有害生物继续进行控制其危害，重点防治黄曲霉病、鼠害及草害等。

花生收获前感染的黄曲霉菌主要来源于土壤。在收获前 20～30d 遇干旱，容易感染曲霉菌，此期干旱务必浇水。严防地下害虫危害和生育后期受旱及高温胁迫等均可能提高花生收获前的感染率。在荚果成熟期有针对性采取有效的技术措施，可在一定程度上控制花生收获前黄曲霉毒素污染。此期是鼠害危害盛期，以人工消灭为主，用鼠夹子打、水灌鼠洞、铁丝套鼠、挖洞捉鼠和性激素诱捕。结合药剂防治，较好杀鼠剂有氯鼠酮、敌鼠钠盐，配制成诱饵交替使用。经济条件好的或鼠产生抗性的地区，可以用氯鼠酮或敌鼠钠盐与大隆或杀它仗交替使用。根据害鼠在农田四周危害的特点，要将毒饵投放在大田四周的埂边、路边、沟边、渠边、坟头边。采用一次饱和投饵法，每 2m 远放 1 堆，每堆放 10g 左右。这几种杀鼠剂都适合高浓度一次投毒，减少用工，降低成本。注意，在田鼠的防治上如采取联防群治，防治效益更高。

（六）收获期防治

适时收获很重要。收获过早，大量荚果尚未充分成熟，种子不饱满，出仁率低，影响产量和质量；收获过晚，易造成落果，不仅收获困难，而且会增加虫果、芽果、伏果、烂果，影响产量和品质严重。一般当花生饱果指数达 60％以上就可适时收获。

收获期间利用花生根结线虫病不耐干旱特点，收获时晒根灭虫。及时清除根结线虫病、茎腐病、青枯病、叶斑病等病株残体，带到田外集中烧毁。结合荚果复收，人工捡拾地下害虫灭之。收获时，应注意荚果机械破损，以防受黄曲霉毒素污染。收获时容易发现田鼠洞穴，挖掘其洞穴或用水灌杀害鼠。

避免阴雨天气收获，应趁晴朗的好天气晾晒，避免连续阴雨天气造成荚果霉捂。霉捂的荚果易受黄曲霉毒素污染，降低品质和价值。

（七）安全储藏

收获后及时晾晒，晾晒过程尽量不要堆捂，直至荚果含水量降到 10％以下，籽仁含水量 8％以下，保证储藏期不受霉菌危害。产品收获后，置于低温、低湿（储藏相对湿度＜70％）、无鼠、雀、虫害的地方安全储藏，要避免有害物质污染，按食品安全的具体要求妥善保管。

附　录

为方便广大读者，特将在花生有害生物防治过程中，常用的杀菌剂、杀虫剂、杀鼠剂和器具以及计算公式等，在本附录中进行相关介绍。供参考。

附录一　花生田推荐使用农药简介

（一）杀菌剂

【农药名称】戊唑醇

【英文名称】tebuconazole

【其他名称】立克秀

【作用特点】广谱三唑类杀菌剂。用量低，可应用于小麦的种子处理，对种子携带的各种病原菌无论是吸附在表皮还是种子内部都同样有效，尤其适用于黑穗病的防治。

【注意事项】立克秀为种子处理剂。拌种处理过的种子播种深度以 2～5cm 为宜。处理后的种子禁止供人、畜食用，也不要与未处理种子混合。

【农药名称】多菌灵

【英文名称】carbendazim

【其他名称】棉萎灵　苯并咪唑 44

【作用特点】为有机杂环类杀菌剂中的苯并咪唑类杀菌剂。属高效、低毒、广谱杀菌剂。具保护、内吸和一定的治疗作用。干扰病菌菌丝有丝分裂过程中纺锤体的形成，从而使细胞不能繁育而死亡。多菌灵处理花生种子后，不仅可以消除种子内外的病菌，还可以保护花生种子、幼芽、根、茎基部免遭土壤中病菌侵染。同时，还有一定的肥效作用。多菌灵胶悬剂的防病效果优于多菌灵可湿性粉剂。用 50% 多菌灵可湿性粉剂，每 50kg 种子用成药 0.15～0.25kg，将药粉与细干土 2.5～5kg 混匀，配成药土。花生种子先用水淘洗潮湿，然后再分层与药土拌和，使每粒花生种子都均匀沾上药土，拌药土后可立即播种。

【注意事项】对花生青枯病没有防病效果，不能与铜制剂混用。多菌灵可与一般杀菌剂混用，但与杀虫剂、杀螨剂混用时要随混随用。不宜与碱性药剂混用。长期单一使用多菌灵易使病菌产生抗药性，应与其他杀菌剂轮换使用或混合使用。作土壤处理时，有时会被土壤微生物分解，降低药效。

【农药名称】咯菌腈

【英文名称】fludioxonil

【其他名称】适乐时

【作用特点】广谱触杀性杀菌剂。用于种子处理，可防治大部分种子带菌及土壤传染的真菌病害。在土壤中稳定，在种子及幼苗根际形成保护区，防止病菌入侵。结构新型，不易与其他杀菌剂发生交互抗性。

【注意事项】处理过的种子播种后必须盖土，用剩的种子可储存于阴凉干燥处，一年内药效不减。禁止用于水田，以免杀伤水生生物。

【农药名称】百菌清

【英文名称】chlorothalonil

【其他名称】百慧　大治　霜可宁　泰顺　多清　朗洁　殷实

【作用特点】百菌清是广谱、保护性杀菌剂。作用机理是与真菌细胞中的三磷酸甘油醛脱氢酶发生作用，与该酶中含有半胱氨酸的蛋白质相结合，从而破坏该酶活性，使真菌细胞的新陈代谢受破坏而失去生命力。百菌清没有内吸传导作用，但喷到植物体上之后，能在体表上有良好的黏着性，不易被雨水冲刷掉，因此药效期较长。可用于花生锈病、褐斑病、黑斑病的防治。在花生发病初期，每隔 7～10d 喷药 1 次，连续喷药 2～3 次。每次每公顷用 75％百菌清可湿性粉剂商品量 1 500～1 800g，加水 900L，搅均匀喷洒。

【注意事项】百菌清对鱼类有毒，施药时须远离池塘、湖泊、溪流。剩余的药液及清洗药械的水不得倒入鱼塘和水域。不能与石硫合剂、波尔多液等碱性农药混用。

【农药名称】甲基硫菌灵

【英文名称】thiophanate-methyl

【其他名称】甲基托布津

【作用特点】广谱性内吸低毒杀菌剂。具有内吸、预防和治疗作用。能够有效防治多种作物的病害，其内吸性比多菌灵强，按化学结构属取代苯类杀菌剂。甲基硫菌灵被植物吸收后即转化为多菌灵。它主要干扰病菌菌丝形成，影响病菌细胞分裂，使细胞壁中毒，孢子萌发长出的芽管畸形，从而杀死病菌。主要用于叶面喷雾，也可用于土壤处理，残效期 5～7d。

【注意事项】可与多种杀菌剂、杀螨剂、杀虫剂混用。但要现混现用。不能与铜制剂、碱性药剂混用。甲基硫菌灵长期单一连续使用，病菌会产生抗药性，降低防治效果，应与其他药剂轮换使用。但与多菌灵、苯菌灵不得轮换使用。因为它们之间有交互抗性。药剂对皮肤、眼睛有刺激作用，应避免与药液直接接触。使用过程中，若药液溅入眼中，应立即用清水或 2％苏打水冲洗。若误食而引起急性中毒时，应立即催吐，催吐剂可用生鸡蛋 5～10 个打在碗内，搅匀，加明矾末 10g 左右，灌胃催吐。

【农药名称】代森锰锌

【英文名称】mancozeb

【其他名称】大生　喷克　新太生　美生

【作用特点】代森锰和锌离子的结合物。有机硫类保护性杀菌剂。它可抑制病菌体内丙酮酸的氧化，从而起到杀菌作用。具有高效、低毒、杀菌谱广、病菌不易产生抗性等特点，且对果树缺锰、缺锌症有治疗作用。

【注意事项】储藏时，应注意防止高温，并要保持干燥，以免在高温、潮湿条件下使药剂分解，降低药效。为提高防治效果，可与多种农药、化肥混合使用，但不能与碱性农药、化肥和含铜的溶液混用。药剂对皮肤、黏膜有刺激作用，使用时留意保护。不能与碱性或含铜药剂混用。对鱼有毒，可污染水源。

【农药名称】代森锌

【英文名称】zineb

【其他名称】国光乙刻　新蓝粉蓝克　蓝博　夺菌命　惠乃滋

【作用特点】有机硫杀菌剂。具广谱性和保护性，有臭鸡蛋气味，低毒。日光照射或高温、高湿时不稳定，易分解失效，遇碱性加快分解，对作物安全。其有效成分化学性质活跃，在水中易被氧化成异硫氰化合物，对病菌体内含有疏基的酶有强烈抑制作用，并能杀死病菌孢子，抑制孢子发芽，阻止病菌侵入。应在发病前使用。药效期较短，一般为7d 左右。

【注意事项】不能与碱性农药及铜制剂农药混用，储藏时封严袋口，以防吸潮，并放在阴凉干燥处。

【农药名称】灭线磷

【英文名称】ethoprophos

【其他名称】益收宝　丙线磷　灭克磷　益舒宝　虫线磷

【作用特点】有机磷酸酯类杀线虫剂、杀虫剂。无熏蒸和内吸作用，可防治多种线虫，对大部分地下害虫也具有良好的防效。

【注意事项】本品易经皮肤进入人体，施药时应注意安全防护。有些作物对丙线磷敏感，播种时不能与种子直接接触，否则易发生药害。在穴内或沟内施药后要覆盖一薄层有机肥料或土，然后再播种覆土。此药对鱼类、鸟类有毒，应避免药剂污染河流、水塘及其他非目标区域。

【农药名称】精甲霜灵

【英文名称】metalaxyl-M

【其他名称】秋兰姆　赛欧散　阿锐生

【作用特点】广谱保护性的福美系杀菌剂。对多种作物霜霉病、疫病、炭疽病有较好的防治效果。50％福美双 800～1 000g，与 25kg 过筛细土拌均匀后，撒于花生垄内，防治花生根腐病。

【注意事项】避免与皮肤、眼睛及衣物接触，避免吸入粉尘，工作时严禁吃、喝、抽烟。

【农药名称】联苯三唑醇

【英文名称】biteranol

【其他名称】百科　双苯唑菌醇

【作用特点】广谱、渗透性杀菌剂。麦角甾醇生物合成抑制剂，具有很好的保护、治疗和铲除作用。其对锈病、白粉病、黑星病、叶斑病均有较好的防效。

【注意事项】储存在阴凉干燥处，以免分解。

【农药名称】王铜

【英文名称】copper oxychloride

【其他名称】碱式氯化铜　氧氯化铜

【作用特点】氧氯化铜喷到作物上后能黏附在植物体表面，形成一层保护膜，不易被雨水冲刷。在一定湿度条件下释放出可溶性碱式氯化铜离子起杀菌作用。主要用于防治柑橘溃疡病，也可用于防治其他真菌病害及部分细菌病害。

【注意事项】与春雷霉素的混剂对苹果、葡萄、大豆和藕等作物的嫩叶敏感，因此一定 要注意浓度，宜在下午 4 时后喷药。不能与含汞化合物、硫代氨基甲酸酯杀菌剂混用。

【农药名称】烯唑醇

【英文名称】diniconazole

【作用特点】三唑类杀菌剂。在真菌的麦角甾醇生物合成中抑制 14α-脱甲基化作用，引起麦角甾醇缺乏，导致真菌细胞膜不正常，最终真菌死亡，持效期长久。对人、畜、有益昆虫、环境安全。

【农药名称】咪鲜胺

【英文名称】prochloraz

【其他名称】扑霉灵

【作用特点】咪唑类广谱杀菌剂。通过抑制甾醇的生物合成而起作用。在植物体内具有内吸传导作用。对子囊菌和半知菌引起的多种病害防效极佳。稀释 1 500 倍液叶面喷雾，使植物充分着药又不滴液为宜，间隔 10～15d。

【注意事项】本品为环保型水悬浮剂，无公害产品，使用前应先摇匀再稀释，即配即用。可与多种农药混用，但不宜与强酸、强碱性农药混用。施药时不可污染鱼塘、河道、水沟。药物置于阴凉干燥避光处保存。

（二）杀虫剂

【农药名称】敌敌畏

【英文名称】dichlorvos

【作用特点】广谱高效有机磷杀虫剂，兼有杀螨作用。常用剂型有 80% 和 50% 乳油。中等毒性。对鱼类毒性较高，对蜜蜂剧毒。具有熏蒸、胃毒和触杀作用，是一种神经毒剂。药剂进入虫体后通过抑制胆碱酯酶的活性，使害虫迅速死亡。药后易分解，残效期短，无残留。用80％敌敌畏乳油1 500～2 000倍液或50％乳油1 000～1 500倍液喷雾防治。

【注意事项】药液不能与碱性农药混用。要随用随配。

【农药名称】马拉硫磷

【英文名称】malathion

【其他名称】马拉松

【作用特点】具有良好的触杀和一定的熏蒸作用，无内吸作用。进入虫体后氧化成马拉氧磷，从而更能发挥毒杀作用，而进入温血动物时，则被在昆虫体内所没有的羧酸酯酶水解，因而失去毒性。马拉硫磷毒性低，残效期短，对刺吸式口器和咀嚼式口器的害虫都有效。

【注意事项】本品易燃，在运输、储存过程中注意防火，远离火源。中毒症状为头痛、头晕、恶心、无力、多汗、呕吐、流涎、视力模糊、瞳孔缩小、痉挛、昏迷、肌纤颤、肺水肿等。误中毒时应立即送医院诊治，给病人皮下注射1～2mg阿托品，并立即催吐。上呼吸道刺激可饮少量牛奶及苏打。眼睛受到沾染时用温水冲洗。皮肤发炎时可用20％苏打水湿绷带包扎。

【农药名称】辛硫磷

【英文名称】phoxim

【其他名称】仓虫净　肟硫磷

【作用特点】低毒杀虫剂。对鱼有毒，对蜜蜂有接触、熏蒸毒性，对七星瓢虫的卵、幼虫、成虫均有杀伤作用。辛硫磷杀虫谱广，击倒力强，以触杀和胃毒作用为主，无内吸作用，对磷翅目幼虫很有效。在田间因对光不稳定，很快分解，所以残留期短，残留危险小。但该药施入土中，残留期很长，适合于防治地下害虫。防治地下害虫可用50％乳油100g，对水5 kg，拌种50kg，堆闷后播种，可防治地下害虫。用50％乳油1 000倍液浇灌防治地老虎，15min后即有中毒幼虫爬出地面。

【注意事项】不能与碱性物质混合使用。黄瓜、菜豆对辛硫磷敏感，易产生药害。辛硫磷见光易分解，最好在夜晚或傍晚使用。高粱对辛硫磷敏感，不宜喷撒使用。玉米田只能用颗粒剂防治玉米螟，不要喷雾防治蚜虫、黏虫等。中毒症状，急救措施与其他有机磷相同。

【农药名称】毒死蜱

【英文名称】chlorpyrifos

【其他名称】乐斯本

【作用特点】中等毒性杀虫剂。对眼睛有轻度刺激，对皮肤有明显刺激，长时间接触会产生灼伤。在试验剂量下未见致畸、致突变、致癌作用。对鱼和水生动物毒性较高，对蜜蜂有毒。毒死蜱具有触杀、胃毒和熏蒸作用。在叶片上残留期不长，但在土壤中残留期较长，因此，对地下害虫防治效果较好，对烟草有药害。适用于多种咀嚼式和刺吸式口器害虫，也可用于防治卫生害虫。

【注意事项】不能与碱性农药混用。为保护蜜蜂，应避免在开花期使用。各种作物收获前应停止用药。发生中毒送医院治疗，可注射阿托品。

【农药名称】吡虫啉

【英文名称】imidacloprid

【其他名称】扑虱蚜 一遍净 蚜虱净 大功臣 康复多 必林

【作用特点】硝基亚甲基杂环类化合物。具有独特的作用方式。其主要作用机制是选择性的与中枢神经系统中烟碱乙酰胆碱受体结合，只需微量就能阻断中枢神经的正常传导，杀死害虫。有良好的内吸性、广谱性和残效性。用于防治刺吸式口器害虫药效尤佳。具有极高的触杀、胃毒及优良的内吸作用。

【注意事项】本品不可与碱性农药或物质混用。使用过程中不可污染养蜂、养蚕场所及相关水源。适期用药，收获前1周禁止用药。如不慎食用，立即催吐并及时送医院治疗。

【农药名称】氟啶脲

【英文名称】chlorfluazuron

【其他名称】定虫隆、7899

【作用特点】苯甲酰基脲类新型杀虫剂。以胃毒作用为主，兼有触杀作用，但无内吸传导作用。其主要作用机理是抑制害虫体表几丁质合成，阻碍昆虫正常蜕皮，导致卵的孵化、幼虫蜕皮以及蛹发育均出现畸形，成虫羽化受到阻碍而发挥杀死害虫的作用。该药防效高，但作用速度慢，一般药后5～7d才能见害虫死亡。对多种鳞翅目幼虫以及直翅目、鞘翅目、双翅目等害虫均有很高的杀灭活性，尤其对有机磷、氨基甲酸酯、拟除虫菊酯等类杀虫剂已产生抗性的多种害虫具有良好的防治效果。对蚜虫、白粉虱、蓟马、叶蝉、红蜘蛛等害虫、害螨均无防治效果。

【注意事项】因无内吸性，喷药时尽可能使药液湿润全部茎叶，才能发挥其防效。喷用该药的适期应比有机磷类、菊酯类杀虫剂提早3d左右。防治食叶类害虫，应掌握在低龄幼虫期喷药。防治钻蛀性害虫，应在成虫产卵或幼虫孵化期间喷药。

【农药名称】苏云金杆菌

【英文名称】bacillus thurigensis

【其他名称】Bt制剂

【作用特点】为包括许多变种的一类产菌体的芽孢杆菌。低毒，对动物、鱼类和蜜蜂安全。主要是胃毒作用，可用于防治直翅目、鞘翅目、膜翅目，特别是鳞翅目的多种幼虫。苏云金杆菌可产生两大类毒素：内毒素（即伴孢晶体）和外毒素。伴孢晶体是主要毒素。用于防治鳞翅目害虫的幼虫，施用期比使用化学农药提前2～3d，对害虫的低龄幼虫效果好，30℃以上施药效果最好。

【注意事项】不能与内吸性有机磷杀虫剂或杀菌剂混合使用。本品对蚕毒力很强，在养蚕地区使用时，必须注意勿与蚕接触，施药区与养蚕区一定要保持一定距离，以免使蚕中毒死亡。

【农药名称】氯氰菊酯

【英文名称】cypermethrin

【其他名称】双杀令

【作用特点】新型拟除虫菊酯类杀虫剂。具有触杀和胃毒作用，无内吸和熏蒸作用。杀虫谱广，药效迅速，对光、热稳定。对某些害虫的卵具有杀伤作用。可广泛应用于防治棉花、果树、大豆、蔬菜等作物的鳞翅目、鞘翅目和双目害虫。

【注意事项】忌与碱性物质混用，以免分解失效。该药无特效解毒药。如误服，应立即请医生对症治疗。使用中不要污染水源、池塘、养蜂场等。

【农药名称】抗蚜威

【英文名称】pirimicarb

【其他名称】辟蚜雾

【作用特点】中等毒性杀虫剂。对眼睛和皮肤无刺激作用，无慢性毒性，对鱼类、蜜蜂和鸟类低毒，对蚜虫天敌安全。具有触杀、熏蒸和叶面渗透作用。对作物安全，不伤天敌，是综合防治的理想药剂。选择性强的杀蚜虫剂，能有效防治除棉蚜以外的所有蚜虫，对有机磷产生抗性的蚜虫亦有效。杀虫迅速，但残效期短。

【注意事项】抗蚜威在15℃以下使用效果不能充分发挥，使用时最好气温在20℃以上。不要用于防治棉蚜。见光易分解，应避光保存。使用不慎中毒，应立即就医，肌肉注射1～2mg硫酸颠茄碱。

【农药名称】溴氰菊酯

【英文名称】deltamethrin

【其他名称】敌杀死　凯素灵　凯安保

【作用特点】拟除虫菊酯类杀虫剂。以触杀和胃毒作用为主，对害虫有一定的驱避与拒食作用，但无内吸及熏蒸作用。其作用机制主要是昆虫的神经系统的神经性毒剂，使昆虫过度兴奋、麻痹死亡。杀虫谱广，击倒速度快，尤其对鳞翅幼虫及蚜虫杀伤力大，但对螨类无效。

【注意事项】本品不可与碱性农药混用，与非碱性农药混合时，必须现混现用。对螨、蚧效果不好，不宜用于防治对农药抗性发展快的昆虫。如误服中毒，应立即催吐、洗胃，严重中毒者，立即肌肉注射异巴比妥钠一支，不可使用阿托品。

【农药名称】乐果

【英文名称】dimethoate

【其他名称】乐戈　乐果苯

【作用特点】内吸性有机磷杀虫、杀螨剂。杀虫范围广，对害虫和螨类有强烈的触杀和一定的胃毒作用。在昆虫体内能氧化成活性更高的氧乐果。其作用机制是抑制昆虫体内的乙酰胆碱脂酶，阻碍神经传导而导致死亡。一般持效期 4～5d，最长可达 7d 左右。适于防治多种作物上的刺吸式口器害虫，如蚜虫、叶蝉、粉虱、潜叶性害虫及某些蚧类有良好的防治效果，对螨也有一定的防效。防治蚜虫，用 40％乳油 2 000～2 500 倍液喷雾。

【注意事项】啤酒花、菊科植物、一些高粱品种及烟草、枣树、桃、杏、梅树、橄榄、无花果、柑橘等作物，对稀释倍数在 1 500 倍液以下的乐果乳剂敏感，使用前应先作药害实验。乐果对牛、羊的胃毒性大，喷过药的花生秧、绿肥、杂草在 1 个月内不可喂牛、羊。施过药的地方 7～10d 内不能放牧牛、羊。对家禽胃毒更大，使用时要注意。豆类在收获前 5d 停止使用；叶菜类、蔬果类收获前 10～14d 停止使用，全生育期内使用不超过 6 次。口服中毒可用生理盐水反复洗胃，接触中毒应迅速离开现场。解毒剂为阿托品，加强心脏监护，保护心脏，防止猝死。不能与碱性农药混用。药剂不宜久放，当年生产的最好用完。

【农药名称】亚胺硫磷

【英文名称】phosmet

【其他名称】无

【作用特点】广谱性有机磷杀虫剂。具有触杀和胃毒作用。残效期长，对作物有一定的渗透力，能侵入叶面蜡质层。适用于果蔬、水稻、棉花等多种作物害虫，并兼治叶螨。防治地老虎，在幼虫 3 龄期，用 25％乳油 250 倍液灌根。

【注意事项】不能与碱性农药混用。对蜜蜂毒性大，蜂群附近花期不宜使用。蔬菜收获前 10d 停止使用。有结晶析出时，用 50℃左右的温水溶解后使用。

【农药名称】扫螨净

【英文名称】pyridaben、Sanmite、Nexter、NCI-129

【其他名称】哒螨灵　哒螨酮　速螨酮　哒螨净

【作用特点】速杀性好，对螨整个生育期高效。用药量少，持效期长，药效不受温度变化影响，可用于防治多种食植物性害螨。对螨的整个生长期即卵、幼螨、若螨和成螨都有很好的效果，对移动期的成螨同样有明显的速杀作用。可湿性粉剂 3 000 倍液喷雾防治，7～10d 喷 1 次，共喷 3～5 次。

【注意事项】与常用杀螨剂无交互抗性，但不可与波尔多液混用。

【农药名称】克螨特

【英文名称】propargite

【其他名称】丙炔螨特

【作用特点】低毒、广谱性有机硫杀螨剂。具有触杀和胃毒作用，无内吸和渗透传导作用。对人、畜低毒，对蜜蜂和捕食性螨类等天敌无伤害，是一种高效、低毒、低残留、残效期长的杀螨剂，对成螨、若螨均有特效，也有一定的杀卵作用。用药后 12～20d 仍有良好的控制效果。克螨特在气温高于 20℃条件下药效可提高，气温 20℃以下时，防治效果较差。可用于防治多种螨，对天敌较安全。但对嫩小作物敏感，浓度过高易产生药害。

【注意事项】产品收获前 10d 停止用药，允许的最终残留量为 1mg/kg。药剂无内吸作用，喷药要注意喷洒均匀、周到。不能与杀菌剂混用。

【农药名称】灭扫利

【英文名称】fenpropathrin

【其他名称】甲氰菊酯、S-3206、SD-41706

【作用特点】拟除虫菊酯类杀虫剂。对多种螨有良好效果，广谱、高效、低毒、速效、残效期长。具触杀、胃毒和一定驱避作用，无内吸、熏蒸作用。其主要作用表现于杀灭、驱避、拒食和降低产卵。用于棉花、果树、茶树、蔬菜等作物的鳞翅目、同翅目、半翅目、双翅目、鞘翅目等害虫及多种害螨的防治。尤其在害虫、害螨并发时，可虫、螨兼治。

【注意事项】施药要避开蜜蜂采蜜季节和蜜源植物，不得在桑田、蚕室、池塘等附近施药。此药只能做杀螨替代品或用于虫螨兼治。

【农药名称】阿维菌素

【英文名称】avermectinum，abamectin

【其他名称】阿佛曼菌素　爱福丁　7051 杀虫素　虫螨光　绿菜宝

【作用特点】大环内酯双糖类化合物。它是从土壤微生物中分离的天然产物，对昆虫和螨类具有触杀和胃毒作用，并有微弱的熏蒸作用，无内吸作用。对叶片有很强的渗透作用，可杀死表皮下的害虫，且残效期长。它不杀卵。其作用机制是干扰神经生理活动，刺激释放 γ-氨基丁酸，而 γ-氨基丁酸对节肢动物的神经传导有抑制作用。螨类成、若螨和昆虫与药剂接触后即出现麻痹症状，不活动，不取食，2~4d 后死亡。因不引起昆虫迅速脱水，所以它的致死作用较慢。对捕食性和寄生性天敌虽有直接杀伤作用，但因植物表面残留少，因此对益虫的损伤小。阿维菌素主要用于蔬菜、果树、蚕豆、棉花、花生、花卉等作物防治小菜蛾、菜青虫、棉铃虫、烟青虫、甜菜夜蛾、潜叶蝇、斑潜蝇、蚜虫、木虱、桃小食心虫以及叶螨、瘿蝇等。一般用 1.8% 乳油 2 000~4 000 倍液喷雾；防治土壤根结线虫每公顷用 2.0% 乳油 3 000~4 500ml 灌根，效果极好。

【注意事项】施药时要有防护措施，戴好口罩等。对鱼高毒，应避免污染水源和池塘等。对蜜蜂有毒，不要在开花期施用。最后一次施药距收获期 20d。

【农药名称】复方浏阳霉素

【英文名称】Liuyangmycin

【其他名称】浏阳霉素　大环四内酯类抗生素

【作用特点】触杀性杀虫剂。对螨类具有特效，对蚜虫也有较高的活性。使用浓度为 1 000~3 000 倍液。多与有机磷、氨基甲酸酯类农药混配使用，以达到增效及扩大杀虫谱的效果。复方浏阳霉素可用来防治作物上各种害螨。

【注意事项】掌握成螨盛发初期防治，可控制叶螨危害。

【农药名称】达螨灵

【英文名称】pyridaben

【其他名称】速螨灵　哒螨酮　牵牛星　NCI-129

【作用特点】高效、广谱杀螨剂。无内吸性。对叶螨、全爪螨、小爪螨合瘿螨等食植性害螨均具有明显防治效果，而且对卵、若螨、成螨均有效，对成螨的移动期亦有效。

【注意事项】对光不稳定，但是乳油在正常储存条件下可稳定2年以上。与其他药剂混用时要先做小区试验，使用剂量要适当。若伤及皮肤，应立即脱去衣服，用肥皂水冲洗。若伤及眼睛，用清水冲洗。密封储存在原装容器内，放在阴凉、干燥、通风处，不可与食物、饲料混放。

【农药名称】尼索朗

【英文名称】hexythiazox, nissorun

【其他名称】噻螨酮

【作用特点】低毒、具有杀卵作用的新型杀螨剂。在植物体上无内吸传导作用，但能渗透叶片，遇雨冲刷影响不大，残效期可达60～70d。尼索朗对红叶螨、全爪螨等的卵、幼螨，有很好防治效果，对施过药的成螨所产的卵也有效。

【注意事项】因对成螨无效，防治适期应酌量提前。因无内吸传导性，喷药要均匀周到.并要一定的喷射压力。对捕食性螨和有益昆虫无毒，在正常用药剂量下，对蜜蜂安全，对水生动物、鸟类毒性很低。

【农药名称】四螨嗪

【英文名称】Apollo、clofentezine

【其他名称】阿波罗　螨死净

【作用特点】有机氮杂环类触杀型杀螨剂。阿波罗可穿入螨的卵巢内使其产的卵不能孵化，是胚胎发育抑制剂，并抑制幼、若螨的蜕皮过程，但无明显的不育作用。一种活性很高的触杀型杀螨卵药剂，对幼、若螨也有较高活性，但对成螨无效。阿波罗持效期长，可达50～60d，但药效较慢，施药后10～15d才有显著效果。故使用时要注意掌握用药适期。

【注意事项】对成螨无效，且药效表现较缓，在田间成螨数量大时不宜单用，应与其他杀成螨活性高的杀螨剂混合使用。为防止害螨产生抗药性，尽可能一年只使用一次。施药后换洗被污染的衣物，妥善处理废弃包装物。药剂应原包装储存于阴凉、干燥且远离儿童、食品、饲料及火源的地方。

【农药名称】茴蒿素

【英文名称】santonin

【其他名称】无

【作用特点】植物性低毒杀虫剂。主要成分为山道年碱及百部碱，对害虫具有胃毒作用。主要用于防治蚜虫。防治蚜虫每公顷用0.65％水剂3 000ml，对水喷雾。

【注意事项】茴蒿素遇热、光、碱容易分解，应储存在干燥、避光、通风良好的地方。

不能与碱性农药混用。

【农药名称】水胺硫磷

【英文名称】isocarbophos

【其他名称】O-甲基-O-（2-异丙氧基羧基苯基）硫代磷酰胺

【作用特点】属于高毒有机磷杀虫剂。具有触杀、胃毒和杀卵作用。在试验剂量下无致突变和致癌作用，无累积中毒作用，对皮肤有一定刺激作用。在昆虫体内首先被氧化成毒性更大的水胺氧磷，抑制昆虫体内乙酰胆碱酯酶。在土壤中持久性差，易分解。

【注意事项】不可与碱性农药混合使用。为高毒农药，禁止用于果、茶、烟、菜、中草药植物上。水胺硫磷能通过食道、皮肤和呼吸道引起中毒。如遇中毒，应立即请医生治疗。清洗时忌用高锰酸钾溶液，可用阿托品类药物治疗。中、重度中毒应用胆碱酯酶复能剂。

【农药名称】氟虫脲

【英文名称】flufenoxuron

【其他名称】卡死克　WL115110

【作用特点】低毒杀虫杀螨剂。无致癌、致畸、致突变作用。具有胃毒和触杀作用。抑制昆虫表皮几丁质合成。作用缓慢，一般施药后10d才明显显出药效。对天敌安全，对叶螨属和全爪螨属多种害螨有效，杀幼、若螨效果好，不能直接杀死成螨。能防治鳞翅目、鞘翅目、双翅目、半翅目等害虫。

【注意事项】施药时间应较一般化学农药提前。对钻蛀性害虫宜在卵孵盛期，对害螨应在盛发期施药。不要与碱性农药混合使用。如误服，不要催吐，可以洗胃。

【农药名称】农地乐

【英文名称】（chlorpyrifos＋cypermethrin）

【其他名称】（毒死蜱＋氯氰菊酯）

【作用特点】硫逐磷酯类与拟除虫菊酯类杀虫剂混剂。具有触杀、胃毒和熏蒸作用。杀虫谱广，药效快，对光、热稳定。可防治花生、花卉等作物中的介壳虫、椿象、蚜虫等。

【注意事项】同毒死蜱和氯氰菊酯

【农药名称】联苯菊酯

【英文名称】bifenthrin

【其他名称】天王星

【作用特点】杀虫活性很高。主要为触杀和胃毒作用，无内吸和熏蒸活性。其作用迅速，持效期长，杀虫谱广。

【注意事项】本剂不能与碱性农药混用。可与其他类型的杀虫剂轮换施用，以延缓抗性的产生。使用时要特别注意远离水源，以免造成污染。茶叶在采收前7d禁用此药。如发生吸入中毒，应立即将患者移至空气清新的地方，并送医院就医，如有误服，切勿催吐，以免吸入制剂内的石油馏出物而引起化学性肺炎，如误服量过大，应清洗肠胃，对症治疗。

【农药名称】氟氯氰菊酯

【英文名称】lambda-cyhalothrin

【其他名称】百树菊酯

【作用特点】菊酯类杀虫剂。以触杀和胃毒作用为主，无内吸和熏蒸作用。在常温下储存，有效期在 2 年以上。对人、畜毒性中等，对作物安全。

【注意事项】与氰戊菊酯基本相同。

【农药名称】农梦特

【英文名称】teflubenzuron

【其他名称】伏虫脲

【作用特点】苯甲酰基脲类新型杀虫剂。具有触杀和胃毒作用。对鳞翅目幼虫的杀灭活性高。主要表现在卵的孵化、幼虫的蜕皮和成虫的羽化受阻，特别是对害虫的幼虫阶段作用大。对白粉虱、蚜虫等刺吸式口器的害虫防治效果差。该药虽对害虫的致死速度缓慢，但持效期较长。

【注意事项】无内吸传导作用，喷药时要求均匀周到，未喷到之处的害虫防效极差。防治食叶性害虫时，宜在低龄幼虫期早喷药；防治钻蛀性害虫，宜在幼虫孵化盛期或害虫尚未蛀入植株体之前及时施药。对水栖生物有毒，使用该药时要避免污染池塘和河流。

【农药名称】丙溴磷

【英文名称】profenofos

【其他名称】溴氯磷

【作用特点】有机磷类中等毒性杀虫剂。无慢性毒性，无致癌、致畸、致突变作用。对皮肤无刺激作用，对鱼、鸟、蜜蜂有毒。具有触杀和胃毒作用。作用迅速，对其他有机磷、拟除虫菊酯产生抗性的害虫仍有效。

【注意事项】严禁与碱性农药混合使用。丙溴磷与氯氰菊酯混用增效明显。中毒者送医院治疗。治疗药剂为阿托品或解磷定。安全间隔期为 14d。每季节最多使用 3 次。

【农药名称】溴虫腈

【英文名称】chlorfenapyr

【其他名称】除尽　虫螨腈

【作用特点】杀虫剂前体。其本身对昆虫无毒杀作用，昆虫取食或接触溴虫腈后在昆虫体内被过多功能氧化酶转变为具体杀虫活性化合物。其靶标是昆虫体细胞中的线粒体，主要使细胞合成因缺少能量而停止生命功能。打药后害虫活动变弱，出现斑点，颜色发生变化，活动停止，昏迷，瘫软，最终导致死亡。溴虫腈有一定的杀卵作用。对鳞翅目、同翅目、鞘翅目等目中的 70 多种害虫都有极好的防效。

【注意事项】除尽具有长持效控制害虫种群的特点。为达最佳防效推荐在卵孵盛期或在低龄幼虫发育初期使用。除尽具有胃毒和触杀的双重作用，施药时要均匀地将药液喷到叶面害虫取食部位或虫体上。除尽不宜与其他杀虫剂混用，提倡与其他不同作用机制的杀虫剂交替使用，如氟虫脲等，每季作物建议使用次数不超过 2 次。傍晚施药更有利药效发挥。

【农药名称】虫酰肼

【英文名称】tebufenozide

【其他名称】米满　特虫肼　RH‐5992

【作用特点】昆虫生长调节类杀虫剂。具有胃毒和触杀作用。害虫触药后，加速蜕皮，使害虫在蜕皮过程中因提早停止进食、进水，同时合成不健康的表皮，导致死亡。对鳞翅目害虫有效，具有低药量、持效长、稳定、高效，对人、畜、禽安全等特点。适用于对有机磷、拟除虫菊酯类农药产生抗药性的鳞翅目害虫。含量为 20% 的药剂，使用浓度为 1 500～2 000 倍液。

【注意事项】配药时应先将药剂摇匀，用水洗净包装袋中的药液，并充分搅拌后再均匀喷洒；米满对蚕毒性大，不要在桑园中使用。米满对低龄幼虫的效果高于高龄幼虫，应用于低龄幼虫效果最好。长期使用易使害虫产生抗药性，应注意与其他药物交替使用，特别是与 Bt 交替使用最好。虫酰肼对鱼有毒，不能污染水源。

【农药名称】噻虫嗪

【英文名称】thiamethoxam

【其他名称】阿克泰

【作用特点】低毒杀虫剂。干扰昆虫体内神经的传导作用，使昆虫一直处于高度兴奋中，直到死亡。具有良好的胃毒和触杀活性，强内吸传导性，植物叶片吸收后迅速传导到各部位，害虫吸食药剂，迅速抑制活动，停止取食，并逐渐死亡。具有高效、持效期长、单位面积用药量低等特点。持效期可达 1 个月左右。对各种蚜虫、飞虱、粉虱等刺吸式害虫有特效。

【注意事项】噻虫嗪在施药以后，害虫接触药剂后立即停止取食等活动，但死亡速度较慢，死虫的高峰通常在药后 2～3d 出现。噻虫嗪是新一代杀虫剂，其作用机理完全不同于现有的杀虫剂，也没有交互抗性问题，因此对抗性蚜虫、飞虱效果特别优异。噻虫嗪使用剂量较低，应用过程中不要盲目加大用药量，以免造成不必要的浪费。

【农药名称】氟虫腈

【英文名称】fipronil

【其他名称】锐劲特　氟苯唑

【作用特点】苯基吡唑类杀虫剂。杀虫谱广。对害虫以胃毒作用为主，兼有触杀和一定的内吸作用。阻碍昆虫 γ‐氨基丁酸控制的代谢过程。既能防治地下害虫，又能防治地上害虫；既可用于茎叶处理和土壤处理，又可用于种子处理。氟虫腈是一种对许多种类害虫都具有杰出防效的广谱性杀虫剂。它对半翅目、鳞翅目、缨翅目、鞘翅目等害虫以及对环戊二烯类、菊酯类、氨基甲酸酯类杀虫剂已产生抗药性的害虫都具有极高的敏感性。对蚜虫、叶蝉、飞虱、鳞翅目幼虫、蝇类和鞘翅目等重要害虫有很高的杀虫活性，对作物无药害。该药剂可施于土壤，也可叶面喷雾。施于土壤能有效地防治玉米根叶甲、金针虫和地老虎。

【注意事项】原药对鱼类和蜜蜂毒性较高，使用时慎重。土壤处理时应注意与土壤充分混匀，才能最大限度发挥低剂量的优点。施药时注意安全防护。密封存放在阴凉、干燥处。

【农药名称】高效氯氰菊酯

【英文名称】beta-cypermethrin

【其他名称】虫必除　百虫宁　保绿康　多邦　绿邦　顺 d 宝　农得富　绿林　好防星　高保　赛得　绿丹　田大宝　高露宝　奇力灵　绿青兰

【作用特点】拟除虫菊酯类杀虫剂。生物活性较高，是氯氰菊酯的高效异构体。具有触杀和胃毒作用。杀虫谱广、击倒速度快，杀虫活性较氯氰菊酯高。

【注意事项】对鱼及其他水生生物高毒，应避免污染河流、湖泊、水源和鱼塘等水体。对家蚕高毒，禁止用于桑树上。

【农药名称】巴丹

【英文名称】cartap hydrochloride

【其他名称】杀螟丹

【作用特点】杀虫谱较广。作用方式包括触杀、胃毒、内吸和熏蒸作用，并表现明显的拒食作用。与有机磷、氨基甲酸酯、菊酯等类杀虫剂无交互抗性。

【注意事项】对家蚕毒性很强，且残毒期长，桑叶上只要沾有百万分之几浓度的药剂，家蚕就会中毒昏迷。对蚕的熏杀作用也很强，应与蚕区严格隔离。

【农药名称】多杀霉素

【英文名称】spinosad

【其他名称】多杀菌素

【作用特点】对害虫具有快速的触杀和胃毒作用，对叶片有较强的渗透作用，可杀死表皮下的害虫。残效期较长。对一些害虫具有一定的杀卵作用，无内吸作用。能有效地防治鳞翅目、双翅目和缨翅目害虫，也能很好地防治鞘翅目和直翅目中某些大量取食叶片的害虫种类，对刺吸式害虫和螨类的防治效果较差。

【注意事项】可能对鱼或其他水生生物有毒，应避免污染水源和池塘等。药剂储存在阴凉干燥处。最后一次施药离收获的时间为 7d。避免喷药后 24h 内遇降雨。

【农药名称】杀虫双

【英文名称】bisultap

【其他名称】稻螟一施净　稻喜宝　撒哈哈　稻顺星

【作用特点】昆虫接触和取食药剂后表现出迟钝、行动缓慢、失去侵害作物的能力、停止发育、虫体软化、瘫痪，直至死亡。杀虫双有很强的内吸作用，能被作物的叶、根等吸收和传导。对植物有很强的内吸作用。对人、畜中等毒性。

【注意事项】该药对家蚕具高毒，在蚕区使用杀虫双水剂必须十分谨慎，最好能使用颗粒剂。豆类、棉花及白菜、甘蓝等十字花科蔬菜，对杀虫双较为敏感，尤以夏天易产生药害，因此应按登记作物和规定使用量操作。

【农药名称】噻嗪酮

【英文名称】buprofezin

【其他名称】优乐得

【作用特点】噻二嗪酮化合物。虽不属于苯甲酰脲类，但杀虫原理与苯甲酰脲类杀虫剂相同，都是抑制昆虫几丁质合成。对飞虱、叶蝉、粉虱及介壳虫类有良好的防治效果。对鞘翅目、部分同翅目以及蜱螨具有持效性杀幼虫活性。

【注意事项】不可用毒土法。药液不能直接与白菜、萝卜接触，否则会出现褐斑及绿叶白化等药害症状。

【农药名称】硫丹

【英文名称】endosulfan

【其他名称】硕丹　安杀丹　安都杀芬

【作用特点】同时具有杀螨作用的多功能高效杀虫剂。集触杀和胃毒作用为一体，高温条件下还具有一定的熏蒸作用。用于防治刺吸式及咀嚼式口器的害虫，对瘿螨科和跗线螨科的螨类也有很好的防治效果。

【注意事项】使用时应注意安全，如发生中毒现象立即送医院治疗。对鱼类高毒，避免污染鱼塘和其他水源。具易燃性，宜储存于阴凉而干燥、远离火源的地方。

（三）杀鼠剂

【农药名称】溴敌隆

【英文名称】bromadiolone

【其他名称】乐万通　马其

【作用特点】适口性好、毒性大、靶谱广的高效杀鼠剂。取 1L 0.25% 溴敌隆液剂对水 5kg，配制成溴敌隆稀酸液，将小麦、大米、玉米碎粒等谷物 50kg 直接倒入溴敌隆稀释液中，待谷物将药水吸收后摊开稍加晾晒后即可。

【注意事项】在害鼠对第一代抗凝血性杀鼠剂未产生抗性之前，不宜大面积推广。产生抗性再使用该药会更好地发挥其特点。避免药剂接触眼睛、鼻、口或皮肤，投放毒饵时不可饮食或抽烟。施药完毕后，施药者应彻底清洗。

【农药名称】杀鼠醚

【英文名称】counmatetralyl

【其他名称】立克命 萘满香豆素

【作用特点】高毒性，第一代抗凝血杀鼠剂。慢性、广谱、高效适口性很好的杀鼠剂。一般无二次中毒的危险。以配制毒饵为主，亦可直接撒在鼠洞、鼠道，铺成均匀厚度的毒粉，鼠经过时沾上药粉。当鼠用舌头清除身上黏附的药粉时引起中毒。

【注意事项】灭鼠期间，如发生人、畜中毒事故，应立即送医院进行抢救、治疗，中毒后用维生素 K_1 进行治疗。

【农药名称】敌鼠钠盐

【英文名称】diphacinone-Na

【其他名称】野鼠净

【作用特点】抗凝血灭鼠剂。鼠类中毒后，血中凝血酶原失去活力，毛细血管变脆，增加血管的渗透性，在鼠体内不易分解和排泄。其可抑制维生素 K，阻碍血液中凝血酶原的合成，使摄食该药的老鼠内脏出血不止而死亡。中毒个体无剧烈的不适症状，不易被同类警觉。主要用于城乡居民住宅、粮库、工厂、车、船、码头等地杀灭家鼠，也可用于旱田、水稻田、林区、草原杀野鼠。一般采用浓度为 $0.025\% \sim 0.05\%$，需要连续多次投毒。毒饵大部分用米和面配制，也有用地瓜丝、胡萝卜丝等饵料，可根据各地情况选择老鼠爱吃的饵料，加入 $2\% \sim 5\%$ 食油效果更好。

【注意事项】对人毒性大，误食后可服用维生素 K 解毒，并及时遵医指导抢救。药剂应储于阴凉、干燥处。

【农药名称】磷化锌

【英文名称】zinc phosphide

【其他名称】无

【作用特点】对鼠有毒杀作用，对家鼠及野鼠毒力强，收效快，多在食后 24h 内死亡。灭家鼠做成 $2\% \sim 5\%$ 的毒饵。在粮库或四周灭鼠可用谷子、玉米等加入本品 $3\% \sim 10\%$ 使用。

【注意事项】本品遇空气和水，可释出毒性较强的磷化氢气体，对人、畜有毒，故配制毒饵及施用时应注意，并避免接触手部皮肤。毒饵随配随用，以免分解失效。多余未用完的毒饵以及死鼠，均应深理。

【农药名称】杀鼠灵

【英文名称】warfarin

【其他名称】灭鼠灵

【作用特点】第一代抗凝血杀鼠剂。急性毒性低，慢性毒性高，连续多次服药才致死。适口性好，一般不产生拒食。毒饵灭鼠用玉米、小麦、高粱、玉米粉为饵料，加适量糖做引诱剂，用植物油作黏合剂，按一定比例混拌均匀制成含有效成分 $0.005\% \sim 0.025\%$ 的毒饵。

【注意事项】投毒饵要充足，不要间断。对禽类安全，适用于养禽场、动物园防治褐家鼠。配制毒饵时应加警戒色，以防误食中毒。死鼠应及时收集深埋，避免污染环境。误食中毒及时送医院救治。维生素 K_1 是有效的解毒剂。

【农药名称】溴鼠灵

【英文名称】brodifacoum

【其他名称】杀特净 B　大隆　敌鼠隆　溴鼠隆　杀鼠隆　严守　打鼠　雷达必死　大隆鼠必死

【作用特点】原药毒力强大，介于急性鼠药和慢性鼠药之间，是慢性鼠药中（抗凝血剂）威力最高的一种。鼠类吃药后能抑制维生素 K 和血液凝固所必须的凝血酶原的形成，损害微血管，导致内脏大量出血而死亡。由溴鼠灵及饵料配成杀特净蜡丸和蜡块，农田、旱地、渔塘、果园等野外环境灭鼠，采取一次性投放方式。每隔 5m 投放一堆，每堆放蜡丸 6～8 粒或蜡块 2～3 块。如能将鼠药置于鼠洞口、鼠道或垃圾旁，效果更好。

【注意事项】储存、运输时不可与食物、食具混放，也不可与带有异味的物品混放，以免影响鼠的适口性。投药后注意收集鼠尸并深埋，以免二次中毒、污染环境。皮肤接触本品后，应及时用肥皂和清水洗净。

【农药名称】杀它仗

【英文名称】flocoumafen

【其他名称】氟鼠灵　氟羟香豆素　伏灭灵

【作用特点】第二代抗凝血杀鼠剂。适口性好，毒力强，使用安全。对第一代抗凝血杀鼠剂产生抗性的鼠也有效。家栖鼠类防治时，每间房设 1～3 个点，每点 3～5g 毒饵。

【注意事项】严防小孩、家畜、鸟类接近毒饵。不幸误服应立即送医院抢救。肌肉或静脉注射维生素 K_1。

附录二　生产禁用农药

生产中禁止使用的农药种类如下：

包括六六六、滴滴涕、毒杀芬、二溴氯丙烷、杀虫脒、甲拌磷、甲胺磷、甲基对硫磷、对硫磷、久效磷、磷胺、甲基异柳磷、特丁硫磷、甲基硫环磷、治螟磷、内吸磷、克百威、涕灭威、灭线磷、硫环磷、蝇毒磷、地虫磷、氯唑磷、苯线磷、水胺硫磷、氧化乐果、灭多威、福美胂等砷制剂，以及国家规定禁止使用的其他农药。

附录三　常用病虫测报器具

（一）黑光灯

黑光灯是利用许多昆虫对特殊光线的敏感性来诱杀害虫的一种工具。许多害虫对波长为 330～400nm 的紫外光都有趋性。黑光灯的波长是 360nm 左右，它可以诱到 700 多种昆

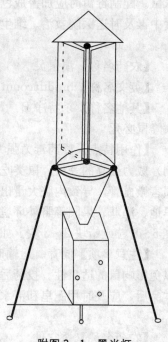

虫，其中益虫只占5％左右。所以，利用它不仅可以直接消灭害虫，而且还可以预测害虫的发生程度和发生时期。

目前常用的黑光灯有交流电和直流电（晶体管）两种。主要由灯管及其配件、防雨罩、挡虫板、漏虫斗、收集器及灯架组成（附图3-1）。灯管的外形与普通照明用的日光灯完全相同，其配件如灯坐、镇流器（扼流圈）、电容器、启动器（启辉器、跳火）、开关等，也与普通用的日光灯一样。防雨罩呈伞状，用铁皮制成。挡虫板用3片玻璃或铁皮涂上白漆制成，长度与灯管相同，离灯管2cm呈三角形竖立。漏虫斗用铁皮或硬纸板制成，上面涂油漆。收集器是用木料或铁皮制成的长、宽各32cm、高45cm的严封密闭的箱子，箱内放4层能抽出的铁丝网，每层网距离10cm。网孔的大小，1～3层分别为1cm×2cm、0.8cm×1.5cm、0.5cm×0.5cm，第四层为一般的铁丝纱。在各层铁网下面，都悬挂一个用脱脂棉制成的毒剂包。

黑光灯要装置在空旷的农田里，固定在铁（或木）制支架上。灯管的下端一般距地面1.5m。如安装在庄稼地里，应高出庄稼40cm左右。

附图3-1 黑光灯

目前花生生产上也有利用太阳能灭虫器诱杀花生金龟子。将太阳光能转换为电能储存利用，针对害虫的趋光性和传统的灯光诱捕作了有机的结合，白天接收太阳光能储电自动关闭灯光，晚间智能性电控自动启动紫外线光源，开启太阳能灯，产生光生伏打效应。

（二）孢子捕捉器

用空中孢子捕捉器可以测到病菌孢子发生或普遍发生以前空中孢子的游动情况，结合地面调查，预测花生病害发生趋势。

孢子捕捉器（附图3-2）具体结构包括如下几部分。

（1）喇叭筒。筒身长23cm，可用白铁皮或其他光滑耐雨水冲刷的材料制成，前口直径20～25cm，后口按玻璃片大小折成长方形，一般为7.5cm×2.5cm。

（2）横身。用长35cm、厚3～4cm的方木做成。

（3）风标。用薄木片制成。长25cm，前宽3～4cm，后宽15cm，交角45°左右。

（4）玻璃片架。用长约9cm的小方木制成，上方钉上玻璃片夹。玻璃片夹的位置正对着喇叭筒的后口。

（5）支柱。用长方木制成，其上端与捕捉器的横身部分相连接。为便于转动，横身与支柱交叉处安装自行车轴承。

安装时，要使捕捉器保持平衡，否则会影响转动的灵敏度。玻璃片要与喇叭口对准，并保持1～1.5cm的距离，以便筒内外空气流通。安置的高度最好离地面10cm以上。使用时，取干净的玻璃片一块，在一面抹上薄薄的一层凡士林，在酒精灯上微微加热，抹匀，插入玻璃片夹中。抹凡士林的一面向着喇叭筒口。

在使用以上测报工具时，要注意以下几个问题：①黑光灯、测蛾器、杨树枝把的设置地点不要随便变动。②黑光灯、测蛾器、杨树枝把的设置点至少各相距 200 cm，距离近了会互相影响诱集害虫的效果。③使用的测报工具的规格、数量不能变更。比如今年使用两台测蛾器，明年改用两仓测蛾盆，这样所得的数据就无法分析应用。④空中孢子捕捉器主要适用于小麦秆

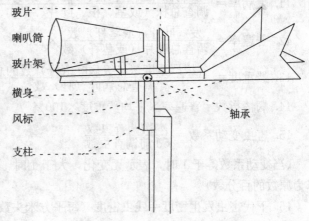

附图 3-2　空中孢子捕捉器

锈、条锈病的外来菌源地区。捕捉孢子的时间，是从小麦返青到田间普遍发生。⑤测报数据必须完整，不能缺测、缺记。

附录四　病虫测报与防治常用公式

（一）病虫测报计算公式

1. 孵化率 $=\dfrac{\text{幼虫数}}{\text{总活虫数（卵粒数＋幼虫数）}}\times 100\%$

2. 化蛹率 $=\dfrac{\text{活蛹数＋蛹壳数}}{\text{总活虫数（幼虫数＋蛹数＋蛹壳数）}}\times 100\%$

3. 羽化率 $=\dfrac{\text{蛹壳数}}{\text{总活虫数（幼虫数＋蛹数＋蛹壳数）}}\times 100\%$

4. 被害率 $=\dfrac{\text{被害株（或穗、蕾铃、果实数等）数}}{\text{调查株（或穗、蕾铃、果实数等）数}}\times 100\%$

5. 寄生率 $=\dfrac{\text{寄生幼虫（或卵、蛹、成虫）数}}{\text{调查总幼虫（或卵、蛹、成虫）数}}\times 100\%$

6. 有卵株率 $=\dfrac{\text{有卵株数}}{\text{调查总株数}}\times 100\%$

7. 有虫株率 $=\dfrac{\text{有虫株数}}{\text{调查总株数}}\times 100\%$

8. 卷叶株率 $=\dfrac{\text{卷叶株数}}{\text{调查总株数}}\times 100\%$

9. 死亡率 $=\dfrac{\text{死苗数}}{\text{调查总苗数}}\times 100\%$

10. 断垄率 $=\dfrac{\text{断垄总长度}}{\text{调查总长度}}\times 100\%$

11. 发病率＝$\dfrac{\text{发病株（或茎、根、叶片、果实、穗、蕾铃等）数}}{\text{调查总株（或茎、根、叶片、果实、穗、蕾铃等）数}}\times100\%$

12. 普遍率＝$\dfrac{\text{发病叶片（或茎秆）数}}{\text{调查总叶片（或茎秆）数}}\times100\%$

13. 严重度＝$\dfrac{\text{各级严重度}\times\text{各级病叶（秆）数的总和}}{\text{调查总病叶（秆）数}}\times100\%$

14. 病情指数＝普遍率×平均严重度×100%

15. 害虫变动系数＝$\dfrac{\text{本次调查虫数}}{\text{5d前调查虫数}}$

（当变动系数等于1时，表示无变化，大于1时，表示上升倍数，小于1时，表示下降为原数的百分数）

16. 下代害虫发生密度＝残虫密度（每平方米头数）×雌虫比数×产卵率×每头雌虫产卵量×（1－死亡率）

17. 单位面积卵块总数＝$\dfrac{\text{查出卵块总数}}{\text{取样面积数}}$（取样面积单位为平方米）

18. 单位面积虫数＝$\dfrac{\text{调查害虫头数}}{\text{调查面积（平方米）}}$

19. 每平方米虫数＝$\dfrac{\text{调查总活虫数}}{\text{调查面积（平方米）}}\times\text{平方米数}$

20. 每株（或穗、蕾铃、果实）虫数＝$\dfrac{\text{调查总虫数}}{\text{调查总株（或穗、蕾铃、果实）数}}$

21. 温湿系数＝$\dfrac{\text{降雨量}}{\text{有效积温}}$ 或＝$\dfrac{\text{平均相对湿度}}{\text{平均温度}}$

22. 越冬后存活率＝$\dfrac{\text{冬后平均百秆活虫数}}{\text{冬前平均百秆活虫数}}\times100\%$

23. 越冬后总虫量＝冬后平均每秆活虫数×秸秆存留量（秆数）

24. 赤眼蜂卵块寄生率＝$\dfrac{\text{寄生卵块总数（寄生卵粒数）}}{\text{检查卵块总数（检查卵粒数）}}\times100\%$

（二）防治效果计算公式

1. 死亡率＝$\dfrac{\text{死虫数}}{\text{调查总虫数（活虫数＋死虫数）}}\times100\%$

2. 保苗率＝$\dfrac{\text{对照区死苗率－处理区死苗率}}{\text{对照区死苗率}}\times100\%$

3. 全苗率＝$\dfrac{\text{对照区断垄率－处理区断垄率}}{\text{对照区断垄率}}\times100\%$

4. 虫口减退率＝$\dfrac{\text{喷药前虫口密度－喷药后虫口密度}}{\text{喷药前虫口密度}}\times100\%$

5. 越冬虫口减退率＝$\dfrac{\text{越冬前虫口密度－越冬后虫口密度}}{\text{越冬前虫口密度}}\times100\%$

6. 校正虫口减退率＝$\dfrac{\text{防治区虫口增减率－对照区虫口增减率}}{\text{1－对照区虫口增减率}}\times100\%$

7. 施药后增加新被害株率 $= \dfrac{施药后新的被害株数}{调查总株数} \times 100\%$

8. 防治效果 $= \dfrac{对照区被害率 - 防治区被害率}{对照区被害率} \times 100\%$

9. 防病效果 $= \dfrac{对照区病情指数 - 防治区病情指数}{对照区病情指数} \times 100\%$

10. 增产效果 $= \dfrac{防治区产量（或千粒重） - 对照区产量（或千粒重）}{对照区产量（或千粒重）} \times 100\%$

（三）农药稀释计算公式

1. 石硫合剂（按重量计算）

需要加水稀释的数量（kg 数） $= \dfrac{原液波美浓度 - 需要使用的波美浓度}{需要使用的波美浓度}$ ……… （Ⅰ）

需要原液量（kg 数） $= \dfrac{需要稀释药液量}{需要加水稀释的数量 + 1}$ ………………………………… （Ⅱ）

2. 加水量 $=$ 药剂的重量 $\times \dfrac{药剂的浓度 - 稀释药液浓度}{稀释药液浓度}$

3. 药剂用量 $= \dfrac{稀释药剂重量 \times 稀释药液的浓度}{稀释药剂的浓度}$

4. 两种浓度不同的药剂混合成混合剂，可用叉减法计算，此法同样适用于高浓度液剂及粉剂的稀释计算。

$$\left| \begin{matrix} 高浓度 \\ 低浓度 \end{matrix} \right\rangle 需要浓度 \left\langle \begin{matrix} 高浓度用量 \\ 低浓度用量 \end{matrix} \right|$$

例如，将 6% 的敌杀死和 5% 的锐劲特稀释成 1% 的混剂。

$$\left| \begin{matrix} 6 \\ 5 \end{matrix} \right\rangle 1 \left\langle \begin{matrix} 4 \\ 5 \end{matrix} \right|$$

用 6% 敌杀死 4 份、5% 锐劲特 5 份混合，即为 1% 混剂。

如果用土或水稀释，称"低浓度"即为"0"。

利用倍数法稀释，比较简单。如 200 倍敌杀死，即 1kg 6% 敌杀死加水 200 倍即可。另外，不论百分比浓度，知道药剂的含量后，用下列公式计算。

加水倍数 $= \dfrac{原农药浓度}{所需浓度} - 1$

5. ppm，也叫百万分比浓度。

1ppm 即百万分之一（ $\dfrac{1\mu g}{ml（g）}$ ）

知道百分浓度，就可以换算成百万浓度。100 万是 100 的 10 000 倍，用 10 000 乘百分浓度，就得到百万分浓度。公式为：% 数 $\times$ 10 000 $=$ ppm 数不胜数……公式Ⅰ

例如：200 倍敌锈钠，即 0.5% 浓度。代入公式Ⅰ

0.5 $\times$ 10 000 $=$ 5 000ppm

同样也可以将百万浓度换算成百分浓度。即用 10 000 除百万分浓度。公式为：

$$\frac{\text{ppm 数}}{10\ 000} = \text{\% 数} \cdots\cdots \text{公式 II}$$

例如：叶锈特（RH－124）1 000ppm 代入公式 II $\frac{1\ 000}{10\ 000} = 0.1\%$

(四) 产量计算公式

花生、玉米、高粱、谷子、地瓜、大豆等作物的测产公式：

每公顷产量（kg）＝每 667m² 株数（穴、墩）×每株（穴、墩）产量（kg）×15

平均行距，一般是取 10～20 个行间距离的平均值。

平均株（穴、墩）距，一般是顺行量取一段距离（30～50m），再用这一段距离的株数去除得出。

平均每株（穴、墩）产量，一般是在取样点内取 50～100 株（穴、墩）产量的平均值。

(五) 不同虫龄百分比查对表

为节省时间，避免计算差错，编列了百分比查对表。表中横排第一行数字，代表每次查到的总数，也就是除法中的"除数"。表中左边竖列的第一行数字，代表每次查到的分类数（如各龄幼虫数），也就是除法中的"被除数"。计算的每个答数，都只取用小数点后两位数字，小数点后第二位后的数字采取 4 舍 5 入。

例如：查到黏虫幼虫 67 头，其中 1 龄幼虫 52 头，2 龄幼虫 13 头，3 龄幼虫 2 头，各占％多少？查横排第一行 67 和竖列第一行 52，交叉处的数字是 77.61，就是 1 龄虫占总幼虫数的 77.61％，同样方法可以查得 2 龄幼虫占 19.4％，3 龄幼虫数占 2.99％。调查总数如超过 70，可以数字减半查表。例：80 头幼虫，1 龄幼虫有 36 头，可查横排第一行 40 和竖列第一行 18，交叉处的数字就是 1 龄幼虫占数幼虫的 45％。

百分比查对表

分类数	总　　　数												
	20	21	22	23	24	25	26	27	28	29	30	31	32
1	5.00	4.76	4.55	4.35	4.17	4.00	3.85	3.70	3.57	3.45	3.33	3.23	3.13
2	10.00	9.52	9.09	8.70	8.33	8.00	7.69	7.41	7.14	6.90	6.67	6.45	6.25
3	15.00	14.29	13.64	13.04	12.50	12.00	11.54	11.11	10.71	10.34	10.00	9.68	9.38
4	20.00	19.05	18.18	17.39	16.67	16.00	15.38	14.81	14.29	13.79	13.33	12.90	12.50
5	25.00	23.81	22.73	21.74	20.83	20.00	19.23	18.52	17.86	17.24	16.67	16.13	15.63
6	30.00	28.57	27.27	26.09	25.00	24.00	23.08	22.22	21.43	20.69	20.00	19.35	18.75
7	35.00	33.33	31.82	30.43	29.17	28.00	26.92	25.93	25.00	24.14	23.33	22.58	21.88
8	40.00	38.10	36.36	34.78	33.33	32.00	30.77	29.63	28.57	27.59	26.67	25.81	25.00
9	45.00	42.86	40.91	39.13	37.50	36.00	34.62	33.33	32.14	31.03	30.00	29.03	28.13
10	50.00	47.62	45.45	43.48	41.67	40.00	38.46	37.04	35.71	34.48	33.33	32.26	31.25
11	55.00	52.38	50.00	47.83	45.83	44.00	42.31	40.74	39.29	37.93	36.67	35.48	34.38
12	60.00	57.14	54.55	52.17	50.00	48.00	46.15	44.44	42.86	41.38	40.00	38.71	37.50

（续）

分类数	总数												
	20	21	22	23	24	25	26	27	28	29	30	31	32
13	65.00	61.90	59.09	56.52	54.17	52.00	50.00	48.15	46.43	44.83	43.33	41.94	40.63
14	70.00	66.67	63.64	60.87	58.33	56.00	53.85	51.85	50.00	48.28	46.67	45.16	43.75
15	75.00	71.43	68.18	65.22	62.50	60.00	57.69	55.56	53.57	51.72	50.00	48.39	46.88
16	80.00	76.19	72.73	69.57	66.67	64.00	61.54	59.26	57.14	55.17	53.33	51.61	50.00
17	85.00	80.95	77.27	73.91	70.83	68.00	65.38	62.96	60.71	58.62	56.67	54.84	53.13
18	90.00	85.71	81.82	78.26	75.00	72.00	69.23	66.67	64.29	62.07	60.00	58.06	56.25
19	95.00	90.48	86.36	82.61	79.17	76.00	73.08	70.37	67.86	65.52	63.33	61.29	59.38
20	100.00	95.24	90.91	86.96	83.33	80.00	76.92	74.07	71.43	68.97	66.67	64.52	62.50
21		100.00	95.45	91.30	87.50	84.00	80.77	77.78	75.00	72.41	70.00	67.74	65.63
22			100.00	95.65	91.67	88.00	84.62	81.48	78.57	75.86	73.33	70.97	68.75
23				100.00	95.83	92.00	88.46	85.19	82.14	79.31	76.67	74.19	71.88
24					100.00	96.00	92.31	88.89	85.71	82.76	80.00	77.42	75.00
25						100.00	96.15	92.59	89.29	86.21	83.33	80.65	78.13
26							100.00	96.30	92.86	89.66	86.67	83.87	81.25
27								100.00	96.43	93.10	90.00	87.10	84.38
28									100.00	96.55	93.33	90.32	87.50
29										100.00	96.67	93.55	90.63
30											100.00	96.77	93.75
31												100.00	96.88
32													100.00

分类数	总数												
	33	34	35	36	37	38	39	40	41	42	43	44	45
1	3.03	2.94	2.86	2.78	2.70	2.63	2.56	2.50	2.44	2.38	2.33	2.27	2.22
2	6.06	5.88	5.71	5.56	5.41	5.26	5.13	5.00	4.88	4.76	4.65	4.55	4.44
3	9.09	8.82	8.57	8.33	8.11	7.89	7.69	7.50	7.32	7.14	6.98	6.82	6.67
4	12.12	11.76	11.43	11.11	10.81	10.53	10.26	10.00	9.76	9.52	9.30	9.09	8.89
5	15.15	14.71	14.29	13.89	13.51	13.16	12.82	12.50	12.20	11.90	11.63	11.36	11.11
6	18.18	17.65	17.14	16.67	16.22	15.79	15.38	15.00	14.63	14.29	13.95	13.64	13.33
7	21.21	20.59	20.00	19.44	18.92	18.42	17.95	17.50	17.07	16.67	16.28	15.91	15.56
8	24.24	23.53	22.86	22.22	21.62	21.05	20.51	20.00	19.51	19.05	18.60	18.18	17.78
9	27.27	26.47	25.71	25.00	24.32	23.68	23.08	22.50	21.95	21.43	20.93	20.45	20.00
10	30.30	29.41	28.57	27.78	27.03	26.32	25.64	25.00	24.39	23.81	23.26	22.73	22.22
11	33.33	32.35	31.43	30.56	29.73	28.95	28.21	27.50	26.83	26.19	25.58	25.00	24.44
12	36.36	35.29	34.29	33.33	32.43	31.58	30.77	30.00	29.27	28.57	27.91	27.27	26.67
13	39.39	38.24	37.14	36.11	35.14	34.21	33.33	32.50	31.71	30.95	30.23	29.55	28.89
14	42.42	41.18	40.00	38.89	37.84	36.84	35.90	35.00	34.15	33.33	32.56	31.82	31.11
15	45.45	44.12	42.86	41.67	40.54	39.47	38.46	37.50	36.59	35.71	34.88	34.09	33.33
16	48.48	47.06	45.71	44.44	43.24	42.11	41.03	40.00	39.02	38.10	37.21	36.36	35.56

(续)

分类数	总 数												
	33	34	35	36	37	38	39	40	41	42	43	44	45
17	51.52	50.00	48.57	47.22	45.95	44.74	43.59	42.50	41.46	40.48	39.53	38.64	37.78
18	54.55	52.94	51.43	50.00	48.65	47.37	46.15	45.00	43.90	42.86	41.86	40.91	40.00
19	57.58	55.88	54.29	52.78	51.35	50.00	48.72	47.50	46.34	45.24	44.19	43.18	42.22
20	60.61	58.82	57.14	55.56	54.05	52.63	51.28	50.00	48.78	47.62	46.51	45.45	44.44
21	63.64	61.76	60.00	58.33	56.76	55.26	53.85	52.50	51.22	50.00	48.84	47.73	46.67
22	66.67	64.71	62.86	61.11	59.46	57.89	56.41	55.00	53.66	52.38	51.16	50.00	48.89
23	69.70	67.65	65.71	63.89	62.16	60.53	58.97	57.50	56.10	54.76	53.49	52.27	51.11
24	72.73	70.59	68.57	66.67	64.86	63.16	61.54	60.00	58.54	57.14	55.81	54.55	53.33
25	75.76	73.53	71.43	69.44	67.57	65.79	64.10	62.50	60.98	59.52	58.14	56.82	55.56
26	78.79	76.47	74.29	72.22	70.27	68.42	66.67	65.00	63.41	61.90	60.47	59.09	57.78
27	81.82	79.41	77.14	75.00	72.97	71.05	69.23	67.50	65.85	64.29	62.79	61.36	60.00
28	84.85	82.35	80.00	77.78	75.68	73.68	71.79	70.00	68.29	66.67	65.12	63.64	62.22
29	87.88	85.29	82.86	80.56	78.38	76.32	74.36	72.50	70.73	69.05	67.44	65.91	64.44
30	90.91	88.24	85.71	83.33	81.08	78.95	76.92	75.00	73.17	71.43	69.77	68.18	66.67
31	93.94	91.18	88.57	86.11	83.78	81.58	79.49	77.50	75.61	73.81	72.09	70.45	68.89
32	96.97	94.12	91.43	88.89	86.49	84.21	82.05	80.00	78.05	76.19	74.42	72.73	71.11
33	100.00	97.06	94.29	91.67	89.19	86.84	84.62	82.50	80.49	78.57	76.74	75.00	73.33
34		100.00	97.14	94.44	91.89	89.47	87.18	85.00	82.93	80.95	79.07	77.27	75.56
35			100.00	97.22	94.59	92.11	89.74	87.50	85.37	83.33	81.40	79.55	77.78
36				100.00	97.30	94.74	92.31	90.00	87.80	85.71	83.72	81.82	80.00
37					100.00	97.37	94.87	92.50	90.24	88.10	86.05	84.09	82.22
38						100.00	97.44	95.00	92.68	90.48	88.37	86.36	84.44
39							100.00	97.50	95.12	92.86	90.70	88.64	86.67
40								100.00	97.56	95.24	93.02	90.91	88.89
41									100.00	97.62	95.35	93.18	91.11
42										100.00	97.67	95.45	93.33
43											100.00	97.73	95.56
44												100.00	97.78
45													100.00

分类数	总 数												
	46	47	48	49	50	51	52	53	54	55	56	57	58
1	2.17	2.13	2.08	2.04	2.00	1.96	1.92	1.89	1.85	1.82	1.79	1.75	1.72
2	4.35	4.26	4.17	4.08	4.00	3.92	3.85	3.77	3.70	3.64	3.57	3.51	3.45
3	6.52	6.38	6.25	6.12	6.00	5.88	5.77	5.66	5.56	5.45	5.36	5.26	5.17
4	8.70	8.51	8.33	8.16	8.00	7.84	7.69	7.55	7.41	7.27	7.14	7.02	6.90
5	10.87	10.64	10.42	10.20	10.00	9.80	9.62	9.43	9.26	9.09	8.93	8.77	8.62
6	13.04	12.77	12.50	12.24	12.00	11.76	11.54	11.32	11.11	10.91	10.71	10.53	10.34
7	15.22	14.89	14.58	14.29	14.00	13.73	13.46	13.21	12.96	12.73	12.50	12.28	12.07

（续）

分类数	总数												
	46	47	48	49	50	51	52	53	54	55	56	57	58
8	17.39	17.02	16.67	16.33	16.00	15.69	15.38	15.09	14.81	14.55	14.29	14.04	13.79
9	19.57	19.15	18.75	18.37	18.00	17.65	17.31	16.98	16.67	16.36	16.07	15.79	15.52
10	21.74	21.28	20.83	20.41	20.00	19.61	19.23	18.87	18.52	18.18	17.86	17.54	17.24
11	23.91	23.40	22.92	22.45	22.00	21.57	21.15	20.75	20.37	20.00	19.64	19.30	18.97
12	26.09	25.53	25.00	24.49	24.00	23.53	23.08	22.64	22.22	21.82	21.43	21.05	20.69
13	28.26	27.66	27.08	26.53	26.00	25.49	25.00	24.53	24.07	23.64	23.21	22.81	22.41
14	30.43	29.79	29.17	28.57	28.00	27.45	26.92	26.42	25.93	25.45	25.00	24.56	24.14
15	32.61	31.91	31.25	30.61	30.00	29.41	28.85	28.30	27.78	27.27	26.79	26.32	25.86
16	34.78	34.04	33.33	32.65	32.00	31.37	30.77	30.19	29.63	29.09	28.57	28.07	27.59
17	36.96	36.17	35.42	34.69	34.00	33.33	32.69	32.08	31.48	30.91	30.36	29.82	29.31
18	39.13	38.30	37.50	36.73	36.00	35.29	34.62	33.96	33.33	32.73	32.14	31.58	31.03
19	41.30	40.43	39.58	38.78	38.00	37.25	36.54	35.85	35.19	34.55	33.93	33.33	32.76
20	43.48	42.55	41.67	40.82	40.00	39.22	38.46	37.74	37.04	36.36	35.71	35.09	34.48
21	45.65	44.68	43.75	42.86	42.00	41.18	40.38	39.62	38.89	38.18	37.50	36.84	36.21
22	47.83	46.81	45.83	44.90	44.00	43.14	42.31	41.51	40.74	40.00	39.29	38.60	37.93
23	50.00	48.94	47.92	46.94	46.00	45.10	44.23	43.40	42.59	41.82	41.07	40.35	39.66
24	52.17	51.06	50.00	48.98	48.00	47.06	46.15	45.28	44.44	43.64	42.86	42.11	41.38
25	54.35	53.19	52.08	51.02	50.00	49.02	48.08	47.17	46.30	45.45	44.64	43.86	43.10
26	56.52	55.32	54.17	53.06	52.00	50.98	50.00	49.06	48.15	47.27	46.43	45.61	44.83
27	58.70	57.45	56.25	55.10	54.00	52.94	51.92	50.94	50.00	49.09	48.21	47.37	46.55
28	60.87	59.57	58.33	57.14	56.00	54.90	53.85	52.83	51.85	50.91	50.00	49.12	48.28
29	63.04	61.70	60.42	59.18	58.00	56.86	55.77	54.72	53.70	52.73	51.79	50.88	50.00
30	65.22	63.83	62.50	61.22	60.00	58.82	57.69	56.60	55.56	54.55	53.57	52.63	51.72
31	67.39	65.96	64.58	63.27	62.00	60.78	59.62	58.49	57.41	56.36	55.36	54.39	53.45
32	69.57	68.09	66.67	65.31	64.00	62.75	61.54	60.38	59.26	58.18	57.14	56.14	55.17
33	71.74	70.21	68.75	67.35	66.00	64.71	63.46	62.26	61.11	60.00	58.93	57.89	56.90
34	73.91	72.34	70.83	69.39	68.00	66.67	65.38	64.15	62.96	61.82	60.71	59.65	58.62
35	76.09	74.47	72.92	71.43	70.00	68.63	67.31	66.04	64.81	63.64	62.50	61.40	60.34
36	78.26	76.60	75.00	73.47	72.00	70.59	69.23	67.92	66.67	65.45	64.29	63.16	62.07
37	80.43	78.72	77.08	75.51	74.00	72.55	71.15	69.81	68.52	67.27	66.07	64.91	63.79
38	82.61	80.85	79.17	77.55	76.00	74.51	73.08	71.70	70.37	69.09	67.86	66.67	65.52
39	84.78	82.98	81.25	79.59	78.00	76.47	75.00	73.58	72.22	70.91	69.64	68.42	67.24
40	86.96	85.11	83.33	81.63	80.00	78.43	76.92	75.47	74.07	72.73	71.43	70.18	68.97
41	89.13	87.23	85.42	83.67	82.00	80.39	78.85	77.36	75.93	74.55	73.21	71.93	70.69
42	91.30	89.36	87.50	85.71	84.00	82.35	80.77	79.25	77.78	76.36	75.00	73.68	72.41
43	93.48	91.49	89.58	87.76	86.00	84.31	82.69	81.13	79.63	78.18	76.79	75.44	74.14
44	95.65	93.62	91.67	89.80	88.00	86.27	84.62	83.02	81.48	80.00	78.57	77.19	75.86
45	97.83	95.74	93.75	91.84	90.00	88.24	86.54	84.91	83.33	81.82	80.36	78.95	77.59
46	100.00	97.87	95.83	93.88	92.00	90.20	88.46	86.79	85.19	83.64	82.14	80.70	79.31
47		100.00	97.92	95.92	94.00	92.16	90.38	88.68	87.04	85.45	83.93	82.46	81.03

（续）

分类数	总数												
	46	47	48	49	50	51	52	53	54	55	56	57	58
48			100.00	97.96	96.00	94.12	92.31	90.57	88.89	87.27	85.71	84.21	82.76
49				100.00	98.00	96.08	94.23	92.45	90.74	89.09	87.50	85.96	84.48
50					100.00	98.04	96.15	94.34	92.59	90.91	89.29	87.72	86.21
51						100.00	98.08	96.23	94.44	92.73	91.07	89.47	87.93
52							100.00	98.11	96.30	94.55	92.86	91.23	89.66
53								100.00	98.15	96.36	94.64	92.98	91.38
54									100.00	98.18	96.43	94.74	93.10
55										100.00	98.21	96.49	94.83
56											100.00	98.25	96.55
57												100.00	98.28
58													100.00
59													

分类数	总数											
	59	60	61	62	63	64	65	66	67	68	69	70
1	1.69	1.67	1.64	1.61	1.59	1.56	1.54	1.52	1.49	1.47	1.45	1.43
2	3.39	3.33	3.28	3.23	3.17	3.13	3.08	3.03	2.99	2.94	2.90	2.86
3	5.08	5.00	4.92	4.84	4.76	4.69	4.62	4.55	4.48	4.41	4.35	4.29
4	6.78	6.67	6.56	6.45	6.35	6.25	6.15	6.06	5.97	5.88	5.80	5.71
5	8.47	8.33	8.20	8.06	7.94	7.81	7.69	7.58	7.46	7.35	7.25	7.14
6	10.17	10.00	9.84	9.68	9.52	9.38	9.23	9.09	8.96	8.82	8.70	8.57
7	11.86	11.67	11.48	11.29	11.11	10.94	10.77	10.61	10.45	10.29	10.14	10.00
8	13.56	13.33	13.11	12.90	12.70	12.50	12.31	12.12	11.94	11.76	11.59	11.43
9	15.25	15.00	14.75	14.52	14.29	14.06	13.85	13.64	13.43	13.24	13.04	12.86
10	16.95	16.67	16.39	16.13	15.87	15.63	15.38	15.15	14.93	14.71	14.49	14.29
11	18.64	18.33	18.03	17.74	17.46	17.19	16.92	16.67	16.42	16.18	15.94	15.71
12	20.34	20.00	19.67	19.35	19.05	18.75	18.46	18.18	17.91	17.65	17.39	17.14
13	22.03	21.67	21.31	20.97	20.63	20.31	20.00	19.70	19.40	19.12	18.84	18.57
14	23.73	23.33	22.95	22.58	22.22	21.88	21.54	21.21	20.90	20.59	20.29	20.00
15	25.42	25.00	24.59	24.19	23.81	23.44	23.08	22.73	22.39	22.06	21.74	21.43
16	27.12	26.67	26.23	25.81	25.40	25.00	24.62	24.24	23.88	23.53	23.19	22.86
17	28.81	28.33	27.87	27.42	26.98	26.56	26.15	25.76	25.37	25.00	24.64	24.29
18	30.51	30.00	29.51	29.03	28.57	28.13	27.69	27.27	26.87	26.47	26.09	25.71
19	32.20	31.67	31.15	30.65	30.16	29.69	29.23	28.79	28.36	27.94	27.54	27.14
20	33.90	33.33	32.79	32.26	31.75	31.25	30.77	30.30	29.85	29.41	28.99	28.57
21	35.59	35.00	34.43	33.87	33.33	32.81	32.31	31.82	31.34	30.88	30.43	30.00
22	37.29	36.67	36.07	35.48	34.92	34.38	33.85	33.33	32.84	32.35	31.88	31.43
23	38.98	38.33	37.70	37.10	36.51	35.94	35.38	34.85	34.33	33.82	33.33	32.86
24	40.68	40.00	39.34	38.71	38.10	37.50	36.92	36.36	35.82	35.29	34.78	34.29
25	42.37	41.67	40.98	40.32	39.68	39.06	38.46	37.88	37.31	36.76	36.23	35.71
26	44.07	43.33	42.62	41.94	41.27	40.63	40.00	39.39	38.81	38.24	37.68	37.14
27	45.76	45.00	44.26	43.55	42.86	42.19	41.54	40.91	40.30	39.71	39.13	38.57

（续）

分类数	总数											
	59	60	61	62	63	64	65	66	67	68	69	70
28	47.46	46.67	45.90	45.16	44.44	43.75	43.08	42.42	41.79	41.18	40.58	40.00
29	49.15	48.33	47.54	46.77	46.03	45.31	44.62	43.94	43.28	42.65	42.03	41.43
30	50.85	50.00	49.18	48.39	47.62	46.88	46.15	45.45	44.78	44.12	43.48	42.86
31	52.54	51.67	50.82	50.00	49.21	48.44	47.69	46.97	46.27	45.59	44.93	44.29
32	54.24	53.33	52.46	51.61	50.79	50.00	49.23	48.48	47.76	47.06	46.38	45.71
33	55.93	55.00	54.10	53.23	52.38	51.56	50.77	50.00	49.25	48.53	47.83	47.14
34	57.63	56.67	55.74	54.84	53.97	53.13	52.31	51.52	50.75	50.00	49.28	48.57
35	59.32	58.33	57.38	56.45	55.56	54.69	53.85	53.03	52.24	51.47	50.72	50.00
36	61.02	60.00	59.02	58.06	57.14	56.25	55.38	54.55	53.73	52.94	52.17	51.43
37	62.71	61.67	60.66	59.68	58.73	57.81	56.92	56.06	55.22	54.41	53.62	52.86
38	64.41	63.33	62.30	61.29	60.32	59.38	58.46	57.58	56.72	55.88	55.07	54.29
39	66.10	65.00	63.93	62.90	61.90	60.94	60.00	59.09	58.21	57.35	56.52	55.71
40	67.80	66.67	65.57	64.52	63.49	62.50	61.54	60.61	59.70	58.82	57.97	57.14
41	69.49	68.33	67.21	66.13	65.08	64.06	63.08	62.12	61.19	60.29	59.42	58.57
42	71.19	70.00	68.85	67.74	66.67	65.63	64.62	63.64	62.69	61.76	60.87	60.00
43	72.88	71.67	70.49	69.35	68.25	67.19	66.15	65.15	64.18	63.24	62.32	61.43
44	74.58	73.33	72.13	70.97	69.84	68.75	67.69	66.67	65.67	64.71	63.77	62.86
45	76.27	75.00	73.77	72.58	71.43	70.31	69.23	68.18	67.16	66.18	65.22	64.29
46	77.97	76.67	75.41	74.19	73.02	71.88	70.77	69.70	68.66	67.65	66.67	65.71
47	79.66	78.33	77.05	75.81	74.60	73.44	72.31	71.21	70.15	69.12	68.12	67.14
48	81.36	80.00	78.69	77.42	76.19	75.00	73.85	72.73	71.64	70.59	69.57	68.57
49	83.05	81.67	80.33	79.03	77.78	76.56	75.38	74.24	73.13	72.06	71.01	70.00
50	84.75	83.33	81.97	80.65	79.37	78.13	76.92	75.76	74.63	73.53	72.46	71.43
51	86.44	85.00	83.61	82.26	80.95	79.69	78.46	77.27	76.12	75.00	73.91	72.86
52	88.14	86.67	85.25	83.87	82.54	81.25	80.00	78.79	77.61	76.47	75.36	74.29
53	89.83	88.33	86.89	85.48	84.13	82.81	81.54	80.30	79.10	77.94	76.81	75.71
54	91.53	90.00	88.52	87.10	85.71	84.38	83.08	81.82	80.60	79.41	78.26	77.14
55	93.22	91.67	90.16	88.71	87.30	85.94	84.62	83.33	82.09	80.88	79.71	78.57
56	94.92	93.33	91.80	90.32	88.89	87.50	86.15	84.85	83.58	82.35	81.16	80.00
57	96.61	95.00	93.44	91.94	90.48	89.06	87.69	86.36	85.07	83.82	82.61	81.43
58	98.31	96.67	95.08	93.55	92.06	90.63	89.23	87.88	86.57	85.29	84.06	82.86
59	100.00	98.33	96.72	95.16	93.65	92.19	90.77	89.39	88.06	86.76	85.51	84.29
60		100.00	98.36	96.77	95.24	93.75	92.31	90.91	89.55	88.24	86.96	85.71
61			100.00	98.39	96.83	95.31	93.85	92.42	91.04	89.71	88.41	87.14
62				100.00	98.41	96.88	95.38	93.94	92.54	91.18	89.86	88.57
63					100.00	98.44	96.92	95.45	94.03	92.65	91.30	90.00
64						100.00	98.46	96.97	95.52	94.12	92.75	91.43
65							100.00	98.48	97.01	95.59	94.20	92.86
66								100.00	98.51	97.06	95.65	94.29
67									100.00	98.53	97.10	95.71
68										100.00	98.55	97.14
69											100.00	98.57
70												100.00

参 考 文 献

[1] 马国瑞. 农作物营养失调症原色图谱 [M]. 北京：中国农业出版社，2001

[2] 万书波等. 中国花生栽培学 [M]. 上海：上海科学技术出版社，2003

[3] 郭瑞廉等. 花生施肥 [M]. 北京：农业出版社，1988

[4] 封海胜等. 花生育种与栽培 [M]. 北京：农业出版社，1993

[5] 褚天铎. 微量元素肥料的作用与应用 [M]. 成都：四川科学技术出版社，1993

[6] 董伟博等. 油菜、大豆、花生、芝麻病虫害防治原色图鉴 [M]. 合肥：安徽科学技术出版社，2007

[7] 方中达. 中国农业植物病害 [M]. 北京：中国农业出版社，1996

[8] 刘惕若，王守正. 油料作物病害及其防治 [M]. 上海：上海科学技术出版社，1983

[9] 马奇祥，孔建. 经济作物病虫实用原色图谱 [M]. 郑州：河南科学技术出版社，1998

[10] 吴立民. 花生病虫草鼠害综合防治新技术 [M]. 北京：金盾出版社，2001

[11] 张明厚等. 油料作物病害 [M]. 北京：中国农业出版社，1995

[12]《中国农作物病虫图谱》编绘组. 中国农作物病虫图谱 [M]. 第五分册，油料病虫（一）. 北京：农业出版社，1992

[13] 滕敏忠等. 绿叶蔬菜病虫原色图谱 [M]. 杭州：浙江科学技术出版社，73～74

[14] 韩召军等. 园艺昆虫学 [M]. 北京：中国农业大学出版社，314～315

[15] 丁锦华. 农业昆虫学 [M]. 南京：江苏科学技术出版社，211～213，321～323

[16] 张琍等. 有害生物综合治理策略与展望—安徽省花生危害现状与防治技术探讨 [M]. 北京：中国农业科技出版社，2002，123～125

[17] 蒲蛰龙. 昆虫病理学 [M]. 广州：广东科学技术出版社，1994

[18] 章士美等. 中国农林昆虫地理分布 [M]. 北京：中国农业出版社，1996

[19] 阎兆万. 山东省志 [M]. 济南：山东人民出版社，2003

[20] 山东省花生研究所. 中国花生栽培学 [M]. 上海：上海科学技术出版社，1982

[21] 刘广瑞等. 中国北方常见金龟子彩色图鉴 [M]. 北京：中国林业出版社，1997

[22] 汤祊德等. 中国珠蚧科及其他 [M]. 北京：中国农业科技出版社，1995

[23] 唐洪元. 农田杂草 [M]. 上海：上海科技教育出版社，1999

[24] 尚文一等. 农田杂草及防除 [M]. 北京：农业出版社，1979

[25] 李孙英. 作物草害及其防除 [M]. 北京：农业出版社，1981

[26] 中国农垦进出口公司. 农业杂草科学防除大全 [M]. 上海：上海科学技术文献出版社，1991

[27] 王枝荣. 中国农田杂草原色图谱 [M]. 北京：农业出版社，1990

[28] 刘乾开. 农田鼠害及其防治 [M]. 北京：中国农业出版社，1995

[29] 刘仁华. 东北鼢鼠研究 [M]. 哈尔滨：黑龙江科学技术出版社，1997

[30] 浙江农业大学. 农业昆虫学（上册）[M]. 上海：上海科学技术出版社，1982

[31] 山东省林业科学. 森林与兽类 [M]. 北京：中国林业出版社，1988

[32] 高耀亭等. 中国动物志（第八卷）[M]. 北京：科学出版社，1987

[33] 张生芳等．中国储藏物甲虫［M］．北京：中国农业科技出版社，1998

[34] 许志刚等．普通植物病理学［M］．北京：中国农业出版社，1997

[35] 孟宪曾等．花生病害［M］．北京：农业科技出版社，1982

[36] 陈善铭，齐兆生．中国农作物病虫害［M］．北京：中国农业出版社，1995

[37] 徐秀娟．无公害花生安全生产手册［M］．北京：中国农业出版社，2008

[38] 刘乾开，朱国念．新编农药使用手册［M］（第二版）．上海：上海科学技术出版社，2000

[39] 王运兵．生物农药［M］．北京：中国农业科技出版社，2005

[40] 赵铭钦．烟草常用农药使用指南［M］．北京：中国农业科学技术出版社，2002

[41] 邢岩，孟繁东．最新进口农药使用技术［M］．沈阳：辽宁科学技术出版社，2001

[42] 张友军等．农药无公害使用指南［M］．北京：中国农业出版社，2003

[43] 成卓敏．新编植物医生手册［M］．北京：化学工业出版社，2008

[44] 刘长令．世界农药大全［M］（杀菌剂卷）．北京：化学工业出版社，2006

[45] 向子钧．常用新农药实用手册［M］．武汉：武汉大学出版社，2006

[46] 孙家隆．农药化学合成基础［M］．北京：化学工业出版社，2008

[47] 董天义．抗凝血灭鼠剂应用研究［M］．北京：中国科学技术出版社，2001

[48] 汪诚信．药物灭鼠［M］．北京：科技出版社，1986

[49] 中国医学大百科全书·消毒、杀虫、灭鼠卷［M］．上海：上海科学技术出版社，1985

[50] 白旭光等．储藏物害虫与防治［M］（第二版）．北京：北京科学出版，2008

[51] 李俊庆．旱地花生高产栽培技术［J］．作物杂志，1996，（2）：15～16

[52] 高国庆．花生抗旱生理研究综述［J］．广西农业科学，1995，（4）：155～157

[53] 徐明显．花生子叶病研究初报［J］．花生科技，1981，（1）：22～25

[54] 徐明显．花生子叶病致病原因和防治方法的研究［J］．花生科技，1982，（2）：17～21

[55] 姜慧芳．干旱胁迫对花生叶片 SOD 活性和蛋白质的影响［J］．作物学报，2004，（2）：169～174

[56] 严美玲．苗期干旱胁迫对不同抗旱花生品种生理特性、产量和品质的影响［J］．作物学报，2007，
（1）：113～119

[57] 严美玲．苗期灌水量对花生生理特性和产量的影响［J］．应用生态学报，2007，（2）：347～351

[58] 朱秀红．高温干旱对鲁东南地区花生结荚期的影响［J］．现代农业科技，2007，（11）：98～99

[59] 赵学坤．出口大花生抗旱栽培技术［J］．中国种业，2003，（8）：34～35

[60] 严美玲．花生苗期不同程度干旱胁迫对叶片某些酶活性的影响［J］．中国油料作物学报，2006，
（4）：440～443

[61] 薛慧勤．水分胁迫对不同抗旱性花生品种生理特性的影响［J］．干旱地区农业研究，1997，（4）：
82～85

[62] 王福青．干旱对花生苗期花芽发育的影响［J］．中国油料作物学报，2000，（3）：51～53

[63] 王福青．干旱对花生苗期生长发育影响的研究［J］．莱阳农学院学报，2000，（1）：12～16

[64] 徐明显．花生子叶病的研究［J］．山东农业科学，1982，（2）：1～5

[65] 李维江．土壤干旱对花生前期光合及干物质积累的影响［J］．花生科技，1991，（4）：1～4

[66] 罗瑶年．花生苗期、花针期土壤临界水分的研究［J］．花生科技，1981，（4）：17～23

[67] 姚君平．早、中熟花生不同生育阶段土壤水分亏缺对植株生育和产量的影响［J］．花生科技，
1985，（2）：1～8

[68] 姚君平．花生早熟品种不同生育期临界水分的研究［J］．花生科技，1982，（4）：23～27

[69] 李永禄．平洼地覆膜花生烂果原因及对策［J］．花生科技，1994，（4）：31～32

[70] 程延年．未来气候变化对我国花生生产的影响［J］．花生科技，1993，（1）：1～4

[71] 刘飞．湿涝对花生矿质营养的影响及其营养调控［J］．花生学报，2007，（4）：1～6

[72] 刘登望．湿涝对幼苗期花生根系 ADH 活性与生长发育的影响及相互关系［J］．花生学报，2007，（4）：12～17

[73] 吴兰荣．花生全生育期耐盐鉴定研究［J］．花生学报，2005，（3）：20～24

[74] 李林．花生等农作物耐湿涝性研究进展［J］．中国油料作物学报，2004，（3）：105～109

[75] 聂呈荣．温度处理不同种质花生种子对萌发和幼苗生长的影响［J］．花生科技，1997，（2）：1～5

[76] 姚君平．花生不同生育阶段土壤干旱对植株生育和产量的影响［J］．花生科技，1984，（4）：15～18

[77] 任玉梅．降雨与花生产量关系的初步探讨［J］．花生科技，1983，（4）：9～11

[78] 徐庆年．花生荚果发育及其与积温关系的研究初报［J］．花生科技，1978，（1）：30～34

[79] 黄循壮．提高旱坡地花生产量途径的探讨［J］．花生科技，1991，（1）：33～34

[80] 吴兰荣．花生种质资源耐盐性筛选鉴定初报［J］．花生科技，1996，（3）：23～26

[81] 周桂元．节水耐旱花生品种的特征［J］．花生科技，2008，（2）：32～34

[82] 陈静．花生耐盐性鉴定指标研究［J］．花生科技，2006，（3）：21～24

[83] 王才斌等．花生硫营养研究综述［J］．中国油料作物学报，1996，（3）：76～78

[84] 张智猛等．花生铁营养状况研究［J］．花生学报，2003，（增刊）：361～367

[85] 陈殿绪等．花生钙素营养机理研究进展［J］．花生科技，1999，（3）：5～9

[86] 赵志强．花生硼素营养研究［J］．中国油料作物学报，1997，（4）：89～91

[87] 卞建波等．花生白绢病致病因素及生态控制技术研究［J］．现代农业科技，2007，（10）：88～90

[88] 宾淑英，冯志新．花生根结线虫对花生的致病性研究［J］．仲恺农业技术学院学报，1993，（1）：7～13

[89] 宾淑英，冯志新．花生根结线虫对花生植株内源激素、氨基酸、核酸及糖的影响［J］．华南农业大学学报，1999，（4）：15～19

[90] 宾淑英等．花生根结线虫对花生植株主要生理指标的影响［J］．华中农业大学学报，1999，（2）：121～124

[91] 蔡骥业．花生锈病概述［J］．广西农学报，1994，（1）：48～53

[92] 曹方胜等．适乐时种衣剂应用于花生的增产效果［J］．江西农业科学，2004，（5）：12～13

[93] 陈贵善．花生青枯病的防治［J］．农技服务，2006，（2）

[94] 陈国达等．花生普通花叶病毒病流行预测研究［J］．花生科技，1992，（4）：23～24

[95] 陈国达，王冠慧．河南花生病害种类及分布［J］．河南农业科学，1989，（8）：22～23

[96] 林葆等．钙肥品种及施用方法对花生肥效的影响［J］．土壤通报，1997，（4）

[97] 陈国选等．花生病毒病发生及流行规律研究［J］．花生科技，1991，（4）：10～13

[98] 陈剑良．花生根腐病的发生与防治［J］．福建农业，2007，（3）：25

[99] 陈晓敏．福建省花生青枯病菌致病型及生物型的测定［J］．福建农业大学学报，2000，29（4）：470～473

[100] 崔富华．巴蜀地区花生青枯病的分布、防治及抗病育种研究［J］．西南农业学报，2004，17（6）：741～745

[101] 崔富华．花生青枯病的分布及防治对策研究［J］．花生学报，2003，（4）：17～22

[102] 单志慧．花生抗青枯病机制的初步研究［J］．中国油料，1995，（3）：40～42

[103] 董炜博等．感染花生条纹病毒（PStV）后花生生理生化性状变化的研究［J］．植物病理学报，1997，27（3）：281～285

[104] 董炜博等．不同品种花生接种条纹病毒后叶片内过氧化物酶和超氧化物歧化酶的变化［J］．华北

农学报，1998，3（3）：91～96

[105] 董炜博．花生白绢病的温室接种技术及抗性鉴定［J］．花生学报，2001，30（1）：17～20

[106] 高新国，渠占奇．花生茎腐病的发病规律及防治技术［J］．河北农业科学，2005，（4）：87～88

[107] 贺建峰，刘启．驻马店市花生主要病害及防治方法［J］．植物保护，2000，（34）：44～46

[108] 黄潮龙．花生青枯病的综合防治技术［J］．福建农业，2006，（1）：22～23

[109] 黄兰英．花生青枯病发生特点与防治对策［J］．福建农业，2003，（8）

[110] 黄亚丽等．绿色木霉菌剂对花生重茬病害的防治效果研究［J］．现代农药，2006，（6）：35～38

[111] 黄玉璋等．花生病毒病发生规律和预测预报研究［J］．花生科技，1991，（1）：11～15

[112] 黄正家．花生青枯病的发生及防治［J］．安徽农业，2000，（3）：19

[113] 黄中乐，项德华．花生青枯病发病规律及综防对策［J］．农村经济与科技，1998（5）

[114] 康耀卫，何礼远．青枯菌无毒自发突变株接种花生引起的生化变化［J］．中国油料，1994，16（1）：38～40

[115] 李崇运，杨忠荣．花生纹枯病的防治［J］．四川农业科技，1987，（2）：24～25

[116] 李盾．锈菌侵染后花生体内主要生化指标的变化及其与抗性的关系［J］．华南农业大学学报，1995，16（1）：68～75

[117] 李盾等．花生体内几种酶的活性与抗锈病性的关系［J］．华南农业大学学报，1991，12（3）：1～6

[118] 李盾等．花生体内多种生化因子对抗锈病性的综合作用［J］．华南农业大学学报，1996，17（2）：44～49

[119] 李盾等．锈菌侵染后花生体内主要生化指标的变化及其与抗性的关系［J］．华南农业大学学报，1995，16（1）：68～75

[120] 李锦辉等．花生网斑病对豫花15主要生理特性的影响［J］．河南农业科学，2002，（3）

[121] 李绍伟等．花生叶斑病流行预测研究［J］．中国油料，1993，（4）：52～54

[122] 李绍伟等．花生叶斑病流行程度与相关因子分析［J］．花生学报，2002，31（4）：27～29

[123] 李向东等．花生叶片衰老的初步研究［J］．中国油料作物学报，2000，22（1）：61～64

[124] 廖伯寿，单志慧．论青枯菌潜伏侵染与花生抗性遗传改良的关系［J］．花生科技，1999，（增刊）：112～115

[125] 廖伯寿等．青枯菌潜伏侵染对花生的影响［J］．中国油料，1997，19（4）

[126] 廖伯寿．国际花生青枯病合作计划会议［J］．世界农业，1990，（11）

[127] 闵文．花生青枯病的防治［J］．江西农业科技，1985，（9）

[128] 欧善生．花生根腐病发生危害与防治［J］．广西农业科学，2003，（2）

[129] 彭忠．花生青枯病寄主抗病性生物化学机制研究［J］．中国农业科学院研究生院硕士论文，1994

[130] 桑翠红，梁义智．花生茎腐病防治技术［J］．河南科技，2002（下）：17

[131] 邵仁学．种衣剂在花生上的应用效果［J］．湖北农业科学，2003，2：43

[132] 石延茂等．花生叶斑病病叶率与病情指数相关性及防治经济阈值模型研究初报［J］．花生科技，1999（增刊）：439～440

[133] 史桂荣，孟昭萍．花生根腐病发病因素分析及防治技术探讨［J］．植保技术与推广，2002，（11）

[134] 宋协松等．花生根结线虫病产量损失估计与防治指标的研究［J］．植物保护学报，1995，21（2）：181～186

[135] 宋协松．花生根结线虫（*Meloidogyne hapla* Chitwood）的生活史温湿度影响［J］．植物病理学报，1992，22（4）：345～348

[136] 宋秀芳．花生锈病的发生与防治技术［J］．农业科技通讯，1996，（9）：26

［137］谈宇俊，廖伯寿．国内外花生青枯病研究述评［J］．中国油料作物学报，1990，（4）

［138］汤丰收，李蝴蝶．不可忽视的花生病害－茎腐病［J］．北京农业

［139］王才斌等．不同杀菌剂对花生叶斑病的防效及公害研究［J］．中国油料作物学报，2005，27（4）：72～75

［140］王丽伟．花生病虫害及防治［J］．河北农业，2005，（6）：15

［141］王泽锋，李凤学．花生青枯病的发生与防治［J］．河北农业科技，2003，（6）：20

［142］韦新葵，雷朝亮．蝇蛆几丁低聚糖对花生白绢病菌菌丝形态及超微结构的影响［J］．华中农业大学学报，2004，23（2）：214～217

［143］吴献忠等．花生网斑病研究进展［J］．莱阳农学院学报，2000，17（4）：294～297

［144］谢平．湛江地区花生锈病流行因子的分析［J］．湛江师范学院学报（自然科学版），1995，（1）：119～123

［145］谢平．湛江地区花生锈病流行因子的分析［J］．湛江农专学报，1995，12（1）：16～20

［146］谢兆英，黄志锋．介绍一种防治花生青枯病的农药［J］．福建农业，1998，（5）

［147］熊彩云，刘江毅．花生青枯病的发生与防治［J］．江西农业科技，2003，（10）：26

［148］熊彩云，刘江毅．花生青枯病的发生与防治［J］．江西农业科技，2003，（10）

［149］徐秀娟等．花生菌核病的研究［J］．花生科技，1999（增刊）：430～435

［150］徐秀娟等．中国花生网斑病研究［J］．植物保护学报，1995，22（1）：70～74

［151］徐秀娟等．花生网斑病主要发生因子的关联性研究［J］．山东农业大学学报，1992，23（4）：430～434

［152］徐秀娟等．绿色木霉菌剂及其在有机食品花生的应用［J］．农药，2006，45（4）：273～275

［153］徐秀娟等．花生菌核病及其防治研究［J］．山东农业大学学报，2003，34（1）：33～36

［154］徐秀娟等．花生菌核病病原分类及其特性研究［J］．广西农业科学，2004，35（3）：211～212

［155］徐秀娟等．无公害防治花生菌核病药效测定试验研究［J］．花生学报，2003，32（增刊）：394～399

［156］徐玉恒等．花生白绢病的综合防治技术［J］．现代农业科技，2005，（2）：2

［157］徐玉恒等．花生白绢病的综合防治技术［J］．现代农业科技，2005，（5）：16

［158］徐玉恒，钟建峰．花生白绢病药剂防治研究［J］．现代农业科技，2006，（6）：68

［159］许泽永，张宗义．三种主要花生病毒侵染对花生生长和产量影响的研究［J］．中国农业科学，1989，（4）：51～56

［160］鄢洪海等．花生叶部菌核病流行规律及生物防治初报［J］．花生学报，2006，35（3）：28～31

［161］杨广玲．花生白绢病的发生规律与综合防治［J］．花生学报，2003，32（增刊）：425～426

［162］杨广玲．3种二苯醚类除草剂对花生白绢病菌影响作用的研究［J］．农业环境科学学报，2005，24（2）：304～307

［163］杨广玲．9种除草剂对花生白绢病菌的影响［J］．植物保护学报，2004，31（4）：407～410

［164］余明慧．花生茎腐病和青枯病的发生特点与防治［J］．河南农业，2005，（12）：28

［165］袁虹霞等．药剂处理种子对花生茎腐病防治效果［J］．植物保护，32（2）：73～75

［166］袁宗胜．花生品种（系）对青枯菌的抗性鉴定［J］．福建农林大学学报（自然科学版），2002，（2）

［167］曾东方．花生青枯病的发生与抗性研究［J］．湖北农业科学，1994，（1）：74～75

［168］张广民．山东省花生病害的发生及防治技术［J］．农药，1997，36（4）：6～8

［169］张秀阁．花生青枯病的综合防治技术［J］．农业科技通讯，2007，（10）：92

［170］张永祥等．花生种子带青枯病菌对传播青枯病的影响［J］．中国油料，1993，（3）：59～61

[171] 张宗义等．花生普通花叶病毒病发生和流行规律研究［J］．中国油料作物学报，1999，20（1）：78～82

[172] 赵更云．花生死棵的原因及防治对策［J］．北京农业，2003，（6）：18

[173] 赵兴宝，王玉芳．花生枯萎病综合防治技术研究［J］．安徽农业科学，2003，（5）：862～863

[174] 赵振忠．花生根部及根茎部病害的发生与防治［J］．河北农业科技，2007，（2）：19

[175] 卓洪霞，宋丽花．花生青枯病的综合防治［J］．中国植保导刊，2004，（6）：31～32

[176] 毕玉平．花生条纹病毒外壳蛋白基因 cDNA 的合成、克隆及全序列测定［J］．农业生物技术学报，1999，7（3）：211～214

[177] 蔡祝南．酶联免疫吸附法（ELISA）检测花生种子带毒的研究［J］．植物病理学报，1986，16（1）：23～28

[178] 陈坤荣，许泽永．一种侵染花生的新病毒鉴定初报［J］．中国油料作物学报，2003，25（2）：82～85

[179] 陈坤荣，许泽永．侵染花生的辣椒褪绿病毒（*Capsicum chlorosis virus*）S RNA 全序列分析［J］．中国病毒学，2006，21（5）：506～509

[180] 陈坤荣，许泽永．花生条纹病毒株系的生物学特性和壳蛋白基因序列分析［J］．中国油料作物学报，1999，21（2）：55～59

[181] 陈坤荣，郑健强．烟台地区花生病毒病调查和血清学鉴定［J］．山东农业科学，1994，（2）：34～36

[182] 陈坤荣．烟台地区花生黄花叶病毒病流行与防治研究［J］．中国油料，1995，17（3）：57～61

[183] 陈慕蓉，张曙光．华南花生丛枝病发病规律及防治研究［J］．广东农业科学，1994，（2）：33～35

[184] 陈永萱，施志新．花生矮化病毒（PSV）的研究［J］．植物病理学报，1987，17（4）：199～203

[185] 陈作义等．花生丛枝病原的电子显微镜研究［J］．生物化学与生物物理学报，1981，13（3）：317～319

[186] 范怀忠，刘朝祯．广东省落花生丛枝病（Groundnut rosette）初步调查报告［J］．植病知识，1957，（3）：21～25

[187] 贺立红，宾金华．花生黄曲霉防治的研究进展［J］．种子，2004，23（12）：39～45

[188] 姜慧芳．花生种质资源对黄曲霉菌侵染和产毒的抗性鉴定［J］．中国油料作物学报，2005，27（3）：21～25

[189] 姜慧芳，王圣玉．花生种质资源对黄曲霉菌侵染的抗性鉴定［J］．中国油料作物学报，2002，24（1）：23～25

[190] 雷永等．花生抗青枯病种质对黄曲霉菌产毒的抗性反应［J］．中国油料作物学报，2004，26（1）：69～71

[191] 梁国耀等．秋植花生丛枝病发生规律和防治途径［J］．油料作物，1965，（4）：10～16

[192] 梁炫强，潘瑞炽．花生收获前黄曲霉侵染因素研究［J］．中国油料作物学报，2000，22（4）：65～70

[193] 梁炫强等．花生种子胰蛋白酶抑制剂与抗黄曲霉侵染的关系［J］．作物学报，2003，29（2）：295～299

[194] 梁炫强等．花生种皮蜡质和角质层与黄曲霉侵染和产毒的关系［J］．热带亚热带植物学报，2003，11（1）：11～14

[195] 梁炫强等．花生种子白藜露醇的诱导与抗黄曲霉侵染关系的研究［J］．中国油料作物学报，2006，28（1）：59～62

[196] 唐兆秀等．花生收获前黄曲霉污染调查［J］．福建农业学报，1998，13（3）：25～28

[197] 肖达人．我国花生黄曲霉毒素污染研究概况［J］．中国油料，1988，（2）：85～87

[198] 许泽永，Barnett，O. W. 一种侵染花生的黄瓜花叶病毒的鉴定［J］．中国油料，1983，（4）：55～58

[199] 许泽永．花生轻斑驳病毒的研究［J］．中国油料，1983，（4）：51～54

[200] 许泽永等．我国花生矮化病毒（PSV）株系的血清学和壳蛋白基因序列分析［J］．农业生物技术学报，1998，6（1）：15～21

[201] 许泽永，Reddy，D. V. R. 我国南方发生一种由番茄斑萎病毒引起的新病害［J］．病毒学报，1986，2（3）：271～274

[202] 许泽永，Teycheney，P. Y. Digoxigenin（DIG）标记探针检测侵染花生的 Potyviru［J］．中国油料，1993，（4）：55～58

[203] 许泽永等．中国北方花生病毒病类型和血清鉴定［J］．中国油料，1984，（3）：48～56

[204] 许泽永等．刺槐-花生矮化病毒一个初侵染源［J］．植物病理学报，1994，24（4）：305～309

[205] 许泽永，晏立英．花生矮化病毒（PSV）Mi 株系 RNA3 全序列分析［J］．农业生物技术学报，2004，12（4）：436～441

[206] 许泽永等．一种引起花生严重矮化的黄瓜花叶病毒的（CMV）株系鉴定［J］．植物病理学报，1989，19（3）：141～144

[207] 许泽永等．我国花生品种资源种子带病毒检测［J］．植物保护，1990，16（4）：10～11

[208] 许泽永等．花生矮化病毒株系寄主反应及对花生致病力研究［J］．中国油料，1992，（4）：25～29

[209] 许泽永等．北京地区花生病毒病防治研究［J］．植物保护学报，1991，18（1）：69～74

[210] 许泽永等．花生轻斑驳病毒病防治试验［J］．中国油料，1986，（2）：73～77

[211] 许泽永等．北京地区花生病毒病调查和防治试验初报［J］．北京农业科学，1986，（6）：25～29

[212] 许泽永，张宗义．三种主要花生病毒侵染对花生生长和产量影响的研究［J］．中国农业科学，1986，（4）：51～56

[213] 许泽永，张宗义．北方花生两种主要病毒病及其防治［J］．植物保护，1986，（6）：13～14

[214] 许泽永，张宗义．我国花生病毒病类型区域分布和病毒血清鉴定［J］．中国油料，1988，（2）：56～61

[215] 许泽永．花生种子带 PMMV 和 CMV～CA 病毒检测报告［J］．中国油料，1985，（1）：56～58

[216] 许泽永等．花生矮化病毒的一个新株系——轻型株系的研究［J］．中国油料，1985，（2）：68～72

[217] 薛宝梯等．大豆上发生的花生斑驳病毒［J］．南京农业大学豆科植物病毒论文集，1986：36

[218] 晏立英等．侵染花生的 CMV～CA 株系基因组全序列分析［J］．中国病毒学，2005，20（3）：315～319

[219] 杨健源等．花生丛枝病原的血清学研究［J］．中国油料作物学报，2000，22（4）：58～61

[220] 杨永嘉等．花生斑驳病毒流行规律研究［J］．中国油料，1983，（3）：54～59

[221] 杨永嘉等．花生斑驳病种子带毒率及其影响因素［J］．江苏农业科学，1985，（2）：21～22

[222] 张曙光，范怀忠．华南花生丛枝病——由叶蝉传递的花生类菌原体新病害的研究简报［J］．华南农学院学报，1981，（2）：104～105

[223] 张宗义等．花生品种（系）对黄瓜花叶病毒抗性鉴定［J］．中国油料作物学报，1999，21（4）：60～63.

[224] 张宗义等．花生普通花叶病毒病发生和流行规律研究［J］．中国油料作物学报，1998，20（1）：

78～82

[225] 张宗义等.刺槐上分离的花生矮化病毒研究 [J].中国病毒学,1998,13 (3):271～273

[226] 张宗义等.黄瓜花叶病毒CA株系在花生上流行研究 [J].植物病理学报,1993,(4):355～360

[227] 张宗义等.花生品种(系)对花生矮化病毒抗性鉴定 [J].中国油料,1994,16 (2):48～51

[228] 张宗义等.北京地区花生病毒病及流行规律研究 [J].植物保护学报,1989,16 (4):227～232

[229] 周家炽,蔡淑莲.1957—1958年豆类病毒病工作总结 [J].植物病理学报,1959:7～11

[230] 王丽伟.花生病虫害及其防治 [J].河北农业,2005,(6):15

[231] 林瀚.南方保护地蔬菜几种常见虫害的防治 [J].蔬菜,1999,(8):26～27

[232] 夏英三等.适时防治花生蚜虫 [J].植物医生,2001,(4):45

[233] 徐秀娟等.有机食品花生虫害防治技术研究 [J].浙江农业科学,2007,(5):578～581

[234] 刘淑丽等.早春露地马铃薯及下茬早熟花生高产、高效栽培技术 [J].杂粮作物,2005,(6):380

[235] 陈志杰等.主要天敌对花生蚜虫捕食作用的研究 [J].中国油料,1993,(2):25～28

[236] 薛勇.作物巧配、植虫少产量高 [J].中国农业信息,2005,(11):27

[237] 中贺.花生虫害防治 [J].南方科技报,2007,5

[238] 李绍伟等.花生蚜虫流行程度预测预报研究 [J].花生科技,1997,(1):25～27

[239] 李绍伟等.花生蚜虫田间发生规律简报 [J].花生科技,1996,(2):35～37

[240] 敖礼林等.苜蓿蚜虫的无公害防治技术 [J].草业科学,2005,(10):18～21

[241] 周祖铭等.棉大卷叶虫的初步研究 [J].昆虫学报,1975,(4):5～9

[242] 李定旭等.毒死蜱和阿维菌素对塔六点蓟马功能反应的影响 [J].昆虫学报,2007,(5):467～473

[243] 张蓉等.蓟马危害苜蓿的产量损失及防治指标研究 [J].植物保护,2005,(1):47～49

[244] 冯会文等.兰州地区蔬菜蓟马种类调查 [J].甘肃农业大学学报,2006,(6):67～70

[245] 陶志杰等.苜蓿蓟马的发生规律和药剂防治试验 [J].干旱地区农业研究,2005,(4):212～218

[246] 李号宾等.南疆地区棉田棉蓟马种群数量动态研究 [J].新疆农业科学,2007,(5):583～586

[247] 张友军等.外来入侵害虫——西花蓟马的发生、危害与防治 [J].中国蔬菜,2004,(5):50～51

[248] 李景明等.危害荔枝的茶黄蓟马生物学特性及防治 [J].昆虫知识,2004,(2):172～173

[249] 庞钰等.植物源药剂对苜蓿蓟马的防效研究 [J].草业科学,2007,(3):101～103

[250] 李书林等.棕榈蓟马发生特点及防治技术 [J].江苏农业科学,2007,(3):86～87

[251] 贺春贵等.甘肃苜蓿田芫菁的种类危害及防治 [J].草原与草坪,2005,(3):21～26

[252] 孙慧生等.芫菁对马铃薯危害特点及防治研究 [J].中国马铃薯,2007,(6):379～380

[253] 杨玉霞等.中国毛胫豆芫菁组分类研究(鞘翅目,芫菁科) [J].动物分类学报,2007,(3):711～715

[254] 刘安枫等.花生二斑叶螨的发生及防治对策 [J].中国农技推广,2000,(2):42

[255] 石鸿文等.花生二斑叶螨的发生与防治 [J].植物医生,2002,(4):11

[256] 刘升基.花生田二斑叶螨的发生与防治 [J].山东农业科学,1996,(3):38

[257] 李大乱等.山楂叶螨种群动态及其危害研究 [J].林业科学研究,1998,(3):335～338

[258] 朱世华等.斜纹夜蛾观测方法、发生规律及治理对策 [J].安徽农业科学,2004,(1):61～65

[259] 胡春丽等.斜纹夜蛾发生消长规律与防治措施 [J].蚕桑茶叶通讯,2005,(2):13～15

[260] 吴世昌等.甜菜夜蛾的抗药性监测及防治 [J].保护学报,1995,(1):95～96

[261] 王开运等．甜菜夜蛾的抗药性变化及治理对策的研究［J］．农药，2001，(6)：29～32

[262] 郑方强．山东省地下害虫发生与防治概况［J］．农药，1997，(1)：10～13

[263] 胡琼波．我国地下害虫蛴螬的发生与防治研究进展［J］．湖北农业科学，2004，(6)：87～92

[264] 王志祥等．胶南市历年花生田蛴螬重发原因分析及防治对策［J］．植保技术与推广，1998，(1)：18～19

[265] 褚绪轩．国内外油料作物和食油产销现状及发展趋势［J］．安徽农学通报，2001，(4)：8～10

[266] 王秀利．花生田蛴螬的发生规律·发生原因及防治对策［J］．安徽农业科学，2004，(2)：287

[267] 谭六谦等．铜绿金龟甲性信息素分泌部位和提取的研究［J］．山东农业大学学报（自然科学版），1993，(2)：195～201

[268] 王广利等．植食性金龟子信息化学物质的研究［J］．昆虫学报，2005，(5)：785～791

[269] 王惠等．华北大黑鳃金龟性信息素组分的分离与鉴定［J］．西北农林科技大学学报（自然科学版），2002，(2)：93～97

[270] 李仲秀等．诱集物对金龟子诱集作用［J］．华北农学报，1995，10（增刊）：153～156

[271] 胡明峻等．白僵菌在农林害虫防治上的研究进展［J］．微生物学研究与应用，1995，(1)：42～45

[272] 李兰珍．卵孢白僵菌防治苗圃地蛴螬的研究［J］．东北林业大学学报，1998，(2)：33～36

[273] 徐庆丰等．布氏白僵菌防治花生蛴螬的研究［J］．中国生物防治，1997，(1)：23～25

[274] 陈祝安等．绿僵菌对暗黑金龟的室内致病力测定［J］．中国生物防治，1995，(2)：54～55

[275] 程美珍等．绿僵菌对豆田蛴螬小区试验［J］．中国生物防治，1995，(4)：183～187

[276] 贾春生等．利用绿僵菌与倍硫磷混用防治东北大黑鳃金龟研究［J］．北华大学学报（自然科学版），2003，(1)：78～79

[277] 林国宪等．三种生物农药防治花生蛴螬效果比较［J］．福建农业大学学报，1995，(2)：27～29

[278] 曾晓慧等．苏云金芽孢杆菌在防治夜蛾科害虫中的应用［J］．昆虫天敌，1999，(1)：38～42

[279] 宋协松．防治蛴螬的乳状芽孢杆菌——鲁乳1号的研究及应用［J］．昆虫学报，1982，(4)：7～9

[280] 钱秀娟等．昆虫病原线虫对大豆地下害虫东北大黑鳃金龟幼虫的致病力研究［J］．大豆科学，2005，(3)：224～226

[281] 郝德军等．几种昆虫病原线虫对苗圃地下害虫的毒力测定［J］．林业科技，2001，(2)：22～23

[282] 王进贤等．昆虫病原线虫对突背黑色蔗龟幼虫致死效果的研究［J］．昆虫天敌，1986，(4)：220～224

[283] 周新胜等．应用虫生线虫防治淡翅藜丽金龟子的研究［J］．森林病虫通讯，1996，(3)：14～16

[284] 余向阳等．昆虫病原线虫的室内感染活性及其所受温湿度的影响［J］．江苏农业学报，2003，(1)：13～17

[285] 陈红印等．保护土蜂资源防治花生田金龟子［J］．植保技术与推广，2003，(7)：3～5

[286] 魏新田等．蛴螬天敌一食虫虻的生物学研究［J］．昆虫知识，1998，(4)：200～202

[287] 蒋洪良．花生蛴螬发生规律及防治技术［J］．湖北植保，1995，(2)：15

[288] 孙德旭等．金龟子蛹分类研究［J］．沈阳农业大学学报，1989，(3)：185～191

[289] 顾耘．金龟子雄性外生殖器在系统分类中应用的研究．中国学位论文文摘数据库，1991

[290] 雷国明．猖獗危害的金龟子岂容忽视［J］．植物医生，2002，(4)：3～4

[291] 郑志扬等．川北地区花生蛴螬的发生和防治［J］．西南农业大学学报，1996，(5)：15～17

[292] 白永学．单县花生田蛴螬重发原因及防治对策［J］．2007，(3)：101～102

[293] 汪志和等．抚宁县花生田蛴螬种类、发生规律及其防治技术研究［J］．植保技术与推广，1998，

（4）：17～18

[294] 刘爱芝等．河南省蛴螬暴发原因浅析及防治对策 [J]．河南农业科学，2001，（4）：20～21

[295] 王永祥等．冀中平原区蛴螬种类及综合防治技术 [J]．河北师范大学学报，1998，（2）：9～12

[296] 房霞娣．苏北花生田蛴螬发生规律与防治对策 [J]．上海农业科技 2005，（3）：119～121

[297] 徐守明．秋季蛴螬发生影响因素及预报技术探讨 [J]．江苏农业科学 2000，（5）：43～45

[298] 宋协松等．大黑和暗黑蛴螬危害花生的防治指标的研究 [J]．花生科技，1989，（2）：119～123

[299] 王保华．花生新黑地珠蚧及防治研究简报 [J]．花生学报，1985，（2）：34～35

[300] 王文夕．新黑地珠蚧在开封县发生 [J]．植物保护，1991，（3）：46

[301] 任英等．花生蛛蚧发生与防治初探 [J]．植物检疫，2005，（1）：56

[302] 任应党等．花生新珠蚧的生物学特性及其防治 [J]．华北农学报，2001，（16）：48～52

[303] 仲伟霞．花生新黑地珠蚧的发生与防治 [J]．河南农业，2005，（8）：31

[304] 李爱花等．花生新黑地珠蚧发生特点及防治措施 [J]．植保技术与推广，1996，（4）：19

[305] 李建成等．河北省迁安县发现花生新黑地珠蚧 [J]．植物保护，2004，（6）：57

[306] 李金铭．防治花生害虫——新黑地珠蚧 [J]．河南农业科学，1988，（3）：9

[307] 李警东．花生蚧壳虫的发生与防治 [J]．中国农村科技，1996，（7）：18

[308] 李绍伟等．花生新黑地珠蚧发生危害与防治 [J]．植物保护，2001，（2）：18～19

[309] 汤祊德．我国新珠蚧属及其一新种描记（同翅目：蚧总科，珠蚧科） [J]．武夷科学，2000，（16）：1～5

[310] 房巨才．珠绵蚧危害花生、大豆严重 [J]．植保技术与推广，1998，（2）：42

[311] 杨集昆．珠蚧科的研究 [J]．昆虫分类学报，1979，（1）：35～48

[312] 张瑞军．花生新黑地珠蚧防治 [J]．河南科技，2003，（5 下）：20

[313] 柴晓娟等．花生新珠蚧生物学特性观察及防治技术研究 [J]．陕西农业科学，2004，（5）：98～99

[314] 柴晓娟等．花生新珠蚧生物学特性观察及防治技术探讨 [J]．中国植保导刊，2004，（6）：11～12

[315] 候璋德等．新黑地珠蚧生物学特性及防治的研究 [J]．植物保护，1986，（1）：2～4

[316] 常智军等．花生田新黑地珠蚧发生规律及防治技术研究 [J]．植物保护导刊，2005，（4）：8～11

[317] 武三安．花生新珠蚧的学名考证（半翅目：蚧总科：珠蚧科） [J]．昆虫分类学报，2007，（3）：199～204

[318] 付东．花生新黑地珠蚧的发生规律及防治技术 [J]．植物检疫，2006，（6）：10～13

[319] 刘振江．花生新黑地珠蚧综合防治技术 [J]．河南农业，2006，（4）：25～27

[320] 刘风学．花生新黑地珠蚧发生规律及防治措施 [J]．中国农技推广，2000，（11）：11～13

[321] 王德旭等．花生田二代棉铃虫发生危害规律及其防治研究 [J]．花生科技，2001，（1）：25～27

[322] 田昌平等．花生田二代棉铃虫卵的空间格局及其应用研究 [J]．植保技术与推广，1999，（3）：6～7

[323] 陶红．25％丙辛 EC 防治棉铃虫药效试验 [J]．安徽农学通报，2007，（11）：228

[324] 张舒等．90.4％石蜡油 EC 防治棉花红蜘蛛和棉铃虫药效试验 [J]．湖北农业科学，2008，（2）：10～13

[325] 石学军．600 亿 PIB/克棉铃虫核型多角体病毒水分散粒剂田间药效试验 [J]．农村科技，2007，（6）：46～47

[326] 张宏亮．2007 年棉田主要病虫害发生发展规律及综防经验 [J]．安徽农学通报，2007，（23）：136～137

[327] 史丽等．北方地区棉铃虫发生危害及防治研究［J］．内蒙古农业科技，2005，(2)：15～17

[328] 李巧丝等．不同寄主对棉铃虫生长发育及种群动态的影响［J］．华北农学报，1999，(1)：102～106

[329] 王玉堂．不用药，也能防治棉铃虫［J］．致富之友，2005，(6)：40．

[330] 陆永跃．齿唇姬蜂对棉铃虫控制作用的研究［J］．安徽农业大学学报，1999，(2)：146～150

[331] 张凤花等．敦煌市棉铃虫发生规律及综合防治技术［J］．甘肃农业科技，2007，(9)：65～66

[332] 梁晶等．番茄田棉铃虫的发生规律及防治技术［J］．农技服务，2007，(9)：52～53

[333] 张锋等．关中地区棉铃虫发生演变规律及防治对策［J］．陕西农业科学，2005，(6)：52～55

[334] 纪传义等．花生病虫草的危害特点及防治对策［J］．现代农业科技，2007，(21)：86

[335] 毛锦秀．花生田棉铃虫综合防治配套措施［J］．农村科技开发，2004，(9)：26～27

[336] 张礼生等．绿僵菌生物农药的研制与应用［J］．中国生物防治，2005，22(增刊)：141～146

[337] 郭志强等．棉铃虫的发生规律与综合防治［J］．新疆农垦科技，2006，(3)：31～32

[338] 贺敬文等．棉铃虫的发生与综合防治［J］．小康生活，1994，(7)：20

[339] 李礼．棉铃虫的非药物防治技术［J］．安徽农业，2004，(7)：16～17

[340] 汪金春等．棉铃虫的综合防治措施［J］．安徽农学通报，2005，(5)：50

[341] 孙瑞成．棉铃虫发生规律与防治对策［J］．小康生活，1999，(8)：14～15

[342] 贾中和等．棉铃虫发生特点及控制对策［J］．新疆农业科技，2004，(2)：17～18

[343] 高布尔．棉铃虫发生危害特点及防治方法［J］．中国农村小康科技，2007，(10)：74～75

[344] 魏娟等．棉铃虫发生原因分析及综合防治措施［J］．新疆农业科技，2006，(3)：32

[345] 董兰．棉铃虫核型多角体病毒防治棉花棉铃虫药效研究［J］．湖北植保，2007，(2)：31～32

[346] 刘孝纯等．棉铃虫世代种群的发展变化［J］．河南农业科学，2004，(10)：33～34

[347] 苏静等．棉铃虫幼虫的活动规律及其防治时机探讨［J］．昆虫知识，2008，(2)：287～289

[348] 宋爱颖等．棉铃虫中期预测模型的建立与应用［J］．安徽农业科学，2004，(1)：66～67

[349] 杨海鹰．棉铃虫种群消长及影响因子［J］．河南气象，2006，(3)：67～68

[350] 李洪敏．棉铃虫综合防治技术(上)．山东农机化，2005，(8)：25

[351] 李洪敏．棉铃虫综合防治技术(下)．山东农机化，2005，(9)：25

[352] 严克华等．性信息素在棉铃虫预测预报与诱杀防治中的作用［J］．安徽农业科学，2004，(5)：904～906

[353] 冉红凡等．影响微孢子虫对棉铃虫幼虫致病力的因子［J］．中国生物防治，2005，(4)：1627～1650

[354] 高新荣等．旱地小地虎的综合防治技术［J］．农民致富之友，2006，(8)：22

[355] 吴小勤．地老虎的无公害防治技术［J］．福建农业，2007，(7)：24

[356] 陈亚辉等．地老虎防治技巧［J］．农家科技，2007，(4)：15

[357] 周春敏．地老虎的发生及综合防治技术［J］．天津农林科技，2006，(4)：45

[358] 薛德乾．旱地小地老虎的综合防治［J］．植物医生，1995，(4)：24

[359] 高建彬．地老虎防治六法［J］．农家顾问，2007，(4)：37

[360] 纪传义等．花生病虫草的危害特点及防治对策［J］．现代农业科技，2007，(21)：86

[361] 王福生．花生田地下害虫防治［J］．新农业，1996，(2)：21

[362] 孙俊铭等．乐斯本防治花生田小地老虎、蛴螬效果及使用技术［J］．农药，2002，(8)：29～30

[363] 邱式邦．生物防治——害虫综合防治的重要内容［J］．植物保护，2007，(5)：1～6

[364] 陈东文等．都尔除草剂在覆膜花生田的试验与应用［J］．花生科技，1988，(2)

[365] 徐秀娟等．花生田化学除草研究Ⅰ．除草剂筛选和杀草膜及普通膜除草［J］．花生科技，1990，

（1）

[366] 徐秀娟等．花生田化学除草研究Ⅱ．除草剂和杀草膜使用技术及影响药效因子［J］．花生科技，1990，（4）

[367] 徐秀娟等．山东省花生田杂草类群及其分布的调查研究［J］．莱阳农学院学报，1990，（3）

[368] 徐秀娟等．花生田杂草防除开发研究［J］．山东农业科学，1991，（1）

[369] 蒋仁堂等．山东省农田杂草的主要种类及区域分布［J］．杂草科学，1994，（1）

[370] 刘素玲等．麦套花生田杂草消长规律及化除技术研究［J］．花生科技，1999，（1）

[371] 董希超．溴敌隆灭鼠效果观察［J］．中国鼠类防制杂志，1989，5（2）：75～77

[372] 戴年华等．褐家鼠的生态学特性及其防治［J］．江西饲料，2000，（6）：25～27

[373] 潘世昌等．黔中地区小家鼠种群繁殖特征［J］．西南农业学报，2007，（1）：147～150

[374] 丁新天．环境条件与黑线姬鼠种群发生的关系［J］．植物保护，1992，（6）：36～37

[375] 王廷正等．黄土高原棕色田鼠综合防治技术研究［J］．植物保护学报，1998，（4）：369～372

[376] 吕国强．黑线姬鼠的发生与防治研究初报［J］．植物保护，1993，（3）：40～42

[377] 黄秀清等．珠江三角洲稻区黄毛鼠成灾规律及综合防治技术研究［J］．广东农业科学，2001，（4）：35～37

[378] 王 勇．洞庭平原黑线姬鼠繁殖特性研究［J］．兽类学报，1994，（2）：138～146

[379] 彭文富等．黄毛鼠种群发生期预测研究［J］．福建农业学报，1994，（3）：61～64

[380] 姚伟兰等．褐家鼠的生长发育［J］．中国媒介生物学及控制杂志，2000，（1）：5～8

[381] 罗银瑞．黄毛鼠发生规律的研究［J］．植保技术与推广，1995，（5）：10～11

[382] 王西之等．褐家鼠雄性不育处理后的社群生殖行为研究［J］．中国媒介生物学及控制杂志，2006，（5）：20～22

[383] 黄秀清等．小家鼠发生规律及防治技术研究［J］．广东农业科学，1999，（3）：44～46

[384] 雷晓水等．小家鼠生长指标评价与年龄指标确定［J］．陕西农业科学，2007，（3）：48～49

[385] 张美文等．长江流域黄胸鼠生物学特性观察［J］．兽类学报，2000，（3）：40～51

[386] 张文解等．中华鼢鼠活动规律研究初报［J］．中国媒介生物学及控制杂志，1995，（4）：275～276

[387] 刘焕金等．中华鼢鼠洞穴的研究［J］．动物学杂志，1984，（2）：28～30

[388] 梁杰荣等．中华鼢鼠的生活习性［J］．动物学杂志，1982，（3）：16～19

[389] 邰发道．棕色田鼠的配偶选择和相关特征［J］．动物学报，2001，（3）：26～33

[390] 徐金会等．棕色田鼠消化系统形态的初步研究［J］．曲阜师范大学学报（自然科学版），2003，（3）：86～89

[391] 张美文等．我国黄胸鼠的研究现状［J］．动物学研究，2000，（6）：64～74

[392] 赵 侯等．黄胸鼠的量度分析［J］．动物学杂志，1993，（4）：53～56

[393] 夏志贤等．大仓鼠种群繁殖月间变化调查研究［J］．山东农业科学，1998，（5）：37～38

[394] 姚伟兰等．褐家鼠种群生态特征的研究［J］．中山大学学报论丛，1998，（4）：89～93

[395] 邰发道等．棕色田鼠洞群内社会组织［J］．兽类学报，2001，（1）：50～56

[396] 张知彬等．大仓鼠种群季节动态的模拟模型［J］．动物学报，1990，（2）：35～42

[397] 刘焕金．大仓鼠冬季生态的初步研究［J］．动物学杂志，1982，（3）：19～20

[398] 李晓晨等．大仓鼠肥满度的研究［J］．兽类学报，1992，（1）：37～41

[399] 苏智峰等．东北鼢鼠的生态特性［J］．草业科学，1999，（6）：34～37

[400] 王俊森等．东北鼢鼠肥满度的研究［J］．国土与自然资源研究，1996，（4）：50～51

[401] 卢浩泉等．黑线仓鼠种群年龄组成及其数量季节消长的研究［J］．兽类学报，1987，（7）：

28～34

[402] 邢 林等．黑线仓鼠的食性及防治阈值的探讨［J］．动物学杂志，1990，(4)：29～33

[403] 侯希贤等．黑线仓鼠的食物和食量［J］．中国鼠类防治杂志，1989，5 (3)：155～158

[404] 张宏利等．鼠害及其防治方法研究进展［J］．西北农林科技大学学报，2003，31 (B10)：167～172

[405] 王玉山等．花生地鼠害复合防治指标的研究［J］．动物学杂志，1996，(1)：19～21

[406] 王华弟等．长江流域稻区黑线姬鼠发生动态与防治指标研究［J］．中国农业科学，1993，(6)：36～43

[407] 田家祥等．几种农田作物害鼠经济阈值的测定［J］．应用生态学报，1993，4 (2)：221～222

[408] 徐金汉，张继祖．花生结荚期鼠害的防治指标［J］．福建农学院学报，1992，(1)：52～55

[409] 王华弟．农田鼠害测报与综合防治研究［J］．浙江农业学报，1997，(1)：25～30

[410] 钟文勤等．内蒙古草场鼠害的基本特征及其生态对策［J］．兽类学报，1986，(4)：241～249

[411] 黄秀清，冯志勇．我国农田鼠害防治现状及今后防治对策［J］．中国农业科技导报，2001，(5)：71～75

[412] 宋文武等．危害花生的新害虫——草地铺道蚁［J］．中国油料，1997，19 (4)

[413] 徐正会，郑哲民．中国西南地区铺道蚁属的新种和新纪录（膜翅目：蚁科）［J］．昆虫分类学报，1994，16 (4)

[414] 王敏生，肖刚柔．中国铺道属（膜翅目、蚁科）昆虫研究［J］．林业科学研究，1988，1 (3)

[415] 王昌贵．刺猬生态及繁殖习性观察［J］．山东林业科技，1991，(1)

[416] 丁志强，高春艳．狗獾的生物学习性生态调查［J］．Journal of Baicheng Normal College, Vob 18 (1), 2004

[417] 尚玉昌等．灰喜鹊的行为生态学研究［J］．CHINESE JOURNAL OF APPLIED ECOLOGY, July, 1994, 5 (3)

[418] 金京林等．乌鸦防除方法的研究［J］．延边农学院学报，1980，(2)

[419] 罗泽．四川盆地的野兔研究［J］．东北林学院学报，1981，(4)

[420] 汝少国．灰喜鹊的繁殖生态和巢位选择Ⅰ．繁殖生态［J］．生态学杂志，1997，16 (2)

[421] 王昌贵．山东日照地区刺猬的生态习性调查［J］．动物学杂志，1999，34 (3)

[422] 马文祥．曲阜孔林刺猬生态习性的研究［J］．生物学杂志，2001，18 (4)

[423] 花文苏．花生病虫无公害防治技术［J］．现代农业科技，2007，(12)：65

[424] 蔡青年等．国外有机农业中有害生物综合管理技术［J］．世界农业，2008，(2)：54～56

[425] 王贵政．花生一控二防田间管理技术［J］．四川农业科技，1997，(4)：8～9

[426] 柯红星．花生病虫害的综合防治［J］．福建农业，1995，(3)：13

[427] 田昌平等．花生病虫害规范化防治技术［J］．农业科技通信，1994，(6) 28～29

[428] 郭传贵，任效宝．花生病虫害综合防治技术［J］．安徽农业，1998，(4)：22～23

[429] 陈培军．花生播种时防治病虫害效果好［J］．中国农村科技，2001，(2)：17

[430] 陈子俊．花生荚果期防病除害虫［J］．北京农业，1995，(7)：18

[431] 林起，张苇．花生中后期病虫害发生特点及综防措施［J］．农业科技通讯，2000，(2)：28

[432] 卓惠新．花生中后期病虫害发生特点及综防措施［J］．上海农业科技，2001，(4)：89～90

[433] 周远曦，陈朝晖．花生主要病虫害防治技术［J］．湖北植保，2005，(3)：16

[434] 辛建忠，刘士彦．花生主要病虫害及其防治方法［J］．现代化农业，2002，(10)：15

[435] 王燕．花生主要病虫害及综合防治技术［J］．河北农业科技，2006，(4)：20

[436] 刘素萍等．农作物病虫害生物防治的研究进展［J］．世界农业，1998，(12)：30～33

[437] 高新荣等．旱地小地虎的综合防治技术［J］．农民致富之友，2006，(8)：22

[438] 吴小勤．地老虎的无公害防治技术［J］．福建农业，2007，(7)：24

[439] 陈亚辉等．地老虎防治技巧［J］．农家科技，2007，(4)：15

[440] 周春敏．地老虎的发生及综合防治技术［J］．天津农林科技，2006，(4)：45

[441] 薛德乾．旱地小地老虎的综合防治［J］．植物医生，1995，(4)：24

[442] 高建彬．地老虎防治六法［J］．农家顾问，2007，(4)：37

[443] 纪传义等．花生病虫草的危害特点及防治对策［J］．现代农业科技，2007，(21)：86

[444] 王福生．花生田地下害虫防治［J］．新农业，1996，(2)：21

[445] 陈剑良．花生根腐病的发生与防治［J］．福建农业，2007，(3)：25

[446] 赵更云等．花生死棵的原因及防治对策［J］．北京农业，2003，(06)：18

[447] 欧善生．花生根腐病发生危害与防治［J］．广西农业科学，2003，(2)

[448] 赵振忠．花生根部及根茎部病害的发生与防治［J］．河北农业科技，2007，(2)：19

[449] 史桂荣等．花生根腐病发病因素分析及防治技术探讨［J］．植保技术与推广，2002，(11)

[450] 宋秀芳．花生锈病的发生与防治技术［J］．农业科技通讯，1996，(9)：26

[451] 蔡骥业．花生锈病概述［J］．广西农学报，1994，(1)：48～53

[452] 李盾等．锈菌侵染后花生体内主要生化指标的变化及其与抗性的关系［J］．华南农业大学学报，1995，16 (1)：68～75

[453] 谢平．湛江地区花生锈病流行因子的分析［J］．湛江师范学院学报（自然科学版），1995，(1)：119～123

[454] 崔富华等．巴蜀地区花生青枯病的分布、防治及抗病育种研究［J］．西南农业学报，2004，17 (6)：741～745

[455] 陈晓敏等．福建省花生青枯病菌致病型及生物型的测定［J］．福建农业大学学报，2000，29 (4)：470～473

[456] 余明慧等．花生茎腐病和青枯病的发生特点与防治［J］．河南农业，2005，(12)：28

[457] 单志慧等．花生抗青枯病机制的初步研究［J］．中国油料，1995，17 (3)：40～42

[458] 黄兰英．花生青枯病发生特点与防治对策［J］．福建农业，2003，(8)

[459] 崔富华等．花生青枯病的分布及防治对策研究［J］．花生学报，2003，(4)：17～22

[460] 袁宗胜等．花生品种（系）对青枯菌的抗性鉴定［J］．福建农林大学学报（自然科学版），2002，(2)

[461] 王泽锋，李凤学．花生青枯病的发生与防治［J］．河北农业科技，2003，(6)

[462] 熊彩云，刘江毅．花生青枯病的发生与防治［J］．江西农业科技，2003，(10)

[463] 黄中乐，项德华．花生青枯病发病规律及综防对策［J］．农村经济与科技，1998，(5)

[464] 黄正家．花生青枯病的发生及防治［J］．安徽农业，2000，(3)：19

[465] 廖伯寿．国际花生青枯病合作计划会议［J］．世界农业，1990，(11)

[466] 黄潮龙．花生青枯病的综合防治技术［J］．福建农业，2006，(1)：22～23

[467] 闵文．花生青枯病的防治［J］．江西农业科技，1985，(9)

[468] 熊彩云，刘江毅．花生青枯病的发生与防治［J］．江西农业科技，2003，(10)：26

[469] 谢兆英，黄志锋．介绍一种防治花生青枯病的农药［J］．福建农业，1998，(5)

[470] 王泽锋，李凤学．花生青枯病的发生与防治［J］．河北农业科技，2003，(6)：20

[471] 陈贵善．花生青枯病的防治［J］．农技服务，2006，(2)

[472] 谈宇俊，廖伯寿．国内外花生青枯病研究述评［J］．中国油料作物学报，1990，(4)

[473] 黄兰英．花生青枯病发生特点与防治对策［J］．福建农业，2003，(8)

[474] 曾东方等. 花生青枯病的发生与抗性研究 [J]. 湖北农业科学, 1994, (增刊): 74~75

[475] 卓洪霞等. 花生青枯病的综合防治 [J]. 中国植保导刊, 2004, (6): 31~32

[476] 张秀阁等. 花生青枯病的综合防治技术 [J]. 农业科技通讯, 2007, (10): 92

[477] 廖伯寿等. 论青枯菌潜伏侵染与花生抗性遗传改良的关系 [J]. 花生科技, 1999, (增刊): 112~115

[478] 德旭等. 花生田二代棉铃虫发生危害规律及其防治研究 [J]. 花生科技, 2001, (1): 25~27

[479] 田昌平等. 花生田二代棉铃虫卵的空间格局及其应用研究 [J]. 植保技术与推广, 1999, 19 (3): 6~7

[480] Harold E. Pattee et al Advances in Peanut Science American Peanut Research and Education Society [J], Inc. Stillwater, OK 74078 USA, 1995

[481] Culbreath A K, J W Todd, D W Branch, et al. Variation in susceptibility to Tomato Spotted Wilt Virus among peanut genotypes [M]. In: Proceedings of American Peanut Research and Education Society Inc. [J]. 1994: 49

[482] Demski, J. W. and G. R. Lovell. Peanut stripe virus and the distribution of peanut seed [J]. Plant Dis, 1985, (69): 734~738

[483] Ekbote A U. and Mayee C D. Biochemical cbanges in rust (*Puccinia arachidis*) resistant and susceptible varieties of groundnut after inocubation [J]. Indian, 1983

[484] Ekbote A U and Mayee C D. Biochemical cbanges due to rust in resistant and susceptible groundnuts. I. Changes in oxydative enzymes [J]. Indian Journal of Plant Pathology, 1984, 2 (1): 21~26

[485] Matimuthu T. Kandaswamy T K Changes in the amino nitrogen and amino acids in the mung lines moderately resistant and susceptible to bacterial leaf blight organism [J]. Indian Phytopathology, 1983, 36 (2): 345~358

[486] Mehan, V. K. et al, ACIAR Proc [M]. 1986, (13): 112~119

[487] Muhammad Machmud et al. ACIAR Proc. No. 13: 5717. Ragunathan V A M, Rangaswami G 1966. A comparative study of the resistant and susceptible banana varieties to fungal diseases [J]. Indian Phytopathology, 1990, (19): 141~149

[488] Ragunathan V A M, Rangaswami G. A comparative study of the resistant and susceptible banana varieties to fungal diseases [J]. Indian Phytopathology, 2005, (19): 141~149

[489] Reddy M N. Rao A S. Changes in the composition of free and protein amino acids in groundnut leaves induced by infection with Puccinia arachidis Speg [J]. Acta Phytopathologica Academiac Sclentiarum Hungaricae, 1977, 11 (3/4): 167~172

[490] Thouvenel, J. L., Fauquet, C., and Lamy, D. Transmission of groundnut "clump" virus by the seedOléagineux [J]. 1978, (33): 503~504

[491] Tolin S A. Peanut stunt in: Porter D M [J]. Compendium of peanut diseases, APS. 1984: 46~48

[492] Troutmam J L, Pmley W K, Thormas C A. Seed transmission of peanut stunt virus [J]. *Phytopathology*, 1967, (57): 1280~1281

[493] V K Mehan, C D Mayee, T B Brenneman, and D McDonald. Stem and Pod Rots of Groundnut [J]. International Crops Research Institute for the Semi-Arid Tropics, 1995, (1)

[494] Ahmed, K. M. and Reddy, C. R. A pictorial guide to the identification of seedborne fungi of sorghum, pearl millet, finger millet, chickpea, pigeonpea, and groundnut [J]. Information Bulletin, 1993, (34): 193

[495] Berger, P. H., Wyatt, S. D., Shiel, P. J., Silbernagel, M. J., Druffel, K., and Mink, G. I. Phyloge-

netic analysis of the Potyviridae with emphasis on legume-infecting potyviruses [J] . Arch. Virol, 1997, (142): 1979~1999

[496] Bijaisoradat, M., and Kuhn, C. W. Detection of two viruses in peanut seeds by complementary DNA hybridization tests [J] . Plant Disease, 1988, (72): 956~959

[497] Breuil, S. D. E., Giolitti, F., and Lenardon, S. Detection of cucumber mosaic virus in peanut (*Arachis hypogea* L.) in Angentina [J] . J. Phytopathology, 2005, (153): 722~725

[498] Chang C. A, Purcifull D. E, Zettler F. W. Comparison of two strains of peanut stripe virus in Taiwan [J] . Plant Disease, 1990, (74): 593~596

[499] Chen, C. C., and Chiu, R. J. A tospovirus infecting peanut in Taiwan [J] . Acta Hortic, 1996, (431): 57~67

[500] Choi, H. S., Kim, J. S., Cheon, J. U., Choi, J. K., Pappu, S. S., and Pappu, H. R. First report of peanut stripe virus (family *Potyviridae*) in South Krea [J] . Plant Disease, 2001, (85): 679

[501] Davidon, J. I., Hill, R. A., Cole, R. J. Field performance of two peanut cultivars relative to Aflatoxin contamination [J] . Peanut Science, 1983, 10 (1): 43~47

[502] Demski J W, Reddy D V R, Sowell G, Jr., and Bays, D. Peanut stripe virus-a new seed-borne potyvirus from China infecting groundnut (*Arachis hypogaea*) [J] . Ann. Appl. Biol, 1984, (105): 495~501

[503] Demski, J. W., Reddy, D. V. R., Wongkaew, S., Kameya-Iwaki, M., Saleh, N. and Xu, Z. Naming of peanut stripe virus [J] . Phytopathology, 1988, 78 (6): 631~632

[504] Demski, J. W., Reddy, D. V. R., Wongkaew, S., Xu, Z. Kunh, C. W., Cassidy, B. G., Shukla, D. D., Saleh, N. Middleton, K. J., Sranivasulu, P., Prasada Rao, R. D. V. G., Senboku, T., Dollet, M., and McDonald, D. Peanut stripe virus [J] . Information Bulletin, 1993, (38)

[505] Demski, J. W. and Reddy, D. V. R. Diseases caused by viruses. In the Compendium of Peanut Diseases (Edited by Porter *et al*.,) [M] . Published by The American Phytopathological Society, 1995: 53~59

[506] Dietzgen, R. G., Callaghan, B., Higgins, C. M., Birch, R. G., Chen, K., and Xu, Z. Differentiation of seed bore potyviruses and cucumoviruses by RT-PCR [J] . Plant Disease, 2001, 85 (9): 989~992

[507] Fukumoto, F., Thongmmarkom, P., lwaki, M., Choopanya, D., Sarindu, N., Deema, N., and Tsuchizaki, T. Peanut chlorotic ring mottle virus occurring on peanut in Thailand [J] . Tech. Bull, 1986, (2l): 150~157

[508] Ghanekar, A. M., Reddy, D. V. R., Iizuka, N., Amin, P. W., and Gibbons, R. W. Bud necrosis of groundnut (*Arachis hypogaea*) in India caused by tomato spotted wilt virus [J] . Ann. Appl. Biol, 1979, (93): 173~179

[509] Gunasinghe U B, Flasinski S, Nelson R S, *et al*. Nucleotide sequence and genome organization of peanut stripe virus [J] . Journal of General Virology, 1994, (75): 2519~2526

[510] Hajimorad, M. R., Hu, C. -C, and Ghabrial, S. A. Molecular characterization of an atypical Old World strain of *Peanut stunt virus* [J] . Arch. Virol, 1999, (144): 1587~1600

[511] Higgins C, Dietzgen R G, Akin H M, *et al*. Biological and molecular variability of peanut stripe potyvirus [J] . Current Topics in Virology, 1999, (1): 1~26

[512] Higgins CM, Hall RM, Mitter N, Cruickshank A, Dietzgen RG. Peanut stripe potyvirus resist-

ance in peanut (*Arachis hypogaea* L.) plants carrying viral coat protein gene sequences [J] . Transgenic Res, 2004, 13 (1): 59~67

[513] Hobbs, H. A. , Reddy, D. V. R. , Reddy, A. S. Detection of a mycoplasm-like organism in peanut plant with witches broom using indirect enzyme-linked immunosorbent assay (ELISA) [J] . Plant Pathology, 1987, (36): 164~167

[514] Hu C. -C, Aboul - Ata A E, Naidu R A, and Ghabrial S A. Evidence for the occurrence of two distinct subgroups of peanut stunt cucumovirus strains: molecular characterization of RNA3 [J] . J Gen Virol, 1997, (78): 929~939

[515] Hu, C. -C. and Ghabrial, S. A. Molecular evidence that strain BV~15 of peanut stunt cucumovirus is a reassortant between subgroup I and II strains [J] . Phytopathology, 1998, (88): 92~97

[516] Karasawa A, Nakaho K, Kakutani T, *et al*. Nucleotide sequence analyses of RNA3 of peanut stunt cucumovirus [J] . Virology, 1991, (185): 464~467

[517] Knierim, D. , Blawid, R. , and Maiss, E. The complete nucleotide sequence of a capsicum chlorosis virus isolate from Lycopersicum esculentum in Thailand [J] . Arch. Virol. , (in press.), 2006

[518] McKern, N. M. , Shukla, D D. , Barnett, O. W. , *et al*. Coat protein properties suggest that azuki bean mosaic virus, blackeye cowpea mosaic virus, peanut stripe virus and three isolate from soybean are all strains of the same potyvirus [J] . Intervirology, 1992, (33): 121~134

[519] Miller. L E. , and Troutman, J. L. Stunt disease of peanut in Virginia [J] . Plant Disease, 1966, (67): 490~492

[520] Mink, G. I. Peanut stunt virus [J] . CMI/AAB Description of Plant Viruses, 1972, (92)

[521] Mink, G. I. *et al*. Host range, purification and properties of he Western strain of peanut stunt virus [J] . Phytopathology, 1969, (59): 1625~1631

[522] Mink, G. I. Peanut stunt cucumovirus. Viruses of Tropical Plants (Ed. by Brunt. A. *et al*.), C. A. B. International, 1990, 398~401

[523] Nageswara Rao, R. C. , Upadhaya, H. D. and Reddy, D. V. R. Research on aflatoxin at ICRISAT. "Elimination of aflatoxin contamination in peanut" [J] . Canberra, ACIAR Proceedings, 1999, (89): 98

[524] Permachandra W T S D, Borgemeister C, Maiss E, *et al*. *Ceratothripoides claratris*, a new vector of *Capsicum chlorosis virus* isolate infecting tomato in Thailand [J] . Phytopathology, 2005, 95: 659~663

[525] Pitt, J. I. Field studies on *Aspergillus* and aflatoxin in Australian groundnut. In Aflatoxin contamination of groundnut: Proceeding of an International Workshop [J] . India. ICRISAT, 1989, 223~235

[526] Reddy, D. V. R. , and Thirumala-Devi, K. Peanut. *Virus* and *virus*-like diseases of major crops in developing countries [J] . Kluwer Academic Publishers, Dordrecht, Netherlands, 2003, 397~423

[527] Teydeney, P. Y. *et al*. Cloning and sequence analysis of the coat protein genes of an Australian strainof peanut mottle and an Indonesian blotch strain of peanut stripe potyviruses [J] . Virus Research. , 1994, (81): 286~244

[528] Troutman, J. L. , Bailey, W. K. and Thomas, C. A. Seed transmission of peanut stunt virus [J] . Phytopathology, 1967, (57): 1280~1281

[529] White, P. S. , Morales, F. J, and Roossinck, M. J. Interspecific reassortment in the evolution of a

cucumovirus [J] . Virology, 1995, (207): 334~337

[530] Wongkaew S, and Dollet M. Comparison of peanut stripe virus isolates using symptomatology on particular hosts and serology [J] . Oleagineux, 1990, 45 (6): 267~278

[531] Wright, G. C. and Cruickshank, A. L. Agronomic, genetic and crop modeling strategies to minimize aflatoxin contamination in peanut. "Elimination of aflatoxin contamination in peanut", Canberra, ACIAR Proceedings , 1999, (89): 98

[532] Xu Z, Higgins C, Chen K, *et al.* Evidence for a third taxonomic subgroup of peanut stunt virus from China [J] . Plant Disease, 1998, (82): 992~998

[533] Xu Z., Chen K., Zhang, Z., and Chen J. Seed transmission of peanut stripe virus in peanut [J] . Plant Disease, 1991, (75): 723~726

[534] Xu, Z., and Barnett. O. W. Identification of a cucumber mosaic virus strain from naturally infected peanut in China [J] . Plant Disease, 1984, (68): 386~389

[535] Xu, Z., Bamett, O. W., and Gibeon, P. B. Characterization of peanut stunt virus strains by host reactions, serology and RNA patterns [J] . Phytopatholgy, 1986, (76): 390~395

[536] Xu, Z., Yu, Z., Liu, J., and Barnett. O. W. A virus causing peanut mild mottle in Hubei Province, China [J] . Plant Disease, 1983, (67): 1029~1032

[537] Yan, L., Xu Z., Goldbach, R., Chen, K., and Prins, M. Nucleotide sequence analyses of genomic RNAs of PSV-Mi, the type strain representative a novel PSV subgroup from China [J] . Archives of Virology, 2005, (150): 1203~1211

[538] Yu, T. F. A list of plant viruses observed in China [J] . Phytopathology, 1939, (29): 459~461

[539] Brewer M L. Tremble J T. Field monitoring for insecticide resistance in beet annyworm (Lepidoptera: noctuidae) [J] . J. Econ. Entomol 1989, (83): 1520~1526

[540] Moulton J K Pepper D A Dennehy T J. Beetarmyworm (Spodoptera exigua) resistance to spinosad [J] . Pest. Manag. Sci. 2000, (56) 56: 842~848

[541] Yu H., Zhang J, Huang D. and Gao S. Characterization of Bacillus thuringiensis strain Bt185 toxic to the Asian cockchafer: *Holotrichia parallela*. Curr Microbiol. 2006, 53: 13~17

[542] Chang, Y. D. and D. H. He. A taxonomic study of the ant genus Myrmica Latreille (Hymenoptera: Formicidae: Myrmicinae) in northwest regions of China. Journal of Ni ngxia A gricult ural College, 2001, 22 (3)

[543] Chang, Y. D. and D. H. He. A taxonomic study of the ant genus Tet ramori um Mayr (Hymenoptera: Formicidae: Myrmicinae) . Journal of Ni ngxia A gricult ural College, 2001, 22 (1)

[544] Liu , M. T. , J. R. Wei , Z. Wei and H. He. Faunal studies of ants in Shaanxi Province. Southwest Forest ry College B ulletin, 1999, 14 (3)

[545] Tang, J., S. Li, E. Y. Huang, B. Y. Zhang and Y. Chen. Economic Insect Fauna of China , Hymenoptera: Formicidae (1) . Beijing: Science Press, 1995

[546] Duncan, F. D., Crewe, R. M. Insec. Soc. , 1994, 41

[547] Dick, K. M. Pest Management in Stored Groundnuts, 1987

[548] K. M. Dick. Pest Management in Stored Groundnuts [J] . International Crops Research Institute for the Semi-Arid Tropics Patancheru, Andhra Pradesh 502 324, India, 1987

图书在版编目（CIP）数据

中国花生病虫草鼠害/徐秀娟主编 . —北京：中国农业
出版社，2009.3
ISBN 978 - 7 - 109 - 13437 - 9

Ⅰ. 中…　Ⅱ. 徐…　Ⅲ.①花生－病虫害防治方法②花生－
除草③花生－鼠害－防治　Ⅳ. S435.652　S45　S443

中国版本图书馆 CIP 数据核字（2009）第 025518 号

中国农业出版社出版
（北京市朝阳区农展馆北路 2 号）
（邮政编码 100125）
责任编辑　杨天桥

中国农业出版社印刷厂印刷　　新华书店北京发行所发行
2009 年 4 月第 1 版　　2009 年 4 月北京第 1 次印刷

开本：787mm×1092mm　1/16　印张：28.75　插页：14
字数：660 千字　印数：1～2 000 册
定价：100.00 元
（凡本版图书出现印刷、装订错误，请向出版社发行部调换）

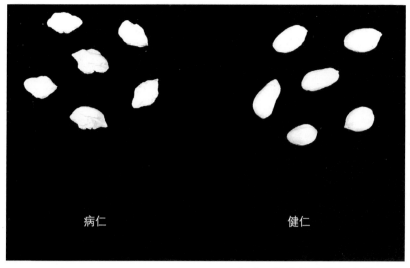

1-1 花生子叶病的症状
（徐明显、徐秀娟，1979）

病仁　　　　健仁

1-2 花生干旱的大田症状
(Courtesy D. Smith)

1-3 花生涝害症状
（王磊，2008）

1-4 花生酸害
（王建军，2008）

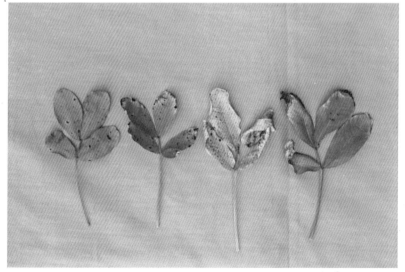

1-5 花生盐胁迫特征
左：叶片受害状　右：植株受害状
（吴兰荣，2005）

1-6 霜冻害的花生叶部和大田症状
(Courtesy M. Porter)

1-7 冰雹对花生的伤害
(Courtesy R. Sturgeon)

1-8 紫外线造成的花生叶部伤害症状
(Courtesy R. Howell)

1-9 臭氧造成的花生叶部伤害症状
(Courtesy A. Heagle)

1-10 化学药剂造成的叶部斑点症状
(徐秀娟，2000)

1-11 除草剂造成的大田植株枯萎症状
(徐秀娟，2008)

1-12 花生缺氮症状
(Courtesy R. Henning)

1-13 花生缺钾症状
(Courtesy H. Harris)

1-14 花生缺钙症状
(Courtesy A. Narayanan)

1-15 花生缺镁症状
(Courtesy R. Henning)

1-16 花生缺硫症状
(Courtesy A. Narayanan)

1-17 花生缺铁症状
（王磊，2008）

2-1 花生网斑病 *Phoma arachidicola*
Marasas Pauer & Boerema症状
1.网纹型 2.污斑型

2-2 花生褐斑病 *Cercospora arachidicola* Hori症状

2-3 花生黑斑病 *Cercosporidium personata* (Berk.& Curt.)Deighton症状
左：叶片症状 右：茎秆症状

2-4 花生焦斑病 *Leptosphaerulina crassiasca* (Sechet) Jackson & Bell. 症状

左：焦斑型　　右：胡麻斑型

2-5 花生菌核病 *Rhizoctonia solani* Kühn 症状

左：病叶症状　　右：田间危害状

（徐秀娟，2005）

2-6 花生白绢病 *Sclerotium rolfsii* Sacc. 症状

左：茎基部症状　　右：果实症状

2-7 花生纹枯病 Rhizoctonia
solani Kühn症状

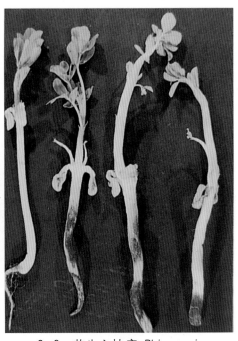

2-8 花生立枯病 Rhizoctonia
solani Kühn症状

2-9 花生紫纹羽病 Helicobasidium
mompa Tanaka症状

2-11 花生锈病 Puccinia
arachidis Speg.症状

2-10 花生冠腐病 Aspergillus niger V. Tiegh. 症状
上：茎基部症状　　下：果壳症状

2-12　花生腐霉菌根腐病
（周桂元，2007）

2-13　花生炭疽病 *Colletotrichum truncatum*（Schw.）
Andr. et Moore症状
（鄢洪海，2007）

2-14　花生灰霉病 *Botrytis cinerea*（Pers.）Fries症状
左：茎秆受害症状　　　右：病部菌核

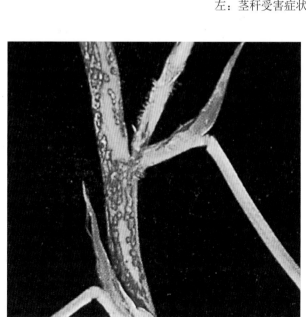

2-15　花生疮痂病 *Sphaceloma*

2-16　花生炭腐病 *Macrophomina*

2-17　花生轮斑病 *Alternaria alternata*(Fr.)Keisster症状

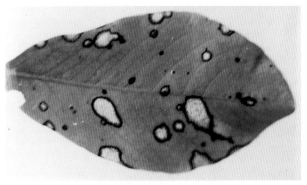

2-18　花生灰斑病 *Phyllosticta arachidis-hypogaea* Vasant症状

2-19　花生黑腐病 *Cylindrosporium crotalariae*(Loose)Bell et Sober症状

左：根受害症状　　　右：茎基部受害症状

2-20　花生黄曲霉病 *Aspergillus flavus*

（引自Ahmed和Reddy）

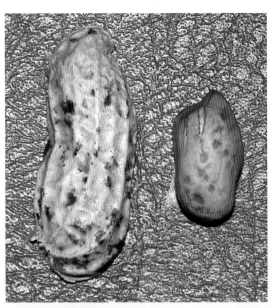

2-21　花生果壳褐斑病 *Rhizoctonia solani* Kühn危害状

（鄢洪海，2007）

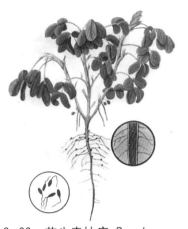

2-22　花生青枯病 *Pseudomonas*

2-23　花生根结线虫病 *Meloidogyne arenaria* (Neal) Chitwood症状
左：花生根结线虫病　　右：北方花生根结线虫病

2-24　花生条纹病毒病(PStV)
（许泽永提供）

2-25　花生条纹病毒病(PStV)斑驳症状
（许泽永提供）

2-26　花生黄花叶病毒病(CMV-CA)
（许泽永提供）

2-27　花生矮化病毒病(PSV)
（许泽永提供）

2-28 花生芽枯病(CaCV)
（许泽永提供）

2-29 花生丛枝病毒病(MLO)
（引自 P.Subrahmanyam）

3-1 花生蚜虫 *Aphis craccivora* Koch
（引自《中国粮食作物、经济作物、药用植物病虫原色图鉴》、《中国农业百科全书》）

3-2 叶螨危害症状
（引自《中国粮食作物、经济作物、药用植物病
虫原色图鉴》、《中国农业百科全书》）

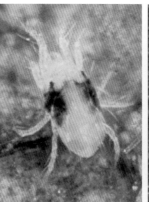

3-3 二斑叶螨 *Tetranychus urticae*
左：雌螨 右：雄螨
（新西兰土地与环境保护研究所Landcare Research摄制）

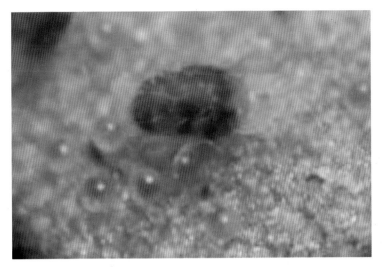

3-4 朱砂叶螨 T.cinnabarinus Boisduval
（引自http://baike.baidu.com/
view/148752.htm）

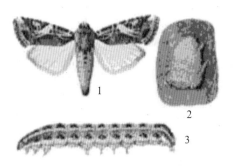

3-5 斜纹夜蛾 Spodoptera
prodenia litura Fabricius
1.成虫 2.卵块 3.幼虫 4.蛹

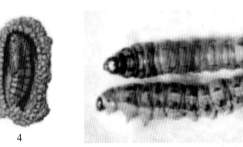

3-6 斜纹夜蛾老熟幼虫
（引自华南农业大学张良佑、罗启浩、
林伟振）

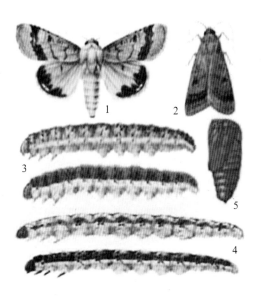

3-7 棉铃虫 Heliothis armigera Hübner
1、2.成虫 3、4.幼虫 5.蛹

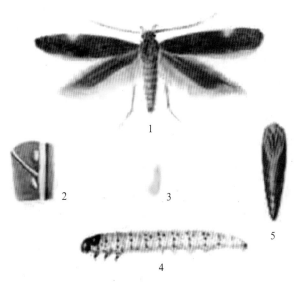

3-8 花生须峭麦蛾 Stomopteryx subsecivella Zell.
1.成虫 2、3.卵 4.幼虫 5.蛹

3-9 蓟马 *Thripidae*
左：茶黄硬蓟马 *Scirtothrips dorsalis* Hood　　右：端带蓟马 *Taeniothrips distalis* Karny
（引自《中国粮食作物、经济作物、药用植物病虫原色图鉴》、《中国农业百科全书》）

3-10 端带蓟马花生田危害状

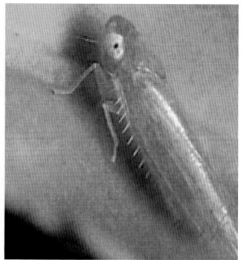

3-11 假眼小绿叶蝉 *Empoasca vitis* Gothe
（引自《中国粮食作物、经济作物、药用植物病虫原色图鉴》、《中国农业百科全书》）

3-12 小绿叶蝉 *Empoasca flavescens* Fabricius
（引自生态世纪网）

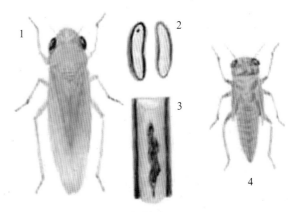

3-13 小字纹小绿叶蝉 *Empoasca notata* Melichar
1.成虫　2.卵粒（放大）
3.产在叶脉中的卵和卵孵化后留下的小孔　4.若虫
（引自http://www.chnzx.com/book/Farming/index3/youliao/
bima/chonghai/03.htm）

3-14 大灰象甲 *Sympiezomias velatus* Chevrolat
（引自http://baike.baidu.com/view/617823.htm）

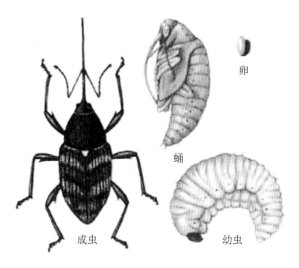

卵

蛹

成虫

幼虫

3-15 蒙古灰象甲 *Jylinophorus mongolicus* Faust

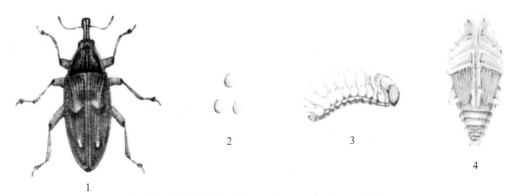

1

2

3

4

3-16 甜菜象甲 *Bothynoderes punctiventris* Germar
1.成虫 2.卵 3.幼虫 4.蛹
（引自http://www.chnzx.com/book/Farming/index3/yantang/
tiancai/chonghai/07.htm）

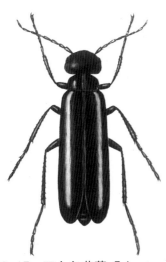

3-17 豆白条芜菁 *Epicauta
gorhami* Marseul
（引自山东省花生研究所）

3-18 黄黑花大芜菁 *Mylabris phalerata*
Pallas，又名大斑芜菁
（引自中国百科网）

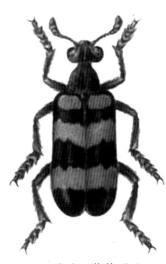

3-19 暗头豆芜菁 *Epicauta
obscurocephala* Reitter
（引自中国百科网）

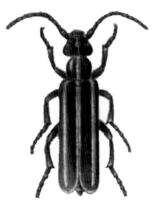

3-20 黄黑花芫菁 *Mylabris ciohorii* Linne，又名眼斑芫菁
（引自中国百科网）

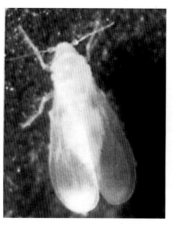

3-21 白粉虱 *Trialeurodes vaporariorum* Westwood
（引自中国农资人论坛）

甜菜夜蛾蛹

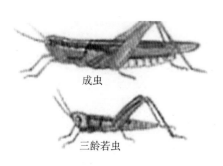

成虫

三龄若虫

卵块和卵

3-23 蝗虫 *Oxya chinensis*
（引自宁德市实用技术数据库）

甜菜夜蛾幼虫（淡绿色）

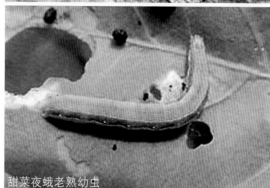

甜菜夜蛾老熟幼虫

1

4

2

3

3-24 小造桥虫 *Anomis flava* Fabricius
1.成虫（雌） 2.卵产于叶上 3.幼虫 4.蛹
（引自http://www.chnzx.com/book/Farming/index3/mianma/
mianhua/chonghai/14.htm）

甜菜夜蛾成虫

3-22 甜菜夜蛾 *Spodoptera exigua* Hübner
（蒋金炜）

4-1 花生新珠蚧 *Neomargarodes gossypii* Yang
左：危害状　右：雌成蚧
（任应党，1999）

4-2 大黑鳃金龟 *Holotrichia oblita*

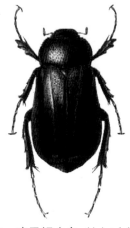

4-3 暗黑鳃金龟 *Holotrichia parallela*

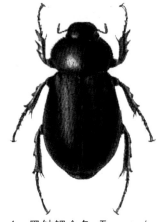

4-4 黑皱鳃金龟 *Trematodes tenebrioides*

4-5 毛棕鳃金龟 *Brahmina faldermanni*

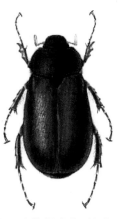

4-6 毛黄鳃金龟 *Holotrichia trichophora*

4-7 云斑鳃金龟 *Polyphylla laticollis*

4—8　灰胸突腹鳃金龟 *Hoplosternus incanus*

4—9　铜绿丽金龟 *Anomala corpulenta*

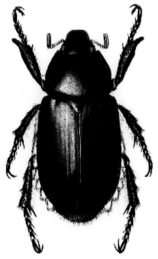

4—10　蒙古丽金龟 *Anomala mongolica*

4—11　苹毛丽金龟 *Proagopertha lucidula*

4—12　豆蓝丽金龟 *Popillia mutans*

4—13　中华弧丽金龟 *Popillia quadriguttata*

4—14　黄褐丽金龟 *Anomala exoleta*

4—15　中华犀金龟 *Eophileurus chinesis Falder*

4—16 阔胸犀金龟 Pentodon patruelis

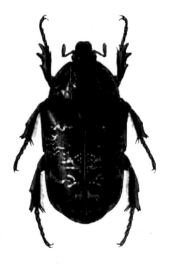

4—17 白星花金龟 Liocola brevitarsis

4—18 小青花金龟 Oxycetonia jucunda

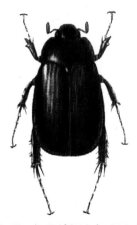

4—19 阔胫绒鳃金龟 Maladera verticalis

（彩图4-2～4-19参考《中国北方常见金龟子彩色图鉴》）

4—20 蛴螬危害花生状

4—21 蛴螬卵及初孵幼虫

4—22 蛴螬幼虫
(曲明静，2007)

4—23 蛴螬蛹
(曲明静，2007)

4—24 暗黑鳃金龟触角
(曲明静，2008)

4-25　暗黑鳃金龟雌性性腺体
(曲明静，2008)

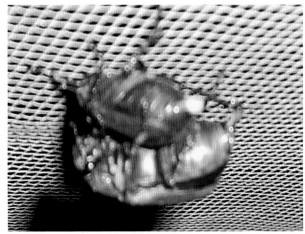

4-26　暗黑鳃金龟雌雄交配
(曲明静，2008)

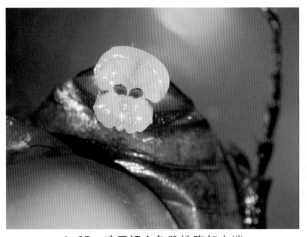

4-27　暗黑鳃金龟雌性腹部末端
(曲明静，2008)

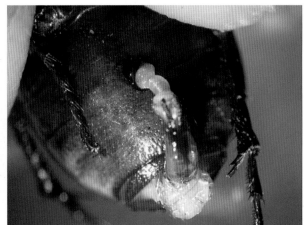

4-28　暗黑鳃金龟雄虫末端
(曲明静，2008)

4-29　花生灰地种蝇
左：幼虫　右：成虫
（引自http://etc.lyac.edu.cn/courseware/03_04nongyekunchongxue/chapter2/ch01/koujia/index1.htm）

4-30　沟金针虫成虫

4-31　细胸金针虫成虫

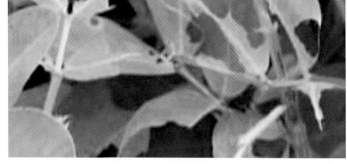

4-32　地老虎 *Euxoa segetum* Schiffer-muller（中国农业病虫害检测网，2008）

4-33　蟋蟀（参考《中国花生栽培学》）

4-34　蝼蛄
（曲明静，2008）

4-35　网目拟地甲
左：成虫　右：幼虫
（引自《药用植物》）

5—1 马唐 *Digitaria sanguinalis* L.Scop.

5—2 升马唐 *Digitaria adscendens*(H.B.K) Henrard

5—3 毛马唐 *Digitaria ciliaris*(Retz.)Koeler
（引自http://www.dangqian.com/4399/ihdga.htm）

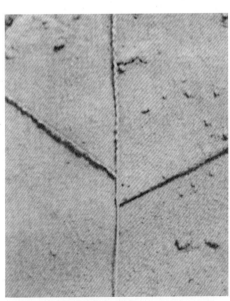

5—4 止血马唐 *Digitaria ischaemum*
(Schreb b.) Schreb.

5—5 牛筋草 *Eleusine indica*
L.Gaertn
（王磊，2008）

5—6 画眉草 *Eragrostis pilosa*
L.Beauv.

5—8 野燕麦 *Avena fatua* L.

5—7 小画眉草 *Eragrostis poaeoides* Beauv

5—9 狗牙根 *Cynodon dactylon*(L.) Pers.

5—10 白茅 *Imperata cylindrica* (Linn.) Beauv.

5—11 雀稗 *Paspalum thunbergii* Kunth ex Steud.

5—12 狗尾草 *Setaria viridis* L.Beauv.

5-13 结缕草 *Zoysia japonica* Steud

5-14 稗 *Echinochloa crusgalli*（L.）Beauv

5-15 千金子 *Leptochloa chinensis*（L.）Nees

5-16 龙爪茅 *Dactylocteninm acgyptium* （L.）P. Beauv.

5-17 虎尾草 *Chloris virgata* Swartz
（王磊，2008）

5-18 刺儿菜 *Cephalanoplos segetum* （Bunge） Kitam.

5-19 蒲公英 *Taraxacum mongolicum* Hand.-Mazz

5-20 苍耳 *Xanthium sibiricum* Patrin

5—21 苦菜 Ixeris chinensis
(Thunb.) Nakai

5—22 飞廉 Carduus
crispus L.

5—23 鬼针草 Bidens bipinnata L.

5—24 小花鬼针草 Bidens
parviflora Willd

5—25 三叶鬼针草 Bidens pilosa L.

5—26 鳢肠 Eclipta prostrata L.
（王磊，2008）

5—27 反枝苋 Amaranthus
retroflexus L.

5—28 白苋 Amaranthus
albus L.

5-31 苦蕻 *Physalis pubescens* L.

5-29 凹头苋 *Amaranthus lividus* L.

5-30 青葙 *Celosia argentea* L.

5-32 龙葵 *Solanum nigrum* L.

5-33 曼陀罗 *Datura stramonium* L.

5-34 碎米莎草 *Cyperus iria* L.

5-35 荠 *Capsella bursa-pastoris* (L.) Mcdic.

5-36 铁苋菜 *Acalypha australis* L.

5-37 藜 Chenopodium album L.

5-38 马齿苋 Portulaca oleracea L.
（王磊，2008）

5-39 附地菜 Trigonotis peduncularis (Trev.) Benth.

5-40 打碗花 Calystegin hederacea Wall.

5-41 萝藦 Metaplexis japonica (Thunb.) Makino

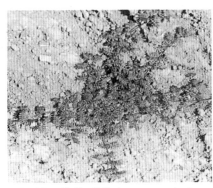

5-42 蒺藜 Tribulus terrestris L.

5-43 平车前 Plantago depressa Willd.

5-44 大车前 Plantago major Linn.

5-45 问荆 *Equisetum arvense* L.

5-46 野西瓜苗 *Hibiscus trionum* L.

5-47 萹蓄 *Polygonum aviculare* L.

6-1 褐家鼠 *Rattus norvegicus* Rerkonhout
（引自 baike.baidu.com）

6-2 黑线姬鼠 *Apodemus agrarius* Pallas
（引自 http://www.medipp.com）

6-3 小家鼠 *Mus musculus* Linnaeus
（引自 baike.baidu.com）

6-4 黄毛鼠 *Rattus losea* Swindoe
（引自 baike.baidu.com）

6-5 黄胸鼠 *Rattus flavipectus* Milne-Edwards
（引自 http://www.qzyixinsh.com）

6-6 大仓鼠 *Cricetulms triton* Winton
（引自 baike.baidu.com）

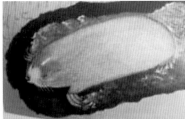

6—7　黑线仓鼠 *Cricetuls barabensis* Pallas
（引自 baike.baidu.com）

6—8　东北鼢鼠 *Myospalax psilurus* Milne-Edwards
（引自 baike.baidu.com）

6—9　中华鼢鼠 *Myospalax fontanierii* Milne-Edwards
（引自 www.gssfz.com）

7—2　乌鸦 *Corvus hawaiiensis*
（引自 http://www.8ttt8.com）

7—1　喜鹊 *Pica pica*
（引自 http://www.wikilib.com）

7—3　獾 *Meles meles*
（引自 http://yangzhi.com）

7—4　雪兔 *Lepus timidus*
（引自 http://www.cssx.net/yixue/ketang/zxdw/species/verte/mammal/xuetu.html）

7-5 草兔 *Lepus capensis*
（引自http://www.hoodong.com/wiki）

7-6 刺猬 *Erinaceus europaeus*
（引自宠物世家——宠物物种中文档案库）

8-1 花生豆象*Caryedon serratus*（K.M.Dick）

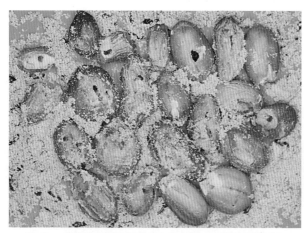

8-2 赤拟谷盗*Tribolium castaneum*（K.M.Dick）

8-3 米蛾 *Corcyra cephalonica*（K.M.Dick）